처음 만나는 전자회로

황형수 지음

한빛아카데미
Hanbit Academy, Inc.

지은이 **황형수** hshwang@wku.ac.kr

전북대학교에서 공학박사학위를 취득하고 오타와 대학교(University of Ottawa, Canada) 전기 및 컴퓨터 공학과에서 지능제어에 대해 연구했다. 1988년부터 현재까지 원광대학교 전자융합공학과 교수로 재직하면서 전자회로, 전자회로설계, 제어공학, 제어기 해석 및 설계, 자동화시스템 등을 강의하고 있다. 2007년 원광대학교 공과대학 학장, 2011년 원광대학교 산학협력단장을 역임하였으며, 저서로는 『전기 · 전자공학도를 위한 공업수학』(상학당, 2015)이 있다.

처음 만나는 전자회로

초판발행 2019년 7월 10일
6쇄발행 2025년 7월 17일

지은이 황형수 / **펴낸이** 전태호
펴낸곳 한빛아카데미(주) / **주소** 서울시 서대문구 연희로2길 62 한빛아카데미(주) 2층
전화 02-336-7112 / **팩스** 02-336-7199
등록 2013년 1월 14일 제2017-000063호 / **ISBN** 979-11-5664-449-1 93560

총괄 박현진 / **책임편집** 김평화 / **기획** 김평화 / **편집** 박현진 / **진행** 심진성
디자인 표지 더그라프, 이아란, 일러스트 임희남 / **전산편집** 라미경 / **제작** 박성우, 김정우
영업 김호철, 김태진, 김성삼, 이성훈, 이정훈, 임현기, 김주성, 심지연

이 책에 대한 의견이나 오탈자 및 잘못된 내용은 출판사 홈페이지나 아래 이메일로 알려주십시오.
파본은 구매처에서 교환하실 수 있습니다. 책값은 뒤표지에 표시되어 있습니다.
홈페이지 www.hanbit.co.kr / 이메일 question@hanbit.co.kr

Published by HANBIT Academy, Inc. Printed in Korea

엄선한 전자회로의 기본과 핵심, 이 책이면 충분하다!

전자회로는 전기, 전자, 제어계측, 통신 등 여러 전공 분야의 기본이 되는 필수과목이다. 필자는 오랫동안 전자회로를 강의하면서, 매년 학기 초마다 어떤 교재로 강의를 해야 할지 고민이 많았다. 수많은 집필서가 있어도 출판사마다, 저자마다 책의 구성과 내용이 달랐고, 책에 따라 특정 부분의 설명은 잘 되어 있는데, 다른 부분의 설명은 만족스럽지 못한 경우가 대부분이었다. 때로는 번역서를 사용하기도 했는데, 이 경우에는 교재의 내용이 너무 방대하다보니 어떤 내용을 강의하고, 어떤 부분을 건너뛰어야 하는지를 항상 고민했다.

전자회로를 강의한지도 어느덧 30여 년이 지나고 나니, 이제는 어느 부분을 어떻게 강의해야 학생들이 쉽게 이해하고 만족해하는지를 조금은 알 것 같아서 감히 이 책을 집필하게 되었다. 수많은 내용 중에서도 전자회로를 배울 때 가장 기본이 되는, 중요한 내용들을 담고자 했고, 지금까지 출판된 많은 전자회로 교재들과 비교할 때 학생들이 쉽게 이해할 수 있도록 집필하고자 했다. 부디 전자공학 분야(전기, 전자, 제어계측, 정보통신 등)를 전공하는 학생들에게 많은 도움이 되길 바란다.

이 책에서 다루는 내용

전자공학을 전공하는 학생들이 1년 동안 전반적인 전자회로 학습이 가능하도록 다음과 같이 구성했다.

- 전자회로의 기본이 되고 중요한 내용으로 엄선하여 담았다.
- 모든 내용들을 일관성 있게 정리하고 설명했다.
- 중요한 부분은 예제 및 상세한 풀이를 제시하여 쉽게 이해할 수 있도록 했다.
- 예제 수준의 쉬운 객관식/주관식 연습문제를 통해 복습할 수 있도록 했다.

감사의 글

어떻게 하면 학생들이 쉽게 이해할 수 있을지를 고민하면서 집필을 시작한지 2년이 다 되어간다. 이 책이 출판될 수 있도록 기회를 주시고, 부족한 원고를 좋은 책이 되도록 교정과 편집에 큰 도움을 준 한빛아카데미(주) 관계자들께 감사드린다. 끝으로, 항상 옆에서 격려를 아끼지 않은 아내와 두 아들과 예비며느리에게 고마움을 전하며, 이 모든 것을 하나님께 감사드린다.

지은이 **황형수**

미 리 보 기

CHAPTER
03

특수 목적 다이오드

| 장 도입글 |

해당 장의 내용을 왜 배우는지,
무엇을 배우는지 설명한다.

이 장에서는 제너 다이오드, 버랙터 다이오드 등 특수목적 다이오드에 대해 공부한다. 제너 다이오드의 특성 및 동작해석과 정전압 조정회로에 대해 공부하고, 버랙터 다이오드의 가변 커패시턴스 특성에 대해 살펴본다. 또한 특수한 목적으로 쓰이는 발광 다이오드(LED)와 광학 다이오드의 동작 및 특성, 그리고 레이저 다이오드, 쇼트키 다이오드, 터널 다이오드, 핀 다이오드 등의 기본적인 특성에 대해 공부한다.

CONTENTS

SECTION 01

제너 다이오드의 전압–전류 특성

지금까지 우리는 일반적으로 사용되는 범용 다이오드와 정류용 다이오드 회로에 대해 살펴보았다. 이 장에서는 특수목적으로 사용되는 다이오드 중에서도 직류전원의 정전압 회로에 응용되도록 설계된 실리콘 pn 접합 소자인 제너 다이오드(Zener diode)의 역방향 전압–전류 특성에 대해 공부해보자.

Keywords | 제너 다이오드 | 제너 항복 | 애벌런치 항복 |

| 학습목표 / Keywords |

학습하는 핵심 내용을 키워드로
정리하여 소개한다.

제너 다이오드의 전압–전류 특성

일반적으로 사용되는 범용 다이오드와 정류용 다이오드는 역방향 항복영역에서 사용할 수 없다. 그러나 제너 다이오드는 역방향 항복에서 동작하도록 설계되었으며, 불순물 도핑 레벨을 적절하게 조절함으로써 역방향 전압을 결정한다. 제너 다이오드가 순방향으로 바이어스 될 때의 전압–전류 특성곡선은 범용 다이오드나 정류용 다이오드의 특성곡선과 같다. 그러나 역방향으로 바이어스 되어 역방향 바이어스 전압이 항복전압에 도달하면 전류가 급격히 변해도 전압은 거의 일정하게 유지된다. [그림 3-1]은 제너 다이오드의 기호와 전압–전류 특성곡선을 보여준다.

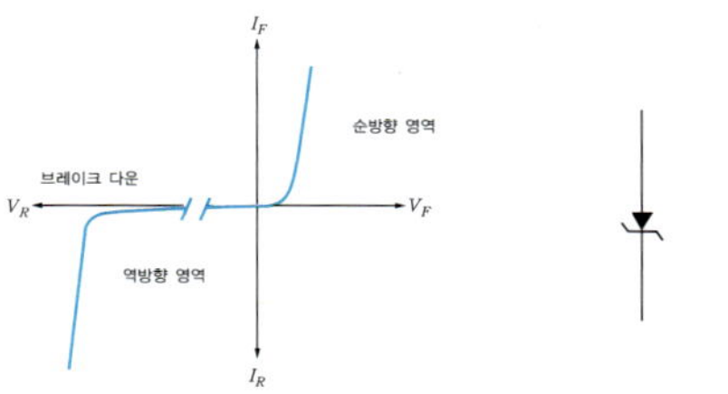

(a) 범용 다이오드의 특성곡선　　(b) 제너 다이오드 기호

[그림 3-1] 제너 다이오드의 기호와 특성곡선

■ 순방향 바이어스

순방향 바이어스는 일반 정류용 다이오드와 같이 양극(anode)에 전원의 양(+)의 극성을, 음극(cathode)에는 전원의 음(−)의 극성을 연결한 것이다. 순방향으로 바이어스 된 제너 다이오드도 일

70 CHAPTER 03. 특수 목적 다이오드

| 본문 |

전자회로를 이해하는 데 필요한
내용을 간결하게 설명한다.

이 책의 연습문제 답안은 다음 경로에서 다운로드할 수 있습니다.

http://www.hanbit.co.kr/src/4449

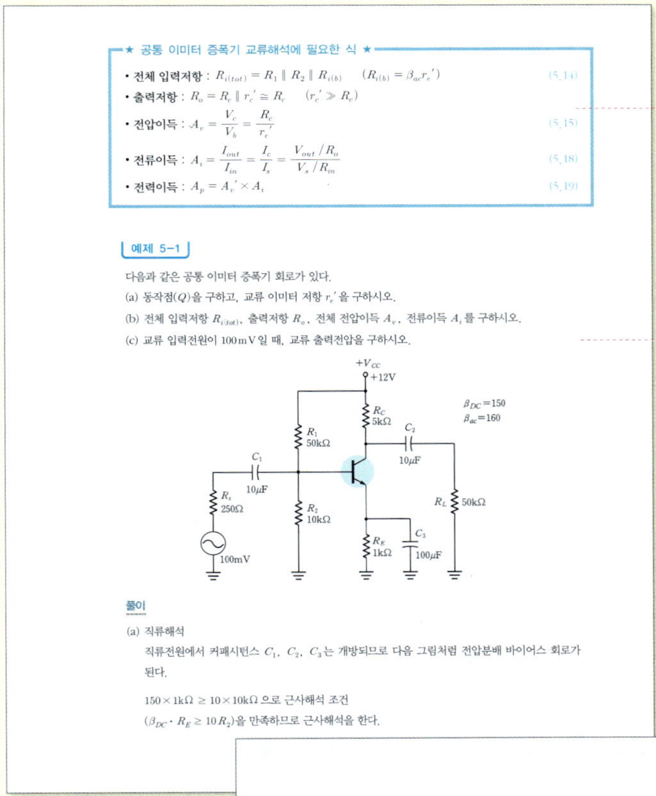

★ 공통 이미터 증폭기 교류해석에 필요한 식 ★

- **전체 입력저항** : $R_{i(tot)} = R_1 \parallel R_2 \parallel R_{i(b)} \quad (R_{i(b)} = \beta_{ac} r_e')$ (5.14)
- **출력저항** : $R_o = R_c \parallel r_c' \cong R_c \quad (r_c' \gg R_c)$
- **전압이득** : $A_v = \dfrac{V_c}{V_b} = \dfrac{R_c}{r_e'}$ (5.15)
- **전류이득** : $A_i = \dfrac{I_{out}}{I_{in}} = \dfrac{I_c}{I_s} = \dfrac{V_{out} / R_o}{V_s / R_{in}}$ (5.18)
- **전력이득** : $A_p = A_v' \times A_i$ (5.19)

예제 5-1

다음과 같은 공통 이미터 증폭기 회로가 있다.

(a) 동작점(Q)을 구하고, 교류 이미터 저항 r_e'을 구하시오.

(b) 전체 입력저항 $R_{i(tot)}$, 출력저항 R_o, 전체 전압이득 A_v, 전류이득 A_i를 구하시오.

(c) 교류 입력전원이 100 mV일 때, 교류 출력전압을 구하시오.

풀이

(a) 직류해석

직류전원에서 커패시턴스 C_1, C_2, C_3는 개방되므로 다음 그림처럼 전압분배 바이어스 회로가 된다.

$150 \times 1\text{k}\Omega \geq 10 \times 10\text{k}\Omega$ 으로 근사해석 조건

($\beta_{DC} \cdot R_E \geq 10 R_2$)을 만족하므로 근사해석을 한다.

| 별표 박스 |

본문 중 주요 수식을
강조하여 소개한다.

| 예제 |

본문에서 다룬 개념을 적용한 문제와
상세한 풀이를 제시한다.

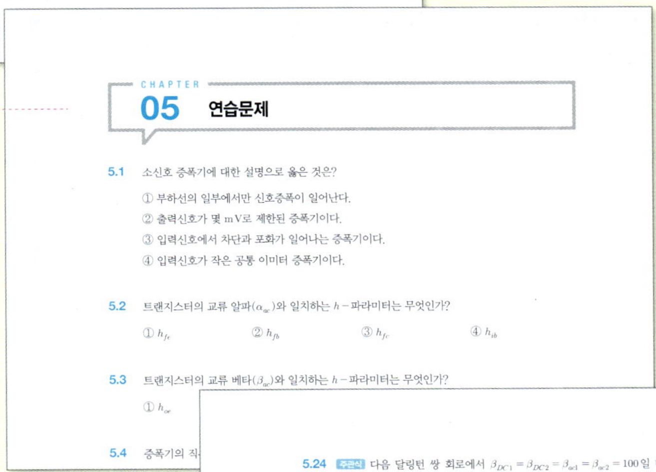

CHAPTER 05 연습문제

5.1 소신호 증폭기에 대한 설명으로 옳은 것은?

① 부하선의 일부에서만 신호증폭이 일어난다.
② 출력신호가 몇 mV로 제한된 증폭기이다.
③ 입력신호에서 차단과 포화가 일어나는 증폭기이다.
④ 입력신호가 작은 공통 이미터 증폭기이다.

5.2 트랜지스터의 교류 알파(α_{ac})와 일치하는 h-파라미터는 무엇인가?

① h_{fe} ② h_{fb} ③ h_{fc} ④ h_{ib}

5.3 트랜지스터의 교류 베타(β_{ac})와 일치하는 h-파라미터는 무엇인가?

① h_{oe}

5.4 증폭기의 직

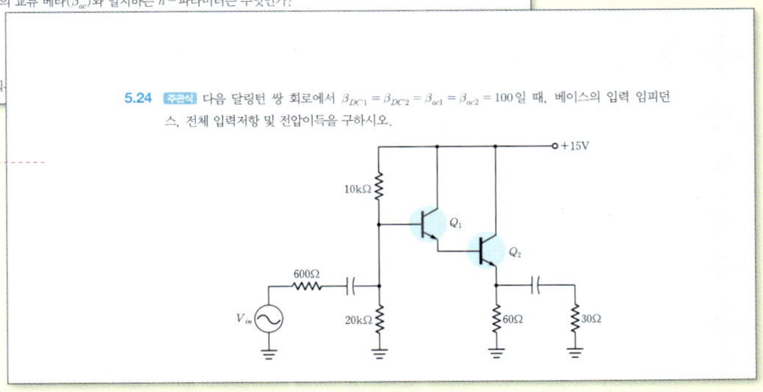

5.24 주관식 다음 달링턴 쌍 회로에서 $\beta_{DC1} = \beta_{DC2} = \beta_{ac1} = \beta_{ac2} = 100$일 때, 베이스의 입력 임피던스, 전체 입력저항 및 전압이득을 구하시오.

| 연습문제 |

해당 장에서 학습한 내용을
객관식/주관식 문제를 통해 확인한다.

학습 로드맵과 참고 문헌

학습 로드맵

이 책에서 다루는 내용이 무엇이고, 각 주제가 어떻게 연계되어 있는지 보여준다.

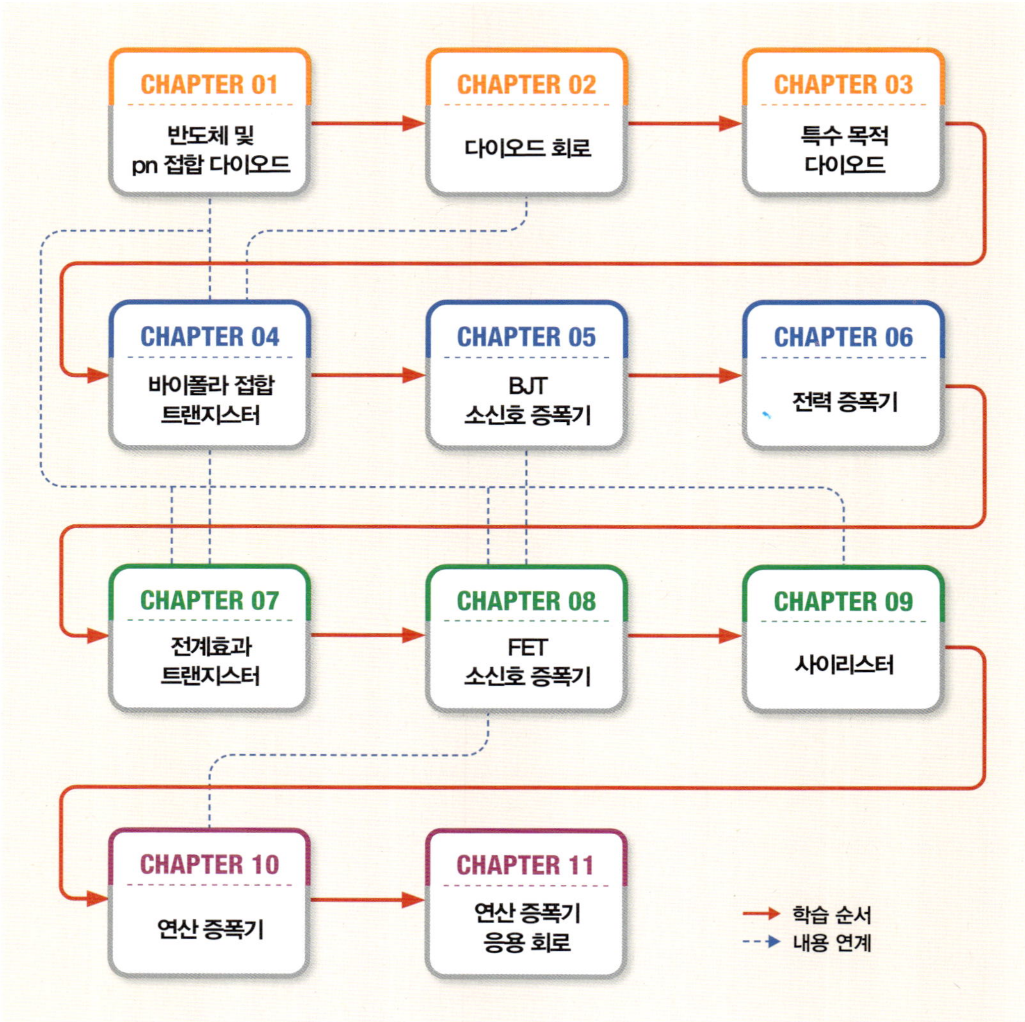

참고 문헌

- Thomas L. Floyd, 『Electronic Devices 9th Ed.』, Pearson India, 2011.
- Robert Boylestad, Louis Nashelsky, 『Electronic Devices and Circuit Theory 7th Ed.』, Prentice Hall, 1998.
- Albert Paul Malvino, 『Electronic Principles, 6th Ed.』, McGraw–Hall, 1998.
- Cunningham, Stuller, 『Circuit Analysis 2th Ed.』, Wiley, 1995.
- Aram Budak, 『Passive and Active Network Analysis and Synthesis』, Waveland Pr Inc, 1991.

Contents

Contents

Contents

CHAPTER 06 전력 증폭기

CHAPTER 07 전계효과 트랜지스터

CHAPTER 08 FET 소신호 증폭기

Contents

CHAPTER 01

반도체 및 pn 접합 다이오드

이 장에서는 전자회로에서 가장 기본이 되는 반도체를 이해하기 위해 먼저 원자의 구조 및 특성에 대해 알아보고, n형 반도체와 p형 반도체 그리고 pn 접합 다이오드의 순방향 바이어스, 역방향 바이어스에 대해 공부한다.

CONTENTS

SECTION 01 원자의 구조

이 절에서는 원자의 구조, 원자번호, 에너지 준위 및 에너지대, 전자각 및 최외각 전자 등에 대해 알아본다.

Keywords | 원자 | 원자번호 | 에너지 준위 | 전자각 및 최외각 전자 |

원자의 핵과 전자

모든 물질들은 원자들로 구성되어 있으며, 모든 원자들은 전자, 중성자 그리고 양성자들로 이루어져 있다. 원자란 원소의 특성을 유지할 수 있는 가장 조그마한 원소의 소립자를 말한다. 우리가 알고 있는 118개의 원소들은 모두 다른 형태를 갖고 있다. 이들은 유일한 원소의 구조를 갖고 있으며, 보어(Bohr)의 원자 모델에 따라 중심에는 핵이 있으며, 핵 주위 궤도를 따라 전자가 혹성처럼 움직인다. [그림 1-1]에서 핵은 양전하를 갖고 있는 양성자와 전기를 띠지 않는 중성자로 구성된다. 그리고 음전하를 갖고 있는 전자가 그 주변을 돈다.

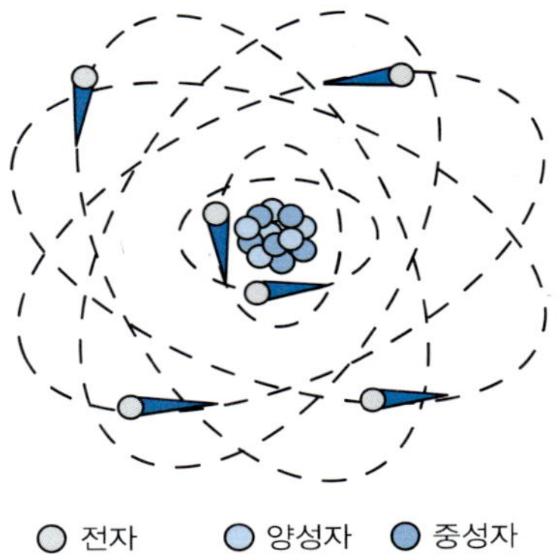

[그림 1-1] 원자의 핵(양성자, 중성자)과 전자

모든 원자들은 서로 각기 다른 수의 전자와 양성자를 갖고 있다. 예를 들어, 가장 간단한 원자인 수소는 [그림 1-2(a)]에 나타낸 것처럼 한 개의 양성자와 한 개의 전자를 갖고 있다. 헬륨 원자는 그림 (b)와 같이 핵에 두 개의 양성자와 두 개의 중성자를 갖고 있으며, 핵의 궤도에 두 개의 전자들을 갖고 있다.

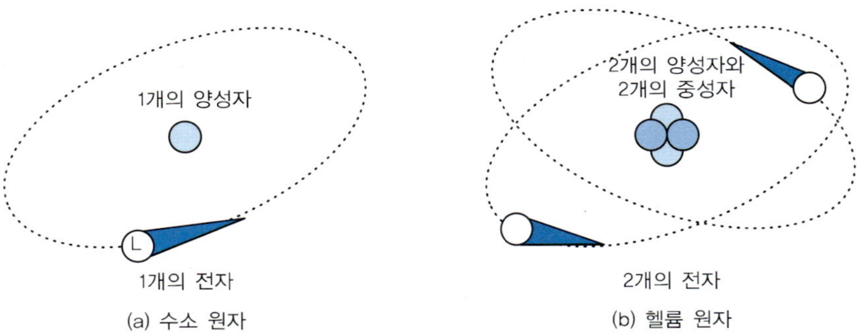

[그림 1-2] 수소와 헬륨의 원자 구조

원자번호

모든 원자들은 그들의 원자번호에 따라 순서대로 원소의 주기율표에 정리되어 있다. 원자번호는 전기적으로 중성인 원자의 전자 수와 같으며, 정상적인 상태에 있는 원자들은 모두 전기적으로 중성이기 때문에 원소들은 전자의 수와 똑같은 수의 양성자를 갖고 있다.

예를 들어, 전자가 1개인 수소의 원자번호는 1이고, 마찬가지로 전자가 2개인 헬륨의 원자번호는 2이다. 정상상태에서 모든 원자는 양성자의 수와 전자의 수가 같으므로 수소의 핵에는 양성자가 1개 있고, 헬륨의 핵에는 양성자가 2개 있다. 원자는 핵의 양(+)전하와 핵 주위의 음(−) 전하를 갖고 있는데, 그 수가 같기 때문에 양(+) 전하와 음(−)전하가 서로 상쇄되어 원자의 실제 전하량은 0이다.

에너지 준위 및 에너지대

전자는 원자핵으로부터 일정한 거리만큼 떨어진 궤도 위를 돌고 있다. 원자핵 주위의 궤도를 돌고 있는 전자들은 더 멀리 떨어진 궤도 위를 돌고 있는 전자들보다 훨씬 작은 에너지를 갖고 있으며, 원자구조 내에서 전자는 불연속적인 에너지를 갖는다고 알려져 있다. 따라서 전자는 핵으로부터 불연속적인 거리에 위치한 궤도만 돌아야 한다. 원자핵으로부터 각각 불연속적으로 떨어진 거리(궤도)는 특정 에너지 준위를 가지며 원자 내에서의 에너지 준위의 궤도를 **각**(shell)이라고 한다.

원자들은 정해진 수의 각을 갖고 있으며 각각의 각 내에는 정해진 전자들이 있다. 각 내에서 전자들은 다른 에너지 준위를 가지며, 에너지 준위의 차는 각 사이의 에너지 차보다 대단히 작다. 각들은 K, L, M, N 등으로 나타내며, K각은 원자핵에 가장 가까이에 있다. [그림 1−3]은 에너지대의 개념을 나타낸 것으로, K, L 각에 있는 각 전자들의 에너지 준위를 보여준다. 이때 원자의 각 내에 존재할 수 있는 최대 전자의 수는 다음과 같다.

$$N = 2n^2 \quad (\text{여기서 } n\text{은 } n\text{번째 각})$$

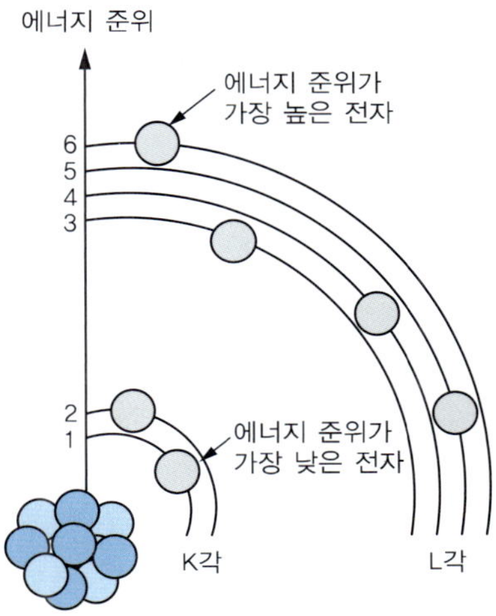

[그림 1−3] 에너지 준위

전자각 및 최외각 전자(가전자)

원자핵으로부터 멀리 떨어진 궤도상에 있는 전자들은 핵 가까이에 있는 전자들보다 높은 에너지를 가지며, 원자핵에 대한 구속력이 약하다. 이것은 양(+)으로 대전된 원자핵과 음(−)으로 대전된 전자 사이의 인력이 핵과 전자 사이의 거리가 멀수록 감소하기 때문이다. 가장 높은 에너지 준위를 갖는 전자는 원자의 최외각에 존재하는데, 이 최외각을 **가전자각**이라 한다. 가전자각 내에 있는 전자들을 **가전자**(최외각 전자, valence electron)라고 부른다. 이들 가전자들은 물질 내에서 화학적 반응과 결합에 관여하며, 물질의 특징을 결정짓는다. 특히 가전자들은 외부로부터 충분한 에너지를 얻으면 원자로부터 벗어나 자유전자가 되는데, 이것이 전기를 흐르게 하는 기초가 된다.

Q **최외각 전자의 특성은?**

A 최외각 전자들은 원자핵으로부터 가장 멀리 떨어져 있는 최외각에 존재하는 전자이다. 가장 높은 에너지 준위를 가지며, 원자핵으로부터 구속력이 약하다. 또한 최외각 전자는 물질의 특성을 결정하며, 외부로부터 충분한 에너지를 얻으면 가전자 대역에서 전도 대역으로 넘어가 자유전자가 된다.

SECTION 02

반도체

도체, 절연체, 반도체의 특성 및 이들의 가전자 대역과 전도 대역 사이의 에너지 갭에 대해 알아보고, 반도체들 중 실리콘과 게르마늄과의 차이점 및 공유결합에 대해 알아본다.

Keywords | 가전자 대역 | 전도 대역 | 에너지 갭 | 실리콘 | 게르마늄 | 공유결합 | 전자-정공 쌍 | 재결합 |

물질의 전기적 특성

모든 물질은 원자로 이루어지고, 원자들은 전류의 흐름과 같은 물질의 전기적인 특성을 나타낸다. **도체**(conductor)는 전류가 쉽게 흐르는 물질로, 이것들은 원자핵에 매우 약하게 속박된 오직 한 개의 가전자만을 갖는 원자구조로 되어 있다. 이렇게 약하게 속박된 가전자들은 원자들로부터 쉽게 떨어져나가 자유전자가 된다. 도체의 예로는 구리, 은, 금, 알루미늄과 같은 단일 원소 물질들이 있다.

절연체(insulator)는 가전자들이 원자핵에 강하게 속박되어 있어 자유전자가 거의 없다. 그래서 정상적인 조건에서 뿐만 아니라 어떠한 전기적인 조작을 하여 물질의 특성을 잃기 전까지는 전류가 전혀 흐르지 않는 물질을 말하는데, 단일 원소 물질보다는 주로 복합물질이다. 절연체의 예로는 고무, 유리, 운모, 수정 등이 있다.

반도체(semiconductor)는 전류의 흐름면에서 도체와 절연체 사이에 있는 물질로, 정상적인 조건에서는 전류가 거의 흐르지 못하지만 전기적(열적) 에너지를 가하면 전류가 흐르게 되는 물질을 말한다. 따라서 순수한 반도체(진성반도체)는 완전한 도체도 절연체도 아니다. 단일 원소의 반도체의 예로는 탄소(C), 실리콘(Si), 게르마늄(Ge) 등이 있다. [그림 1-4]에 실리콘 원자의 모델을 나타냈다. 실리콘은 원자핵에 14개의 양성자가 있고, 14개의 전자들이 있다. 최외각에는 4개의 전자가 있다.

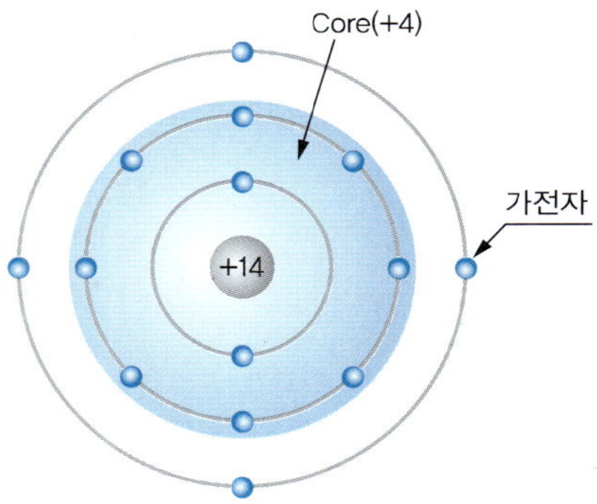

[그림 1-4] 실리콘 원자의 모델

밴드 갭

가전자 대역(valence band)과 전도 대역(conduction band) 사이의 에너지 차이를 에너지 갭(energy gap) 또는 **밴드 갭**(band gap)이라고 한다. 이것은 최외각에 존재하는 전자가 가전자 대역에서 전도 대역으로 이동하기 위해 필요로 하는 에너지 량이다. 원자의 최외각에 존재하는 전자들이 외부 에너지원으로부터 에너지 갭 이상의 충분한 에너지를 얻으면, 전자들은 최외각(shell)의 가전자 대역을 이탈하여 전도대(conduction band)라고 하는 대역으로 이동하게 되어 자유전자가 된다. 전도대에 들어간 전자는 물질 내에서 자유롭게 움직이고 어떠한 원자에도 속박되지 않는다.

[그림 1-5]는 절연체, 반도체, 도체의 에너지 다이어그램을 나타낸 것이다. 그림 (a)는 절연체의 에너지 갭을 나타낸다. 그림에서 보듯이 절연체 물질은 에너지 갭이 너무 커서 이 에너지 갭을 극복하여 전도 대역으로 전자를 보내기 위해 극단적인 고전압(에너지)을 가하면 항복(break down)상태에 도달한다. 이 항복상태를 제외하고는 가전자대의 가전자가 전도 대역으로 넘어가지 못한다. 그림 (b)는 반도체의 에너지 갭을 나타낸 것으로, 비교적 에너지 갭이 좁다. 따라서 이는 외부의 에너지원(빛, 온도 등)으로부터 충분한 에너지를 얻게 되면 가전자 대역의 전자들이 전도 대역으로 넘어간다. 또한 그림 (c)는 도체의 에너지 갭을 나타낸 것으로, 가전자 대역과 전도 대역이 겹쳐있어 에너지 갭이 없기 때문에 별도의 외부 에너지가 없어도 전도대에 자유전자가 항상 존재한다.

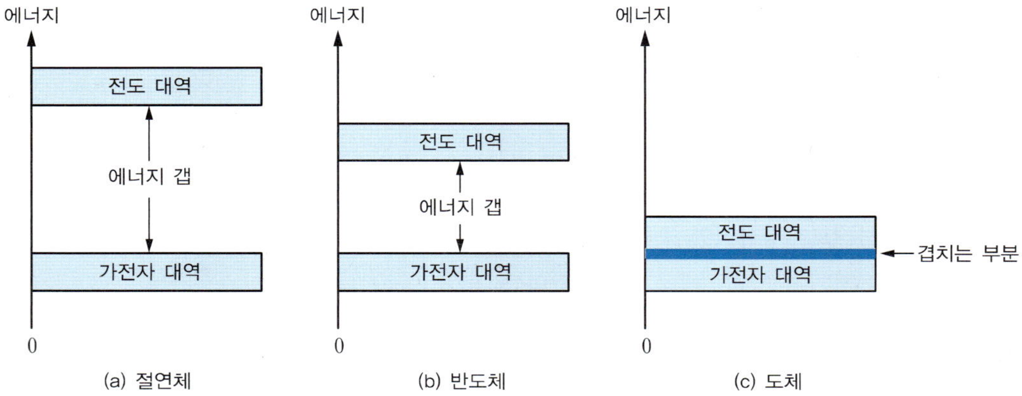

[그림 1-5] 절연체, 반도체 그리고 도체의 에너지 갭

실리콘과 게르마늄

[그림 1-6]은 실리콘과 게르마늄의 원자구조를 보여준다. 실리콘과 게르마늄은 원소 주기율표의 4족에 존재하는 반도체로, 최외각 전자가 4개임을 알 수 있다. 실리콘의 가전자는 세 번째 각에 있고, 게르마늄의 가전자는 네 번째 각에 있다. 이것은 게르마늄의 가전자들이 실리콘의 가전자들보다 높은 에너지 준위 상태에 있으며, 게르마늄의 가전자가 원자의 속박에서 벗어나기 위해 필요한 에너지가

실리콘보다 작다는 것을 나타낸다. 이 특성으로 인해 게르마늄은 실리콘보다 고온에서 훨씬 불안정해진다. 따라서 실리콘이 게르마늄보다 온도특성이 우수하여 다이오드, 트랜지스터, 집적회로 등의 반도체 소자로 가장 널리 사용된다.

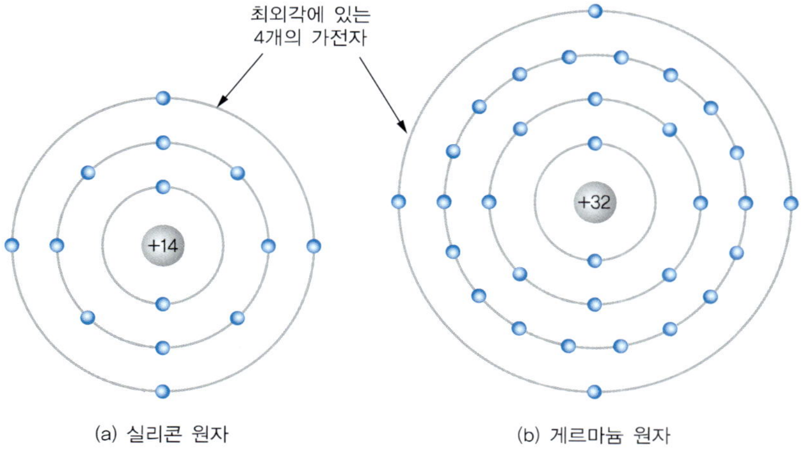

[그림 1-6] 실리콘과 게르마늄 원자

공유결합

반도체 물질로 광범위하게 사용되는 실리콘과 게르마늄 원자는 4개의 가전자를 가지는 4가 원자이다. 불순물이 섞이지 않은 고체상태의 이들 분자는 결정이라고 하는 고정된 배열을 갖는다. [그림 1-7]의 (a)와 (b)는 4개의 인접 원자가 공유결합을 하고 있는 모형을 보여준다. 4개의 가전자를 가진 이들 원자는 최외각에 8개의 전자를 가질 수 있으므로 4개의 인접 원자들이 서로 공유결합을 한다. 그림 (c)는 이들 분자의 결정 구조 내의 배열을 보여준다.

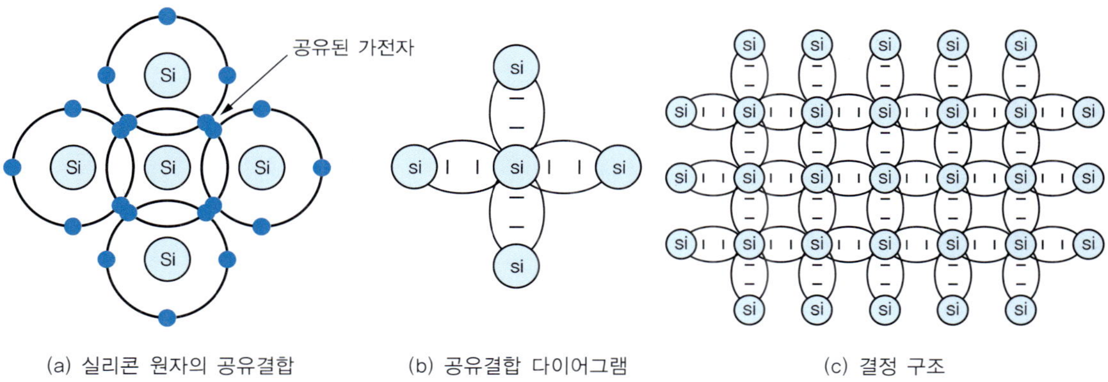

[그림 1-7] 실리콘의 공유결합

전도전자와 정공

순수한 실리콘이나 게르마늄만으로 이루어진 반도체를 **진성반도체**라 한다. 실온에서 진성반도체의 실리콘이나 게르마늄 결정이 주위 공기로부터 일부 가전자가 가전자 대역과 전도 대역 사이의 밴드갭을 뛰어넘을 만큼 충분한 에너지를 얻으면 자유전자가 된다. 이 자유전자는 어떤 원자에도 속박되지 않으면서 자유롭게 이동한다. 이 자유전자를 **전도전자**(conduction electron)라고도 부른다. [그림 1-8]에 에너지 다이어그램과 결합 다이어그램을 나타냈다.

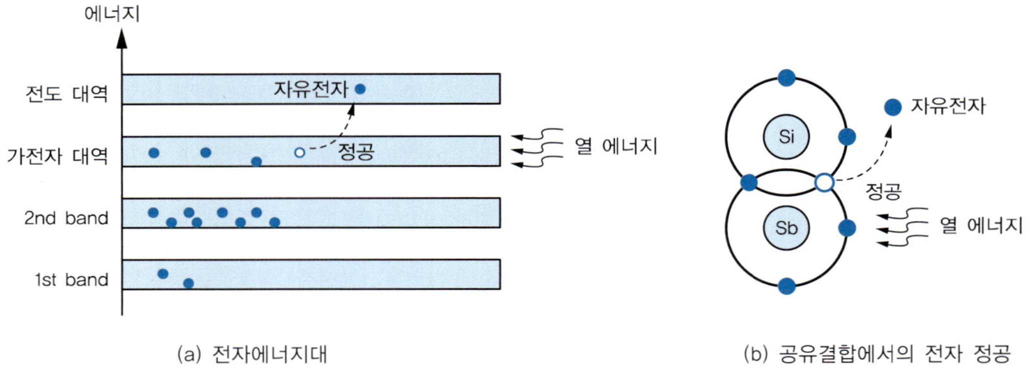

[그림 1-8] 실리콘 결정에서의 전자-정공 쌍의 생성

전자가 전도대로 넘어오면 가전자대에는 빈자리가 하나 남게 되는데, 이 빈자리를 **정공**(hole)이라 하며, 전도대의 자유전자를 **전자**(electron)라 한다. 이처럼 외부 에너지에 의해 가전자가 전도대로 넘어감으로써 생기는 빈자리와 전자를 **전자-정공 쌍**(electron-hole pair)이라 한다. 반대로 전도 대역에 있는 전자가 에너지를 잃고 가전자대의 정공 속으로 다시 떨어지는 경우에는 이를 **재결합**(recombination)이라 한다.

SECTION
03

n형 반도체 및 p형 반도체

반도체의 전기 전도성을 높이기 위해 4가의 진성반도체에 5가의 불순물을 도핑한 n형 반도체와 3가의 불순물을 도핑한 p형 반도체의 특성을 알아본다.

Keywords | 진성반도체 | n형 반도체 | p형 반도체 | 다수 캐리어 | 소수 캐리어 | 전자 정공 |

최외각 전자가 4가인 순수한 진성반도체에서는 전도대 내의 자유전자와 가전자대의 정공 수가 매우 적어 전류가 잘 흐르지 않는다. 반도체의 전류를 증가시키기 위해서는 자유전자와 정공의 수를 증가시켜야 하는데, 이것은 순수한 진성반도체에 불순물을 첨가(doping)함으로써 달성할 수 있다. 4가의 순수한 진성반도체에 5가의 불순물을 첨가한 반도체를 n형 반도체, 3가의 불순물을 첨가한 반도체를 p형 반도체라 부른다.

n형 반도체

진성반도체의 전도대에 자유전자를 증가시키기 위해 비소(As), 인(P), 안티몬(Sb)과 같은 5개의 가전자를 갖는 5가 원자인 불순물을 첨가한다. [그림 1-9]는 실리콘 결정에 5가 원자인 안티몬을 첨가했을 때, 안티몬 원자 1개가 실리콘 원자 4개와 공유결합을 하고 있는 것을 보여준다.

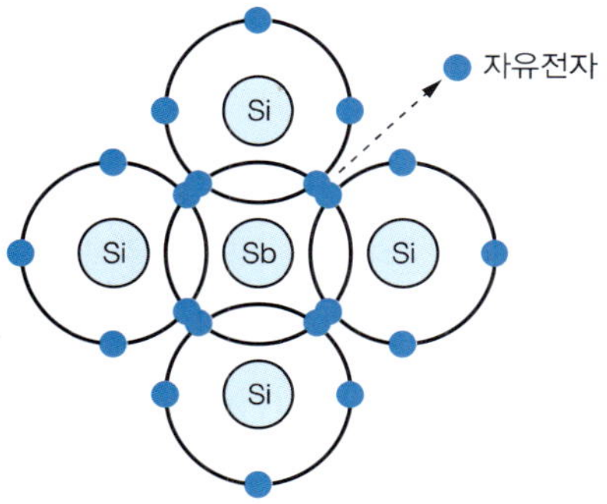

[그림 1-9] 안티몬 원자와 실리콘 원자의 공유결합

안티몬 원자의 가전자 중 4개는 실리콘 원자와 공유결합을 하고 나머지 전자는 잉여전자로 남는다. 이 전자는 원자에 구속되지 않기 때문에 자유전자가 된다. 이때 자유전자의 수는 불순물 농도에 의해 결정된다. 이러한 방법으로 도핑된 반도체를 **n형 반도체**(n-type semiconductor)라 한다.

n형 반도체는 불순물에 의해 형성되는 다수의 자유전자와 공기 중 열에 의해 발생하는 소수의 정공을 갖는다. 이때 n형 반도체의 대부분의 전류는 자유전자에 의해 형성되므로 자유전자를 **다수 캐리어**(majority carrier)라 하며, 극히 소량이긴 하지만 정공에 의해서도 전류가 형성되므로 정공을 **소수 캐리어**(minority carrier)라 한다. 또한 n형 반도체는 한 개의 전자를 제공하기 때문에 **도너 원자**(donor atom)라고도 부른다.

p형 반도체

진성반도체의 가전자대에 정공 수를 증가시키기 위해 알루미늄(Al), 붕소(B), 갈륨(Ga)과 같은 3개의 가전자를 갖는 3가 원자인 불순물을 첨가한다. [그림 1-10]은 실리콘 결정에 3가 원자인 붕소를 첨가했을 때, 붕소 원자 1개가 실리콘 원자 4개와 공유결합을 하고 있는 것을 보여준다.

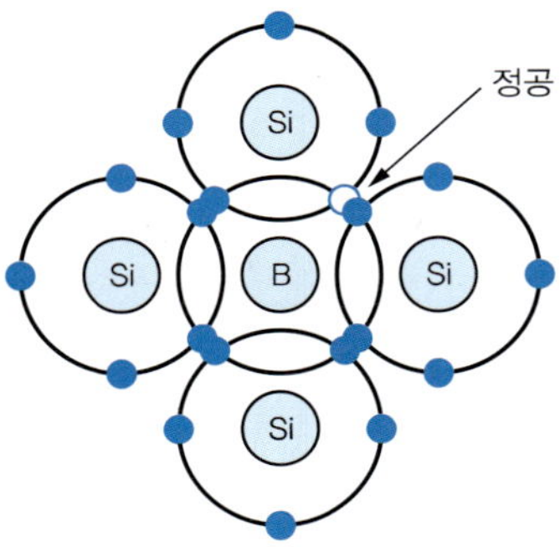

[그림 1-10] 붕소 원자와 실리콘 원자의 공유결합

붕소 원자의 가전자 3개가 실리콘 원자 4개와 공유결합을 하면 전자가 하나 부족하게 되어 정공을 형성한다. 이때 정공의 수는 불순물 농도에 의해 결정되는데, 이러한 방법으로 도핑된 반도체를 **p형 반도체**(p-type semiconductor)라 한다.

p형 반도체는 불순물에 의해 생성되는 다수의 정공과 공기 중 열에 의해 발생하는 소수의 자유전자를 갖는다. 이때 p형 반도체의 대부분의 전류는 정공에 의해 형성되므로 정공을 다수 캐리어라 하며, 극히 소량이긴 하지만 자유전자에 의해서도 전류가 형성되므로 자유전자를 소수 캐리어라 한다. 또한 p형 반도체는 전자 한 개를 끌어당겨 비어 있는 정공을 채우려 하기 때문에 **억셉터 원자**(acceptor atom)라고 부른다.

SECTION 04

pn 접합 다이오드

p형 반도체와 n형 반도체를 접합한 소자를 pn 접합 다이오드라 하며, p형 반도체와 n형 반도체를 접합했을 때 발생하는 현상, 즉 공핍층, 장벽전위, 이온화 등을 알아본다. 또한 접합영역의 에너지대의 변화, 순방향 바이어스, 역방향 바이어스 등에 대해 알아본다.

Keywords | 공핍층 | 장벽전위 | 이온화 | 순방향 바이어스 | 역방향 바이어스 |

pn 접합 다이오드의 구조

pn 접합 다이오드는 5가의 불순물로 도핑된 n형 반도체와 3가의 불순물로 도핑된 p형 반도체를 접합하여 만든 반도체를 말한다. [그림 1-11]에 pn 접합 다이오드의 구조를 나타냈다.

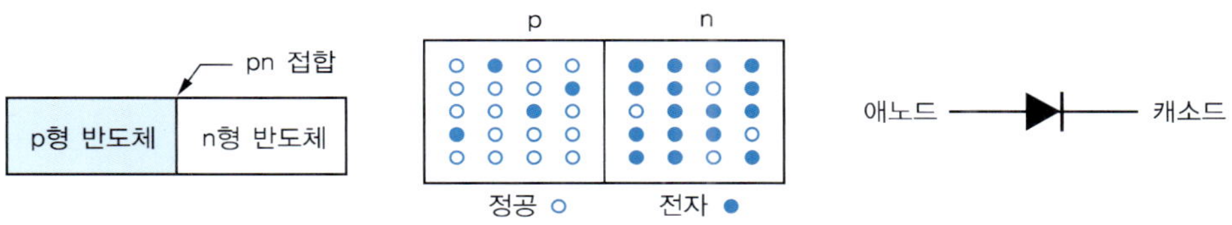

(a) 접합 다이오드 (b) 전자와 정공 (c) 접합 다이오드의 기호

[그림 1-11] pn 접합 다이오드

[그림 1-11]의 그림 (a)는 p형 반도체와 n형 반도체의 접합을 나타낸 것이다. 그림 (b)에서 n형 반도체 영역은 다수 캐리어인 자유전자와 열에 의해 발생하는 소수 캐리어인 정공을 보여주며, p형 반도체 영역은 다수 캐리어인 정공과 열에 의해 발생하는 소수 캐리어인 전자를 보여준다. 그림 (c)는 pn 접합 다이오드의 기호를 나타낸 것이다.

공핍층

p형 반도체와 n형 반도체를 접합하면 pn 접합 근처에 있는 n형 반도체의 전자와 p형 반도체의 정공이 재결합한다. 재결합이 이루어진 n형 반도체는 (+)전하로 대전되어 양이온이 되고, p형 반도체는 (−)전하로 대전되어 음이온이 된다. 이때 접합 부분에는 전자나 정공이 존재하지 않는 층이 만들어지는데, 이를 **공핍층**(depletion layer)이라 한다. [그림 1-12]는 pn 접합의 공핍층을 보여준다.

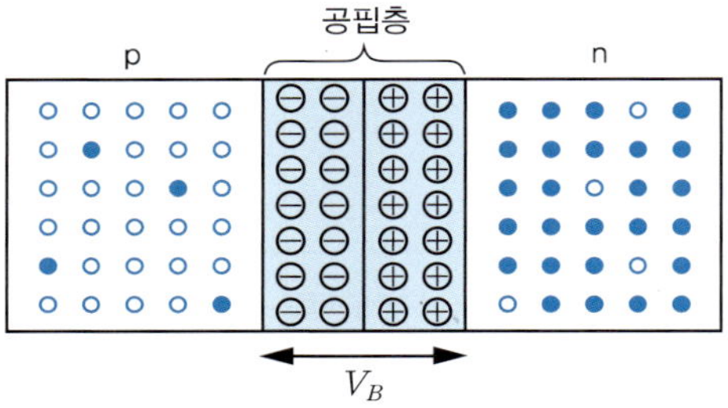

[그림 1-12] pn 접합부의 공핍층

[그림 1-12]와 같이 접합의 양쪽에 양이온과 음이온이 존재하여 공핍층 양단에 전위장벽(barrier potential, V_B)이 형성된다. 상온에서 실리콘의 V_B는 약 0.7 V이고, 게르마늄의 V_B는 약 0.3 V이다.

pn 접합 다이오드의 에너지대

3가 원자의 가전자대에 대한 핵의 인력은 5가 원자의 가전자대에 대한 핵의 인력보다 약하다. 따라서 pn 접합이 형성되기 전에는 [그림 1-13(a)]와 같이 p형의 3가 불순물 원자의 에너지대가 n형의 5가 불순물 원자의 에너지대보다 높다. 또한 p형과 n형의 전도대와 가전자대가 일부 겹치게 된다. pn 접합이 형성되면 n형 반도체의 전도대 상단에 존재하는 전자는 p형 반도체의 전도대 하단을 통해 확산하고, 확산된 전자는 p형 반도체의 가전자대 정공과 재결합하여 공핍층이 형성된다.

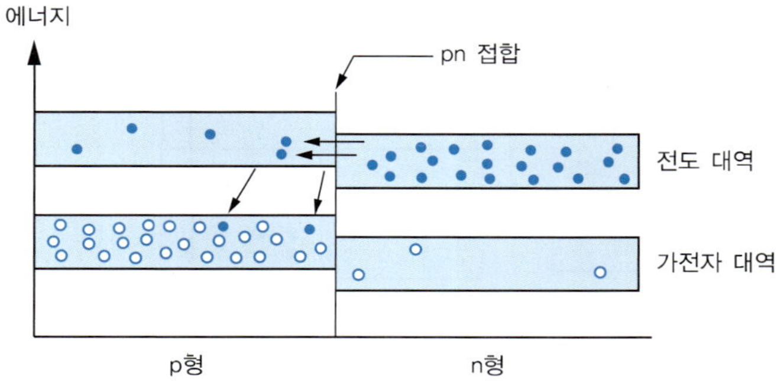

(a) 확산이 진행 중인 pn 접합의 에너지대

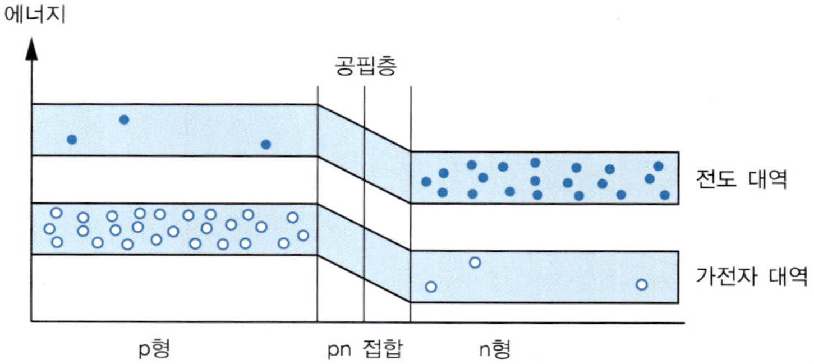

(b) 평형상태의 pn 접합의 에너지대

[그림 1-13] pn 접합의 에너지대

또한 높은 에너지의 전자가 확산으로 인해 에너지를 잃게 되므로 n형 반도체 영역 에너지대는 아래로 내려가게 된다. 확산이 계속 이루어지면 n형 반도체 영역의 전도대 상단이 p형 반도체 영역의 전도대 하단과 일치하게 된다. 이때 확산이 멈추고 전자가 이동하지 않은 평형상태가 된다. [그림 1-13(b)]는 평형상태에서의 에너지대를 나타낸 것으로, 공핍층 양단에 에너지 경사가 존재한다.

pn 접합 다이오드의 바이어스 : 순방향 바이어스

순방향 바이어스(forward bias)는 pn 접합을 통해 전류가 잘 흐르게 하기 위한 방법으로, [그림 1-14]의 그림 (a)와 같이 전원의 양극을 p형 영역에, 음극을 n형 영역에 연결하는 것을 말한다. 순방향 바이어스 상태에서 음극전원은 n영역의 전도전자를 접합 쪽으로 이동시키고, 양극전원은 p영역의 정공을 접합 쪽으로 이동시킨다. 이때 전도전자가 공핍층을 통과할 수 있는 충분한 에너지를 외부 전원으로부터 얻으면 p영역의 가전자대의 정공과 결합하게 된다. 이러한 p영역의 가전자 이동은 정공의 이동을 초래한다. n영역의 전류는 접합 쪽으로 이동하는 전도전자에 의해 형성되고, p영역의 전류는 전자의 이동에 의해서 접합 쪽으로 이동하는 정공에 의해 형성된다. (실제로 정공은 이동하지 않는다.) 그림 (b)는 정공전류와 전자전류를 보여준다. 순방향 상태에서 전도전자가 공핍층을 통과할 수 있는 에너지를 전위장벽 V_B라 하는데, 실리콘의 경우에는 0.7 V, 게르마늄의 경우에는 0.3 V이다. 전위장벽은 순방향 바이어스와 반대로 작용한다고 생각할 수 있으며, 이때 p형과 n형의 등가저항을 R_p와 R_n으로 나타낼 수 있으므로, 순방향 바이어스 상태에서의 다이오드를 그림 (c)와 같이 등가적으로 나타낼 수 있다. 다이오드가 순방향 바이어스 상태가 되면 다이오드의 양단 전압은 전위장벽과 같고, R_p와 R_n으로 이루어지는 내부저항은 극히 작다.

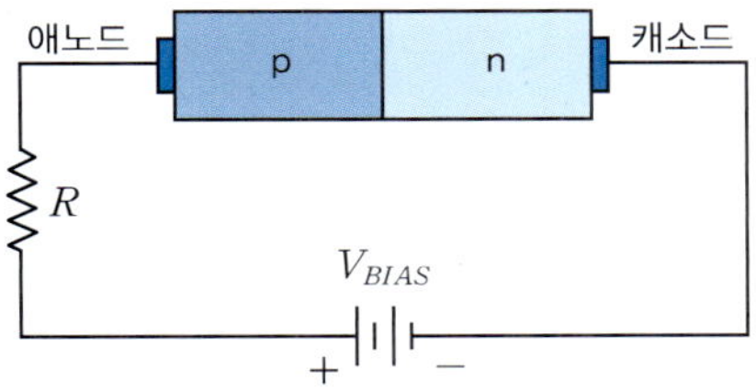

(a) 다이오드의 순방향 바이어스

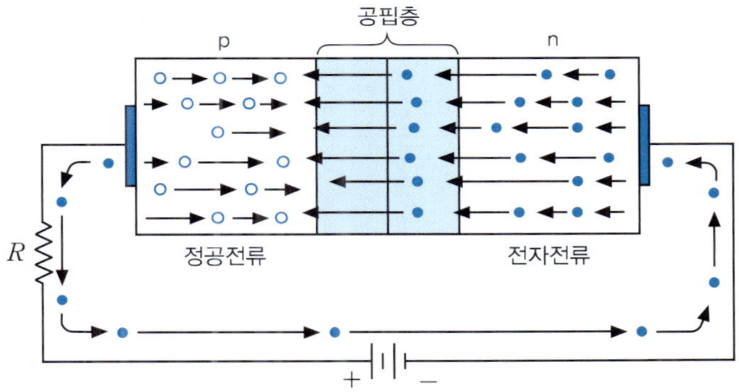

(b) 다이오드의 전자·정공전류

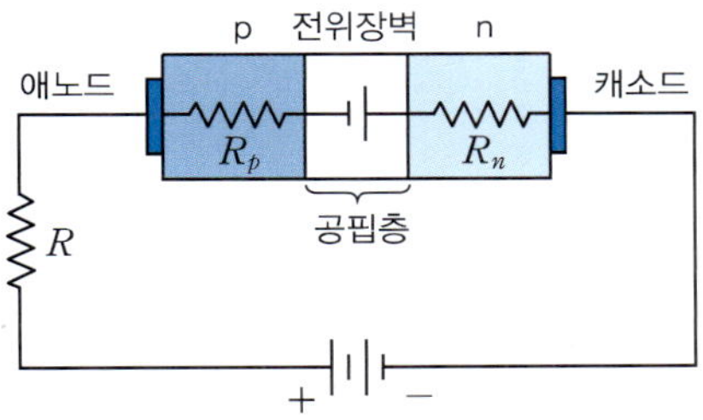

(c) 다이오드의 전위장벽과 등가저항

[그림 1-14] 다이오드의 순방향 바이어스

순방향으로 바이어스 된 이상적인 다이오드는 마치 스위치처럼 한 방향으로만 전류가 흐르는 단락회로와 같으나, 실용모델에서는 순방향 장벽전위 전압 0.7 V를 인가해야 다이오드가 단락회로로 동작한다.

pn 접합 다이오드의 바이어스 : 역방향 바이어스

역방향 바이어스(reverse bias)는 pn 접합을 통해 전류가 흐르지 못하게 하기 위한 방법으로, [그림 1-15]의 그림 (a)와 같이 전원의 양극을 n영역에, 음극을 p영역에 연결하는 것을 말한다. 역방향 바이어스 상태에서 양극전원은 n영역의 전도전자를 바깥으로 끌어당기고, 음극전원은 p영역의 정공을 바깥으로 끌어당긴다. 따라서 그림 (b)와 같이 더 많은 양이온이 n영역에 생성되고 더 많은 음이온이 p영역에 생성되어 공핍층이 더욱 넓어진다. 공핍층은 전위장벽이 외부 바이어스 전압과 같아질 때까지 넓어지며, 이때 정공과 전도전자는 공핍층을 통과할 수 없으므로 전류는 흐르지 않게 된다.

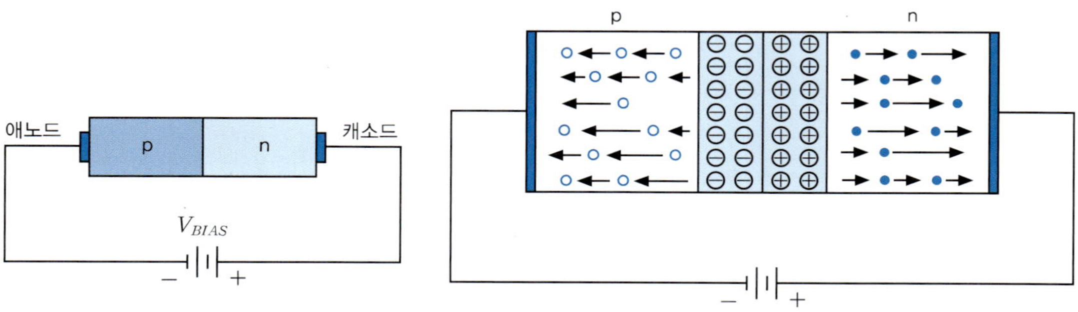

(a) 다이오드의 역방향 바이어스 (b) 다이오드의 공핍층 증가

[그림 1-15] 다이오드의 역방향 바이어스

역방향 바이어스일 경우 다수 캐리어에 의한 전류는 0이 되지만, 소수 캐리어에 의해 만들어지는 매우 적은 누설전류 I_o가 존재하며, I_o는 외부 바이어스 전압의 크기에 관계없이 거의 일정하다. 누설전류 I_o는 게르마늄의 경우 μA 단위이다.

예제 1-1

다음 그림의 다이오드가 순방향인지, 역방향인지 설명하시오.

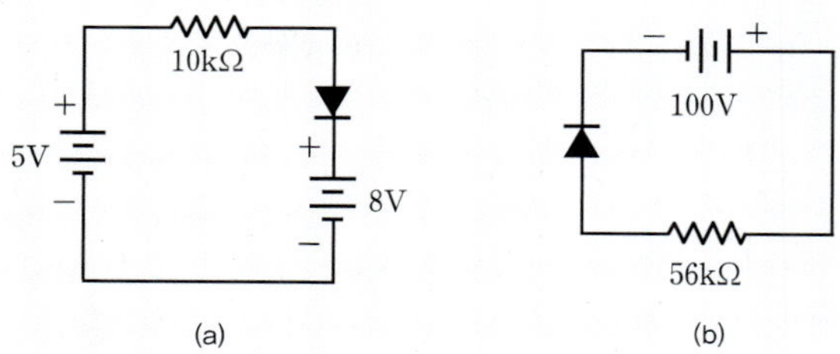

풀이

(a) 다이오드의 양극(Anode) 쪽(+5 V)보다 음극(Cathode) 전압(+8 V)이 높으므로 역방향 바이어스 되어 있다.

(b) 다이오드의 음극(Cathode) 쪽이 전원(100 V)의 음극(−)에, 양극(Anode)이 전원의 양극에 연결되어 있으므로 순방향 바이어스 되어 있다.

항복현상

다이오드의 정격전압은 다이오드가 파괴되기 전까지 견딜 수 있는 역방향 전압의 한계를 말한다. 다이오드의 정격전압을 초과하여 역방향 바이어스 전압을 계속 증가시키면 다이오드가 파괴되는 **항복전압**(breakdown voltage)에 도달하게 된다. 항복전압에 도달하게 되면 대단히 많은 소수 캐리어가 갑자기 공핍층에 나타나고, 역방향 전류가 급격히 증가하게 된다.

일반적으로 역방향으로 바이어스 되어 있을 때 소수 캐리어에 의한 전류가 미소하게 흐른다. 역방향 전압을 증가시키면 소수 캐리어들은 더욱 빠르게 이동하면서 결정의 원자들과 충돌한다. 충분한 에너지를 가진 소수 캐리어들의 충돌에 의해 자유전자가 생성되며, 새로 생성된 소수 캐리어들은 기존의 소수 캐리어들과 함께 다른 원자들과 충돌하여 또 다른 자유전자를 생성시킨다. 즉 자유전자 1개가 다른 원자의 가전자를 유리시키면 자유전자는 2개가 되며, 2개의 자유전자는 다시 2개의 원자와 충돌하여 2개의 자유전자를 만들어 4개의 자유전자가 된다. 이런 과정은 자유전자를 기하급수적으로 발생시키게 되어 전도전자가 증가하게 되는데, 이를 **애벌런치 효과**(avalanche effect)라 한다. 이때 이 역방향 전류를 제한하지 않으면 수반되는 발열 현상에 의해 다이오드가 파괴된다. 일반적으로 항복전압은 50 V 이상이다.

대부분의 다이오드는 정격전압을 규격표에 명시함으로써 역방향 항복상태에서 동작하지 않도록 하고 있으며, 다이오드가 파괴되지 않도록 전류의 크기를 제한하는 전류 제한 저항을 다이오드 회로에 첨가한다.

CHAPTER

01 연습문제

1.1 원자는 무엇으로 이루어져 있는가?

① 1개의 핵과 1개의 전자　　② 1개의 핵과 하나 또는 그 이상의 전자들
③ 양성자, 전자, 핵　　④ ②와 ③

1.2 가전자에 대한 설명으로 옳은 것은?

① 핵의 가장 가까운 궤도상에 있다.　　② 핵으로부터 가장 먼 궤도상에 있다.
③ 핵 주위의 여러 궤도상에 있다.　　④ 개개의 원자와 연관되지 않는다.

1.3 재결합은 언제 일어나는가?

① 전도대의 전자가 가전자 대의 정공 속으로 떨어질 때
② 양이온과 음이온이 결합할 때
③ 가전자가 전도전자로 될 때
④ 결정이 이루어질 때

1.4 실리콘 결정에서 공유결합하는 전자는 무엇이고, 몇 개인가?

① 4개 가전자들　　② 8개의 가전자, 그 자신이 4개이고 4개는 결합
③ 4개의 전도전자　　④ 모두 다른 원자들과 결합하기 때문에 없다.

1.5 n형 반도체에 다수 캐리어는 무엇인가?

① 정공　　② 전자　　③ 중성자　　④ 양자

1.6 n형 반도체에 소수 캐리어는 무엇인가?

① 정공　　② 전자　　③ 중성자　　④ 양자

1.7 p형 반도체에 다수 캐리어는 무엇인가?

① 정공　　② 전자　　③ 중성자　　④ 양자

1.8 p형 반도체에 소수 캐리어는 무엇인가?

① 정공　　② 전자　　③ 중성자　　④ 양자

1.9 전류가 역방향 바이어스에 의해 차단되었을 때 그곳에는 어떤 변화가 있는가?

① 다수 캐리어로 인한 전류가 약간 흐른다.
② 소수 캐리어로 인한 전류가 미소하게 흐른다.
③ 애벌런치 전류가 흐른다.
④ 아무런 전류가 흐르지 않는다.

1.10 실리콘 다이오드가 순방향 바이어스 되었을 때 바이어스 값은 대략 얼마인가?

① 0.3 V 보다 커야 한다.　　② 0.7 V 보다 커야 한다.
③ 공핍층의 폭에 의존한다.　　④ 소수 캐리어의 농도에 의존한다.

1.11 주관식 다음 그림의 다이오드가 순방향 바이어스인지, 역방향 바이어스인지 결정하라.

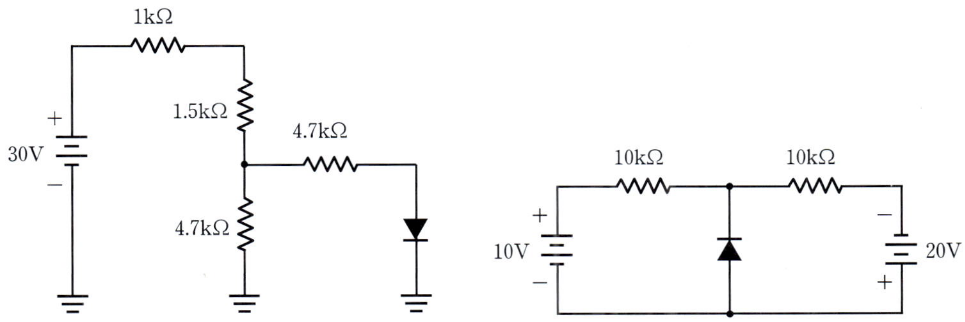

(a)　　(b)

CHAPTER

02

다이오드 회로

이 장에서는 다이오드의 전압-전류 특성을 설명한 후, 간략모델(실용모델) 해석에 대해 알아보고, 반파 정류기, 전파 정류기, 다이오드 리미팅 회로, 클램핑 회로, 배전압 회로에 대해 설명한다.

CONTENTS

SECTION 01

다이오드의 전압-전류 특성

이 절에서는 pn 접합 다이오드에 순방향 바이어스를 가한 경우의 전압과 전류 특성 및 역방향 바이어스를 가했을 경우의 전압과 전류 특성, 그리고 다이오드의 등가모델에 대해 공부한다.

Keywords | 순방향 영역 | 무릎전압 | 전압-전류(V-I) 특성곡선 | 동저항 |

순방향 바이어스의 전압-전류(V-I) 특성

[그림 2-1(a)]의 다이오드 회로처럼 p형 반도체에 양 전위, n형 반도체에 음 전위를 연결하면 순방향 바이어스 상태가 된다. 즉 순방향 바이어스 전위 V_{BB}를 가하면 n형 반도체의 전자와 p형 반도체의 정공들은 주위의 이온과 재결합하게 되어 공핍영역의 폭이 줄어든다. 공핍영역의 감소로 인해 다수 캐리어가 접합부를 가로질러 상당히 많이 흐르게 된다. 바이어스 전압의 크기가 증가함에 따라 공핍영역의 폭은 더욱 감소하고, 수많은 전자들이 접합부를 통과하게 되어 전류가 지수함수적으로 상승하게 된다. 실리콘 다이오드의 경우 순방향 바이어스 전압이 약 0.7V(전위장벽)가 되는 시점부터 순방향 전류는 급격히 증가하기 시작한다.

■ 순방향 V-I 특성곡선

[그림 2-1(a)]와 같이 순방향 바이어스 되었을 때, 전압-전류 특성곡선(V-I 특성곡선)을 그리면 그림 (b)와 같다. 그림을 보면 다이오드의 순방향 영역에서 순방향 전압이 특성곡선의 무릎전압(knee voltage)인 약 0.7V에 도달할 때까지 순방향 전류는 미소하게 증가한다. 그러나 순방향 전압이 무릎점을 약간 지나면(거의 0.7V를 유지함) 순방향 전류는 급속히 증가한다.

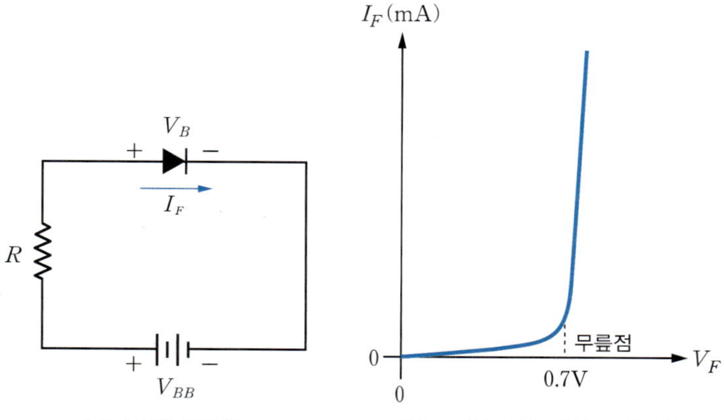

(a) 순방향 바이어스 (b) 순방향 전압-전류 특성곡선

[그림 2-1] 다이오드의 순방향 전압-전류 특성곡선(V-I 특성곡선)

■ 순방향 교류 저항(동저항)

다이오드는 비선형 소자로서, 순방향 전압의 증가에 비례하여 순방향 전류가 증가하지 않는다. 순방향 영역에서 다이오드의 내부 동저항은 흐르는 전류에 따라 다르다. 즉 내부저항은 V-I 특성곡선을 따라 변하기 때문에 순방향 교류 저항 혹은 동저항(dynamic resistance, R_D)이라 부른다. V-I 특성곡선의 무릎전압(0.7 V) 아래에서는 전압의 변화에 대해 전류의 변화가 거의 없기 때문에 이 부분에서 저항 값은 매우 크다($R_D = \Delta V_F / \Delta I_F$). 이 저항은 곡선의 무릎전압에서부터 감소하기 시작한다. 그러다가 무릎전압 위에서는 주어진 전압의 변화에 대한 전류가 크게 증가하기 때문에 이 부분에서 저항 값은 매우 적다. 예를 들어, 다이오드 1N914의 동저항을 계산하면 순방향 전압과 전류는 각각 (0.65 V, 10 mA), (0.75 V, 30 mA), (0.85 V, 100 mA)이다. 이 다이오드의 동저항을 구하면

❶ $R_{F(0.65\text{V} \sim 0.75\text{V})} = \dfrac{(0.75 - 0.65)\text{V}}{(30 - 10)\text{mA}} = \dfrac{0.1\text{V}}{20\text{mA}} = 5\,\Omega$

❷ $R_{F(0.75\text{V} \sim 0.85\text{V})} = \dfrac{(0.85 - 0.75)\text{V}}{(100 - 30)\text{mA}} = \dfrac{0.1\text{V}}{70\text{mA}} = 1.43\,\Omega$

이며, 순방향 전류가 순방향 인가 전압에 비해 급격히 증가하기 때문에 교류 저항(동저항)은 감소한다.

역방향 바이어스의 전압-전류(V-I) 특성

■ 역방향 V-I 특성곡선

[그림 2-2(a)]와 같이 역방향 바이어스 되었을 때, 전압-전류 특성곡선(V-I 특성곡선)을 그리면 그림 (b)와 같다. 그림에서처럼 역방향 바이어스 상태로 되면 접합을 통해 극히 적은 역방향 전류(I_R)만 흐른다. 다이오드에 가해지는 전압을 역방향으로 점점 증가시키면 매우 적은 역방향 전류가 흐르고 다이오드 양단의 전압도 증가한다. 다이오드 양단의 역방향 전압(V_R)이 항복전압(V_{BR})에 이를 때까지는 미소한 역방향 전류가 흐르다가 역방향 전압을 더욱 증가시켜 항복전압에 달하면 역방향 전류가 급격히 증가하기 시작한다. 항복전압을 넘어 역방향 바이어스 전압을 계속 증가시키면(실제로 거의 증가하지 않음) 역방향 전류도 증가한다. 제너 다이오드를 제외한 일반적인 다이오드의 항복은 정상적인 동작 상태는 아니다.

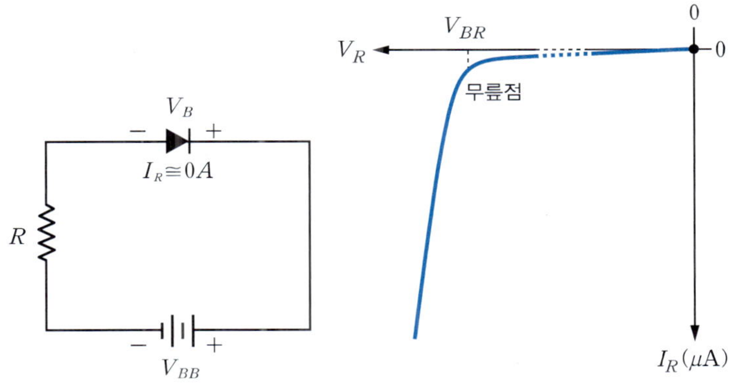

(a) 역방향 바이어스 (b) 역방향 전압-전류 특성곡선

[그림 2-2] 다이오드의 역방향 전압-전류 특성곡선(V-I 특성곡선)

■ 역방향 저항(R_R)

다이오드의 역방향 저항은 매우 크다. 다이오드 1N914의 역방향 전압과 전류가 (20 V, 25 nA), (75 V, 5 μA)일 때 역방향 저항을 계산하면, 첫 번째 점의 역방향 직류 저항은

$$R_R = \frac{20\text{V}}{25\text{nA}} = 800\text{M}\Omega$$

이고, 두 번째 점의 역방향 직류 저항은

$$R_R = \frac{75\text{V}}{5\mu\text{A}} = 15\text{M}\Omega$$

이다. 항복전압(75 V)에 가까워지면 역방향 직류 저항이 감소한다.

전체 전압-전류(V-I) 특성

다이오드의 순방향 바이어스와 역방향 바이어스의 특성곡선을 합하여 그리면 [그림 2-3]과 같은 다이오드의 전체 전압-전류 특성곡선을 얻는다.

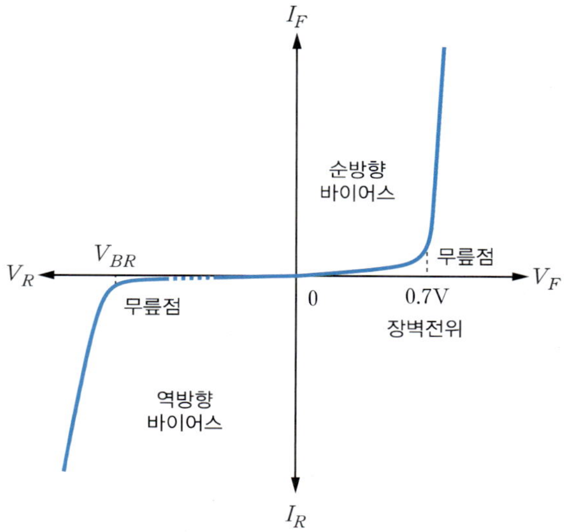

[그림 2-3] 다이오드의 전압-전류 특성곡선

■ 온도효과

온도는 반도체 다이오드의 특성에 큰 영향을 미친다. 온도의 증가는 순방향 및 역방향 포화전류를 증가시킨다. 또한 일반적으로 25°C를 기준으로 비슷한 전력과 전류 정격을 갖는 실리콘 다이오드의 온도 영향은 게르마늄 다이오드보다 훨씬 작다. 이러한 이유로 실리콘 다이오드가 게르마늄 다이오드에 비해 많이 사용되고 있으며, 응용방법도 더 많이 개발되어 있다.

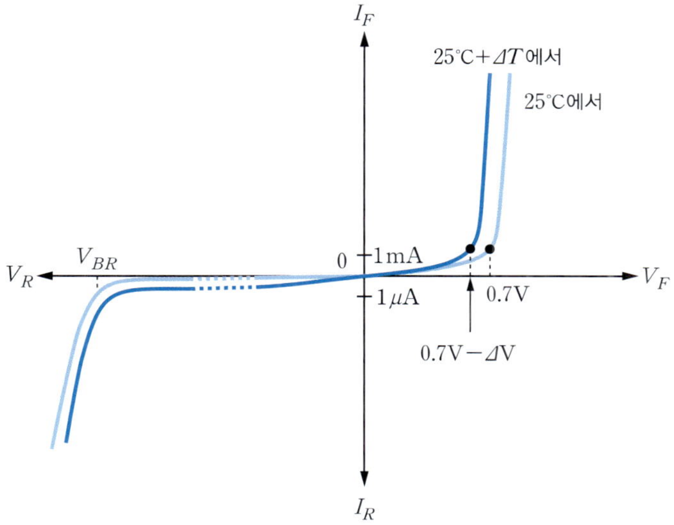

[그림 2-4] 온도 변화에 따른 다이오드의 특성 변화

다이오드 등가모델

다이오드 등가모델은 특정 작동영역에서 기기나 시스템 등의 실제 단자 특성을 가장 잘 표현할 수 있도록 소자를 조합한 것이다.

■ 근사모델

[그림 2-5]의 다이오드의 순방향 특성곡선을 선형으로 근사화한 모델을 **근사모델**(piecewise linear model)이라 한다. 선형(직선)을 통한 근사는 실제 특성과 정확한 등가를 이루지 못한다. 특히 곡선이 꺾이는 부분에서 오차가 심하다. 그러나 이 근사화는 실제 곡선에 매우 근접하여 우수한 등가모델이라 할 수 있다.

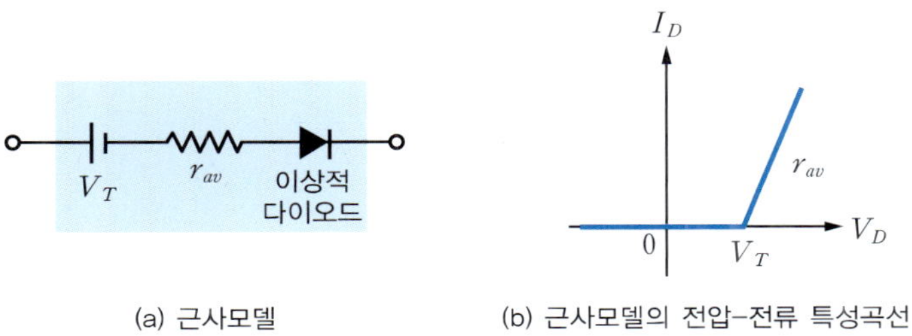

(a) 근사모델　　(b) 근사모델의 전압-전류 특성곡선

[그림 2-5] 부분 선형 등가회로

실리콘 반도체 다이오드는 바이어스 전압이 0.7V가 되어야 전도되기 때문에 등가회로에 전지 V_T(0.7V)가 있다. 즉 소자 양단의 전압이 전지전압(V_T)보다 커야만 이상적인 다이오드가 순방향 바이어스 되어 전류가 흐를 수 있으며, 또한 특성곡선의 선형(직선)영역은 저항 r_{av}로 근사화된다.

등가회로에서 V_T 는 독립 전원이 아니며, 저항 r_{av} 는 선형영역의 근사화 저항이다. 실리콘 다이오드의 경우, [그림 2-6(a)]에서 $V_D = 0.8$ 일 때 $I_F = 10\,\text{mA}$ 이면, r_{av} 는 다음과 같이 구할 수 있다.

$$r_{av} = \frac{\Delta V_d}{\Delta I_d} = \frac{0.8\,\text{V} - 0.7\,\text{V}}{10\,\text{mA} - 0\,\text{mA}} = \frac{0.1\,\text{V}}{10\,\text{mA}} = 10\,\Omega$$

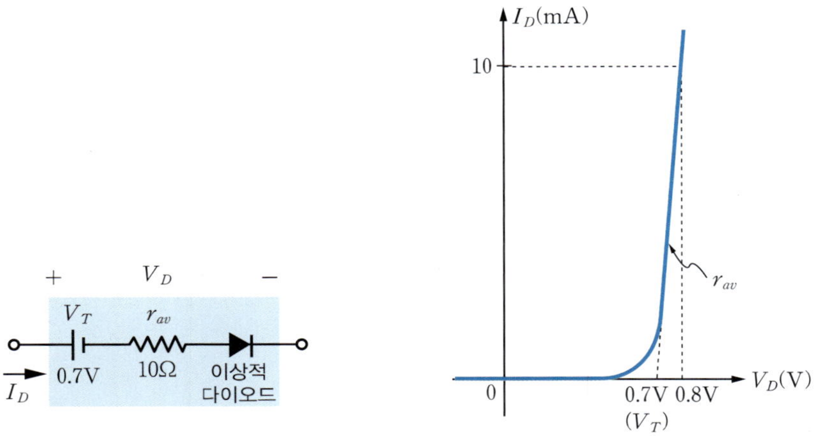

(a) 근사모델의 구성요소 (b) 근사모델의 전압-전류 특성곡선

[그림 2-6] 실리콘 반도체 다이오드의 근사모델

■ 간략모델(실용모델)

대부분의 다이오드의 내부 저항 r_{av} 는 회로의 다른 소자 값과 비교했을 때 무시할 수 있을 만큼 작다. 등가회로에서 r_{av} 를 제거한 회로를 간략모델(실용모델)이라 하며, 전자회로를 해석할 때 대부분 이 간략(실용)모델을 사용한다. 이 간략모델은 [그림 2-7(a)]와 같은 등가회로로, [그림 2-7(b)]와 같은 특성곡선으로 표시된다. 순방향 바이어스일 경우, [그림 2-8(a)]와 같이 다이오드를 하나의 전압원 V_B(0.7V)와 스위치가 닫혀 있는 상태로 간주할 수 있다. 역방향 바이어스일 경우, [그림 2-8(b)]와 같이 다이오드를 스위치가 열려 있는 상태로 간주할 수 있다.

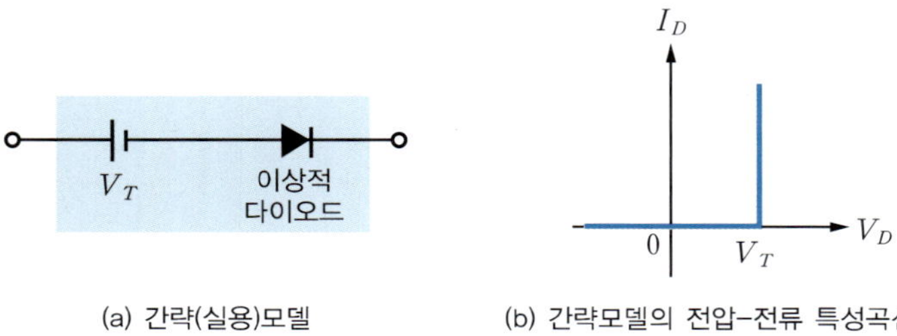

(a) 간략(실용)모델 (b) 간략모델의 전압-전류 특성곡선

[그림 2-7] 실리콘 반도체 다이오드의 간략모델(실용모델)

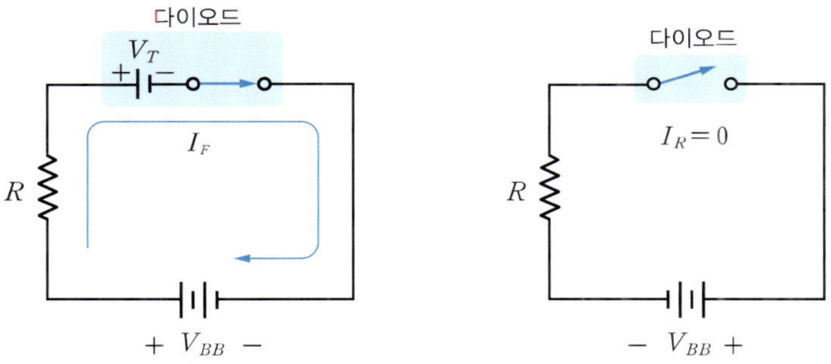

(a) 순방향 바이어스 (b) 역방향 바이어스

[그림 2-8] 실용모델 다이오드의 동작

이 간략모델은 전위장벽은 고려했으나 다이오드 내부의 순방향 동저항은 무시했다. 따라서 순방향 바이어스 되었을 때 다이오드 양단에 전위장벽의 전압이 걸린다고 가정한다. 전위장벽 전압을 $V_T = 0.7\,\text{V}$로 하고 [그림 2-8(a)] 회로에 키르히호프의 전압법칙을 적용하여 순방향 전류(I_F)를 계산한다.

$$-V_{BB} + I_F R + V_T = 0$$

$$I_F R = V_{BB} - V_T$$

순방향 전류 I_F를 계산하면 다음과 같다.

$$I_F = \frac{V_{BB} - V_T}{R}$$

역방향 바이어스의 경우, 역방향 전류($I_R = 0$)이므로 다음과 같다.

$$I_R = 0, \quad V_R = 0$$

■ 이상적 모델

다이오드 동작을 기술하는 가장 간단한 방법은 이상적인 모델로 나타내는 것이다. 순방향 바이어스일 경우 전위장벽 $V_T = 0$, 내부저항을 0으로 간주하고, 역방향 바이어스일 경우 누설전류 $I_0 = 0$으로 간주하여 등가화한 모델을 이상적 모델([그림 2-9(a)])이라 하며, 전압-전류 특성곡선은 그림 (b)와 같이 나타낸다. 다이오드는 하나의 스위치로 등가시킬 수 있으며, 순방향 바이어스의 경우 [그림 2-10(a)]와 같이 스위치가 단락된 회로로, 역방향 바이어스일 경우 [그림 2-10(b)]와 같이 스위치가 열려 있는 상태로 간주할 수 있다.

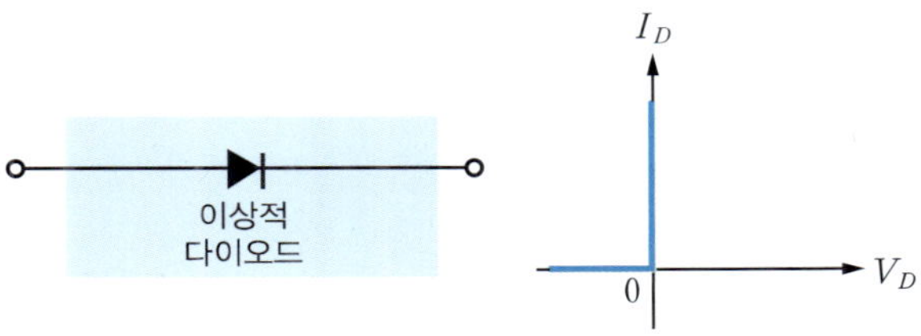

(a) 이상적 등가모델 (b) 전압-전류 특성곡선

[그림 2-9] 이상적 모델과 전압-전류 특성곡선

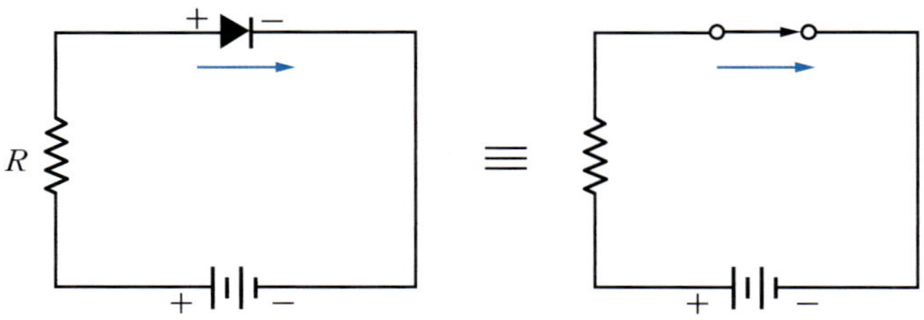

(a) 순방향 바이어스

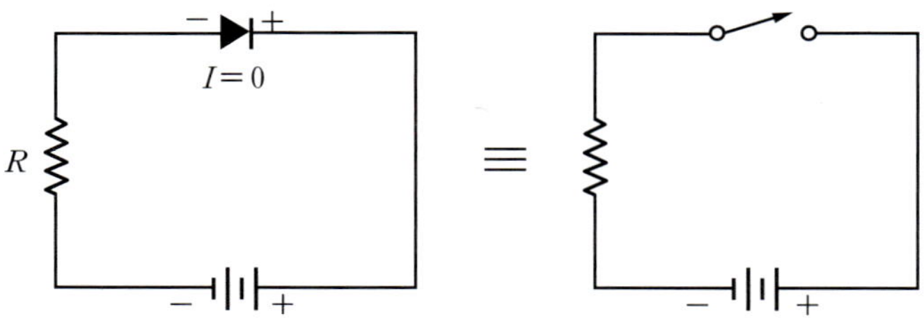

(b) 역방향 바이어스

[그림 2-10] 이상적 모델의 등가회로

이와 같이 다이오드를 표현하는 모델(등가회로)은 근사모델, 간략모델(실용모델) 그리고 이상적 모델의 3가지가 있으나, 실제로 전자회로를 해석할 때는 간략모델(실용모델)을 사용한다.

예제 2-1

그림과 같이 바이어스 되어 있는 다이오드 회로에서 간략(실용)모델의 순방향 전류를 구하시오.

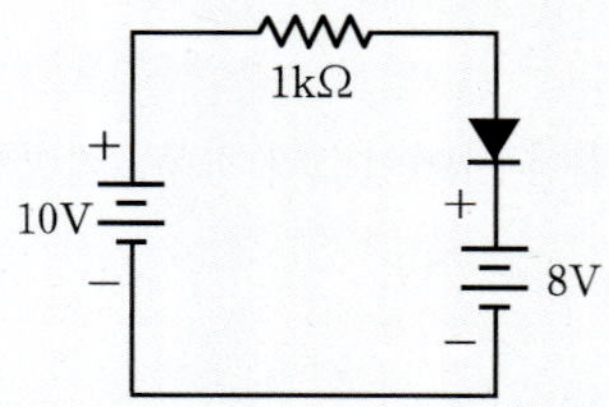

풀이

순방향 바이어스 되어 있으므로, 키르히호프의 전압법칙을 이용하여 전압방정식을 쓰면 다음과 같다.

$$10\,\text{V} - 1\,\text{k}\Omega(I_F) - 0.7\,\text{V} - 8\,\text{V} = 0 \quad (V_F = 0.7\,\text{V})$$

전압방정식을 풀면 다음과 같은 순방향 전류(I_F)를 얻는다.

$$I_F = \frac{10\,\text{V} - 8\,\text{V} - 0.7\,\text{V}}{1\,\text{k}\Omega} = 1.3\,\text{mA}$$

SECTION 02

정류회로

다이오드가 순방향 바이어스 될 때 한 방향으로는 전류를 흘리고, 역방향 바이어스 되었을 때 전류흐름을 차단하는 기능을 이용하여 교류전압을 직류전압으로 변환하는 회로를 정류회로라 한다. 정류회로는 반파 정류회로와 전파 정류회로로 나뉘는데, 이 절에서 이 두 종류의 정류회로에 대하여 공부한다.

Keywords | 반파 정류회로 | 전파 정류회로 | 변압기 | 필터 | 리플 |

대부분의 전자장비들은 직류전압으로 동작하므로 교류전원을 직류전원으로 변환해야 한다. 교류전원을 직류전원으로 변환하는 정류회로는 순방향 바이어스일 때는 전류를 흘리고, 역방향 바이어스일 때는 전류흐름을 차단하는 기능을 이용한다. 정류회로는 반파 정류회로와 전파 정류회로로 나뉜다.

반파 정류회로

반파 정류회로(half-wave-rectifier)는 [그림 2-11]과 같이 하나의 다이오드가 교류전원과 부하저항 R_L에 연결된 회로를 말한다. 그림 (a)와 같이 정현파의 교류 입력전압의 양(+)의 반주기(positive half cycle) 동안 다이오드는 순방향 바이어스 되어 전류가 부하저항을 통해 흐르고, 이 전류는 부하 양단(출력)에서 입력전압의 양(+)의 반주기와 같은 전압을 발생한다. 또한 그림 (b)와 같이 교류 입력전압의 음(−)의 반주기(negative half cycle) 동안 다이오드는 역방향 바이어스 되어 전류가 흐르지 않으므로 부하저항 양단에서의 전압은 0이다.

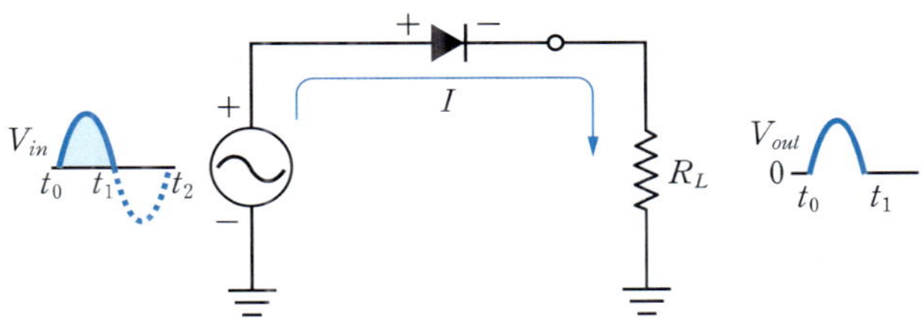

(a) 양(+)의 반주기 동안의 입·출력파형

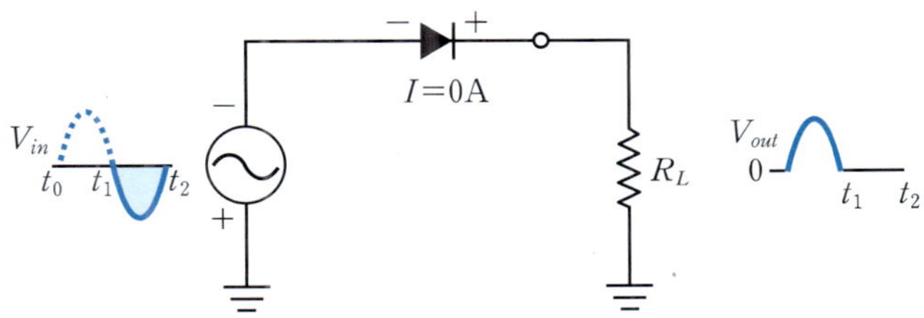

(b) 음(−)의 반주기 동안의 입·출력파형

[그림 2-11] 반파 정류기의 동작

즉 [그림 2-12]의 (a)처럼 정현파의 교류전압이 그림 (b)의 반파 정류회로에 입력되면 부하 양단에 나타나는 결과(출력)는 교류 입력전압의 양(+)의 반주기이며, 출력은 극성이 바뀌지 않으므로 그림 (c)처럼 입력과 같은 주파수를 가진 맥동하는 직류전압으로 나타난다.

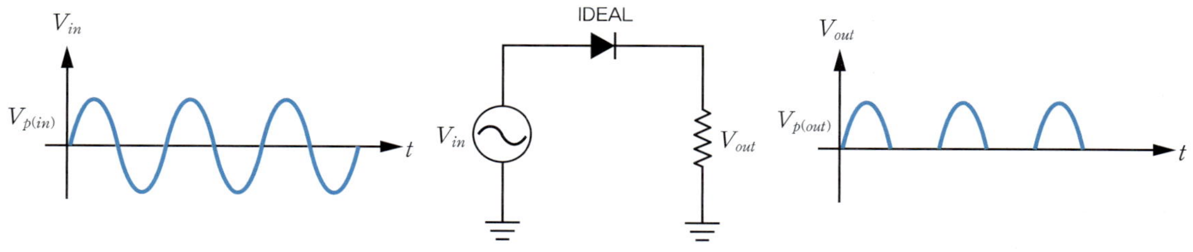

[그림 2-12] 반파 정류기의 입·출력신호

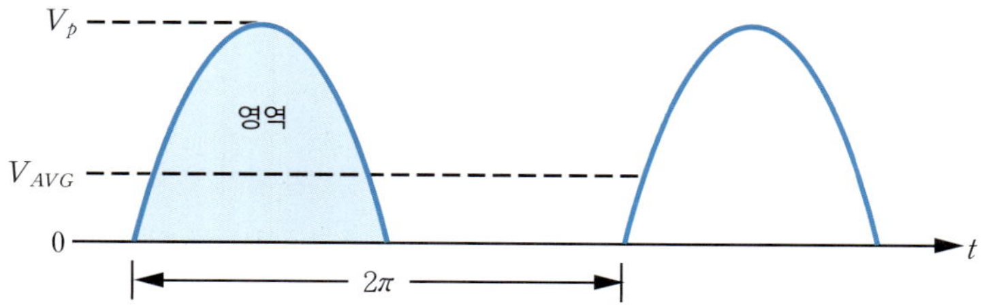

[그림 2-13] 반파 정류된 신호의 평균값

반파 정류기의 출력은 반주기 동안만 출력이 발생하므로 출력전압의 평균값은 직류(DC) 전압계로 측정되는 값이며, 수학적으로는 [그림 2-13]과 같이 한주기 중 반주기만 출력이 나타나므로 반주기 동안만 적분하여 계산한다.

반파 정류신호의 평균값은 적분을 통해 계산된 반주기의 출력을 한주기 $T(2\pi)$로 나눈 값이며, 정리하면 식 (2.1)과 같다.

$$V_{AVG} = V_{DC} = \frac{1}{T}\int_0^T V_p \sin t\,dt = \frac{1}{2\pi} V_p \int_0^{2\pi} \sin t\,dt = \frac{1}{2\pi} V_p \left(\int_0^{\pi} \sin t\,dt + \int_{\pi}^{2\pi} \sin t\,dt\right)$$

$$= \frac{V_p}{2\pi}\left(\int_0^{\pi} \sin t\,dt + 0\right) = \frac{V_p}{2\pi}[-\cos t]_0^{\pi} = \frac{V_p}{2\pi}(2) = \frac{V_p}{\pi} = 0.318\,V_p$$

$$V_{AVG} = V_{DC} = \frac{V_p}{\pi} = 0.318\,V_p \tag{2.1}$$

실리콘 다이오드의 반파 정류기의 정확한 출력은 입력 피크전압보다 0.7 V(전위장벽) 낮게 나타난다.

$$V_p = V_{p(in)} - 0.7\,\mathrm{V} \tag{2.2}$$

따라서 비교적 높은 정확도를 가진 평균값을 구하기 위해서는 식 (2.3)을 적용한다.

★ 반파 정류신호의 평균값 ★

$$V_{AVG} = V_{DC} = \frac{V_p}{\pi} = 0.318\ V_p = 0.318(V_{p(in)} - 0.7) \qquad (2.3)$$

예제 2-2

반파 정류된 다음 신호의 평균전압을 구하시오.

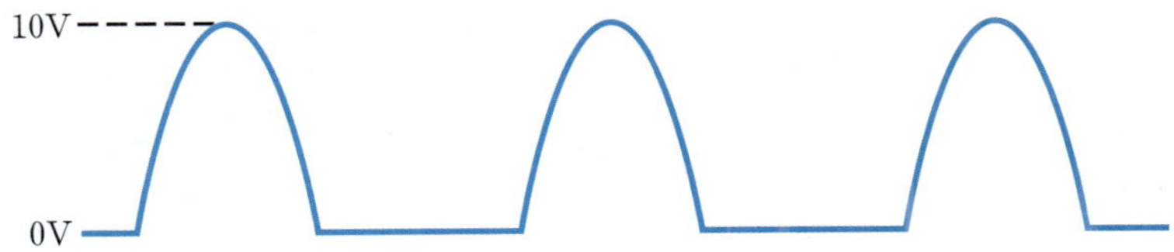

풀이

반파 정류된 출력의 평균전압은 식 (2.3)을 이용하여 계산한다.

$$V_{AVG} = V_{DC} = \frac{V_p}{\pi} = 0.318(V_p) = 0.318 \times (10\,\text{V}) = 3.18\,\text{V}$$

■ 피크 역방향 전압(PIV)

다이오드의 피크 역방향 전압(PIV: Peak Inverse Voltage)은 정류 시스템을 설계하는 데 있어서 우선적으로 고려해야 할 사항이다. PIV는 다이오드가 반복해서 역방향 바이어스 전압을 견딜 수 있는 입력의 최대값을 말한다. PIV는 다이오드가 역방향 바이어스 되었을 때 입력의 음(−) 전기의 반주기의 최대값에서 일어나며, 다이오드의 정격은 PIV보다 20% 이상 높아야 한다.

$$PIV = V_{p(in)} \qquad (2.4)$$

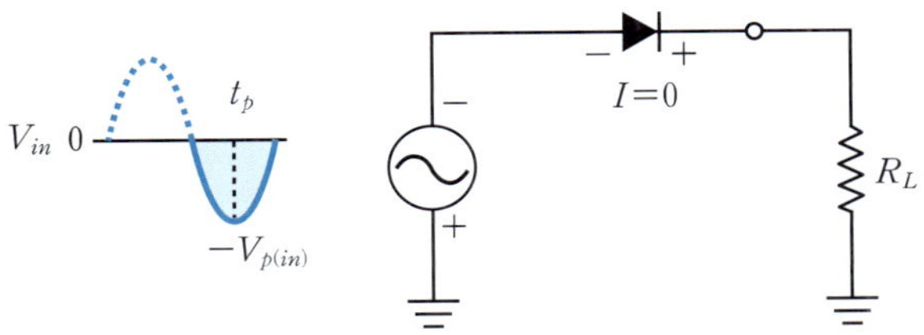

[그림 2-14] PIV(역방향 바이어스의 최대값)

■ 변압기

변압기는 고전압 소전류의 전력을 동일 주파수의 저전압 대전류의 전력으로, 또는 그 역으로 변환하는 전기기기로, 필요한 만큼 전압을 올리거나 낮출 수 있다. 정류기를 통해 목적한 직류출력을 얻을 수 있도록 전원으로부터 적절한 교류입력을 정류회로에 결합시켜주기 위해 사용된다. 전압강하 및 전압상승의 크기는 변압기의 **권선비**(turn ratio)에 의해 결정된다.

권선비는 변압기의 1차 측 권선수(N_1)로 2차 측 권선수(N_2)를 나눈 비율로 정의한다. 권선비가 1보다 작은 변압기는 전압이 1차 전압보다 2차 전압이 낮은 강압형으로 전압강하가 되고, 1보다 큰 변압기는 전압이 1차 전압보다 2차 전압이 높은 승압형으로 전압상승이 된다.

★ 변압기의 권선수와 전압과의 관계 ★

$$V_2 = nV_1 \qquad \left(n = \frac{N_2}{N_1},\ \text{권선비}\right)$$

예제 2-3

그림과 같은 반파 정류회로에 대해 (a) 부하전압의 최대값 (b) 직류 부하전압(평균값)을 구하시오. (이때 다이오드는 간략모델이다.)

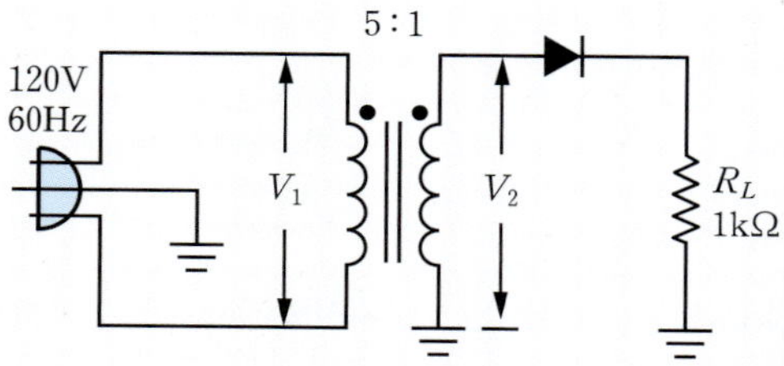

풀이

변압기의 권선비가 5:1이므로 2차 전압의 실효값은 1차 전압의 $\frac{1}{5}$이다.

따라서 $V_2 = \frac{1}{5}(120\,\text{V}) = 24\,\text{V}$이고, 2차 전압의 최대값 $V_p = \sqrt{2}\,(24\,\text{V}) = 34\,\text{V}$이다.

(a) 부하전압의 최대값 : $V_p = 34\,\text{V} - 0.7\,\text{V} = 33.3\,\text{V}$

(b) 직류 부하전압(평균값) : $V_{DC} = \frac{V_p}{\pi} = \frac{33.3\,\text{V}}{\pi} = 10.6\,\text{V}$

전파 정류회로

교류전원에서 직류전원으로 변환하는 과정에는 주로 **전파 정류기**(full wave rectifier)가 사용된다. 전파 정류기는 브리지 정류기와 중간 탭 정류기의 두 가지 형태로 나뉜다. 반파 정류기는 단지 반주기 동안만 전류를 흐르게 하지만, 전파 정류기는 2개 혹은 4개의 다이오드를 이용하여 입력의 전-주기 동안 부하의 한 방향으로 전류가 흐르도록 구성된 회로이다. 전파 정류기는 [그림 2-15]와 같이 입력의 반주기마다 출력파형이 반복되어 입력에 비해 두 배의 주파수를 갖는다. 또한 전파 정류된 전압의 파형은 반파 정류된 파형의 두 배이기 때문에 전파 정류된 전압의 평균값은 반파로 정류된 평균값의 두 배가 된다.

★ 전파 정류신호의 평균값 ★

$$V_{AVG} = V_{DC} = \frac{2V_p}{\pi} = 0.637\,V_p \qquad (2.5)$$

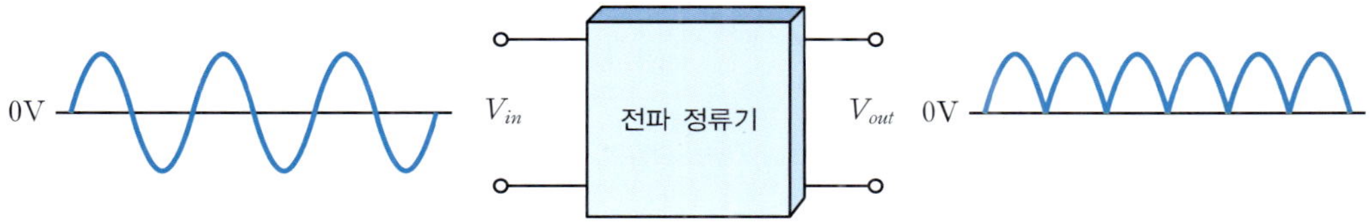

[그림 2-15] 전파 정류기의 입·출력파형

예제 2-4

전파 정류기에서 전파 정류된 출력전압의 최대값 $V_p = 10\,\text{V}$이다. 평균 전압을 구하시오.

풀이

전파 정류된 출력전압의 평균 전압을 구하면 다음과 같다.

$$V_{AVG} = \frac{2V_p}{\pi} = \frac{2(10\,\text{V})}{\pi} = 6.37\,\text{V}$$

■ 브리지 전파 정류기

브리지 전파 정류기(bridge rectifier)는 [그림 2-16]과 같이 다이오드 4개를 이용하여 회로를 구성한다.

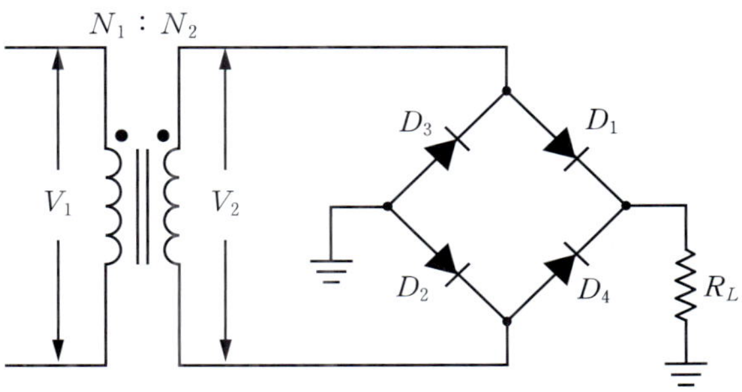

[그림 2-16] 브리지 전파 정류기

입력전압 양(+)의 반주기 동안에는 [그림 2-17(a)]와 같이 다이오드 D_1, D_2가 순방향 바이어스 되어 전류가 흐르게 되며, 부하저항 R_L의 양단에 출력전압이 입력전압과 같은 파형으로 나타난다. 이때 다이오드 D_3, D_4는 역방향 바이어스가 되어 전류가 흐르지 않는다. 반대로 입력전압 음(−)의 반주기 동안에는 [그림 2-17(b)]와 같이 다이오드 D_3, D_4가 순방향 바이어스 되어 전류가 흐르게 되며, 부하저항 R_L의 양단에 출력전압이 양(+)의 반주기 때의 출력파형과 똑같이 나타난다. 이때 다이오드 D_1, D_2는 역방향 바이어스 되어 전류가 흐르지 않는다. 이처럼 다이오드 D_1, D_2와 D_3, D_4가 교대로 동작하여 전파 정류된 출력전압이 부하저항 R_L에 나타난다.

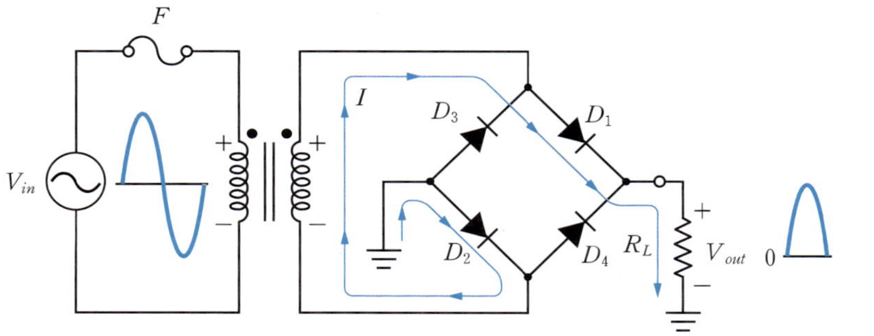

(a) 입력전압 양(+)의 반주기에서 정류기 동작(다이오드 D_1, D_2는 순방향, D_3, D_4는 역방향)

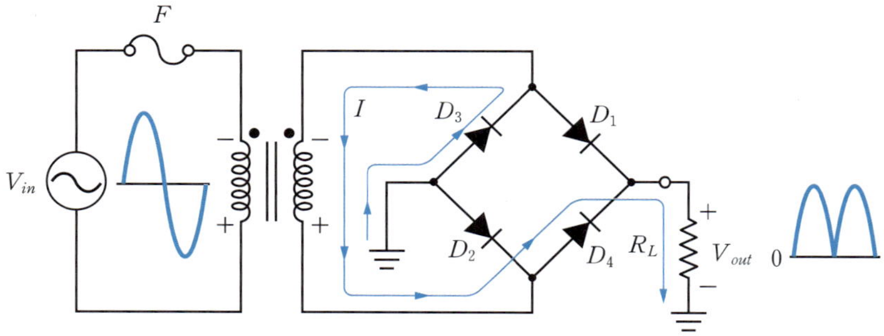

(b) 입력전압 음(−)의 반주기에서 정류기 동작(다이오드 D_3, D_4는 순방향, D_1, D_2는 역방향)

[그림 2-17] 브리지 정류기의 동작

변압기와 결합된 브리지 정류기는 [그림 2-18]과 같이 항상 두 개의 다이오드와 부하저항 R_L이 직렬로 연결되어 교류 입력전압의 양(+)과 음(−)의 반주기 동안 작용한다. 따라서 전위장벽을 고려한 출력전압은 다음과 같다.

$$V_{p(out)} = V_{p(2차)} - 1.4\text{V} \qquad (2.6)$$

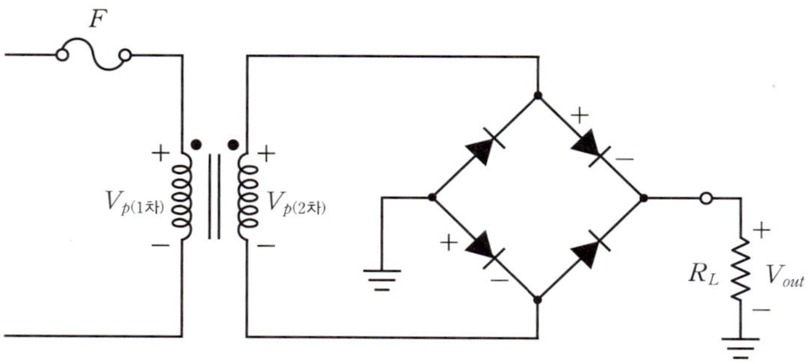

[그림 2-18] 다이오드 전위장벽을 고려한 브리지 정류기의 출력

■ 브리지 전파 정류기의 PIV

입력전압이 정현파이기 때문에 전파 정류기의 각 다이오드는 교대로 순방향 바이어스와 역방향 바이어스가 된다. 따라서 브리지 정류기에서 각 다이오드가 역방향 바이어스에서 견뎌야 하는 피크 역방향 전압(PIV)을 다이오드의 전위장벽을 고려하여 정류기의 입력전압(변압기의 2차 전압)으로 나타내면 다음과 같다.

$$PIV = V_{p(2차)} - 0.7\,\text{V} \tag{2.7}$$

브리지 정류기의 출력전압을 정리하면 다음 식과 같다.

$$V_{p(out)} = V_{p(2차)} - 1.4\,\text{V}$$
$$V_{p(2차)} = V_{p(out)} + 1.4\,\text{V}$$

위 식을 식 (2.7)에 대입하여 다시 쓰면 PIV는 식 (2.8)과 같이 나타낼 수 있다.

★ 브리지 전파 정류기의 PIV ★

$$PIV = V_{p(out)} + 0.7\,\text{V} \tag{2.8}$$

예제 2-5

그림과 같은 브리지 정류기에 대해 (a) 피크 출력전압, (b) 피크 역방향 전압(PIV)을 구하시오.
(이때 다이오드는 실용모델이며, 변압기의 1차 전압은 120 V_{rms}이며 권선비는 10:1이다.)

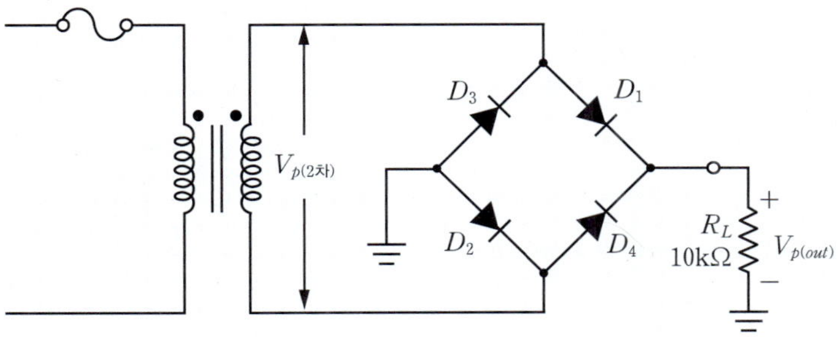

풀이

변압기의 1차 전압은 120 V_{rms}이며 권선비는 10:1이므로 변압기의 2차 전압은 12 V_{rms}이다.

$$V_{p(2차)} = \sqrt{2}\ V_{rms} = \sqrt{2} \times 12\,\text{V} \cong 17\,\text{V}$$

(a) 피크 출력전압 : $V_{p(out)} = V_{p(2차)} - 1.4\,\text{V} = 17\,\text{V} - 1.4\,\text{V} = 15.6\,\text{V}$

(b) 피크 역방향 전압 : $PIV = V_{p(out)} + 0.7\,\text{V} = 15.6\,\text{V} + 0.7\,\text{V} = 16.3\,\text{V}$

■ 중간 탭 전파 정류기

중간 탭 정류기(center tapped rectifier)는 [그림 2-19]와 같이 중간 탭 변압기의 2차 측에 2개의 다이오드를 연결하여 구성된 전파 정류기이다. 변압기 2차 전압은 그림에서와 같이 중간 탭을 중심으로 절반씩 나누어 다이오드에 인가된다.

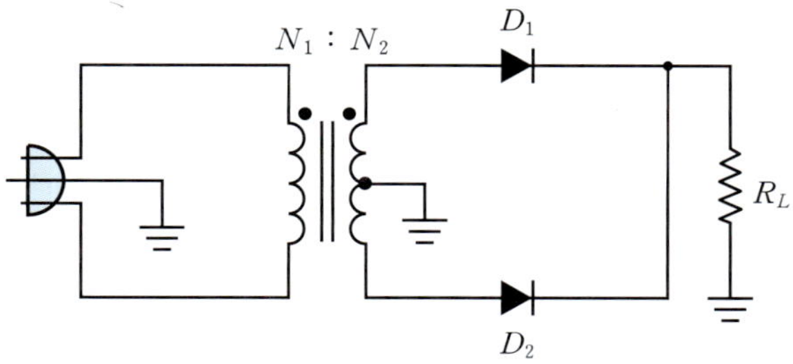

[그림 2-19] 중간 탭 전파 정류기 회로

[그림 2-20]을 보자. 입력전압의 양(+)의 반주기 동안 2차 전압의 극성은 그림 (a)와 같이 동작한다. 이때 양(+)의 입력전압은 다이오드 D_1을 순방향 바이어스 시키고 다이오드 D_2는 역방향 바이어스 시킨다. 그러므로 전류는 그림에 나타난 방향을 따라 흘러 부하저항 R_L에 입력과 동위상의 2차 전압의 절반 크기와 비슷한 출력을 얻게 된다. 반면 음(−)의 반주기 동안 2차 전압의 극성은 그림 (b)와 같이 동작한다. 이때 다이오드 D_1을 역방향 바이어스 시키고, 다이오드 D_2는 순방향 바이어스 시킨다. 그러므로 전류는 그림에 나타난 것처럼 D_2와 부하저항 R_L을 통해 흐른다. 이때 양의 반주기 동안이나 음의 반주기 동안 부하에 흐르는 전류는 같은 방향이므로 부하저항 양단에 나타나는 출력전압은 전파 정류된다. 또한 다이오드의 전위장벽을 고려한 전파 정류의 한주기 동안의 전체 파형은 그림 (c)와 같다.

전파 정류기의 출력은 변압기의 권선비에 따라 조절할 수 있다. 변압기의 권선비가 1이면 정류된 출력전압의 피크값은 1차 입력전압 피크값의 절반에서 전위장벽의 다이오드의 전압강하만큼 뺀 전압이 된다. 이는 2차 권선의 중간 탭에 의해 입력전압이 절반으로 양분되어 나타나기 때문이다. 만일 입력전압과 같은 크기의 출력전압(다이오드 전압강하만큼 작음)을 얻기 위해서는 변압기의 권선비가 2인, 즉 $N = 2$인 승압 변압기를 사용한다. 이 경우 2차 전압 $V_{p(2차)}$는 1차 전압의 2배($2V_{p(1차)}$)가 되므로 2차 측 중간 탭에 의해 양분되는 각각의 전압값은 1차 측의 전압 $V_{p(1차)}$와 같게 된다. 중간 탭 전파 정류기의 출력전압은 다이오드 전압강하를 고려한 경우, 항상 변압기의 2차 전압의 최대값의 절반에서 다이오드 전압강하만큼 뺀 값이 된다.

$$V_{out} = \frac{V_{p(2차)}}{2} - 0.7\,\text{V} \tag{2.9}$$

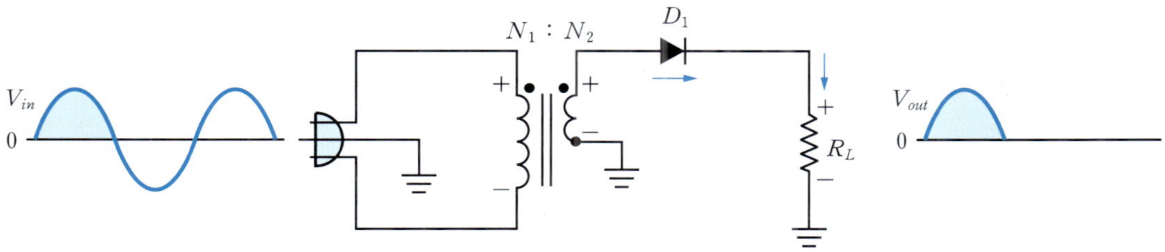

(a) 양(+)의 반주기 동안의 입·출력파형

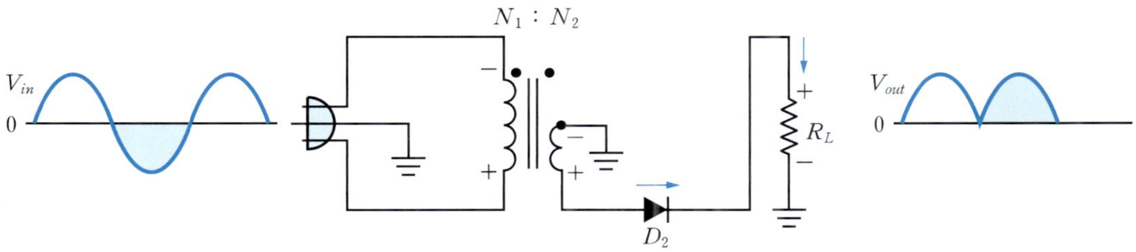

(b) 음(−)의 반주기 동안의 입·출력파형

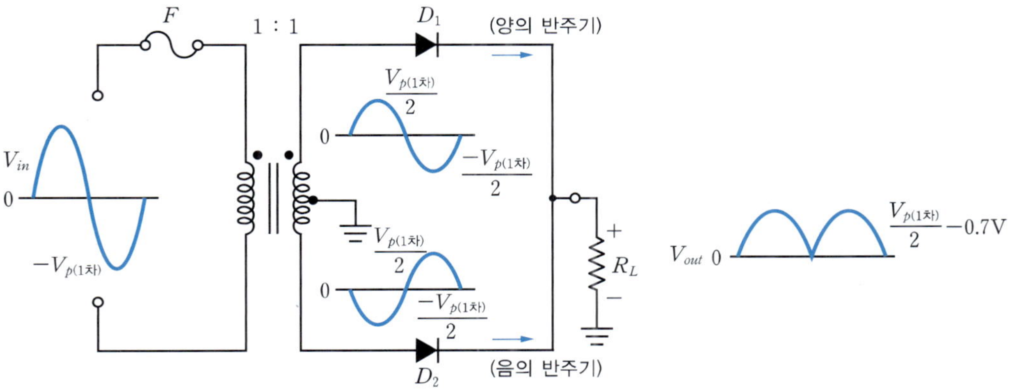

(c) 한주기 동안 전체 입·출력파형

[그림 2-20] 중간 탭 전파 정류기의 동작

■ 중간 탭 전파 정류기의 PIV

입력전압이 정현파이기 때문에 전파 정류기의 각 다이오드는 번갈아 가며 순방향 바이어스와 역방향 바이어스가 반복된다.

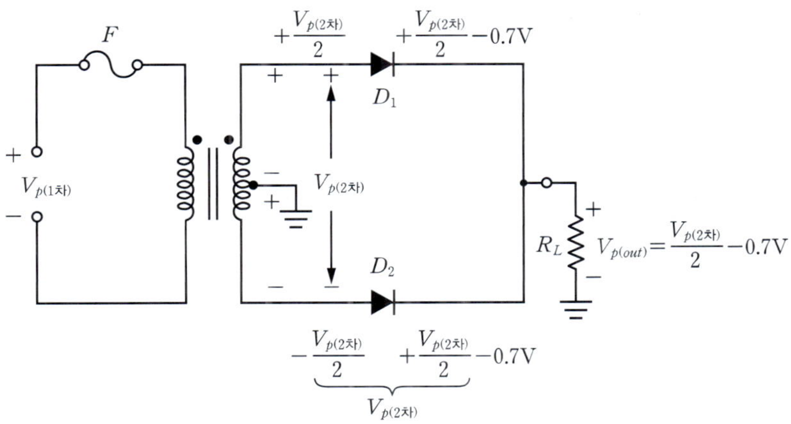

[그림 2-21] 중간 탭 전파 정류기의 피크 역방향 전압

[그림 2-21]과 같은 중간 탭 전파 정류기에서 각 다이오드의 피크 역방향 전압(PIV)은 다이오드의 전위장벽을 고려하여 정류기의 입력전압(변압기의 2차 전압)으로 나타내면

$$PIV = \left(\frac{V_{p(2차)}}{2} - 0.7\,\text{V}\right) - \left(-\frac{V_{p(2차)}}{2}\right) = V_{p(2차)} - 0.7\,\text{V}$$

이며, 정류기의 출력전압 $\left(V_{p(out)} = \frac{V_{p(2차)}}{2} - 0.7\,\text{V}\right)$으로 다시 쓰면

$$V_{p(2차)} = 2V_{p(out)} + 1.4\,\text{V}$$

이므로, PIV는 식 (2.10)과 같이 정리된다.

★ 중간 탭 전파 정류기의 PIV ★

$$PIV = V_{p(2차)} - 0.7\,\text{V} = (2V_{p(out)} + 1.4\,\text{V}) - 0.7\,\text{V} = 2V_{p(out)} + 0.7\,\text{V} \tag{2.10}$$

예제 2-6

그림과 같이 최대값이 100 V인 정현파가 1차 권선에 인가되었을 때, 다음을 구하시오.

(a) 부하 R_L 양단에 나타나는 출력의 최대값

(b) 다이오드의 피크 역방향 전압(PIV)

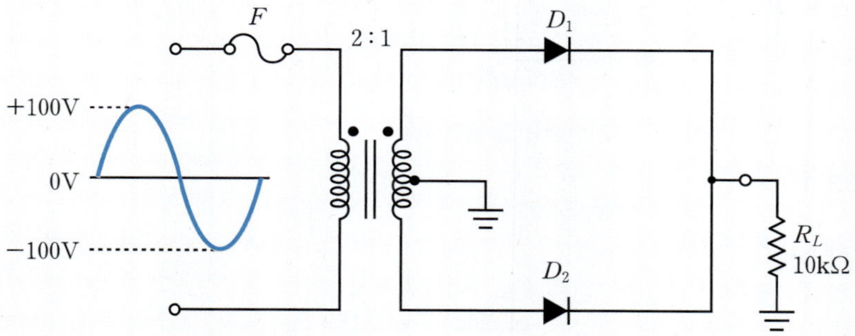

풀이

(a) 변압기의 권선비 $n = 0.5$이므로, 변압기의 2차 측 최대 전압은

$$V_{p(2차)} = nV_{p(1차)} = 0.5(100\,\text{V}) = 50\,\text{V}$$

이고, 2차 측 중간 탭에 의한 최대 전압은 25 V이다. 따라서 출력의 최대값은 다음과 같다.

$$V_{p(out)} = 25\,\text{V} - 0.7\,\text{V} = 24.3\,\text{V}$$

(b) 다이오드의 피크 역방향 전압(PIV)을 구하면 다음과 같다.

$$PIV = 2\,V_{p(out)} + 0.7\,\mathrm{V} = 2(24.3\,\mathrm{V}) + 0.7 = 49.3\,\mathrm{V}$$

■ 출력 주파수

교류입력에서 반파 정류기의 출력 주파수는 입력 주파수와 같으나, 전파 정류기는 출력의 주기가 입력 주기의 $\frac{1}{2}$로 변하기 때문에 출력 주파수는 2배가 된다.

★ 반파/전파 정류기 출력 주파수 ★

- **반파 정류기 주파수** : $f_{out} = \dfrac{1}{T_{in}} = f_{in}$ (2.11)
- **전파 정류기 주파수** : $f_{out} = \dfrac{1}{\frac{T_{in}}{2}} = 2f_{in}$ (2.12)

(f_{in} : 입력 주파수, f_{out} : 출력 주파수)

직류 전원공급장치의 커패시터 필터

직류 전원공급장치는 교류전원을 반파나 전파 정류기를 통해 정류한 후, 이를 일정한 직류 전압원이나 직류 전류원으로 변환해 주는 기능을 한다. 이를 위해서는 반파나 전파 정류기의 출력전압의 변동을 줄여 거의 일정 수준의 직류전압을 만드는 역할을 하는 필터가 필요하다. 이러한 필터는 커패시터 또는 커패시터와 인덕터의 조합으로 구성된다. [그림 2-22]는 직류 전원공급장치를 나타낸 것이며, 필터 출력에서 나타나는 적은 양의 전압변화를 **리플**(ripple)이라고 부른다.

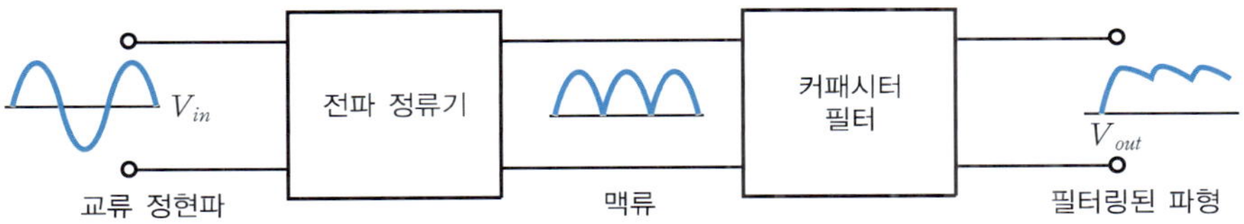

[그림 2-22] 직류 전원공급장치

■ 커패시터 충전

입력전압의 처음 양(+) 전기의 1/4 주기 동안에는 다이오드가 순방향 바이어스 된다. 다이오드의 순방향 저항은 대단히 작으므로 다이오드와 커패시터로 이루어지는 회로의 시정수도 매우 작다. 따라서 입력전압의 피크값보다 0.7 V 만큼 적게, 즉 $(V_p - 0.7\,\mathrm{V})$로 순간적으로 충전된다.

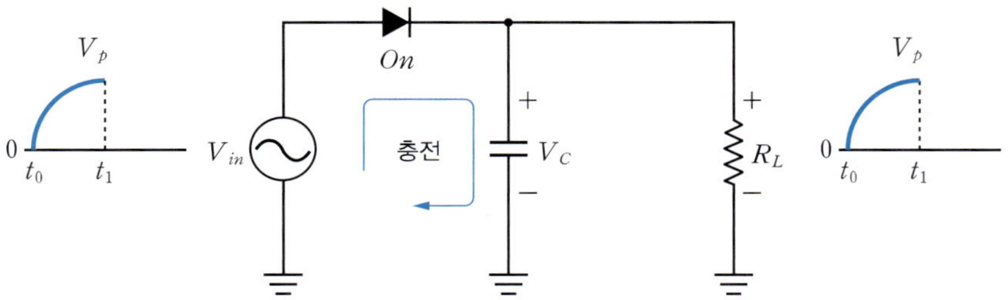

[그림 2-23] 커패시터의 충전

■ 커패시터 방전

입력주기의 1/4이 지난 후, 입력이 피크값보다 더 작아지기 시작하면 커패시터는 충전값을 그대로 유지하고 있어 다이오드의 음극 전압이 $(V_p - 0.7\,\mathrm{V})$로 역방향 바이어스 된다. 따라서 다이오드가 차단되므로 커패시터는 부하저항 R_L과 연결되어 방전을 시작하고, 다음 입력 주기에 충전되기 전까지 계속 방전되며, 방전 시정수는 $R_L C$가 된다([그림 2-24]).

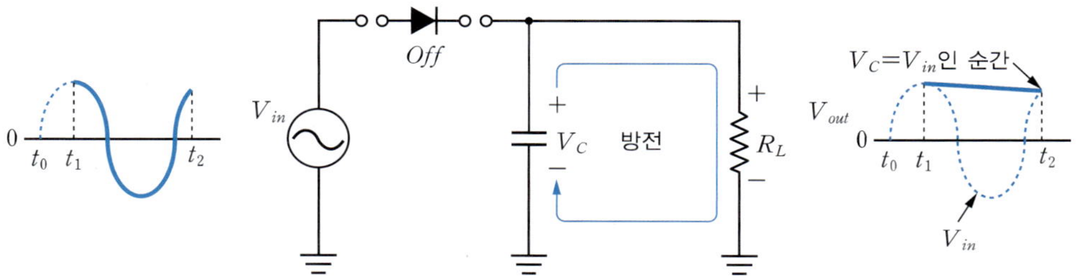

[그림 2-24] 커패시터의 방전

■ 커패시터 재충전

커패시터가 계속 방전되어 커패시터 전압이 떨어지다가 다음 주기의 입력전압으로 다이오드가 순방향 바이어스 되는 순간, 다이오드는 다시 On 상태가 된다. 그러면 또 다시 커패시터가 충전상태로 전환되어 커패시터의 전압이 $(V_p - 0.7\,\mathrm{V})$까지 재충전된다. 그리고 계속하여 충전-방전-재충전이 반복된다.

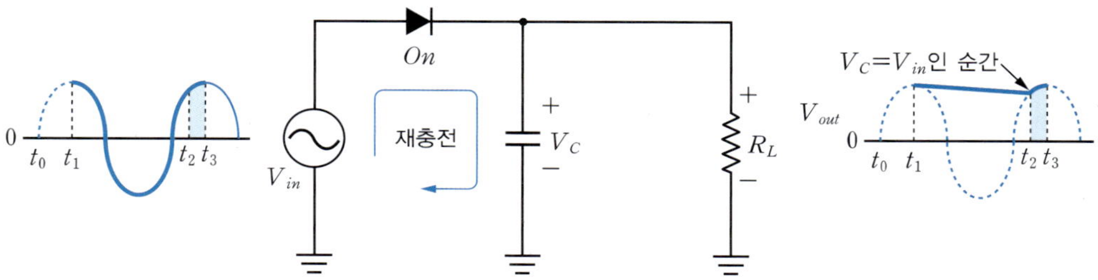

[그림 2-25] 커패시터의 재충전

[그림 2-26]을 보면, 동일한 커패시터와 부하저항으로 필터링할 때 전파 정류된 전압이 반파 정류된 전압보다 리플이 작은 것을 알 수 있다. 그림에서 보듯이 전파 정류된 파형이 반파 정류된 파형보다 그 구간이 짧아(주파수가 2배) 커패시터 방전 구간이 작기 때문이다.

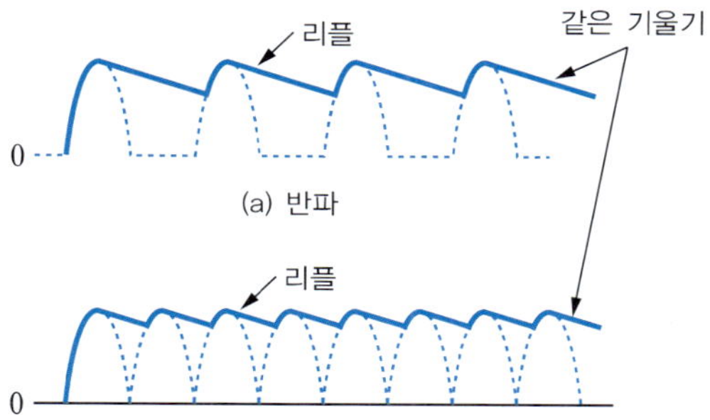

[그림 2-26] 반파 및 전파 정류의 리플 전압

리플을 더욱 감소시키려면 방전 시정수를 크게 하면 된다. 따라서 부하저항 R_L을 크게 하거나 커패시터 값을 크게 하면 된다. 또한 커패시터 필터의 입력 부분에 인덕터를 삽입하거나 커패시터와 정전압 조정기(voltage regulator)를 이용하면 리플을 현저하게 줄일 수 있다.

리플 전압 및 리플 계수 계산

■ 리플 전압

커패시터 입력 필터에서 나오는 피크-피크 리플 전압($V_{r(pp)}$)을 계산하기 위한 근사해석은 식 (2.13)을 이용하여 계산한다. 식 (2.13)은 정확히 유도된 식은 아니지만, 피크-피크 리플 전압을 추정하는 데 이용된다.

★ 리플 전압 ★

$$V_{r(pp)} = \frac{I}{fC} = \frac{1}{fC}\left(\frac{V_{p(out)}}{R_L}\right) = \frac{V_{p(out)}}{fCR_L} \tag{2.13}$$

($V_{r(pp)}$ = 리플(피크-피크) 전압, $V_{p(out)}$ = 정류기 출력전압,
I = 직류 부하전류, f = 주파수, C = 커패시턴스)

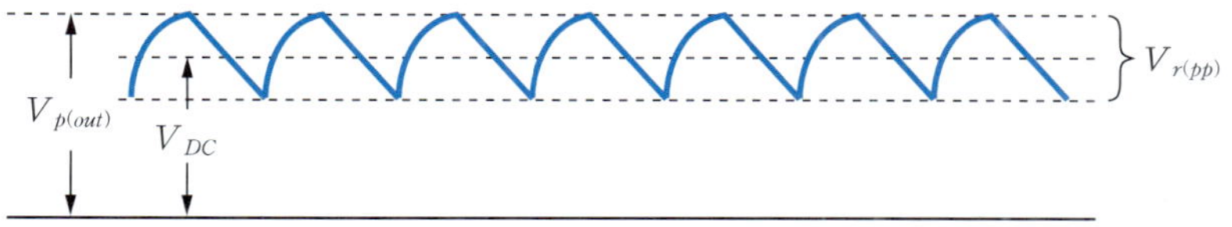

[그림 2-27] 리플전압 파형

■ 리플 계수

리플 계수(ripple factor)는 필터의 효율을 나타내며, 필터의 성능이 우수할수록 리플 계수가 작다. 필터의 직류전압의 평균값 V_{DC}는 다음과 같이 계산한다.

$$V_{DC} \cong \left(1 - \frac{1}{2f R_L C}\right) V_{p(out)} \tag{2.14}$$

(이때 $V_{p(out)}$은 필터되기 전 정류기의 출력전압의 최대값이다.)

리플 계수는 식 (2.13)과 식 (2.14)를 이용하여 계산하는데, 정리하면 식 (2.15)가 된다. 리플 계수는 부하저항 R_L을 크게 하거나 커패시터의 값을 크게 하면 개선된다.

★ 리플 계수 ★

$$r = \frac{V_{r(pp)}}{V_{DC}} \tag{2.15}$$

예제 2-7

다음 그림과 같은 전파 정류회로에 대해 다음을 구하시오.

(a) 정류기의 출력(부하전압)　(b) 리플 전압　(c) 리플 계수

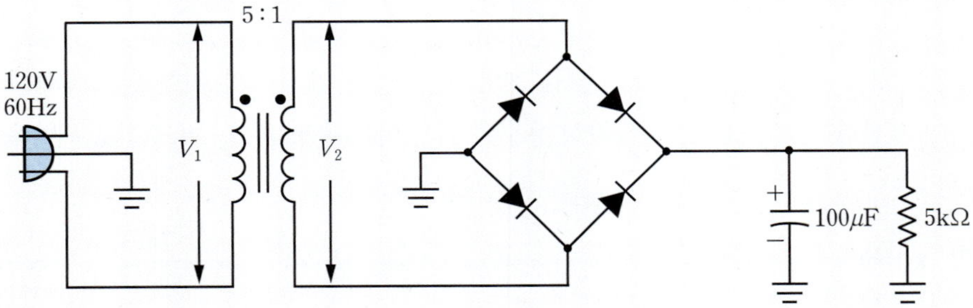

풀이

변압기의 권선비가 5 : 1이고, 1차 전압이 120 V_{rms}이므로 2차 전압은 24 V_{rms}이다. 2차 최대 전압 $V_{p(2차)}$와 정류기 최대 출력전압 $V_{p(out)}$을 구하면 다음과 같다.

$$V_{p(2차)} = \sqrt{2}\ V_{rms} = \sqrt{2} \times 24\,\text{V} \cong 34\,\text{V}$$

$$V_{p(out)} = V_{p(2차)} - 1.4\,\text{V} = 34\,\text{V} - 1.4\,\text{V} = 32.6\,\text{V}$$

또한 브리지 전파 정류기의 주파수는 입력 주파수의 2배이므로 120 H_Z이다.

(a) 직류 부하전압은 32.6 V 이며, 직류 부하전류는 $I_L = \frac{32.6\,\mathrm{V}}{5\mathrm{k\Omega}} = 6.52\,\mathrm{mA}$ 이다.

(b) 리플 전압 : $V_{r(pp)} = \frac{6.52\,\mathrm{mA}}{(120\,\mathrm{H_Z})(100\,\mu\mathrm{F})} = 0.543\,\mathrm{V}$

$$V_{DC} = \left(1 - \frac{1}{2f R_L C}\right) V_{p(out)} = \left(1 - \frac{1}{(240\,\mathrm{H_Z})(5\,\mathrm{k\Omega})(100\,\mu\mathrm{F})}\right) 32.6\,\mathrm{V} = 32.328\,\mathrm{V}$$

(c) 리플 계수 : $r = \frac{V_{r(pp)}}{V_{DC}} = \frac{0.543\,\mathrm{V}}{32.328\,\mathrm{V}} = 0.017$

SECTION 03

리미팅 회로 및 클램핑 회로

다이오드 리미터(클리퍼) 회로는 신호의 양(+) 또는 음(−)의 부분을 제한하거나 신호를 자르는 다이오드 응용회로이다. 또한 다이오드에 커패시터를 결합하여 교류전압에 직류전압을 더하는 다이오드 회로를 클램핑 회로라 한다.

Keywords | 다이오드 리미팅(클리핑) 회로 | 다이오드 클램핑 회로 | 배전압 회로 |

다이오드 리미팅(클리핑) 회로

리미터(Limiter) 혹은 **클리퍼**(Clipper)라 불리는 다이오드 회로는 입력전압을 일정한 레벨 위 또는 아래로 자르는 회로이다. [그림 2-28]을 보자. 그림 (a)는 입력전압의 양(+)의 영역을 제한하거나 자르는 다이오드 리미터 회로를 보여준다. 입력전압의 양(+)의 반주기 동안 다이오드는 순방향 바이어스 되어 전류가 흐른다. 순방향 바이어스 되어 있을 때는 다이오드와 부하저항 R_L은 병렬로 연결되어 있어 출력전압이 다이오드 전압과 같다. 따라서 출력전압은 다이오드의 전위장벽인 0.7V가 된다. 그리고 입력전압의 음의 반주기 동안은 다이오드가 역방향 바이어스 되어 다이오드에는 전류가 흐르지 않는다. 따라서 출력전압은 R_I, R_L로 구성된 전압분배 회로에 의해 다음과 같이 결정된다. 만일 부하저항 $R_L \gg R_I$이면 $V_{out} \cong V_{in}$이 된다.

★ 다이오드 리미팅 회로의 출력전압 ★

$$V_{out} = \left(\frac{R_L}{R_I + R_L}\right) V_{in} \tag{2.16}$$

다이오드의 방향을 바꾸면 그림 (b)와 같이 음(−)의 반주기 영역의 레벨이 제한된다. 즉 입력전압의 음(−)의 반주기 동안 다이오드는 순방향 바이어스 된다. 다이오드와 부하저항 R_L은 병렬로 연결되어 있어 출력전압이 다이오드 전압과 같다. 따라서 출력전압은 다이오드의 전위장벽인 −0.7V가 된다. 마찬가지로 입력전압의 양의 반주기 동안은 다이오드가 역방향 바이어스 되어 다이오드에는 전류가 흐르지 않는다. 따라서 출력전압은 R_I, R_L로 구성된 전압분배 회로, 즉 식 (2.16)에 의해 결정된다.

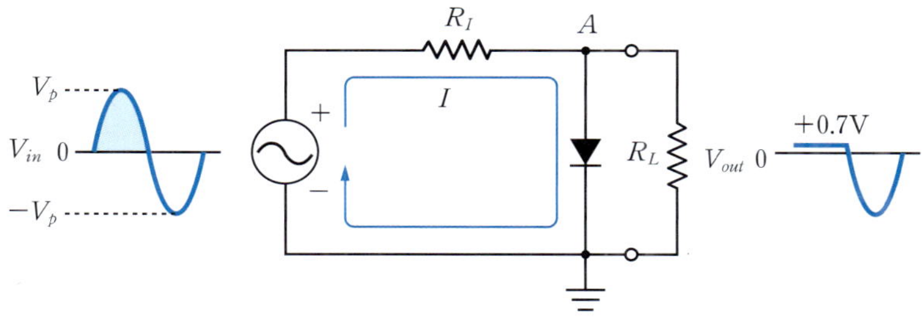

(a) 양의 반주기 신호 제한

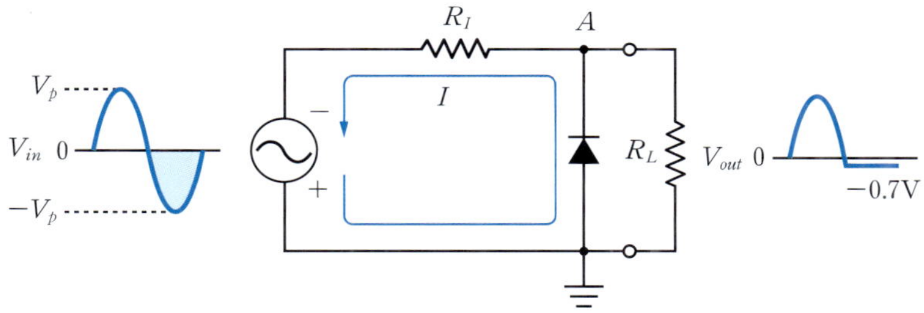

(b) 음의 반주기 신호 제한

[그림 2-28] 다이오드 리미터 회로

■ 바이어스된 리미터

리미터 회로에 바이어스 전압 V_{BIAS}를 다이오드에 적절하게 연결하면 교류전압의 제한 레벨을 조정할 수 있다. [그림 2-29]를 보자. 그림 (a)는 양(+)의 리미터를 보여준다. 입력전압이 $V_{in} \geq V_{BIAS} + 0.7\,\text{V}$이면 다이오드는 순방향 바이어스 되어 On 상태가 되며, 이때 출력전압 $V_{out} = V_{BIAS} + 0.7\,\text{V}$가 된다. 입력전압이 $V_{in} < V_{BIAS} + 0.7\,\text{V}$일 때는 다이오드가 역방향 바이어스 되어 Off 상태가 되며, 이때의 출력전압 V_{out}은 저항 R_I, R_L의 전압분배 회로에 의해 결정된다. 만일 부하저항 $R_L \gg R_I$이면 $V_{out} \cong V_{in}$이 된다.

$$V_{out} = \frac{R_L}{R_I + R_L} V_{in} \tag{2.17}$$

다이오드와 바이어스 전압의 극을 반대 방향으로 바꾸면 그림 (b)와 같이 음(−)의 리미터(negative limiter)가 된다. 입력전압이 $V_{in} \leq -(V_{BIAS} + 0.7\,\text{V})$이면 다이오드는 순방향 바이어스 되어 On 상태가 되며, 이때 출력전압 $V_{out} = -(V_{BIAS} + 0.7\,\text{V})$가 된다.

입력전압이 $V_{in} > -(V_{BIAS} + 0.7\,\text{V})$일 때는 다이오드가 역방향 바이어스 되어 Off 상태가 되며, 이때의 출력전압 V_{out}은 R_I, R_L의 전압분배 회로에 의해 결정된다. 만일 $R_L \gg R_I$이면 식 (2.17)에서 $V_{out} \cong V_{in}$이 된다.

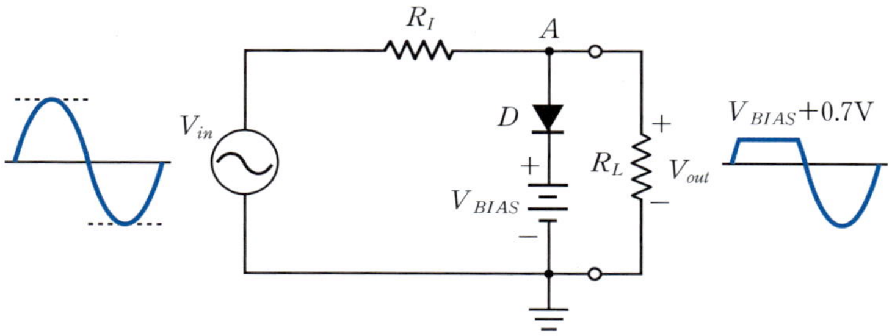

(a) 양(+) 리미터

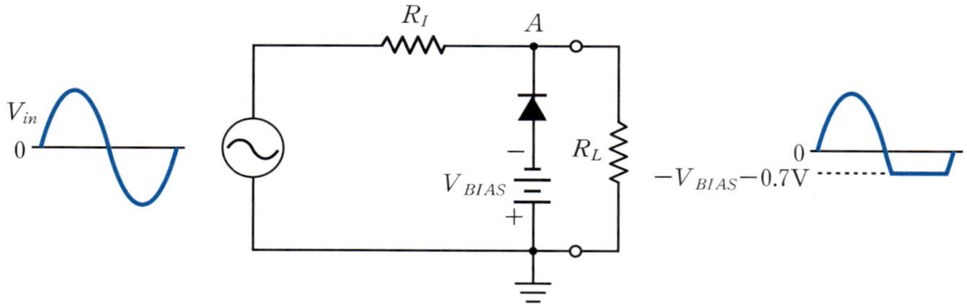

(b) 음(−) 리미터

[그림 2-29] 바이어스 된 리미터 회로

예제 2-8

다음 그림과 같은 리미터 회로의 출력파형을 그리시오.

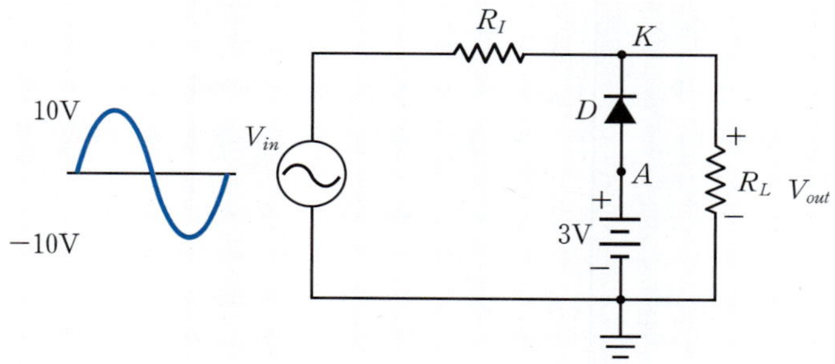

풀이

다이오드가 On 상태가 되기 위해서는 K점의 전압이 2.3V보다 작아야 한다. 만일 K점의 전압이 2.3V보다 크면 다이오드는 역방향 바이어스 되어 부하저항 R_L의 전압 V_{out}은 다음과 같다.

$$V_{out} = \left(\frac{R_L}{R_I + R_L}\right) V_{in}$$

만일 $R_L \gg R_I$이면 $V_{out} \cong V_{in}$이다. 그리고 $V_{in} \leq 2.3\text{V}$이면 다이오드는 On 상태가 되고, 부하저항 R_L의 전압 V_{out}은 다음과 같다.

$$V_{R_L} = V_{(out)} = 3\,V - 0.7\,V = 2.3\,V$$

이를 그림으로 나타내면 다음과 같다.

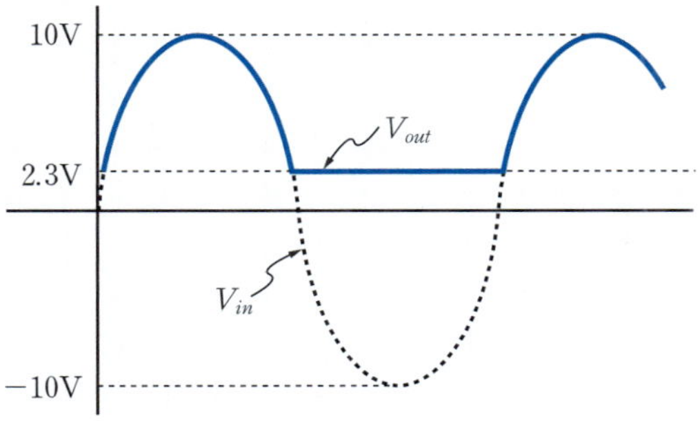

예제 2-9

다음 그림과 같은 리미터 회로의 출력파형을 그리시오.

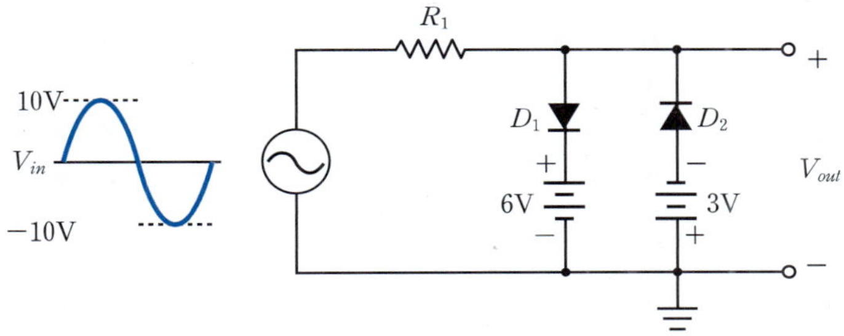

풀이

입력전압이 6.7 V보다 크면 다이오드 D_1이 On 상태(D_2는 Off)가 되어 출력전압은 6.7 V가 된다. 또한 −3.7 V보다 작으면 다이오드 D_2가 On 상태(D_1은 Off)가 되어 출력전압은 −3.7 V가 된다. 이를 그림으로 나타내면 다음과 같다.

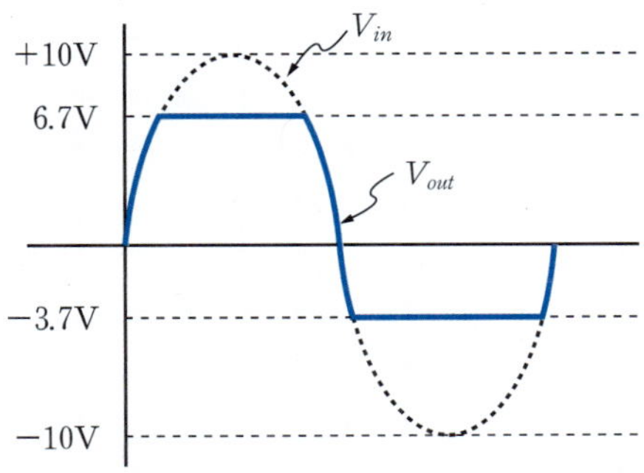

클램핑 회로

클램퍼(Clamper)는 교류전압에 직류전압을 더하는 회로이다. 다이오드에 커패시터를 결합한 다이오드 응용회로로서 교류전압에 양의 직류전압을 더해주는 양의 클램퍼와 음의 직류전압을 더해주는 음의 클램퍼로 나눌 수 있다.

■ 양의 클램퍼

[그림 2-30]을 보자. 양의 클램퍼는 그림 (a)와 같이 나타낸다. 이 회로의 동작을 입력전압의 처음 음(−)의 반주기부터 분석해 보자. 처음 입력신호의 음(−)의 1/4주기 동안 다이오드가 순방향 바이어스 되기 때문에 입력전압의 피크($V_{p(in)} - 0.7\,\mathrm{V}$)까지 커패시터에 충전되고, 음의 피크 이후의 다이오드는 역방향 바이어스 된다. 이때 커패시터 충전에 의해 다이오드의 음극은 거의 $V_{p(in)} - 0.7\,\mathrm{V}$의 전압을 유지하고 있다.

커패시터에 충전된 전압은 부하저항 R_L을 통해 방전하게 되는데, 부하저항 R_L을 크게 하여 커패시터와의 시정수를 크게 함으로써 천천히 방전되도록 한다. 이때 커패시터는 매우 느리게 방전되므로 직류전원으로 간주된다. (방전되는 양은 커패시터의 용량과 부하저항 R_L 값(시정수)에 영향을 받는다.) 커패시터에 충전된 전압은 입력신호와 직렬로 연결된 전지(배터리)와 같은 작용을 하기 때문에 그림 (b)처럼 중첩되어 커패시터의 전압에 더해진다.

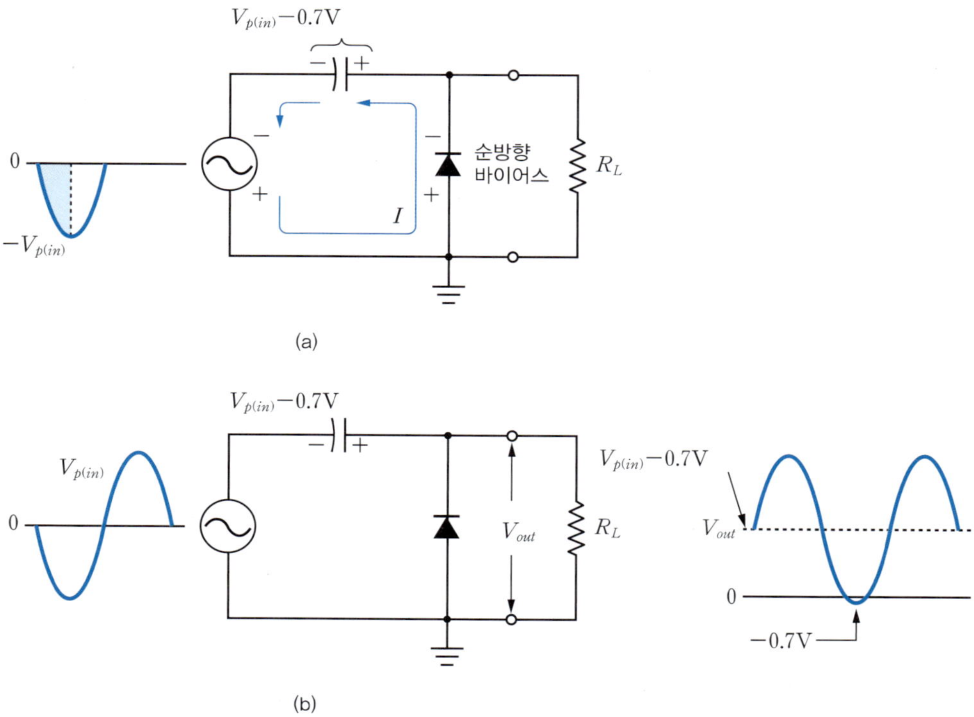

[그림 2-30] 양(+)의 클램퍼

■ 음의 클램퍼

음의 클램퍼는 [그림 2-31]과 같이 나타내며, 양의 클램퍼 회로에서 다이오드의 극성을 바꾼 것이다. 이 회로는 양의 클램퍼와 반대로 동작하는데, 입력전압의 처음 입력신호의 양(+)의 1/4주기 동안 다이오드가 순방향 바이어스 되기 때문에 입력전압의 피크($V_{p(in)}-0.7\,\text{V}$)까지 커패시터에 충전되고, 양의 피크 이후의 다이오드는 역방향 바이어스 된다. 이때 커패시터 충전에 의해 다이오드의 음극이 거의 $V_{p(in)}-0.7\,\text{V}$의 전압을 유지하고 있다. 이러한 동작은 양의 클램퍼와 방향만 반대일 뿐 똑같다. 출력전압은 음의 직류전압이 입력전압에 더해져서 나타나게 된다.

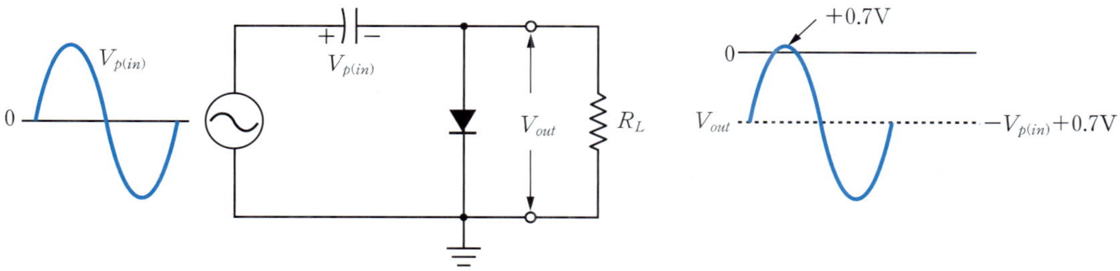

[그림 2-31] 음(−)의 클램퍼

예제 2-10

다음 그림과 같은 클램퍼 회로에서 R_L 양단의 출력전압을 구하고 출력파형을 그리시오. (단, 시정수 R_LC는 방전이 무시될 수 있을 정도로 크다고 가정한다.)

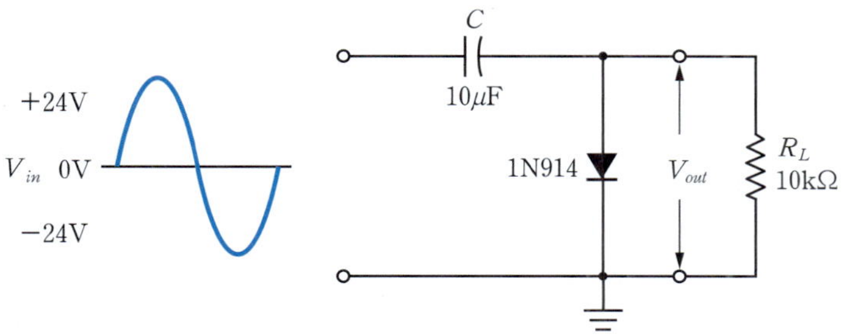

풀이

음(−)의 클램퍼로 커패시턴스에 충전된 직류전압은 입력의 피크 값에서 다이오드의 전압강하를 뺀 값과 같다.

$$V_{DC}=-(V_{p(in)}-0.7\,\text{V})=-(24\text{V}-0.7\,\text{V})=-23.3\,\text{V}$$

출력파형을 그리면 오른쪽과 같다.

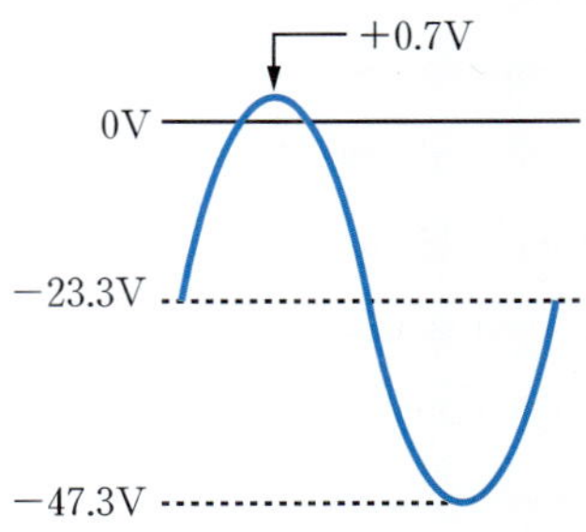

예제 2-11

그림과 같은 입력신호와 클램퍼 회로에 대해 (a) R 양단의 출력전압을 구한 뒤 (b) 출력파형을 그리고 (c) 시정수를 구하시오. (실리콘 다이오드의 전압강하는 0.7V이다.)

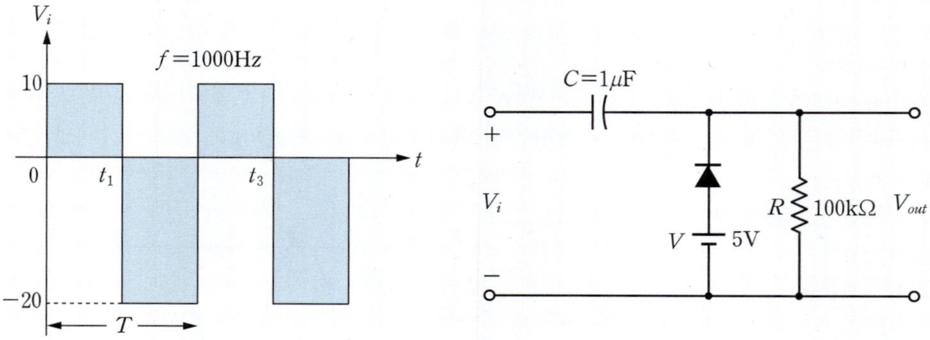

풀이

(a) 입력 구형파의 신호 주파수 $f=1000\,\mathrm{H_Z}$이므로, 주기 $T=\frac{1}{f}=1\,\mathrm{ms}$이며 각 레벨 간의 시간(반주기)은 0.5ms이다. 첫 번째 양의 구간 $[0, t_1]$에는 출력신호가 없으므로, 첫 번째 음의 구간 입력신호부터 해석한다. 음의 반주기에서 다이오드는 순방향 바이어스 된다.

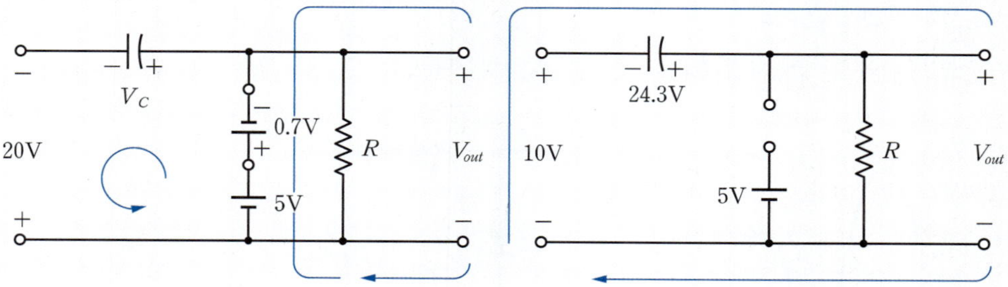

(a) (b)

이 회로는 그림 (a)와 같은 상태가 되며, 키르히호프의 전압법칙을 사용하여 출력 측의 전압방정식을 쓰면 다음과 같다.

$$+5\,\mathrm{V}-0.7\,\mathrm{V}-V_{out}=0$$
$$V_{out}=5\,\mathrm{V}-0.7\,\mathrm{V}=4.3\,\mathrm{V}$$

또한 입력 측의 전압방정식은 다음과 같다.

$$-20\,\mathrm{V}+V_C+0.7\,\mathrm{V}-5\,\mathrm{V}=0$$
$$V_C=25\,\mathrm{V}-0.7\,\mathrm{V}=24.3\,\mathrm{V}$$

두 번째 양의 주기에서 회로는 그림 (b)와 같은 상태가 되며(다이오드는 역방향 바이어스 되어 개방), 키르히호프의 전압법칙을 사용하여 출력 측의 전압방정식을 쓰면 다음과 같다.

$$+10\,\mathrm{V}+24.3\,\mathrm{V}-V_{out}=0$$
$$V_{out}=34.3\,\mathrm{V}$$

(b) (a)에서 구해진 출력전압으로 출력파형을 그리면 다음 그림과 같다.

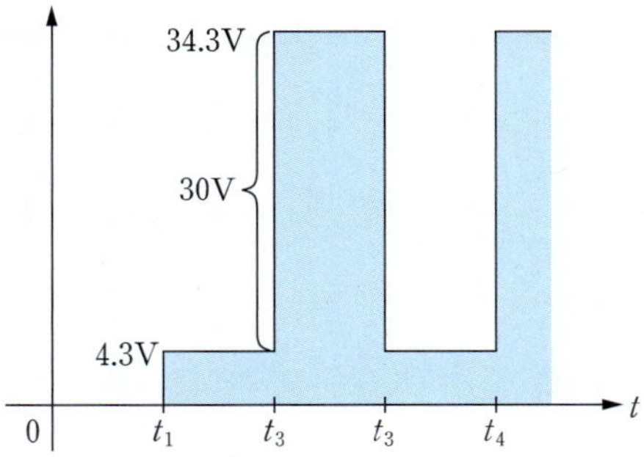

(c) 다이오드가 역방향 바이어스 되었을 때 커패시턴스의 방전회로에서 시정수를 구한다.

$$\tau=RC=(100\,\mathrm{k\Omega})(1\,\mu\mathrm{F})=0.1\mathrm{s}=100\,\mathrm{ms}$$

따라서 전체 방전시간은 시정수의 약 5배이므로 $5\tau=5(100\,\mathrm{ms})=500\,\mathrm{ms}$ 이다. 입력신호의 반주기에서 방전이 발생하는데, 각 레벨 간의 시간(반주기)이 0.5ms 이기 때문에 방전시간이 500ms 로 충분히 길어 입력신호 펄스 사이의 방전은 무시되고, 커패시터 전압은 유지된다.

배전압 회로

배전압 회로는 변압기를 통한 입력전압의 변화 없이 클램핑 작용을 응용하여 전압을 2배, 3배 혹은 4배로 상승시키는 회로를 말한다.

■ 반파 2배 전압기

[그림 2-32]를 보자. 그림 (a)에서는 변압기의 2차 측 전압의 양의 반주기 동안에 다이오드 D_1은 순방향으로 바이어스 되고, D_2는 역방향으로 바이어스 되어 D_1을 통해 전류가 흐른다. 이때 다이오드의 전압강하를 무시하면 커패시터 C_1에는 2차 전압의 피크값(V_p)까지 충전된다.

그림 (b)에서는 음의 반주기 동안에 다이오드 D_1은 역방향으로 바이어스 되고, D_2는 순방향으로 바이어스 되어 D_2를 통해 전류가 흐른다. 이때 커패시터 C_2에는 $2V_p$가 충전된다. 이를 키르히호프의 전압법칙을 이용하여 정리하면 다음과 같다.

$$V_{C2} - V_p - V_{C1} = 0 \quad (2.18)$$

양의 반주기 동안 V_p로 충전된 커패시터 C_1의 전압이 유지된다면 식 (2.18)은 $V_{C2} - V_p - V_p = 0$가 되며, 이는 식 (2.19)와 같이 정리할 수 있다. (단, 다이오드 전압강하는 무시한다.)

★ 반파 2배 전압기 충전 ★

$$V_{C2} = 2V_p \quad (2.19)$$

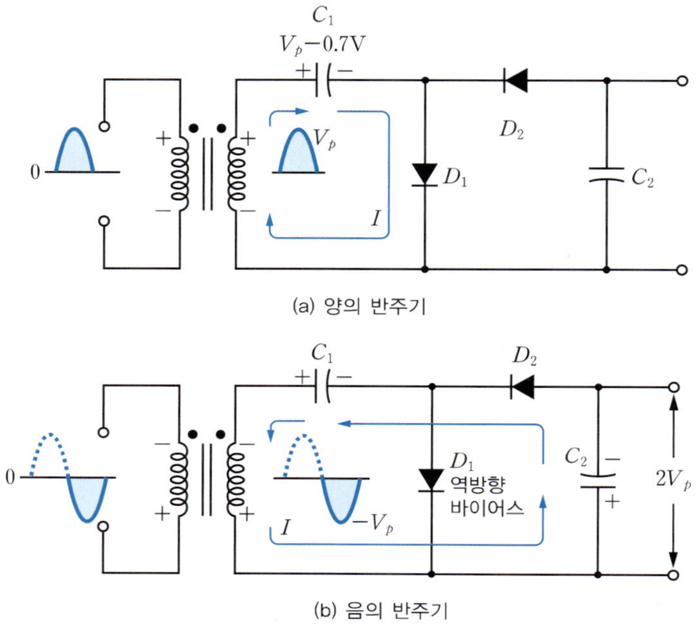

[그림 2-32] 반파 2배 전압기의 동작

■ 전파 2배 전압기

[그림 2-33]을 보자. 변압기의 2차 측 전압의 양의 반주기 동안에 다이오드 D_1은 순방향으로 바이어스 되고 D_2는 역방향으로 바이어스 된다. 이때 다이오드 전압강하를 무시하면 커패시터 C_1에는 변압기의 2차 피크전압(V_p)이 충전된다. 반대로 음의 반주기 동안에 다이오드 D_1은 역방향으로 바이어스 되고 D_2는 순방향으로 바이어스 되어 커패시터 C_2에 변압기의 2차 피크전압(V_p)이 충전된다. 그러므로 직렬로 연결된 2개의 커패시터로부터 출력전압 $2V_p$가 얻어진다.

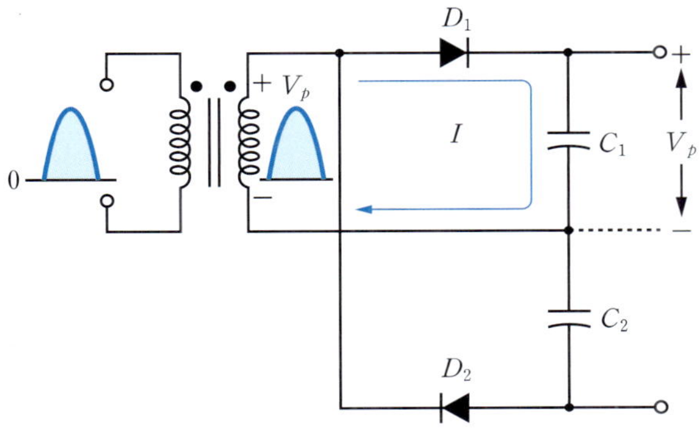

(a) 양의 반주기

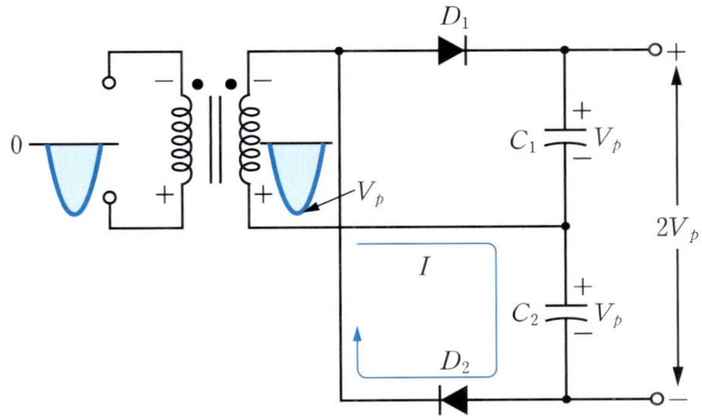

(b) 음의 반주기

[그림 2-33] 전파 2배 전압기의 동작

■ 3배 전압기

[그림 2-34]를 보자. 반파 2배 전압기에 다이오드와 커패시터를 연결하면 3배 전압기가 된다. 이 회로는 변압기 2차 전압 양(+)의 반주기 동안에는 다이오드 D_1 이 순방향 바이어스 되어 커패시터 C_1 이 V_p 로 충전되고, 음(−)의 반주기 동안에는 다이오드 D_2 가 순방향 바이어스 되어 커패시터 C_2 가 $2V_p$ 로 충전된다. 그 다음 양(+)의 반주기 동안에는 다이오드 D_3 가 순방향 바이어스 되어 커패시터 C_3 가 $2V_p$ 로 충전된다. 3배의 출력전압($3V_p$)은 그림에서와 같이 C_1 과 C_3 의 양단에서 얻어진다. (이 회로를 해석할 때는 다이오드의 전압강하를 고려하지 않았다.)

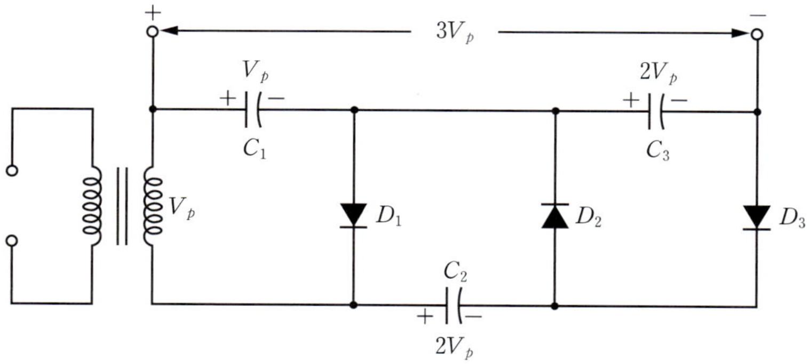

[그림 2-34] 3배 전압기

■ 4배 전압기

[그림 2-35]를 보자. 3배 전압기에 또 다른 다이오드와 커패시터를 추가로 연결하면 4배의 출력을 얻을 수 있는 4배 전압기를 만들 수 있다. 3배 전압기의 설명에 덧붙여, 음(−)의 반주기 동안에는 다이오드 D_4 가 순방향 바이어스 되어 커패시터 C_4 에 $2V_p$ 가 충전되며, $4V_p$ 의 출력전압은 그림에서와 같이 커패시터 C_2, C_4 양단에서 얻어진다.

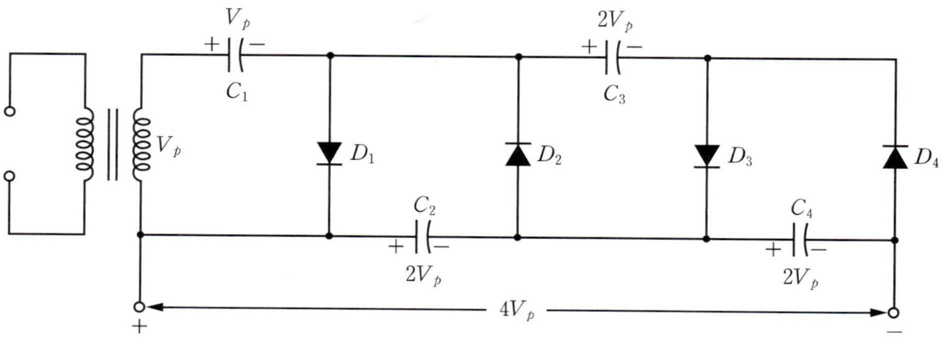

[그림 2-35] 4배 전압기

CHAPTER

02 연습문제

2.1 변압기의 권선비(N_2 / N_1)가 2이고, 1차 전압이 120 V 일 때, 2차 전압은 얼마인가?

① 0 V ② 60 V ③ 169.7 V ④ 240 V

2.2 변압기의 권선비가 5 : 1이다. 1차 전압이 100 V_{rms} 일 때, 2차 최대전압(V_p)은 얼마인가?

① 20 V ② 28.3 V ③ 50 V ④ 141.4 V

2.3 반파 정류기의 최대 출력전압(V_p)이 50 V 일 때, 평균 전압은 얼마인가?

① 15.9 V ② 25 V ③ 31.8 V ④ 50 V

2.4 반파 정류기의 입력신호 주파수가 60 Hz 일 때, 출력 주파수는 얼마인가?

① 30 H_Z ② 60 H_Z ③ 120 H_Z ④ 0 H_Z

2.5 전파 정류기의 최대 출력전압(V_p)이 50 V 일 때 평균 전압은 얼마인가?

① 15.9 V ② 25 V ③ 31.8 V ④ 50 V

2.6 전파 정류기의 입력신호가 10 V, 60 Hz 의 정현파일 때, 출력 주파수는 얼마인가?

① 0 H_Z ② 60 H_Z ③ 120 H_Z ④ 30 H_Z

2.7 반파 정류기의 최대 입력전압(V_p)이 10 V 일 때, 피크 역방향 전압(PIV)은 얼마인가?

① 3.18 V ② 6.36 V ③ 10 V ④ 14.1 V

2.8 중간 탭 전파 정류기의 최대 출력전압(V_p)이 10 V 일 때, 피크 역방향 전압(PIV)은 얼마인가?

① 19.3 V ② 20.7 V ③ 10.3 V ④ 10.7 V

2.9 브리지 전파 정류기의 최대 출력전압(V_p)이 20 V 일 때 피크 역방향 전압(PIV)은 얼마인가?

① 19.3 V ② 20.7 V ③ 9.3 V ④ 5 V

2.10 전파 정류된 출력전압이 50V이고 커패시터 필터가 $f=120\,\mathrm{H_Z}$, $R_L=10\,\mathrm{k\Omega}$, $C=10\,\mu\mathrm{F}$일 때, 리플 전압은 얼마인가?

① 10.7V ② 10V ③ 8.34V ④ 4.17V

2.11 2차 전압과 필터가 동일할 때 리플 전압이 가장 큰 것은?

① 반파 정류기 ② 브리지 정류기 ③ 중간 탭 정류기 ④ 리미터

2.12 커패시터 필터의 전파 정류기의 부하저항이 줄어든다면 리플 전압은 어떻게 되는가?

① 증가한다. ② 감소한다. ③ 변함 없다. ④ 주파수가 변한다.

2.13 커패시터 필터의 전파 정류기에서 커패시터가 줄어든다면 리플 전압은 어떻게 되는가?

① 증가한다. ② 감소한다. ③ 변함 없다. ④ 주파수가 변한다.

2.14 전파 정류된 최대 출력전압이 50V이고 커패시터 필터가 $f=120\,\mathrm{H_Z}$, $R_L=10\,\mathrm{k\Omega}$, $C=10\,\mu\mathrm{F}$일 때, 근사 직류전압은 얼마인가?

① 50V ② 47.92V ③ 45.92V ④ 40.92V

2.15 어떤 전파 정류기의 필터가 50mV의 리플 전압을 갖는 10V의 직류전압을 출력한다. 리플 계수는 얼마인가?

① 0.005 ② 0.05 ③ 0.5 ④ 0.02

2.16 주관식 그림과 같은 회로에서 다이오드의 실용모델(간략모델)을 이용하여 다이오드에 흐르는 전류와 부하저항(1kΩ) 양단의 전압을 구하시오.

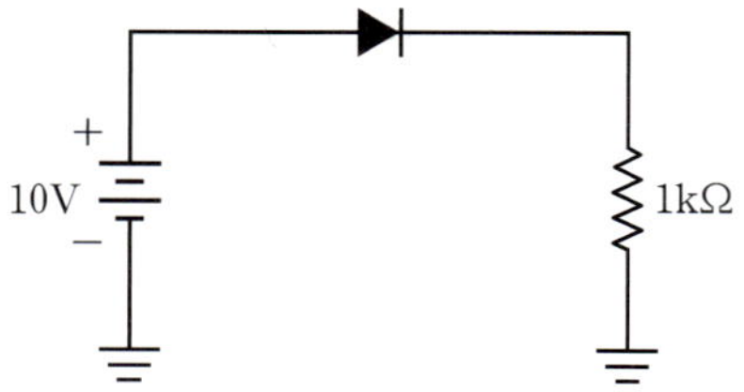

2.17 주관식 그림과 같은 회로에서 다이오드의 실용모델(간략모델)을 이용하여 다이오드에 흐르는 전류와 부하저항(R_L) 양단의 전압을 구하시오.

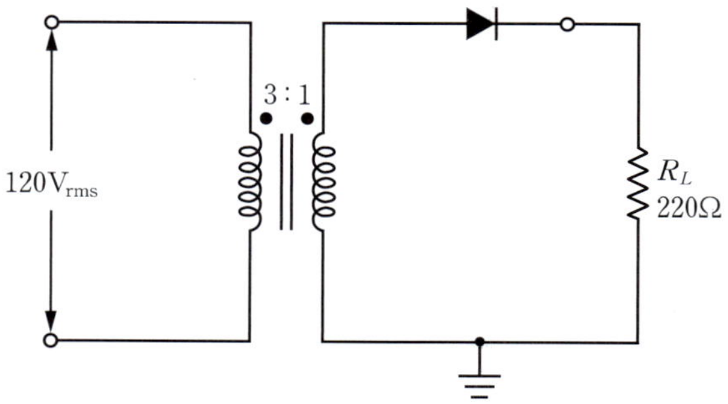

2.18 주관식 그림과 같은 회로에서 다이오드의 실용모델(간략모델)을 이용하여 다음을 구하시오.

(a) 변압기의 2차 측 중간 탭과 양단과의 피크 전압

(b) 다이오드에 흐르는 전류의 피크값

(c) 각 다이오드의 PIV

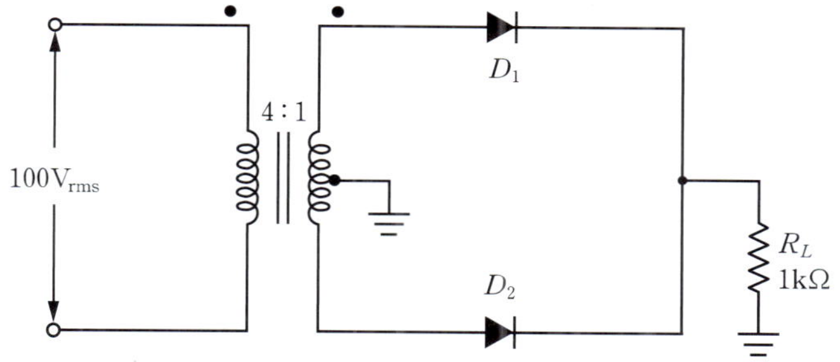

2.19 주관식 최대 출력전압이 50 V 인 브리지 전파 정류기의 다이오드에 요구되는 PIV는 얼마인가?

2.20 주관식 브리지 전파 정류기의 출력전압은 20 V_{rms} 이다. 다이오드 양단의 PIV는 얼마인가?

2.21 주관식 어떤 전파 정류기는 출력전압(V_p)이 30V, 주파수가 120H_Z이고, 필터의 커패시터가 50μF, 부하저항이 10kΩ 일 때, 다음을 구하시오.

(a) 부하저항 양단의 직류출력 근사전압

(b) 피크-피크 리플 전압

(c) 리플 계수

2.22 주관식 다음 브리지 정류기에서 직류 출력전압과 피크-피크 리플 전압을 구하시오.
(변압기의 권선비는 10 : 1 이고, 선로전압의 주파수는 60Hz 이다.)

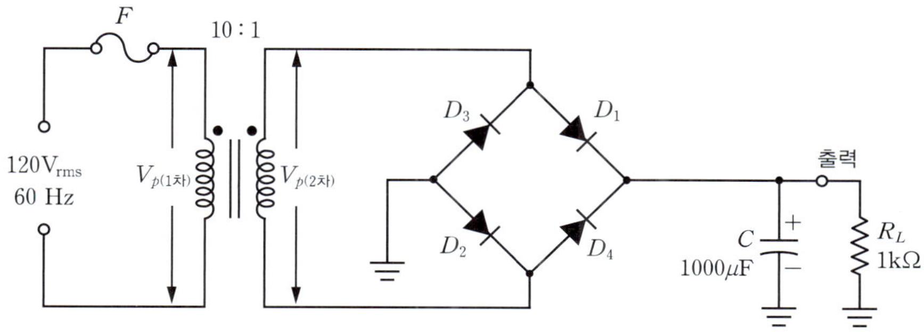

2.23 주관식 다음 회로의 출력파형을 그리시오.

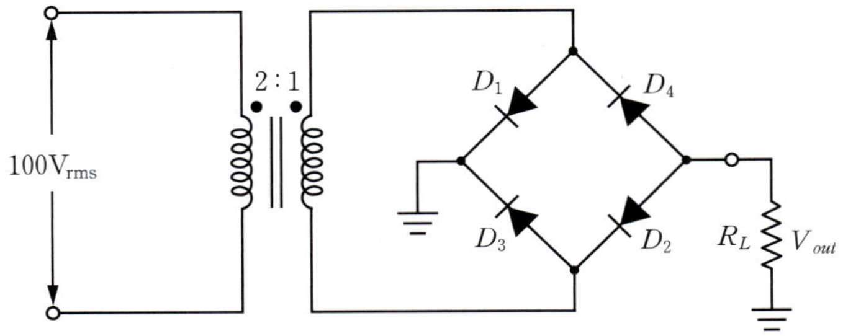

2.24 주관식 다음 회로의 출력파형을 그리시오.

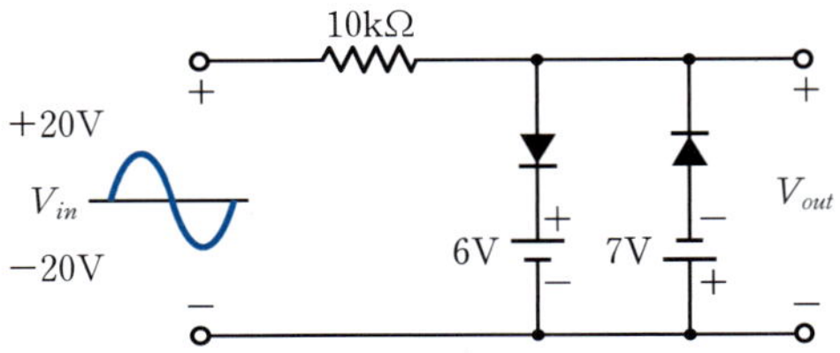

(a)

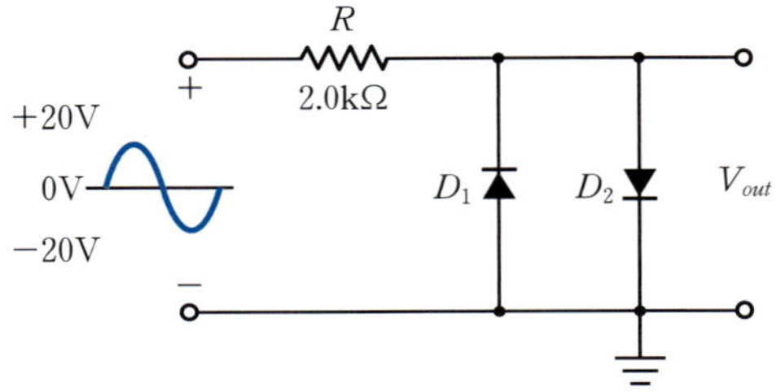

(b)

2.25 주관식 다음 회로의 출력파형을 그리시오.

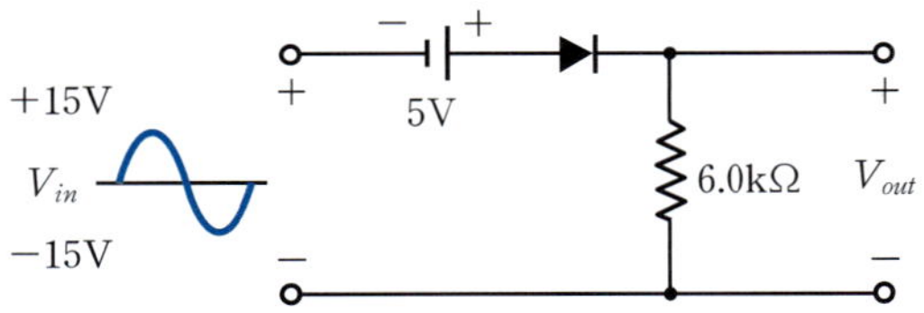

2.26 주관식 주어진 회로에서 입력전압의 파형이 (a), (b), (c)와 같을 때, 각각의 출력파형을 그리시오.

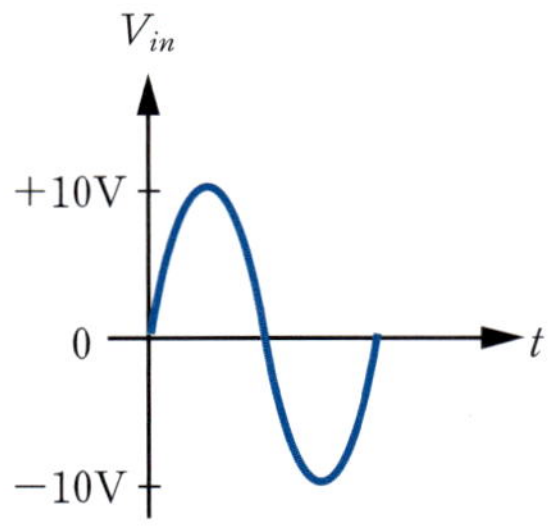

(a)

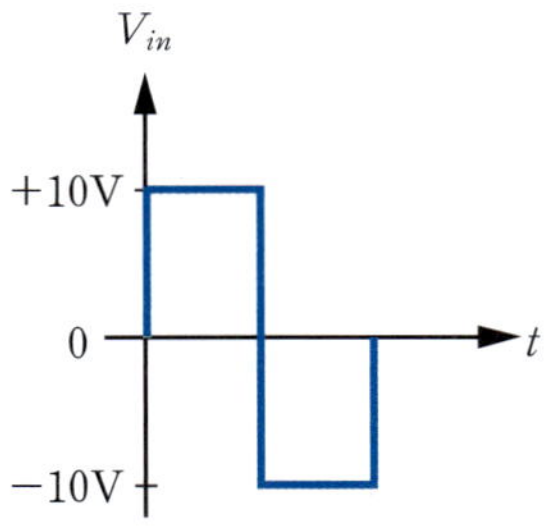

(b)

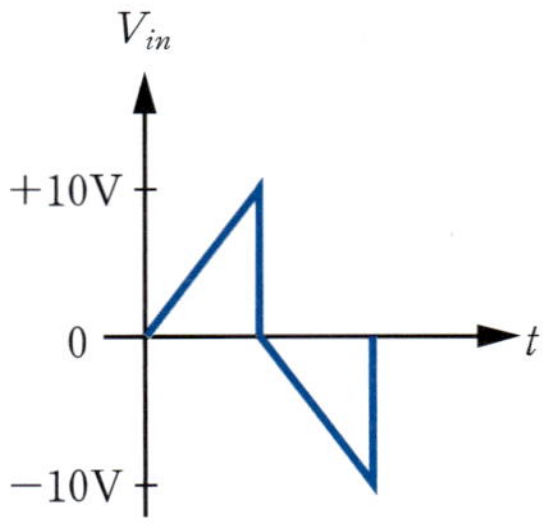

(c)

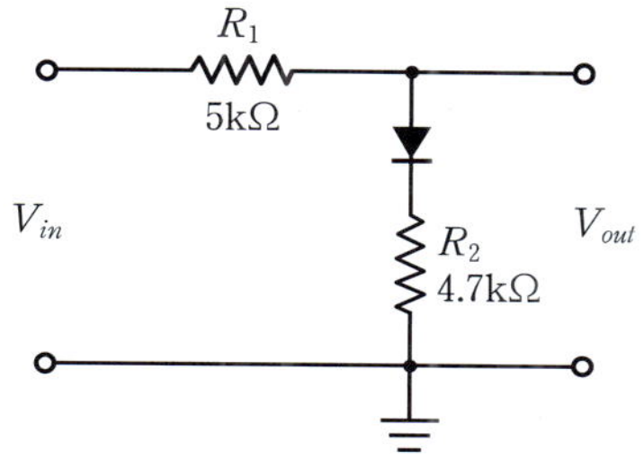

2.27 주관식 다음 회로의 출력파형을 그리시오.

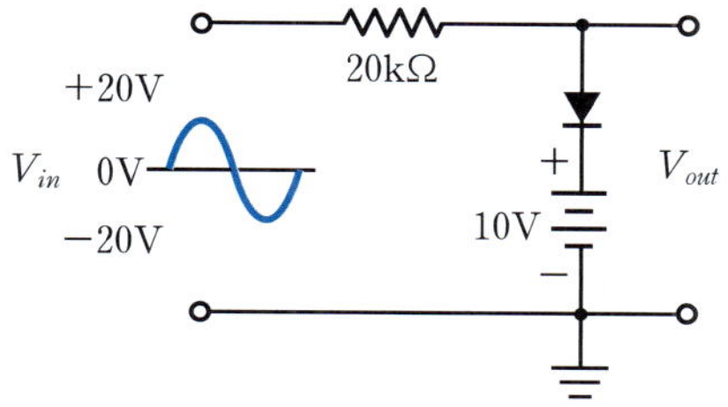

(a)

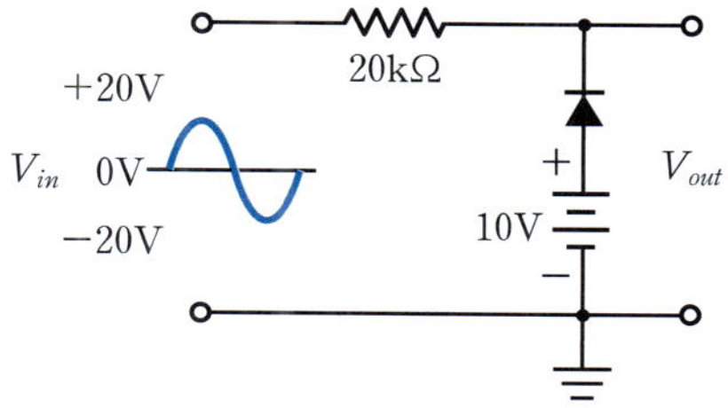

(b)

2.28 주관식 다음 회로의 출력파형을 그리시오. (RC 시정수는 입력주기보다 훨씬 크다고 가정한다.)

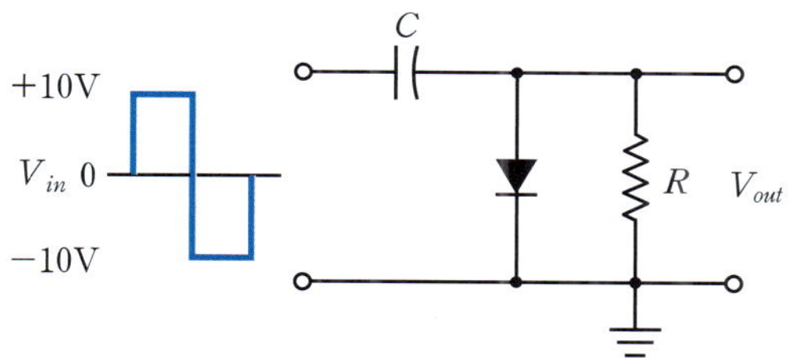

2.29 주관식 다음 회로에서 입력의 피크값이 20V인 정현파에서 커패시터 C_1, C_2, C_3의 양단에 걸리는 전압은 얼마인가? (다이오드는 이상적인 특성을 갖는다.)

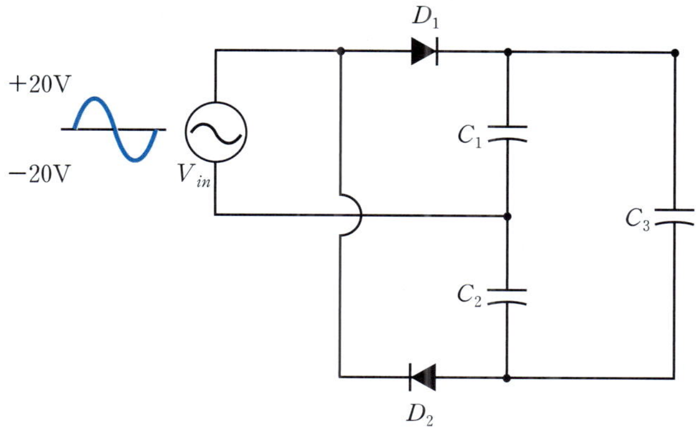

CHAPTER

03

특수 목적 다이오드

이 장에서는 제너 다이오드, 버랙터 다이오드 등 특수 목적 다이오드에 대해 공부한다. 제너 다이오드의 특성 및 동작해석과 정전압 조정회로에 대해 공부하고, 버랙터 다이오드의 가변 커패시턴스 특성에 대해 살펴본다. 또한 특수한 목적으로 쓰이는 발광 다이오드(LED)와 광학 다이오드의 동작 및 특성, 그리고 레이저 다이오드, 쇼트키 다이오드, 터널 다이오드, 핀 다이오드 등의 기본적인 특성에 대해 공부한다.

CONTENTS

SECTION 01

제너 다이오드의 전압-전류 특성

지금까지 우리는 일반적으로 사용되는 범용 다이오드와 정류용 다이오드 회로에 대해 살펴보았다. 이 장에서는 특수 목적으로 사용되는 다이오드 중에서도 직류전원의 정전압 회로에 응용되도록 설계된 실리콘 pn 접합 소자인 제너 다이오드(Zener diode)의 역방향 전압-전류 특성에 대해 공부해보자.

Keywords | 제너 다이오드 | 제너 항복 | 애벌런치 항복 |

제너 다이오드의 전압-전류 특성

일반적으로 사용되는 범용 다이오드와 정류용 다이오드는 역방향 항복영역에서 사용할 수 없다. 그러나 제너 다이오드는 역방향 항복에서 동작하도록 설계되었으며, 불순물 도핑 레벨을 적절하게 조절함으로써 역방향 전압을 결정한다. 제너 다이오드가 순방향으로 바이어스 될 때의 전압-전류 특성곡선은 범용 다이오드나 정류용 다이오드의 특성곡선과 같다. 그러나 역방향으로 바이어스 되어 역방향 바이어스 전압이 항복전압에 도달하면 전류가 급격히 변해도 전압은 거의 일정하게 유지된다. [그림 3-1]은 제너 다이오드의 기호와 전압-전류 특성곡선을 보여준다.

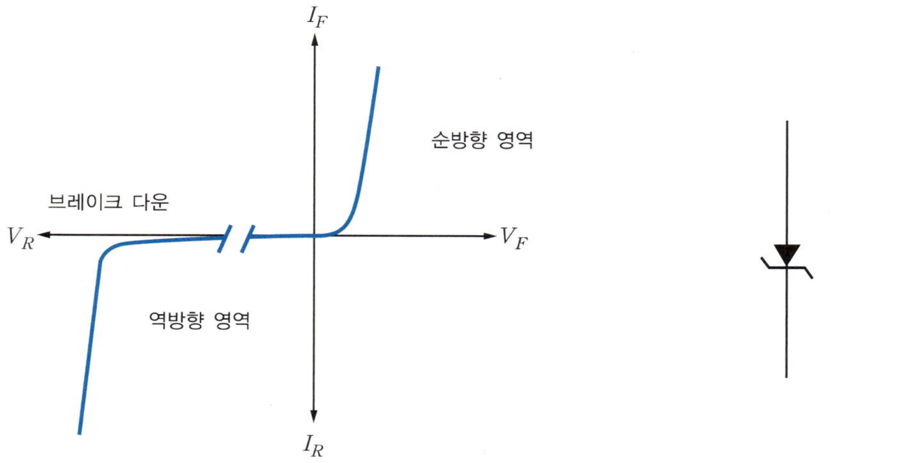

(a) 범용 다이오드의 특성곡선 (b) 제너 다이오드 기호

[그림 3-1] 제너 다이오드의 기호와 특성곡선

■ 순방향 바이어스

순방향 바이어스는 일반 정류용 다이오드와 같이 양극(anode)에 전원의 양(+)의 극성을, 음극(cathode)에는 전원의 음(−)의 극성을 연결한 것이다. 순방향으로 바이어스 된 제너 다이오드도 일

반 정류용 다이오드의 특성과 동일하게 순방향 전류가 흐르게 되며, 제너 다이오드 양단에는 0.7V의 다이오드 전압강하가 나타난다.

■ 역방향 바이어스와 항복

역방향 바이어스는 일반 정류용 다이오드와 같이 양극(anode)에 전원의 음(−)의 극성을, 음극(cathode)에는 전원의 양(+)의 극성을 연결한 것이다. 역방향으로 바이어스 된 제너 다이오드도 일반 정류용 다이오드의 역방향 특성과 동일하게 전류가 거의 흐르지 않다가 역방향 항복(breakdown) 전압(V_Z)에 도달하면 급격하게 역방향 전류가 증가하게 된다.

제너 다이오드의 역방향 항복에는 애벌런치(avalanche) 항복과 제너 항복의 두 가지 형태가 있다.

❶ **애벌런치 항복** : 아주 높은 역방향 전압을 인가했을 때 발생하며, 정류용 다이오드에서도 발생한다.

❷ **제너 항복** : 제너 다이오드에서 낮은 역방향 전압을 인가했을 때 발생한다.

제너 다이오드는 항복전압을 감소시키기 위해 불순물의 도핑농도를 크게 한다. 그 결과, 매우 좁은 공핍층이 형성되어 강한 전계가 공핍층 내부에 존재하게 된다. 항복전압(V_Z) 근처에서의 전계는 가전자대에서 전자를 끌어낼 수 있을 만큼 강해서 전류를 생성하게 된다. 5V 이하의 항복전압을 갖는 제너 다이오드는 주로 제너 항복에 의해 동작하고, 5V 이상의 항복전압을 갖는 제너 다이오드는 보통 애벌런치 항복에서 동작한다. 그러나 두 가지 형태 모두를 제너 다이오드라고 부른다. 제너 다이오드는 1 ~ 20% 의 허용오차 내에서 1V ~ 250V 범위의 항복전압을 갖는다.

■ 항복 특성

[그림 3-2]는 제너 다이오드의 특성곡선 중에서 역방향 부분을 나타낸 것이다. (제너전압 V_Z는 일반적으로 제너 시험전류 I_{ZT}에 대응되며 V_Z로 표시한다.)

역방향 전압 V_R이 증가할 경우 역방향 전류 I_R은 곡선의 변곡점에 이르기 전까지는 거의 일정한 값을 갖는다. 이 점에 이르게 되면 항복효과가 일어나기 시작한다. 즉 역방향 전류 I_Z가 급격하게 증가할수록 제너저항이 감소하기 시작한다. 변곡점 이하에서 항복전압 V_Z는 거의 일정하게 유지된다. 이러한 조절기능이 제너 다이오드의 대표적인 특징이다. 제너 다이오드는 특정한 범위의 역방향 전류값에 대해 다이오

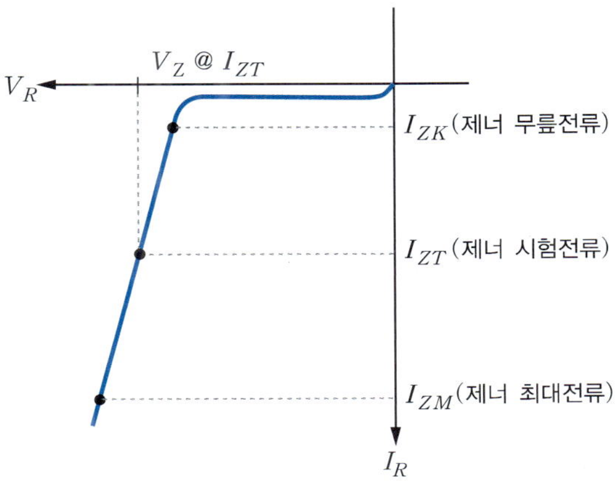

[그림 3-2] 제너 다이오드의 역방향 전압-전류 특성곡선

드의 양단 전압을 거의 일정하게 유지하는 정전압 특성이 있다.

역방향 전류의 최소값 I_{ZK}는 제너 무릎(knee)전류라 부르며, 제너 다이오드를 정전압 소자로 이용하기 위해 유지해야만 하는 최소전류이다. 역방향 전류가 I_{ZK} 이하로 감소하면 전압도 급격하게 변하고 조절기능을 잃게 된다. 또한 제너 다이오드의 정전압이 유지되는 최대전류 I_{ZM}은 다이오드가 손상되기 직전의 전류이다. 따라서 제너 다이오드는 $I_{ZK} \sim I_{ZM}$ 범위의 역방향 전류변화에 대해 다이오드 양단의 전압을 거의 일정하게 유지한다. 명목상의 제너전압 V_Z는 일반적으로 제너 시험전류 I_{ZT}라 불리는 역방향 전류값에 대응하는 전압으로, 일반적으로 규격표에 명시되어 있다.

제너 다이오드의 등가회로

[그림 3-3]을 보자. 그림 (a)는 제너 다이오드의 역방향 항복에서의 이상적인 등가회로를 나타낸 것이다. 이는 단순히 제너전압과 동일한 전압을 갖는 전지로서 동작한다. 그림 (b)는 제너저항 Z_Z를 포함한 제너 다이오드의 실제 등가회로를 나타낸 것이다. 전압의 변화가 완전한 수직이 아니므로, 그림 (c)와 같은 미소한 역방향 전류 변화는 미소한 제너전압의 변화를 야기한다.

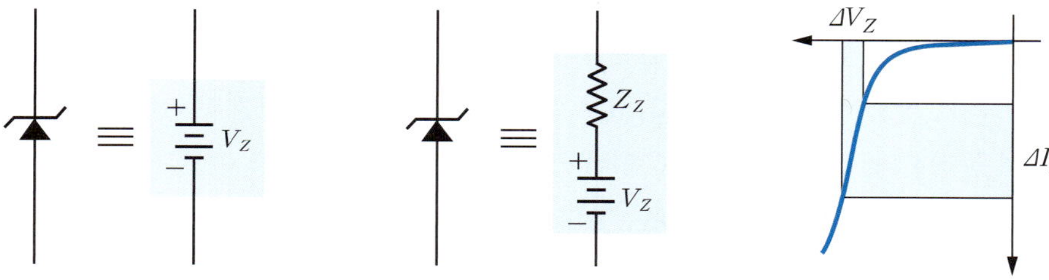

(a) 이상적인 등가회로 (b) 실제 등가회로 (c) $Z_Z = \frac{\Delta V_Z}{\Delta I_Z}$

[그림 3-3] 제너 다이오드의 등가회로

통상적으로 제너저항 Z_Z는 제너 시험전류 I_{ZT}에서 규정된 값이다. 대부분의 경우 Z_Z는 제너전류 값의 전체 선형범위에 걸쳐 일정하다고 가정한다.

★ 제너저항 Z_Z ★

$$Z_Z = \frac{\Delta V_Z}{\Delta I_Z} \tag{3.1}$$

제너 다이오드의 최대 소비전력($P_{D(\max)}$)

제너 다이오드의 최대 소비전력 $P_{D(\max)}$는 최대 제너전류 I_{ZM}와 다음과 같은 관계가 있다.

★ 최대 소비전력과 최대 제너전류의 관계 ★

$$I_{ZM} = \frac{P_{D(\max)}}{V_Z} \tag{3.2}$$

예제 3-1

어떤 제너 다이오드가 $I_{ZK} \sim I_{ZM}$ 사이의 특성곡선의 선형부분에서, I_Z가 $2\,\mathrm{mA}$ 변할 때 V_Z가 $40\,\mathrm{mV}$로 변했다. 이때 제너저항은 얼마인가?

풀이

$$Z_Z = \frac{\Delta V_Z}{\Delta I_Z} = \frac{40\,\mathrm{mV}}{2\,\mathrm{mA}} = 20\,\Omega$$

예제 3-2

어떤 제너 다이오드가 $5\,\Omega$의 저항을 갖고 있고, $I_{ZT} = 20\,\mathrm{mA}$, $V_{ZT} = 6.8\,\mathrm{V}$이고, $I_{ZK} = 1\,\mathrm{mA}$, $I_{ZM} = 50\,\mathrm{mA}$이다. 전류가 각각 $10\,\mathrm{mA}$, $30\,\mathrm{mA}$일 때, 제너 다이오드 단자 양단의 전압은 얼마인가?

풀이

$10\,\mathrm{mA}$의 전류는 $I_{ZT} = 20\,\mathrm{mA}$ 보다 $10\,\mathrm{mA}$ 더 감소한 경우이다.

$$\Delta I_Z = -10\,\mathrm{mA}$$

$$\Delta V_Z = \Delta I_Z Z_Z = (-10\,\mathrm{mA})(5\,\Omega) = -50\,\mathrm{mV}$$

I_{ZT}보다 더 감소한 전류로 인해 제너 단자의 전압은 감소하게 된다. 따라서 $I_Z = 10\,\mathrm{mA}$에 대한 제너 전압은 다음과 같다.

$$V_Z = 6.8\,\mathrm{V} + \Delta V_Z = 6.8\,\mathrm{V} - 50\,\mathrm{mV} = 6.75\,\mathrm{V}$$

$30\,\mathrm{mA}$의 전류는 $I_{ZT} = 20\,\mathrm{mA}$ 보다 $10\,\mathrm{mA}$ 더 증가한 경우이다.

$$\Delta I_Z = +10\,\mathrm{mA}$$

$$\Delta V_Z = \Delta I_Z Z_Z = (10\,\mathrm{mA})(5\,\Omega) = +50\,\mathrm{mV}$$

I_{ZT} 보다 더 증가한 전류로 인해 제너단자의 전압은 증가하게 된다. 따라서 $I_Z = 30\,\text{mA}$ 에 대한 제너 전압은 다음과 같다.

$$V_Z = 6.8\,\text{V} + \Delta V_Z = 6.8\,\text{V} + 50\,\text{mV} = 6.85\,\text{V}$$

이를 그래프로 나타내면 다음과 같다. 전류가 10 mA 일 때를 ⓐ로, 30 mA 일 때를 ⓑ로 표시했다.

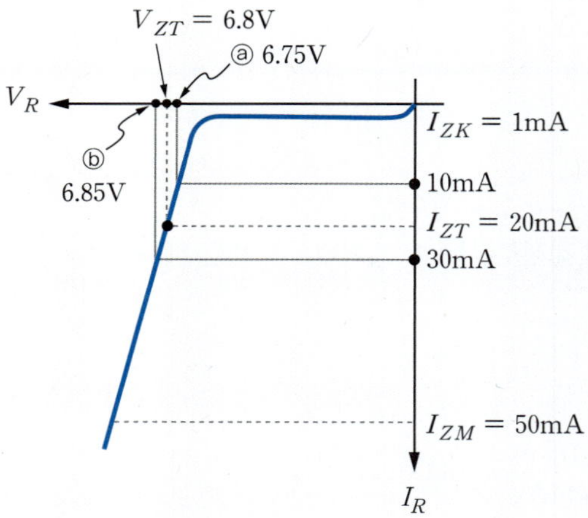

SECTION 02

제너 다이오드의 응용

역방향 항복영역의 동작 특성을 이용하는 제너 다이오드는 주로 정전압 회로에 응용된다. 이 절에서는 입력전압의 변화에 따른 부하저항(R_L)에서의 정전압 조정, 일정한 입력전원에서 부하저항(R_L)의 변화에 따른 정전압 조정 및 출력신호 제한회로 등을 공부한다.

Keywords | 제너 다이오드의 정전압 작용 | 제너 다이오드의 출력신호 제한회로 |

제너 다이오드의 정전압 작용

제너 다이오드는 역방향 항복영역에서 동작하는 특성을 이용하여, 입력전압이 제한된 범위 내에서 변화할 때 출력단의 출력전압을 일정하게 유지하여 부하에 항상 일정한 전압을 공급하거나, 부하저항이 변해도 부하에 일정한 전압을 공급하는 정전압 회로에 주로 사용된다.

■ 입력전압과 부하가 일정한 경우의 제너 다이오드 상태

[그림 3-4]를 보자. 그림 (a)와 같이 입력전원과 부하저항이 일정한 간단한 제너 다이오드 회로에서 동작조건을 확인하기 위해서는 그림 (b)와 같이 회로에서 먼저 제너 다이오드를 제거한 뒤에 전압분배에 의한 부하전압을 계산한다.

★ 제너 다이오드의 상태 ★

$$V_L = \frac{R_L V_i}{R + R_L} \tag{3.3}$$

$V_L \geq V_Z$이면 제너 다이오드는 On 상태이고, $V_L < V_Z$이면 제너 다이오드는 Off 상태이다.

On 상태일 경우, 제너 다이오드 전압과 부하저항의 전압강하가 같다($V_L = V_Z$). 또한 키르히호프의 전류법칙으로부터 다음을 구할 수 있다.

$$I_R = I_Z + I_L$$

$$I_Z = I_R - I_L$$

$$(\text{여기서 } I_L = \frac{V_L}{R_L} \text{ 이고, } I_R = \frac{V_R}{R} = \frac{V_i - V_L}{R} \text{ 이다.})$$

제너 다이오드에 의해 소비되는 전력은 식 (3.4)와 같고, 제너 다이오드가 On 상태일 때 $V_L = V_Z$로 고정된다.

$$P_Z = V_Z I_Z \tag{3.4}$$

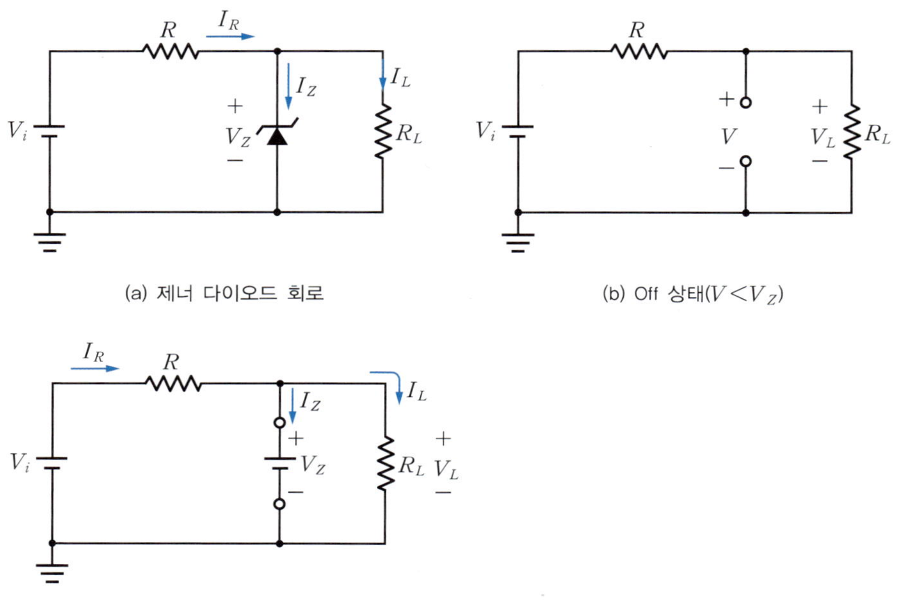

(a) 제너 다이오드 회로

(b) Off 상태($V < V_Z$)

(c) On 상태($V \geq V_Z$)

[그림 3-4] 제너 다이오드의 동작

예제 3-3

제너 다이오드 회로의 R_L이 다음과 같을 때 V_L, V_R, I_Z, P_Z를 구하시오.
(단, $V_Z = 10\,\text{V}$이다.)

(a) $R_L = 1.2\,\text{k}\Omega$인 경우

(b) $R_L = 3\,\text{k}\Omega$인 경우

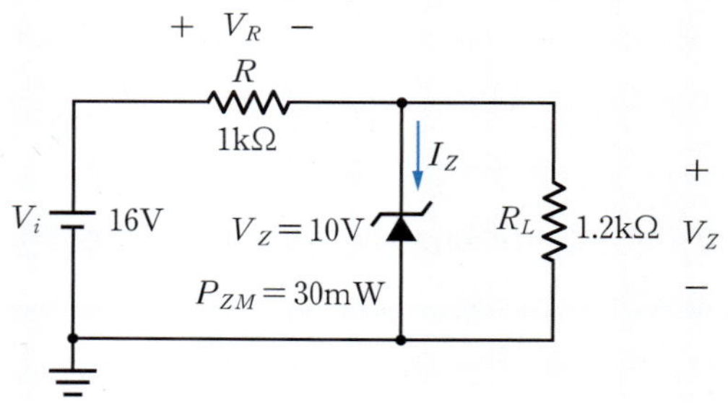

풀이

(a) $R_L = 1.2\,\text{k}\Omega$일 때, 제너 다이오드의 상태(On, Off)를 확인하기 위해 식 (3.3)을 이용하여 V_L을 구한다.

$$V_L = \frac{R_L V_i}{R + R_L} = \frac{(1.2\,\text{k}\Omega)(16\,\text{V})}{1\,\text{k}\Omega + 1.2\,\text{k}\Omega} = 8.73\,\text{V}$$

$V_L < V_Z$이므로 제너 다이오드는 Off 상태이며, 개방상태이다. 따라서 다음과 같은 등가회로로 나타낼 수 있다.

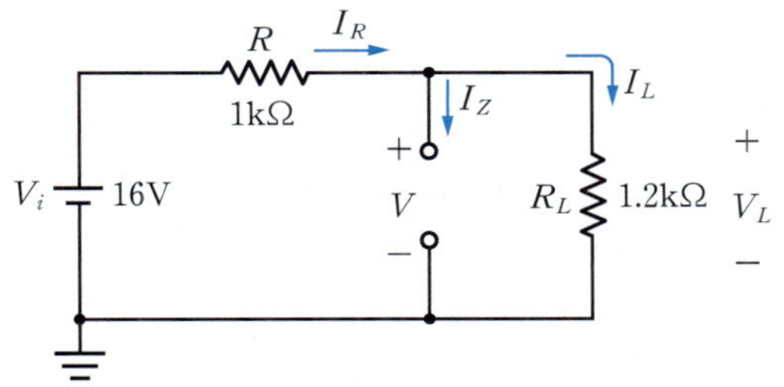

따라서 이때의 V_L, V_R, I_Z, P_Z는 다음과 같다.

$$V_L = 8.73\,\text{V}$$
$$V_R = V_i - V_L = 16\,\text{V} - 8.73\,\text{V} = 7.27\,\text{V}$$
$$I_Z = 0\,\text{A}$$
$$P_Z = V_Z I_Z = V_Z(0) = 0\,\text{W}$$

(b) $R_L = 3\,\text{k}\Omega$ 일 때, 식 (3.3)을 이용하여 V_L을 구한다.

$$V_L = \frac{R_L V_i}{R + R_L} = \frac{(3\,\text{k}\Omega)(16\,\text{V})}{1\,\text{k}\Omega + 3\,\text{k}\Omega} = 12\,\text{V}$$

$V_L > V_Z$이므로 제너 다이오드는 On 상태이며, $V_Z = 10\,\text{V}$를 유지한다. 따라서 다음과 같은 등가회로로 나타낼 수 있다.

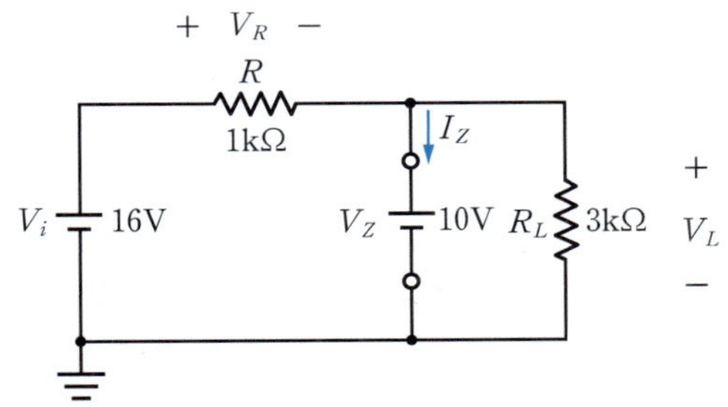

따라서 이때의 V_L, V_R, I_Z, P_Z는 다음과 같다.

$$V_L = V_Z = 10\text{V}$$
$$V_R = V_i - V_L = 16\,\text{V} - 10\,\text{V} = 6\,\text{V}$$
$$I_L = \frac{V_L}{R_L} = \frac{10\,\text{V}}{3\,\text{k}\Omega} = 3.33\,\text{mA},\ I_R = \frac{V_R}{R} = \frac{6\,\text{V}}{1\,\text{k}\Omega} = 6\,\text{mA}$$
$$I_Z = I_R - I_L = 6\,\text{mA} - 3.33\,\text{mA} = 2.67\,\text{mA}$$
$$P_Z = V_Z I_Z = (10\,\text{V})(2.67\,\text{mA}) = 26.7\,\text{mW}$$

■ **무부하 정전압 회로의 입력전원 전압 범위**

입력전원 전압이 제한된 범위 내에서 변화할 때, 제너 다이오드는 출력단자 양단의 전압을 거의 일정하게 유지한다. 그러나 제너 다이오드의 전압-전류 특성곡선에서 알고 있듯이 V_{IN} 이 변하면 제너 다이오드에 흐르는 전류(I_Z)도 변한다. 따라서 입력전원 전압의 한계는 제너 다이오드가 정상적으로 동작할 수 있는 전류의 범위인 최소전류(I_{ZK})에서 최대전류(I_{ZM})로 제한된다. 즉 제너 다이오드가 정상적으로 동작하는 전류의 범위는 $I_{ZK} \le I_Z \le I_{ZM}$ 이다.

제너 다이오드 회로에 직렬로 연결된 저항 R 은 전류의 크기를 제한한다. 일반적으로 제너 다이오드 규격표에 최소전류 I_{ZK} 값은 명시되어 있으나, 최대전류 I_{ZM} 값은 명시되지 않기 때문에 최대 소비전력 $P_{D(\max)}$ 와 제너 다이오드 전압 V_Z 를 이용하여 계산해야 한다.

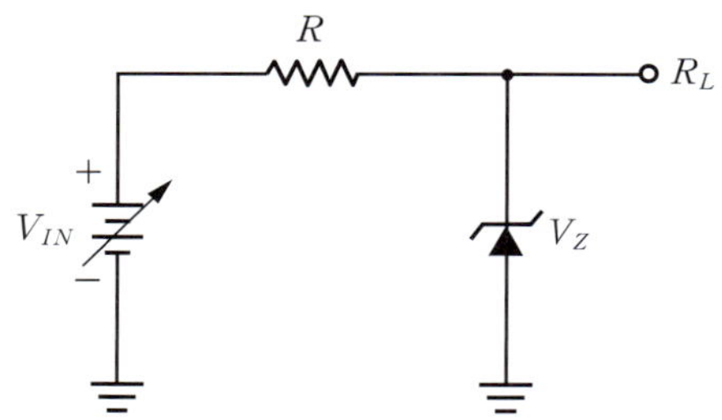

[그림 3-5] 제너 정전압 회로

예를 들어, $P_{D(\max)} = 1\,\mathrm{W}$, $V_Z = 10\,\mathrm{V}$ 라 할 때 제너 다이오드의 최대전류 I_{ZM} 은 다음과 같다.

$$I_{ZM} = \frac{P_{D(\max)}}{V_Z} = \frac{1\,\mathrm{W}}{10\,\mathrm{V}} = 100\,\mathrm{mA}$$

또한 입력전원 전압의 최소값과 최대값은 다음과 같다.

★ 입력전원 전압의 최소값, 최대값 ★

$$V_{IN(\min)} = V_Z + I_{ZK}R \tag{3.5}$$

$$V_{IN(\max)} = V_Z + I_{ZM}R \tag{3.6}$$

따라서 제너 다이오드가 정전압 회로로 정상적인 동작을 하기 위한 입력전원 전압의 범위는 다음과 같다.

$$V_{IN(\min)} \le V_{IN} \le V_{IN(\max)}$$

예제 3-4

다음 제너 다이오드에 의한 정전압 회로에서 정전압 조정이 될 수 있는 (a) 최소 입력전압, (b) 최대 입력전압, (c) 입력전압의 범위를 구하시오.
(단, $I_{ZK}=1\,\text{mA}$, $V_Z=10\,\text{V}$, $P_{D(\max)}=1\,\text{W}$이며, Z_Z는 무시한다.)

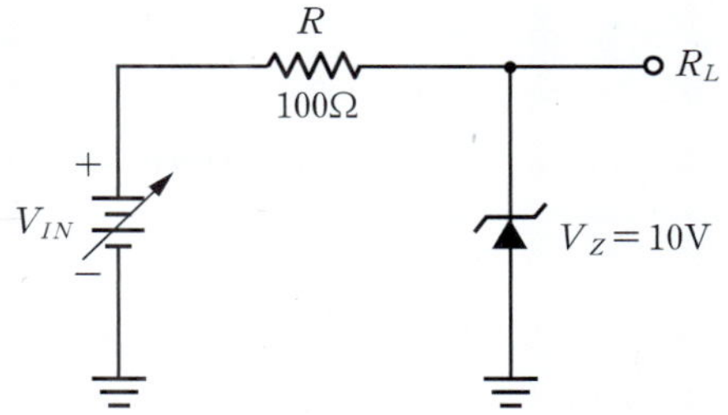

풀이

(a) 최소 입력전압 $V_{IN(\min)}=10\,\text{V}+(1\,\text{mA})\times(100\,\Omega)=10.1\,\text{V}$이다.

(b) 최대 입력전압을 구하려면 먼저 최대전류(I_{ZM})를 구해야 한다.

$$I_{ZM}=\frac{1\,\text{W}}{10\,\text{V}}=100\,\text{mA}$$

따라서 최대 입력전압 $V_{IN(\max)}=10\,\text{V}+(100\,\text{mA})\times(100\,\Omega)=20\,\text{V}$이다.

(c) 이 회로가 정전압 회로로 동작하는 입력전압의 범위는 $10.1\,\text{V}\le V_{IN}\le 20\,\text{V}$이다.

■ 일정한 부하저항(R_L)에 대한 입력전원 전압의 범위

부하저항(R_L)을 일정한 값으로 고정했을 때 제너 다이오드를 이용한 정전압 회로가 정상적으로 동작하기 위해서는 입력전원 전압이 적절한 범위의 값을 가져야 한다. 부하저항 R_L이 일정하므로 부하전류 I_L도 일정하다. 따라서 다음과 같다.

$$I_L=\frac{V_Z}{R_L} \tag{3.7}$$

회로에서 제너 다이오드와 부하저항 R_L이 병렬이므로 $V_L=V_Z$이다.

$$V_L=V_Z=\frac{R_L V_{IN}}{R_L+R} \tag{3.8}$$

식 (3.8)에서 입력전원 전압의 최소값 $V_{IN(\min)}$은 다음과 같이 계산된다.

$$V_{IN(\min)}=\frac{(R_L+R)\,V_Z}{R_L} \tag{3.9}$$

또한 제너 최소전류 I_{ZK}의 값을 고려할 경우, 저항 R에 흐르는 최소전류 $I_{R(\min)}$은 다음과 같다.

$$I_{R(\min)}=I_{ZK}+I_L$$

최소 입력전압 $V_{IN(\min)}$은 다음과 같다.

★ 최소 입력전압 $V_{IN(\min)}$ ★

$$V_{IN(\min)} = V_{R(\min)} + V_Z = I_{R(\min)} R + V_Z \qquad (3.10)$$

입력전원 전압의 최대값 $V_{IN(\max)}$은 회로에서 제너 최대전류 I_{ZM}의 값으로 제한된다.

$$I_{R(\max)} = I_{ZM} + I_L \qquad (3.11)$$

최대 입력전압 $V_{IN(\max)}$은 다음과 같다.

★ 최대 입력전압 $V_{IN(\max)}$ ★

$$V_{IN(\max)} = V_{R(\max)} + V_Z = I_{R(\max)} R + V_Z \qquad (3.12)$$

예제 3-5

다음 제너 다이오드에 의한 정전압 회로에서 정전압 조정이 될 수 있는 (a) 최소 입력전압, (b) 최대 입력전압, (c) 입력전압의 범위를 구하시오. (이때 $V_Z = 15\,\text{V}$, $P_{D(\max)} = 1\,\text{W}$이며, Z_Z는 무시한다.)

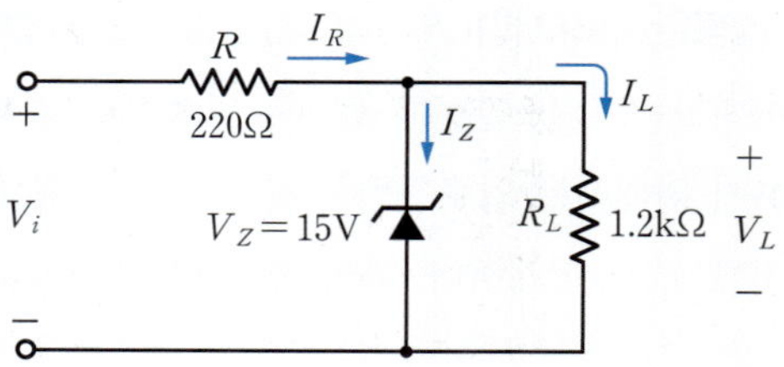

풀이

(a) 최소 입력전압은 $V_{IN(\min)} = \dfrac{(R_L + R)\,V_Z}{R_L} = \dfrac{(1200\,\Omega + 220\,\Omega)15\,\text{V}}{1200\,\Omega} = 17.75\,\text{V}$이다.

(b) 최대 입력전압을 구하려면 먼저 저항 R_L에 흐르는 전류 I_L과 제너 최대전류 I_{ZM}을 구해야 한다.

$$I_L = \frac{V_L}{R_L} = \frac{V_Z}{R_L} = \frac{15\,\text{V}}{1.2\,\text{k}\Omega} = 12.5\,\text{mA}$$

$$I_{ZM} = \frac{1\,\text{W}}{15\,\text{V}} = 66.7\,\text{mA}$$

$$I_{R(\max)} = I_{ZM} + I_L = 66.7\,\text{mA} + 12.5\,\text{mA} = 79.2\,\text{mA}$$

따라서 최대 입력전압 $V_{IN(\max)} = I_{R(\max)} R + V_Z = (79.2\,\text{mA})(220\,\Omega) + 15\,\text{V} = 32.424\,\text{V}$이다.

(c) 이 회로가 정전압 회로로 동작하는 입력전압의 범위는 $17.75\,\text{V} \le V_{IN} \le 32.424\,\text{V}$이다.

■ 일정한 입력전원에서 부하저항(R_L) 변화에 따른 정전압 조정

제너 다이오드는 제너전류가 $I_{ZK} \sim I_{ZM}$ 사이에 있을 때 정상적으로 동작하므로, 일정한 입력전원에서 부하저항(R_L) 변화에 따른 정전압 조정회로의 부하저항 R_L 값은 제너전류가 $I_{ZK} \sim I_{ZM}$ 사이에서 동작되도록 결정되어야 한다.

제너 다이오드 정전압 조정기의 출력단자가 개방되어($R_L = \infty$) 부하전류가 흐르지 않을 때는 모든 전류가 제너 다이오드를 통해 흐른다. 한편, [그림 3-6]과 같이 제너 다이오드가 부하저항 R_L이 병렬로 연결되면 전체 전류 중 일부는 제너 다이오드를 통해 흐르고, 나머지는 부하저항 R_L을 통해 흐른다. 정상적인 동작범위 내에서 병렬회로인 제너 다이오드의 전압 V_Z와 부하전압 V_L은 항상 같다. 그러므로 부하저항 R_L이 감소하면 부하전류 I_L은 증가하고, 제너전류 I_Z는 감소한다. 부하저항 R_L이 계속 감소하면 부하전류 I_L은 계속 증가하고, 제너전류 I_Z는 최소전류인 I_{ZK}까지 감소할 수 있다.

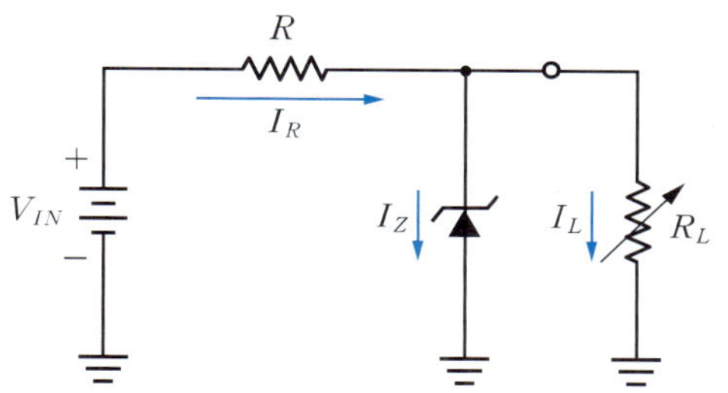

[그림 3-6] 부하저항(R_L)의 변화에 따른 정전압 회로

제너 다이오드의 전류가 I_{ZK}일 때, 부하전류 I_L은 최대값 $I_{L(\max)}$가 된다. 즉 부하저항 R_L이 최소값 $R_{L(\min)}$일 때, 부하전류의 최대값 $I_{L(\max)}$는 다음과 같다.

$$I_{L(\max)} = \frac{V_L}{R_{L(\min)}} = \frac{V_Z}{R_{L(\min)}} \tag{3.13}$$

저항 R의 전압강하는

$$V_R = V_{IN} - V_Z \tag{3.14}$$

이며, 저항 R에 흐르는 전류 I_R은

$$I_R = \frac{V_R}{R} = \frac{V_{IN} - V_Z}{R} \tag{3.15}$$

이다. 제너 다이오드에 흐르는 전류는

$$I_Z = I_R - I_L \quad (I_R = I_Z + I_L) \tag{3.16}$$

이며, 부하저항에 흐르는 최소전류는

$$I_{L(\min)} = I_R - I_{ZM} \tag{3.17}$$

이다. $I_R > I_{ZM}$ 의 경우, 부하저항 R_L 의 최대값은 다음과 같다.

$$R_{L(\max)} = \frac{V_Z}{I_{L(\min)}} \tag{3.18}$$

$I_R \leq I_{ZM}$ 의 경우, $I_{L(\min)} = 0$ 이다. 따라서 식 (3.18)로부터 $R_{L(\max)} = \infty$ 가 된다.

★ 부하전류의 최대/최소값, 부하저항의 최대/최소값 ★

$$I_{L(\max)} = \frac{V_L}{R_{L(\min)}} = \frac{V_Z}{R_{L(\min)}}, \quad I_{L(\min)} = I_R - I_{ZM}$$

$$R_{L(\max)} = \frac{V_Z}{I_{L(\min)}}, \quad R_{L(\min)} = \frac{V_Z}{I_{L(\max)}}$$

예제 3-6

다음 제너 다이오드에 의한 정전압 회로에서
$V_{IN} = 35\,\text{V}$, $V_Z = 15\,\text{V}$, $I_{ZK} = 1\,\text{mA}$, $P_{D(\max)} = 1\,\text{W}$
이다. 정전압 조정이 유지될 수 있는 부하저항 R_L, I_L 의 범위를 구하시오. (단, $I_{ZM} = 66.7\,\text{mA}$ 이며, Z_Z는 고려하지 않는다.)

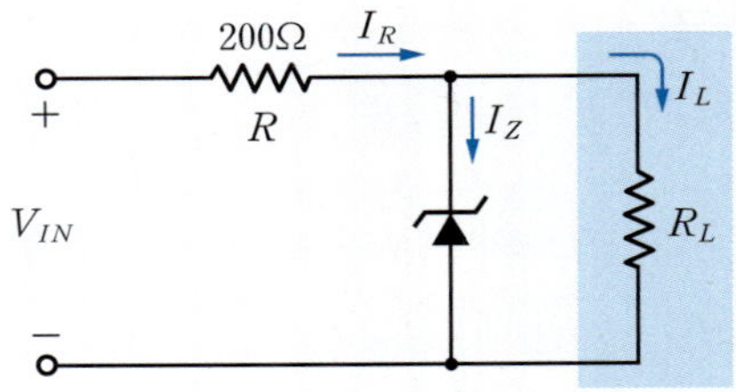

풀이

정전압 회로가 정상적으로 동작할 때 제너 다이오드의 양단 전압은 $V_Z = 15\,\text{V}$ 이므로 R 에 흐르는 전류 $I_R = \dfrac{35\,\text{V} - 15\text{V}}{200\,\Omega} = 100\,\text{mA}$ 이다. 따라서 부하저항 R_L 에 흐르는 최소전류 $I_{L(\min)}$ 은 다음과 같다.

$$I_{L(\min)} = I_R - I_{ZM} = 100\,\text{mA} - 66.7\,\text{mA} = 33.3\,\text{mA}$$

최대 부하저항 $R_{L(\max)}$ 는 다음과 같다.

$$R_{L(\max)} = \frac{V_Z}{I_{L(\min)}} = \frac{15\,\text{V}}{33.3\,\text{mA}} = 450.4\,\Omega$$

부하저항이 최소값($R_{L(\min)}$)이 되는 때는 제너 다이오드에 최소전류 I_{ZK}가 흐르고, 부하저항 R_L에 최대 부하전류 $I_{L(\max)}$가 흐를 때이다.

$$I_{L(\max)} = I_R - I_{ZK} = 100\,\text{mA} - 1\,\text{mA} = 99\,\text{mA}$$

$$R_{L(\min)} = \frac{V_Z}{I_{L(\max)}} = \frac{15\,\text{V}}{99\,\text{mA}} = 151.5\,\Omega$$

따라서 부하저항 R_L 및 부하전류 I_L의 범위는 다음과 같다.

$$151.5\,\Omega \le R_L \le 450.4\,\Omega$$

$$33.3\,\text{mA} \le I_L \le 99\,\text{mA}$$

예제 3-7

다음 제너 다이오드에 의한 정전압 회로에서 입력전원 전압 $V_{IN} = 30\,\text{V}$, $V_Z = 10\,\text{V}$, $I_{ZK} = 1\,\text{mA}$, $I_{ZM} = 100\,\text{mA}$이다. 정전압 조정이 유지될 수 있는 (a) 최소 부하저항, (b) 최대 부하저항을 구하시오. (단, Z_Z는 무시한다.)

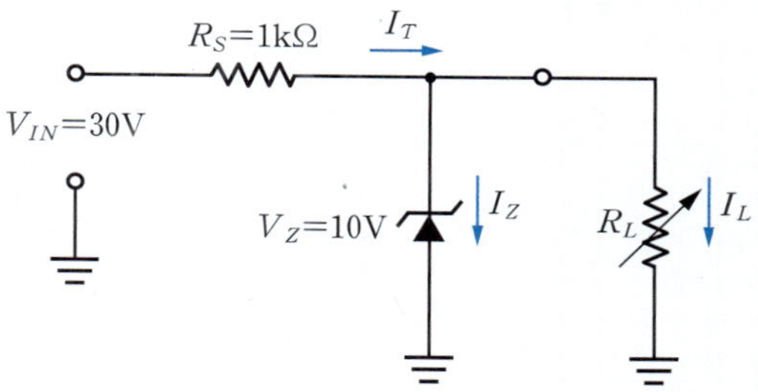

풀이

(a) 정전압 회로가 정상적으로 동작할 때 제너 다이오드의 양단 전압은 $V_Z = 10\,\text{V}$이다. R_S에 흐르는 전류 $I_T = \dfrac{30\,\text{V} - 10\text{V}}{1\text{k}\Omega} = 20\,\text{mA}$ 이다. 따라서 부하저항 R_L에 흐르는 최대전류 $I_{L(\max)}$는 다음과 같다.

$$I_{L(\max)} = I_T - I_{ZK} = 20\,\text{mA} - 1\,\text{mA} = 19\,\text{mA}$$

또한 최소 부하저항 $R_{L(\min)}$은 다음과 같다.

$$R_{L(\min)} = \frac{V_Z}{I_{L(\max)}} = \frac{10\,\text{V}}{19\,\text{mA}} = 526\,\Omega$$

(b) 최대 부하저항 $R_{L(\max)}$는 부하저항 R_L에 최소의 부하전류가 흐를 때이다. $I_T = 20\,\text{mA}$, $I_{ZM} = 100\,\text{mA}$, 즉 $I_T < I_{ZM}$이므로 저항 R_S에 흐르는 전체 전류 $I_T = 20\,\text{mA}$가 모두 제너 다이오드에 흐르고, 부하저항에는 전류가 전혀 흐르지 않아도 정전압 회로는 정상적으로 동작한다. 따라서 $I_{L(\min)} = 0\,\text{A}$ 이다.

$$R_{L(\max)} = \frac{V_Z}{I_{L(\min)}} = \frac{V_Z}{0} = \infty$$

제너 다이오드의 출력신호 제한

제너 다이오드를 이용하면 리미터 회로처럼 원하는 진동폭을 갖도록 교류신호의 출력을 제한할 수 있다. [그림 3-7(a)]를 보자. 양(+)의 교류입력에서 제너 다이오드는 역방향 바이어스 되며, 역방향 교류입력이 증가하여 제너 항복전압 V_Z에 도달하면 제너 항복이 발생한다. 따라서 제너 항복전압으로 제한된 양(+)의 신호가 출력단에 나타나며, 음(−)의 교류입력에서 제너 다이오드는 순방향 바이어스 되어 −0.7 V 의 전위장벽 신호로 제한되어 나타난다.

또한 제너 다이오드의 연결방향을 반대로 바꾼 [그림 3-7(b)]를 보자. 제너 다이오드는 음(−)의 교류입력에서 역방향 바이어스 되어 제너 항복이 발생한다. 이 항복전압에서 음(−)의 신호를 제한하고, 양(+)의 교류입력에서 제너 다이오드는 순방향 바이어스 되어 +0.7 V 의 전위장벽 신호로 제한되어 나타난다.

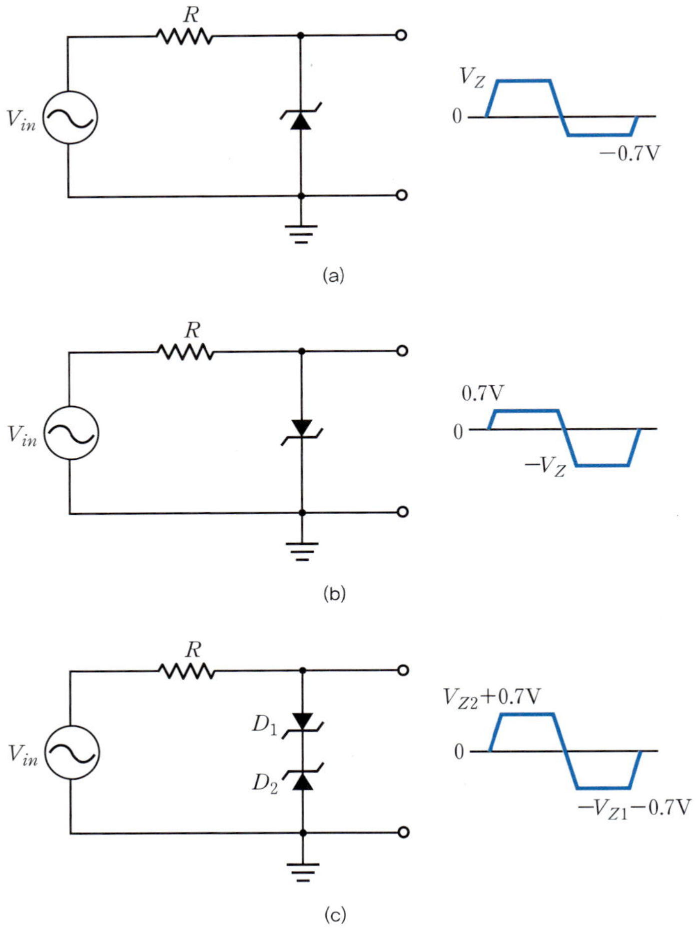

[그림 3-7] 제너 다이오드의 신호 제한

이번에는 [그림 3-7(c)]를 보자. 두 개의 제너 다이오드(D_1, D_2)를 반대 방향으로 연결하면 양(+)과 음(−)의 신호 모두를 제한하는 회로가 된다. 양(+)의 교류입력 신호에서 D_1은 순방향 바이어스 되어 $+0.7\text{V}$의 전위장벽 신호로 제한되며, 동시에 D_2는 역방향 바이어스 되고, 역방향 전압이 증가하여 제너 항복 V_{Z2}에 도달하면 제너 항복이 발생하여 ($V_{Z2}+0.7\text{V}$) 신호가 출력된다. 마찬가지로 음(−)의 신호에서도 D_2는 순방향 바이어스 되어 -0.7V로 신호가 제한되며, 동시에 D_1은 역방향 바이어스 되고, 제너 항복 V_{Z1}이 발생하는 신호로 제한된다. 따라서 ($-V_{Z1}-0.7\text{V}$)의 신호가 출력된다.

예제 3-8

다음 제너 다이오드의 신호 제한 회로에서 출력신호의 크기를 결정하고, 신호파형을 그리시오.

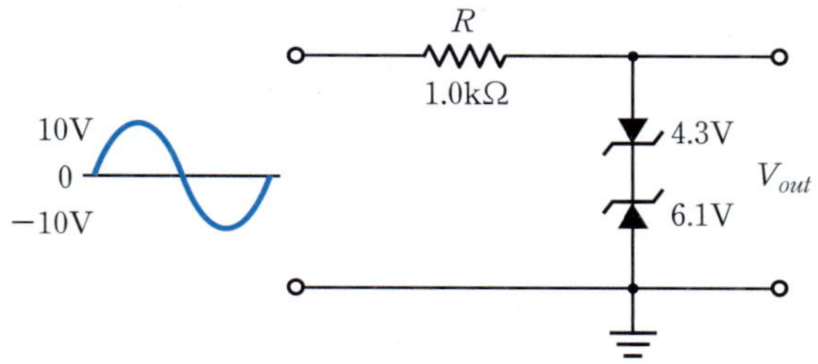

풀이

각각의 제너 다이오드가 순방향 바이어스 될 때는 순방향 0.7V의 전위장벽 신호가 출력되고, 역방향 바이어스 되었을 때에는 역방향 항복전위의 신호가 나타난다.

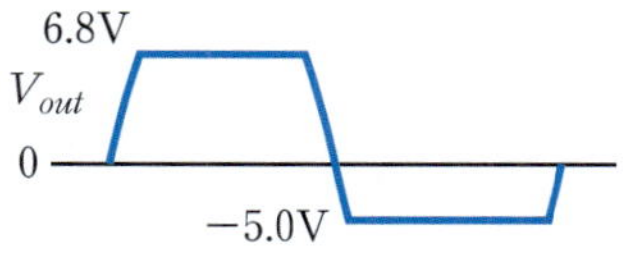

SECTION 03

기타 특수 목적 다이오드

이 절에서는 기타 특수 목적 다이오드로 가변 정전 용량을 갖는 버랙터 다이오드, 순방향 바이어스 되었을 때 가시광이 발생하는 발광 다이오드(LED)와 포토 다이오드에 대해 살펴본다. 또한 부성저항 특성을 갖도록 고농도로 도핑된 터널 다이오드와 전하축적을 제거하여 고속 스위칭 특성을 갖는 쇼트키 다이오드에 대해 공부한다.

Keywords | 버랙터 다이오드 | 광학 다이오드 | 발광 다이오드 | 포토 다이오드 | 터널 다이오드 | 쇼트키 다이오드 |

버랙터 다이오드

다이오드는 역방향 바이어스의 크기에 따라 공핍층의 접합 정전용량이 변한다. 이러한 가변 정전용량 특성의 이점을 갖도록 설계된 pn 접합 다이오드를 **버랙터 다이오드**라 한다. 역방향 바이어스에 의해 생성된 공핍층은 그 비전도성 때문에 커패시터의 유전체와 같은 역할을 하며, 역방향 바이어스 전압을 변화시킴으로써 정전용량의 크기가 변한다. p와 n영역은 전도성이 있으며, 커패시터의 극판과 같은 역할을 한다. 이러한 소자는 통신시스템의 전자 동조회로에 사용된다.

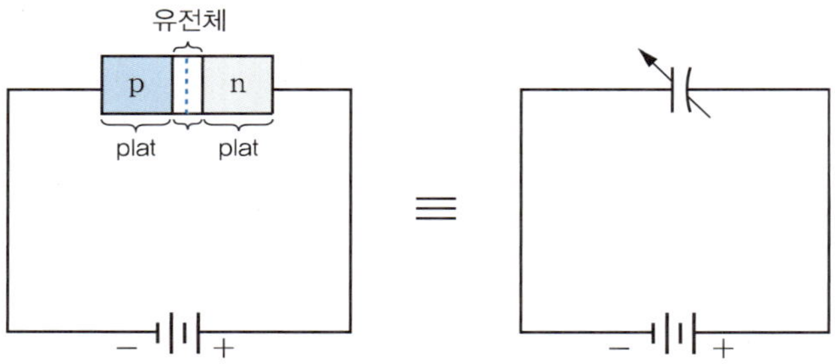

[그림 3-8] 버랙터 다이오드

역방향 바이어스 전압이 증가할 경우 공핍층은 넓어지고, 실질적으로 유전체의 두께가 증가하여 정전용량이 감소한다. 반면, 역방향 바이어스 전압이 감소될 경우 공핍층이 좁아지므로 정전용량은 증가한다. 또한 버랙터 다이오드의 정전용량의 정수는 도핑하는 방식과 다이오드 구조의 크기와 모양에 따라 조절된다. 정전용량(C)은 극판면적(A), 유전체상수(ξ)의 곱에 비례하고, 유전체의 두께(d)에 반비례한다. 버랙터 다이오드의 정전용량 범위는 보통 수 pF ~ 수 백 pF 이다.

$$C = \xi \frac{A}{d}$$

[그림 3-9]에는 버랙터 다이오드의 기호와 간략화한 등가회로를 나타냈다. R_S 는 역방향 직렬저항이고, C_V 는 가변 정전용량이다.

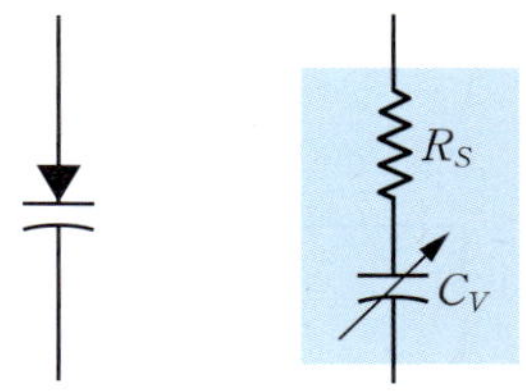

(a) 기호 (b) 등가회로

[그림 3-9] 버랙터 다이오드

광학 다이오드

광학 다이오드는 **발광 다이오드**(LED: Light Emitting Diode)와 **포토 다이오드**(photo diode)의 두 가지 형태로 나뉜다. 명칭이 뜻하는 바와 같이 LED는 광 방출기이며, 포토 다이오드는 광 검출기이다.

■ 발광 다이오드(LED)

발광 다이오드가 순방향 바이어스 되면, n형 반도체의 다수 캐리어 전자는 pn 접합을 넘어 이동하고, p형 반도체의 다수 캐리어 정공과 재결합한다. 재결합이 일어날 때 재결합하는 전자들은 광자(photon) 형태로 열과 빛 형태의 에너지를 방출한다. 반도체 물질의 한 층에서 크게 노출된 표면영역은 빛이 가시광으로 방출되도록 한다. 이를 **전계발광**(electro luminousness)이라고 하며, 이 과정을 [그림 3-10]에 나타냈다.

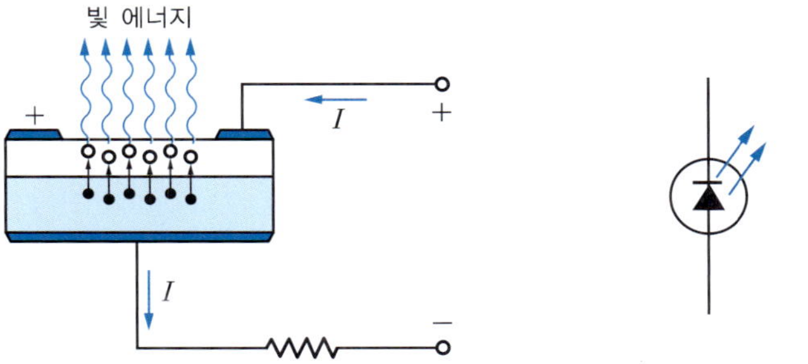

(a) LED에서의 전계발광 (b) LED의 기호

[그림 3-10] LED의 기호와 전계발광 과정

일반적으로 실리콘이나 게르마늄은 재결합이 일어날 때 열이 발생하고 빛은 적게 발생하므로, LED 반도체 재료로 사용하지 않는다. LED에 사용되는 반도체 재료로는 GaAs, GaAsP 또는 GaP이다. GaAs LED는 적외선, GaAsP는 적색이나 황색빛, GaP는 적색 또는 초록빛을 방출한다. LED는 [그림 3-11(a)]와 같이 순방향 전류에 대해 빛을 방출한다. 빛의 출력량은 [그림 3-11(b)]와 같이 순방향 전류에 비례한다.

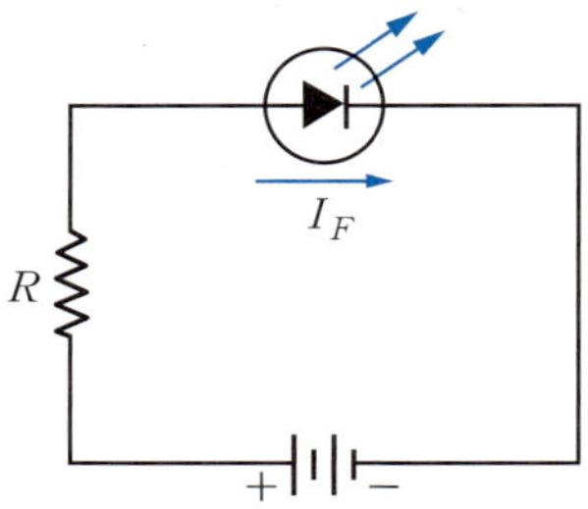

(a) 순방향 바이어스

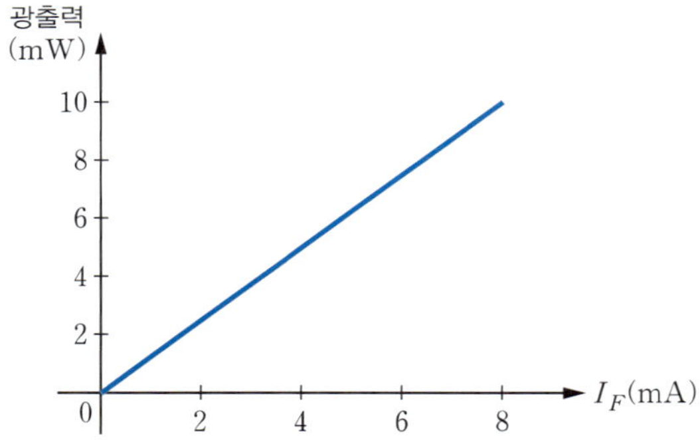

(b) 순방향 전류에 대한 광출력

[그림 3-11] LED의 동작

[그림 3-12]는 일반적인 LED들의 형태를 보여준다. LED는 전기기구에서부터 과학기구에 이르기까지 다양한 기구들의 지시램프와 판독표시에 사용된다. LED를 이용한 표시소자의 일반적인 형태는 7-세그먼트이며, 세그먼트의 조합으로 십진수를 나타낸다.

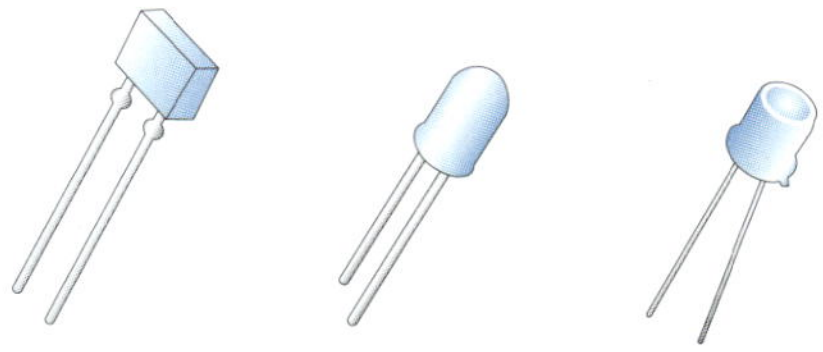

[그림 3-12] LED의 형태

■ 포토 다이오드

포토 다이오드는 [그림 3-13(a)]와 같이 역방향 바이어스로 동작하는 pn 접합 소자로, 빛 에너지가 pn 접합면에 인가되도록 작게 노출된 창(window)을 갖고 있다. [그림 3-13(b)]는 포토 다이오드의 기호이다.

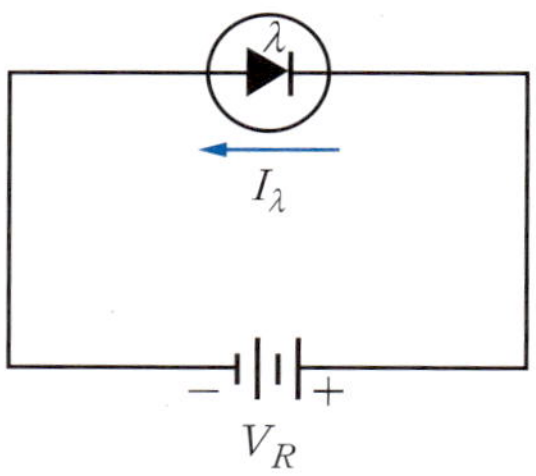

(a) 역방향 바이어스 동작

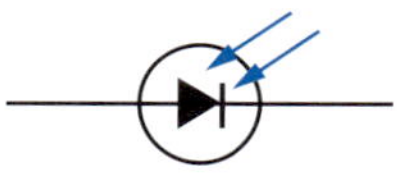

(b) 포토 다이오드 기호

[그림 3-13] 포토 다이오드의 기호와 동작

일반적으로 다이오드가 역방향 바이어스 되면, 열적으로 생성된 전자-정공쌍(소수 캐리어)에 의해 매우 작은 역방향 누설전류를 갖는다. 포토 다이오드에서도 마찬가지로 열적으로 생성된 전자-정공쌍에 의해 역방향 바이어스 된 전류가 만들어지며, 역방향 전압으로 생성된 전계에 의해 접합 양단을 통해 흐르게 된다. 포토 다이오드의 역방향 전류는 pn 접합에서의 빛의 세기에 따라 증가한다. 포토 다이오드의 창으로 들어오는 빛이 없을 때 역방향 전류 I_λ 는 너무 작아 거의 무시되는데, 이를 **암전류**(dark current)라고 한다.

빛 에너지량은 평방미터당 루멘($lm/1\,m^2$)으로 나타내는데, [그림 3-14]에서와 같이 빛 에너지량이 증가하면 역방향 전류도 증가한다. 포토 다이오드에 빛이 들어오지 않을 때는 역방향 전류가 흐르지 않고, 빛이 들어올 때 빛의 세기에 따라 전류가 흐른다. 이는 포토 다이오드에 조사되는 빛의 세기를 조절하여 가변저항 소자로 사용할 수 있음을 나타낸다.

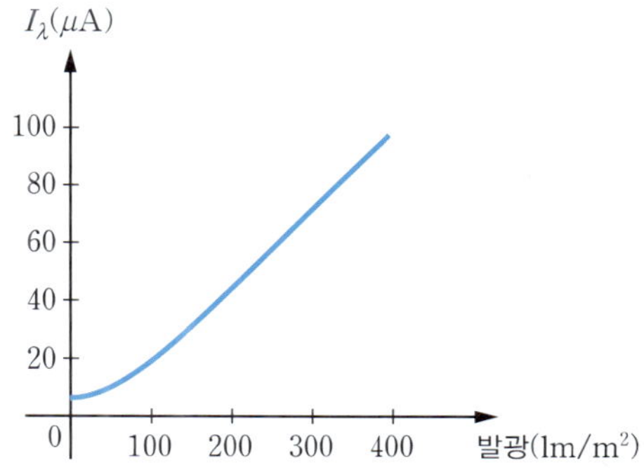

[그림 3-14] 발광에 따른 역방향 전류

터널 다이오드

게르마늄 또는 갈륨-비소 다이오드는 일반 정류용 다이오드에 비해 p영역과 n영역을 고농도로 도핑시킨다. 따라서 매우 좁은 공핍영역을 형성한다. 또한 고농도의 도핑으로 인해 모든 역방향 바이어스 전압에 대해서도 전류가 흐르게 되는 0 V 제너 항복전압을 얻는다. 또한 매우 좁은 공핍영역으로 인해 매우 낮은 순방향 바이어스 전압에서 전자가 pn 접합을 통과하여 전류가 흐르게 되며, 순방향 바이어스 전압이 증가함에 따라 전류가 증가한다. 순방향 전압은 정점에서 장벽을 만들기 시작하고, 순방향 전압을 계속 증가시키면 전류는 감소하기 시작한다. 이러한 현상을 **부성저항**(negative resistance region)이라고 한다. 이는 저항에 인가된 전압이 증가하면 전류도 증가하는, 즉 옴의 법칙에 반대되는 현상을 말한다. 부성저항 영역을 지나게 되면 일반 다이오드의 순방향 바이어스 특성을 갖는다. 이처럼 부성저항 특성을 갖는 다이오드를 **터널 다이오드**라 한다. 터널 다이오드의 부성저항은 발진기(oscillator)라 불리는 고주파 회로에 쓰인다. [그림 3-15]에 터널 다이오드의 특성곡선과 기호를 나타냈다.

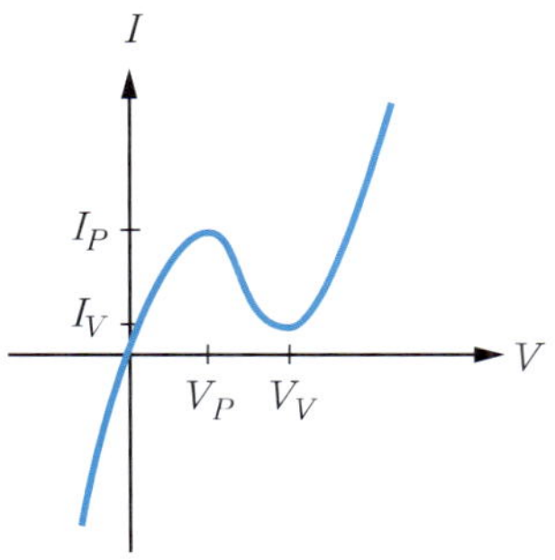

(a) 특성곡선

(b) 기호

[그림 3-15] 터널 다이오드의 특성곡선과 기호

쇼트키 다이오드

정류용 다이오드는 반파 신호를 발생시키는데, 주파수가 증가하면 소신호 정류 성능이 나빠진다. pn 접합 다이오드가 순방향 바이어스 되면 자유전자가 접합을 넘어 p영역으로 넘어가 재결합하여 공핍층을 형성하는데, 이때 일시적으로 에너지 준위에서 전자가 축적되어 머물게 된다. 순방향 전류가 증가할수록 접합을 건너가는 전자의 수가 증가하게 되고, 이때 해당 에너지 준위에서 더 많은 자유전자 및 정공의 축적이 일어난다. 이러한 일시적인 축적을 **전하축적**(charge storage)이라 한다.

순방향 바이어스에서 다이오드에 역방향 바이어스가 걸리면 바로 차단되어야 하는데, 전하축적이 발생한 다이오드에서는 차단으로 바뀔 때까지 시간이 걸린다. 이 시간을 **역방향 회복시간**(reverse recovery time)이라 한다. 역방향 회복시간은 고주파에서 반파정류에 문제를 일으켜 반파신호를 왜곡시킨다. 주파수가 계속 증가하면 정류기는 쓸모없게 된다. 전하축적이 없도록 만들어 이 문제를 해결한 다이오드가 바로 **쇼트키 다이오드**(schottky diode)이다.

쇼트키 다이오드는 접합의 한 쪽에 금, 은, 백금과 같은 금속을 사용하고, 다른 쪽에는 도핑된 n형 반도체를 사용한다. 이 다이오드는 p형 반도체 대신 금속을 사용했기 때문에 공핍층이 없으며, 공핍층이 없기 때문에 전하축적도 없다. 또한 쇼트키 다이오드는 소수 캐리어가 없고 오직 다수 캐리어에 의해서만 동작하므로 역방향 누설전류가 없다.

쇼트키 다이오드가 바이어스 되어 있지 않을 때, n형 반도체 측의 자유전자는 금속 측에 있는 자유전자보다 더 작은 궤도에 들어 있다. 이 궤도의 차이를 **쇼트키 장벽**(schotty barrier)이라 부르는데, 약 0.25 V 이다. 다이오드가 순방향 바이어스 되면 n형 반도체 측의 자유전자는 접합을 넘어 금속 안으로 들어가며, 순방향 전류가 흐른다. 금속에는 정공이 없으므로 전하축적이 없고, 역방향 회복시간도 없다. 순방향 바이어스는 n형 반도체에 있는 전자의 에너지를 접합부에 있는 금속 측 전자의 에너지보다 높은 준위까지 증가시킨다. 이렇게 에너지가 증가된 n형 반도체의 전자를 **핫 캐리어**(hot carrier)라 부른다.

쇼트키 다이오드는 전하축적이 없어 일반 다이오드보다 더 빠르게 차단되기 때문에 스위칭 시간을 줄이기 위한 고주파 응용이나 다양한 디지털 회로에 주로 사용된다. [그림 3-16]은 쇼트키 다이오드의 기호와 내부 구조를 보여준다.

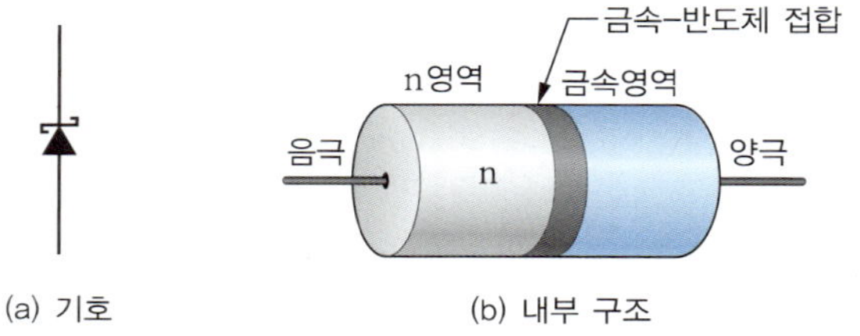

[그림 3-16] 쇼트키 다이오드의 기호와 기본적인 내부 구조

CHAPTER

03 연습문제

3.1 다음 중 제너 다이오드의 특성으로 옳은 것은?

① 정전압 소자　② 정류용 소자
③ 순방향 전류특성 이용　④ 가변 커패시터 특성

3.2 어떤 제너 다이오드가 $I_{ZT} = 200\,\text{mA}$일 때 $V_Z = 5\,\text{V}$였다면, Z_Z는 얼마인가?

① $20\,\Omega$　② $25\,\Omega$　③ $30\,\Omega$　④ $50\,\Omega$

3.3 제너 다이오드가 정전압을 유지하기 위한 동작으로 옳은 것은?

① 제너 다이오드의 순방향 전류 특성을 이용한다.
② 제너 다이오드 양극에 (+) 전압, 음극에 (−) 전압을 연결하여 동작한다.
③ 제너 다이오드의 역방향 바이어스를 이용한다.
④ 전파 정류 작용을 이용한다.

3.4 제너 다이오드의 정전압 회로에서 부하전류(I_L)가 최대일 때 제너 다이오드 전류의 값은?

① V_Z　② I_{ZM}　③ I_{ZT}　④ I_{ZK}

3.5 제너 다이오드의 최대 소비전력 $P_{D(\max)} = 1\,\text{W}$, $V_Z = 10\,\text{V}$일 때 최대 제너전류(I_{ZM})는 얼마인가?

① $100\,\text{mA}$　② $50\,\text{mA}$　③ $30\,\text{mA}$　④ $10\,\text{mA}$

3.6 제너 다이오드의 정전압 조정회로에서 부하저항이 감소하면 제너 다이오드의 전류는 어떻게 되는가?

① 감소한다.　② 변함없다.
③ 증가한다.　④ 제너전압을 부하저항으로 나눈 값이다.

3.7 가변 커패시터로 사용되는 다이오드는 무엇인가?

① 제너 다이오드　② 버랙터 다이오드　③ 발광 다이오드　④ 터널 다이오드

3.8 부성저항 특성을 갖는 다이오드는 무엇인가?

① 제너 다이오드 ② 버랙터 다이오드 ③ 터널 다이오드 ④ 쇼트키 다이오드

3.9 다음 중 pn 접합으로 이루어진 다이오드가 아닌 것은?

① 제너 다이오드 ② 버랙터 다이오드 ③ 터널 다이오드 ④ 쇼트키 다이오드

3.10 일반적으로 n형 반도체에 금속을 접합하여 고주파와 고속 스위칭에 이용되는 다이오드는?

① 쇼트키 다이오드 ② 버랙터 다이오드 ③ 포토 다이오드 ④ 터널 다이오드

3.11 7-세그먼트로 이용되는 발광 다이오드는?

① 제너 다이오드 ② LED ③ 포토 다이오드 ④ 터널 다이오드

3.12 pn 접합면에 빛 에너지가 인가되도록 작게 노출된 창을 갖고 있는 다이오드는?

① LED ② 버랙터 다이오드 ③ 포토 다이오드 ④ 터널 다이오드

3.13 순방향 바이어스로 동작되는 다이오드는?

① 제너 다이오드 ② 버랙터 다이오드 ③ 포토 다이오드 ④ 정류 다이오드

3.14 다음 중 제너 다이오드의 기호로 옳은 것은?

① ② ③ ④

3.15 버랙터 다이오드의 역방향 전압이 증가하면 커패시턴스는 어떻게 되는가?

① 감소한다. ② 변함없다. ③ 증가한다. ④ 대역폭이 증가한다.

3.16 주관식 제너 다이오드가 $I_{ZK} = 1\text{mA}$, $I_{ZT} = 25\text{mA}$, $V_Z = 10\text{V}$, $Z_Z = 10\Omega$, $P_{D(\max)} = 1\text{W}$일 때 I_{ZM}을 구하시오.

3.17 주관식 제너 다이오드가 $I_{ZK}=1\,\mathrm{mA}$, $I_{ZT}=25\,\mathrm{mA}$, $V_{ZT}=10\,\mathrm{V}$, $Z_Z=10\,\Omega$일 때 V_{ZK}를 구하시오.

3.18 주관식 제너 다이오드의 역방향 전류가 $15\,\mathrm{mA}$에서 $30\,\mathrm{mA}$로 변하고, 제너전압 V_Z가 $6.5\,\mathrm{V}$에서 $6.6\,\mathrm{V}$로 변할 때, 이 제너 다이오드의 임피던스 Z_Z를 구하시오.

3.19 주관식 다음 회로에서 I_T, I_Z, I_L을 구하시오.
(단, $V_{IN}=12\,\mathrm{V}$, $R=100\,\Omega$, $I_{ZK}=1\,\mathrm{mA}$, $I_{ZM}=50\,\mathrm{mA}$, $V_Z=8\,\mathrm{V}$, $R_L=500\,\Omega$이다.)

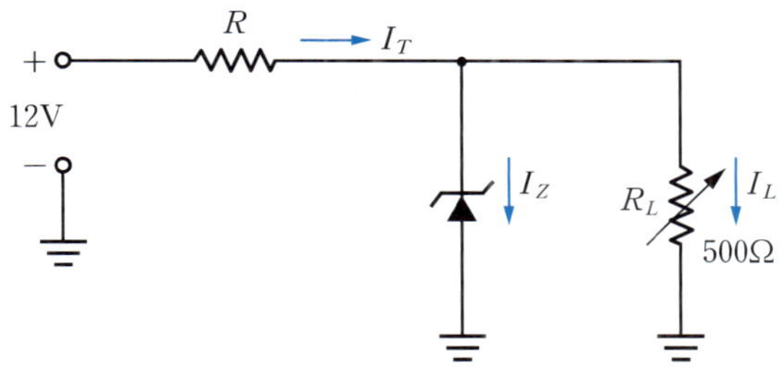

3.20 주관식 그림과 같은 회로에서 $I_Z=30\,\mathrm{mA}$가 되도록 저항 R을 계산하시오.
(단, $V_{IN}=20\,\mathrm{V}$, $I_{ZK}=1\,\mathrm{mA}$, $V_Z=8\,\mathrm{V}$이다.)

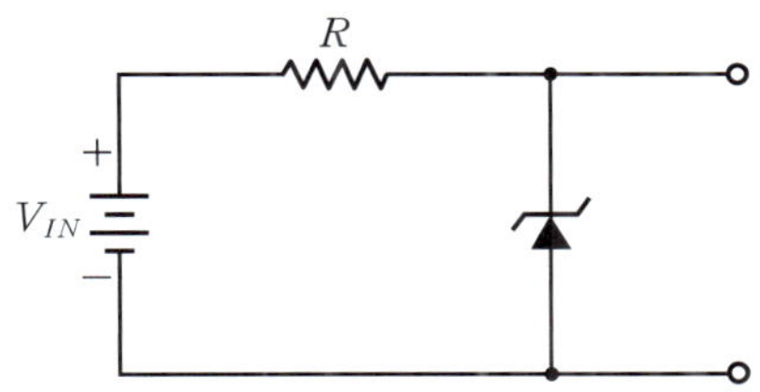

3.21 주관식 다음 제너 다이오드의 정전압 회로에서 정전압을 유지할 수 있는 최소 및 최대 입력전압을 구하시오. (단, $I_{ZK}=1\,\mathrm{mA}$, $I_{ZT}=45\,\mathrm{mA}$, $V_{ZT}=5\,\mathrm{V}$, $Z_Z=8\,\Omega$, $P_{D(\max)}=1\,\mathrm{W}$이다.)

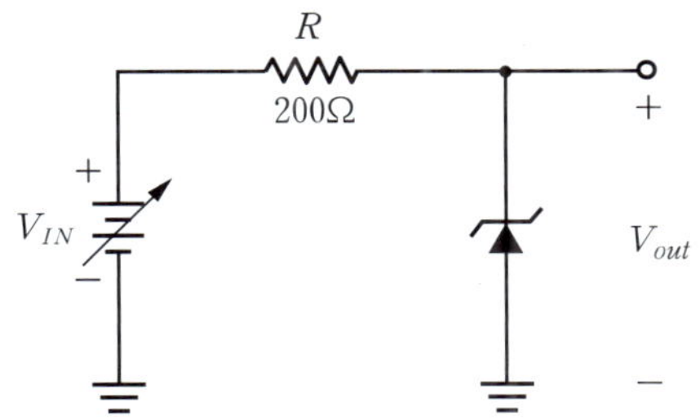

3.22 주관식 다음 제너 다이오드의 정전압 회로에서 정전압을 유지할 수 있는 부하전류의 최소 및 최대값을 구하고, 부하저항 R_L의 최소값을 구하시오. (단, $I_{ZK}=1\,\text{mA}$, $V_Z=10\,\text{V}$, $Z_Z=0\,\Omega$, $I_{ZM}=60\,\text{mA}$이다.)

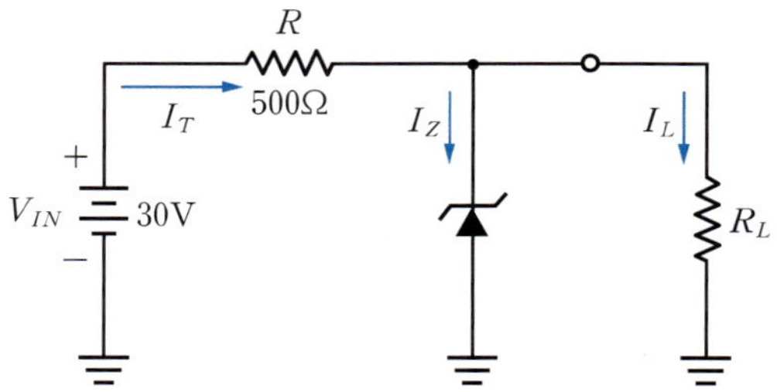

3.23 주관식 다음 제너 다이오드의 정전압 회로에서 정전압이 유지될 때 다음 값을 구하시오. (단, $I_{ZK}=1\,\text{mA}$, $I_{ZT}=20\,\text{mA}$, $V_{ZT}=15\,\text{V}$, $Z_Z=8\,\Omega$, $P_{D(\max)}=1\,\text{W}$이다.)

(a) I_{ZK}, I_{ZM}에서 출력전압

(b) 사용될 수 있는 저항 R 값

(c) 부하저항(R_L)의 범위

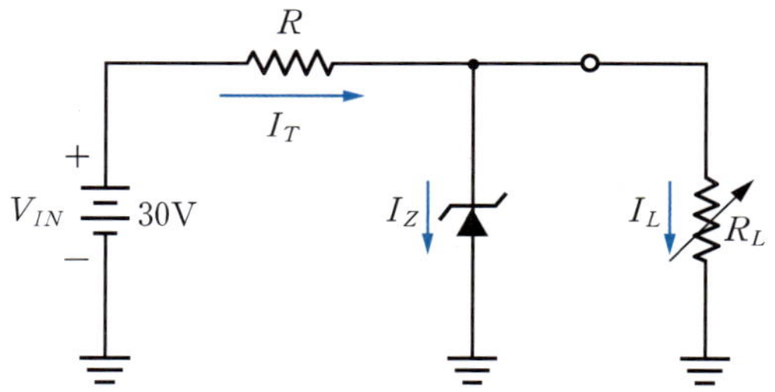

3.24 주관식 다음 제너 다이오드의 정전압 회로에서 정전압이 유지될 때 다음 값을 구하시오. (단, $V_{IN}=12\,\text{V}$, $R=200\,\Omega$, $I_{ZK}=1\,\text{mA}$, $I_{ZM}=50\,\text{mA}$, $V_Z=6\,\text{V}$, $Z_Z=10\,\Omega$이다.)

(a) 저항 R에 흐르는 전류 I_T

(b) 부하저항 $R_L=1\,\text{k}\Omega$일 때 부하전류 I_L과 제너전류 I_Z

(c) 정전압이 유지될 수 있는 부하저항 R_L의 범위

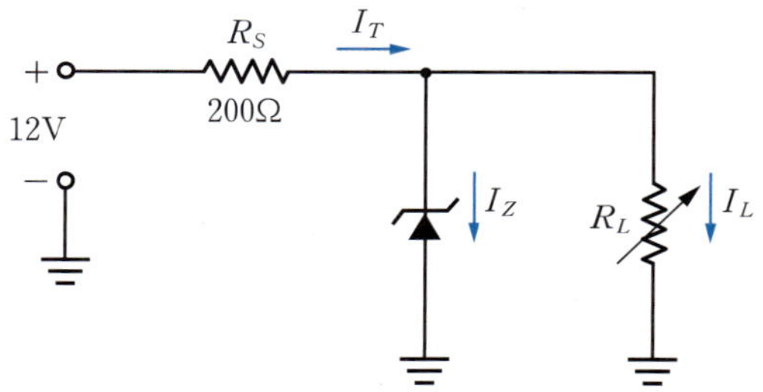

3.25 주관식 다음 제너 다이오드의 정전압 회로에서 정전압이 유지될 때의 부하저항 및 부하전류 값을 계산하시오. (단, $V_{IN}=10\,\text{V}$, $I_{ZK}=1\,\text{mA}$, $I_{ZT}=40\,\text{mA}$, $V_{ZT}=5\,\text{V}$, $I_{ZM}=60\,\text{mA}$, $Z_Z=8\,\Omega$이다.)

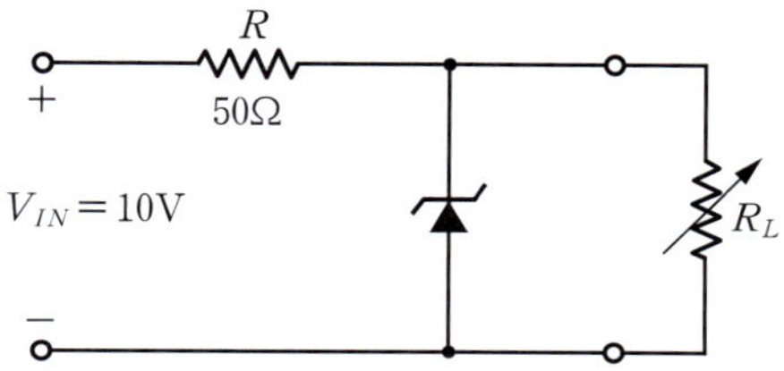

3.26 주관식 다음 회로의 출력파형을 그리시오.

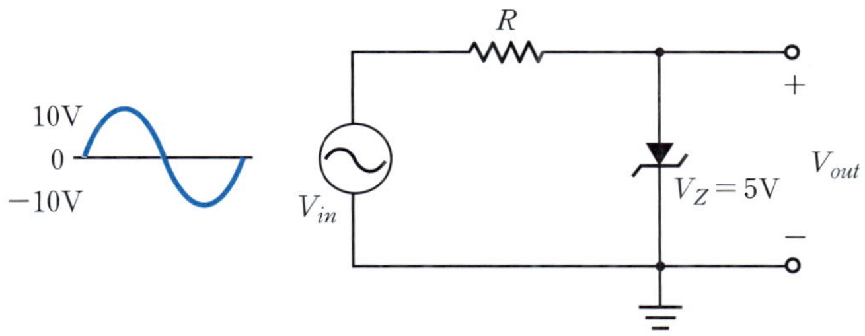

3.27 주관식 다음 회로의 출력파형을 그리시오.

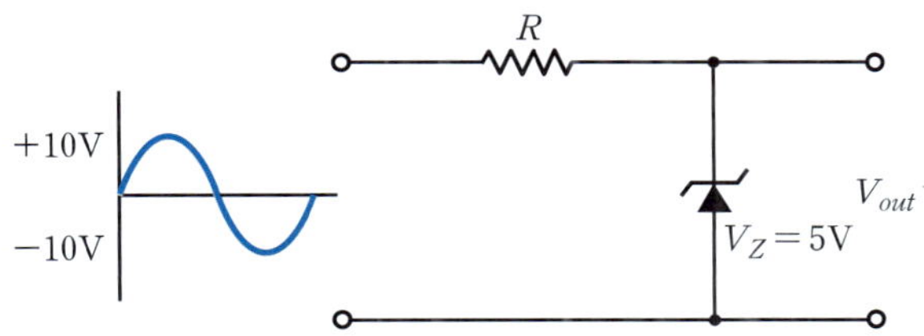

3.28 주관식 다음 회로의 출력파형을 그리시오.

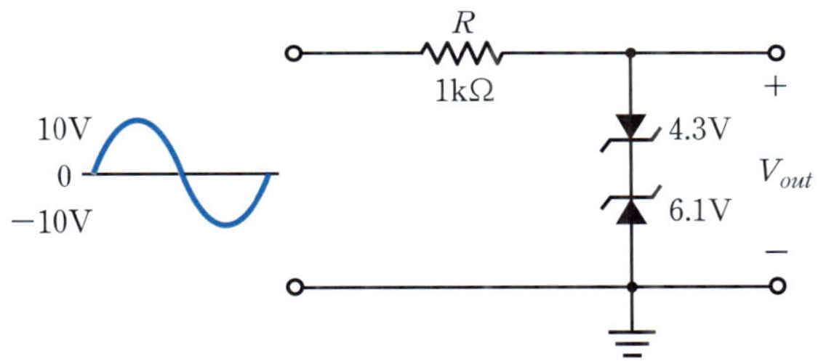

3.29 주관식 다음 회로의 출력파형을 그리시오.

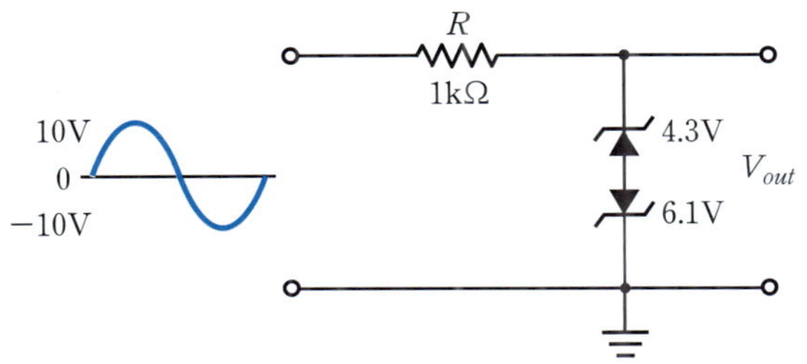

CHAPTER

04

바이폴라 접합 트랜지스터

트랜지스터는 반도체 소자들 중에서도 가장 핵심적인 소자이다. 트랜지스터는 신호 증폭기와 스위칭 소자로 사용된다. 트랜지스터는 바이폴라 접합 트랜지스터(BJT)와 전계효과형 트랜지스터(FET)의 두 종류가 있다. 이 장에서는 바이폴라 접합 트랜지스터의 구조, 기본적인 동작원리, 입·출력특성 등을 공부하고, 증폭기로서 동작하기 위한 바이어스 방법에 대해 공부한다.

CONTENTS

SECTION 01

바이폴라 접합 트랜지스터의 구조

pnp 혹은 npn 형태로 접합된 반도체 소자를 바이폴라 접합 트랜지스터라 하며, 이미터, 베이스 컬렉터의 세 단자를 갖는다. 이미터와 베이스 단자에는 순방향 바이어스, 베이스와 컬렉터 단자에는 역방향 바이어스 되었을 때 트랜지스터에 전류가 흐른다. 지금부터 이와 같은 트랜지스터의 기본 구조와 동작에 대해 공부해보자.

Keywords | 이미터 | 베이스 | 컬렉터 | 베이스-이미터 접합 | 베이스-컬렉터 접합 |

바이폴라 접합 트랜지스터의 구조

바이폴라 접합 트랜지스터(BJT: Bipolar Junction Transistor)는 p형 반도체와 n형 반도체가 n-p-n형 순으로 접합된 npn 트랜지스터와 p-n-p형 순으로 접합된 pnp 트랜지스터로 나뉜다. [그림 4-1]에서 보듯, 이 세 영역을 **이미터**(emitter), **베이스**(base), **컬렉터**(collector)라 한다.

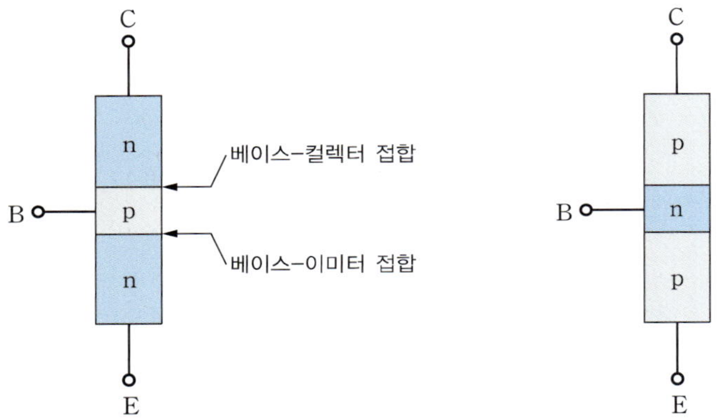

(a) npn 트랜지스터 (b) pnp 트랜지스터

[그림 4-1] 바이폴라 접합 트랜지스터의 기본 구조

[그림 4-1]을 보면 세 개의 영역에 각각 단자가 연결되어 있는데, E는 이미터, B는 베이스, C는 컬렉터를 나타낸다. 이때 베이스 영역과 이미터 영역을 결합한 pn 접합을 **베이스-이미터**(BE) **접합**이라 하고, 베이스 영역과 컬렉터 영역을 결합한 pn 접합을 **베이스-컬렉터**(BC) **접합**이라 한다. 베이스 영역은 얇게 도핑되어 있어서 높은 농도로 도핑된 이미터와 컬렉터 영역에 비해 그 폭이 매우 좁다.

[그림 4-2]는 npn과 pnp 바이폴라 트랜지스터를 기호로 나타낸 것이다. 바이폴라(bipolar)라는 용어는 트랜지스터의 전류 반송자로 두 개의 캐리어, 즉 **정공**(hole)과 **전자**(electron)를 사용한다는 뜻이다.

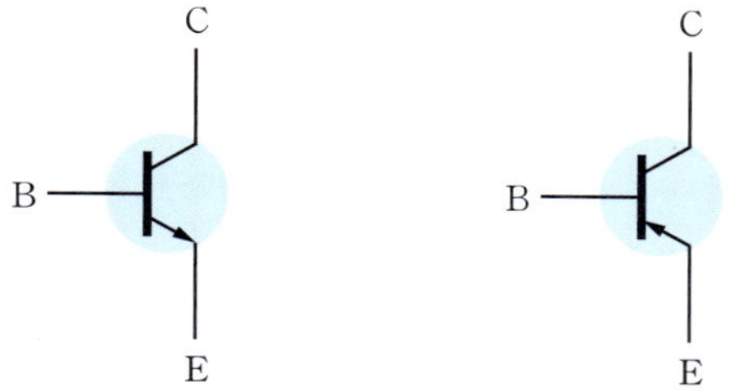

(a) npn 트랜지스터 (b) pnp 트랜지스터

[그림 4-2] 바이폴라 접합 트랜지스터의 기호

트랜지스터의 동작

트랜지스터를 증폭기로 동작시키기 위해서는 두 pn 접합이 외부전압에 의해 적절하게 바이어스 되어야 한다. 다시 말해서 트랜지스터의 베이스-이미터(BE) 접합은 순방향 바이어스 되고, 베이스-컬렉터(BC) 접합은 역방향 바이어스 되어야 한다. 트랜지스터 동작은 주로 npn 트랜지스터를 사용하여 설명한다. 참고로, pnp 트랜지스터는 전자와 정공의 역할, 바이어스 전압의 극성 및 전류의 방향이 반대인 것을 제외하면 npn 트랜지스터의 동작과 같으므로, pnp 트랜지스터의 동작은 설명하지 않기로 한다.

[그림 4-3]은 npn 트랜지스터와 pnp 트랜지스터의 두 경우에 대해 베이스-이미터(BE) 접합은 순방향으로, 베이스-컬렉터(BC) 접합은 역방향 바이어스 되도록 전압을 배열한 모습이다.

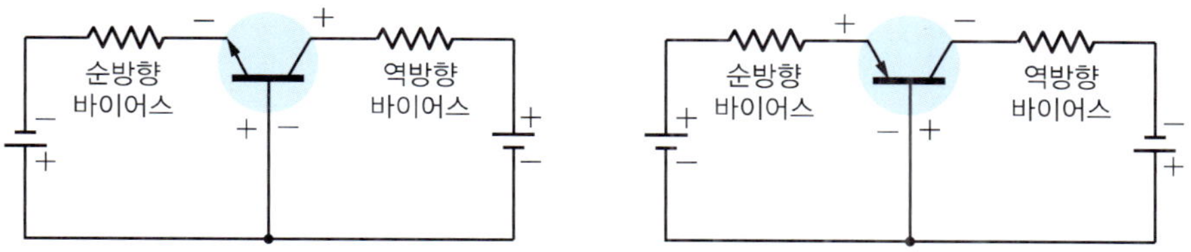

(a) npn 트랜지스터 (b) pnp 트랜지스터

[그림 4-3] 바이폴라 접합 트랜지스터의 순방향-역방향 바이어스

트랜지스터가 순방향-역방향 바이어스 되었을 때 트랜지스터의 내부에 어떤 일이 일어나는지 알아보자. [그림 4-4]를 보자. 그림 (a)의 npn 트랜지스터에서처럼 베이스와 이미터가 순방향 바이어스 되면 BE 공핍층이 좁아지고, 베이스와 컬렉터가 역방향 바이어스 되면 BC 공핍층이 넓어진다. 그러므로 순방향 바이어스 된 다이오드와 마찬가지로 n형 반도체의 이미터 영역은 BE 접합을 통해 p형 반도체의 베이스 영역으로 쉽게 확산하는 전도(자유) 전자를 많이 갖게 된다. 베이스 영역은 매우 얇게 도핑되어 있으므로 한정된 수의 정공을 갖는다. 그러므로 BE 접합을 통해 흐르는 모든 전자 중 아주 일부만 정공과 결합한다. 이렇게 재결합된 적은 수의 전자들은 가전자(valence electronics)로서, 베이스 단자로 흘러나와 극히 작은 베이스 전류 I_B를 형성한다(그림 (b)). 이미터로부터 흘러나

와 베이스 영역으로 들어가 베이스 전류를 형성한 전자를 제외한 대부분의 전자들은 BC 공핍층으로 확산해 들어간다. 이 전자들은 양 전압으로 대전된 컬렉터 전압에 의해 컬렉터 영역으로 흘러들어간다. 전자들은 컬렉터 영역을 이동하여 컬렉터 단자로 나가 직류전원의 양(+) 단자로 들어가 컬렉터 전류 I_C를 형성한다(그림 (c)). 컬렉터 전류의 양은 베이스 전류의 양과 직결되지만 직류 컬렉터 전압과는 본질적으로 무관하다.

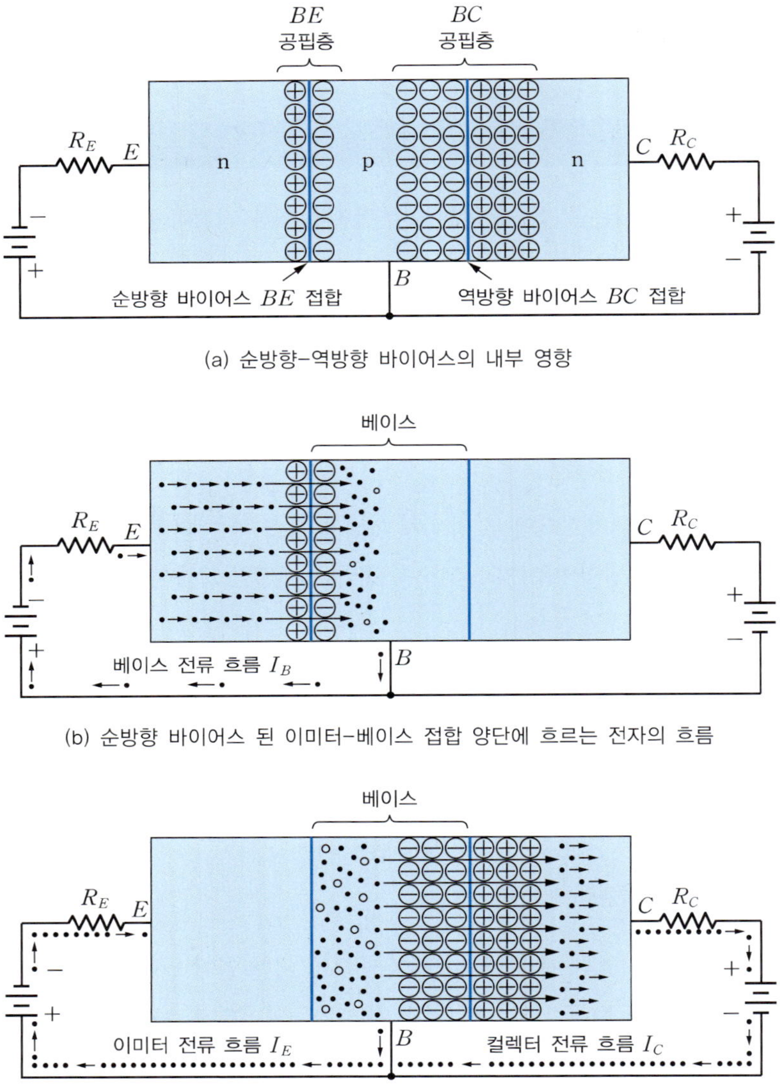

(a) 순방향-역방향 바이어스의 내부 영향

(b) 순방향 바이어스 된 이미터-베이스 접합 양단에 흐르는 전자의 흐름

(c) 순방향 바이어스 된 베이스-컬렉터 접합 양단에 흐르는 전자의 흐름

[그림 4-4] 트랜지스터의 동작 설명

[그림 4-5]를 보자. npn 트랜지스터에서 일반적인 전류의 방향은 그림 (a)와 같고, pnp 트랜지스터의 경우에는 그림 (b)와 같다. 그림 (c), (d)에 전류방향과 기호를 함께 나타냈다. 트랜지스터에서 화살표는 전류방향을 나타낸다. 대문자로 된 아래첨자는 직류값을 나타낸다. npn 트랜지스터의 경우 이미터 전류가 컬렉터 전류와 베이스 전류의 합이라는 것을 알 수 있다. 이때 I_B는 I_E나 I_C에 비해 매우 작다.

$$I_E = I_C + I_B \tag{4.1}$$

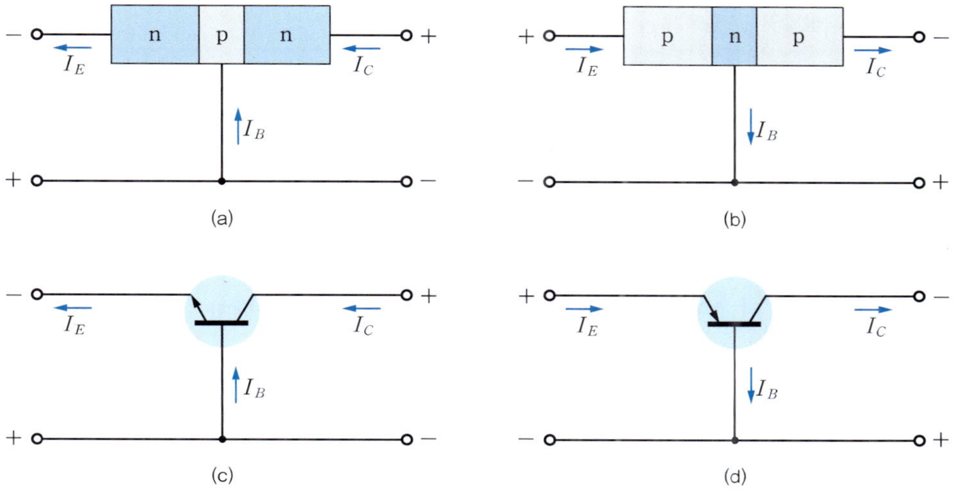

[그림 4-5] 트랜지스터의 전류 방향

SECTION 02

바이폴라 접합 트랜지스터의 특성

이 절에서는 트랜지스터의 적절한 바이어스를 위해 직류회로가 구성되었을 때, 직류전압에 대한 트랜지스터의 중요한 전류이득 파라미터(β_{DC}, α_{DC}), 컬렉터 특성곡선과 부하직선, 이 곡선으로부터 동작점(Q)를 결정하고, 포화와 차단에 대해 살펴본다. 그리고 트랜지스터가 증폭기 및 스위치로 응용되는 원리에 대해 공부한다.

Keywords | 직류 베타(β_{DC}) | 직류 알파(α_{DC}) | 컬렉터 특성곡선 | 부하직선 | 포화 | 차단 | 동작점(Q) | 증폭기 | 스위치 |

바이폴라 접합 트랜지스터의 파라미터와 정격

앞에서 설명된 것처럼 트랜지스터가 증폭기로 동작하기 위해서는 베이스-이미터 접합은 순방향 바이어스 되도록, 베이스-컬렉터 접합은 역방향 바이어스 되도록 전압을 인가해야 한다. 따라서 npn형과 pnp형 모두 베이스 측의 바이어스 전압 V_{BB}는 베이스-이미터 접합에 순방향 바이어스 되도록 전압을 인가하고, 컬렉터 측 바이어스 전압 V_{CC}는 베이스-컬렉터 접합에 역방향 바이어스 되도록 해야 한다([그림 4-6] 참조).

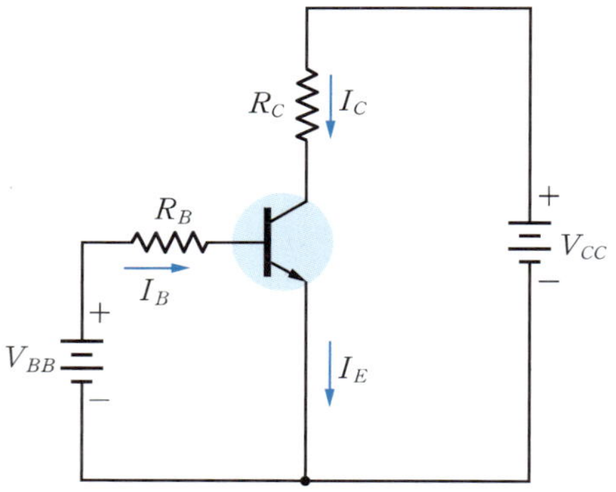

(a) npn 트랜지스터

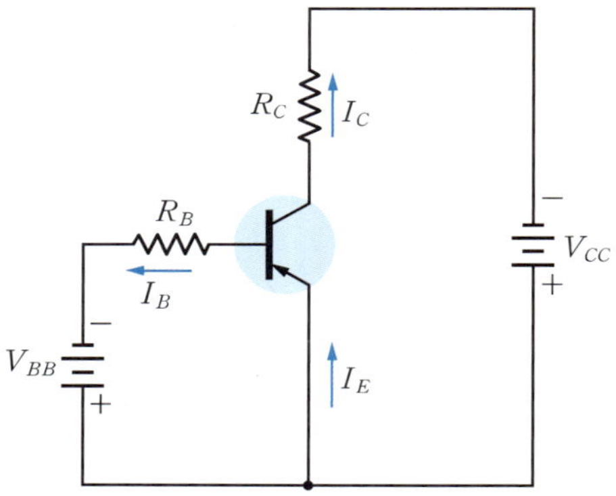

(b) pnp 트랜지스터

[그림 4-6] 트랜지스터 바이어스 회로

■ 직류 베타(β_{DC})와 직류 알파(α_{DC})

트랜지스터가 선형영역에서 동작하도록 베이스-이미터 접합에는 순방향 바이어스, 베이스-컬렉터 접합은 역방향 바이어스 되도록 전압을 인가한다. 이때 베이스 전류 I_B를 입력전류로, 컬렉터 전류 I_C를 출력전류로 했을 때의 비율을 **직류 전류이득 β_{DC}**라 한다. β_{DC}의 전형적인 값의 범위는 20 ~ 200 혹은 그 이상이며, 규격표에는 β_{DC}보다는 하이브리드 파라미터 h_{FE}로 명시한다. β_{DC}

(h_{FE})는 트랜지스터에서 매우 중요한 파라미터로서 컬렉터 전류와 온도에 따라 변한다. 그 중에서도 특히 온도변화에 민감한데, 온도가 증가하면 β_{DC} 값도 증가한다. 또한 컬렉터 전류 I_C에 따라서도 변한다. 일정한 온도에서 I_C가 증가하면 β_{DC} 값이 증가하다가 일정한 최대값에 도달한 뒤부터는 I_C가 증가하면 오히려 β_{DC} 값이 감소한다. 또한 이미터 전류 I_E를 입력전류로, 컬렉터 전류 I_C를 출력전류로 했을 때의 비율을 **직류 전류이득 α_{DC}**라 한다. α_{DC}의 전형적인 값의 범위는 0.95에서 0.99이며, 항상 1보다 작다.

★ 직류 전류이득 β_{DC}, α_{DC} ★

- $\beta_{DC} = \dfrac{I_C}{I_B}$ (4.2)
- $\alpha_{DC} = \dfrac{I_C}{I_E}$ (4.3)

■ α_{DC}와 β_{DC}의 관계

식 (4.1)의 양변을 I_C로 나누면 다음과 같다.

$$\frac{I_E}{I_C} = \frac{I_C + I_B}{I_C}$$

$\beta_{DC} = I_C / I_B$, $\alpha_{DC} = I_C / I_E$ 이므로 이 식은 다음과 같이 나타낸다.

$$\frac{1}{\alpha_{DC}} = 1 + \frac{1}{\beta_{DC}} = \frac{\beta_{DC} + 1}{\beta_{DC}}$$

위 식을 다시 정리하면 식 (4.4)와 같다. β_{DC}를 알고 있을 경우 식 (4.4)로부터 α_{DC}를 계산할 수 있으며, 반대로 α_{DC}를 알고 있을 경우 식 (4.5)로부터 β_{DC}를 구할 수 있다.

★ α_{DC}와 β_{DC}의 관계 ★

- $\alpha_{DC} = \dfrac{\beta_{DC}}{\beta_{DC} + 1}$ (4.4)
- $\beta_{DC} = \dfrac{\alpha_{DC}}{1 - \alpha_{DC}}$ (4.5)

예제 4-1

$I_B = 50\mu A$, $I_C = 3.65mA$인 트랜지스터에 대한 β_{DC}와 α_{DC}를 구하시오.

풀이

- $\beta_{DC} = \frac{I_C}{I_B} = \frac{3.65\,mA}{50\,\mu A} = 73$
- $\alpha_{DC} = \frac{\beta_{DC}}{\beta_{DC}+1} = \frac{73}{74} = 0.986$

직류해석

[그림 4-7]의 회로를 보자. I_B는 트랜지스터의 직류 베이스 전류, I_E는 직류 이미터 전류, I_C는 직류 컬렉터 전류를 나타낸다. 그리고 V_{BE}는 직류 베이스-이미터 전압, V_{BC}는 직류 베이스-컬렉터 전압, V_{CE}는 직류 컬렉터-이미터 전압을 나타낸다. 이때 트랜지스터가 선형영역에서 동작하기 위해, V_{BB}는 베이스-이미터 접합이 순방향 바이어스 되도록 인가한 직류전압이고, V_{CC}는 베이스-컬렉터 접합이 역방향 바이어스 되도록 인가한 직류전압이다. 베이스-이미터 접합이 순방향 바이어스 된 경우, 다이오드에서와 같이 순방향 전압강하가 이루어진다.

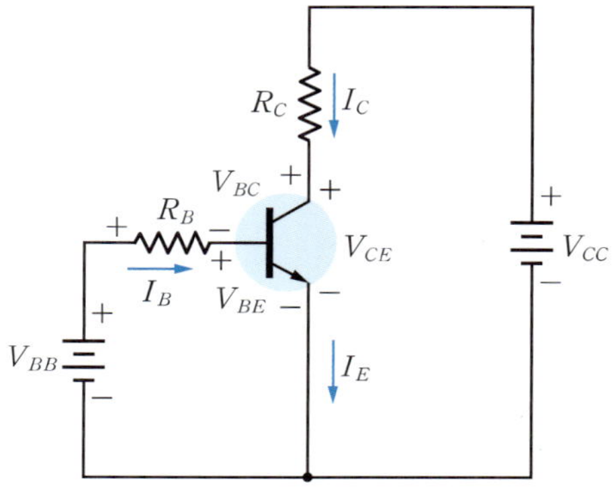

[그림 4-7] 트랜지스터의 전류와 전압

$$V_{BE} \cong 0.7V \quad (4.6)$$

베이스-이미터 폐회로를 키르히호프의 전압방정식으로 나타내면

$$V_{BB} - V_{R_B} - V_{BE} = 0$$

이며, R_B 양단의 전압은 위 식으로부터 계산된다.

$$V_{R_B} = V_{BB} - V_{BE}$$

그리고 $V_{R_B} = I_B R_B$이므로 대입하면

$$I_B R_B = V_{BB} - V_{BE}$$

이고, 베이스 전류 I_B를 구하면 다음과 같다.

$$I_B = \frac{V_{BB} - V_{BE}}{R_B} \tag{4.7}$$

식 (4.2)로부터 컬렉터 전류 I_C 를 구하면

$$I_C = \beta_{DC} I_B$$

이며, 식 (4.3)으로부터 이미터 전류 I_E 를 구하면

$$I_E = \frac{I_C}{\alpha_{DC}}$$

이다. R_C 양단의 전압강하는

$$V_{R_C} = I_C R_C$$

이고, 컬렉터-이미터 전압 V_{CE} 는

$$V_{CE} = V_{CC} - I_C R_C \tag{4.8}$$

이다. 또한 컬렉터와 베이스 사이의 전압 V_{CB} 는 다음과 같다.

$$V_{CB} = V_{CE} - V_{BE} \tag{4.9}$$

예제 4-2

다음 회로에서 I_B, I_C, I_E, α_{DC}, V_{CE}, V_{CB} 를 구하시오. (단, 트랜지스터의 $\beta_{DC} = 100$ 이다.)

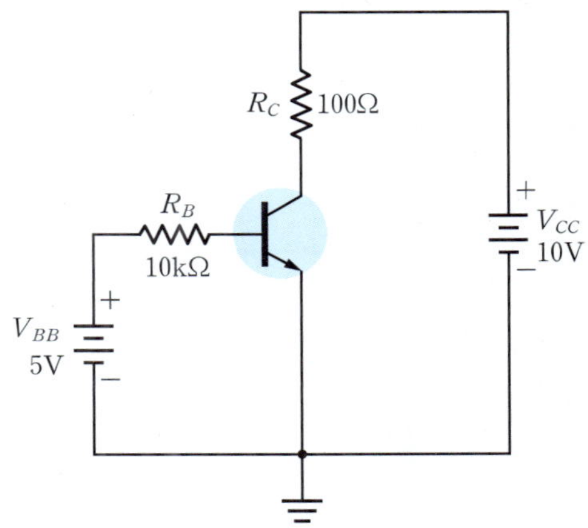

풀이

- $I_B = \dfrac{V_{BB} - V_{BE}}{R_B} = \dfrac{5\text{V} - 0.7\text{V}}{10\text{k}\Omega} = 0.43\,\text{mA}$
- $I_C = \beta_{DC} I_B = (100)(0.43\,\text{mA}) = 43\,\text{mA}$
- $\alpha_{DC} = \dfrac{\beta_{DC}}{\beta_{DC} + 1} = \dfrac{100}{101} = 0.990$
- $I_E = \dfrac{I_C}{\alpha_{DC}} = \dfrac{43\,\text{mA}}{0.990} = 43.43\,\text{mA}$
- $V_{CE} = V_{CC} - I_C R_C = 10\,\text{V} - (43\,\text{mA})(100\,\Omega) = 10\,\text{V} - 4.3\,\text{V} = 5.7\,\text{V}$
- $V_{CB} = V_{CE} - V_{BE} = 5.7\,\text{V} - 0.7\,\text{V} = 5.0\,\text{V}$

컬렉터 특성곡선

[그림 4-8]을 보자. 그림 (a)의 회로에서 I_{B1}이 되도록 V_{BB}를 V_{BB1}으로 고정시키고, V_{CC}를 0으로 하면 $I_C = 0$ 이고, $V_{CE} = 0$ 이다. 이때 V_{CC}를 점차적으로 증가시키면 V_{CE}가 증가하고, 따라서 I_C도 증가한다. 이 관계는 그림 (b)의 점 0와 B를 잇는 곡선으로 표시된다. 이 영역에서의 V_{CE}는 0.7 V 보다 작다.

만약 V_{CC} 전압을 계속 증가시킨 결과, V_{CE}가 증가하여 0.7 V를 초과하면 베이스-컬렉터 전압은 역방향 바이어스 되고, I_C는 $I_C = \beta_{DC} \times I_B$의 관계에 의해 활성(active) 혹은 선형(linear) 영역에 도달한다. 이때는 V_{CE}가 계속 증가한다 해도 I_C는 거의 일정한 값($I_C = \beta_{DC} \cdot I_B$)을 유지한다. 이러한 동작은 곡선 상의 점 B의 오른쪽에 나타난다. 실제로 베이스 영역에서는 일부 정공의 재결합으로 인해 베이스-컬렉터 공핍층이 넓어져 β_{DC}가 약간 증가하기 때문에 V_{CE}가 증가함에 따라 I_C가 약간 증가하게 된다.

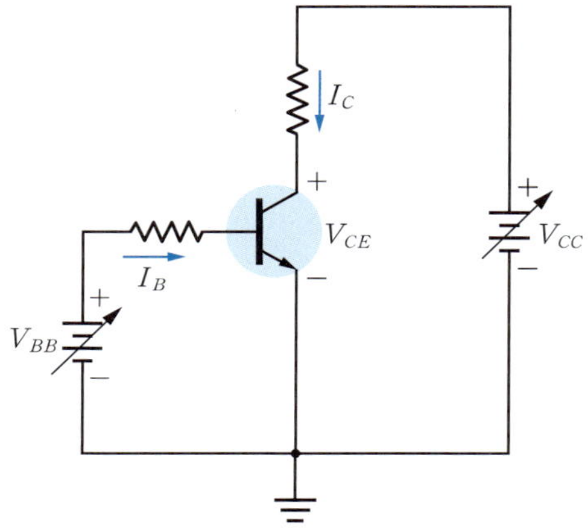

(a) 컬렉터 전류 측정회로

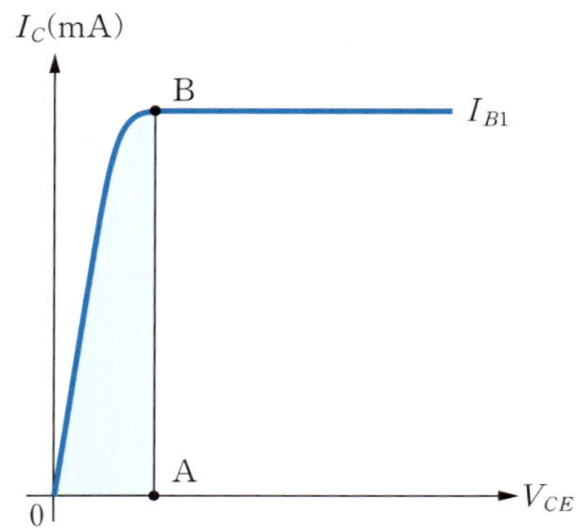

(b) 일정한 I_B 값에 대한 컬렉터 전류곡선

(c) 컬렉터 전류 곡선군

[그림 4-8] 컬렉터 전류 특성곡선

같은 방법으로 전압 V_{BB}를 변화시켜 V_{BB2}로 만든 후, 식 (4.7)을 이용하여 베이스 전류 I_{B2}를 구한다. 그런 다음 전원 V_{CC}를 0V에서부터 점차 증가시키면 컬렉터 전류 I_{C2}에 대한 컬렉터 특성곡선이 얻어진다. 이러한 과정을 계속하면 그림 (c)와 같은 컬렉터 전류 특성곡선이 그려진다.

예제 4-3

I_B가 5μA ~ 25μA 까지 5μA 씩 증가할 때, 주어진 회로에 대한 컬렉터 특성곡선을 그리시오.

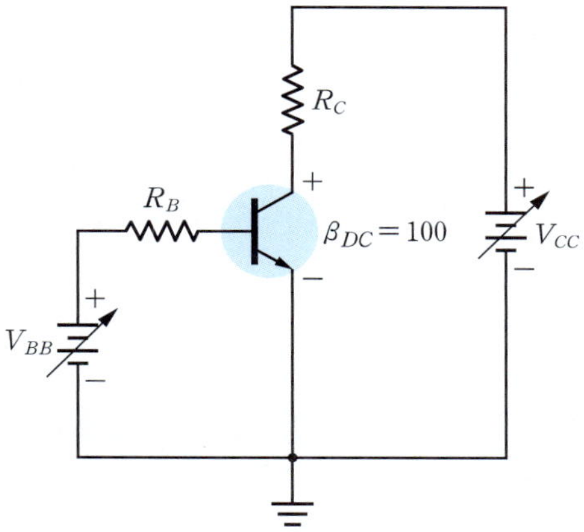

I_B에 대한 I_C

I_B	I_C
5μA	0.5mA
10μA	1.0mA
15μA	1.5mA
20μA	2.0mA
25μA	2.5mA

풀이

표는 $I_C (I_C = \beta_{DC} I_B)$를 계산한 값을 나타내며, 이를 바탕으로 컬렉터 특성곡선을 그리면 다음과 같다.

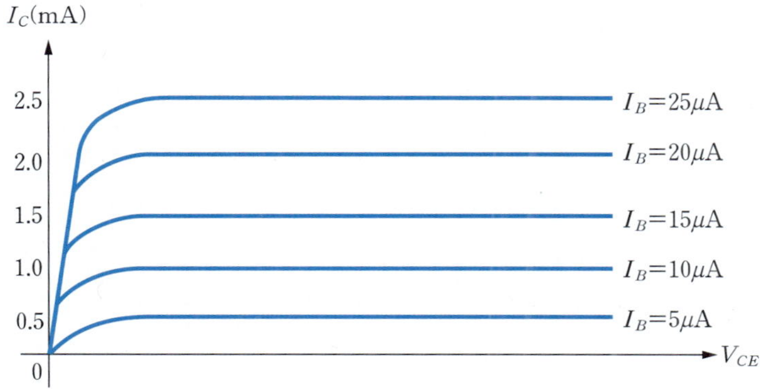

차단

차단(cutoff)이란 트랜지스터에 전류가 흐르지 않는 상태를 말한다. $I_B = 0$인 경우, 트랜지스터에는 아주 미소한 컬렉터 누설전류만 흐르고, $I_C \cong 0$인 차단상태가 된다.

[그림 4-9]와 같이 베이스 단자를 개방하면 베이스 전류 $I_B = 0$이 되므로 컬렉터 전류 $I_C = 0$이 된다($I_C = \beta_{DC} I_B$). 이처럼 $I_B = 0$일 때 $I_C = 0$인 조건에서는 주로 열적으로 생성된 캐리어로 인해 매우 적은 양의 컬렉터 누설전류 I_{CEO}만 흐른다. (I_{CEO}는 베이스 개방 상태에서의 컬렉터-이미터 전류로, 일반적으로 무시한다.) 차단에서는 베이스-이미터 접합과 베이스-컬렉터 접합은 모두 역방향 바이어스 되며, 이미터-컬렉터 전압은 $V_{CE} = V_{CC}$가 된다.

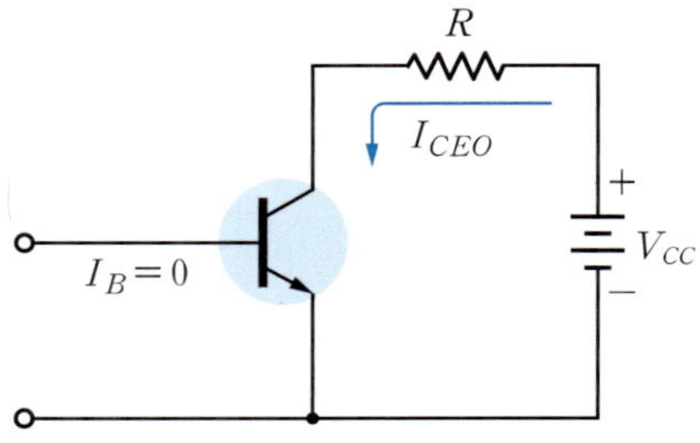

[그림 4-9] 차단(컬렉터 누설전류 I_{CEO})

포화

포화(saturation)란 트랜지스터 회로에서 컬렉터에 흐를 수 있는 최대 컬렉터 전류($I_{C(\max)}$)가 흐르고 있어서 베이스 전류 I_B를 증가시켜도 컬렉터 전류 I_C가 더 이상 증가하지 않는 상태를 말한다. [그림 4-10(a)] 회로를 보자. 회로가 포화되지 않았을 때에는 V_{BB}를 증가시키면 베이스 전류 I_B가 증가하여($\beta_{DC} \cdot I_B = I_C$) 컬렉터 전류 I_C도 증가한다. 즉 식 (4.8)

$$V_{CE} = V_{CC} - I_C R_C$$

에서 I_C의 증가는 R_C 양단의 전압강하를 증가시키므로 V_{CE}는 감소하게 된다. V_{BB}를 더 증가시키면 V_{CE}가 더욱 감소하게 되며, V_{CE}가 포화전압 $V_{CE(sat)}$에 도달하게 되면 컬렉터 전류 I_C는 최대($I_{C(\max)}$)가 되며, 이때 베이스-컬렉터 접합은 순방향 바이어스 된다. 포화상태에 도달한 후에 V_{BB} 전압을 증가시키면 I_B는 증가하게 되나, I_C는 더 이상 증가하지 않는다. 이를 포화라 하며, 포화상태가 되면 관계식 $I_C = \beta_{DC} \cdot I_B$가 더 이상 유효하지 않게 된다.

트랜지스터에 대한 $V_{CE(sat)}$는 [그림 4-10(b)]와 같이 컬렉터 곡선의 변곡점(knee) 아래 부근에서 발생되고, 이상적으로 $V_{CE(sat)} = 0\,\text{V}$이며 이때 $I_{C(sat)} = \dfrac{V_{CC}}{R_C}$이다. 일반적으로 실리콘 트랜지스터의 경우 $V_{CE(sat)} \cong 0.2\,\text{V}$이다.

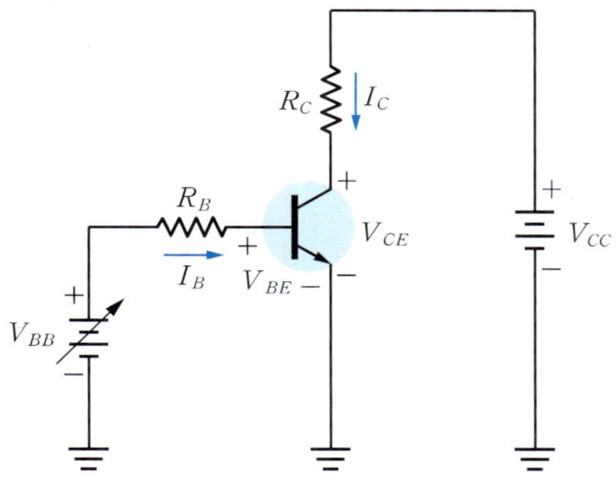

(a) 포화상태 회로

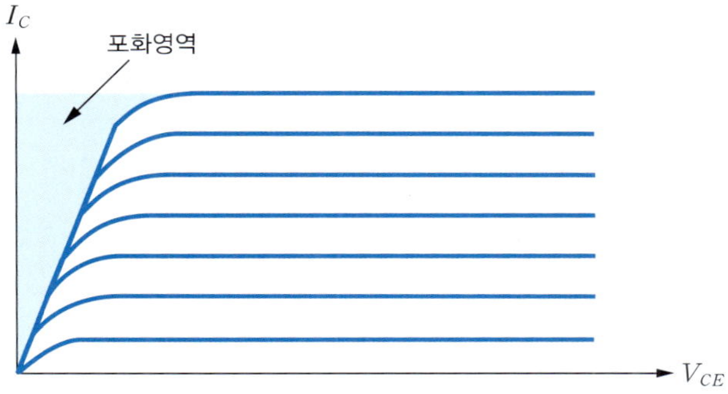

(b) 포화영역

[그림 4-10] 포화상태의 회로와 영역

예제 4-4

다음 회로에서 트랜지스터가 포화상태인지 아닌지를 결정하라. (단, $V_{CC} = 10\,\text{V}$이며, $V_{CE(sat)} = 0.2\,\text{V}$로 가정한다.)

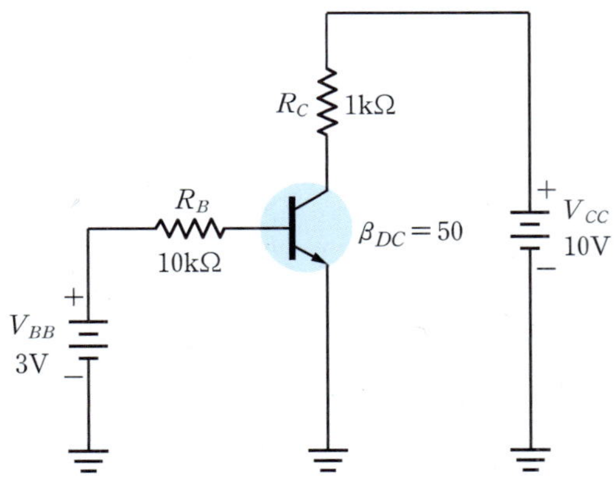

풀이

먼저 트랜지스터가 포화되기 위한 $I_{C(sat)}$를 구하면

$$I_{C(sat)} = \frac{V_{CC} - V_{CE(sat)}}{R_C} \cong \frac{10\,\text{V} - 0.2\,\text{V}}{1\,\text{k}\Omega} = \frac{9.8\,\text{V}}{1\,\text{k}\Omega} = 9.8\,\text{mA}$$

이며, 위 회로에서 I_B와 I_C를 계산하면 다음과 같다.

$$I_B = \frac{V_{BB} - V_{BE}}{R_B} = \frac{3\,\text{V} - 0.7\,\text{V}}{10\,\text{k}\Omega} = \frac{2.3\,\text{V}}{10\,\text{k}\Omega} = 0.23\,\text{mA}$$

$$I_C = \beta_{DC} I_B = (50)(0.23\,\text{mA}) = 11.5\,\text{mA}$$

이 회로의 포화전류는 9.8 mA이다. 베이스 전류에 의한 컬렉터 전류 I_C는 포화전류 $I_{C(sat)} = 9.8\,\text{mA}$보다 더 크므로 이 회로는 포화상태에 있다. 즉 컬렉터 전류 I_C는 포화전류보다 더 클 수 없으므로 11.5 mA에 결코 도달할 수 없다. 또한 V_{BB}를 더욱 증가시켜 I_B를 증가시켜도 컬렉터 전류 I_C는 여전히 포화전류(9.8 mA)에 머문다.

최대 정격

다른 전자소자와 마찬가지로 트랜지스터의 동작에도 한계가 있다. 이러한 한계를 **최대 정격**(maximum rating)이라는 형식으로 나타내는데, 보통 제조자가 규격표에 명시한다. 전형적으로 최대 정격은 컬렉터–베이스 전압, 컬렉터–이미터 전압, 이미터–베이스 전압, 컬렉터 전류 그리고 소비전력으로 주어진다. V_{CE}와 I_C의 곱은 최대 소비전력을 넘지 않아야 하므로 V_{CE}와 I_C는 동시에 최대값이 될 수 없다. V_{CE}가 최대값이라면 I_C는 다음과 같이 계산된다.

$$I_C = \frac{P_{D(\max)}}{V_{CE}} \tag{4.10}$$

I_C가 최대값이라면 V_{CE}는 식 (4.10)을 바꿔 다음과 같이 계산할 수 있다.

$$V_{CE} = \frac{P_{D(\max)}}{I_C} \tag{4.11}$$

주어진 트랜지스터에서 최대 소비전력 곡선은 [그림 4–11(a)]와 같이 컬렉터 곡선 상에 그릴 수 있다. 이 값들을 그림 (b)에 나타냈다. 이 트랜지스터에 대한 $P_{D(\max)}$는 0.5 W이고, V_{CE}는 20, $I_{C(\max)}$는 50 mA이다. 이 트랜지스터는 그래프의 음영 부분에서는 동작할 수 없음을 나타낸다. $I_{C(\max)}$는 점 A와 B 사이를 제한하는 정격이며, $P_{D(\max)}$는 점 B와 C 사이를 제한하는 정격이고,

$V_{CE(\max)}$는 점 C와 D 사이를 제한하는 정격이다.

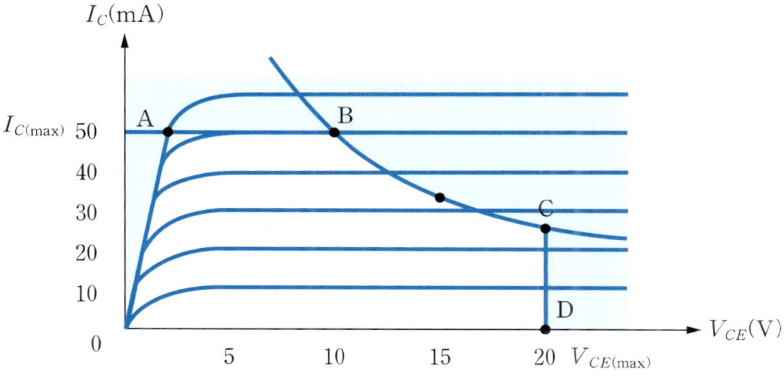

(a)

$P_{D(\max)}$	V_{CE}	I_C
0.5 W	5 V	50 mA
0.5 W	10 V	50 mA
0.5 W	15 V	33 mA
0.5 W	20 V	25 mA

(b)

[그림 4-11] 최대 소비전력

예제 4-5

어떤 트랜지스터가 $V_{CE} = 5\,\text{V}$ 에서 동작한다. 최대 정격전력이 0.3 W라 할 때, 이 트랜지스터의 최대 컬렉터 전류는 얼마인가?

풀이

$V_{CE} = 5\text{V}$일 때의 최대 컬렉터 전류 I_C를 구하는 문제이다. $P_{D(\max)}$와 $I_{C(\max)}$를 넘지 않는 범위 내에서 V_{CE}를 줄인다면 트랜지스터는 더 큰 컬렉터 전류를 흘릴 수 있다.

$$I_C = \frac{P_{D(\max)}}{V_{CE}} = \frac{0.3\,\text{W}}{5\,\text{V}} = 60\,\text{mA}$$

바이폴라 접합 트랜지스터의 응용 : 증폭기와 스위치

■ 증폭기

전기적인 신호의 진폭을 선형적으로 증가시키는 과정을 **증폭**(amplication)이라 하는데, 이는 트랜지스터의 가장 중요한 특성 중 하나이다. 트랜지스터가 증폭기로 동작하려면 직류전원에 의한 직류 바이어스가 이루어져야 한다. 직류 바이어스는 교류신호가 안정적으로 선형적 증폭을 할 수 있도록 동작점(Q)을 결정한다. 가장 기본적인 소신호 바이폴라 접합 트랜지스터의 증폭기에는 공통 이미터 증폭기(Common Emitter Amplification), 공통 컬렉터 증폭기(Common Collector Amplification), 공통 베이스 증폭기(Common Base Amplification)로, 총 3종류가 있다. 각 증폭기에 대해서는 5장에서 자세하게 다루도록 한다.

■ 스위치

트랜지스터의 또 다른 응용 영역으로 스위칭이 있다. 전자적 스위치로 사용되는 경우, 트랜지스터는 차단과 포화를 이용하여 스위치 역할을 한다. [그림 4-12]는 스위칭 소자로서의 트랜지스터 동작을 나타낸 것이다. 그림 (a)는 베이스 전압 $V_{BB} = 0\,\text{V}$ 으로 베이스-이미터 접합이 순방향 바이어스 되지 않았으므로 트랜지스터 베이스에 전류가 흐르지 않는 차단상태가 된다. 베이스 전류가 흐르지 않기 때문에($I_B = 0$) 컬렉터 전류도 흐르지 않게 된다($I_C = 0$). 즉 이상적으로 컬렉터와 이미터 사이가 개방된다.

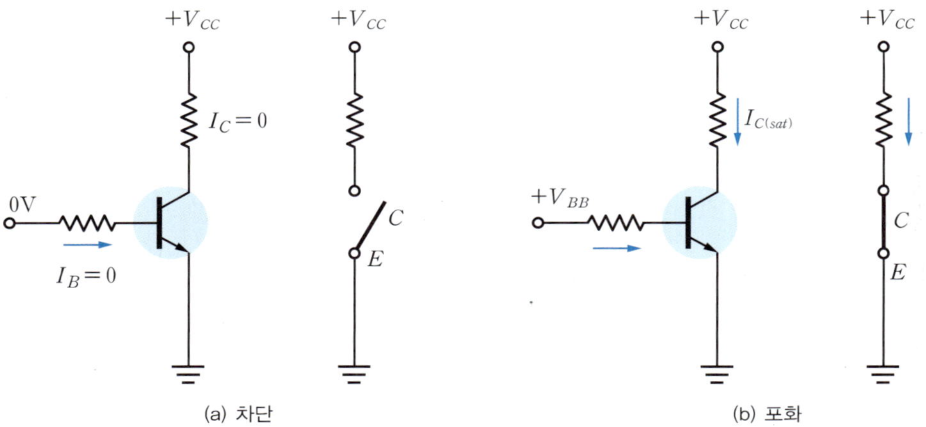

[그림 4-12] 트랜지스터의 이상적인 스위칭 작용

그림 (b)는 베이스 측의 직류전원(V_{BB})에 의해 베이스-이미터 접합이 순방향 바이어스 되어 있다. 이때 컬렉터 전류 I_C가 포화값에 도달하도록 베이스 전류를 매우 크게 만든다. 이러한 조건에서는 이상적으로 컬렉터와 이미터 사이가 단락된다($V_{CE(sat)} = 0\,\text{V}$). 그러나 실질적으로 $V_{CE(sat)}$는 약 $0.2\,\text{V}$ 의 전압강하가 발생한다. 즉 트랜지스터가 차단상태에서는 개방상태의 스위치로 동작하고, 포화상태에서는 단락된 스위치로 동작한다. 앞에서 설명한 것 같이, 트랜지스터는 베이스-이미터 접합이 순방향 바이어스 되지 않았을 경우 차단상태가 되며, 차단상태에서는 전류가 전혀 흐르지 않기 때문에 V_{CE}는 V_{CC}와 거의 같다. 따라서 **차단조건**은 식 (4.12)와 같다.

$$V_{CE(cutoff)} = V_{CC} \tag{4.12}$$

한편 베이스-이미터 접합이 순방향 바이어스 되고, 최대 컬렉터 전류가 될 정도로 충분한 베이스 전류가 흐른다면, 트랜지스터가 포화되어 컬렉터 포화전류 $I_{C(sat)}$가 흐른다. 컬렉터 포화전류를 구하는 식은 다음과 같다.

$$I_{C(sat)} = \frac{V_{CC} - V_{CE(sat)}}{R_C} \tag{4.13}$$

포화상태에서는 $V_{CE(sat)} \ll V_{CC}$ 이므로 $V_{CE(sat)} = 0\text{V}$ 라고 가정하면, 컬렉터 포화전류는

$$I_{C(sat)} \cong \frac{V_{CC}}{R_C} \tag{4.14}$$

이다. 그러므로 트랜지스터가 포화되는 데 필요한 최소 베이스 전류 $I_{B(\min)}$ 은

$$I_{B(\min)} = \frac{I_{C(sat)}}{\beta_{DC}} \tag{4.15}$$

이다. 트랜지스터가 포화를 유지하기 위해서는 베이스 전류 I_B 가 최소 베이스 전류 $I_{B(\min)}$ 값보다 충분히 커야 하는데, 이를 **포화조건**이라 한다.

예제 4-6

다음에 주어진 트랜지스터 스위칭 회로에 대해 주어진 문제를 푸시오.

(a) $V_{IN} = 0\text{V}$ 일 때 V_{CE} 는 얼마인가?

(b) $\beta_{DC} = 100$ 이라고 할 때, 이 트랜지스터가 포화되기 위해 필요한 I_B 의 최소값은 얼마인가? 단, $V_{CE(sat)} = 0\text{V}$ 라고 가정한다.

(c) 회로에서 $V_{IN} = 6\text{V}$ 이고 포화되었다고 할 때, R_B 의 최대값은 얼마인가?

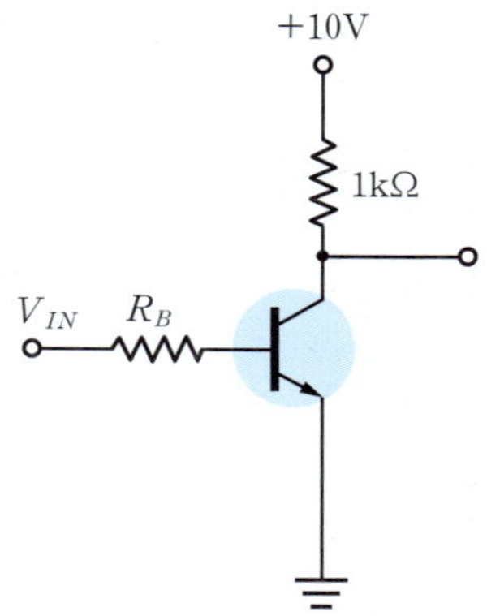

풀이

(a) $V_{IN} = 0\text{V}$ 일 때 트랜지스터는 차단상태이다.

$$V_{CE} = V_{CC} = 10\text{V}$$

(b) 트랜지스터가 포화되었을 때 $V_{CE} = 0\text{V}$ 이므로

$$I_{C(sat)} = \frac{V_{CC}}{R_C} = \frac{10\text{V}}{1\text{k}\Omega} = 10\text{mA}$$

$$I_{B(\min)} = \frac{I_{C(sat)}}{\beta_{DC}} = \frac{10\text{mA}}{100} = 0.1\text{mA}$$

이다. 이는 트랜지스터가 포화점에서 동작하도록 하기 위한 최소 I_B 값이다. I_B 를 증가시키면 포화상태가 더 깊어지지만, I_C 는 증가하지 않는다.

(c) $V_{IN} = 6\text{V}$ 이고 트랜지스터가 포화되었다고 할 때, R_B 양단전압 $V_R = I_B R_B = V_{IN} - V_{BE}$ 이다. 0.1mA 의 최소 I_B 가 흐르는 데 필요한 R_B 의 최대값은 다음과 같이 계산된다.

$$R_B = \frac{6\text{V} - 0.7\text{V}}{I_B} = \frac{5.3\text{V}}{0.1\text{mA}} = 53\text{k}\Omega$$

SECTION 03

트랜지스터의 바이어스 회로

바이폴라 접합 트랜지스터를 증폭기로 동작시키기 위해서는 적절하게 바이어스 되어야 한다. 직류전원에 의한 바이어스는 동작점(Q)을 결정하게 되며, 교류신호가 선형적으로 증폭될 수 있도록 동작점이 안정되어야 한다. 이 절에서는 직류 동작점과 부하직선 및 직류 동작점에 따른 신호의 왜곡에 대해 공부한다.

Keywords | 직류 동작점(Q) | 직류 부하직선 |

직류 동작점(Q 점)

트랜지스터가 증폭기로 동작하기 위해서는 이미터와 베이스 사이는 순방향 바이어스, 베이스와 컬렉터 사이는 역방향 바이어스 되도록 직류전원이 인가되어야 한다. 인가된 직류전원에 의해 컬렉터 전류(I_C)와 컬렉터-이미터 전압(V_{CE})이 결정되면, 이들이 부하직선 위에 한 점으로 표시되는데, 이를 **직류 동작점** 혹은 **Q점**(quiescent point)이라고 부른다. 직류 동작점(Q점)은 부하직선 상에 존재하며, 안정되게 설정되어야 입력단자의 교류신호가 선형적으로 증폭되어 출력단자에 정확히 재생된다.

[그림 4-13]은 공통 이미터 증폭기에서 적절하게 바이어스 된 증폭기와 그렇지 않은 증폭기의 입·출력신호를 보여준다.

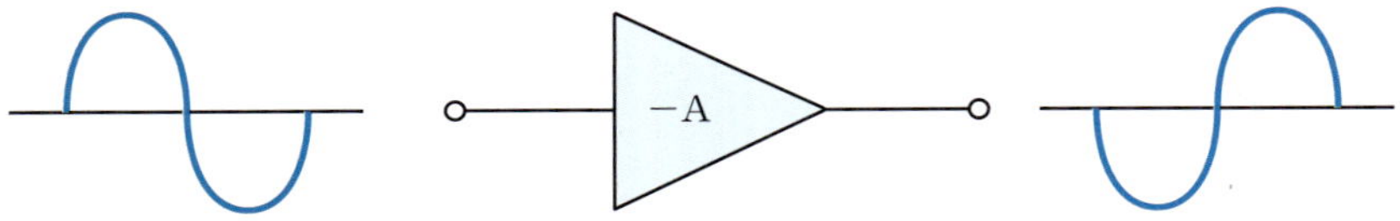

(a) 선형동작

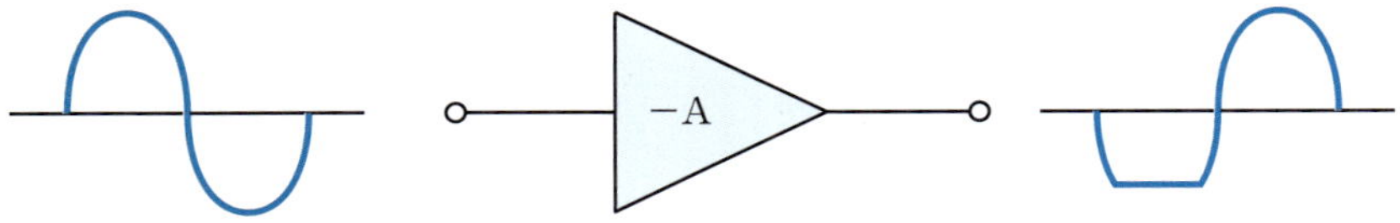

(b) 출력(− 부분)의 왜곡

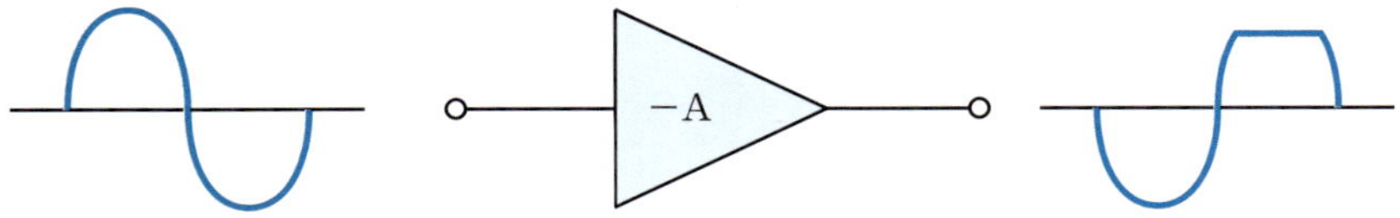

(c) 출력(+ 부분)의 왜곡

[그림 4-13] 반전 증폭기의 선형과 비선형(왜곡) 동작

적절하게 바이어스 되어 설정된 Q점의 경우, 그림 (a)과 같이 입력신호가 선형적으로 증폭된 출력 파형을 보여준다. 이 출력신호는 입력신호와 위상은 반대이지만, 왜곡되지 않고 입력신호와 똑같은 모양의 파형을 보여준다. 그러나 증폭기가 부적절하게 바이어스 되어 Q점이 부하직선 상의 상단이나 하단에 치우쳐 있을 경우 출력신호가 왜곡되어 나온다. 그림 (b)는 Q점이 차단점에 너무 가까이 있기 때문에 출력전압의 양(+)의 부분이 잘렸고, 그림 (c)는 Q점이 포화점에 너무 가까이 있기 때문에 출력전압의 음(−)의 부분이 잘렸다.

직류 부하직선

직류 부하직선은 컬렉터 특성곡선 상의 점(0, $I_{C(\max)}$)과 점(V_{CE}, 0)을 연결한 직선으로, 모든 Q점은 부하직선 상에 존재한다. [그림 4-14(a)]의 트랜지스터 회로를 이용하여 부하직선과 동작점의 관계를 설명할 것이다. 이를 위해 가변 직류전원 V_{BB}, V_{CC}를 이용하여 바이어스 했다.

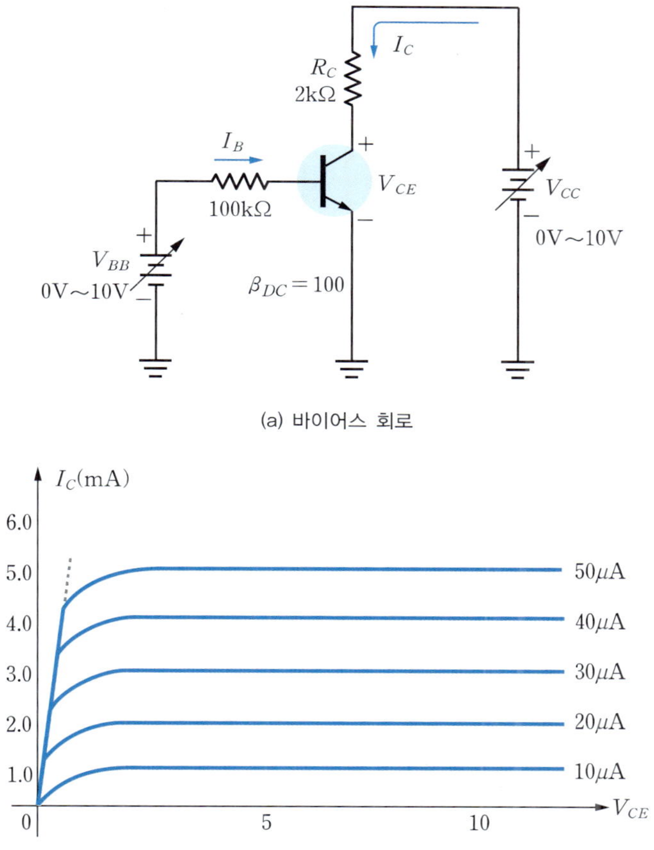

(a) 바이어스 회로

(b) 특성곡선

[그림 4-14] 트랜지스터 회로 및 컬렉터 특성곡선

[그림 4-14(b)]는 가변 직류전원(V_{CC})과 가변 직류전원(V_{BB})을 인가하여 바이어스 시킴으로써 얻은 트랜지스터의 컬렉터 특성곡선이다. 컬렉터 특성곡선 위에 Q점을 표시하고 표시된 Q점을 이용하여 Q점과 직류 부하직선과의 관계를 설명해 보자. 이를 위해 먼저 베이스 측 직류전원 V_{BB}를 조정하여 I_B의 여러 값을 설정하고, 각각의 I_B에 의한 I_C와 V_{CE}를 계산한 후 이들 사이에 어떤 관계가 있는지를 관찰한다.

[그림 4-15]를 보자. 그림 (a)의 회로에서 $V_{BB} = 2.7\,\text{V}$로 하면 $I_B = 20\,\mu\text{A}$가 되며, $I_C = \beta_{DC} I_B$이므로 컬렉터 전류 $I_C = 2\,\text{mA}$이고, $V_{CE} = V_{CC} - I_C R_C = 10\,\text{V} - 4\,\text{V} = 6\,\text{V}$이다. 이 Q점은 Q_1점($V_{CE} = 6\,\text{V}$, $I_C = 2\,\text{mA}$)으로 오른편의 그래프에 나타냈다. 그리고 그림 (b)와 같이 V_{BB}를 $V_{BB} = 3.7\,\text{V}$로 증가시키면 $I_B = 30\,\mu\text{A}$가 되며, $I_C = 3\,\text{mA}$이고, $V_{CE} = 4\,\text{V}$이다. 그래프에 Q점을 나타내면 Q_2점($V_{CE} = 4\,\text{V}$, $I_C = 3\,\text{mA}$)이 된다. 그림 (c)와 같이 $V_{BB} = 4.7\,\text{V}$로 증가시키면 $I_B = 40\,\mu\text{A}$, $I_C = 4\,\text{mA}$가 되며, $V_{CE} = 2\,\text{V}$가 된다. 그래프에 Q점을 나타내면 Q_3점($V_{CE} = 2\,\text{V}$, $I_C = 4\,\text{mA}$)이 된다.

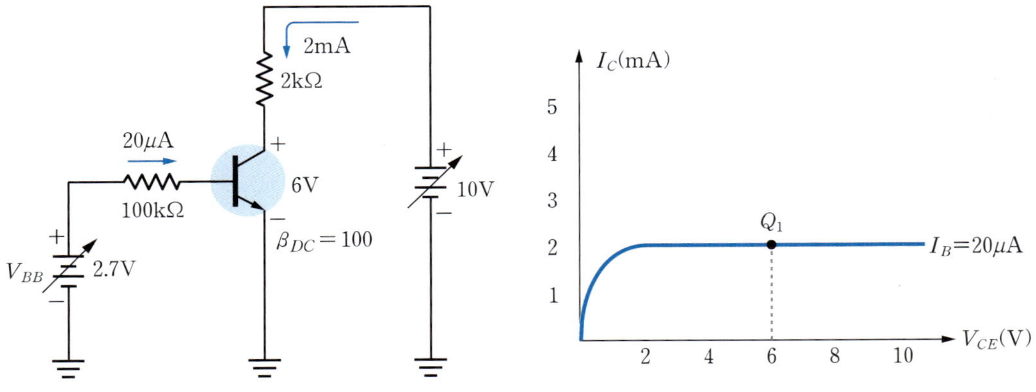

(a)

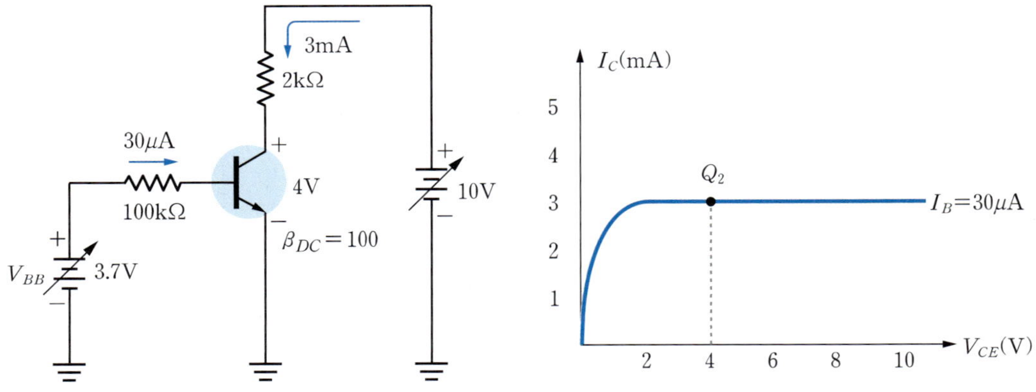

(b)

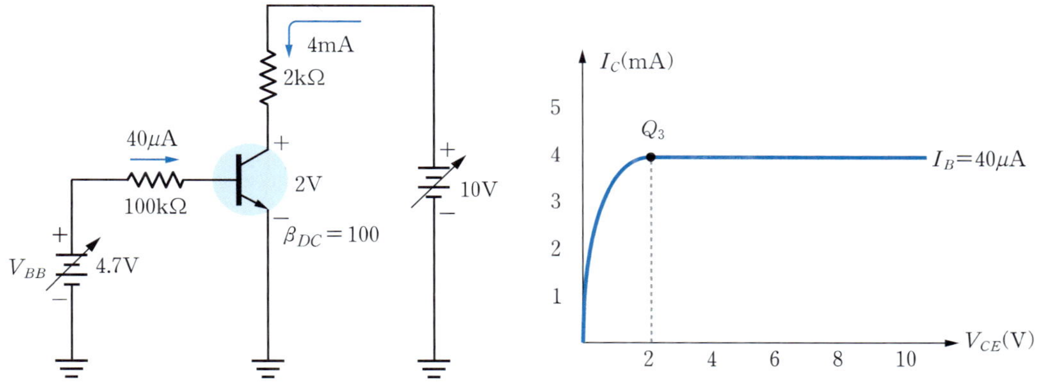

(c)

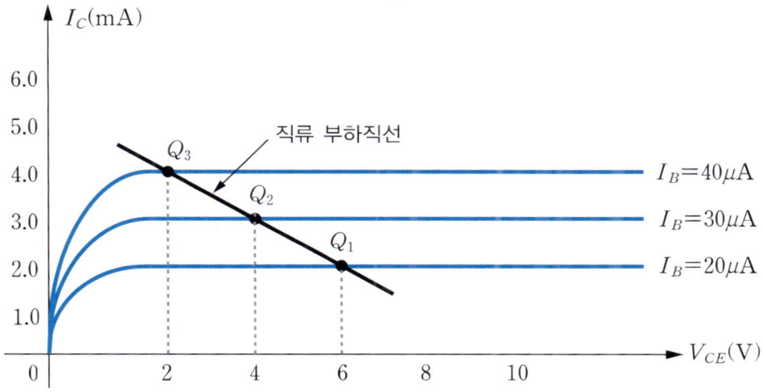

(d)

[그림 4-15] 부하직선 상의 Q점

이미 공부하여 알고 있는 것처럼 $I_C=\beta_{DC}\cdot I_B$이므로, I_B가 증가하면 I_C는 증가하고 V_{CE}는 감소한다는 것을 알 수 있다. 또한 I_B가 감소하면 I_C는 감소하고 V_{CE}는 증가한다. 이처럼 베이스 측의 직류전원 V_{BB}를 조정하여 얻어진 트랜지스터의 동작점 Q_1, Q_2, Q_3를 연결한 직선을 **직류 부하직선**(DC load line)이라고 하며, 그림 (d)와 같이 나타난다. 한 마디로 직류 부하직선은 각각의 Q점을 연결한 직선이며, 또한 차단점과 포화점을 연결한 직선이다.

컬렉터 특성곡선에서 **차단점**(종축)은 $I_B=0$이므로 $I_C=0$이고, 이때 $V_{CE}=V_{CC}=10\,\text{V}$로 V_{CE}축과 교차하고 있음을 알 수 있다. 실제로 표시된 바와 같이 차단점에 미소한 I_{CEO}가 존재하기 때문에 V_{CE}는 10 V 보다 약간 작다.

직류 부하직선의 다른 한 축은 트랜지스터의 **포화점**(saturation point)으로, 이상적인 경우에 $V_{CE}=0$이므로 I_C축(횡축)과 교차한다. 즉 I_C축과 교차한 포화점은 $V_{CE}=0$, $I_{C(\max)}$인 점이다. [그림 4-16]은 컬렉터 특성곡선 상에 그려진 정확한 직류 부하직선으로, 포화점에서

$V_{CE(sat)} \cong 0.2\,\text{V}$ 이다. 따라서 $\left(\dfrac{V_{CC}-V_{CE(sat)}}{R_C}\right)$으로 계산된 $I_{C(sat)}$는 $\left(\dfrac{V_{CC}}{R_C}=5\,\text{mA}\right)$로 계산된 $I_{C(\max)}$보다 약간 작다.

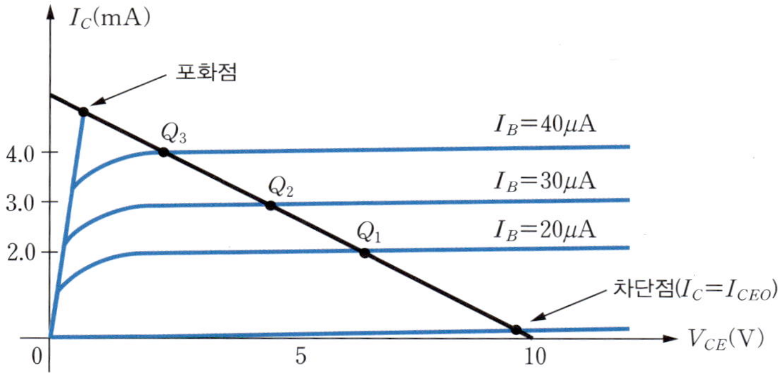

[그림 4-16] 직류 부하직선

선형동작 및 출력의 왜곡

트랜지스터가 선형으로 증폭 동작을 하는 영역은 포화점과 차단점을 연결한 부하직선 상의 직선(선형)영역이다. 트랜지스터가 적절하게 바이어스 되어 이 선형영역에서 동작하도록 동작점(Q점)이 결정되면 교류 입력신호는 왜곡없이 선형적으로 증폭되어 출력된다.

[그림 4-17(a)]의 Q점은 $V_{CE}=4\,\text{V}$, $I_C=3\,\text{mA}$ 인 점이다. 교류신호가 직류 바이어스 전원 V_{BB}에 중첩되어 입력되었을 때, Q점의 위와 아래로 $10\,\mu\text{A}$ 씩 변하는 베이스 측의 교류 입력신호에 대해 선형적으로 컬렉터 전류가 변한다. 그리고 컬렉터-이미터 전압 V_{CE}는 Q점($V_{CEQ}=4\,\text{V}$) 값의 위아래로 2V 씩 변한다. 이러한 동작과정을 그림 (b)에 나타냈다. V_{CEQ}와 I_{CQ}는 무신호일 때의 Q점 값이다.

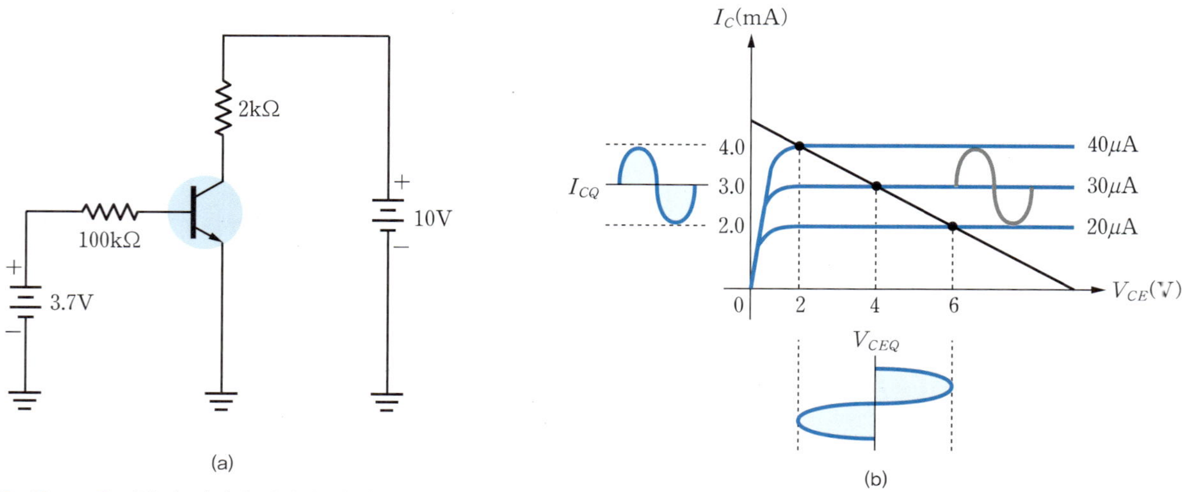

[그림 4-17] 컬렉터-이미터 전압의 변화($\beta_{DC}=100$)

[그림 4-13]에서 살펴본 것처럼 직류 바이어스 전압에 의해 결정된 Q점의 위치에 따라 출력신호의 첨두값의 일부가 잘려 왜곡된 신호가 출력될 수 있다. 또한 Q점은 적절하게 설정되어 있으나 교류 입력신호의 진폭이 너무 커서 부하직선의 선형영역을 초과하면 첨두 부분이 잘린 왜곡된 신호가 출력될 수 있다.

[그림 4-18]을 보자. 그림 (a)처럼 Q점이 트랜지스터의 포화영역 쪽에 치우쳐 설정되어 있으면 증폭기의 출력신호는 양(+)의 첨두값이 잘린 왜곡된 신호가 출력되며, 그림 (b)처럼 차단영역 쪽에 치우쳐 설정되어 있으면 음(−)의 첨두값이 잘린 왜곡된 신호가 출력된다. 또한 그림 (c)와 같이 트랜지스터에 매우 큰 교류 입력신호가 입력되면 부하직선의 선형영역을 초과하여 양쪽 첨두 부분이 잘린 왜곡된 신호가 출력된다.

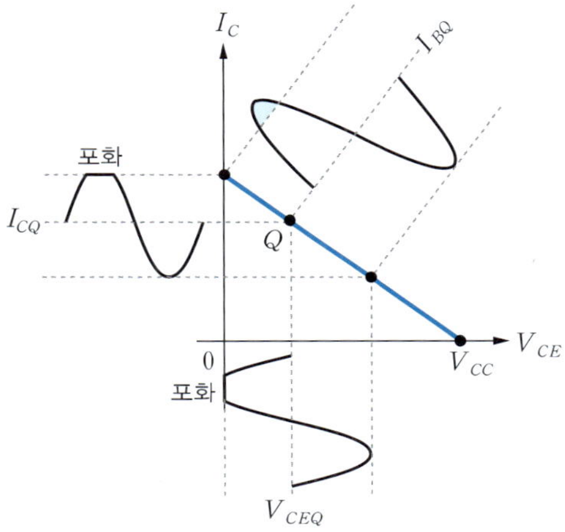

(a) Q점이 포화점 가까이 설정된 출력신호

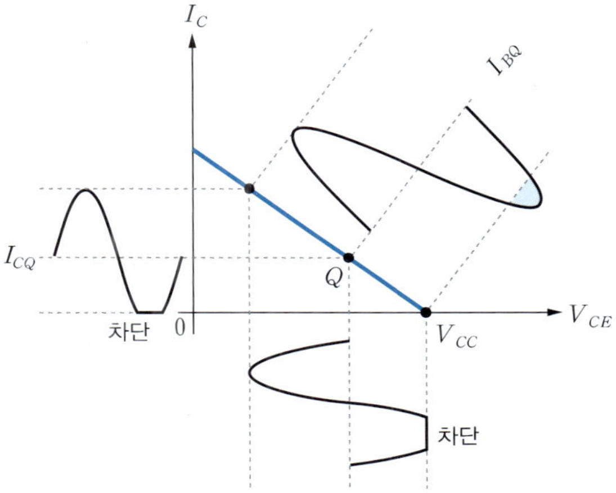

(b) Q점이 차단점 가까이 설정된 출력신호

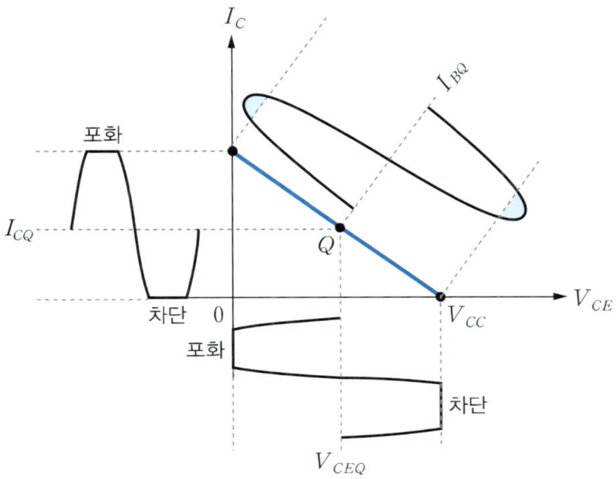

(c) 매우 큰 교류 입력신호가 입력되는 경우

[그림 4-18] Q점의 위치와 신호의 크기에 따른 그래프적 설명

예제 4-7

다음 회로에서 Q점을 구하고, 선형동작을 위한 베이스 전류의 최대 첨두값을 구하시오. ($\beta_{DC}=150$)

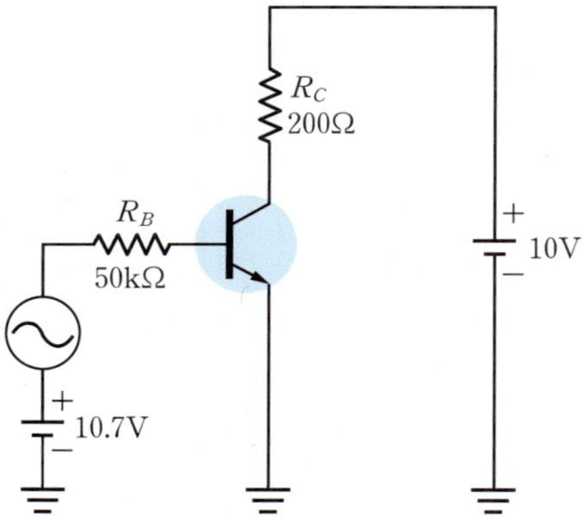

풀이

Q점은 I_{CQ}와 V_{CEQ}이므로 먼저 이를 구한다.

$$I_B=\frac{V_{BB}-0.7}{R_B}=\frac{10.7\,\text{V}-0.7\,\text{V}}{50\,\text{k}\Omega}=\frac{10\,\text{V}}{50\,\text{k}\Omega}=0.2\,\text{mA}$$
$$I_{CQ}=\beta_{DC}\cdot I_B=(150)(0.2\,\text{mA})=30\,\text{mA}$$
$$V_{CEQ}=V_{CC}-I_CR_C=10\,\text{V}-(30\,\text{mA})(200\,\Omega)=4\,\text{V}$$

따라서 Q점은 $I_C=30\,\text{mA}$, $V_{CE}=4\,\text{V}$이다. 트랜지스터가 선형동작을 유지하려면 부하직선의 포화점의 컬렉터 전류 $I_{C(sat)}$와 차단점 $V_{CE(cutoff)}$의 값을 알아야 한다. $I_{C(sat)}$와 $V_{CE(cutoff)}$를 계산하면 다음과 같다.

$$I_{C(sat)}=\frac{V_{CC}}{R_C}=\frac{10\,\text{V}}{200\,\Omega}=50\,\text{mA}$$
$$V_{CE(cutoff)}=V_{CC}=10\,\text{V}$$

$I_{C(sat)}$와 $V_{CE(cutoff)}$를 이용하여 직류 부하직선을 그리고, 부하직선 상에 Q점을 표시했다.

컬렉터 전류 I_C는 Q점의 I_{CQ}에서 포화점의 컬렉터 전류 $I_{C(sat)}$까지 증가할 수 있고, 또한 Q점의 I_{CQ}에서 차단점의 컬렉터 전류($I_C=0$)까지 감소할 수 있다.

$$I_{C(sat)}-I_{CQ}=50\,\text{mA}-30\,\text{mA}=20\,\text{mA}$$
$$I_{CQ}-I_{C(cutoff)}=30\,\text{mA}-0=30\,\text{mA}$$

컬렉터 전류 I_C는 Q점의 I_{CQ}에서 포화점에 도달하기까지 20 mA의 간격이 있고, Q점의 I_{CQ}에서 차단점에 도달하기까지는 30 mA의 간격을 갖고 있다. 따라서 Q점에서 차단점까지의 간격보다 포화점까지의 간격이 더 작기 때문에 I_C의 변동폭은 20 mA로 제한된다. 따라서 컬렉터 전류의 진폭은

20 mA를 초과해서는 안 된다. 따라서 베이스 전류의 최대 첨두 변동값은 다음과 같다.

$$I_{B(peak)} = \frac{I_{C(peak)}}{\beta_{DC}} = \frac{20\,\text{mA}}{150} = 0.133\,\text{mA}$$

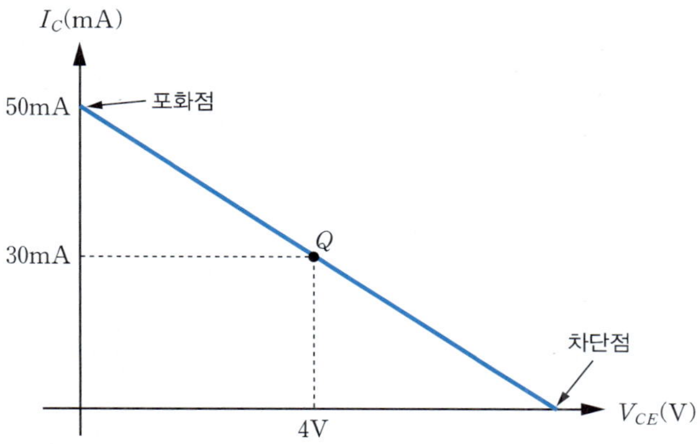

SECTION 04

직류 바이어스 방법

트랜지스터가 증폭기로서 적절하게 동작하기 위해서는 베이스-이미터(BE) 접합은 순방향 바이어스, 베이스-컬렉터(BC) 접합은 역방향 바이어스 되어야 한다. 바이어스에 의해 결정된 동작점(Q점)은 외부 영향에 대해 안정되어야 한다. 이 절에서는 몇 가지 트랜지스터 바이어스 방법의 특성 및 안정도에 대해 공부한다.

Keywords | 키르히호프의 전압법칙 | 테브난 정리 | 고정(베이스) 바이어스 | 이미터 안정화 바이어스 | 전압분배 바이어스 | 두-전원 이미터 바이어스 | 컬렉터 귀환 바이어스 |

트랜지스터 바이어스 해석을 위한 기초 회로이론

■ 전압분배 회로

저항이 직렬로 연결된 직렬회로에서 회로에 흐르는 전류는 같고, 각 저항에 걸리는 전압의 크기는 저항의 크기에 비례한다. 즉 직렬회로에서 각 저항의 양단에 걸리는 전압의 크기는 저항값에 비례한다. [그림 4-19]와 같은 직렬 저항회로를 예로 들어보자.

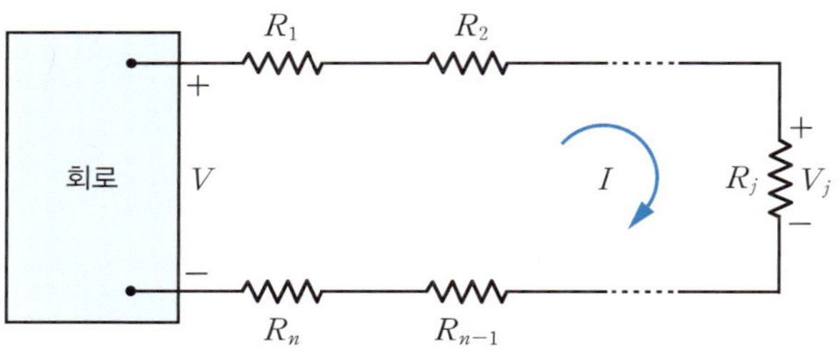

[그림 4-19] 직렬 저항회로(전압분배)

전체 합성 저항값 R_{eq}은 회로의 모든 저항들을 합한 값이다.

$$R_{eq} = R_1 + R_2 + \cdots R_n \tag{4.16}$$

인가된 전압을 V라 할 때, 모든 직렬저항에 흐르는 전류 I는 옴의 법칙을 이용하여 계산된다.

$$I = \frac{V}{R_1 + R_2 + \cdots + R_n} = \frac{V}{R_{eq}} \tag{4.17}$$

저항 R_j에 분배된 전압강하 V_j는 앞에 계산된 전류 I를 이용하여 옴의 법칙으로 계산된다. 즉 직렬 저항회로에서 각각의 저항에 분배되는 전압의 크기는 합성저항 R_{eq}에 대한 각각의 저항의 비율에 인가전압 V를 곱한 것과 같다.

★ 저항 R_j에 분배된 전압강하 V_j ★

$$V_1 = IR_1 = \frac{R_1}{R_{eq}} V$$

$$V_2 = IR_2 = \frac{R_2}{R_{eq}} V$$

$$\vdots$$

$$V_j = IR_j = \frac{R_j}{R_{eq}} V \quad (4.18)$$

예제 4-8

오른쪽에 주어진 전압분배 바이어스 회로에서 베이스 전류 $I_B \cong 0$이고, $V_{CC} = 15\,\text{V}$일 때, 점 B의 베이스 전압 V_B를 구하시오.

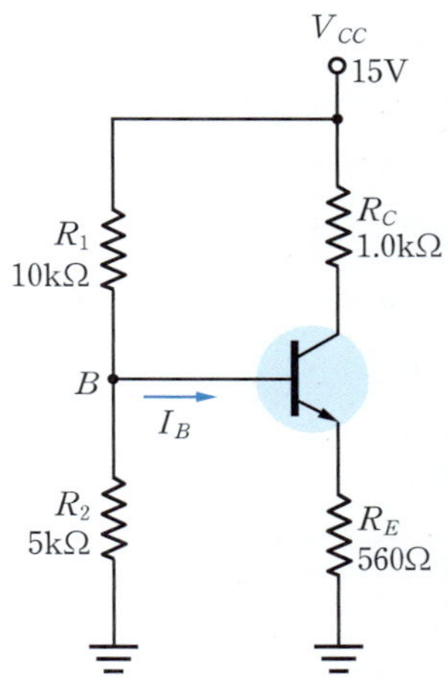

풀이

그림과 같은 트랜지스터의 전압분배 바이어스 회로에서 베이스 전류 $I_B \cong 0$이므로, 저항 R_1, R_2는 직렬회로의 전압분배 회로이다. 따라서 저항 R_2의 전압강하 V_B는 다음처럼 계산된다.

$$V_B \cong \left(\frac{R_2}{R_1 + R_2}\right) V_{CC} = \left(\frac{5.0\,\text{k}\Omega}{5.0\,\text{k}\Omega + 10\,\text{k}\Omega}\right) 15\,\text{V} = 5\,\text{V}$$

■ 키르히호프의 전압법칙

키르히호프의 전압법칙(KVL: Kirchhoff's Voltage Law)은 "임의의 폐회로에서 한 방향으로 일주하면서 취한 전압상승과 전압강하의 대수의 합은 각 순간에 있어서 0이다." 이 법칙을 적용할 때는 일주하는 방향으로의 전압상승은 (+)로 하고, 그 방향으로의 전압강하는 (−)로 해야 한다. 일주하는 방향은 시계 방향 혹은 반시계 방향 중 어떠한 방향이어도 상관없다.

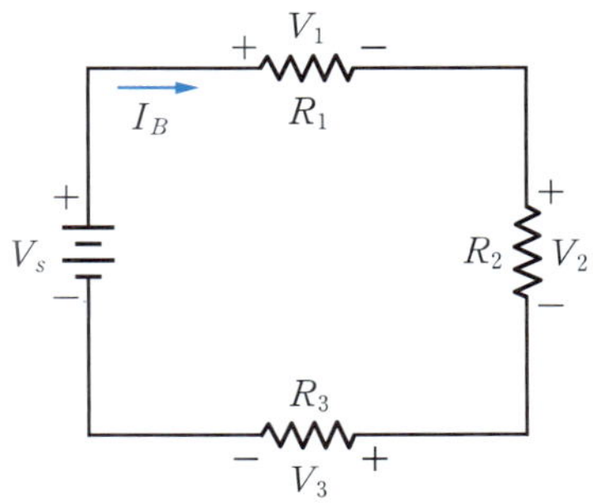

[그림 4-20] 저항회로

[그림 4-20]을 보자. 시계 방향으로 일주하면서 키르히호프의 전압법칙을 적용하면 전압원 V_s는 전압상승이므로 +, 저항 R_1, R_2, R_3 양단의 전압은 전압강하이므로 −로 하여 정리하면 다음이 성립한다.

$$+V_s - V_1 - V_2 - V_3 = 0 \quad (4.19)$$

이 식의 좌변은 (시계 방향으로의) 전압상승과 전압강하의 대수적 합을 나타내므로 "임의의 폐회로에서 한 방향(화살표 방향)으로 일주하면서 취한 전압강하의 대수적 합은 각 순간에 있어서 0이다."로 표현할 수 있다.

식 (4.19)를 바꾸어 다음과 같이 써보자.

$$V_s = V_1 + V_2 + V_3 \tag{4.20}$$

이때 좌변은 시계 방향으로의 전압상승, 우변은 시계 방향으로의 전압강하를 나타내므로 "임의의 폐회로에서 한 방향으로 일주하면서 취한 전압상승의 합은 전압강하의 합과 같다."로 표현할 수 있다.

예제 4-9

오른쪽에 주어진 트랜지스터 회로에서 베이스-이미터 폐회로에 대한 키르히호프의 전압방정식(KVL)을 쓰고, $V_{CC} = 10\,\text{V}$, $R_B = 100\,\text{k}\Omega$, $V_{BE} = 0.7\,\text{V}$, $R_E = 1\,\text{k}\Omega$ 이고 $\beta_{DC} = 100$ 일 때, 이미터에 흐르는 전류 I_E를 구하시오.
(단, $I_E \cong I_C = \beta_{DC} \cdot I_B$)

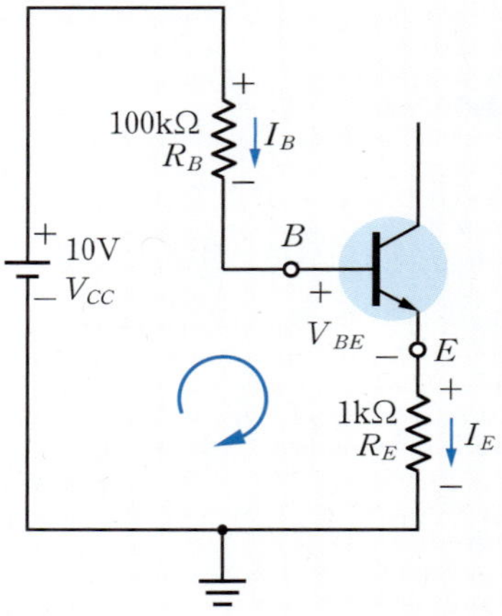

풀이

키르히호프의 전압방정식을 따르면 화살표(전류 흐름의 방향)가 각 단자의 −에서 +로 갈 때(전압상승), 그 단자의 전압은 +로 표시한다. 반대로 각 단자의 +에서 −로 갈 때(전압강하), 그 단자의 전압은 −로 표시하기로 한다.

키르히호프의 전압방정식은 다음과 같다.

$$+V_{CC} - I_B R_B - V_{BE} - I_E R_E = 0$$

여기에 $I_B = \dfrac{I_E}{\beta_{DC}}$를 대입해 정리하면($I_C \cong I_E$)

$$V_{CC} - \left(\frac{I_E}{\beta_{DC}}\right) R_B - V_{BE} - I_E R_E = 0$$

이며, 이 식을 정리하면 다음과 같다.

$$\left(\frac{I_E}{\beta_{DC}}\right) R_B + I_E R_E = V_{CC} - V_{BE}$$

$$I_E\left(\frac{R_B}{\beta_{DC}} + R_E\right) = V_{CC} - V_{BE}$$

식에 각 소자의 값을 대입하면 다음과 같다.

$$I_E = \frac{V_{CC} - V_{BE}}{R_E + \left(\frac{R_B}{\beta_{DC}}\right)} = \frac{10\,\mathrm{V} - 0.7\,\mathrm{V}}{1\,\mathrm{k\Omega} + \left(\frac{100\,\mathrm{k\Omega}}{100}\right)} = \frac{9.3\,\mathrm{V}}{2\,\mathrm{k\Omega}} = 4.65\,\mathrm{mA}$$

■ 테브난(Thevenin)의 정리

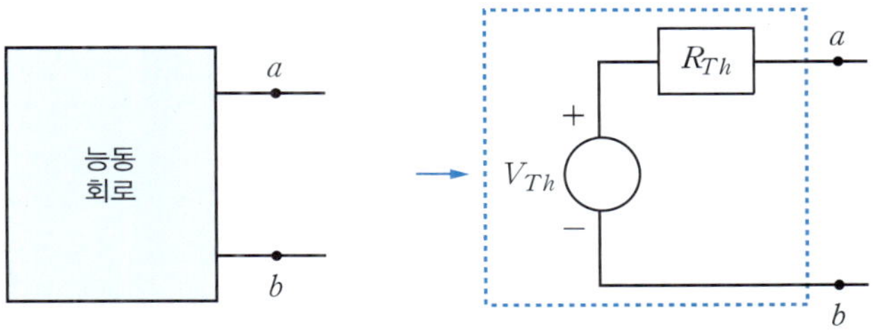

(a) (b)

[그림 4-21] 테브난 등가회로

회로망의 모든 기로의 전류와 전압의 응답을 구하는 가장 일반적인 방법에는 폐로 해석법과 절점 해석법이 있다. 그러나 회로망의 어느 특정한 기로의 전류와 전압만 계산해야 할 경우가 많다. 이때 폐로 해석법이나 절점 해석법을 그대로 적용하면 구하려는 부분 외의 전압과 전류까지 포함하는 연립방정식을 풀어야 하는데, 그렇게 되면 계산이 지나치게 복잡해진다. 따라서 [그림 4-21]처럼 주어진 능동회로를 등가적으로 하나의 전압전원과 저항으로 대치하여 해석하면 복잡한 계산 없이도 특정한 기로의 전류와 전압을 구할 수 있다.

임의의 구조를 갖는 능동회로망도 임의의 두 단자 $a-b$ 외측에 대해서 등가적으로 전압전원 V_{Th} 1개와 저항 R_{Th} 1개가 직렬로 연결된 것으로 대치할 수 있다. 여기서 전압 V_{Th}는 원 회로망의 단자 $a-b$를 개방했을 때 여기에 나타나는 전압과 같다. 그리고 R_{Th}는 회로망 내의 모든 전원을 제거하고 단자 $a-b$에서 회로망 쪽을 본 저항과 같다. 여기서 **전원을 제거한다는 것은 전압전원의 경우에는 전원의 양 단자를 단락시키는 것을 의미하고, 전류전원의 경우에는 개방하는 것을 말한다.** 이렇게 구한 전압 V_{Th}와 저항 R_{Th}를 이용하여 그림 (b)와 같이 나타낸 회로를 **테브난 등가회로**(Thevenin's equivalent circuit)라고 부른다.

예제 4-10

오른쪽 회로에서 점선으로 표시된 부분을 테브난 등가회로로 변환하시오.

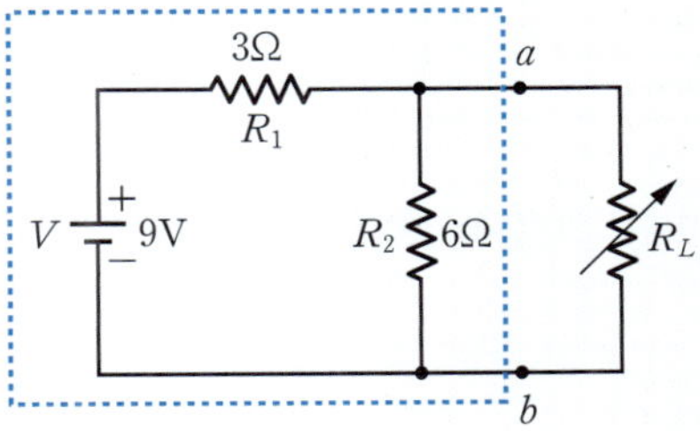

풀이

주어진 회로로부터 부하저항 R_L을 제거하고 두 유지단자를 $a-b$로 정한다. 그리고 테브난 등가전압 V_{Th}는 단자 $a-b$ 사이의 전압, 즉 $R_2(6\Omega)$의 저항에 걸리는 전압강하와 같다. 전압분배 법칙을 적용하면 V_{Th}는 다음과 같다.

$$V_{Th} = \frac{R_2 V}{R_2 + R_1} = \frac{(6\Omega)(9\text{V})}{6\Omega + 3\Omega} = \frac{54\text{V}}{9} = 6\text{V}$$

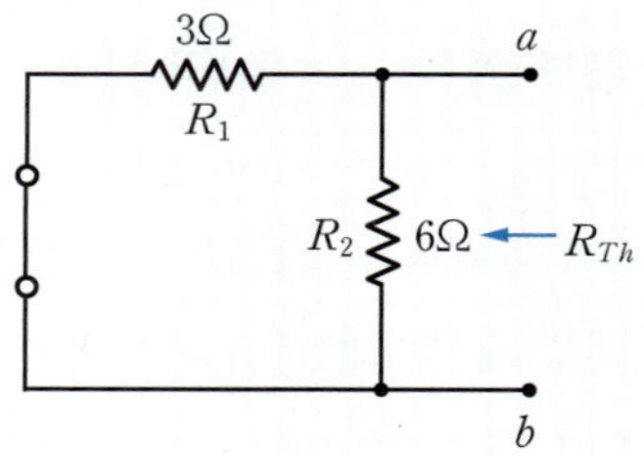

등가저항 R_{Th}는 전압전원을 그림처럼 단락시킨 후, 단자 $a-b$에서의 저항을 계산하면 된다.

$$R_{Th} = R_1 \parallel R_2 = \frac{(3\Omega)(6\Omega)}{3\Omega + 6\Omega} = 2\Omega$$

이를 바탕으로 테브난 등가회로를 그리면 다음 그림과 같다.

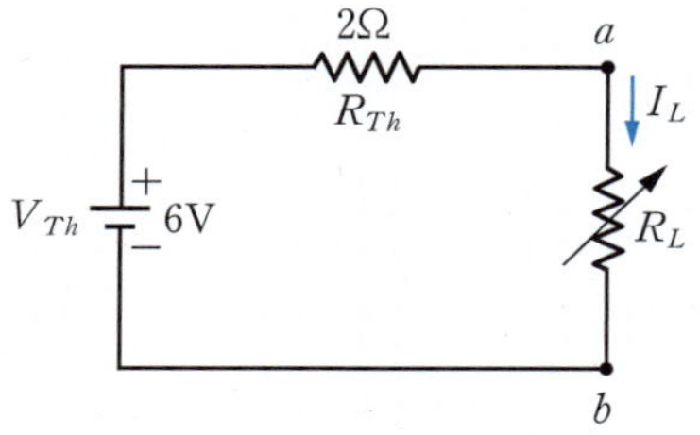

예제 4-11

오른쪽에 주어진 트랜지스터의 베이스 회로(음영 부분)를 테브난 등가회로로 변환하시오.

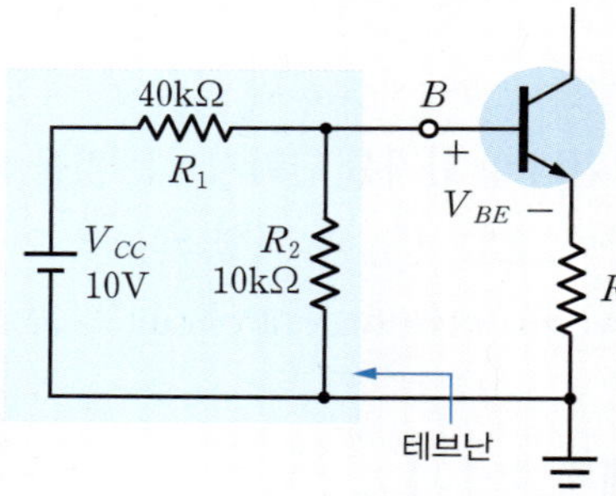

풀이

주어진 회로에서 트랜지스터 부분을 제거하여 다시 그리면 그림 (a)와 같다. 그림 (a)로부터 테브난 등가전압 V_{Th}는 $R_2(10\text{k}\Omega)$의 저항에 걸리는 전압강하와 같다. 전압분배 법칙을 적용하면

$$V_{Th} = \frac{R_2 V}{R_1 + R_2} = \frac{(10\text{k}\Omega)(10\text{V})}{40\text{k}\Omega + 10\text{k}\Omega} = 2\text{V}$$

이다. 그림 (b)와 같이 전압전원을 단락시킨 후 등가저항 R_{Th}를 계산한다.

$$R_{Th} = R_1 \parallel R_2 = \frac{(40\text{k}\Omega)(10\text{k}\Omega)}{40\text{k}\Omega + 10\text{k}\Omega} = 8\text{k}\Omega$$

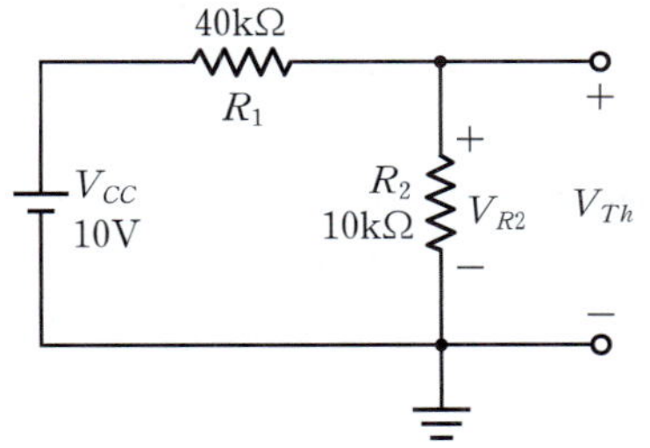

(a) V_{Th} 계산회로

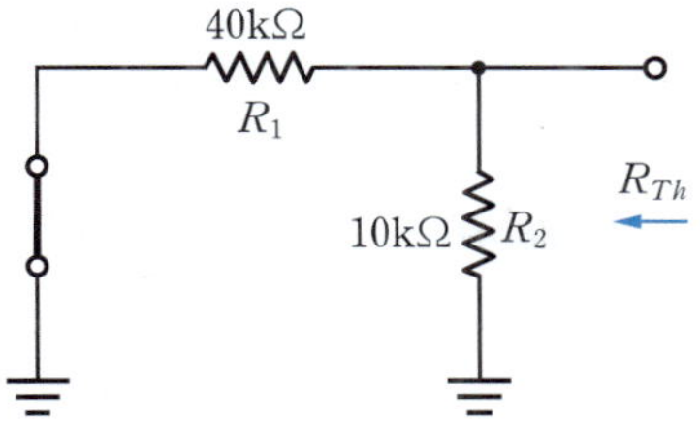

(b) R_{Th} 계산회로

이를 바탕으로 테브난 등가회로를 그리면 다음과 같다.

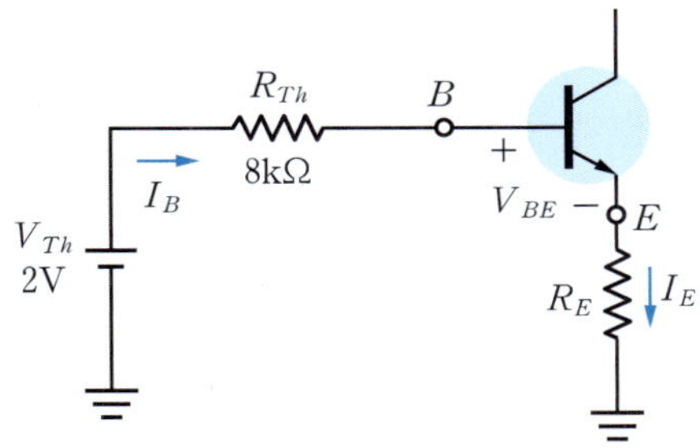

고정(베이스) 바이어스

지금까지 살펴본 트랜지스터 회로에서는 트랜지스터의 동작을 쉽게 설명하기 위해 2개의 전원을 사용했다. 즉 베이스-이미터 접합을 순방향 바이어스 시키기 위해 베이스 측의 직류전원(V_{BB})을, 베이스-컬렉터 접합부를 역방향 바이어스 시키기 위해 컬렉터 측에 직류전원(V_{CC})을 연결하여 2개의 전원을 사용했다. 그러나 좀 더 실용적인 바이어스 방법은 직류전원을 하나만 사용하는 것이다.

트랜지스터가 선형으로 동작하게 하기 위해서는 여러 가지 바이어스 방법이 있다. 그러나 이 절에서는 비교적 직접적이고, 간단한 방법인 단일 전원의 고정 바이어스 회로에 대해 살펴보기로 하자. [그림 4-22]를 보자. 그림 (a)는 단일 전원의 고정 바이어스 회로를 보여준다. 회로를 간단하게 만들기 위해 그림 (b)와 같이 전지기호를 생략하고 전압을 표시했다. 이를 해석하기 쉽게 다시 그리면 그림 (c)와 같다.

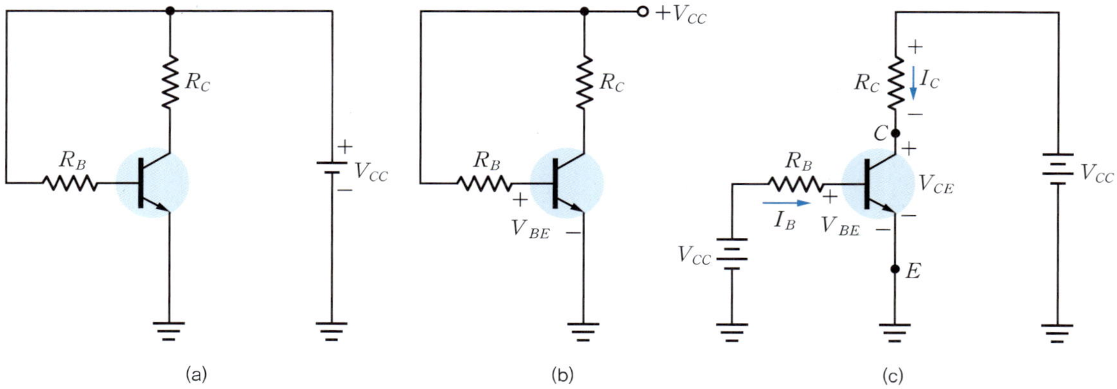

[그림 4-22] 고정(베이스) 바이어스

그림 (a)의 회로를 해석하여 동작점 $Q(V_{CE}, I_C)$를 계산해보자. 이 회로는 베이스 측 전원이 V_{CC}에 연결되어 있다. 베이스-이미터의 폐회로를 키르히호프의 전압법칙을 이용해 방정식을 써보자.

$$V_{CC} - I_B R_B - V_{BE} = 0$$

이 식을 베이스 전류 I_B에 대해 풀면 다음과 같다.

$$I_B = \frac{V_{CC} - V_{BE}}{R_B} \tag{4.21}$$

컬렉터 전류 I_C는 다음과 같다.

$$I_C = \beta_{DC} I_B \tag{4.22}$$

컬렉터-이미터 폐회로에 키르히호프의 전압법칙을 이용해 방정식을 쓰면 다음과 같다.

$$V_{CC} - I_C R_C - V_{CE} = 0 \tag{4.23}$$

식 (4.23)을 정리한 컬렉터-이미터 전압 V_{CE}는 다음과 같다.

$$V_{CE} = V_{CC} - I_C R_C \tag{4.24}$$

아래첨자 표시법을 이용하여 컬렉터-이미터 전압 V_{CE}를 다시 설명하면

$$V_{CE} = V_C - V_E$$

를 의미한다. 그림 (a)의 고정 바이어스 회로에서 $V_C = V_{CC} - I_C R_C$이며, $V_E = 0$이므로

$$V_{CE} = V_C - V_E = V_C - 0 \tag{4.25}$$

$$V_{CE} = V_C$$

$$V_{CE} = V_{CC} - I_C R_C \tag{4.26}$$

이다. 따라서 컬렉터-이미터 전압 V_{CE}는 컬렉터-이미터 폐회로에 키르히호프의 전압법칙을 이용하여 구하거나(식 (4.24)), 아래첨자 표시법을 이용하여 구하면 된다(식 (4.26)).

식 (4.26)에서 I_C에 $\beta_{DC} I_B$를 대입하여 다시 쓰면, 컬렉터-이미터 전압 V_{CE}는 다음과 같다.

$$V_{CE} = V_{CC} - \beta_{DC} I_B R_C \tag{4.27}$$

베이스 바이어스 회로의 동작점(Q)은 식 (4.22)와 식 (4.26)에 의해 계산된다.

★ Q점(V_{CE}, I_C)을 구하는 식 ★

$$I_B = \frac{V_{CC} - V_{BE}}{R_B} \tag{4.21}$$

$$I_C = \beta_{DC} I_B \tag{4.22}$$

$$V_{CE} = V_{CC} - I_C R_C \tag{4.26}$$

예제 4-12

오른쪽에 주어진 고정 바이어스 회로에서 $\beta_{DC} = 100$, $\beta_{DC} = 200$일 때, 각각의 Q점(V_{CE}, I_C)을 구하시오.

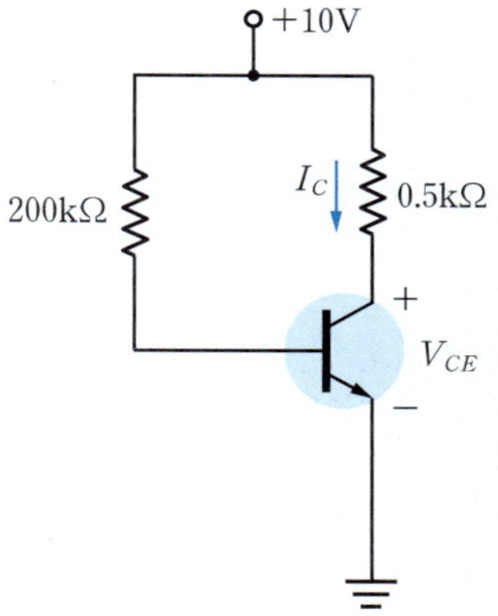

풀이

- $\beta_{DC} = 100$일 때 Q점(V_{CE}, I_C)의 계산

$$I_B = \frac{V_{CC} - 0.7}{R_B} = \frac{10\,\text{V} - 0.7\,\text{V}}{200\,\text{k}\Omega} = \frac{9.3\,\text{V}}{200\,\text{k}\Omega} = 0.0465\,\text{mA}$$

$$I_C = \beta_{DC} \cdot I_B = (100)(0.0465\,\text{mA}) = 4.65\,\text{mA}$$

$$V_{CE} = V_{CC} - I_C R_C = 10\,\text{V} - (4.65\,\text{mA})(500\,\Omega) = 7.675\,\text{V}$$

- $\beta_{DC} = 200$일 때 Q점(V_{CE}, I_C)의 계산

$$I_B = \frac{V_{CC} - 0.7}{R_B} = \frac{10\,\text{V} - 0.7\,\text{V}}{200\,\text{k}\Omega} = \frac{9.3\,\text{V}}{200\,\text{k}\Omega} = 0.0465\,\text{mA}$$

$$I_C = \beta_{DC} \cdot I_B = (200)(0.0465\,\text{mA}) = 9.3\,\text{mA}$$

$$V_{CE} = V_{CC} - I_C R_C = 10\,\text{V} - (9.3\,\text{mA})(500\,\Omega) = 5.35\,\text{V}$$

고정 바이어스 회로는 β_{DC}가 100에서 200으로 2배 변할 때 Q점의 I_{CQ} 값은 β_{DC}에 비례하여 100% 변하며, V_{CEQ} 값도 −43% 변한다. 따라서 고정 바이어스 회로는 Q점이 β_{DC}에 종속되어 있는 불안정한 회로이다.

β_{DC}	I_{CQ}(mA)	V_{CEQ}(V)
100	4.65	7.675
200	9.3	5.35
변화율	100%	−43%

■ 동작점(Q)의 변화 요인

트랜지스터 증폭기 회로에서는 Q점이 변하면 증폭기의 교류 입력신호의 증폭에서 신호가 왜곡되는 문제가 발생한다. 따라서 동작점은 변화없이 안정해야 한다. 앞에서 살펴본 바이어스 회로의 동작점을 계산하는 식 (4.22)와 (4.27)에는 β_{DC}를 포함하고 있다.

일반적으로 트랜지스터는 온도가 변하면 β_{DC}가 변한다. 변화된 β_{DC}는 I_C와 V_{CE} 값을 변화시켜 트랜지스터의 Q점을 변화시키는 문제가 발생한다. [예제 4-12]의 경우, β_{DC}가 100에서 200으로 100% 변할 때 동작점의 I_C 값도 β_{DC}에 비례하기 때문에 100% 변하며, V_{CE} 값도 43% 변한다. 결국 고정 바이어스 회로의 동작점은 β_{DC}에 종속된 불안정한 회로로 선형동작이 요구되는 증폭회로에는 거의 사용하지 않고 스위치 동작에만 사용한다.

또한 트랜지스터의 동작점은 β_{DC}의 변화에 의한 영향뿐만 아니라, V_{BE}와 I_{CBO}의 변화에 의해서도 영향을 받는다. 베이스-이미터 전압 V_{BE}는 온도가 증가함에 따라 감소한다. 다음 식에서 알 수 있듯이 V_{BE}의 감소는 I_B를 증가시키며 I_B의 증가는 I_C를 증가시킨다.

$$I_B = \frac{V_{CC} - V_{BE}}{R_B}$$

그러나 $V_{CC} \gg V_{BE}$일 때, 즉 V_{CC}가 V_{BE}보다 10배 이상 크면, V_{BE}의 변화로 인한 영향을 무시할 수 있다. 또한 역방향 누설전류 I_{CBO}는 [그림 4-23]과 같이 베이스 전류를 감소시키는 효과가 있으므로 베이스 바이어스 전압을 증가시키는 극성으로 R_B 양단의 전압강하를 일으켜 베이스 전압을 증가시킨다. 최근에 나오는 트랜지스터의 I_{CBO}는 극히 작으므로(nA), $V_{BB} \gg I_{CBO} R_B$이면 바이어스에서 그 영향을 무시할 수 있다. 결과적으로 동작점에 영향을 미치는 요인들(V_{BE}, I_{CBO})의 영향을 최소화할 수 있도록 $V_{CC} \gg V_{BE}$가 되게 하고, $V_{BB} \gg I_{CBO} R_B$를 만족하도록 하면 그 영향을 무시할 수 있다.

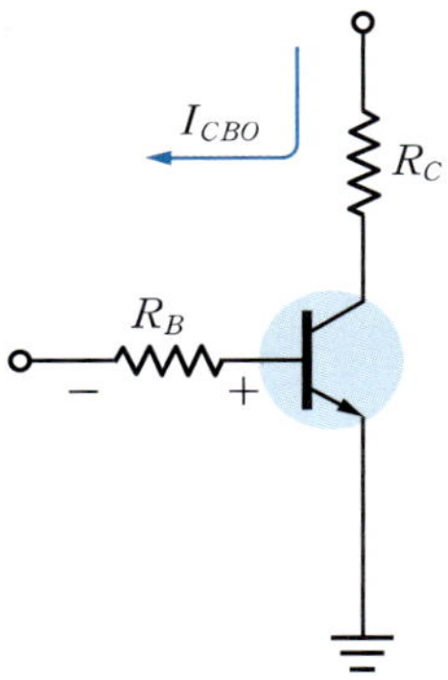

[그림 4-23] I_{CBO}의 영향

예제 4-13

주어진 고정(베이스) 바이어스 회로에서 접합부의 온도가 25°C에서 75°C로 증가했다. 25°C에서 $\beta_{DC}=100$이고, 75°C에서는 $\beta_{DC}=150$이라면, 이 온도 범위에 대한 Q점 값(I_C와 V_{CE})의 퍼센트 변화율을 구하시오. (단, V_{BE}의 변화와 누설전류의 영향에 따른 β_{DC}의 변화는 무시한다.)

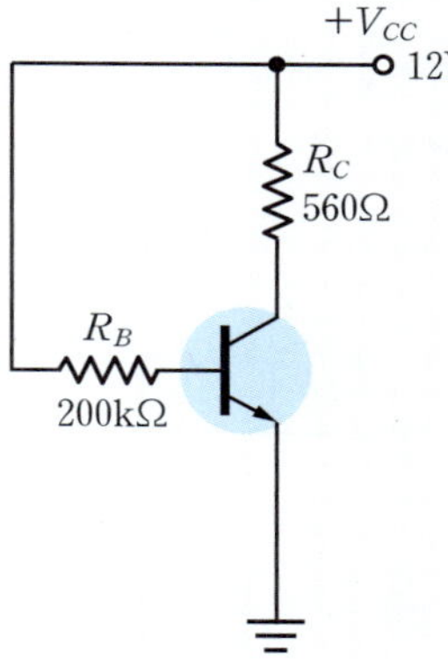

풀이

먼저 I_B 값을 구하면 다음과 같다.

$$I_B=\frac{V_{CC}-V_{BE}}{R_B}=\frac{12\,\text{V}-0.7\,\text{V}}{200\,\text{k}\Omega}=56.5\,\mu\text{A}$$

❶ 25°C의 경우 : $\beta_{DC}=100$이므로 I_C와 V_{CE} 값은 다음과 같다.

$$I_C=\beta_{DC}I_B=(100)(56.5\,\mu\text{A})=5.65\,\text{mA}$$

$$V_{CE}=V_{CC}-I_CR_C=12\,\text{V}-(5.65\,\text{mA})(560\,\Omega)=8.836\,\text{V}$$

❷ 75°C의 경우 : $\beta_{DC}=150$이므로 I_C와 V_{CE} 값은 다음과 같다. I_B는 25°C와 75°C에서 동일하게 계산되므로 $I_B=56.5\,\mu\text{A}$이다.

$$I_C=\beta_{DC}I_B=(150)(56.5\,\mu\text{A})=8.475\,\text{mA}$$

$$V_{CE}=V_{CC}-I_CR_C=12\,\text{V}-(8.475\,\text{mA})(560\,\Omega)=7.254\,\text{V}$$

두 경우에 대한 I_C와 V_{CE}의 변화율을 구하면 다음과 같다.

- I_C 변화율 : $\%\Delta I_C=\dfrac{I_{C(75°)}-I_{C(25°)}}{I_{C(25°)}}\times 100\%=\dfrac{8.475\,\text{mA}-5.65\,\text{mA}}{5.65\,\text{mA}}\times 100\%=50\%$
- V_{CE} 변화율 : $\%\Delta V_{CE}=\dfrac{V_{CE(75°)}-V_{CE(25°)}}{V_{CE(25°)}}\times 100\%=\dfrac{7.254\,\text{V}-8.836\,\text{V}}{8.836\,\text{V}}\times 100\%=-17.90\%$

고정(베이스) 바이어스 회로에서 온도가 25°C에서 75°C로 변할 때 β_{DC}가 100에서 150으로 50% 변한다. Q점의 I_C는 β_{DC}의 변화에 비례하여 50% 증가하고, V_{CE}는 17.9% 감소하는 변화가 일어났다. 즉 고정 바이어스 회로는 온도 변화(β_{DC}의 변화)에 따라 Q점이 변하는 매우 불안정한 회로이다.

이미터 안정화 바이어스

이미터 안정화 바이어스 회로는 고정(베이스) 바이어스 회로의 안정도를 개선하기 위해 이미터 저항을 추가한 회로이다. 이 이미터 안정화 바이어스 회로에서는 컬렉터 전류가 증가하면 이미터 전압이 증가한다. 이는 다시 베이스 전압($V_B = V_E + V_{BE}$)을 증가시키며, 베이스 전압의 증가는 베이스 저항 R_B 양단의 전압을 감소시켜($V_{R_B} = (V_{CC} - V_B)$) 베이스 전류를 감소시킨다. 이렇게 감소된 베이스 전류는 컬렉터 전류를 감소시킨다. 반면, 컬렉터 전류가 감소되는 경우에는 반대 현상이 발생한다. [그림 4-24]와 같은 이미터 안정화 바이어스 회로는 고정(베이스) 바이어스 회로보다 안정적인 편이지만, 여전히 β_{DC}에 의존적이어서 전압분배 바이어스 회로보다는 덜 안정적이다.

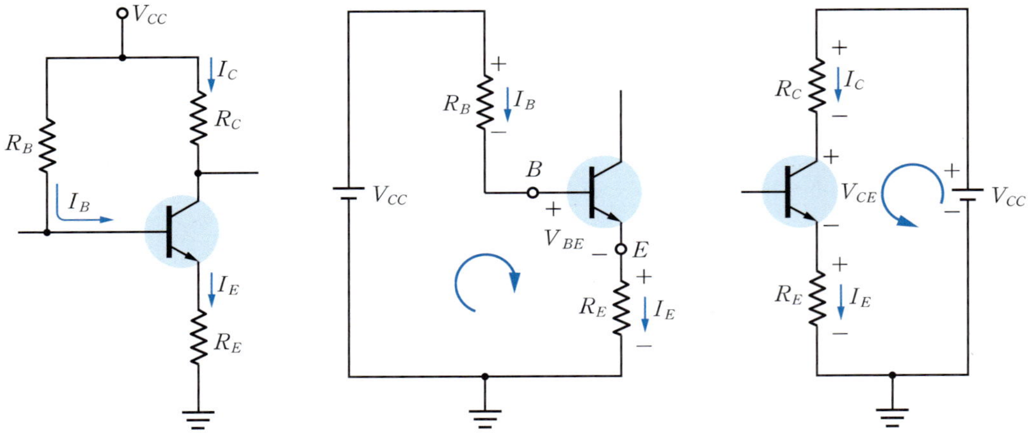

(a) 이미터 안정화 바이어스 회로 (b) 베이스-이미터 회로 (c) 컬렉터-이미터 회로

[그림 4-24] 이미터 안정화 바이어스 회로

그림 (a)의 바이어스 회로를 그림 (b)처럼 베이스-이미터 폐회로로 다시 그린 후, 키르히호프의 전압법칙을 적용하여 전압방정식을 쓰면 다음과 같다.

$$V_{CC} - I_B R_B - V_{BE} - I_E R_E = 0 \qquad (4.28)$$

$I_E \cong I_C = \beta_{DC} I_B$, $\left(I_B = \dfrac{I_E}{\beta_{DC}}\right)$이므로 식 (4.29)와 같다.

$$V_{CC} - \left(\frac{I_E}{\beta_{DC}}\right) R_B - V_{BE} - I_E R_E = 0 \qquad (4.29)$$

이를 다시 정리하면 식 (4.30)과 같다.

$$\left(\frac{I_E}{\beta_{DC}}\right) R_B + I_E R_E = V_{CC} - V_{BE} \qquad (4.30)$$

식 (4.30)을 I_E에 대해 정리하면 다음과 같다.

$$I_E = \frac{V_{CC} - V_{BE}}{R_E + R_B / \beta_{DC}} \qquad (4.31)$$

그림 (c)의 컬렉터-이미터 회로를 키르히호프의 전압방정식으로 나타내면 식 (4.32)와 같다.

$$V_{CC} - I_C R_C - I_E R_E - V_{CE} = 0 \tag{4.32}$$

$I_C \cong I_E$ 이므로, I_C 에 I_E 를 대입하여 정리하면 다음과 같다.

$$V_{CE} = V_{CC} - I_E R_C - I_E R_E$$

$$V_{CE} = V_{CC} - I_E (R_C + R_E) \tag{4.33}$$

예제 4-14

다음 이미터 안정화 바이어스 회로에서 $\beta_{DC} = 50$ 일 때와 $\beta_{DC} = 100$ 일 때의 동작점 $Q(V_{CE},\ I_C)$를 구하고, 그 결과를 비교하시오.

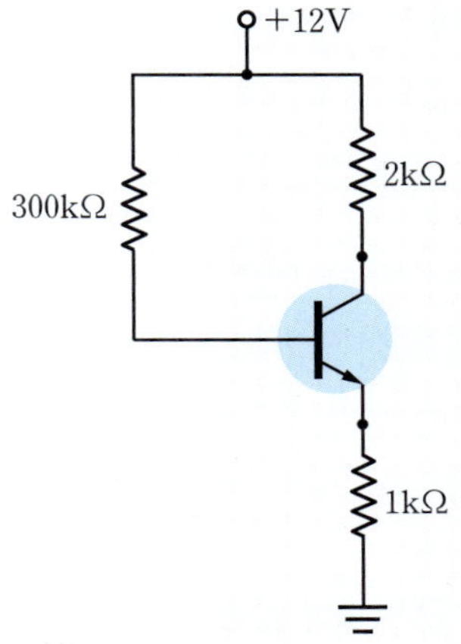

풀이

❶ $\beta_{DC} = 50$ 인 경우

$$I_{C(1)} \cong I_E = \frac{V_{CC} - V_{BE}}{R_E + R_B / \beta_{DC}} = \frac{12\,\mathrm{V} - 0.7\,\mathrm{V}}{1\,\mathrm{k\Omega} + 300\,\mathrm{k\Omega}/50}$$

$$= \frac{11.3\,\mathrm{V}}{7\,\mathrm{k\Omega}} = 1.61\,\mathrm{mA}$$

$$V_{CE(1)} = V_{CC} - I_E (R_C + R_E)$$

$$= 12\,\mathrm{V} - 1.61\,\mathrm{mA}(2\,\mathrm{k\Omega} + 1\,\mathrm{k\Omega}) = 7.17\,\mathrm{V}$$

❷ $\beta_{DC} = 100$ 인 경우

$$I_{C(2)} \cong I_E = \frac{V_{CC} - V_{BE}}{R_E + R_B / \beta_{DC}} = \frac{12\,\mathrm{V} - 0.7\,\mathrm{V}}{1\,\mathrm{k\Omega} + 300\,\mathrm{k\Omega}/100} = \frac{11.3\,\mathrm{V}}{4\,\mathrm{k\Omega}} = 2.83\,\mathrm{mA}$$

$$V_{CE(1)} = V_{CC} - I_E (R_C + R_E) = 12\,\mathrm{V} - 2.83\,\mathrm{mA}(2\,\mathrm{k\Omega} + 1\,\mathrm{k\Omega}) = 3.51\,\mathrm{V}$$

β_{DC} 가 50에서 100으로 2배 변할 때의 결과를 표로 나타내면 다음과 같다.

β_{DC}	I_{CQ}(mA)	V_{CEQ}(V)
50	1.61	7.17
100	2.83	3.51
변화율	76%	−51%

β_{DC} 가 50에서 100으로 변할 때 동작점(Q)의 I_{CQ} 는 76%, V_{CEQ} 는 −51% 변한다. 즉 이미터 안정화 바이어스는 고정 바이어스에 비해 β_{DC} 의 변화에 동작점의 안정도를 상당히 개선하였으나, 여전히 불안정한 동작점을 갖는 바이어스 회로이다.

전압분배 바이어스

트랜지스터의 동작점(Q)는 컬렉터 전류 I_C와 컬렉터-이미터 전압 V_{CE}에 의해 결정된다. 고정 바이어스 회로에서 동작점의 컬렉터 전류를 계산할 때, β_{DC}는 비례상수 역할을 하기 때문에 컬렉터 전류 계산에 직접적으로 영향을 미친다. 즉 β_{DC}가 변하면 I_C가 변하고, I_C가 변하면 V_{CE}가 변하므로 동작점이 변한다. 트랜지스터의 β_{DC}는 온도에 매우 민감하게 반응하기 때문에 고정 바이어스 회로처럼 β_{DC}가 I_C에 직접적인 영향을 미치는 회로는 β_{DC}가 동작점에 직접적인 영향을 미친다. 즉 고정 바이어스 회로처럼 β_{DC}가 동작점에 직접적으로 영향을 미치는 회로는 불안정하다. 따라서 β_{DC}의 영향을 덜 받거나 β_{DC}와 무관한 바이어스 회로를 구성해야 한다.

저항의 전압분배를 이용하여 선형동작을 하도록 구성된 전압분배 바이어스 회로는 β_{DC}에 대한 민감도가 매우 작다. 이 회로는 파라미터 값을 적절히 선택하면 동작점의 I_{CQ}, V_{CEQ}가 β_{DC}의 영향을 받지 않는 안정한 트랜지스터의 바이어스 방법으로서, 가장 널리 사용된다.

전압분배 바이어스 회로를 해석하는 방법은 2가지인데, 근사해석 방법(Approximate Method)과 정밀해석 방법(Exact Method)으로 나뉜다. 근사해석 방법은 특정 조건을 만족할 때만 적용할 수 있으며, 정밀해석 방법은 회로의 구성 값들에 관계없이 적용할 수 있다. 먼저 근사해석 방법으로 전압분배 바이어스 회로를 해석해보자.

■ 근사해석 방법

전압분배 바이어스 회로는 [그림 4-25]와 같이 구성된다. 트랜지스터의 베이스 측에 저항 R_1과 R_2가 연결되어 있다. 저항 R_1에는 그림에 표시된 것처럼 전류 $I_2 + I_B$가 흐른다. 이 전류는 점 B에서 트랜지스터의 베이스 전류 I_B와 저항 R_2로 흐르는 전류 I_2로 나뉘어 흐른다. 즉 하나는 R_2를 통해 흐르고, 다른 하나는 트랜지스터의 베이스-이미터 접합을 통해 흐른다.

베이스 전류 I_B가 R_2를 통해 흐르는 전류 I_2와 비교하여 무시할 수 있을 정도로 작으면, 바이어스 회로는 [그림 4-26(a)]와 같이 R_1, R_2가 직렬로 놓인 단순한 전압분배기로 가정할 수 있다. 이때 전압분배 바이어스 회로의 해석은 근사해석으로 가능하다. 반면, I_B가 I_2와 비교하여 무시될 정도로 작지 않으면, 즉 트랜지스터의 베이스에서 본 직류 입력저항 $R_{IN(BASE)}$와 바이어스 저항 R_2는 [그림 4-26(b)]와 같이 병렬로 나타나게 되며, I_B도 반드시 고려해야 한다. 이때 전압분배 바이어스 회로는 정밀해석을 해야 한다.

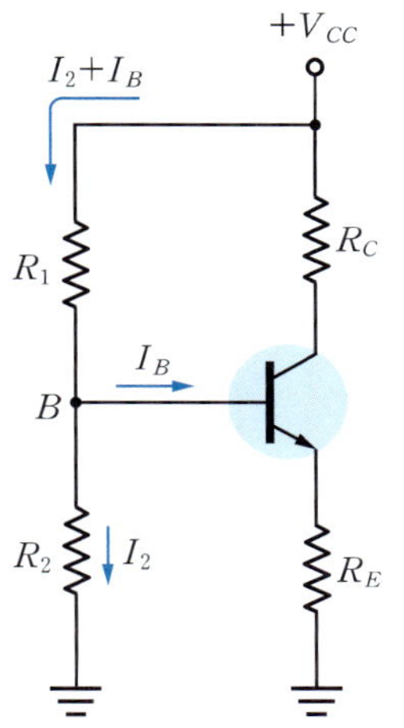

[그림 4-25] 전압분배 바이어스

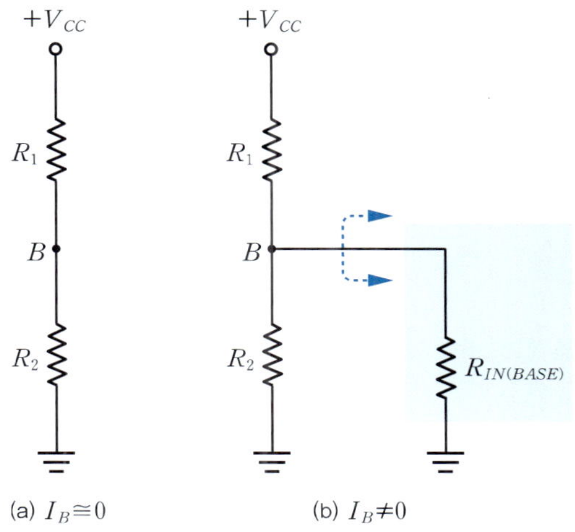

[그림 4-26] 전압분배 등가회로

먼저, 어떤 방식으로 해석해야 하는지 결정하기 위해서는 트랜지스터의 베이스에서 본 직류 입력저항($R_{IN(BASE)}$)을 알아야 한다. $R_{IN(BASE)}$를 유도하기 위해 [그림 4-27]을 이용한다. 전압 V_{IN}을 베이스와 접지 사이에 인가할 때 I_{IN}은 베이스로 흘러 들어가는 전류이다. 옴의 법칙에 의해 직류 입력저항은 V_{IN} / I_{IN}이다.

$$R_{IN(BASE)} = \frac{V_{IN}}{I_{IN}} \tag{4.34}$$

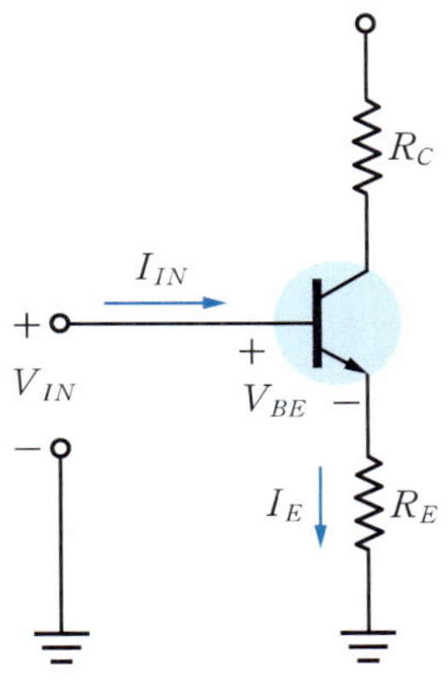

[그림 4-27] 베이스에서 본 직류 입력저항($R_{IN(BASE)}$) 계산 회로

베이스-이미터 회로에 키르히호프의 법칙을 적용하면 다음과 같다.

$$V_{IN} = V_{BE} + I_E R_E \tag{4.35}$$

$V_{BE} \ll I_E R_E$라는 가정을 사용하여 다음과 같이 식을 간략화한다.

$$V_{IN} \cong I_E R_E \tag{4.36}$$

$I_E \cong I_C = \beta_{DC} I_B$이므로

$$V_{IN} \cong \beta_{DC} I_B R_E \tag{4.37}$$

입력전류는 베이스 전류이므로, $I_{IN} = I_B$ 와 식 (4.37)을 식 (4.34)에 대입하면

$$R_{IN(BASE)} \cong \frac{\beta_{DC} I_B R_E}{I_B}$$

이므로, 직류 입력저항($R_{IN(BASE)}$)은 식 (4.38)로 구해진다.

$$R_{IN(BASE)} \cong \beta_{DC} R_E \tag{4.38}$$

★ 해석 방법을 결정하기 위한 조건 ★

$$R_{IN(BASE)} \geq 10\, R_2 \tag{4.39}$$

$R_{IN(BASE)} \geq 10\, R_2$ 를 만족하면, 즉 $\beta_{DC} \times R_E$ 값이 저항 R_2의 10배 이상이면 베이스 전류 I_B는 R_2를 통해 흐르는 전류 I_2보다 매우 작아 무시되므로, 트랜지스터 바이어스 회로는 [그림 4-26(a)]와 같이 저항 R_1, R_2로 이루어진 단순한 전압분배 회로로 나타낼 수 있다. 이때 트랜지스터의 베이스 전압(V_B), 이미터 단자전압(V_E), 이미터 전류(I_E)는 다음과 같이 계산된다.

$$V_B = \frac{R_2}{R_1 + R_2} V_{CC} \tag{4.40}$$

$$V_E = V_B - V_{BE} \tag{4.41}$$

$$I_E = \frac{V_E}{R_E}$$

$I_{CQ} \cong I_E$ 이므로 동작점(Q)의 I_{CQ}, 컬렉터-이미터 전압 V_{CEQ}는 다음과 같이 계산된다.

$$I_{CQ} = I_E = \frac{V_E}{R_E} \tag{4.42}$$

$$V_{CEQ} = V_C - V_E \tag{4.43}$$

[그림 4-27] 회로에서 컬렉터 단자전압 $V_C = V_{CC} - I_C R_C$ 와 이미터 단자전압 $V_E = I_E R_E$ 를 식 (4.43)에 대입하면 다음과 같다.

$$V_{CEQ} = V_{CC} - I_C R_C - I_E R_E$$

$I_E \cong I_C$ 이므로 다음과 같다.

$$V_{CEQ} = V_{CC} - I_C (R_C + R_E) \tag{4.44}$$

전압분배 바이어스 회로의 근사해석에서 I_{CQ}(식 (4.42)) 및 V_{CEQ}(식 (4.44))에 β_{DC}가 나타나지 않으므로 β_{DC}는 동작점의 결정에 영향을 미치지 못한다. 따라서 전압분배 바이어스 회로의 동작점은 β_{DC}와 무관한 안정한 회로이다.

★ 근사해석으로 동작점을 구할 때 필요한 식 ★

$$V_B = \frac{R_2}{R_1 + R_2} V_{CC} \tag{4.40}$$

$$V_E = V_B - V_{BE} \tag{4.41}$$

$$I_{CQ} = I_E = \frac{V_E}{R_E} \tag{4.42}$$

$$V_{CEQ} = V_{CC} - I_C(R_C + R_E) \tag{4.44}$$

예제 4-15

오른쪽 전압분배 바이어스 회로에서 근사해석이 가능한지를 결정하고, I_{CQ} 및 V_{CEQ}를 구하시오. (단, $\beta_{DC} = 150$)

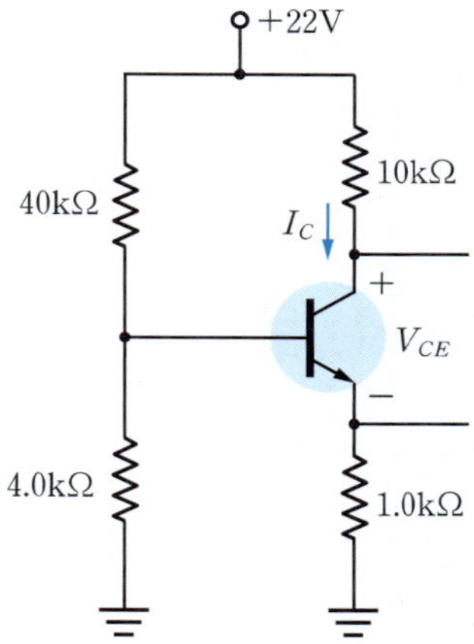

풀이

근사해석 조건은 $R_{IN(BASE)} = \beta_{DC} \cdot R_E \geq 10 \times R_2$여야 한다.

$$(150) \times (1.0\,\text{k}\Omega) \geq 10 \times (4.0\,\text{k}\Omega)$$

$150\,\text{k}\Omega \geq 40\,\text{k}\Omega$ 이므로 근사해석 조건을 만족한다. 식 (4.40)으로부터 V_B를 구한다.

$$V_B = \frac{R_2}{R_1 + R_2} V_{CC} = \frac{(4.0\,\text{k}\Omega)(22\,\text{V})}{40\,\text{k}\Omega + 4.0\,\text{k}\Omega} = 2\,\text{V}$$

이미터 단자의 전압 $V_E = V_B - V_{BE} = 2\,\text{V} - 0.7\,\text{V} = 1.3\,\text{V}$이다. I_{CQ}는 다음과 같다.

$$I_{CQ} \cong I_E = \frac{V_E}{R_E} = \frac{1.3\,\text{V}}{1.0\,\text{k}\Omega} = 1.3\,\text{mA}$$

컬렉터-이미터 전압 V_{CEQ}는 다음과 같다.

$$V_{CEQ} = V_{CC} - I_C(R_C + R_E)$$

$$V_{CEQ} = 22 - (1.3\,\text{mA})(10\,\text{k}\Omega + 1.0\,\text{k}\Omega) = 22\,\text{V} - 14.3\,\text{V} = 7.7\,\text{V}$$

■ 정밀해석 방법

전압분배 바이어스 회로를 해석하는 경우에는 먼저 근사해석 조건($R_{IN(BASE)} \geq 10\,R_2$)을 만족하는지 아닌지를 조사해야 한다. 만약 조건을 만족하지 않으면, 즉 $\beta_{DC} \times R_E$ 값이 R_2의 10배보다 작으면 베이스 전류 I_B를 무시해서는 안 되기 때문에 정밀해석을 해야 한다.

전압분배 바이어스 된 트랜지스터 회로에서 베이스 전류의 부하효과를 정확하게 해석하기 위해서는 테브난 정리를 이용하는 것이 편리하다. [그림 4-28]을 보자. 테브난 정리를 적용하기 위해 그림 (a)의 전압분배 바이어스 회로를 그림 (b)와 같은 등가회로로 다시 그린다.

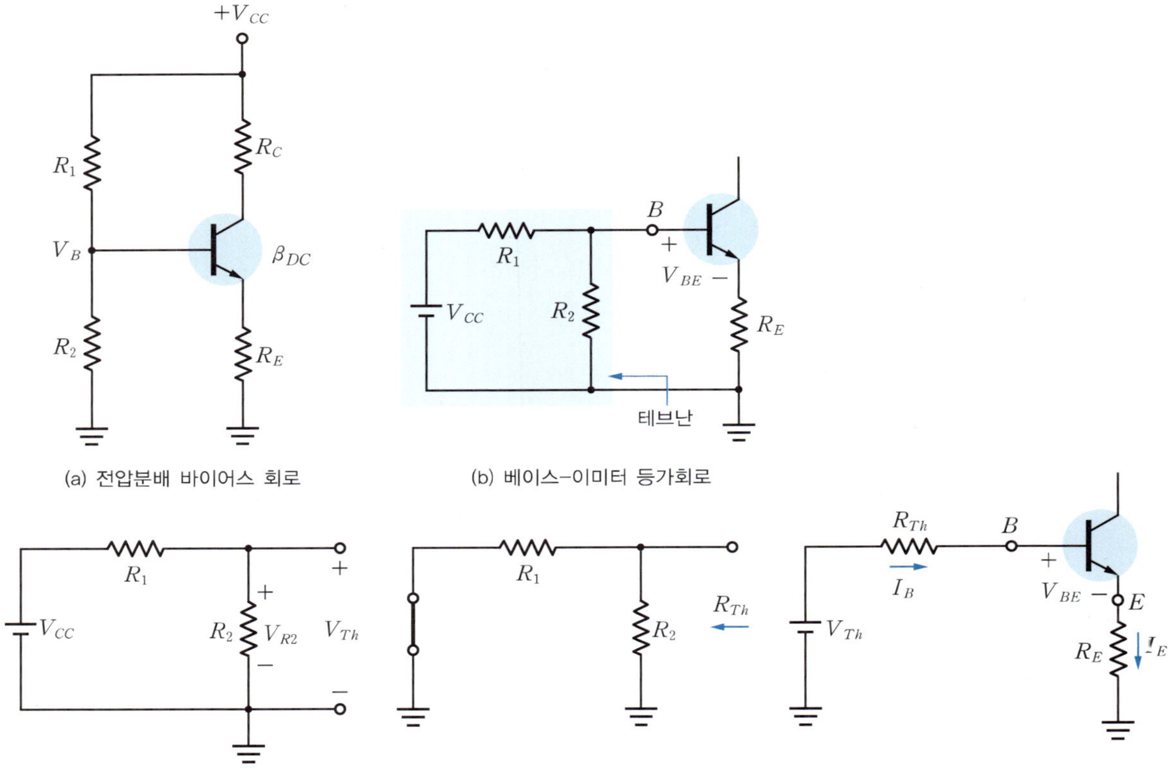

(a) 전압분배 바이어스 회로 (b) 베이스-이미터 등가회로

(c) V_{Th} 계산회로 (d) R_{Th} 계산회로 (e) 테브난 등가회로

[그림 4-28] 전압분배 바이어스 회로의 테브난 등가회로

전압분배 바이어스 회로의 베이스-이미터 측을 테브난 등가회로로 변환하기 위해서는 먼저 테브난 등가전압(V_{Th})과 등가저항(R_{Th})을 계산해야 한다.

그림 (c)의 등가회로를 이용하여 테브난 등가전압 V_{Th}를 계산하면 식 (4.45)와 같다.

$$V_{Th} = \frac{R_2}{R_1 + R_2} V_{CC} \tag{4.45}$$

테브난 등가저항 R_{Th}는 전압원을 단락회로로 대체한 그림 (d)의 등가회로를 이용한다.

$$R_{Th} = R_1 \parallel R_2 = \frac{R_1 \cdot R_2}{R_1 + R_2} \tag{4.46}$$

계산된 테브난 등가전압 V_{Th}와 테브난 등가저항 R_{Th}에 의한 테브난 등가회로는 그림 (e)와 같다. 테브난 등가회로로 변환된 베이스–이미터 폐회로에 키르히호프의 전압법칙을 적용하여 전압방정식을 쓰면 다음과 같다.

$$V_{Th} - I_B R_{Th} - V_{BE} - I_E R_E = 0 \tag{4.47}$$

식 (4.47)을 정리하면

$$I_B R_{Th} + I_E R_E = V_{Th} - V_{BE} \tag{4.48}$$

가 되고, $I_B \cong \dfrac{I_E}{\beta_{DC}}$를 식 (4.48)에 대입하여 이미터 전류 I_E로 정리하면 다음과 같다.

$$\frac{I_E}{\beta_{DC}} R_{Th} + I_E R_E = V_{Th} - V_{BE}$$

$$I_E = \frac{V_{Th} - V_{BE}}{R_E + R_{Th}/\beta_{DC}} \quad (\text{여기서 } I_E \cong I_C = \beta_{DC} \cdot I_B) \tag{4.49}$$

계산된 I_E를 적용하여 V_{CEQ}를 계산해야 한다. 전압분배 바이어스 회로에서

$$V_{CEQ} = V_C - V_E$$

이고, $I_C \cong I_E$이므로 V_{CEQ}는 다음과 같이 나타낼 수 있다.

$$V_{CEQ} \cong V_{CC} - I_E R_C - I_E R_E$$

$$V_{CEQ} \cong V_{CC} - I_E(R_C + R_E) \tag{4.50}$$

정밀해석을 통한 동작점은 식 (4.49)와 식 (4.50)으로 구해진다.

만일 $R_E \gg R_{Th}/\beta_{DC}$이면

$$I_{CQ} = I_E \cong \frac{V_{Th} - V_{BE}}{R_E} \tag{4.51}$$

로 간략화되며, 식 (4.51)에는 R_{Th}/β_{DC} 항이 소거되었으므로(β_{DC}가 소거됨) β_{DC}와 무관하다는 것을 알 수 있다. 따라서 전압분배 바이어스 회로의 이미터 저항 R_E가 테브난 등가저항을 β_{DC}로 나눈 것(R_{Th}/β_{DC})보다 최소 10배 이상 큰 R_E 값을 갖도록 하면 β_{DC}의 영향을 받지 않는 안정한 회로가 된다.

★ 정밀해석으로 동작점을 구할 때 필요한 식 ★

$$V_{Th} = \frac{R_2}{R_1 + R_2} V_{CC} \tag{4.45}$$

$$R_{Th} = R_1 \parallel R_2 = \frac{R_1 \cdot R_2}{R_1 + R_2} \tag{4.46}$$

$$I_E = \frac{V_{TH} - V_{BE}}{R_E + R_{Th}/\beta_{DC}} \quad (\text{여기서 } I_E \cong I_C = \beta_{DC} \cdot I_B) \tag{4.49}$$

$$V_{CEQ} \cong V_{CC} - I_E(R_C + R_E) \tag{4.50}$$

$$I_{CQ} = I_E \cong \frac{V_{Th} - V_{BE}}{R_E} \quad (R_E \gg R_{Th}/\beta_{DC}) \tag{4.51}$$

예제 4-16

[예제 4-15]의 전압분배 바이어스 회로를 정밀해석하여 동작점 $Q(I_{CQ},\ V_{CEQ})$를 구하고, 정밀해석과 근사해석을 비교하시오. (단, $\beta_{DC} = 150$)

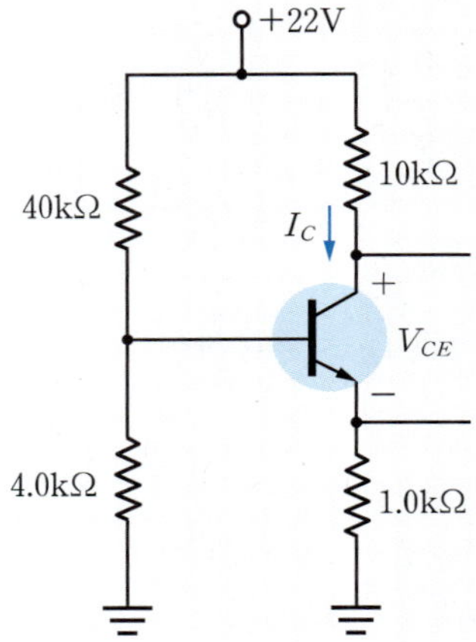

풀이

테브난 정리를 적용하기 위해 주어진 회로를 등가회로로 다시 그려보자.

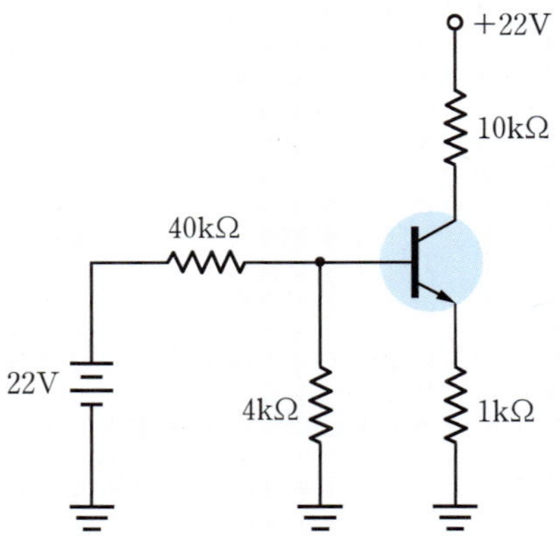

(a)

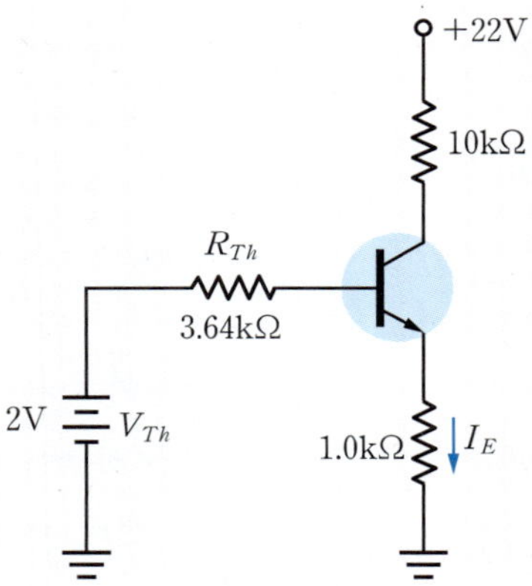

(b)

정밀해석을 하기 위해 먼저 테브난 등가전압 V_{Th}와 등가저항 R_{Th}를 계산하면 다음과 같다.

$$V_{Th} = \frac{R_2}{R_1 + R_2} V_{CC} = \frac{(4.0\,\mathrm{k\Omega})(22\,\mathrm{V})}{40\,\mathrm{k\Omega} + 4.0\,\mathrm{k\Omega}} = 2\,\mathrm{V}$$

$$R_{Th} = R_1 \parallel R_2 = \frac{R_1 \cdot R_2}{R_1 + R_2} = \frac{(40\,\mathrm{k\Omega})(4\,\mathrm{k\Omega})}{40\,\mathrm{k\Omega} + 4\,\mathrm{k\Omega}} = 3.64\,\mathrm{k\Omega}$$

$I_C \cong I_E$는 다음과 같다.

$$I_E = \frac{V_{Th} - V_{BE}}{R_E + R_{Th}/\beta_{DC}} = \frac{2\,\mathrm{V} - 0.7\,\mathrm{V}}{1\,\mathrm{k\Omega} + \dfrac{3.64\,\mathrm{k\Omega}}{150}} = \frac{1.3\,\mathrm{V}}{1.024\,\mathrm{k\Omega}} = 1.27\,\mathrm{mA}$$

컬렉터-이미터 전압 V_{CEQ}를 구하면 다음과 같다.

$$V_{CEQ} = V_{CC} - I_E(R_C + R_E)$$
$$V_{CEQ} = 22 - (1.27\,\mathrm{mA})(10\,\mathrm{k\Omega} + 1.0\,\mathrm{k\Omega}) = 8.03\,\mathrm{V}$$

정밀해석과 근사해석([예제 4-15])의 결과를 표로 나타내면 다음과 같다.

	I_{CQ}(mA)	V_{CEQ}(V)
정밀해석	1.27	8.03
근사해석	1.30	7.7

근사해석 조건($\beta_{DC} \cdot R_E \geq 10 \times R_2$)을 만족할 경우, 정밀해석과 근사해석의 동작점은 비슷하므로 근사해석으로 트랜지스터를 해석하는 편이 간단하다.

예제 4-17

[예제 4-15]의 전압분배 바이어스 회로에서 $\beta_{DC} = 75$로 조정하고, 정밀해석으로 동작점 $Q(I_{CQ}, V_{CEQ})$를 구한 후, $\beta_{DC} = 150$일 때의 동작점과 비교하시오.

풀이

정밀해석을 하기 위해 먼저 테브난 등가전압 V_{Th}를 구한다.

$$V_{Th} = \frac{R_2}{R_1 + R_2} V_{CC} = \frac{(4.0\mathrm{k\Omega})(22\mathrm{V})}{40\mathrm{k\Omega} + 4.0\mathrm{k\Omega}} = 2\mathrm{V}$$

그런 다음 테브난 등가저항 R_{Th}를 계산한다.

$$R_{Th} = R_1 \parallel R_2 = \frac{R_1 \cdot R_2}{R_1 + R_2} = \frac{(40\,\mathrm{k\Omega})(4\,\mathrm{k\Omega})}{40\,\mathrm{k\Omega} + 4\,\mathrm{k\Omega}} = 3.64\,\mathrm{k\Omega}$$

$$I_E = \frac{V_{Th} - V_{BE}}{R_E + R_{Th}/\beta_{DC}} = \frac{2\,\text{V} - 0.7\,\text{V}}{1\,\text{k}\Omega + \dfrac{3.64\,\text{k}\Omega}{75}} = \frac{1.3\,\text{V}}{1.048\,\text{k}\Omega} = 1.24\,\text{mA}$$

컬렉터-이미터 전압 V_{CEQ}를 구하면 다음과 같다.

$$V_{CEQ} = V_{CC} - I_E(R_C + R_E)$$
$$V_{CEQ} = 22 - (1.24\,\text{mA})(10\,\text{k}\Omega + 1.0\,\text{k}\Omega) = 8.36\,\text{V}$$

β_{DC}가 75일 때와 150일 때의 결과표를 만들어 비교해보자. ($\beta_{DC} = 150$은 [예제 4-16]에서 이미 구했다.)

β_{DC}	I_{CQ}(mA)	V_{CEQ}(V)
75	1.24	8.36
150	1.27	8.03
변화율	2.4%	−4.3%

표에서 알 수 있듯이 β_{DC}가 75에서 150으로 2배 변해도 동작점의 I_{CQ}는 2.4%, V_{CEQ}는 −4.3% 변한다. 즉 전압분배 바이어스는 β_{DC}가 변해도 동작점은 거의 변하지 않는 안정한 바이어스 회로이다.

예제 4-18

오른쪽 전압분배 바이어스 회로에서 근사해석이 가능한지 판별하고, 근사해석과 정밀해석으로 동작점(Q)을 구한 후 결과를 비교하시오. (단, $\beta_{DC} = 50$)

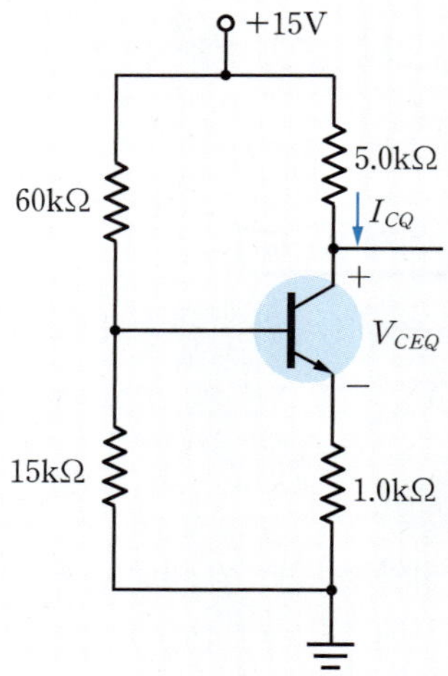

풀이

❶ 근사해석 조건 판단 : $R_{IN(BASE)} = \beta_{DC} \cdot R_E \geq 10 \times R_2$

$(50) \times (1.0\,\text{k}\Omega) \leq 10 \times (15\,\text{k}\Omega) \Rightarrow 50\,\text{k}\Omega \leq 150\,\text{k}\Omega$ 이므로 근사해석 조건을 만족하지 못한다.

❷ 근사해석 : $V_B = \dfrac{R_2}{R_1 + R_2} V_{CC} = \dfrac{(15\,\text{k}\Omega)(15\,\text{V})}{60\,\text{k}\Omega + 15\,\text{k}\Omega} = 3\,\text{V}$

이미터 단자의 전압은 $V_E = V_B - V_{BE} = 3\,\text{V} - 0.7\,\text{V} = 2.3\,\text{V}$ 이므로

$$I_{CQ} \cong I_E = \frac{V_E}{R_E} = \frac{2.3\,\text{V}}{1.0\,\text{k}\Omega} = 2.30\,\text{mA}$$

이며, 컬렉터-이미터 전압은 $V_{CEQ} = V_{CC} - I_E(R_C + R_E)$ 이므로 다음과 같다.

$$V_{CEQ} = 15 - (2.3\,\text{mA})(5\,\text{k}\Omega + 1.0\,\text{k}\Omega) = 1.20\,\text{V}$$

❸ 정밀해석 : 먼저 전압분배 바이어스 회로를 테브난 등가회로로 변환한다.

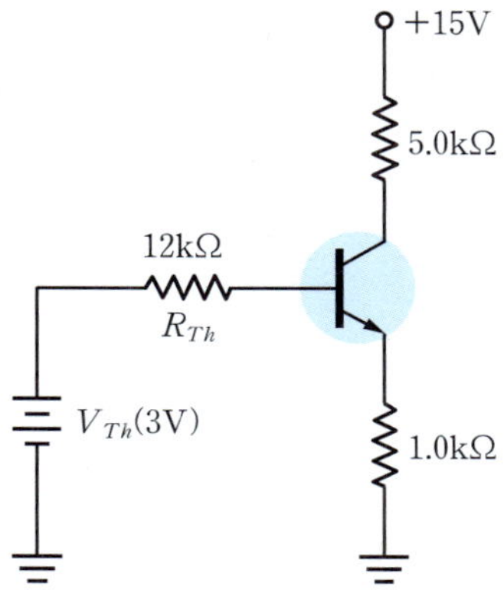

• 테브난 등가전압(V_{Th}) : $V_{Th}=\dfrac{R_2}{R_1+R_2}V_{CC}=\dfrac{(15\,\mathrm{k\Omega})(15\,\mathrm{V})}{60\,\mathrm{k\Omega}+15\,\mathrm{k\Omega}}=3\,\mathrm{V}$

• 테브난 등가저항(R_{Th}) : $R_{Th}=R_1\parallel R_2=\dfrac{(60\,\mathrm{k\Omega})(15\,\mathrm{k\Omega})}{(60\,\mathrm{k\Omega})+(15\,\mathrm{k\Omega})}=12\,\mathrm{k\Omega}$

식 (4.49)로 I_E를 구하고, 식 (4.50)으로 컬렉터-이미터 전압 V_{CEQ}를 구하면 다음과 같다.

$$I_E=\frac{V_{Th}-V_{BE}}{R_E+R_{Th}/\beta_{DC}}=\frac{3\,\mathrm{V}-0.7\,\mathrm{V}}{1\,\mathrm{k\Omega}+\dfrac{12\,\mathrm{k\Omega}}{50}}=\frac{2.3\,\mathrm{V}}{1.24\,\mathrm{k\Omega}}=1.85\,\mathrm{mA}$$

$$V_{CEQ}=V_{CC}-I_E(R_C+R_E)=15\,\mathrm{V}-1.85\,\mathrm{mA}(5\,\mathrm{k\Omega}+1\,\mathrm{k\Omega})=3.90\,\mathrm{V}$$

❹ 정밀해석과 근사해석의 결과를 표로 나타내면 다음과 같다. 표에서 알 수 있듯이 근사해석 조건을 만족하지 않으면 오차가 크기 때문에 반드시 정밀해석을 해야 한다.

	I_{CQ}(mA)	V_{CEQ}(V)
근사해석	2.30	1.20
정밀해석	1.85	3.90

pnp형 트랜지스터의 바이어스 해석

지금까지는 npn형 트랜지스터를 이용하여 설명해왔으나, 여기에서는 pnp형 트랜지스터의 전압분배 바이어스에 대해 설명하고자 한다. npn형 트랜지스터와 pnp형 트랜지스터는 전류의 흐름이 반대이기 때문에 npn형과 정반대로 바이어스 전압을 인가해야 한다. 즉 [그림 4-29(a)]와 같이 컬렉터에 음(−)의 전압을 인가하거나, 그림 (b)와 같이 이미터에 양(+)의 전압을 인가해야 한다. pnp형은 그림 (c)와 같이 이미터 전압 공급단자를 위쪽으로, 접지는 아래쪽으로 향하게 그릴 수 있다.

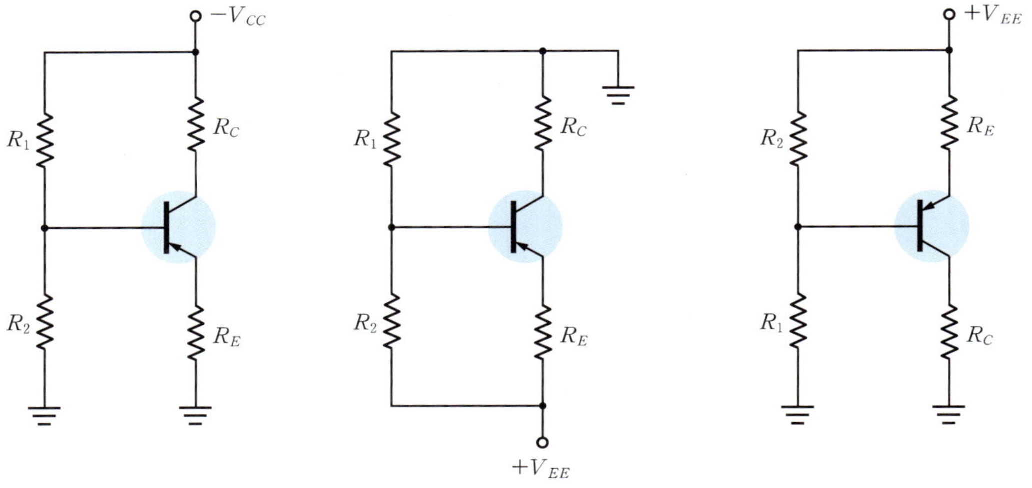

(a) 컬렉터에 부(−)의 전압 (b) 이미터에 정(+)의 전압 (c) 이미터 단자를 위로한 회로

[그림 4-29] 전압분배 바이어스 pnp형 트랜지스터

pnp형 트랜지스터 회로 해석은 바이어스 전압의 극성이 다르기 때문에 전류가 흐르는 방향만 다를 뿐 기본적으로 npn형 회로를 해석하는 것과 같다. 그림 (c)의 회로를 기준으로 해석하기 위해 테브난 등가회로를 그리면 [그림 4-30]과 같다.

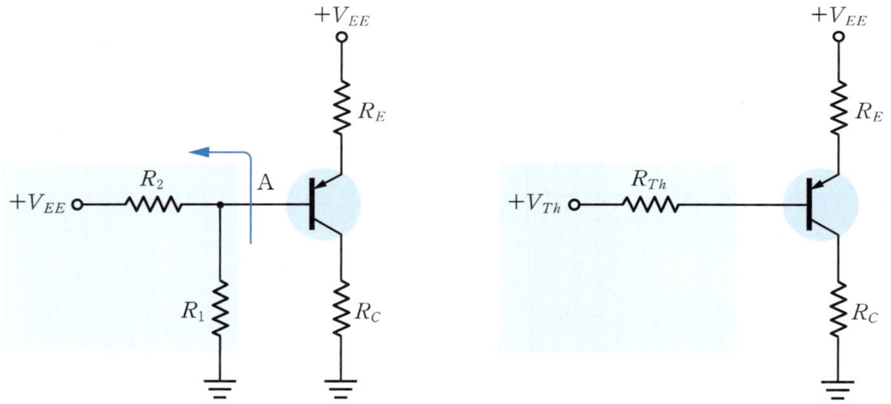

(a) pnp 전압분배 바이어스 회로 (b) 테브난 등가회로

[그림 4-30] pnp 트랜지스터의 전압분배 바이어스 등가회로

테브난 등가전압(V_{Th})과 테브난 등가저항(R_{Th})은 다음과 같다.

$$V_{Th} = \left(\frac{R_1}{R_1 + R_2}\right)V_{EE}, \quad R_{Th} = \frac{R_1 R_2}{R_1 + R_2}$$

그림 (b)의 베이스-이미터 회로를 해석하기 쉽게 다시 그리면 [그림 4-31]과 같다.

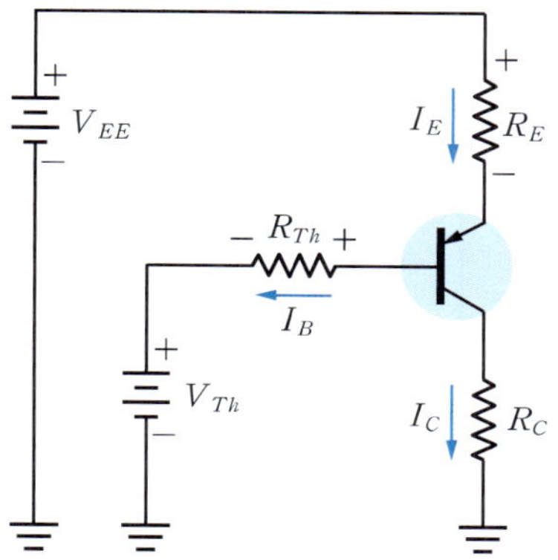

[그림 4-31] [그림 4-30(b)]를 재구성한 회로

pnp형 트랜지스터의 테브난 등가회로에서 키르히호프의 전압법칙을 적용하여 전압방정식을 쓰면

$$V_{EE} - I_E R_E - V_{EB} - I_B R_{Th} - V_{Th} = 0$$

$$V_{EE} = V_{Th} + \left(\frac{I_E}{\beta_{DC}}\right) R_{Th} + 0.7 + I_E R_E \qquad \left(\text{단, } V_{EB} = 0.7\,\text{V, } I_B = \frac{I_E}{\beta_{DC}}\right)$$

$$I_E\left(\frac{R_{Th}}{\beta_{DC}}\right) + I_E R_E = V_{EE} - V_{Th} - 0.7$$

이며, 이미터 전류 I_E는 다음과 같다.

$$I_E = \frac{V_{EE} - V_{Th} - 0.7}{R_E + \dfrac{R_{Th}}{\beta_{DC}}}$$

또한 이미터-컬렉터 회로의 키르히호프 전압방정식으로부터 전압 V_{EC}를 구하는 식은 다음과 같다.

$$V_{EE} - I_E R_E - V_{EC} - I_C R_C = 0$$

$$V_{EC} = V_{EE} - I_E(R_E + R_C) \quad (\text{단, } I_E \cong I_C)$$

★ pnp형 트랜지스터의 동작점을 구할 때 필요한 식 ★

$$I_{CQ} = I_E = \frac{V_{EE} - V_{Th} - 0.7}{R_E + \dfrac{R_{Th}}{\beta_{DC}}} \tag{4.52}$$

$$V_{EC} = V_{EE} - I_E(R_E + R_C) \quad (\text{단, } I_E \cong I_C) \tag{4.53}$$

예제 4-19

다음 pnp형 트랜지스터 회로에서 근사해석이 가능한지를 판별하고, 근사해석과 정밀해석으로 I_E와 V_{EC}를 구하라. (단, $V_{EE}=12\text{V}$)

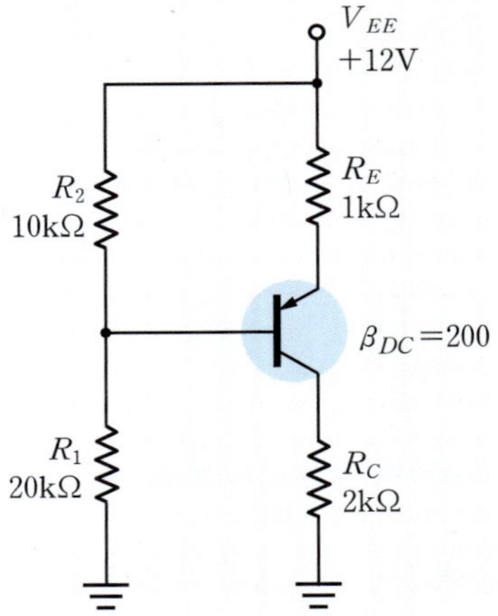

풀이

❶ 근사해석 조건 판단 : $R_{IN(BASE)}=\beta_{DC}\cdot R_E \geq 10\times R_2$

$(200)\times(1.0\text{k}\Omega)\geq 10\times(10\text{k}\Omega)\Rightarrow 200\text{k}\Omega\geq 100\text{k}\Omega$

이므로 근사해석 조건을 만족한다.

❷ 근사해석 : $V_B=\dfrac{R_1}{R_1+R_2}V_{EE}=\dfrac{(20\text{k}\Omega)(12\text{V})}{10\text{k}\Omega+20\text{k}\Omega}=8\text{V}$

이미터 단자의 전압은 $V_E=V_B+V_{EB}=8\text{V}+0.7\text{V}$

$=8.7\ V$이므로

$$I_E=\frac{V_{EE}-V_E}{R_E}=\frac{12\text{V}-8.7}{1.0\text{k}\Omega}=3.3\text{mA}$$

이며, 이미터-컬렉터 전압은 $V_{EC}=V_{EE}-I_E(R_C+R_E)$로 구한다.

$$V_{EC}=12-(3.3\text{mA})(1.0\text{k}\Omega+2.0\text{k}\Omega)=2.1\text{V}$$

❸ 정밀해석 : 먼저 전압분배 바이어스 회로를 테브난 등가회로로 변환한다.

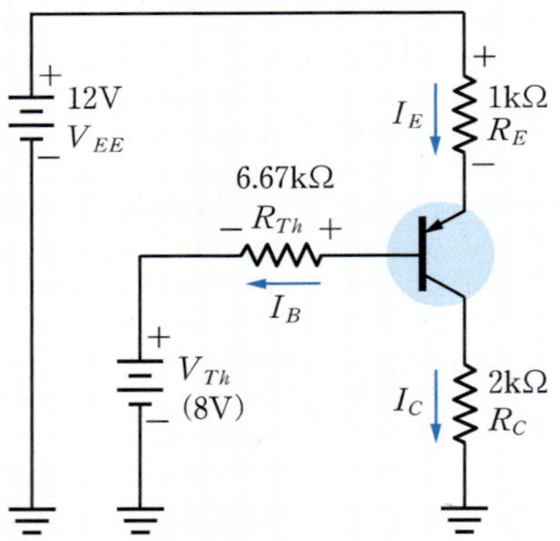

• 테브난 등가전압(V_{Th}) : $V_{Th}=\dfrac{R_1}{R_1+R_2}V_{EE}=\dfrac{(20\text{k}\Omega)(12\text{V})}{10\text{k}\Omega+20\text{k}\Omega}=8\text{V}$

• 테브난 등가저항(R_{Th}) : $R_{Th}=R_1\parallel R_2=\dfrac{(10\text{k}\Omega)(20\text{k}\Omega)}{(10\text{k}\Omega)+(20\text{k}\Omega)}=6.67\text{k}\Omega$

식 (4.52)로 I_E를 구하고, 식 (4.53)으로 이미터-컬렉터 전압 V_{EC}를 구하면 다음과 같다.

$$I_E=\frac{V_{EE}-V_{Th}-V_{EB}}{R_E+R_{Th}/\beta_{DC}}=\frac{12\text{V}-8\text{V}-0.7\text{V}}{1\text{k}\Omega+\dfrac{6.67\text{k}\Omega}{200}}=\frac{3.3\text{V}}{1.033\text{k}\Omega}=3.19\text{mA}$$

$$V_{EC}=V_{EE}-I_E(R_C+R_E)=12\text{V}-3.19\text{mA}(1\text{k}\Omega+2\text{k}\Omega)=2.43\text{V}$$

두-전원 이미터 바이어스

[그림 4-32(a)]와 같은 **두-전원**(Two-supply) **이미터 바이어스**는 컬렉터 단자에 양(+) 전원을 인가하여 역방향 바이어스되게 하고, 이미터 단자에 음(-) 전원을 인가하여 순방향 바이어스 되도록 하는 바이어스 방법이다. 전압분배 바이어스와 같이 β_{DC}에 대한 민감도가 매우 작다. 회로의 파라미터 값들을 적절히 선택하면 동작점의 I_{CQ} 및 V_{CEQ}를 계산할 때 β_{DC}의 영향을 받지 않는 안정한 회로가 된다.

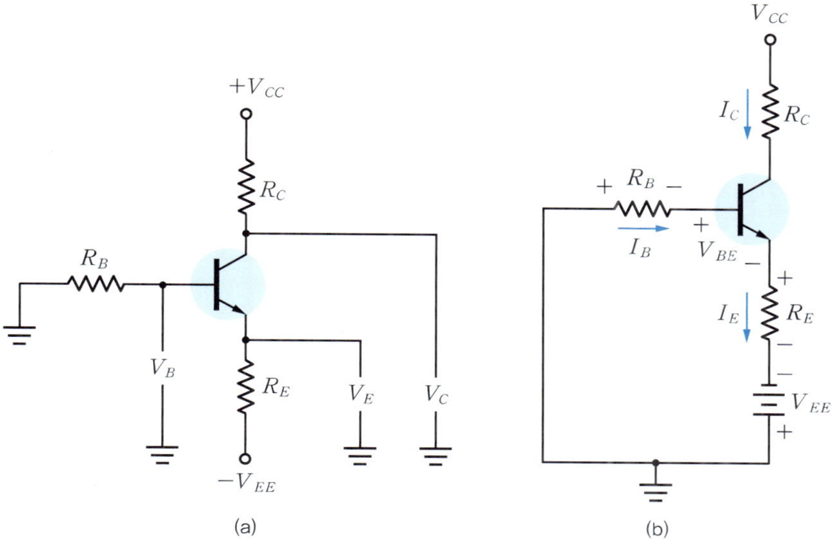

[그림 4-32] 두-전원 이미터 바이어스 회로

[그림 4-32(b)]와 같은 두-전원 이미터 바이어스의 베이스-이미터 회로에 키르히호프의 전압법칙을 적용하여 전압방정식을 쓰면 다음과 같다.

$$V_{EE} - I_B R_B - V_{BE} - I_E R_E = 0 \tag{4.54}$$

$I_B \cong I_E / \beta_{DC}$이므로, 식 (4.54)에 대입하여 정리하면 다음과 같다.

$$\left(\frac{I_E}{\beta_{DC}}\right) R_B + I_E R_E = V_{EE} - V_{BE}$$

위 식을 I_E로 정리하면 다음과 같다. (V_{EE}는 그림 (a)의 $-V_{EE}$의 절대값임)

$$I_{CQ} = I_E = \frac{V_{EE} - V_{BE}}{R_E + \left(\dfrac{R_B}{\beta_{DC}}\right)} \tag{4.55}$$

[그림 4-32(a)]에서 컬렉터 단자전압(V_C), 이미터 단자전압(V_E), 베이스 단자전압(V_B)은 다음과 같다.

$$V_C = V_{CC} - I_C R_C$$

$$V_E = -V_{EE} + I_E R_E$$

$$V_B = V_E + V_{BE}$$

$$\begin{aligned} V_{CE} &= V_{CC} - I_C R_C - V_E \\ &= V_{CC} + V_{EE} - I_E(R_C + R_E) \quad (I_E \cong I_C) \end{aligned} \qquad (4.56)$$

★ 두-전원 이미터 바이어스 회로의 동작점을 구할 때 필요한 식 ★

$$I_{CQ} = I_E = \frac{V_{EE} - V_{BE}}{R_E + \left(\dfrac{R_B}{\beta_{DC}}\right)} \qquad (4.55)$$

$$\begin{aligned} V_{CEQ} &= V_{CC} - I_C R_C - V_E \quad (V_E = -V_{EE} + I_E R_E) \\ &= V_{CC} + V_{EE} - I_E(R_C + R_E) \quad (I_E \cong I_C) \end{aligned} \qquad (4.56)$$

예제 4-20

오른쪽에 주어진 두-전원 이미터 바이어스 회로에서 β_{DC}가 100에서 200으로 변할 때, 각각의 Q점을 구한 후 비교하시오.

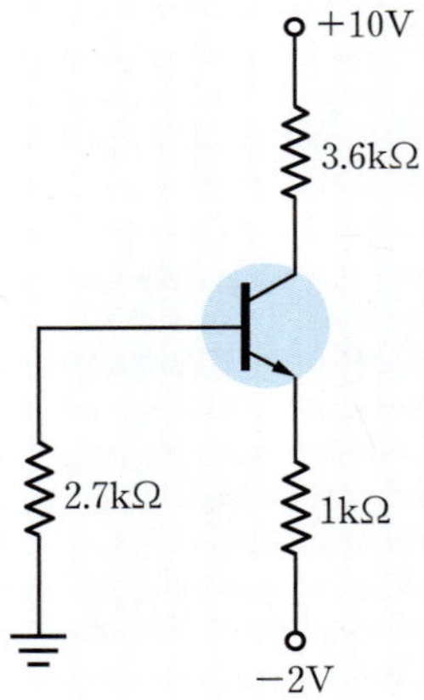

풀이

❶ $\beta_{DC} = 100$일 때

$$I_E = \frac{V_{EE} - V_{BE}}{R_E + (R_B/\beta_{DC})} = \frac{2\text{V} - 0.7}{1.0\text{k}\Omega + (2.7\text{k}\Omega/100)} = 1.27\text{mA}$$

$V_C = V_{CC} - I_C R_C = 10 - 1.27\text{mA} \times 3.6\text{k}\Omega = 5.43\text{V}$

$V_E = -V_{EE} + I_E R_E = -2\text{V} + 1.27\text{mA} \times 1\text{k}\Omega = -0.73\text{V}$이므로

$V_{CE(1)} = V_C - V_E = 5.43 - (-0.73) = 6.16\text{V}$

❷ $\beta_{DC} = 200$일 때

$$I_E = \frac{V_{EE} - V_{BE}}{R_E + (R_B/\beta_{DC})} = \frac{2\text{V} - 0.7}{1.0\text{k}\Omega + (2.7\text{k}\Omega/200)} = 1.28\text{mA}$$

$V_C = V_{CC} - I_C R_C = 10 - 1.28\text{mA} \times 3.6\text{k}\Omega = 5.39\text{V}$

$V_E = -V_{EE} + I_E R_E = -2\text{V} + 1.28\text{mA} \times 1\text{k}\Omega = -0.72\text{V}$이므로

$V_{CE(2)} = V_C - V_E = 5.39 - (-0.72) = 6.11\text{V}$

❸ 결과를 표로 정리하면 다음과 같다. 두-전원 이미터 바이어스는 β_{DC}가 100에서 200으로 2배가 변해도 Q점이 거의 변하지 않는 안정한 회로이다.

β_{DC}	I_E(mA)	V_{CE}(V)
100	1.27	6.16
200	1.28	6.11
변화율	0.78%	−0.81%

컬렉터 귀환 바이어스

컬렉터 귀환 바이어스는 [그림 4-33]과 같이 베이스 저항 R_B가 컬렉터 단자에 연결된 회로로, 컬렉터 전압 V_C는 베이스-이미터 접합의 바이어스 전압을 제공한다. 이 컬렉터 귀환 바이어스 회로는 컬렉터 전류 I_C가 증가하면 R_C 양단의 전압이 커져서 컬렉터 전압 V_C를 감소시킨다. 컬렉터 전압 V_C가 감소되면 베이스 전류 I_B가 감소하고, 베이스 전류 I_B가 감소하면 컬렉터 전류 I_C가 감소하여 R_C 양단의 전압이 감소하게 된다. 베이스 전류 I_B가 감소하면 컬렉터 전압 V_C를 증가시키고 베이스 전류 I_B를 증가시킨다. 이러한 부귀환 작용은 상대적으로 안정한 동작점을 갖도록 한다.

이미 알고 있듯이 β_{DC}는 온도에 따라 변한다. 온도가 증가함에 따라서 β_{DC}도 증가하게 된다. β_{DC}가 증가하면 컬렉터 전류 I_C가 커진다. 컬렉터 전류가 증가하면 R_C 양단의 전압이 커져서 컬렉터 전압을 감소시킨다. 앞서 설명한 것처럼, 증가하려는 컬렉터 전류와 감소하려는 컬렉터 전압이 서로 반대 방향으로 작용하여 안정한 동작점을 유지하도록 한다.

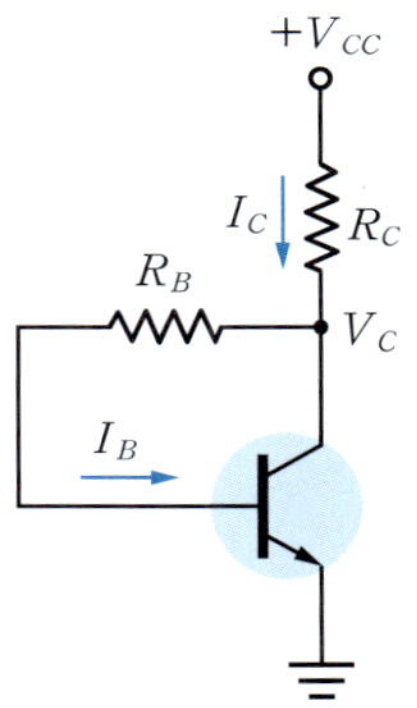

[그림 4-33] 컬렉터 귀환 바이어스

[그림 4-33]의 컬렉터 귀환 바이어스 회로에서

$$I_B = \frac{V_C - V_{BE}}{R_B} \tag{4.57}$$

이고, 컬렉터 전압 V_C는 식 (4.58)과 같다.

$$V_C = V_{CC} - I_C R_C \tag{4.58}$$

그리고 $I_C = \beta_{DC} \cdot I_B$에서 $I_B = I_C / \beta_{DC}$이므로, 베이스 전류 I_B를 이용하여 식 (4.57)을 다시 정리하면 다음과 같다.

$$\frac{I_C}{\beta_{DC}} = \frac{V_{CC} - I_C R_C - V_{BE}}{R_B} \tag{4.59}$$

식 (4.59)를 다시 정리하면 식 (4.60)이 된다.

$$\frac{I_C R_B}{\beta_{DC}} = V_{CC} - I_C R_C - V_{BE}$$

$$I_C\left(R_C + \frac{R_B}{\beta_{DC}}\right) = V_{CC} - V_{BE} \tag{4.60}$$

식 (4.60)으로부터 컬렉터 전류 I_{CQ}를 구하는 식은 식 (4.61)과 같고, 컬렉터-이미터 전압 V_{CEQ}를 구하는 식은 식 (4.62)와 같다.

★ 컬렉터 귀환 바이어스 회로의 동작점을 구할 때 필요한 식 ★

- **컬렉터 전류** : $I_{CQ} = \dfrac{V_{CC} - V_{BE}}{R_C + (R_B/\beta_{DC})}$ (4.61)
- **컬렉터-이미터 전압** : $V_{CEQ} = V_C - V_E = V_{CC} - I_C R_C \quad (V_E = 0\text{V})$ (4.62)

예제 4-21

오른쪽에 주어진 컬렉터 귀환 바이어스 회로에서 β_{DC}가 200일 때, Q점 (I_C, V_{CE})을 구하시오.

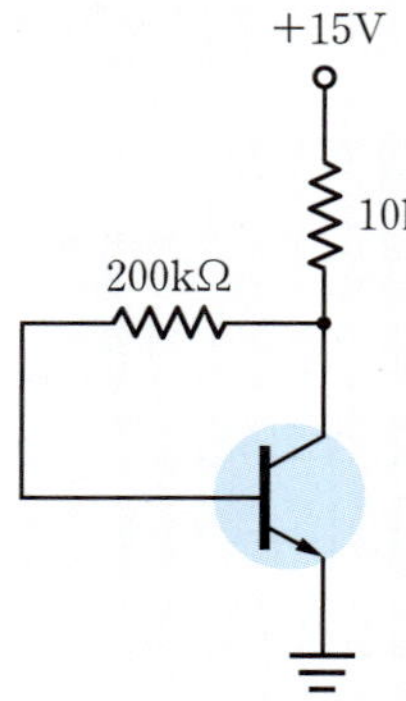

풀이

식 (4.61)을 이용하여 컬렉터 전류를 구하면 다음과 같다.

$$I_C = \frac{V_{CC} - V_{BE}}{R_C + (R_B/\beta_{DC})} = \frac{15\text{V} - 0.7\text{V}}{10\text{k}\Omega + (200\text{k}\Omega/200)} = 1.3\text{mA}$$

식 (4.62)로부터 컬렉터-이미터 전압을 구하면 다음과 같다.

$$V_{CE} = V_{CC} - I_C R_C = 15\text{V} - 1.3\text{mA} \times 10\text{k}\Omega = 2\text{V}$$

CHAPTER

04 연습문제

4.1 BJT 트랜지스터를 증폭기로 동작시키기 위해 적절한 바이어스는 다음 중 어느 것인가?

① 이미터-베이스 접합 : 순방향, 베이스-컬렉터 접합 : 역방향

② 이미터-베이스 접합 : 역방향, 베이스-컬렉터 접합 : 순방향

③ 이미터-베이스 접합 : 순방향, 베이스-컬렉터 접합 : 순방향

④ 이미터-베이스 접합 : 역방향, 베이스-컬렉터 접합 : 역방향

4.2 트랜지스터의 직류 알파(α_{DC})는 무엇인가?

① $\dfrac{I_C}{I_B}$　　② $\dfrac{I_C}{I_E}$　　③ $\dfrac{I_E}{I_B}$　　④ $\dfrac{I_E}{I_C}$

4.3 트랜지스터의 직류 베타(β_{DC})는 무엇인가?

① $\dfrac{I_C}{I_E}$　　② $\dfrac{I_B}{I_C}$　　③ $\dfrac{I_C}{I_B}$　　④ $\dfrac{I_E}{I_C}$

4.4 이미터 전류를 설명한 것 중 틀린 것은?

① 베이스 전류보다 크다.

② 컬렉터 전류보다 크다.

③ 베이스 전류와 컬렉터 전류를 합한 것과 같다.

④ 컬렉터 전류에서 베이스 전류를 뺀 것과 같다.

4.5 트랜지스터의 β_{DC}는 무엇인가?

① 전류이득　　② 전압이득　　③ 전력이득　　④ 내부저항

4.6 이미터 전류($I_E = 101\,\text{mA}$), 컬렉터 전류($I_C = 100\,\text{mA}$), 베이스 전류($I_B = 1\,\text{mA}$)일 때, α_{DC}는 얼마인가?

① 100　　② 101　　③ 0.99　　④ 0.01

4.7 이미터 전류($I_E = 101\,\text{mA}$), 컬렉터 전류($I_C = 100\,\text{mA}$), 베이스 전류($I_B = 1\,\text{mA}$)일 때, β_{DC}는 얼마인가?

① 0.01 ② 0.99 ③ 100 ④ 101

4.8 실리콘 BJT 트랜지스터의 V_{BE} 값은 얼마인가?

① 0 V ② 0.5 V ③ 0.7 V ④ 1 V

4.9 BJT 트랜지스터가 차단되었을 때 V_{CE} 값은 얼마인가?

① 0 V ② 1 V ③ V_{CC} ④ V_P

4.10 차단과 포화를 이용하여 동작하는 회로는 무엇인가?

① 가변 커패시터 ② 전력 증폭기 ③ 증폭기 ④ 스위치

4.11 오른쪽에 주어진 전압분배 바이어스 회로에서 어떤 조건을 만족했을 때 근사해석이 가능한가?

① $R_{IN(BASE)} > R_1$

② $R_{IN(BASE)} > R_2$

③ $R_{IN(BASE)} \geq 10R_2$

④ $R_{IN(BASE)} \geq 10R_1$

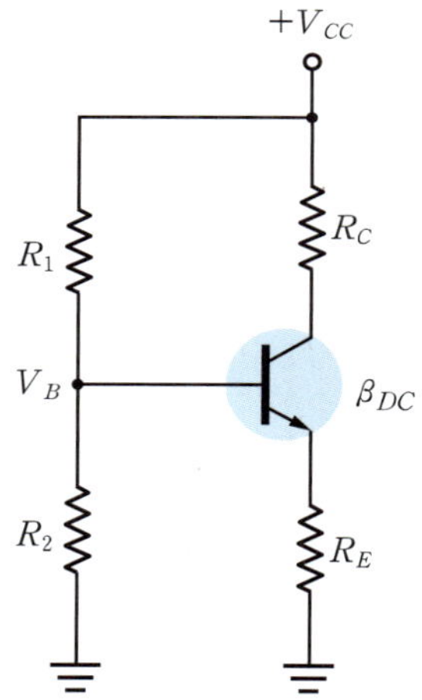

4.12 고정 바이어스 회로의 특징 중 틀린 것은?

① 컬렉터 전류는 베이스 전류에 β_{DC}를 곱한 값이다.

② 동작점이 매우 안정된 회로이다.

③ 컬렉터 전류는 베이스 전류에 비례한다.

④ 동작점은 β_{DC}에 따라 민감하게 변한다.

4.13 다음 중 가장 안정된 트랜지스터 바이어스는?

① 고정 바이어스 ② 이미터 안정화 바이어스

③ 전압분배 바이어스 ④ 답 없음

4.14 npn 트랜지스터와 pnp 트랜지스터의 차이점은 무엇인가?

① 전류가 흐르는 방향이 반대이다.
② 바이어스 인가 전압 방향이 같다.
③ 증폭도가 다르다.
④ 대역폭이 증가한다.

4.15 주관식 트랜지스터의 $I_C = 50\,\mathrm{mA}$, $I_B = 1\,\mathrm{mA}$일 때, α_{DC} 및 β_{DC}를 계산하시오.

4.16 주관식 트랜지스터의 $\alpha_{DC} = 0.98$, $I_E = 100\,\mathrm{mA}$일 때, β_{DC}, I_B, I_C를 계산하시오.

4.17 주관식 다음 회로에서 $V_{BB} = 4.7\,\mathrm{V}$일 때 R_C 양단의 전압강하가 $4\,\mathrm{V}$가 된다면, 이 트랜지스터의 β_{DC} 및 α_{DC}를 구하시오. (단, $V_{CC} = 6\,\mathrm{V}$)

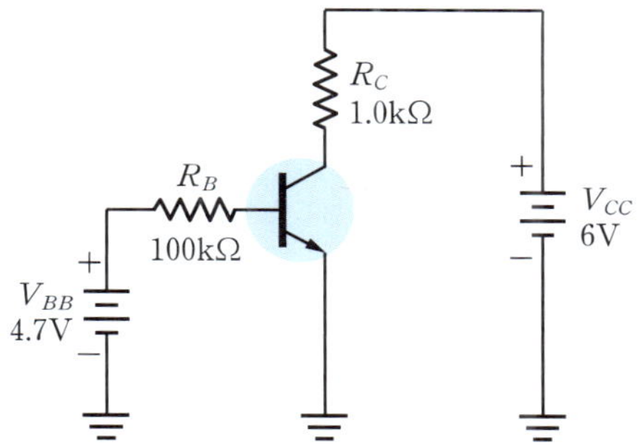

4.18 주관식 [연습문제 4.17]의 회로에서 $V_{BB} = 3.7\,\mathrm{V}$이고 $V_{CC} = 9\,\mathrm{V}$이다. 트랜지스터의 $\beta_{DC} = 150$일 때 α_{DC}, I_B, I_C, I_E를 계산하시오.

4.19 주관식 그림과 같은 회로에서

(a) 트랜지스터의 컬렉터 포화전류 $I_{C(sat)}$를 구하시오.

(b) 트랜지스터가 포화되기 위한 베이스의 최소전류 $I_{B(\min)}$을 구하시오.

(c) 인가전압 V_{IN}의 최소값을 구하시오.

(단, $V_{CE(sat)} = 0\,\mathrm{V}$)

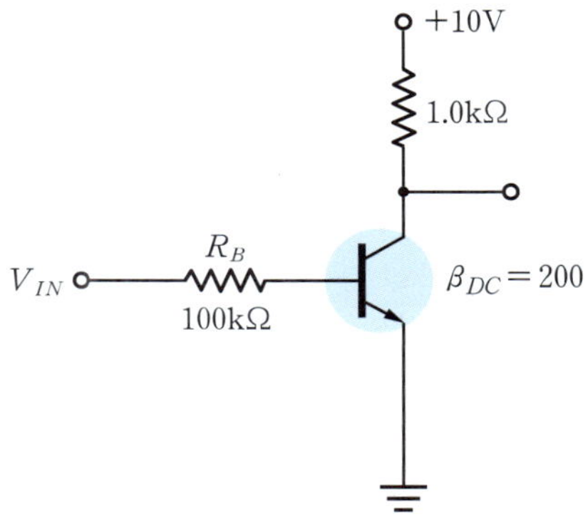

4.20 주관식 그림과 같은 회로에서 $V_{IN}=4.7\text{V}$ 이고, $\beta_{DC}=100$ 인 트랜지스터의 컬렉터 포화전류 $I_{C(sat)}$ 및 베이스의 최소전류 $I_{B(\min)}$을 구하고, 트랜지스터가 포화되기 위한 R_B 값을 구하시오. (단, $V_{CE(sat)}=0\text{V}$)

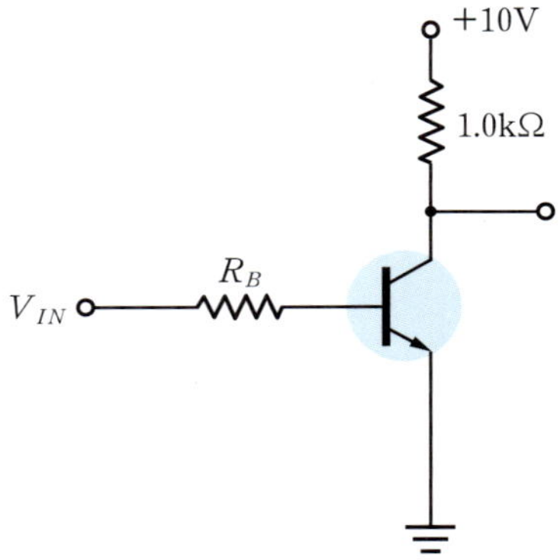

4.21 주관식 그림과 같은 회로에서 부하직선을 그리고, 부하직선 상에 동작점을 표시하시오. (단, $V_{CE(sat)}=0\text{V}$)

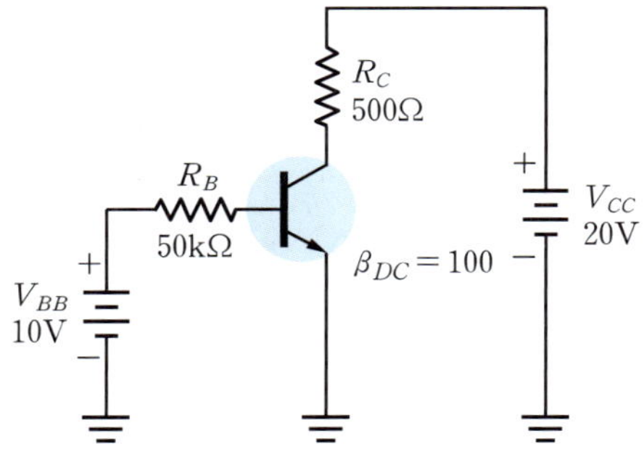

4.22 주관식 그림과 같은 고정 바이어스(베이스 바이어스) 회로에서 Q점(I_{CQ}, V_{CEQ})을 계산하시오. (단, $\beta_{DC}=100$)

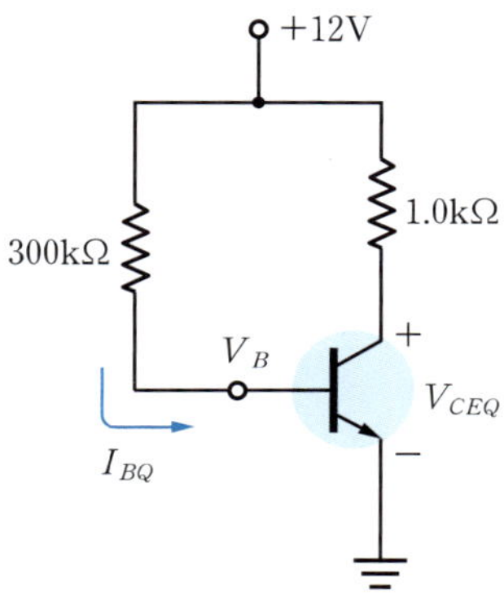

4.23 주관식 이미터 안정화 바이어스 회로(이미터 귀환)에서 Q점(I_{CQ}, V_{CEQ})을 계산하시오. (단, $\beta_{DC}=100$)

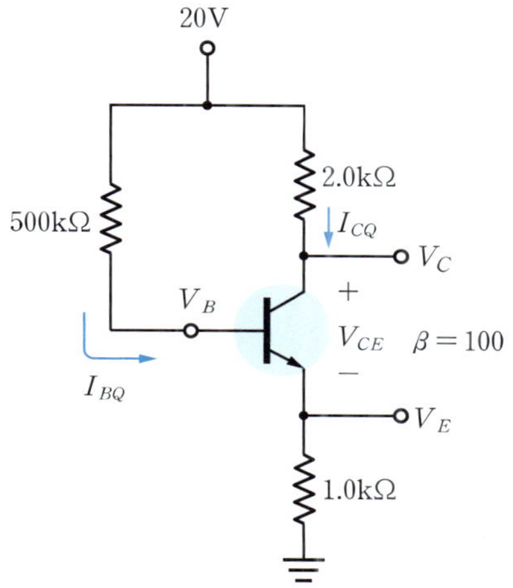

4.24 주관식 전압분배 바이어스 회로에서 근사해석 조건을 확인하고, 조건을 만족하면 근사해석을 하여 Q점(I_{CQ}, V_{CEQ})을 계산하시오. (단, $\beta_{DC}=100$)

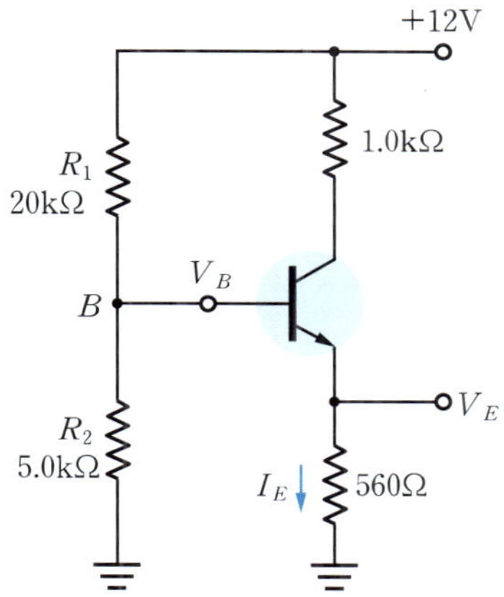

4.25 주관식 전압분배 바이어스 회로에서 근사해석 조건을 확인하고 Q점(I_{CQ}, V_{CEQ})을 계산하시오. (단, $\beta_{DC}=100$)

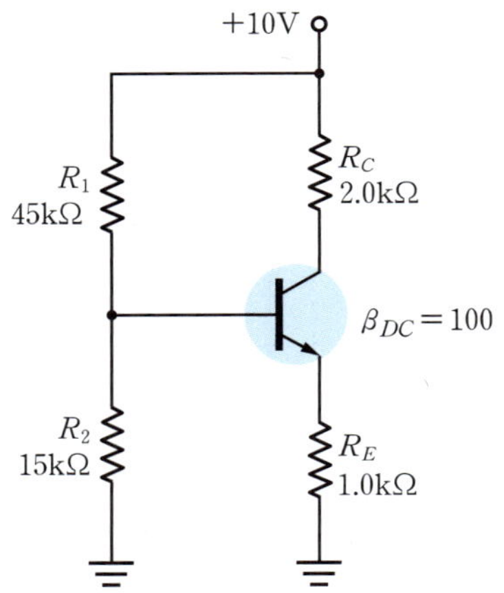

4.26 주관식 다음 pnp 트랜지스터 회로를 근사해석과 정밀해석으로 Q 점을 계산하시오. (단, $\beta_{DC}=150$)

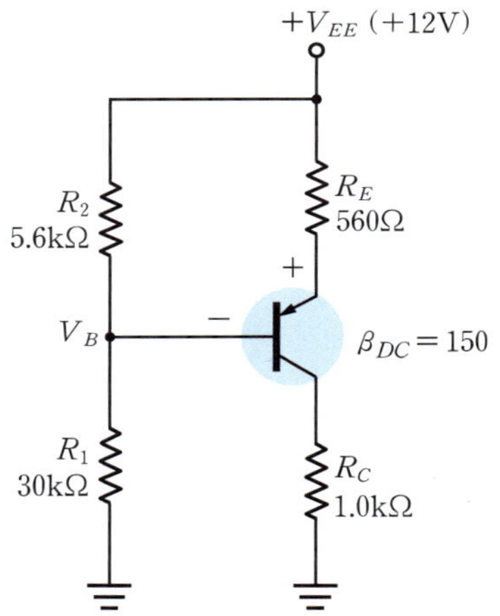

4.27 주관식 다음 이미터 바이어스 회로의 Q점(I_{CQ}, V_{CEQ})을 계산하시오. (단, $\beta_{DC}=150$)

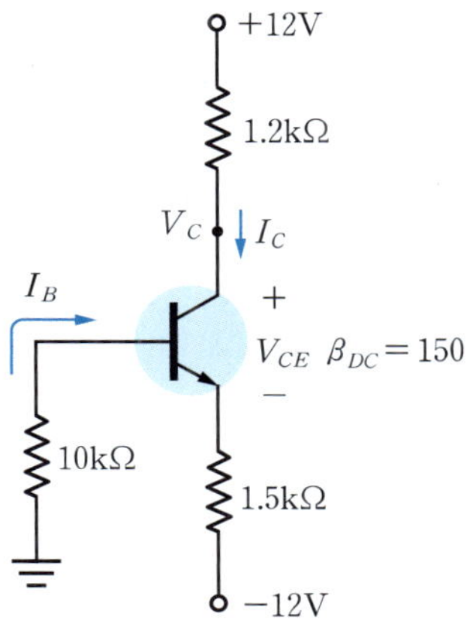

4.28 주관식 다음 컬렉터 귀환 바이어스 회로의 Q점을 계산하시오. (단, $\beta_{DC}=200$)

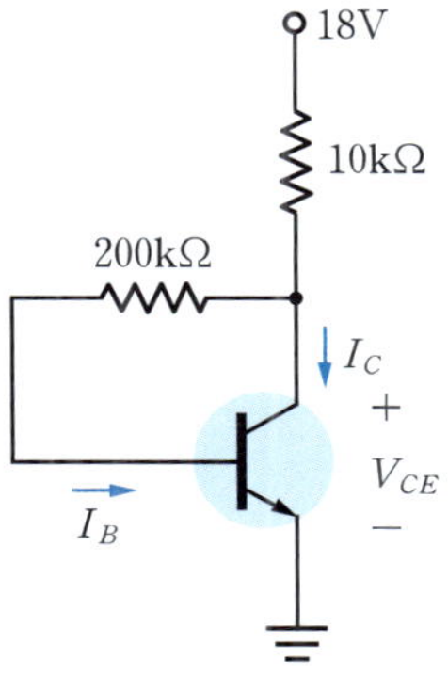

4.29 주관식 다음 전압분배 바이어스 회로에서 다음 값을 구하시오.

(a) I_C

(b) V_E

(c) V_B

(d) 저항 R_1

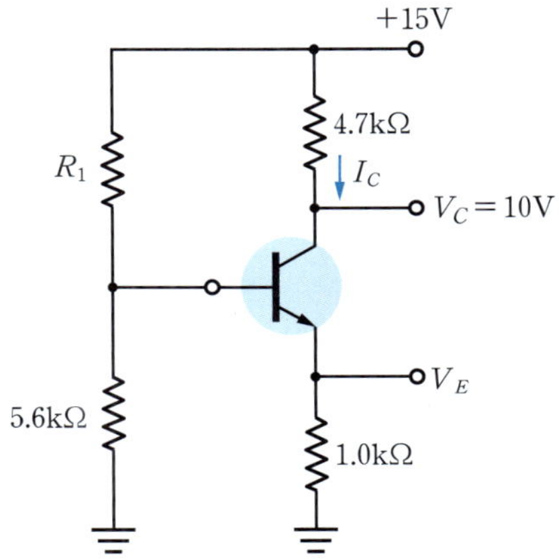

CHAPTER

05

BJT 소신호 증폭기

교류신호가 동작점(Q)을 중심으로 왜곡됨 없이 선형적으로 증폭되도록 부하직선의 일부분에서 교류신호의 증폭이 일어나는 증폭기를 BJT 소신호 증폭기라 하며, BJT 소신호 증폭기는 직류 전원에 의해 적절하게 바이어스 되어야 하며, 직류 바이어스를 통해 결정된 Q점은 부하직선 상에 위치한다. 기본적인 BJT 소신호 증폭기는 공통 이미터 증폭기, 공통 컬렉터 증폭기, 공통 베이스 증폭기가 있다. 이 장에서는 이들 세 증폭기와 다단 증폭기에 대해 살펴볼 것이다.

CONTENTS

SECTION 01

BJT 소신호 증폭기의 교류 모델

BJT 소신호 증폭기의 교류 등가모델은 T-모델과 π-모델이 있으며, 해석에 사용되는 파라미터에는 r-파라미터와 h-파라미터가 있다. 이 절에서는 BJT 소신호 증폭기의 동작, 파라미터 및 교류 모델에 대해 살펴보자.

Keywords | 소신호 증폭기 | r-파라미터 | h-파라미터 | T-모델 | π-모델 | 교류 알파(α_{ac}) | 교류 베타(β_{ac}) | 교류 이미터 저항($r_e{}'$) |

BJT 소신호 증폭기의 동작

부하직선 상의 동작점(Q)을 중심으로 일부분에서만 신호를 증폭시키는, 즉 작은 교류신호를 취급하는 증폭기를 **소신호 증폭기**라 한다. 소신호 증폭기를 해석하기 위해서는 트랜지스터의 교류 모델과 파라미터를 활용한다.

직류전원에 의한 트랜지스터 바이어스는 교류 입력신호에 따라 전류와 전압이 선형적으로 변하도록 Q점을 설정하는 것이 중요하다. [그림 5-1]은 전압분배 바이어스 된 회로의 베이스에 커패시터(C_1)로 결합된 신호원과 컬렉터에 커패시터(C_2)로 결합된 부하를 가진 전압분배 바이어스 공통 이미터 증폭기를 보여준다. 결합 커패시터(C_1, C_2)는 직류를 차단하여 전원저항 R_s와 부하저항 R_L에 의해 발생하는 베이스와 컬렉터에서 바이어스 전압의 변화를 막아주기 때문에 Q는 변하지 않는다. 그러나 교류 신호전압에서 결합 커패시터(C_1, C_2)는 거의 단락 상태가 되므로 결합 커패시터(C_1, C_2)를 통해 교류신호에 의한 전류가 흘러 DC 바이어스 레벨, 즉 Q점을 기준으로 상하로 변하는 베이스 전압을 만든다. 베이스 전류의 변화는 트랜지스터의 전류이득 β_{ac}에 비례한 동위상의 컬렉터 전류를 흐르게 한다. 따라서 베이스 전류와 동상인 컬렉터 전류는 Q점 상하로 변하고, 컬렉터-이미터 전압 V_{ce}는 베이스 전압과 $180°$의 위상차를 가지며, Q점 상하로 변화된다.

[그림 5-2]는 앞서 설명한 트랜지스터의 동작을 교류 부하직선 상에 그래프로 나타낸 것이다. 베이스 신호는 화살표로 표시된 것처럼 부하선 상의 Q점 상하로 동일한 베이스 전류를 구동시킨다. 베이스 전류의 첨두값으로부터 I_C축으로 투영된 선과 V_{CE}축 아래로 투영되어 교차된 선은 컬렉터 전류와 컬렉터-이미터 전압의 첨두값 간 변화를 나타낸다. 교류 부하직선은 실제적으로 컬렉터 저항이 커패시터로 결합된 부하저항과 병렬로 작용하여 직류회로보다 컬렉터 합성저항이 작아지기 때문에 직류 부하직선과 다르다.

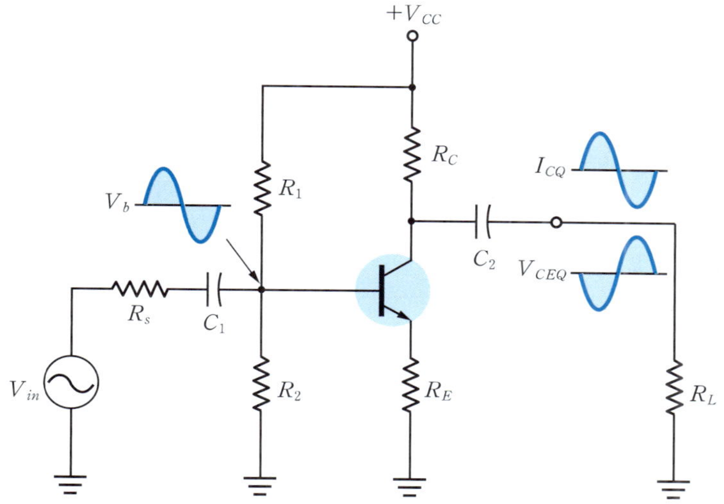

[그림 5-1] 내부저항 R_s 인 교류전원에 의한 전압분배 바이어스 증폭기

> **여기서 잠깐**
>
> 트랜지스터 증폭기를 직류 해석할 때 직류량은 I_C, I_E, V_{CE}와 같이 대문자 옆에 대문자 아래첨자를 써서 전압과 전류를 나타낸다. 반대로 교류(신호) 해석에서 실효값(rms)이나 피크값 같은 교류량(ac)은 I_e, I_c, V_c, V_{ce}와 같이 대문자 옆에 소문자 아래첨자를 써서 전류와 전압을 나타낸다. 교류의 순시값은 i_c, i_e, i_b, v_{ce}와 같이 소문자 옆에 소문자 아래첨자를 써서 나타낸다. 저항도 직류회로를 해석할 때는 대문자 옆에 대문자 아래첨자를 쓰고, 교류회로를 해석할 때는 대문자 옆에 소문자 아래첨자를 쓴다. 예를 들어, R_C는 직류 컬렉터 저항을, R_c는 교류 컬렉터 저항을 나타낸다. 그리고 트랜지스터의 내부저항값은 소문자 r'으로 나타내는데, 예를 들어 내부 교류 이미터 저항은 r_e'으로 나타낸다.

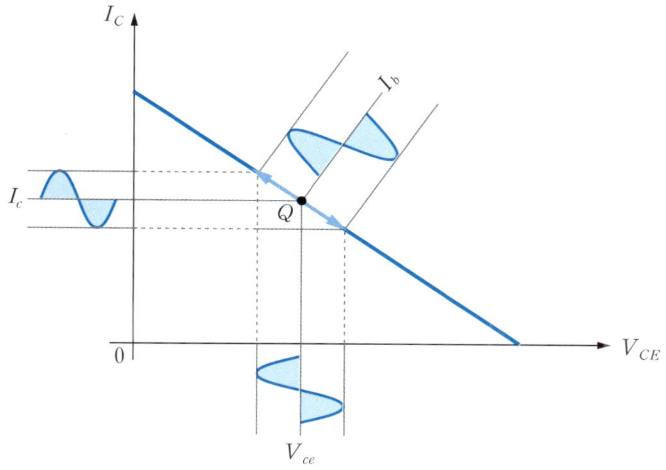

[그림 5-2] 교류 부하선에서 베이스 전류, 컬렉터 전류 및 컬렉터-이미터 전압의 변화

트랜지스터 교류 모델의 파라미터

트랜지스터 교류 모델을 이용하여 증폭기 회로의 동작을 설명하기 위해서는 트랜지스터의 내부 파라미터들을 이해해야 한다. 트랜지스터 교류 모델의 파라미터에는 $r-$파라미터와 $h-$파라미터가 있다. 트랜지스터 증폭기를 해석할 때는 $r-$파라미터를 주로 이용한다. 교류 등가모델로는 $T-$모델과 $\pi-$모델이 있다.

■ $r-$파라미터

BJT 증폭기를 해석할 때는 [표 5-1]과 같이 5개의 $r-$파라미터를 사용하며, 트랜지스터의 내부저항은 소문자 r'을 써서 나타낸다.

[그림 5-3]을 보자. 그림 (a)는 교류입력에서의 트랜지스터의 내부 구조를, 그림 (b)는 트랜지스터(BJT) 증폭기 해석을 위한 $r-$파라미터의 $T-$모델을 보여준다. 회로해석을 쉽게 하기 위해서는 회로를 단순하게 만들어야 한다. 이 모델의 교류 베이스 저항 r_b'은 무시할 수 있을 정도로 매우 작으므로 단락회로로 대치하고, 교류 컬렉터 저항 r_c'은 보통 수백 kΩ 으로 매우 크므로 개방회로로 대치하여 그림 (c)와 같이 단순화할 수 있다. 이미터와 베이스 단자 사이의 저항 r_e'은 순방향으로 바이어스 된 이미터와 베이스 사이의 저항이다. 다이아몬드 모양(◇)으로 표시된 컬렉터 전류원은 종속전원으로 $\alpha_{ac}I_e$ 또는 $\beta_{ac}I_b$로 표시한다. 그림 (d)는 $\pi-$모델을 보여준다.

[표 5-1] $r-$파라미터

구분	설명
α_{ac}	교류 알파(I_c/I_e)
β_{ac}	교류 베타(I_c/I_b)
r_e'	교류 이미터 저항
r_b'	교류 베이스 저항
r_c'	교류 컬렉터 저항

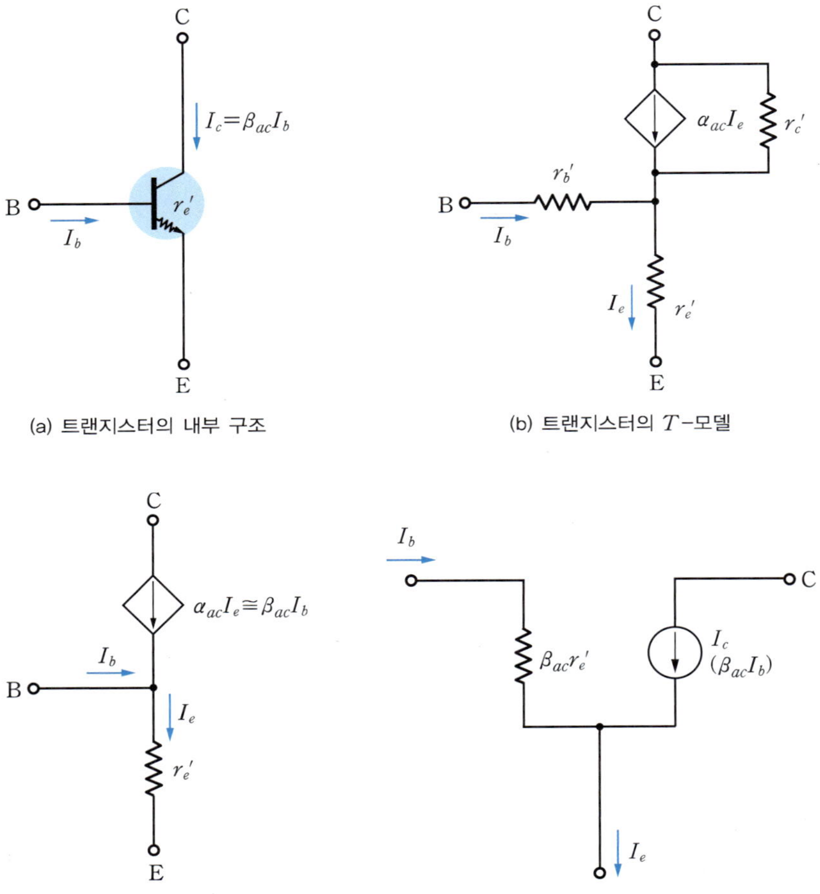

(a) 트랜지스터의 내부 구조

(b) 트랜지스터의 $T-$모델

(c) 간략화된 $T-$모델

(d) $\pi-$모델

[그림 5-3] $r-$파라미터에 의한 트랜지스터 모델

r－파라미터의 교류 이미터 저항 $r_e{}'$은 증폭기 해석에서 매우 중요하며, 근사값으로 식 (5.1)로 계산된다.

★ r－파라미터 ★

$$r_e{}' \cong \frac{25\,\text{mV}}{I_E} \qquad (I_E = \text{직류 이미터 전류}) \tag{5.1}$$

■ h－파라미터

반도체 제조사는 규격표에 h(hybrid)－파라미터 h_i, h_r, h_f, h_o를 쓴다. 그 이유는 파라미터를 측정하기가 쉽기 때문이다. 파라미터를 측정할 때는 출력 단을 단락하여 입력 임피던스 h_i와 순방향 전류이득 h_f를 측정하고, 입력 단을 개방하여 전압 귀환비 h_r과 출력 어드미턴스 h_o를 측정한다. [표 5-2]에 기본적인 4개의 교류 h－파라미터를 나타냈다. 증폭기의 구성에 따라 h－파라미터를 구분하여 나타내기 위해 두 번째 아래첨자를 사용한다. 즉 공통 이미터 증폭기에서는 두 번째 아래첨자에 e를, 공통 베이스 증폭기에서는 b를, 공통 컬렉터 증폭기에서는 c를 쓴다.

[표 5-2] h－파라미터 구분과 표기법

구분	설명
h_i	입력 임피던스(저항)
h_r	전압 귀환비
h_f	순방향 전류이득
h_o	출력 어드미턴스(컨덕턴스)

증폭기 구성	표기법
공통 이미터 증폭기	h_{ie}, h_{re}, h_{fe}, h_{oe}
공통 베이스 증폭기	h_{ib}, h_{rb}, h_{fb}, h_{ob}
공통 컬렉터 증폭기	h_{ic}, h_{rc}, h_{fc}, h_{oc}

★ h－파라미터와 r－파라미터의 관계 ★

- $\alpha_{ac} = h_{fb}$ (5.2)
- $\beta_{ac} = h_{fe}$ (5.3)
- $r_e{}' = \dfrac{h_{re}}{h_{oe}}$ (5.4)
- $r_c{}' = \dfrac{h_{re}+1}{h_{oe}}$ (5.5)
- $r_b{}' = h_{ie} - \dfrac{h_{re}}{h_{oe}}(1+h_{fe})$ (5.6)

BJT 소신호 증폭기의 중요한 파라미터 : $R_{i(tot)}$, R_o, A_v, A_i

BJT 소신호 증폭기의 교류 등가회로를 해석할 때 중요하게 다뤄지는 파라미터에 대해 알아보자. [그림 5-4]의 회로를 보자.

[그림 5-4]는 BJT 소신호 증폭기 회로로서 직류전원에 의해 적절한 동작점 Q가 결정되고, 교류신호는 동작점을 중심으로 동작하므로 교류해석에서 **직류전원은 단락**(short)으로 대체한다. 이렇게 직류전원을 단락으로 대체하는 것을 **교류접지**(ac ground)라고 한다. 이는 직류 공급전원이 출력전압의 직류 성분만 결정하고, 교류신호에는 영향을 미치지 않기 때문이다. 직류전원을 단락(접

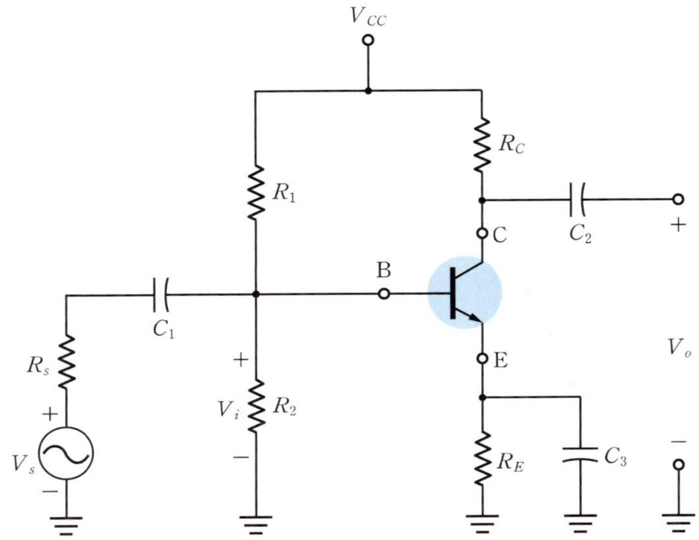

[그림 5-4] BJT 소신호 증폭기 회로

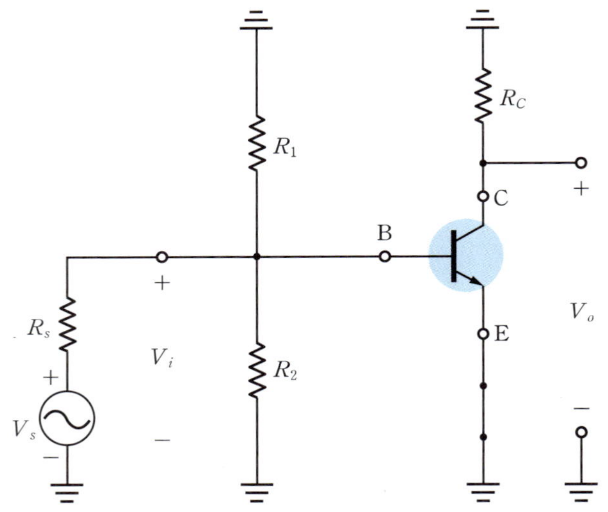

[그림 5-5] 직류전원을 단락시킨(접지한) BJT 소신호 증폭기 회로

지)으로 대체하고, 결합(coupling) 커패시터(C_1, C_2) 및 우회(bypass) 커패시터(C_3)는 회로의 교류입력의 동작 주파수에서 매우 작은 용량성 리액턴스 값을 갖도록 설정되었기 때문에 **단락회로**로 대체된다. 이렇게 대체된 등가회로가 바로 [그림 5-5]이다. 우회 커패시터(C_3)는 바이어스를 결정하는 저항 R_E를 단락시킨다. 직류전원에 의한 동작점을 계산(직류해석)할 때는 결합 커패시터(C_1, C_2) 및 우회 커패시터(C_3)가 개방회로로 대체되기 때문에 동작점을 쉽게 계산할 수 있다.

[그림 5-5]의 회로를 다시 그리면 [그림 5-6]과 같다.

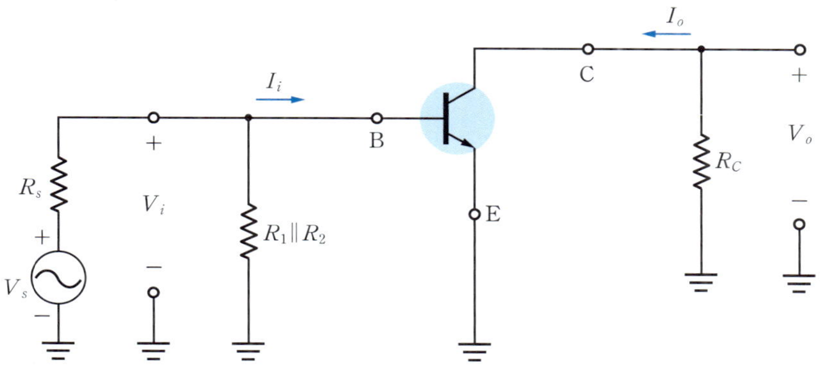

[그림 5-6] BJT 소신호 증폭기의 교류 등가회로

BJT 소신호 증폭기의 교류 등가회로를 그리는 과정을 정리하면 다음과 같다.

★ BJT 소신호 증폭기의 교류 등가회로 그리기 ★

❶ BJT 소신호 증폭기의 모든 직류전원은 0 V로 하고, **접지**(Ground)로 대체한다.
❷ 모든 커패시터는 **단락회로**(short)로 대체한다.
❸ 단락되는 소자를 제거하고 분석하기 편한 회로로 다시 그린다.

[그림 5-6]의 회로로부터 BJT 소신호 증폭기의 교류해석에서 중요하게 다뤄지는 파라미터로는 교류 입력전압에 대한 출력전압의 비율인 전압이득($A_v = V_{out} / V_{in}$)과 입력전류에 대한 출력전류의 비율인 전류이득($A_i = I_{out} / I_{in}$)이 있으며, 회로 분석에서 중요하게 다뤄지는 입력저항 $R_{i(tot)}$와 출력저항 R_o가 있다. 먼저 입력저항과 출력저항에 대해 알아보자.

■ 입력저항 $R_{i(tot)}$

입력저항은 입력 측에서 옴의 법칙에 의해 정의된 것으로 입력전류에 대한 입력전원의 비율로 나타낸다.

$$R_{i(tot)} = \frac{V_{in}}{I_{in}} \tag{5.7}$$

BJT 소신호 증폭기 회로에서 입력저항은 순수한 저항 성분이며, 트랜지스터 증폭기 회로에 따라 수 $\Omega \sim \mathrm{M}\Omega$ 값을 갖는다.

■ 출력저항 R_o

출력저항은 입력 인가신호를 0으로 하고 출력 단에서 시스템을 바라볼 때의 저항으로, 출력전류에 대한 출력전압의 비율로 나타낸다.

$$R_o = \frac{V_{out}}{I_{out}} \tag{5.8}$$

BJT 소신호 증폭기 회로의 출력저항은 순수한 저항 성분이며, 저항요소의 구조와 위치에 따라 수 $\Omega \sim \mathrm{M}\Omega$ 값을 갖는다.

■ 전압이득 A_v

소신호 증폭기의 교류 전압이득은 증폭기의 중요한 특성 중 하나로, 입력전원에 대한 출력전압의 비율로 나타낸다.

$$A_v = \frac{V_{out}}{V_{in}} \tag{5.9}$$

식 (5.9)는 증폭기 내의 트랜지스터에서의 전압이득이다. [그림 5-7]과 같이 내부저항 R_s 가 있는 전원 V_s 에 의한 증폭기의 전체 전압이득(V_{out}/V_s)은 다음과 같이 계산해야 한다.

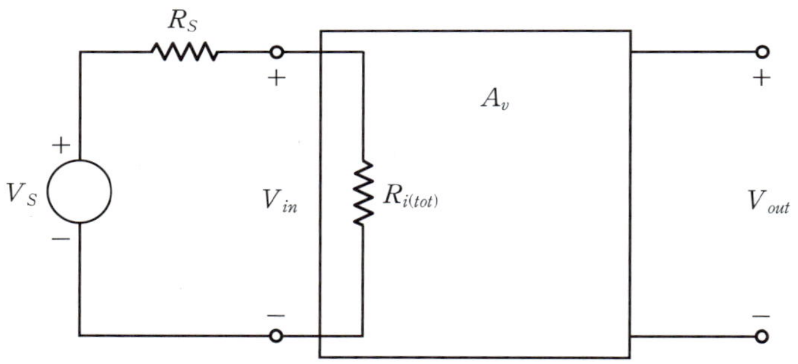

[그림 5-7] 신호원 V_s 의 전압이득

$V_{in} = \dfrac{R_{i(tot)}}{R_{i(tot)} + R_s} V_s$ 에서 $\dfrac{V_{in}}{V_s} = \dfrac{R_{i(tot)}}{R_{i(tot)} + R_s}$ 이므로 전체 전압이득 A_v' 은 다음과 같다.

$$A_v' = \frac{V_{out}}{V_s} = \frac{V_{in}}{V_s} \cdot \frac{V_{out}}{V_{in}}$$

트랜지스터 증폭기의 전압이득($V_{out}/V_{in} = A_v$)을 적용하여 다시 정리하면 식 (5.10)과 같다.

$$A_v{}' = \frac{V_{out}}{V_s} = \frac{R_{i(tot)}}{R_{i(tot)} + R_s} \cdot A_v \quad (5.10)$$

■ 전류이득 A_i

전류이득은 입력전류에 대한 출력전류의 비율로, 식 (5.11)과 같이 나타낸다. 일반적으로 증폭기의 형태(CE, CC, CB)에 따라 전류이득의 범위가 달라지는데, 1보다 약간 작은 값(공통 베이스 증폭기)에서부터 100 이상의 값(공통 이미터 증폭기)을 갖는다.

전류이득 A_i는 다음과 같다.

$$A_i = \frac{I_{out}}{I_{in}} = -\frac{V_{out}/R_o}{V_{in}/R_{i(tot)}} = -\frac{V_{out}\,R_{i(tot)}}{V_{in}\,R_o} \quad (5.11)$$

$$\left(\text{이때 } I_{in} = \frac{V_{in}}{R_{i(tot)}},\ I_{out} = -\frac{V_{out}}{R_o} \text{ 이다.}\right)$$

식 (5.11)을 간단하게 정리하면 다음과 같다.

$$A_i = -A_v \frac{R_{i(tot)}}{R_o} \quad (5.12)$$

■ 위상

트랜지스터 증폭기에서 입력신호와 출력신호의 위상은 동위상(공통 컬렉터 증폭기)이거나 180° 위상차(공통 이미터 증폭기)를 갖는다.

★ BJT 소신호 증폭기의 중요한 파라미터 ★

- **입력저항** : $R_{i(tot)} = \frac{V_{in}}{I_{in}}$ (5.7)
- **출력저항** : $R_o = \frac{V_{out}}{I_{out}}$ (5.8)
- **전압이득** : $A_v = \frac{V_{out}}{V_{in}}$ (5.9)
- **전류이득** : $A_i = -A_v \frac{R_{i(tot)}}{R_o}$ (5.12)

SECTION 02

BJT 소신호 증폭기

이 절에서는 BJT 소신호 증폭기에 대해 다룬다. 부하직선 상의 Q점을 중심으로 부하직선의 일부분에서만 신호의 증폭이 일어나는 작은 교류신호 증폭기를 소신호 증폭기라 하며, 기본적인 소신호 증폭기로는 공통 이미터 증폭기, 공통 컬렉터 증폭기, 공통 베이스 증폭기가 있다. 또한 전체 전압이득을 증가시키기 위한 다단 증폭기에 대해서도 공부한다.

Keywords | 공통 이미터 증폭기 | 공통 컬렉터 증폭기 | 달링턴 쌍 | 공통 베이스 증폭기 | 다단 증폭기 |

공통 이미터 증폭기

BJT 트랜지스터는 증폭기의 입력과 출력의 공통(접지) 단자에 따라 공통 이미터 증폭기, 공통 컬렉터 증폭기, 그리고 공통 베이스 증폭기의 세 가지가 있다. 공통 이미터(CE: Common Emitter) 증폭기는 교류신호에 대해 이미터 단자가 입력과 출력의 공통(접지) 단자 역할을 하며, 높은 전압이득 및 전류이득을 갖는다.

[그림 5-8(a)]의 전압분배 바이어스 된 공통 이미터 증폭기를 보자. 입력과 출력에 결합 커패시터 C_1과 C_2 그리고 이미터와 접지 사이의 바이패스 커패시터 C_3로 구성되어 있다. 교류 입력신호 V_{in}은 베이스 단자에 결합 커패시터 C_1을 통해 연결되어 있으며, 출력신호 V_{out}은 컬렉터 측의 결합 커패시터 C_2를 통해 부하와 연결된다. 바이패스 커패시터 C_3는 교류입력의 동작 주파수에서 매우 작은 용량성 리액턴스 값을 갖도록 설정되었기 때문에 **단락회로**로 대체되므로, 이미터 단자는 접지되어 있다. 공통 이미터 증폭기는 베이스 단자와 이미터 단자(접지)를 통해 교류 입력신호를 공급하고 컬렉터 단자와 이미터 단자(접지) 사이에서 출력신호를 얻으므로, 이미터 단자는 입력과 출력신호의 공통 단자(접지) 역할을 한다. 따라서 이 회로를 **공통 이미터 증폭기**라 부른다.

또한 공통 이미터 증폭기는 베이스 단자를 통해 입력신호가 인가되고, 그 입력신호에 따라 교류 베이스 전류가 변하며, 변화하는 교류 베이스 전류는 Q점을 중심으로 교류 컬렉터 전류를 변화시킨다. 즉 베이스 전압의 증가는 베이스 전류를 증가시키고, 증가된 베이스 전류는 컬렉터 전류를 증가시킨다. 컬렉터 전류의 증가는 R_C 전압의 증가로 이어지게 된다. R_C 전압이 증가하면 컬렉터 전압 V_C는 감소하게 된다. 입력신호 전압이 증가하면 출력신호 전압이 감소하고, 반대로 입력신호가 감소하면 출력신호가 증가한다. 결과적으로 그림 (b)와 같이 입력신호 전압과 출력신호 전압은 $180°$의 위상차(위상반전)를 갖는다.

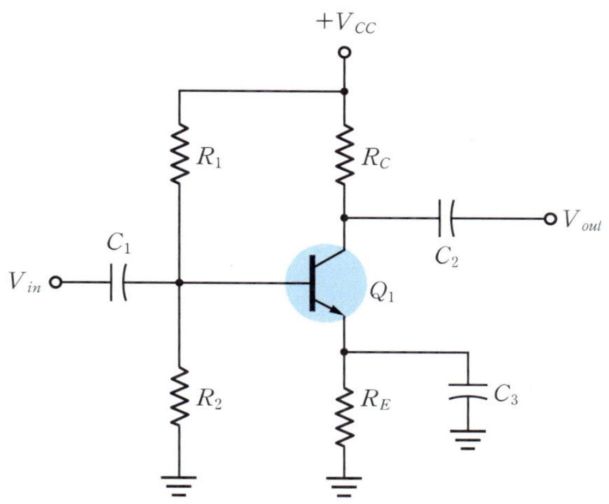

(a) 공통 이미터 증폭기

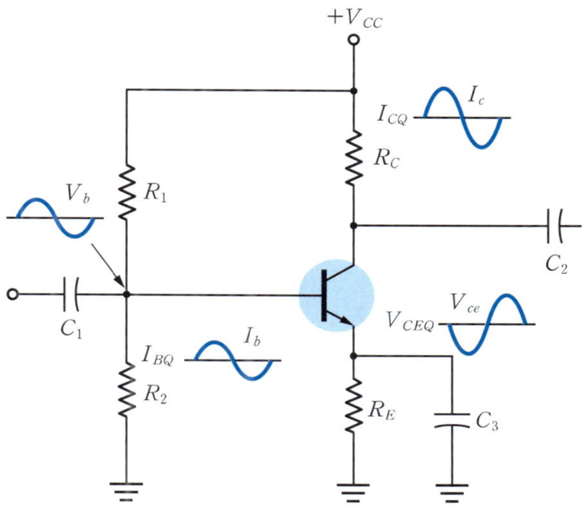

(b) 공통 이미터 증폭기에서 동작신호

[그림 5-8] 공통 이미터 증폭기의 동작

■ 직류해석

[그림 5-9]를 보자. 그림 (a)와 같은 전압분배 바이어스의 공통 이미터 증폭기 회로를 살펴보자. 공통 이미터 증폭기를 해석하기 위해서는 먼저 직류 바이어스 값(Q 점)을 결정해야 한다. 직류전원에서 커패시터는 무한대의 저항(개방회로)으로 동작하므로, 공통 이미터 증폭기의 입·출력단의 결합 커패시터와 바이패스 커패시터가 개방되어 부하저항과 신호원이 제거된다. 따라서 그림 (b)와 같이 전압분배 바이어스 회로만 남게 된다.

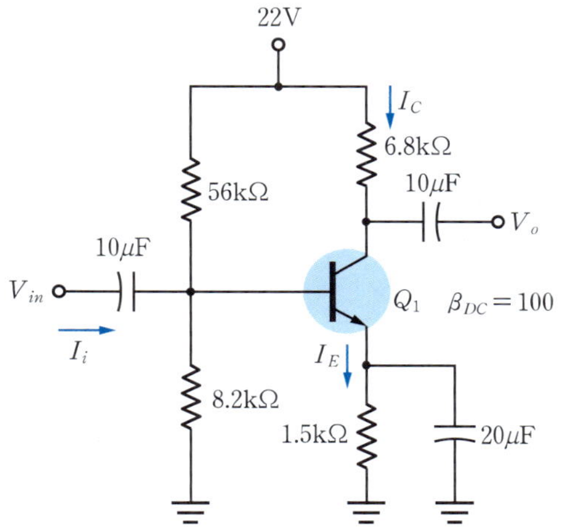

(a) 이미터 공통 증폭기

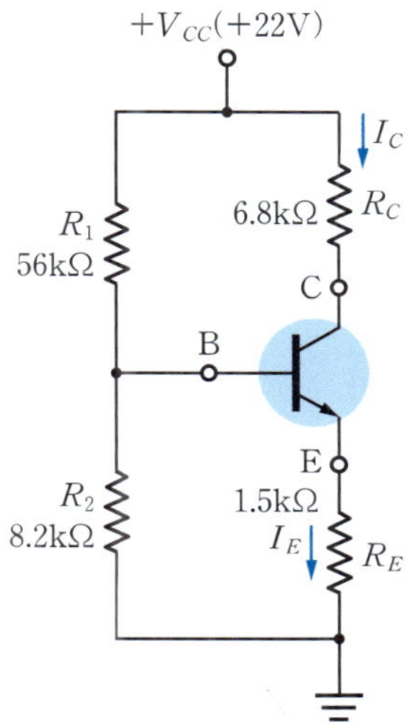

(b) 전압분배 바이어스 회로($\beta_{DC}=100$)

[그림 5-9] 공통 이미터 증폭기의 직류 등가회로

공통 이미터 증폭기의 직류해석은 그림 (b)의 전압분배 바이어스 회로를 이용한다. 베이스 전류에서 계산된 이미터 저항 $R_{IN(BASE)} = \beta_{DC} \cdot R_E = 100 \times 1.5\,\mathrm{k\Omega} = 150\,\mathrm{k\Omega}$ 이고 $10 \times R_2 = 10 \times 8.2\,\mathrm{k\Omega} = 82\,\mathrm{k\Omega}$ 으로, $R_{IN(BASE)} \geq 10 \times R_2$ 이므로 근사해석 조건을 만족한다. 따라서 다음처럼 근사해석으로 동작점(Q)을 계산한다.

$$V_B = \frac{R_2}{R_1 + R_2} V_{CC} = \frac{8.2\,\mathrm{k\Omega}}{56\,\mathrm{k\Omega} + 8.2\,\mathrm{k\Omega}} \times 22\,\mathrm{V} = 2.81\,\mathrm{V}$$

$$V_E = V_B - V_{BE} = 2.81\,\mathrm{V} - 0.7\,\mathrm{V} = 2.11\,\mathrm{V}$$

$$I_E = \frac{V_E}{R_E} = \frac{2.11\,\mathrm{V}}{1.5\,\mathrm{k\Omega}} = 1.41\,\mathrm{mA}$$

$$I_E \cong I_C = 1.41\,\mathrm{mA}$$

$$V_{CE} = V_{CC} - I_C(R_C + R_E) = 22\,\mathrm{V} - 1.41\,\mathrm{mA}\,(6.8\,\mathrm{k\Omega} + 1.5\,\mathrm{k\Omega}) = 10.3\,\mathrm{V}$$

$$r_e{}' = \frac{25\,\mathrm{mV}}{I_E} = \frac{25\,\mathrm{mV}}{1.41\,\mathrm{mA}} = 17.7\,\Omega$$

■ 교류해석

교류신호 해석을 하기 위해서는 증폭기의 교류 등가회로를 다음과 같이 가정한다.

❶ 결합 커패시터 및 바이패스 커패시터 C_1, C_2, C_3 는 신호 주파수에서 임피던스 $X_C \cong 0$ 으로 가정하므로, **유효단락**으로 가정한다.

❷ **직류전원은 접지**로 대체한다(교류접지).

교류신호 해석을 위한 공통 이미터 증폭기의 교류 등가회로는 [그림 5-10]과 같다.

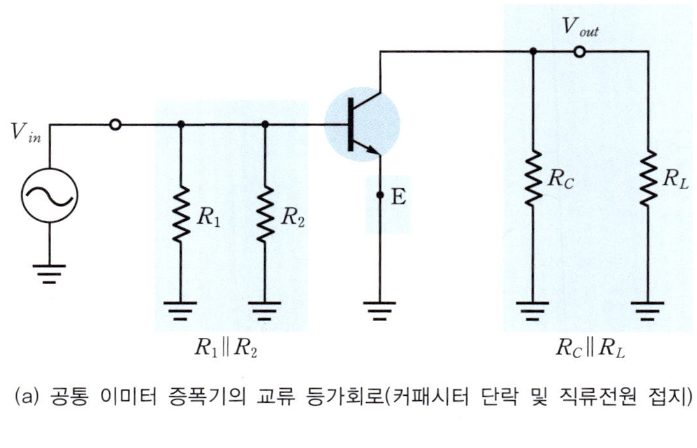

(a) 공통 이미터 증폭기의 교류 등가회로(커패시터 단락 및 직류전원 접지)

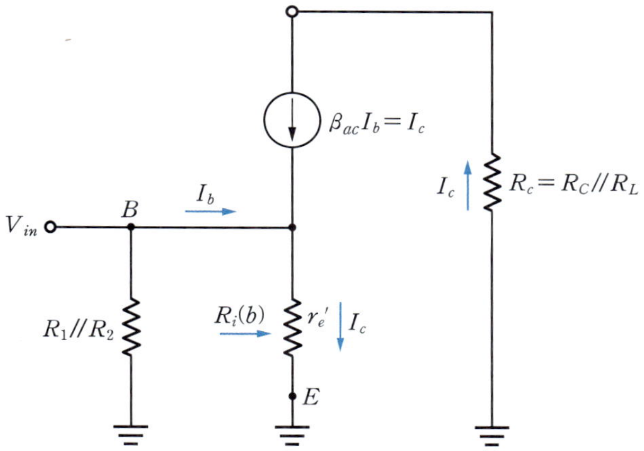

(b) T−모델 교류 등가회로

[그림 5-10] 공통 이미터 증폭기의 교류 등가회로

교류신호 해석에서 교류접지와 실제 접지는 전기적으로 같이 취급한다. 일반적으로 증폭기의 특성을 해석한다는 것은 주요 파라미터 입력저항($R_{i(tot)}$), 출력저항(R_o), 전압이득(A_v), 전류이득(A_i), 전력이득(A_p) 등을 계산한다는 뜻이다.

(1) 전체 입력저항 $R_{i(tot)}$

먼저 베이스에서 본 공통 이미터 증폭기의 입력저항은 [그림 5-11(a)]와 같은 r−파라미터 등가회로에서 계산된다.

$$R_{i(b)} = \frac{V_{in}}{I_{in}} = \frac{V_b}{I_b}$$

[그림 5-11(a)]에서 베이스 전압 V_b는 다음과 같다.

$$V_b = I_e\, r_e{}' = \beta_{ac} I_b\, r_e{}' \qquad (\text{여기서 } I_e \cong \beta_{ac}\, I_b)$$

따라서 베이스에서 본 입력저항 $R_{i(b)}$는 다음과 같다.

$$R_{i(b)} = \frac{V_{in}}{I_{in}} = \frac{V_b}{I_b} = \frac{\beta_{ac} I_b\, r_e{}'}{I_b} = \beta_{ac} r_e{}'$$

이를 정리하면 다음과 같다.

$$R_{i(b)} = \beta_{ac} r_e{}' \qquad (5.13)$$

또한 전압분배 바이어스를 포함한 공통 이미터 증폭기의 전체 입력저항은 [그림 5-11(b)]의 π−모델 교류 등가회로인 [그림 5-12]로부터 식 (5.14)와 같이 계산된다.

$$R_{i(tot)} = R_1 \parallel R_2 \parallel R_{i(b)} \qquad (5.14)$$

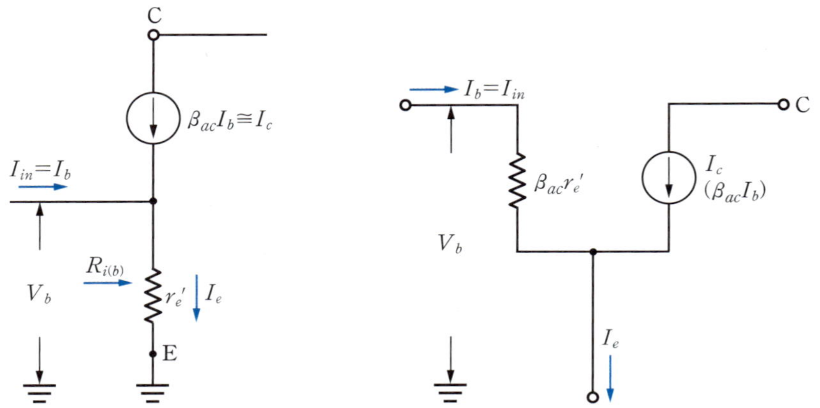

(a) T－모델(r－파라미터) 공통 이미터 증폭기 (b) π－모델 교류 등가회로

[그림 5-11] 공통 이미터 증폭기 트랜지스터의 교류 T－모델과 π－모델

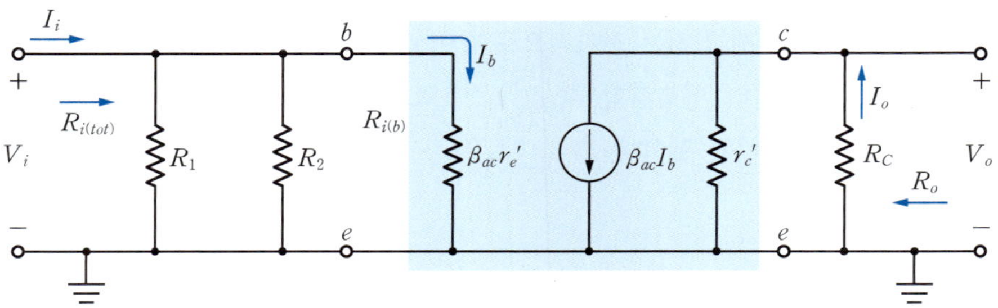

[그림 5-12] 전압분배 바이어스를 포함한 공통 이미터 증폭기 교류 등가회로

(2) 출력저항 R_o

출력 저항은 인가신호를 0으로 하고 출력 단에서 시스템을 바라볼 때의 저항으로, 입력 인가신호가 0이므로 출력단의 전류원, $\beta_{ac}I_b = 0$이 되어 전류원이 개방된다. 따라서 공통 이미터 증폭기의 출력저항은 [그림 5-12]에서처럼 R_c와 r_c'이 병렬로 나타난다. 컬렉터 내부저항 r_c'은 R_c보다 훨씬 크기 때문에 컬렉터 저항과 거의 같다.

$$R_o = R_c \parallel r_c' \cong R_c$$

(3) 전압이득 A_v

공통 이미터 증폭기의 교류 전압이득은 입력전압에 대한 출력전압의 비로서, [그림 5-13(b)]의 교류 등가회로로부터 구할 수 있다. 트랜지스터에서의 교류 전압이득은 교류 입력전압에 대한 교류 출력전압의 비, 즉 베이스 전압 V_b에 대한 컬렉터 전압 V_c의 비가 된다.

$$A_v = \frac{V_{out}}{V_{in}} = \frac{V_c}{V_b} = \frac{\alpha_{ac} I_e R_c}{I_e r_e'} = \frac{R_c}{r_e'} \quad (\text{여기서 } \alpha_{ac} \cong 1) \tag{5.15}$$

식 (5.15)는 공통 이미터 증폭기 트랜지스터의 베이스에서 컬렉터까지의 전압이득이며, 입력신호원에서의 출력까지의 전체 전압이득은 입력회로에서 내부저항에 의한 감쇠까지 고려해야 한다.

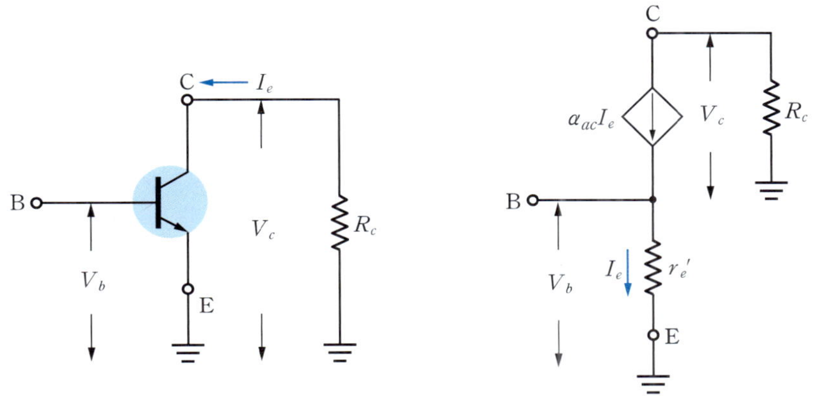

(a) 교류 전압이득 유도를 위한 트랜지스터 회로 (b) 간략화된 T-모델 등가회로

[그림 5-13] 트랜지스터의 교류 전압이득

교류 입력신호원 V_s에서 컬렉터 출력전압 V_c까지의 전압이득을 A_v'이라 하면, [그림 5-14 (b)]에서 다음처럼 유도된다. 전체 전압이득을 구하는 식은 다음과 같다.

$$A_v' = \frac{V_c}{V_s} = \left(\frac{V_b}{V_s}\right)\left(\frac{V_c}{V_b}\right) \tag{5.16}$$

여기서

$$V_b = \frac{R_{i(tot)}}{R_s + R_{i(tot)}}(V_s)$$

$$\frac{V_b}{V_s} = \frac{R_{i(tot)}}{R_s + R_{i(tot)}}$$

이다. 식 (5.15)로부터

$$A_v = \frac{V_c}{V_b} = \frac{R_c}{r_e'}$$

이므로, 교류 입력신호원 V_s에서 컬렉터 출력전압 V_c까지의 이득 A_v'은 식 (5.17)과 같다.

$$A_v' = \frac{V_c}{V_s} = \left(\frac{V_b}{V_s}\right)\left(\frac{V_c}{V_b}\right) = \left(\frac{R_{i(tot)}}{R_s + R_{i(tot)}}\right)\left(\frac{V_c}{V_b}\right) = \left(\frac{R_{i(tot)}}{R_s + R_{i(tot)}}\right)(A_v) \tag{5.17}$$

(여기서 $R_{i(tot)} = R_1 \parallel R_2 \parallel R_{i(b)}$)

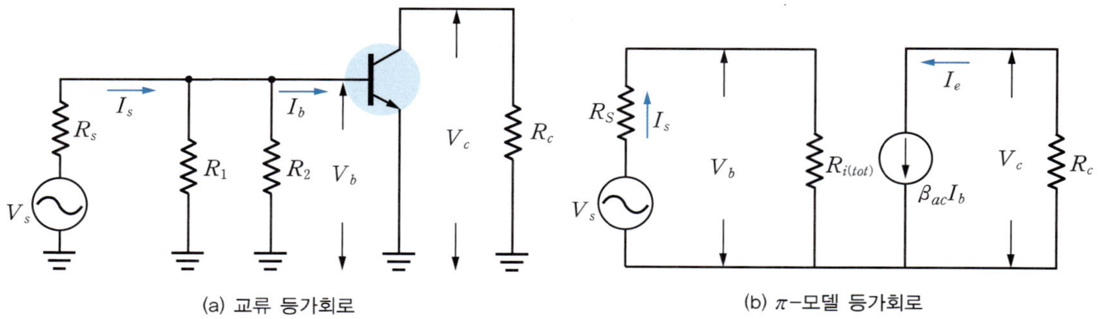

[그림 5-14] 전체 전압이득을 위한 교류 등가회로와 π - 모델 등가회로

(4) 전류이득 A_i

공통 이미터 증폭기의 전체 전류이득은 다음과 같다.

$$A_i = \frac{I_{out}}{I_{in}} = \frac{I_c}{I_s} = \frac{V_{out}/R_o}{V_s/R_{in}} \tag{5.18}$$

$$I_{in} = \frac{V_s}{R_{in}} \quad \text{(신호원에서의 전체저항 : } R_{in} = R_s + R_{i(tot)}\text{)}$$

$$I_{out} = I_c = \frac{V_{out}}{R_o}$$

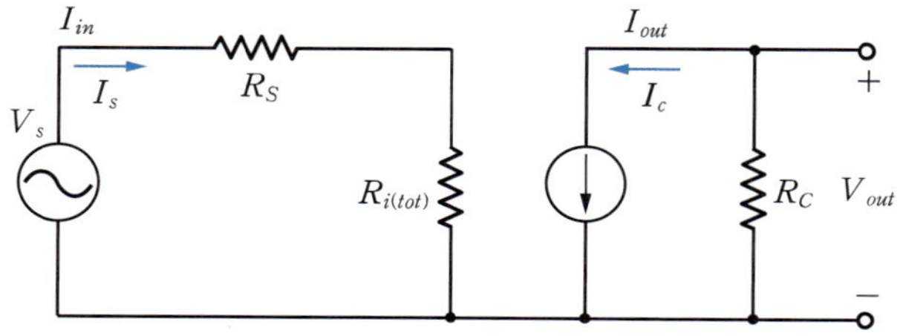

[그림 5-15] 전류이득 계산을 위한 공통 이미터 증폭기의 신호 전류

(5) 전력이득 A_p

공통 이미터 증폭기의 전체 전력이득은 전체 전압이득 $A_v{}'$과 전체 전류이득 A_i의 곱이다.

$$A_p = A_v{}' \times A_i \tag{5.19}$$

★ 공통 이미터 증폭기 교류해석에 필요한 식 ★

- **전체 입력저항** : $R_{i(tot)} = R_1 \parallel R_2 \parallel R_{i(b)} \qquad (R_{i(b)} = \beta_{ac} r_e{}')$ (5.14)
- **출력저항** : $R_o = R_c \parallel r_c{}' \cong R_c \qquad (r_c{}' \gg R_c)$
- **전압이득** : $A_v = \dfrac{V_c}{V_b} = \dfrac{R_c}{r_e{}'}$ (5.15)
- **전류이득** : $A_i = \dfrac{I_{out}}{I_{in}} = \dfrac{I_c}{I_s} = \dfrac{V_{out}/R_o}{V_s/R_{in}}$ (5.18)
- **전력이득** : $A_p = A_v{}' \times A_i$ (5.19)

예제 5-1

다음과 같은 공통 이미터 증폭기 회로가 있다.

(a) 동작점(Q)을 구하고, 교류 이미터 저항 $r_e{}'$을 구하시오.

(b) 전체 입력저항 $R_{i(tot)}$, 출력저항 R_o, 전체 전압이득 A_v, 전류이득 A_i를 구하시오.

(c) 교류 입력전원이 100mV일 때, 교류 출력전압을 구하시오.

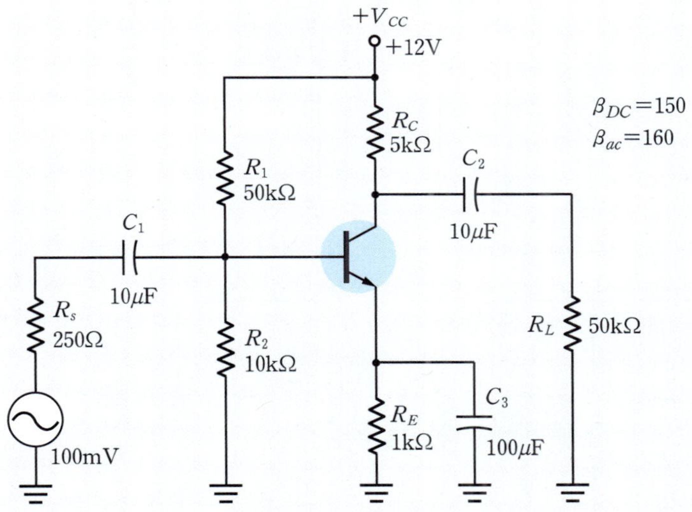

풀이

(a) 직류해석

직류전원에서 커패시턴스 C_1, C_2, C_3는 개방되므로 다음 그림처럼 전압분배 바이어스 회로가 된다.

$150 \times 1\text{k}\Omega \geq 10 \times 10\text{k}\Omega$으로 근사해석 조건

($\beta_{DC} \cdot R_E \geq 10R_2$)을 만족하므로 근사해석을 한다.

$$V_B = \frac{R_2}{R_1 + R_2}(V_{CC}) = \frac{10\,\text{k}\Omega}{10\,\text{k}\Omega + 50\,\text{k}\Omega}(12\,\text{V}) = 2.0\,\text{V}$$

$$V_E = V_B - 0.7\text{V} = 2\,\text{V} - 0.7\,\text{V} = 1.3\,\text{V}$$

$$I_C \cong I_E = \frac{V_E}{R_E} = \frac{1.3\,\text{V}}{1.0\,\text{k}\Omega} = 1.3\,\text{mA}$$

$$V_{CE} = V_{CC} - (R_C + R_E) = 12\,\text{V} - 1.3\,\text{mA}(5\,\text{k}\Omega + 1\,\text{k}\Omega)$$
$$= 4.2\,\text{V}$$

$$r_e' = \frac{25\,\text{mV}}{I_E} = \frac{25\,\text{mV}}{1.3\,\text{mA}} = 19.2\,\Omega$$

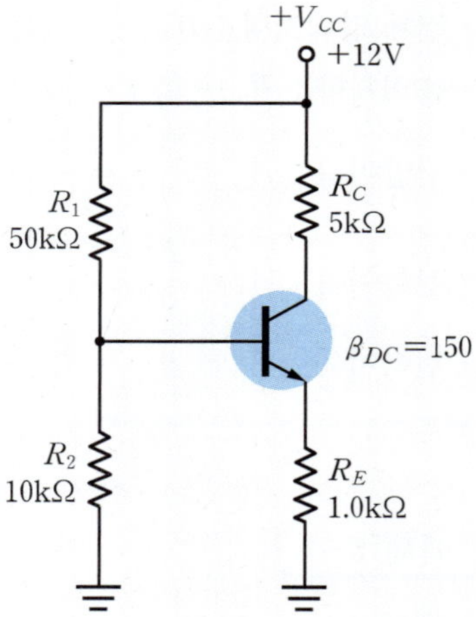

(b) 교류해석

공통 이미터 증폭기의 교류해석을 위해 교류 등가회로와 $\pi-$모델 등가회로를 그려보자.

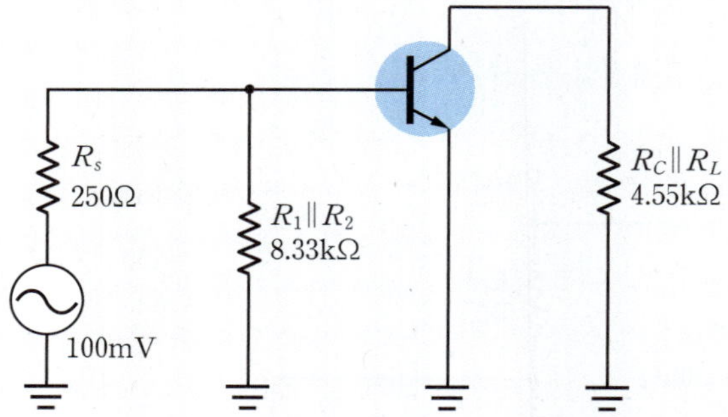

(a) 교류 등가회로

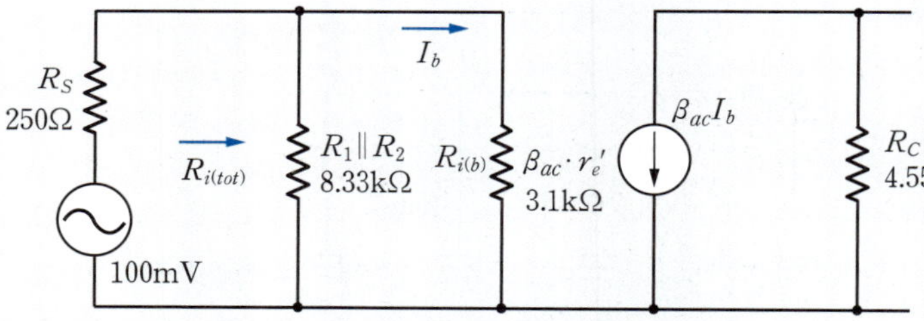

(b) $\pi-$모델 교류 등가회로

그림 (b)의 $\pi-$모델 교류 등가회로로부터 다음을 계산할 수 있다.

- 베이스에서 본 입력저항 : $R_{i(b)} = \beta_{ac} r_e' = 160 \times (19.2\,\Omega) \cong 3.1\,\text{k}\Omega$
- 전체 입력저항 : $R_{i(tot)} = R_1 \parallel R_2 \parallel R_{i(b)} = 50\,\text{k}\Omega \parallel 10\,\text{k}\Omega \parallel 3.1\,\text{k}\Omega = 2.25\,\text{k}\Omega$
- 출력저항 : $R_o = R_C \parallel R_L = 5\,\text{k}\Omega \parallel 50\,\text{k}\Omega = 4.55\,\text{k}\Omega$
- 트랜지스터의 전압이득 : $A_v = \frac{R_o}{r_e'} = \frac{4.55\,\text{k}\Omega}{19.2\,\Omega} = 237$

교류신호원의 내부저항에 의한 감쇠까지 고려한 전체 전압이득 A_v' 은 다음과 같다.

$$V_b = \frac{R_{i(tot)}}{R_s + R_{i(tot)}}(V_s)$$

$$\frac{V_b}{V_s} = \frac{R_{i(tot)}}{R_s + R_{i(tot)}} = \frac{2.25\,\text{k}\Omega}{2.25\,\text{k}\Omega + 250\,\Omega} = 0.9$$

$$A_v' = \left(\frac{V_b}{V_s}\right)\left(\frac{R_o}{r_e'}\right) = (0.9)(237) = 213.3$$

전류이득 A_i 는 다음과 같다.

$$A_i = \frac{I_{out}}{I_{in}} = \frac{V_{out}/R_{out}}{V_s/R_{in}} = \frac{4.69\,\text{mA}}{40\,\mu\text{A}} = 117.25$$

(여기서 $R_{in} = R_s + R_{i(tot)} = 250\,\Omega\text{A} + 2.25\,\text{k}\Omega = 2.5\,\text{k}\Omega$, $I_{in} = \dfrac{V_s}{R_{in}} = \dfrac{100\,\text{mV}}{2.5\,\text{k}\Omega} = 40\,\mu\text{A}$)

(c) 교류 출력전압

$$V_{out} = (A_v')\,V_s = 213.3(100\,\text{mV}) = 21.33\,\text{V}$$

$$I_{out} = \frac{V_{out}}{R_o} = \frac{21.33\,\text{V}}{4.55\,\text{k}\Omega} = 4.69\,\text{mA}$$

(6) 전압이득에서 바이패스 커패시터의 영향 및 전압이득의 안정도(스왐핑 회로)

교류신호 주파수에서 바이패스 커패시터 C_3가 충분히 큰 값을 가지면 커패시터의 용량성 리액턴스가 매우 작게 되어(이상적으로는 $0\,\Omega$) 바이패스 커패시터 C_3 는 거의 단락상태가 된다. 바이패스 커패시터 C_3 와 이미터 저항 R_E 는 병렬회로이므로, 바이패스 커패시터 C_3 로 이미터 저항 R_E 를 단락시키기 위해서는 바이패스 커패시터의 용량성 리액턴스가 교류신호 주파수의 최소값에서 이미터 저항 R_E 보다 $\frac{1}{10}$ 배 이하가 되어야 한다. ($\frac{1}{10}$ 배 이하일 때 단락으로 간주한다.)

$$R_E \geq 10\,X_C$$

교류신호에서 이미터 저항 R_E 가 바이패스 커패시터에 의해 단락되면 그때의 전압이득은

$$A_v = \frac{V_{out}}{V_{in}} = \frac{R_C}{r_e'} = \frac{R_o}{r_e'} \qquad (R_o = R_C)$$

로 최대 이득을 갖지만, 바이패스 커패시터가 없을 경우의 전압이득은 다음과 같이 매우 작다.

$$A_v = \frac{V_{out}}{V_{in}} = \frac{R_C}{r_e' + R_E} = \frac{R_o}{r_e' + R_E} \qquad (R_o = R_C)$$

이미터 저항을 바이패스 커패시터에 의해 단락시켰을 경우, 최대의 전압이득$\left(A_v = \frac{R_o}{r_e'}\right)$은 r_e'의 함수로 이미터 저항 r_e'이 증가하면 이득은 감소하고, r_e'이 감소하면 이득은 증가한다. 그런데 교류 이미터 저항 r_e'은 I_E와 온도에 민감하게 변한다. 즉 전압이득이 온도에 따라 변하므로 불안정하다.

또한 바이패스 커패시터가 없으면 교류 등가회로 상에 R_E가 존재하여 전압이득은 $A_v = \frac{R_o}{r_e' + R_E}$가 되어 매우 작아지지만, r_e'의 영향을 거의 받지 않아 회로는 안정하다. 적절한 이득을 보장하면서 회로의 안정도를 향상시키는 방법을 스왐핑(swamping) 방법이라 하는데, 이 방법은 이미터 저항(R_E)을 R_{E_1}과 R_{E_2}로 분할하여 R_{E_2}만 바이패스 커패시터로 단락시키고, R_{E_1}은 교류 등가회로에 존재시킴으로써 r_e'의 영향을 줄이는 방법이다. 이때 전압이득은 주로 분할된 이미터 저항 R_{E_1}에 의해 결정된다. 따라서 안정도는 증가하나 이득은 크게 감소한다.

$$A_v = \frac{R_o}{r_e' + R_{E_1}}$$

R_{E_1}이 r_e'보다 10배 이상 크면 r_e'의 영향은 크게 줄어들어 R_{E_1}에 의해 전압이득이 결정된다.

$$A_v = \frac{R_o}{r_e' + R_{E_1}} \cong \frac{R_o}{R_{E_1}} \qquad (R_{E_1} \gg r_e')$$

$$R_{i(b)} = \beta_{ac}(r_e' + R_{E_1})$$

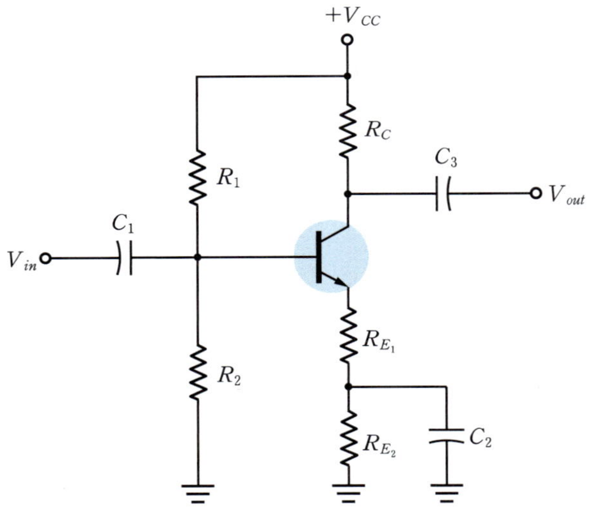

[그림 5-16] 전압이득의 안정성을 위한 스왐핑 회로

예제 5-2

그림과 같은 스왐핑 공통 이미터 증폭기 회로에서 다음을 구하시오.

(a) 동작점(Q)을 구하고, 교류 이미터 저항 r_e' 을 구하시오.

(b) 전체 입력저항 $R_{i(tot)}$, 출력저항 R_o, 전체 전압이득 A_v, 전류이득 A_i를 구하시오.

(c) 교류 입력전원이 100mV일 때, 교류 출력전압을 구하시오.

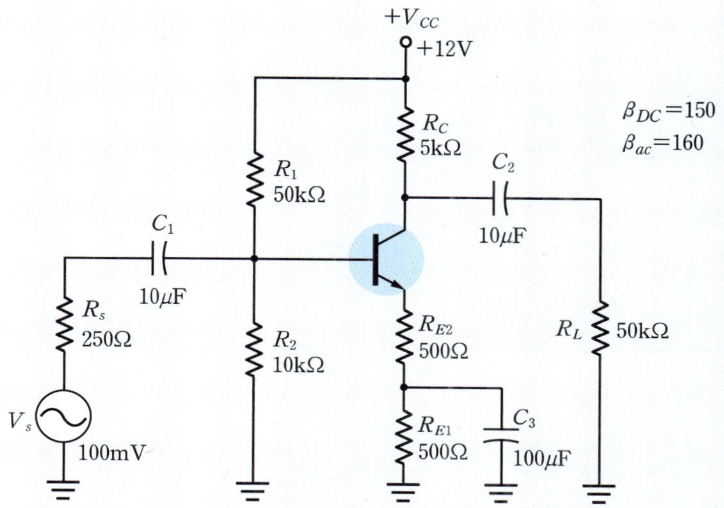

풀이

(a) 직류해석

직류전원에서 커패시턴스 C_1, C_2, C_3는 개방되므로 다음 그림처럼 전압분배 바이어스 회로가 된다([예제 5-1]의 풀이 과정에서 나온 회로와 동일함). 따라서 동작점(Q)과 교류 이미터 등가 저항 r_e' 은 같다.

$150 \times 1\text{k}\Omega \geq 10 \times 10\text{k}\Omega$ 으로 근사해석 조건 ($\beta_{DC} \cdot R_E \geq 10 R_2$)을 만족하므로 근사해석을 한다.

$$V_B = \frac{R_2}{R_1 + R_2}(V_{CC}) = \frac{10\,\text{k}\Omega}{10\,\text{k}\Omega + 50\,\text{k}\Omega}(12\,\text{V}) = 2.0\,\text{V}$$

$$V_E = V_B - 0.7\text{V} = 2\text{V} - 0.7\text{V} = 1.3\text{V}$$

$$I_C \cong I_E = \frac{V_E}{R_E} = \frac{1.3\,\text{V}}{1.0\,\text{k}\Omega} = 1.3\,\text{mA}$$

$$\begin{aligned} V_{CE} &= V_{CC} - I_C(R_C + R_E) \\ &= 12\,\text{V} - 1.3\,\text{mA}(5\,\text{k}\Omega + 1\,\text{k}\Omega) \\ &= 4.2\,\text{V} \end{aligned}$$

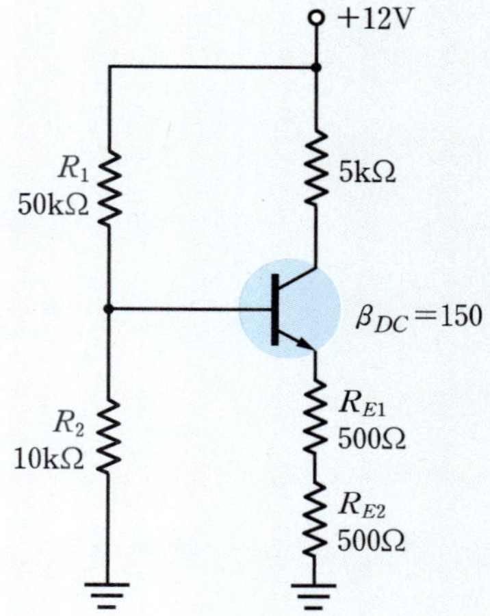

$$r_e' = \frac{25\,\mathrm{mV}}{I_E} = \frac{25\,\mathrm{mV}}{1.3\,\mathrm{mA}} = 19.2\,\Omega$$

(b) 교류해석

공통 이미터 증폭기의 교류해석을 위해 교류 등가회로와 $\pi-$모델 교류 등가회로를 그려보자.

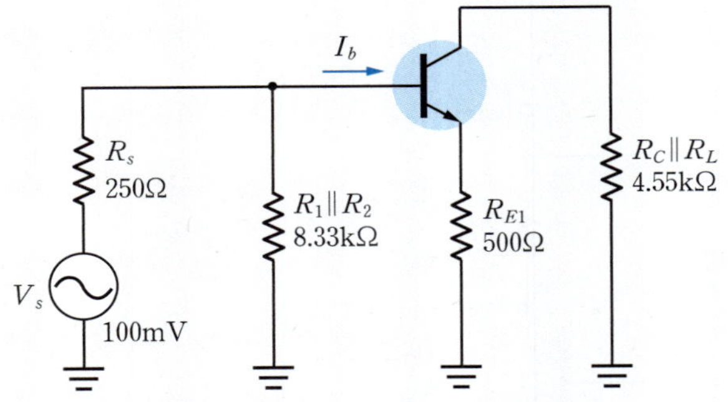

(a) 교류 등가회로

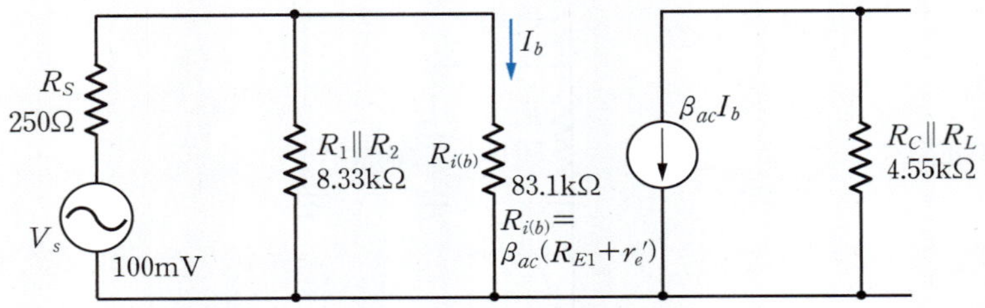

(b) $\pi-$모델 교류 등가회로

그림 (b)의 $\pi-$모델 교류 등가회로로부터 다음을 계산할 수 있다.

- 베이스에서 본 입력저항 : $R_{i(b)} = \beta_{ac}(R_{E1} + r_e') = 160 \times (500\,\Omega + 19.2\,\Omega) \cong 83.1\,\mathrm{k}\Omega$
- 입력저항 : $R_{i(tot)} = R_1 \| R_2 \| R_{i(b)} = 50\,\mathrm{k}\Omega \| 10\,\mathrm{k}\Omega \| 83.1\,\mathrm{k}\Omega = 7.57\,\mathrm{k}\Omega$
- 출력저항 : $R_o = R_C \| R_L = 5\,\mathrm{k}\Omega \| 50\,\mathrm{k}\Omega = 4.55\,\mathrm{k}\Omega$
- 트랜지스터의 전압이득 : $A_v = \dfrac{R_o}{R_{E_1} + r_e'} = \dfrac{4.55\,\mathrm{k}\Omega}{500\,\Omega + 19.2\,\Omega} = 8.76$

교류신호원의 내부저항에 의한 감쇠까지 고려한 전체 전압이득 A_v'은 다음과 같다.

$$V_b = \frac{R_{i(tot)}}{R_s + R_{i(tot)}}(V_s)$$

$$\frac{V_b}{V_s} = \frac{R_{i(tot)}}{R_s + R_{i(tot)}} = \frac{7.57\,\mathrm{k}\Omega}{7.57\,\mathrm{k}\Omega + 250\,\Omega} = 0.97$$

$$A_v' = \left(\frac{V_b}{V_s}\right)\left(\frac{R_o}{R_{E_1} + r_e'}\right) = (0.97)(8.76) = 8.5$$

전류이득 A_i는 다음과 같다.

$$A_i = \frac{I_{out}}{I_{in}} = \frac{V_{out}/R_o}{V_s/R_{in}} = \frac{0.187\,\mathrm{mA}}{12.8\,\mu\mathrm{A}} = 14.61$$

(여기서 $R_{in} = R_s + R_{i(tot)} = 250\,\Omega + 7.57\,\mathrm{k}\Omega = 7.82\,\mathrm{k}\Omega$, $I_{in} = \frac{V_s}{R_{in}} = \frac{100\,\mathrm{mV}}{7.82\,\mathrm{k}\Omega} = 12.8\,\mu\mathrm{A}$)

(c) 교류 출력전압

$$V_{out} = (A_v')\,V_s = 8.5(100\,\mathrm{mV}) = 850\,\mathrm{mV}$$

$$I_{out} = \frac{V_{out}}{R_o} = \frac{850\,\mathrm{mV}}{4.55\,\mathrm{k}\Omega} = 0.187\,\mathrm{mA}$$

공통 컬렉터 증폭기

공통 컬렉터 증폭기(Common collector Amplifier)는 컬렉터 단자가 교류접지되며, 결합 커패시터 C_1을 통해 베이스 단자에 입력신호가 인가되고, 이미터 단자에서 결합 커패시터 C_2를 통해 출력을 얻는다. 베이스와 이미터 사이의 전압강하 때문에 출력신호가 입력신호보다 약간 작아 신호 전압이득은 $A_v \cong 1$이다. 출력전압, 위상과 진폭이 입력신호를 따라 간다고 하여 **이미터 폴로워**(Emitter Follow)라고도 한다.

출력신호는 이미터의 결합 커패시터를 통해 출력된다. 출력신호와 입력신호의 크기는 거의 같으며 위상은 동위상이다. 공통 컬렉터 증폭기는 입력저항과 전류이득이 높다는 장점이 있다. 부하저항이 낮은 시스템을 구동할 때, 전압이득이 1이고, 높은 입력저항, 그리고 동위상의 특성을 갖는 이미터 폴로워는 버퍼로써 매우 중요한 역할을 한다.

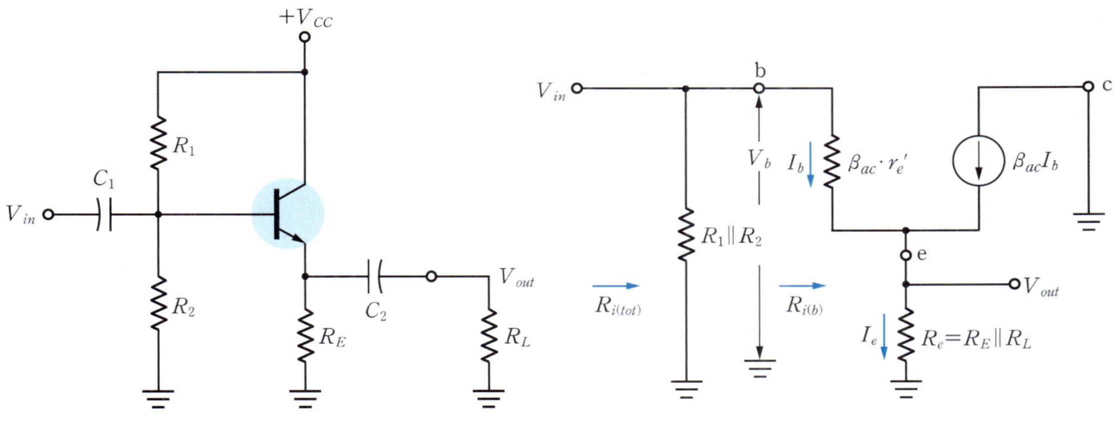

(a) 전압분배 바이어스 된 이미터 폴로워 회로

(b) π－모델 교류 등가회로

[그림 5-17] 공통 컬렉터 증폭기

■ 전체 입력저항 $R_{i(tot)}$

먼저 베이스에서 본 공통 이미터 증폭기의 입력저항 $R_{i(b)}$ 는 [그림 5-17(b)]와 같은 r-파라미터 교류 등가회로에서 계산된다.

$$R_{i(b)} = \frac{V_b}{I_b}$$

[그림 5-17(b)]에서 베이스 전압 V_b 는 다음과 같다.

$$V_b = I_b(\beta_{ac} r_e') + I_e R_e = \beta_{ac} I_b r_e' + \beta_{ac} I_b R_e = \beta_{ac} I_b (r_e' + R_e) \qquad (\text{여기서 } I_e \cong \beta_{ac} I_b)$$

따라서 베이스에서 본 입력저항 $R_{i(b)}$ 는 다음과 같다.

$$R_{i(b)} = \frac{V_b}{I_b} = \frac{\beta_{ac} I_b (r_e' + R_e)}{I_b}$$

이를 정리하면 다음과 같다.

$$R_{i(b)} = \beta_{ac}(r_e' + R_e) \tag{5.20}$$

또한 전압분배 바이어스를 포함한 이미터 폴로워의 전체 입력저항은 [그림 5-17(b)]로부터 식 (5.21)과 같이 계산된다.

$$R_{i(tot)} = R_1 \parallel R_2 \parallel R_{i(b)} \tag{5.21}$$

■ 출력저항 R_o

이미터 폴로워의 출력저항은 다음과 같다.

$$R_o \cong R_e \parallel r_e' \cong r_e' \qquad (R_e \gg r_e') \tag{5.22}$$

■ 전압이득 A_v

이미터 폴로워의 교류 전압이득은 입력전압에 대한 출력전압의 비로서, [그림 5-18]과 같은 교류 등가회로로부터 구할 수 있다. 즉 전압이득은

$$A_v = \frac{V_{out}}{V_{in}}$$

으로, 교류 입력전압과 출력전압은 다음과 같다.

$$V_{in} = I_e(r_e' + R_e)$$

$$V_{out} = I_e R_e$$

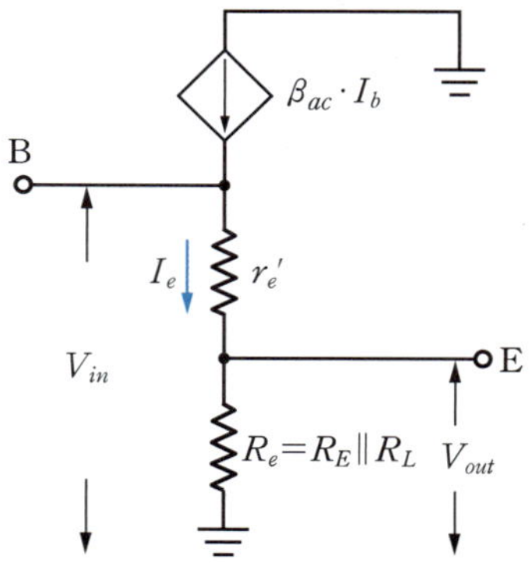

[그림 5-18] 전압이득 계산을 위한 등가회로

위 식을 정리하면 전압이득은 다음과 같다.

$$A_v = \frac{V_{out}}{V_{in}} = \frac{I_e R_e}{I_e(r_e' + R_e)} = \frac{R_e}{r_e' + R_e} \tag{5.23}$$

만일 $R_e \gg r_e'$ 이면 다음과 같다.

$$A_v \cong 1 \tag{5.24}$$

■ 전류이득 A_i

이미터 폴로워의 전류이득은 다음과 같다.

$$A_i = \frac{I_{out}}{I_{in}} = \frac{I_e}{I_{in}} \quad (\text{단, } I_{in} = V_{in} / R_{i(tot)}) \tag{5.25}$$

■ 전력이득 A_p

이미터 폴로워의 전력이득은 전압이득 A_v 와 전류이득 A_i 의 곱으로서

$$A_p = A_v A_i$$

가 되지만, 전압이득 $A_v \cong 1$ 이므로 전력이득은 전류이득과 같다.

$$A_p \cong A_i \tag{5.26}$$

★ 공통 컬렉터 증폭기 교류해석에 필요한 식 ★

- **전체 입력저항** : $R_{i(tot)} = R_1 \parallel R_2 \parallel R_{i(b)}$ (5.21)
- **출력저항** : $R_o \cong R_e \parallel r_e' \cong r_e' \quad (R_e \gg r_e')$ (5.22)
- **전압이득** : $A_v = \frac{V_{out}}{V_{in}} = \frac{I_e R_e}{I_e(r_e' + R_e)} = \frac{R_e}{r_e' + R_e} \cong 1 \quad (R_e \gg r_e')$ (5.23)
- **전류이득** : $A_i = \frac{I_{out}}{I_{in}} = \frac{I_e}{I_{in}} \quad (\text{단, } I_{in} = V_{in} / R_{i(tot)})$ (5.25)
- **전력이득** : $A_p = A_v A_i \cong A_i \quad (\text{단, } A_v \cong 1)$ (5.26)

예제 5-3

그림과 같은 이미터 폴로워 회로에서 r_e', $R_{i(tot)}$, R_o, A_v, A_i를 구하시오. (단, $\beta_{DC} = 150$)

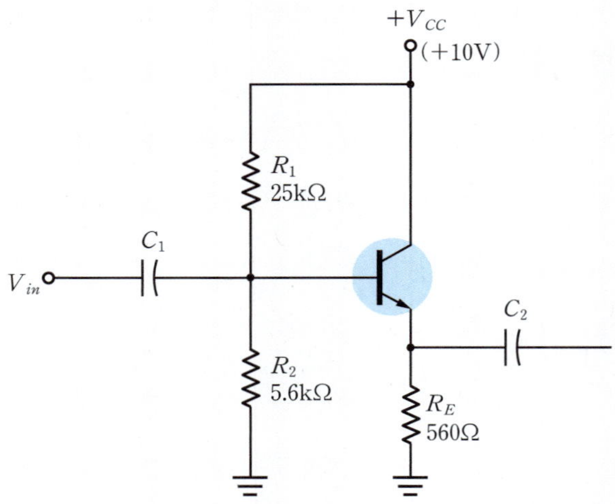

풀이

(a) 직류해석

직류 전원에서 커패시턴스 C_1, C_2는 개방되므로 전압분배 바이어스 회로가 된다.

$150 \times 560\Omega \geq 10 \times 5.6\,\text{k}\Omega$ 으로 근사해석 조건($\beta_{DC} \cdot R_E \geq 10\,R_2$)을 만족한다.

교류 등가회로는 다음과 같다.

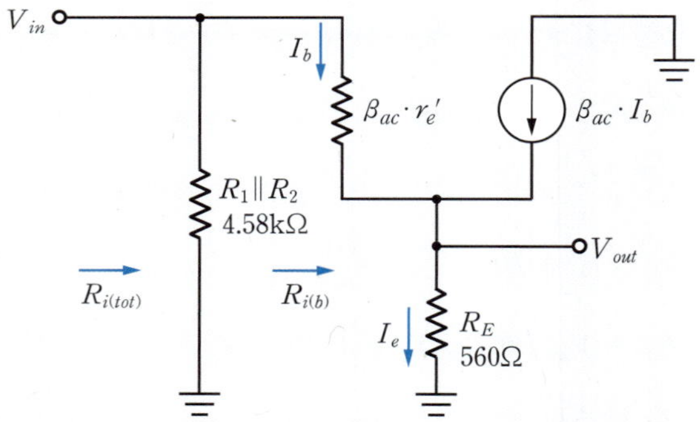

$$V_B = \frac{R_2}{R_1 + R_2}(V_{CC}) = \frac{5.6\,\text{k}\Omega}{25\,\text{k}\Omega + 5.6\,\text{k}\Omega}(10\,\text{V}) = 1.83\,\text{V}$$

$$V_E = \text{V}_\text{B} - 0.7\,\text{V} = 1.83 - 0.7\,\text{V} = 1.13\,\text{V}$$

$$I_E = \frac{V_E}{R_E} = \frac{1.13\,\text{V}}{560\Omega} = 2.02\,\text{mA}$$

$$r_e' = \frac{25\,\text{mV}}{I_E} = \frac{25\,\text{mV}}{2.02\,\text{mA}} = 12.38\Omega$$

(b) 교류해석

$$R_{i(b)} = \beta_{ac}(r_e' + R_e) = 150(12.38\Omega + 560\Omega) = 85.9\text{k}\Omega$$

$$R_{i(tot)} = R_1 \parallel R_2 \parallel R_{i(b)} = 4.58\text{k}\Omega \parallel 85.9\text{k}\Omega = 4.36\text{k}\Omega$$

$$R_o \cong R_E \parallel r_e' \cong r_e' = 12.38\Omega \qquad (R_e \gg r_e')$$

$$A_v = \frac{R_E}{r_e' + R_E} = \frac{560\Omega}{12.38\Omega + 560\Omega} = 0.98$$

$$A_i = \frac{I_{out}}{I_{in}} = \frac{I_e}{I_{in}} = \frac{(A_v)V_{in}/R_E}{V_{in}/R_{i(tot)}} = (A_v)\frac{R_{i(tot)}}{R_E} = (0.98)\frac{4.36\text{k}\Omega}{560\Omega} = 7.63$$

(여기서 $I_{in} = \frac{V_{in}}{R_{i(tot)}}$, $I_e = \frac{V_{out}}{R_E} = \frac{(A_v)V_{in}}{R_E}$ 이다.)

달링턴 쌍

달링턴 쌍(Darlington-pair) 회로는 2개의 npn 트랜지스터의 컬렉터를 접속시키고 첫 번째 트랜지스터의 이미터를 두 번째 트랜지스터의 베이스에 접속한 회로로([그림 5-19(a)]), 매우 큰 β_{ac} 가 요구될 때 쓰인다. 전체 β_{ac} 는 각 트랜지스터의 β_{ac} 의 곱이다. 첫 번째 트랜지스터의 이미터 전류는

$$I_{e1} = \beta_{ac1} I_{b1}$$

이다. 이 첫 번째 트랜지스터의 이미터 전류 I_{e1}은 두 번째 트랜지스터의 베이스 전류가 된다. 따라서 두 번째 트랜지스터의 이미터 전류는

$$I_{e2} = \beta_{ac2} I_{e1} = \beta_{ac2}(\beta_{ac1} I_{b1})$$

이므로, 전체 전류이득 β_{ac}는 다음과 같다. 따라서 달링턴 쌍 회로는 $\beta_{ac} = \beta_{ac1} \times \beta_{ac2}$ 을 갖는 한 개의 트랜지스터로 생각할 수 있다.

$$\beta_{ac} = \beta_{ac1} \cdot \beta_{ac2} \tag{5.27}$$

그리고 달링턴 쌍 회로의 베이스에서 본 입력저항은 다음과 같다.

$$R_{i(b)} = \beta_{ac1} \cdot \beta_{ac2}(r_e' + R_E) \tag{5.28}$$

달링턴 쌍 회로의 응용(버퍼)은 [예제 5-4]를 들어 설명하기로 하자.

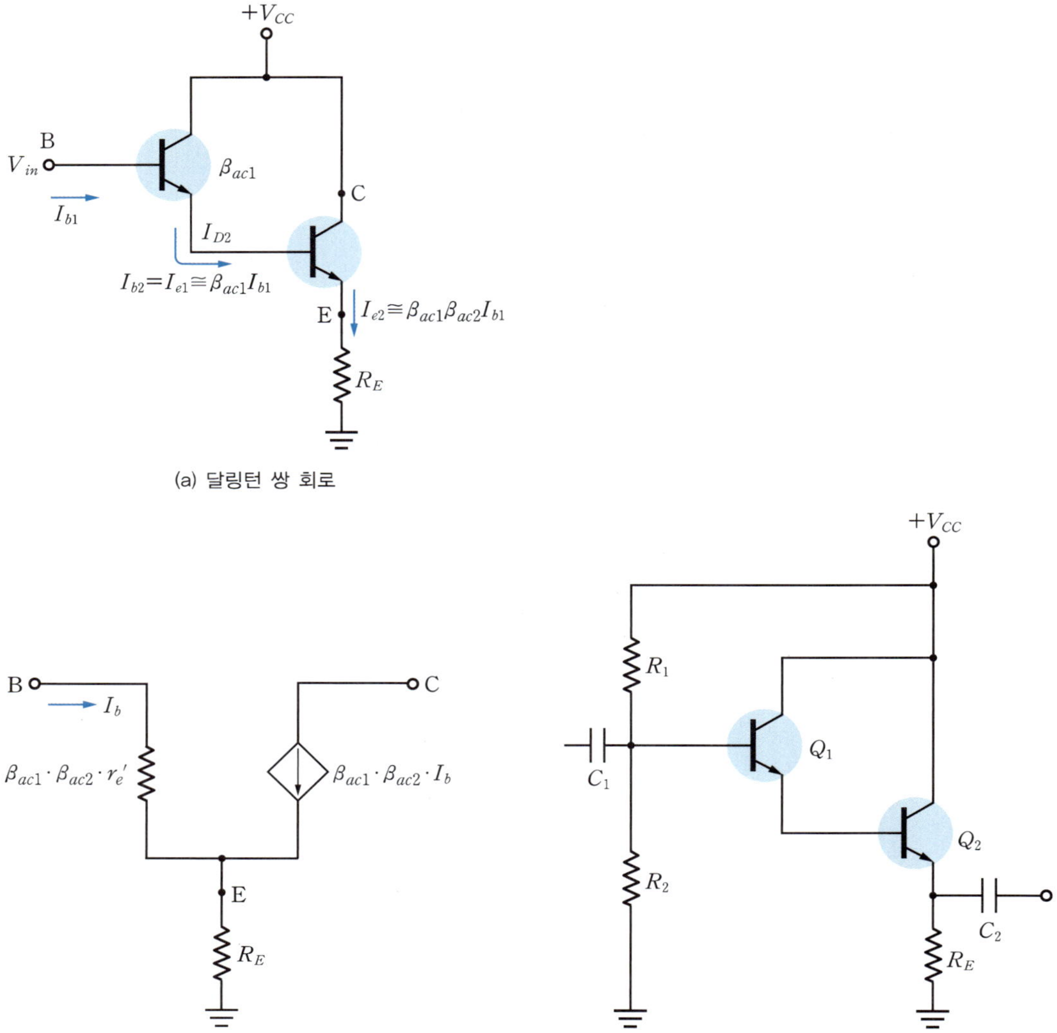

(a) 달링턴 쌍 회로

(b) 달링턴 쌍 π-등가모델

(c) 달링턴 쌍 전압분배 이미터 폴로워

[그림 5-19] 달링턴 쌍 회로 및 이미터 폴로워

★ 달링턴 쌍 회로해석에 필요한 식 ★

- **달링턴 쌍 회로의 이미터 전류** : $I_{e2} = \beta_{ac2} I_{e1} = \beta_{ac2}(\beta_{ac1} I_{b1})$
- **전류이득** : $\beta_{ac} = \beta_{ac1} \cdot \beta_{ac2}$ (5.27)
- **베이스에서 본 입력저항** : $R_{i(b)} = \beta_{ac1} \cdot \beta_{ac2}(r_e' + R_E)$ (5.28)

예제 5-4

주어진 그림은 공통 이미터 증폭기와 달링턴 쌍 이미터 폴로워가 결합된 증폭기 회로이다. 공통 이미터 증폭기의 각 값들은 $V_{CC}=12\text{V}$, $R_C=1\text{k}\Omega$, $r_e'=6\Omega$ 이고, 그리고 후반부 달링턴 쌍 이미터 폴로워의 각 값들은 $V_{CC}=12\text{V}$, $R_3=10\text{k}\Omega$, $R_4=20\text{k}\Omega$, $R_E=100\Omega$, $R_L=8\Omega$ 이다.
(각 트랜지스터의 $\beta_{DC}=\beta_{ac}=100$ 이다.)

(a) 부하 $R_L=8\Omega$ 을 달링턴 쌍 이미터 폴로워 없이 공통 이미터 증폭기에 직접 연결했을 때의 전압이득 A_v 를 구하시오.

(b) 공통 이미터 증폭기와 달링턴 쌍 이미터 폴로워가 결합된 증폭기의 전압이득 A_{v1} 을 구하시오.

(c) 달링턴 쌍 이미터 폴로워의 r_e', $R_{i(tot)}$, A_{v2} 를 구하시오.

(d) 전체 전압이득 A_v' 을 구하시오.

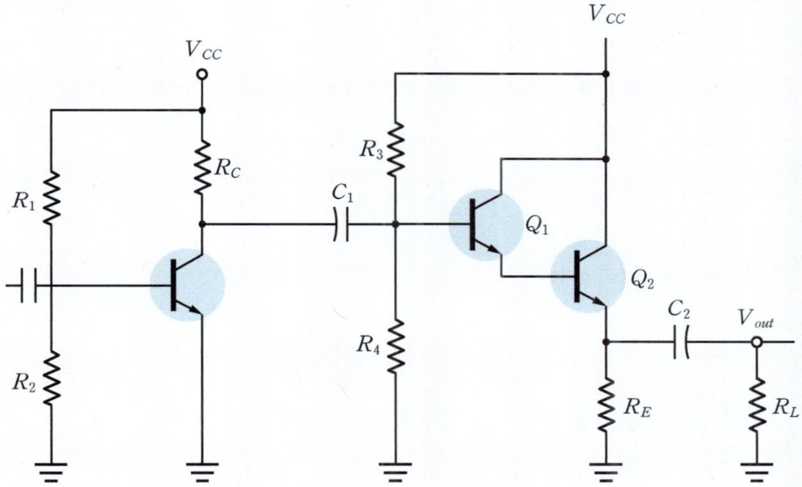

풀이

(a) 공통 이미터 증폭기에 $R_L=8\Omega$ 을 부하로 직접 연결했을 때 전압이득 A_v 는 다음과 같다.

$$R_c=R_C \parallel R_L=1.0\text{k}\Omega \parallel 8\Omega \cong 8\Omega$$

$$A_v=\frac{R_c}{r_e'}=\frac{8\Omega}{6\Omega}=1.33$$

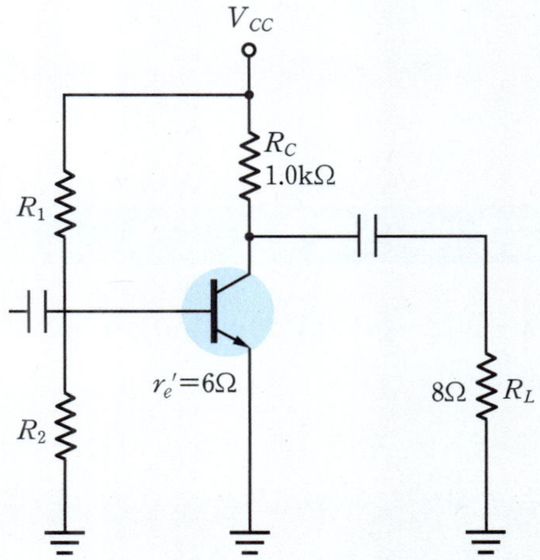

(b), (c) 달링턴 쌍 이미터 폴로워의 $r_e{}'$, $R_{i(tot)}$, A_{v2}를 계산해보자.

$$V_B = \frac{R_2}{R_1+R_2}(V_{CC}) = \frac{20\text{k}\Omega}{10\text{k}\Omega + 20\text{k}\Omega}(12\text{V}) = 8\text{V}$$
$$V_E = V_B - 1.4\text{V} = 8\text{V} - 1.4\text{V} = 6.6\text{V}$$
$$I_E = \frac{V_E}{R_E} = \frac{6.6\text{V}}{100\Omega} = 66\text{mA}$$
$$r_e{}' = \frac{25\text{mV}}{I_E} = \frac{25\text{mV}}{66\text{mA}} = 0.38\Omega$$
$$R_e = R_E \parallel R_L = 100\Omega \parallel 8\Omega \cong 7.41\Omega$$
$$R_{i(b)} = \beta_{ac}^2(r_e{}' + R_e) = 100^2(0.38\Omega + 7.41\Omega) = 77.9\text{k}\Omega$$
$$R_{i(tot)} = R_1 \parallel R_2 \parallel R_{i(b)} = 10\text{k}\Omega \parallel 20\text{k}\Omega \parallel 77.9\text{k}\Omega \cong 6.14\text{k}\Omega$$

공통 이미터 증폭기(전반부 증폭기)의 전압이득을 계산할 때, 달링턴 쌍 이미터 폴로워의 입력저항이 공통 이미터 증폭기의 부하로 작용한다. 따라서 다음과 같이 계산된다.

$$R_c = R_C \parallel R_{i(tot)} = 1\text{k}\Omega \parallel 6.14\text{k}\Omega \cong 860\Omega$$
$$A_{v1} = \frac{R_c}{r_e{}'} = \frac{860\Omega}{6\Omega} = 143.3$$

달링턴 쌍 이미터 폴로워의 전압이득은 다음과 같다.

$$A_{v2} = \frac{R_e}{r_e{}' + R_e} = \frac{7.41\Omega}{0.38\Omega + 7.41\Omega} = 0.95$$

(d) 전체(공통 이미터와 달링턴 쌍 증폭기) 전압이득은 다음과 같다.

$$A_v{}' = A_{v1} \cdot A_{v2} = (143.3)(0.95) = 136.1$$

부하저항이 작을 경우, 공통 이미터 증폭기에 부하를 직접 연결하면 전압이득이 크게 감소한다. 따라서 공통 이미터 증폭기에 버퍼(달링턴 쌍 이미터 폴로워)를 연결하여 증폭기를 구성하면 전압이득을 보상할 수 있다.

공통 베이스 증폭기

공통 베이스 증폭기(Common Base Amplifier)는 베이스 단자가 교류접지 된다. 결합 커패시터를 통해 이미터 단자에 입력신호가 인가되고 출력신호는 결합 커패시터를 통해 컬렉터로 출력되며, 낮은 입력저항, 높은 출력저항을 갖는다. 입력전류는 이미터 전류이고 출력전류는 컬렉터 전류로 $I_e \cong I_c$ 이므로, 전류이득은 대략 1이다. 또한 전압이득은 공통 이미터 증폭기와 같이 큰 값을 가지며, 입력신호와 출력신호 사이의 위상은 동위상이다. [그림 5-20]은 전압분배 바이어스 된 공통 베이스 증폭기와 교류 등가모델이다.

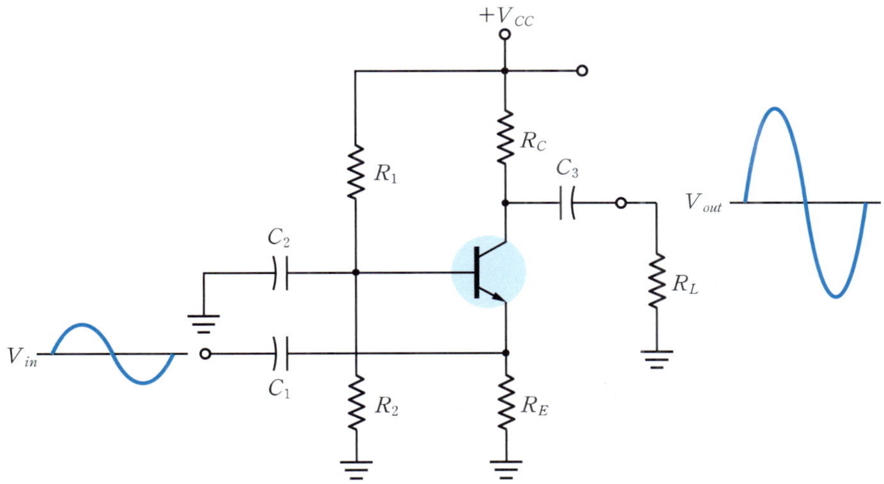

(a) 전압분배 바이어스 된 공통 베이스 증폭기

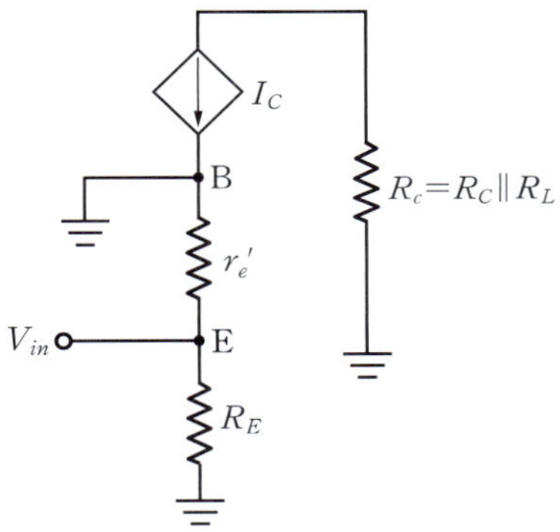

(b) 교류 T-모델

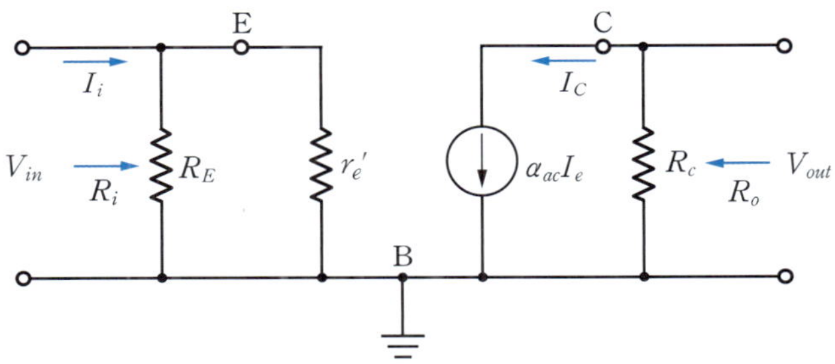

(c) 교류 π-모델

[그림 5-20] 공통 베이스 증폭기

■ 입력저항 R_i

먼저 이미터에서 본 공통 베이스 증폭기의 입력저항 R_i는 교류 π – 모델([그림 5-20(c)])에서

$$R_i = \frac{V_{in}}{I_{in}} = \frac{I_i(r_e' \,\|\, R_E)}{I_i} = r_e' \,\|\, R_E$$

이며, 만일 $R_E \gg r_e'$ 이면 다음과 같다.

$$R_i \cong r_e' \tag{5.29}$$

■ 출력저항 R_o

컬렉터에서 본 출력저항은 다음과 같다.

$$R_o \cong R_c \tag{5.30}$$

■ 전압이득 A_v

공통 베이스 증폭기의 교류 전압이득은 입력전압에 대한 출력전압의 비로서, [그림 5-20(c)]로부터 구할 수 있다. 즉 전압이득은

$$A_v = \frac{V_{out}}{V_{in}}$$

으로, 교류 입력전압과 출력전압은 다음과 같다.

$$V_{in} = I_i R_i = I_e r_e' \quad (I_i = I_e,\ R_i \cong r_e')$$
$$V_{out} = I_c R_c$$

$I_e \cong I_c$이므로 전압이득은 다음과 같다.

$$A_v = \frac{V_{out}}{V_{in}} = \frac{I_c R_c}{I_e r_e'} \cong \frac{R_c}{r_e'} \tag{5.31}$$

■ 전류이득 A_i

공통 베이스 증폭기의 전류이득은 입력전류에 대한 출력전류의 비율로, 그 값은 약 1이다.

$$A_i = \frac{I_{out}}{I_{in}} = \frac{I_c}{I_e} \cong 1 \quad (I_c \cong I_e) \tag{5.32}$$

(여기서 $R_E \gg r_e'$이라고 가정하면 $I_e = I_{in}$이다.)

■ 전력이득 A_p

전력이득은 전압이득 A_v와 전류이득 A_i의 곱이다.

$$A_p = A_v A_i \cong A_v$$

공통 베이스 증폭기의 전류이득이 1이므로 전력이득은 전압이득과 같다.

$$A_p \cong A_v \tag{5.33}$$

★ 공통 베이스 증폭기 교류해석에 필요한 식 ★

- **입력저항** : $R_i \cong r_e'$ (5.29)
- **출력저항** : $R_o \cong R_c$ (5.30)
- **전압이득** : $A_v = \frac{V_{out}}{V_{in}} = \frac{I_c R_c}{I_e r_e'} \cong \frac{R_c}{r_e'}$ (5.31)
- **전류이득** : $A_i = \frac{I_{out}}{I_{in}} = \frac{I_c}{I_e} \cong 1 \quad (I_c \cong I_e)$ (5.32)
- **전력이득** : $A_p \cong A_v \quad (A_i \cong 1)$ (5.33)

예제 5-5

그림과 같은 공통 베이스 증폭기에서 입력저항, 출력저항, 전압이득 및 전류이득을 구하시오. (단, $\beta_{DC}=200$)

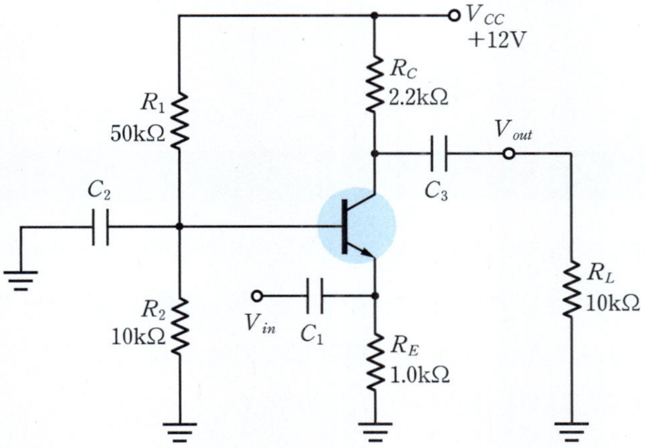

풀이

직류전원에서 커패시턴스 C_1, C_2, C_3는 개방되므로 다음 그림처럼 전압분배 바이어스 회로가 된다.

$200\times 1\,\text{k}\Omega \geq 10\times 10\,\text{k}\Omega$로 근사해석 조건 ($\beta_{DC}\cdot R_E \geq 10R_2$)을 만족하므로 근사해석을 한다.

$$V_B=\frac{R_2}{R_1+R_2}(V_{CC})=\frac{10\,\text{k}\Omega}{10\,\text{k}\Omega+50\,\text{k}\Omega}(12\,\text{V})=2.0\,\text{V}$$

$$V_E=V_B-0.7\,\text{V}=2\,\text{V}-0.7\,\text{V}=1.3\,\text{V}$$

$$I_C\cong I_E=\frac{V_E}{R_E}=\frac{1.3\,\text{V}}{1.0\,\text{k}\Omega}=1.3\,\text{mA}$$

$$r_e'=\frac{25\,\text{mV}}{I_E}=\frac{25\,\text{mV}}{1.3\,\text{mA}}=19.2\,\Omega$$

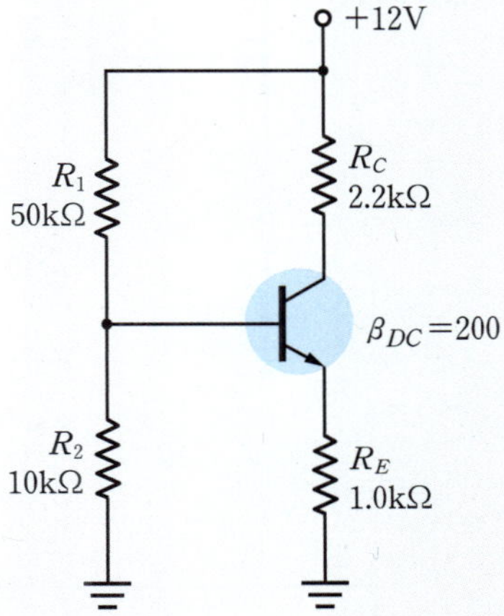

다음과 같은 π-모델 교류 등가회로로부터 다음을 계산할 수 있다.

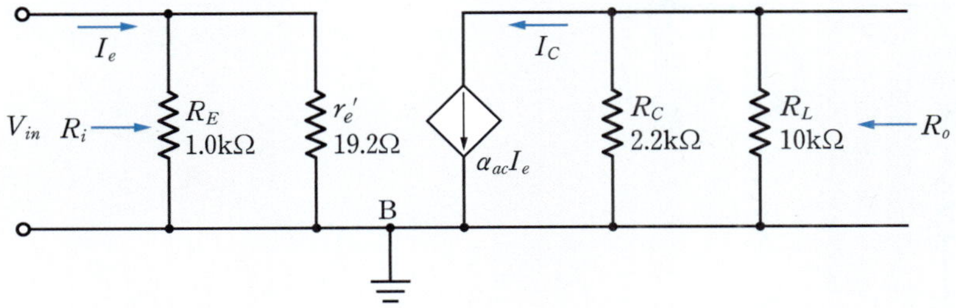

- 입력저항 : $R_i = R_E \| r_e' = 19.2\Omega \qquad (R_E \gg r_e')$
- 출력저항 : $R_o = R_C \| R_L = 2.2\text{k}\Omega \| 10.0\text{k}\Omega = 1.8\text{k}\Omega$
- 전압이득 : $A_v = \dfrac{R_c}{r_e'} = \dfrac{1.8\text{k}\Omega}{19.2\Omega} = 93.75$
- 전류이득 : $A_i \simeq 1$

다단 증폭기

증폭기의 전체 전압이득을 증가시키기 위해 두 개 이상의 증폭기를 종속으로 연결한 증폭기를 **다단 증폭기**라 부른다. 이 절에서는 고주파 입력신호에서 특성이 우수한 커패시터 결합 다단 증폭기와 저주파 입력신호 응답특성이 우수한 직접 결합 다단 증폭기에 대해 공부한다. [그림 5-21]은 커패시터 결합 다단 증폭기와 직접 결합 다단 증폭기를 보여준다.

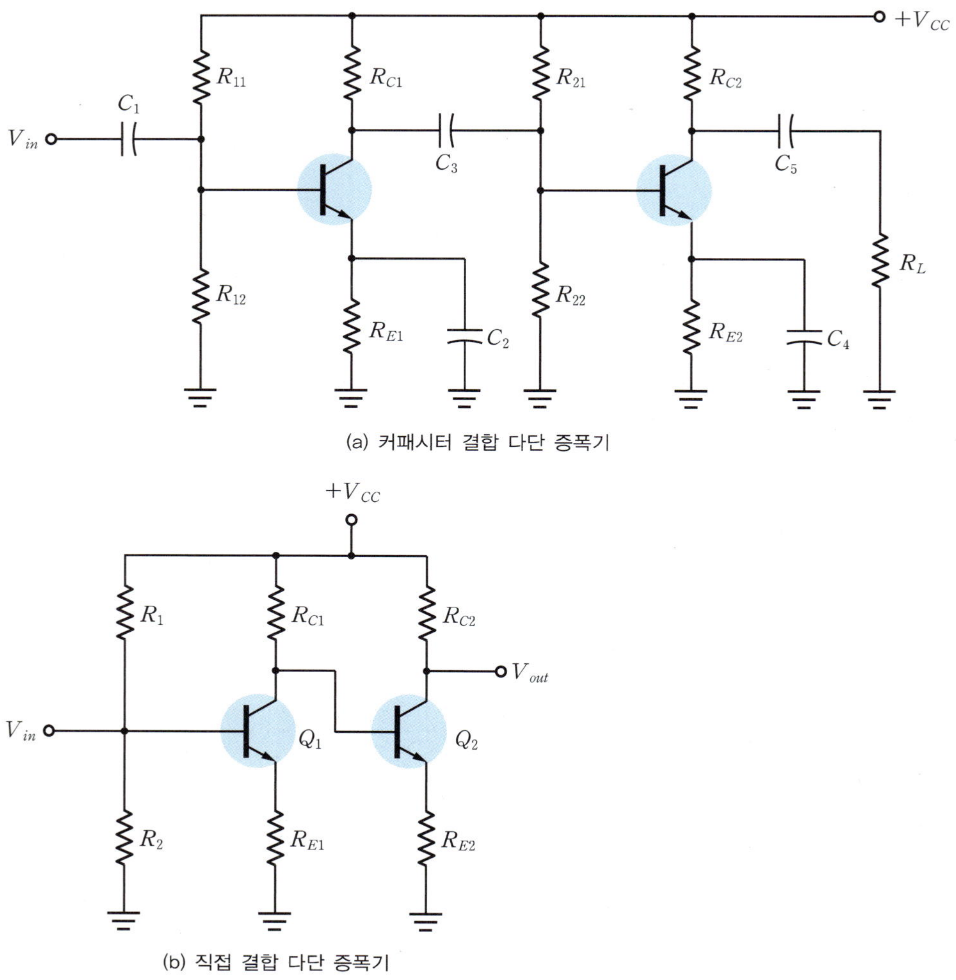

[그림 5-21] 다단 증폭기

■ 커패시터 결합 다단 증폭기

커패시터 결합 다단 증폭기는 커패시터 결합으로 전 단의 증폭기 출력이 둘째 단의 증폭기 입력으로 연결되는 증폭기이다. [그림 5-21(a)]는 공통 이미터 커패시터 결합 2단 증폭기이다. 증폭기의 모든 커패시터는 직류전원을 차단하므로 직류 바이어스에 교류신호의 영향을 받지 않는다. 또한 다른 단에 영향을 주거나 받지 않기 때문에 각 증폭기는 전압분배 바이어스 해석을 통해 직류해석을 한다. 고주파의 교류 입력신호에서 이 증폭기의 모든 커패시터는 교류 입력신호의 가장 낮은 주파수에서 용량성 리액턴스 $X_C \cong 0$으로 가정하고 단락회로로 대체한다. 따라서 커패시터 결합 다단 증폭기는 고주파 신호에서 특성이 우수하다.

공통 이미터 증폭기의 전압이득은 $A_v = R_c / r_e{}'$으로, 증폭기의 출력저항 R_c의 크기에 따라 크게 달라진다. 다단(2단) 증폭기에서 첫째 단 증폭기의 전압이득을 구할 때는 둘째 단의 전체 입력저항이 첫째 단 증폭기의 부하로 작용한다. 첫째 단 증폭기의 출력저항 R_{o1}은 [그림 5-22]와 같이 첫 단의 출력저항과 둘째 단의 전체 입력저항이 병렬로 합성된 저항이다. 따라서 둘째 단 증폭기의 입력저항이 첫째 단 증폭기의 전압이득에 영향을 미친다.

첫째 단의 교류 출력저항은 다음과 같다.

$$R_{o1} = R_{c1} \parallel R_{21} \parallel R_{22} \parallel R_{i(b2)} \qquad (R_{i(b2)} = \beta_{ac} \cdot r_{e2}{}') \tag{5.37}$$

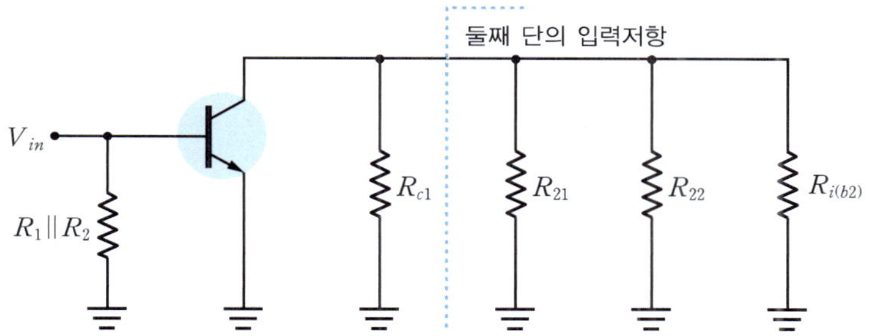

[그림 5-22] 첫째 단 증폭기의 출력저항 등가회로

첫째 단 증폭기의 전압이득은 다음과 같다.

$$A_{v1} = \frac{R_{o1}}{r_{e1}{}'} \tag{5.38}$$

그리고 둘째 단 증폭기의 출력저항 $R_{o2} = R_{c2} \parallel R_L$이므로, 전압이득은 다음과 같다.

$$A_{v2} = \frac{R_{o2}}{r_{e2}{}'} \tag{5.39}$$

따라서 전체 전압이득은 다음과 같다.

$$A_v = (A_{v1})(A_{v2}) = \left(\frac{R_{o1}}{r_{e1}'}\right)\left(\frac{R_{o2}}{r_{e2}'}\right) \tag{5.40}$$

■ 직접 결합 다단 증폭기

커패시터 결합 다단 증폭기는 고주파의 교류 입력신호에서 용량성 리액턴스 $X_C \cong 0$으로 가정하여 단락회로로 대체할 수 있다. 따라서 고주파 신호에서 특성이 우수하나, 저주파에서는 결합 커패시터와 우회(bypass) 커패시터의 용량성 임피던스 X_C가 증가하여 단락회로로 대체할 수 없을 뿐만 아니라 전압이득도 감소하여 저주파 특성이 나빠진다.

[그림 5-21(b)]에서 보인 직접 결합 2단 증폭기는 결합 커패시터와 우회(bypass) 커패시터가 없으며, 결합 커패시터 없이 첫째 단 증폭기와 둘째 단 증폭기가 직접 결합되었다. 두 개의 증폭기가 직접 결합되었기 때문에 커패시터 결합 다단 증폭기보다 저주파 응답특성이 우수하다. 그림 (b)에서 볼 수 있듯이 첫째 단 증폭기의 컬렉터 전압이 둘째 단 증폭기의 베이스 전압이 된다. 따라서 직접 결합 다단 증폭기는 저주파에서 전압이득의 손실 없이 신호를 증폭시켜야 하는 곳에 이용할 수 있다.

■ 다단 증폭기의 이득

다단 증폭기에서는 전 단의 증폭기 출력이 다음 단의 증폭기 입력으로 연결된다. 따라서 다단 증폭기의 전체 이득은 전 단의 증폭기 이득에 다음 단의 증폭기 이득을 곱한 값이 되므로 이득이 매우 커지게 된다. [그림 5-21]의 커패시터 결합 다단 증폭기와 직접 결합 다단 증폭기처럼 전 단의 증폭기 출력이 다음 단의 증폭기 입력으로 종속접속(cascaded)된 n 개 증폭기의 전체 전압이득은 각 증폭기 이득의 곱과 같다.

$$A_v = A_{v1} \cdot A_{v2} \cdot A_{v3} \cdots A_{vn} \tag{5.34}$$

전압이득을 데시벨(dB)로 표현하면 다음과 같다.

$$A_{v(\mathrm{dB})} = 20 \log A_v \tag{5.35}$$

다단 증폭기의 전체 전압이득을 데시벨로 표현하면 다음과 같다.

$$A_{v(\mathrm{dB})} = A_{v1(\mathrm{dB})} + A_{v2(\mathrm{dB})} + A_{v3} + \cdots + A_{vn(\mathrm{dB})} \tag{5.36}$$

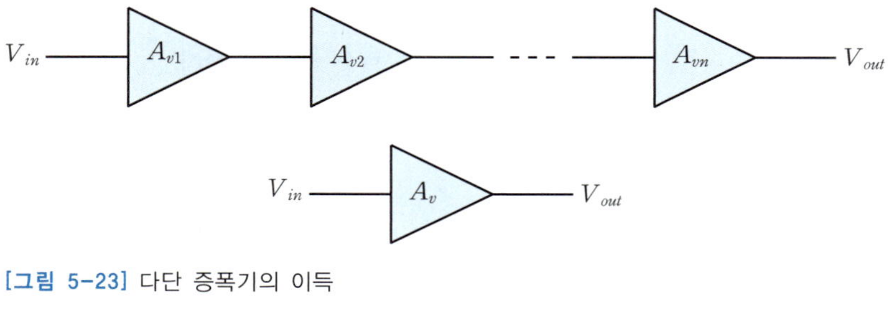

[그림 5-23] 다단 증폭기의 이득

★ 다단 증폭기 이득을 구하는 식 ★

- **전체 전압이득** : $A_v = A_{v1} \cdot A_{v2} \cdot A_{v3} \cdots A_{vn}$ (5.34)
- **전체 전압이득(dB 표현)** : $A_{v(dB)} = A_{v1(dB)} + A_{v2(dB)} + A_{v3} + \cdots + A_{vn(dB)}$ (5.36)

예제 5-6

그림과 같은 다단 증폭기의 전체 전압이득을 구하고, 교류 입력전압이 10mV일 때 출력전압을 구하시오.

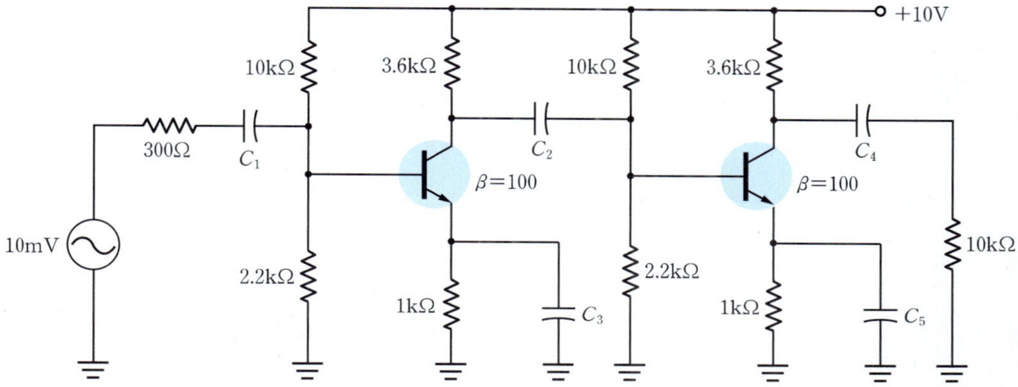

풀이

(a) 직류해석

직류전원에서 커패시턴스 C_1, C_2, C_3, C_4, C_5는 개방되므로 그림과 같은 독립된 두 개의 전압 분배 바이어스 회로가 된다. $100 \times 1\text{k}\Omega \geq 10 \times 2.2\text{k}\Omega$으로 근사해석 조건 ($\beta_{DC} \cdot R_E \geq 10R_2$)을 만족하므로 근사해석을 한다.

$$V_B = \frac{R_2}{R_1 + R_2}(V_{CC}) = \frac{2.2\text{k}\Omega}{10\text{k}\Omega + 2.2\text{k}\Omega}(10\text{V}) = 1.8\text{V}$$

$$V_E = V_B - 0.7\text{V} = 1.8\text{V} - 0.7\text{V} = 1.1\text{V}$$

$$I_C \cong I_E = \frac{V_E}{R_E} = \frac{1.1\text{V}}{1.0\text{k}\Omega} = 1.1\text{mA}$$

$$r_e' = \frac{25\text{mV}}{I_E} = \frac{25\text{mV}}{1.1\text{mA}} = 22.7\Omega$$

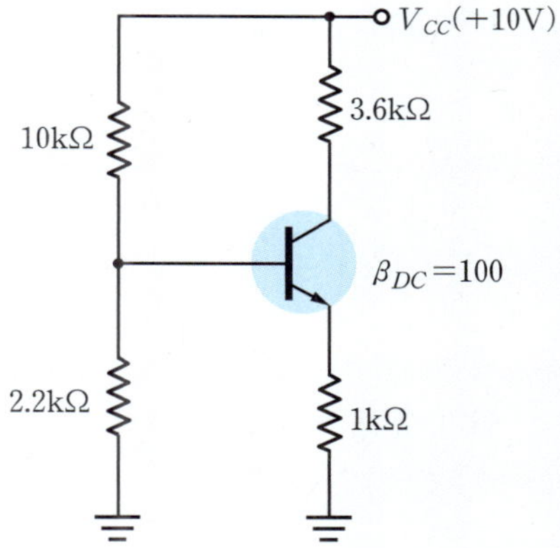

(b) 교류해석

첫째 단 증폭기와 둘째 단 증폭기는 동일한 구조의 동일 증폭기이며, 첫째 단의 교류 등가회로는 그림과 같다.

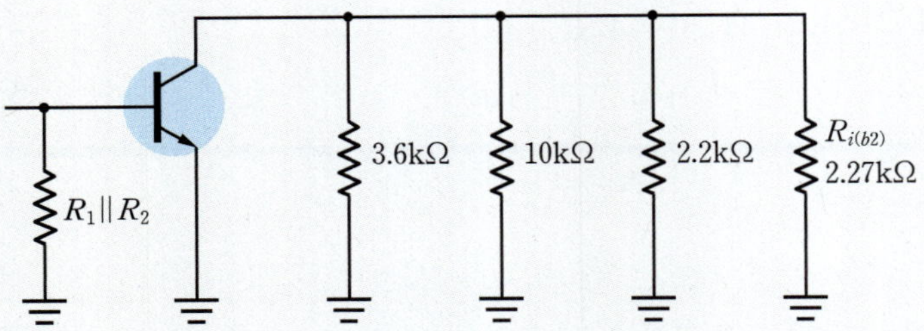

첫째 단 및 둘째 단의 베이스에서 본 입력저항은 다음과 같다.

$$R_{i(b1)} = R_{i(b2)} = \beta_{ac} \cdot r_e' = 100 \times 22.7\,\Omega = 2.27\,\mathrm{k\Omega}$$

첫째 단 및 둘째 단의 입력저항은 다음과 같다.

$$R_{i(1)} = R_{i(2)} = 10\,\mathrm{k\Omega} \parallel 2.2\,\mathrm{k\Omega} \parallel 2.27\,\mathrm{k\Omega} \cong 1\,\mathrm{k\Omega}$$

첫 번째 증폭기 베이스의 입력신호는 다음과 같다.

$$V_b = \frac{R_{i(1)}}{R_s + R_{i(1)}} V_{in} = \frac{1\,\mathrm{k\Omega}}{300 + 1\,\mathrm{k\Omega}}(10\,\mathrm{mV}) = 7.7\,\mathrm{mV}$$

둘째 단의 입력저항 $R_{i(2)}$ 는 첫째 단 증폭기의 부하저항으로 작용하므로, 첫째 단의 교류 출력저항은 다음과 같다.

$$R_{o(1)} = R_C \parallel R_{i(2)} = 3.6\mathrm{k\Omega} \parallel 1\mathrm{k\Omega} = 783\,\Omega$$

따라서 첫째 단의 전압이득 A_{v1} 은 다음과 같다.

$$A_{v1} = \frac{R_{o(1)}}{r_e'} = \frac{783\,\Omega}{22.7\,\Omega} = 34.5$$

또한 둘째 단의 출력저항은 다음과 같다.

$$R_{o(2)} = R_C \parallel R_L = 3.6\,\mathrm{k\Omega} \parallel 10\,\mathrm{k\Omega} = 2.65\,\mathrm{k\Omega}$$

따라서 둘째 단의 전압이득은

$$A_{v2} = \frac{R_{o(2)}}{r_e'} = \frac{2.65\,\mathrm{k\Omega}}{22.7\,\Omega} \cong 117$$

이며, 전체 전압이득은 다음과 같다.

$$A_v = A_{v1} \times A_{v2} = (34.5) \times (117) = 4036.5$$

따라서 교류 출력전압은 다음과 같다.

$$V_{out} = A_v \times V_b = 4036.5 \times 7.7\,\mathrm{mV} = 31.081\,\mathrm{V}$$

CHAPTER

05 연습문제

5.1 소신호 증폭기에 대한 설명으로 옳은 것은?

① 부하선의 일부에서만 신호증폭이 일어난다.
② 출력신호가 몇 mV로 제한된 증폭기이다.
③ 입력신호에서 차단과 포화가 일어나는 증폭기이다.
④ 입력신호가 작은 공통 이미터 증폭기이다.

5.2 트랜지스터의 교류 알파(α_{ac})와 일치하는 $h-$파라미터는 무엇인가?

① h_{fe}　② h_{fb}　③ h_{fc}　④ h_{ib}

5.3 트랜지스터의 교류 베타(β_{ac})와 일치하는 $h-$파라미터는 무엇인가?

① h_{oe}　② h_{fb}　③ h_{fe}　④ h_{ib}

5.4 증폭기의 직류 이미터 전류(I_E)가 5mA 일 때, $r_e{}'$의 근사값은 얼마인가?

① 10kΩ　② 5kΩ　③ 10Ω　④ 5Ω

5.5 어떤 공통 이미터 증폭기의 이미터 저항의 바이패스 커패시터가 없을 때 전압이득이 10이다. 바이패스 커패시터가 존재한다면 어떤 현상이 일어나는가?

① 전압이득이 증가한다.　② 전류이득이 증가한다.
③ Q점이 변한다.　④ 증폭기가 더욱 안정해진다.

5.6 공통 이미터 증폭기의 $R_C = 1\,\text{k}\Omega$, $R_E = 560\,\Omega$, $I_E = 5\,\text{mA}$, $\beta_{ac} = 100$이고, 신호 주파수에서 이미터 저항 R_E의 바이패스 커패시터가 없을 때 전압이득은 얼마인가?

① 1　② 1.77　③ 10　④ 100

5.7 공통 이미터 증폭기의 컬렉터 저항 $R_C = 1\,\text{k}\Omega$, 부하저항 $R_L = 10\,\text{k}\Omega$, $r_e{}' = 5\,\Omega$이고, R_E 저항이 완전히 바이패스 되었을 때 전압이득의 근사값은 얼마인가?

① 220　② 200　③ 180　④ 150

5.8 전압분배 바이어스 된 공통 이미터 증폭기의 전압분배 저항 $R_1 = 10\,\text{k}\Omega$, $R_2 = 50\,\text{k}\Omega$ 이고, 베이스에서 본 입력저항 $R_{i(b)} = 84\,\text{k}\Omega$ 일 때, 공통 이미터 증폭기의 전체 입력저항은 얼마인가?

① 3.6kΩ ② 4.6kΩ ③ 5.6kΩ ④ 7.6kΩ

5.9 공통 컬렉터 증폭기(이미터 폴로워)의 $R_E = 100\,\Omega$, $I_E = 5\,\text{mA}$, $\beta_{ac} = 100$ 일 때 전압이득은 얼마인가?

① 0.95 ② 5 ③ 20 ④ 100

5.10 공통 컬렉터 증폭기(이미터 폴로워)의 $R_E = 100\,\Omega$, $I_E = 5\,\text{mA}$, $\beta_{ac} = 100$ 일 때 베이스에서 본 입력저항 $R_{i(b)}$ 는 얼마인가?

① 100Ω ② 10.5kΩ ③ 100kΩ ④ 105kΩ

5.11 공통 컬렉터 증폭기(이미터 폴로워)의 $R_E = 100\,\Omega$, $I_E = 5\,\text{mA}$, $\beta_{ac} = 100$ 이고, 베이스의 입력신호가 10mV일 때 출력신호의 근사값은 얼마인가?

① 1mV ② 5mV ③ 10mV ④ 100mV

5.12 공통 컬렉터 증폭기(이미터 폴로워)의 전력이득이 100일 때, 전류이득의 근사값은 얼마인가?

① 1 ② 10 ③ 50 ④ 100

5.13 공통베이스 증폭기의 전압이득이 50일 때 전력이득은 얼마인가?

① 50 ② 100 ③ 150 ④ 200

5.14 공통 베이스 증폭기의 전류이득의 근사값은 얼마인가?

① 50 ② 2 ③ 10 ④ 1

5.15 2단 증폭기에서 각 단의 전압이득이 100일 때 전체 전압이득을 데시벨로 나타내면 얼마인가?

① 68 ② 80 ③ 90 ④ 100

5.16 주관식 트랜지스터의 직류 이미터 전류 $I_E = 5\,\text{mA}$ 일 때, 교류 이미터 저항 r_e' 값은 얼마인가?

5.17 주관식 직류 베이스 전류 $I_B = 100\,\mu\text{A}$ 이고 $h_{FE} = 100$ 일 때, 교류 이미터 저항 r_e' 값은 얼마인가? (단, $I_C \cong I_E$)

5.18 주관식 그림과 같은 공통 이미터 증폭기 회로에서 V_B, V_E, I_E를 구하시오. (단, $\beta_{DC} = \beta_{ac} = 100$)

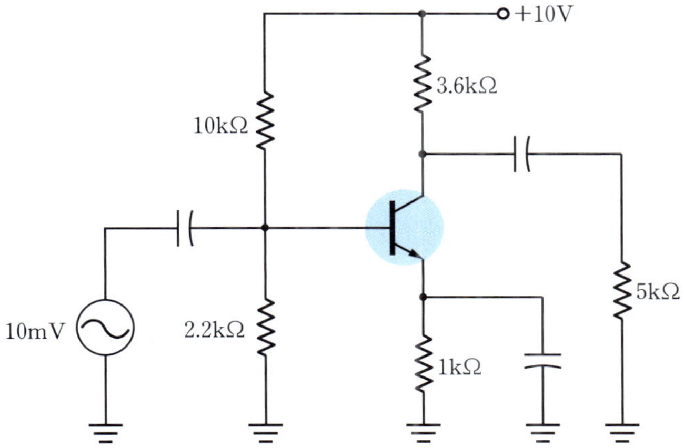

5.19 주관식 [연습문제 5.18] 회로에서 $R_{i(b)}$, $R_{i(tot)}$, 전압이득(A_v) 및 교류 입력신호 $v_{in} = 10\,\text{mV}$일 때, 교류 출력전압을 구하시오.

5.20 주관식 그림과 같은 공통 이미터 증폭기에서 V_B, V_E, I_E를 구하시오. (단, $\beta_{DC} = \beta_{ac} = 150$)

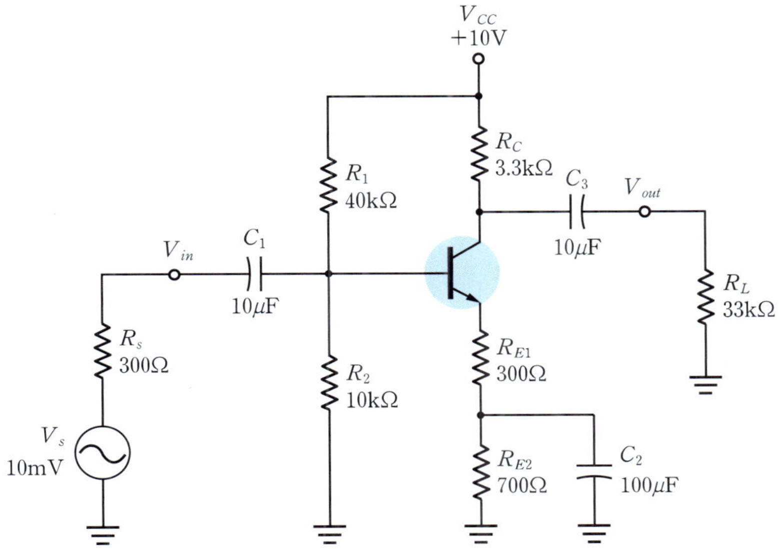

5.21 주관식 [연습문제 5.20] 회로에서 $R_{i(b)}$, $R_{i(tot)}$, 전체 전압이득(A_v) 및 교류 입력신호 $v_{in}=10\,\text{mV}$일 때, 교류 출력전압을 구하시오.

5.22 주관식 그림과 같은 공통 컬렉터 증폭기(이미터 폴로워) 회로에서 $\beta_{ac}=150$일 때, I_{CQ} 및 r_e'과 베이스 입력저항 $R_{i(b)}$, 증폭기의 전체 입력저항 $R_{i(tot)}$를 구하시오.

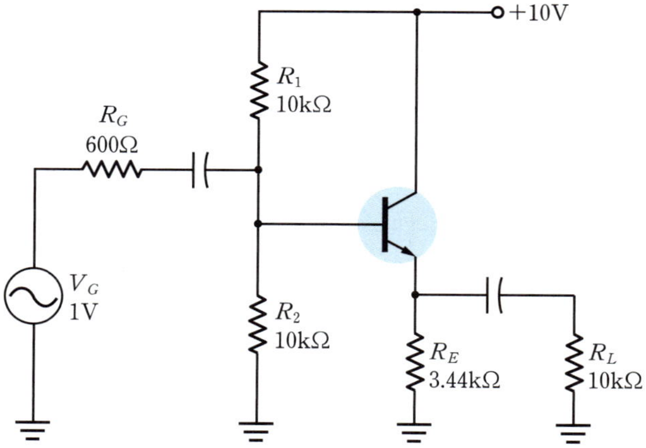

5.23 주관식 그림과 같은 공통 컬렉터 증폭기(이미터 폴로워) 회로에서 $\beta_{ac}=150$일 때, 정확한 전압이득을 구하고 교류 출력전압을 구하시오.

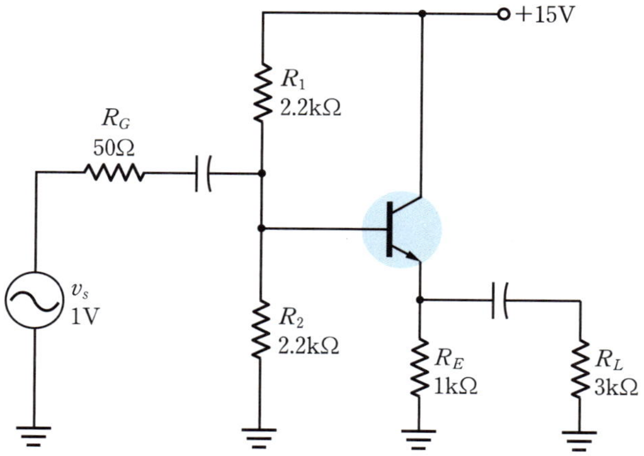

5.24 주관식 다음 달링턴 쌍 회로에서 $\beta_{DC1} = \beta_{DC2} = \beta_{ac1} = \beta_{ac2} = 100$일 때, 베이스의 입력 임피던스, 전체 입력저항 및 전압이득을 구하시오.

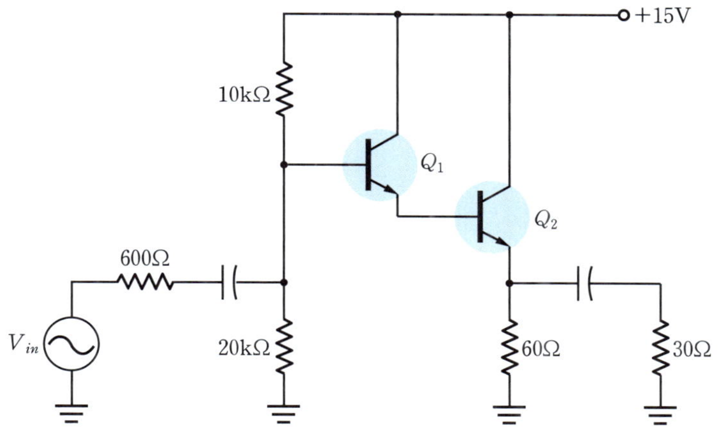

5.25 주관식 그림과 같은 공통 베이스 증폭기 회로에서 입력저항, 출력저항, 전압이득을 구하시오. (단, $\beta_{DC} = \beta_{ac} = 150$)

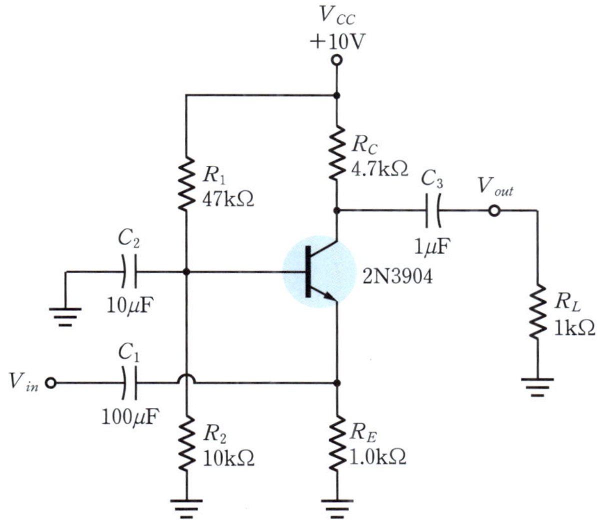

5.26 주관식 종속 접속된 3단 증폭기의 각 단의 전압이득이 20dB 일 때, 전체 전압이득은 얼마인가? 데시벨로 나타내면 얼마인가?

5.27 주관식 그림과 같은 2단 증폭기의 각 단의 전압이득, 전체 전압이득을 구하시오. 전압이득은 dB로 나타내시오. (단, $\beta_{DC}=\beta_{ac}=150$)

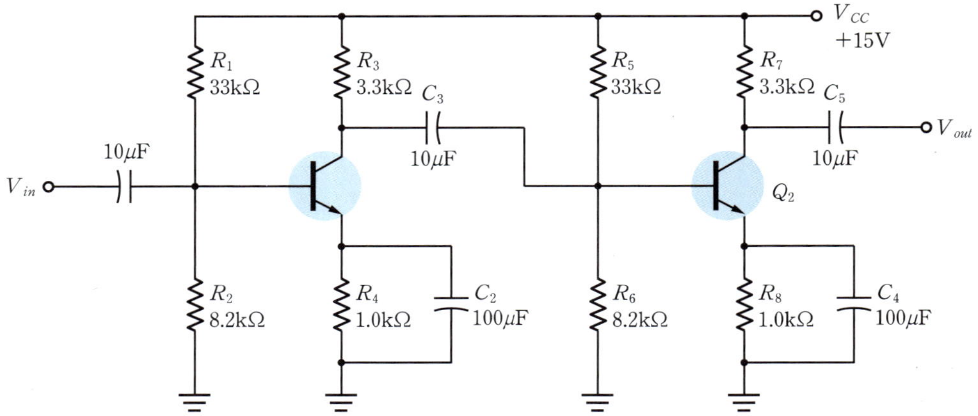

5.28 주관식 그림과 같은 증폭기 회로에서 출력전압을 구하시오. (단, $\beta_{DC}=\beta_{ac}=150$)

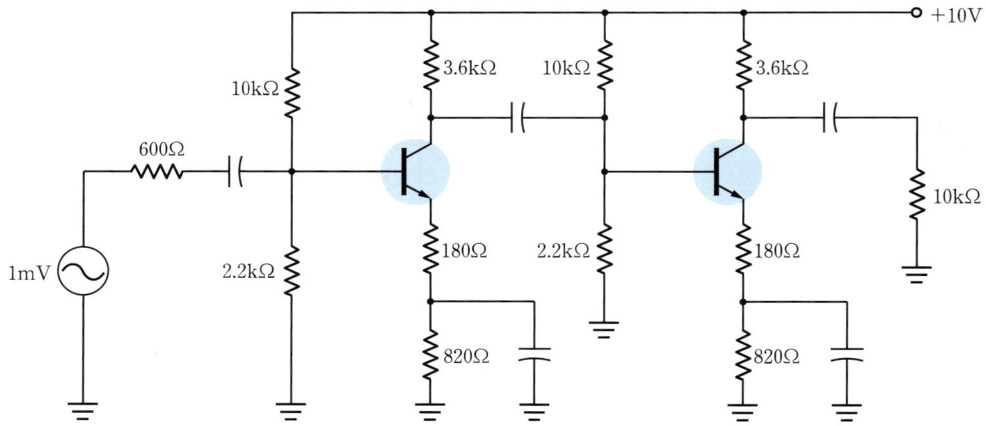

CHAPTER

06

전력 증폭기

소신호 증폭기는 부하직선 상의 일부분에서 증폭이 일어나는 데 비해 대신호 증폭기는 부하직선의 전 부분에서 증폭이 일어나는 전력 증폭기이다. 이 장에서는 A급, B급, AB급, C급, D급 전력 증폭기에 대해 공부해 보자.

CONTENTS

SECTION 01

전력 증폭기의 개요

소신호 증폭기가 부하직선 상의 일부분에서 증폭이 일어나는 것에 비해 대신호 증폭기인 전력 증폭기는 부하직선의 전 영역에서 증폭이 일어난다. 전력 증폭기는 한 주기 동안의 입력신호에 대한 출력신호의 변화량에 따라 5가지 등급(A급, B급, AB급, C급, D급)으로 구분된다. D급 증폭기는 아날로그 입력신호에 응답하여 출력 MOSFET들이 On/Off로 스위칭하기 때문에 다른 급의 전력 증폭기와 근본적으로 다르므로, 이 장에서는 A급, B급, AB급, C급 전력 증폭기만 다룬다.

Keywords | A급 증폭기 | B급 증폭기 | AB급 증폭기 | C급 증폭기 | D급 증폭기 |

전력 증폭기의 정의와 동작

전력 증폭기는 변환기(카세트, CD플레이어 등)나 다른 입력전원으로부터 신호를 받아 증폭시킨 후, 이를 출력장치나 다른 증폭단으로 내보내는 회로를 말한다. 일반적으로 입력신호가 매우 작기 때문에 출력장치(스피커나 다른 전력 장비)를 구동하기 위해서는 신호를 충분히 증폭시켜야 한다. 소신호 증폭기는 신호의 전압과 전류가 작기 때문에 증폭되는 전력의 용량과 효율보다는 증폭기의 선형성과 증폭기 이득의 크기가 중요한 요소가 된다. 반면 대신호 증폭기(전력 증폭기)의 경우 스피커나 다른 전력 장비를 구동하기 위해서는 출력부하에 충분한 전력을 공급해야 한다. 그러므로 전력 증폭기 회로에서는 회로의 전력효율, 최대 전력용량 및 출력장치와의 임피던스 정합(matching) 등이 중요한 요소가 된다.

전력 증폭기의 급(class)은 한 주기 동안의 입력신호에 대한 출력신호의 변화량을 나타내며, A급, B급, AB급, C급, D급으로 구분된다. 일반적으로 스피커나 송신 안테나에 신호전력을 제공하기 위해 통신장비의 송신기나 수신기의 최종 단에 적용된다. 각 등급의 전력 증폭기는 저마다 독특한 회로 구조를 갖고 있다.

■ A급(class A) 전력 증폭기

A급 전력 증폭기는 [그림 6-1(a)]와 같이 한 주기의 입력신호가 왜곡없이 선형적으로(360° 반전) 출력되는 증폭기이다. 입력신호에 의한 출력신호의 왜곡현상이 없도록 **Q점을 교류 부하직선의 중간점에 설정하는 것이 중요하다.**

■ B급(class B) 전력 증폭기

B급 전력 증폭기는 [그림 6-1(b)]와 같이 입력신호의 반 주기(180° 반전)가 출력되는 증폭기이다. 부하직선 상의 직류 바이어스 점은 0V 이기 때문에 출력신호는 이 바이어스 점에서부터 양의 반 주

기 동안 증폭되어 출력된다. 이 출력신호는 반 주기만 출력되므로, 나머지 음의 반 주기 신호까지 증폭시켜 완전한 선형 신호(360° 반전)를 출력하기 위해서는 증폭기 1개가 더 필요하다. 따라서 B급 증폭기는 증폭기가 2개 필요하다. 이렇게 증폭기 2개를 결합한 B급 증폭기를 **푸시-풀**(push-pull) **증폭기**라 한다. 푸시-풀 작동은 변압기 결합이나 npn/pnp 트랜지스터를 반 주기씩 상보적으로 작동시켜 전 주기의 신호를 선형적으로 출력한다.

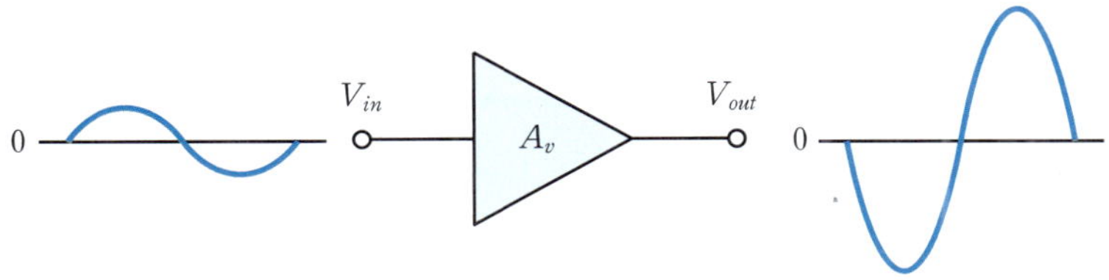

(a) A급 증폭기의 입·출력신호

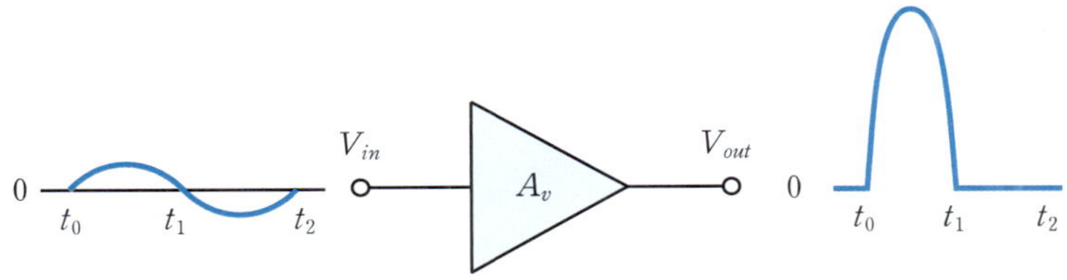

(b) B급 증폭기의 입·출력신호

[그림 6-1] A급과 B급 증폭기의 입 · 출력신호

■ AB급(class AB) 전력 증폭기

2개의 증폭기가 푸시-풀로 작동하는 B급 증폭기의 각 증폭기는 입력신호의 반 주기만 증폭되는데, 부하직선 상의 직류 바이어스 점은 0 V이기 때문에 증폭기가 동작하기 위해서는 베이스-이미터 바이어스 전압 V_{BE}가 요구되며, 입력신호에서 바이어스 전압 V_{BE}가 공급된다. 따라서 출력신호가 입력신호의 V_{BE}만큼 왜곡되어 출력되기 때문에 입력신호가 선형적으로 완전하게 출력되지 못하고 [그림 6-2]와 같이 왜곡된 출력을 얻게 된다.

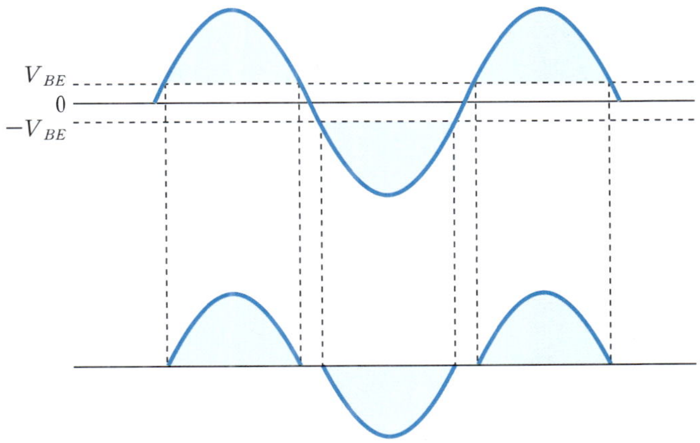

[그림 6-2] B급 푸시-풀 증폭기에서 출력신호의 왜곡

출력신호 왜곡문제의 근원인 푸시-풀 증폭기 트랜지스터의 V_{BE}가 극복되도록 바이어스가 이루어져야 한다. 이러한 바이어스 상태를 갖는 증폭기를 **AB급 전력 증폭기**라 한다. AB급 증폭기의 직류 바이어스 점은 V_{BE} 전압을 극복하도록 차단점에 가깝게 설정되기 때문에 A급이나 B급과 구별된다.

■ C급(class C) 전력 증폭기

C급 전력 증폭기의 출력은 180° 보다 작은 주기에서 작동하도록 바이어스되며, A급, B급, AB급 증폭기보다 효율이 훨씬 높다. C급 전력 증폭기의 출력진폭은 [그림 6-3]과 같이 입력에 대해 비선형적이므로 선형 증폭기로는 사용되지 않는다.

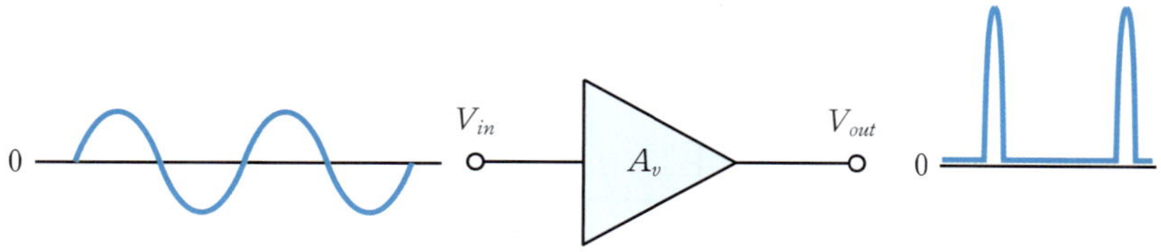

[그림 6-3] C급 증폭기의 입·출력신호

C급 증폭기는 동조 또는 공진 주파수에서 전 주기 작동을 하는 동조(공진)회로, 그리고 일정한 출력진폭을 갖는 발진기 혹은 변조기를 포함하는 라디오 주파수(RF) 등에 사용된다.

■ D급(class D) 전력 증폭기

D급 전력 증폭기는 짧은 On 시간과 긴 Off 시간을 갖는 펄스(디지탈) 신호를 사용하는 증폭기 회로에 쓰인다. A급, B급, AB급 증폭기는 일반적으로 BJT나 FET로 구성되지만, D급 증폭기는 MOSFET만 사용한다. D급 증폭기는 [그림 6-4]와 같이 아날로그 입력신호에 응답하여 그 출력 트랜지스터들이 On/Off로 스위칭하기 때문에 다른 급의 증폭기와 근본적으로 다르다. 샘플 홀드(sample-and- hold)와 같은 디지털 기술을 사용하면 부분적으로 잘린 입력 조각들(펄스 신호)로부터 전 주기 신호를 복원할 수 있다.

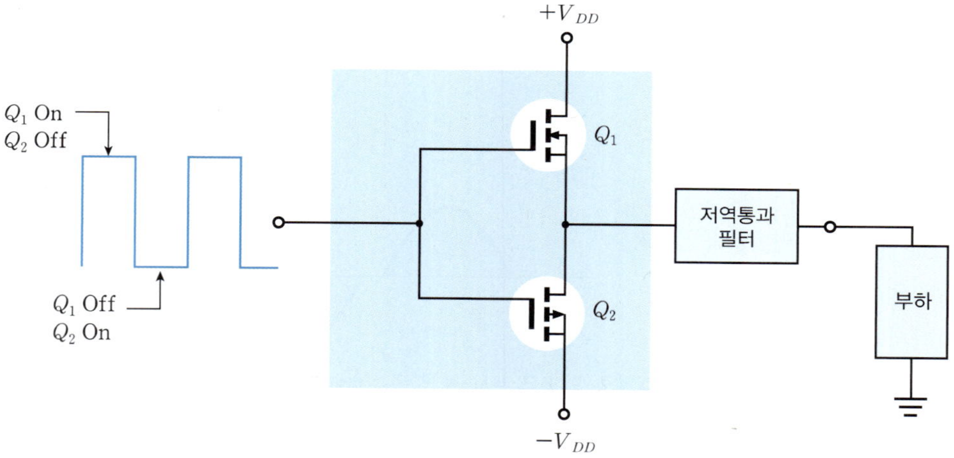

[그림 6-4] MOSFET로 구성된 D급 증폭기

전력 증폭기의 효율

증폭기의 전력 효율은 입력전력에 대한 출력전력의 비로 정의되며, A급에서 D급으로 갈수록 높아진다. 일반적으로 부하직선의 중간점에 Q 점이 설정되어 있는 A급 증폭기는 입력신호가 인가되지 않아도 바이어스 점에서 전력을 소모하고 있는 상태이며, 또한 작은 입력신호로 동작할 때 효율이 떨어진다. 최대 출력전압과 전류일 때 A급 증폭기를 통해 얻을 수 있는 최대효율은 직렬공급 부하의 경우 25% 이다.

차단점에 Q 점을 갖고 있는 B급 전력 증폭기는 입력신호가 없을 때는 직류 바이어스 전력이 없기 때문에 최대 78.5% 의 효율을 갖는다. AB급 증폭기는 A급과 B급 사이에서 바이어스 되므로 효율 역시 25% ~ 78.5% 사이의 값을 갖는다.

C급 증폭기는 180° 미만에서 도통될 수 있도록 바이어스 되어 있으며, A급이나 B급, AB급 푸시-풀 증폭기보다 효율이 훨씬 높다. 이는 C급 동작으로부터 훨씬 큰 전력을 얻을 수 있다는 뜻이다. 출력 진폭은 입력신호에 대해 비선형적이므로 선형 증폭기로는 사용되지 않는다.

D급 증폭기의 출력 트랜지스터는 A급, B급, 그리고 AB급처럼 선형 신호 증폭기로 동작하지 않고, 스위치로서 작동한다. D급 증폭기는 90% 이상의 효율을 얻을 수 있다. (이론상으로는 최대 100% 의 효율을 얻을 수 있다.)

[표 6-1]에 각 증폭기의 동작주기와 효율을 정리했다.

[표 6-1] 전력 증폭기의 효율

증폭기(급)	A	AB	B	C	D
동작주기	360°	180° ~ 360°	180°	180° 이하	펄스 동작
최대효율	25%	25% ~ 78.5%	78.5%	약 100%	90% 이상

SECTION 02

A급 증폭기

A급 전력 증폭기는 Q점이 부하직선의 중앙에 위치하여 한 주기의 교류 입력신호에 대해 부하직선의 전체에서 증폭이 일어나므로 최대 교류 출력신호가 일그러짐 없이 출력되는 증폭기를 말한다. 이 절에서는 A급 전력 증폭기의 세부 동작과정과 직류·교류 부하직선, 전력이득과 효율에 대해 살펴본다.

Keywords | A급 동작 | 직류 부하직선 | 교류 부하직선 | 전력이득 | 증폭기 효율 |

A급 전력 증폭기의 동작

한 주기 동안의 교류 출력신호가 교류 부하직선의 일부분에서만 동작하는 소신호 증폭기에 비해 출력신호가 교류 부하직선의 한계에 있거나 부하직선을 넘어가게 되는 증폭기를 **대신호 증폭기** 또는 **전력 증폭기**라 한다. 이때 교류 입력신호가 선형영역에서 증폭되어 출력신호가 일그러짐 없이 출력되는 증폭기를 **A급 증폭기**라 하는데, 대신호나 소신호가 항상 부하직선의 선형영역에서 동작하면 이들은 모두 A급 증폭기이다. 출력전력이 작은 소신호 증폭기에 비해 A급 전력 증폭기는 부하에 전력을 공급할 목적으로 만들어진 대신호 증폭기로서, 일반적으로 출력은 1W보다 크다.

따라서 대신호의 A급 전력 증폭기는 입력신호에 대해 선형의 최대 교류 출력신호를 얻기 위해서는 Q점이 부하직선의 중앙에 위치해야 한다. [그림 6-5]를 보면, 컬렉터 전류 I_C는 Q점에 위치한 전류값 I_{CQ}를 기준으로 위로는 포화전류값 $I_{c(sat)}$까지, 아래로는 0까지 변한다. 이와 비슷하게 컬렉터-이미터 전압 V_{CEQ}도 위로는 차단값 $V_{CE(cutoff)}$까지, 아래로는 0V까지 변한다. 따라서 컬렉터의 교류전류의 피크값은 I_{CQ}와 같고, 교류 컬렉터-이미터 전압의 피크값은 V_{CEQ}와 같으며, 이들 값이 A급 증폭기에서 얻을 수 있는 최대값이 된다.

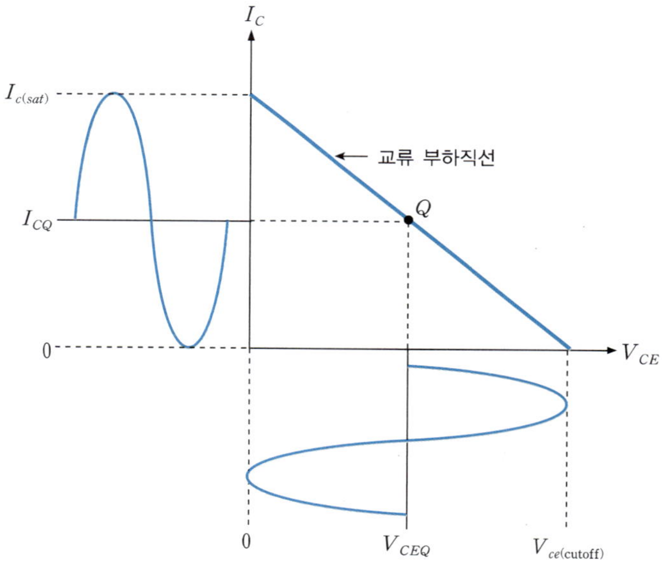

[그림 6-5] 교류 부하직선의 중앙에 Q점이 위치할 경우 (최대 A급의 교류 출력신호)

만일 Q점이 부하직선의 중앙에 위치하지 않으면, 선형적인 교류전류의 피크값 I_{CQ}과 교류 컬렉터-이미터 전압의 피크값 V_{CEQ}는 Q점의 위치에 의해 제한받게 된다. [그림 6-6]을 보자. 그림 (a)는 Q점이 차단점으로 치우쳤을 때 제한된 최대 교류 출력신호이며, 그림 (b)는 Q점이 포화점으로 치우쳤을 때 제한된 최대 교류 출력신호이다. 이들 신호보다 더 큰 신호에 대해서는 왜곡된 출력신호를 얻게 된다. 즉 소신호 증폭기는 부하직선의 일부분을 이용하므로 부하직선 상의 Q점의 위치가 크게 중요하지 않으나, 대신호 증폭기의 Q점의 위치는 최대 스윙을 얻도록 교류 부하직선의 중앙에 위치시켜야 한다.

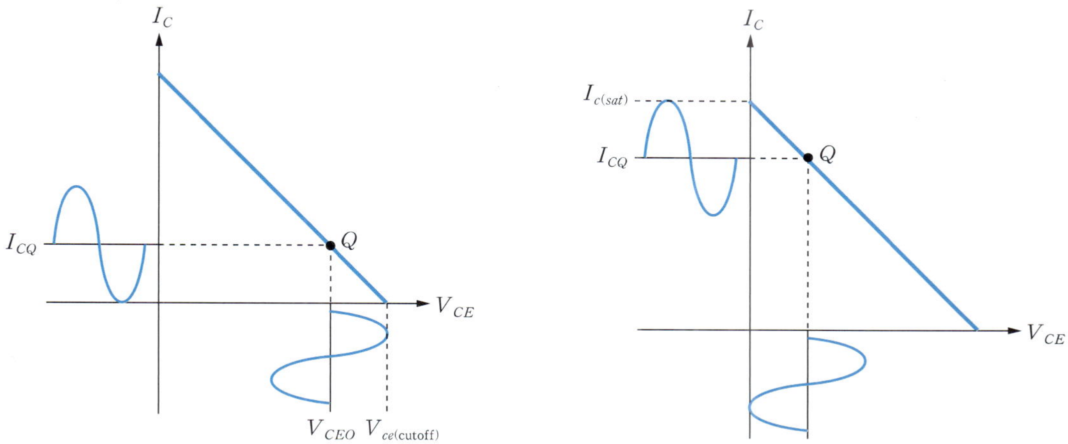

(a) Q점이 차단점으로 치우친 출력신호

(b) Q점이 포화점으로 치우친 출력신호

[그림 6-6] Q점의 위치에 따른 출력신호의 제한

일반적으로 전력 트랜지스터의 β값은 100보다 작으며, 전력 트랜지스터를 사용하는 모든 증폭기 회로는 대전력 또는 대전류용으로 사용할 수 있으나, 큰 전압이득을 얻기는 어렵다. 또한 전력 증폭기가 동작할 때 내부적으로 많은 열이 발생하기 때문에 열 방출을 고려해야 한다. 모든 전력소자의 케이스는 공기와 접촉하는 면이 커서 열을 방출시키기가 좋으므로 항상 BJT 트랜지스터의 컬렉터 단자를 케이스에 연결하여 열을 방출시켜야 한다. 그리고 큰 전력이 소요되는 응용분야에서는 냉각 팬이 필요할 수도 있다.

A급 전력 증폭기의 교류 부하직선

[그림 6-7(a)]의 A급 증폭기의 결합 커패시터와 이미터 저항의 바이패스 커패시터의 영향으로 직류 전원에 의한 부하와 교류 신호전원에 의한 부하효과가 다르게 나타난다. 따라서 [그림 6-7(d)]처럼 직류 부하직선과 교류 부하직선이 다르게 나타난다.

■ 직류 부하직선

트랜지스터 회로의 직류동작을 쉽게 설명할 수 있는 직류 부하직선은 트랜지스터의 특성곡선 상에 나타난다. [그림 6-7(d)]의 직류 부하직선을 보자. y 축은 컬렉터 포화전류의 $I_{C(sat)}$ 점, x 축은 $I_C = 0$ 인 차단점으로 $V_{CE} = V_{CC}$ 점을 연결한 직선이 된다. 트랜지스터 증폭기 회로의 전원전압 V_{CC} 와 컬렉터 및 이미터 저항 R_C, R_E 에 의해 결정된다. 특성곡선과 교차하는 직류 부하직선의 한 점은 특정한 I_B 값에 대한 $Q(V_{CEQ}, I_{CQ})$ 점을 나타낸다. 또한 직류 부하직선은 차단점에서 포화점까지의 가능한 베이스 전류 I_B 에 대한 Q 점을 연결한 직선이다.

■ 교류 부하직선

증폭기의 입력 측과 출력 측의 결합 커패시터와 이미터 저항의 바이패스 커패시터는 직류전류를 차단하여 전류가 흐르지 못하나, 입력 교류신호의 경우에는 모든 커패시터가 단락상태로 동작한다. 또한 직류전원에 의해 결정된 동작점(Q)을 원점으로 교류회로가 동작하며, 이때 직류전원은 접지(AC 접지)로 대체되어, [그림 6-7(b)]와 같은 교류 등가회로가 된다.

교류 부하직선은 트랜지스터가 교류적으로 포화되었을 때($V_{ce} = 0$ 일 때), 즉 I_c 가 최대가 되는 교류 포화전류($I_{c(sat)}$)의 포화점인 식 (6.1)과 트랜지스터가 교류적으로 차단되었을 때($I_c = 0$ 일 때), 즉 V_{ce} 의 교류 차단전압($V_{ce(cutoff)}$)의 차단점인 식 (6.2)를 연결한 직선이다([그림 6-7(c)]).

★ A급 전력 증폭기의 교류 부하직선 ★

- **교류 부하직선** : 교류 포화전류의 포화점과 차단전압의 차단점을 연결한 직선
- **교류전류의 포화점** : $I_{c(sat)} = I_{CQ} + \dfrac{V_{CEQ}}{R_c} \quad (R_c = R_C \parallel R_L)$ (6.1)
- **차단전압의 차단점** : $V_{ce(cutoff)} = V_{CEQ} + I_{CQ} R_c$ (6.2)

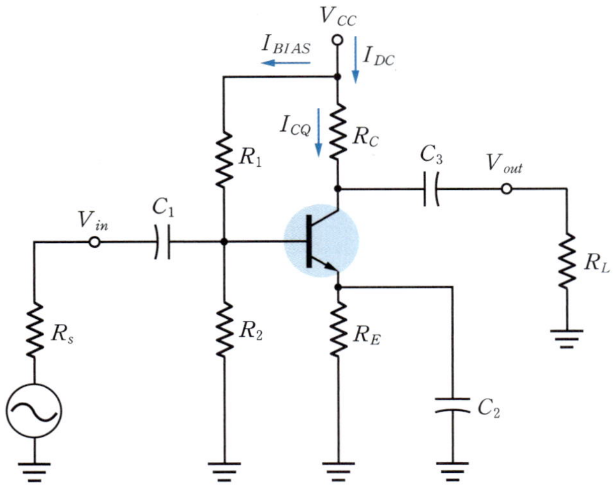

(a) A급 증폭기

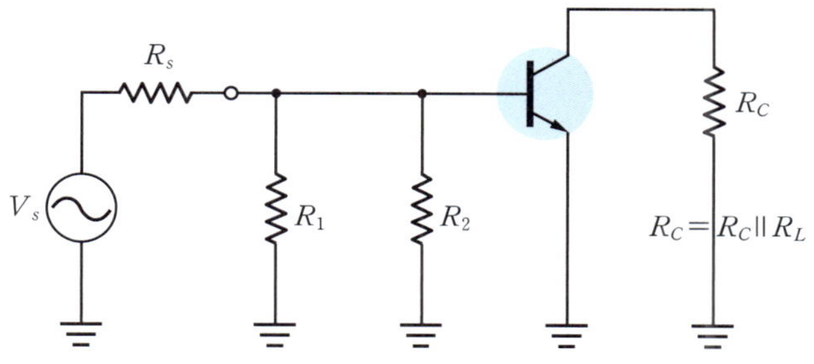

(b) A급 증폭기의 교류 등가회로

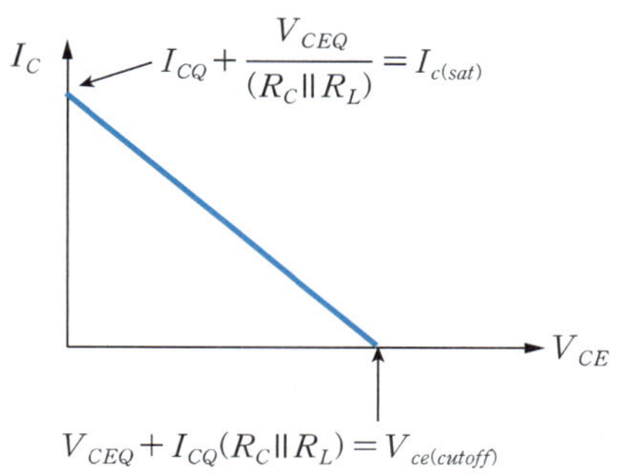

(c) 교류 부하직선

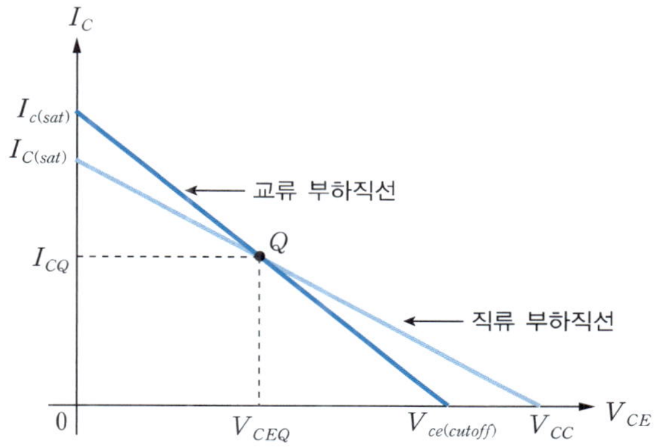

(d) 직류-교류 부하직선

[그림 6-7] A급 전력(대신호) 증폭기

A급 전력 증폭기의 전력 및 효율

■ 직류 공급전력

A급 증폭기의 전력은 전원으로부터 공급된다. 입력신호가 없을 때 전원으로부터 공급되는 컬렉터 바이어스 전류 I_{CQ}와 전압분배 회로에 흐르는 전류 I_{BIAS}가 직류 공급전류이다. 따라서 직류 공급 전력은 다음 식과 같다. ($I_{DC} = I_{CQ} + I_{BIAS}$)

$$P_{in(DC)} = V_{CC} I_{DC} = V_{CC}(I_{CQ} + I_{BIAS}) \tag{6.3}$$

교류신호가 인가되었을 때에도 전원으로부터 공급되는 평균전류는 동일하므로 A급 증폭기에 공급되는 입력전력은 식 (6.3)과 같다.

■ 입력신호가 없을 때 전력소모

교류 입력신호가 없을 때, 즉 무신호에서 증폭기의 전력소모는 동작점의 전압과 전류를 곱한 것으로, 식 (6.4)와 같이 나타난다.

$$P_{DQ} = I_{CQ} V_{CEQ} \tag{6.4}$$

A급 전력 증폭기가 부하에 전력을 공급하기 위해서는 입력신호가 없을 때에도 부하에서 요구되는 피크전류를 유지해줘야 한다. 입력신호가 증폭기로 입력된다고 해도 트랜지스터의 전력소모가 증가하지 않으며, 식 (6.3)에 나타난 무신호 시의 직류전력이 A급 증폭기의 최대값으로 나타난다. 따라서 트랜지스터의 정격은 이 값보다 커야 한다.

■ 출력전력

바이어스 점을 중심으로 변하는 출력전압과 전류는 부하에 교류전력을 공급하며, 교류 출력전력은 실효 부하전압과 실효 부하전류의 곱과 같다. 동작점이 부하직선의 중앙에 위치할 때 A급 증폭기의 최대 피크전압 $V_{c(p)}$는 식 (6.5)와 같다.

$$V_{c(p)} = I_{CQ} R_c \tag{6.5}$$

또한 최대 피크전류는 식 (6.6)과 같다.

$$I_{c(p)} = \frac{V_{CEQ}}{R_c} \tag{6.6}$$

최대 출력전압의 실효값은 $0.707\, V_{c(p)}$이며, 최대 출력전류의 실효값은 $0.707\, I_{c(p)}$이다. 최대 출력전력은 최대 출력전압과 출력전류의 실효값으로 계산된다.

$$\begin{aligned} P_{out(\max)} &= (0.707\, V_{c(p)})(0.707\, I_{c(p)}) = (0.707\, I_{CQ}\, R_c)\left(0.707\, \frac{V_{CEQ}}{R_c}\right) \\ P_{out(\max)} &= 0.5\, I_{CQ}\, V_{CEQ} \end{aligned} \tag{6.7}$$

■ 전력이득

증폭기의 전력이득은 입력전력에 대해 부하에 전달된 출력전력의 비로, 식 (6.8)과 같다. 식 (6.8)의 A_p는 전력이득, P_{in}은 신호의 입력전력, P_L은 부하에 전달된 출력전력이다.

$$A_p = \frac{P_L}{P_{in}} \tag{6.8}$$

전력은 다음과 같다.

$$P = VI = \frac{V^2}{R} \tag{6.9}$$

교류전력은 실효값으로 표현되며, 입력전력은 다음과 같다.

$$P_{in} = \frac{V_{in}^2}{R_{in}} \tag{6.10}$$

부하에 전달된 출력전력은 다음과 같다.

$$P_L = \frac{V_L^2}{R_L} \tag{6.11}$$

따라서 전력이득은 다음과 같다.

$$A_p = \frac{P_L}{P_{in}} = \frac{V_L^2 / R_L}{V_{in}^2 / R_{in}} = \frac{V_L^2}{V_{in}^2}\left(\frac{R_{in}}{R_L}\right) = A_v^2\left(\frac{R_{in}}{R_L}\right) \tag{6.12}$$

(여기서 $A_v = V_L / V_{in}$ 이다.)

■ 효율

증폭기의 효율은 직류전원으로 공급된 직류 입력전력($P_{in(DC)}$)에 대한 부하에 공급된 교류 출력전력($P_{out(\max)}$)의 비이다. 입력신호가 없을 때의 직류 공급전력은 다음과 같다(식 (6.3)).

$$P_{in(DC)} = V_{CC} I_{DC} = V_{CC}(I_{CQ} + I_{BIAS})$$

입력전류 $I_{CC} = I_{CQ}$ 이고, 중간점 바이어스이므로 입력전압 $V_{CC} = 2V_{CEQ}$ 이다. 따라서 직류 입력전력은 다음과 같다.

$$P_{in(DC)} = V_{CC} I_{DC} = 2V_{CEQ}(I_{CQ} + I_{BIAS}) \tag{6.13}$$

또한 최대 신호 출력전력은 식 (6.14)이므로

$$P_{out(\max)} = 0.5 I_{CQ} V_{CEQ} \tag{6.14}$$

A급 증폭기의 최대효율($\eta_{(\max)}$)은 식 (6.15)와 같다.

$$\eta_{(\max)} = \frac{P_{out(\max)}}{P_{in(DC)}} = \frac{0.5\, V_{CEQ} I_{CQ}}{2V_{CEQ}(I_{CQ} + I_{BIAS})} \le 0.25 \tag{6.15}$$

식 (6.15)에 나타난 것처럼 A급 증폭기의 최대효율 $\eta_{(\max)}$는 0.25, 즉 25% 이며, 실제로는 그보다 낮다. 일반적으로 낮은 효율 때문에 A급 증폭기는 1W 보다 낮은 전력증폭기로 쓰인다.

★ A급 전력 증폭기의 전력 및 효율 ★

- **직류 공급전력** : $P_{in(DC)} = V_{CC} I_{DC} = V_{CC}(I_{CQ} + I_{BIAS})$ (6.3)
- **입력이 없을 때 전력소모** : $P_{DQ} = I_{CQ} V_{CEQ}$ (6.4)
- **출력전력** : $P_{out(\max)} = 0.5 I_{CQ} V_{CEQ}$ (6.7)
- **전력이득** : $A_p = A_v^2\left(\frac{R_{in}}{R_L}\right)$ (6.12)
- **효율** : $\eta_{(\max)} = \frac{P_{out(\max)}}{P_{in(DC)}} = \frac{0.5\, V_{CEQ} I_{CQ}}{2V_{CEQ}(I_{CQ} + I_{BIAS})} \le 0.25$ (6.15)

예제 6-1

다음과 같은 A급 증폭기 회로가 있다고 할 때

(a) 직류 Q점 및 교류 부하직선을 구하시오.

(b) 전압이득과 전력이득을 구하시오.

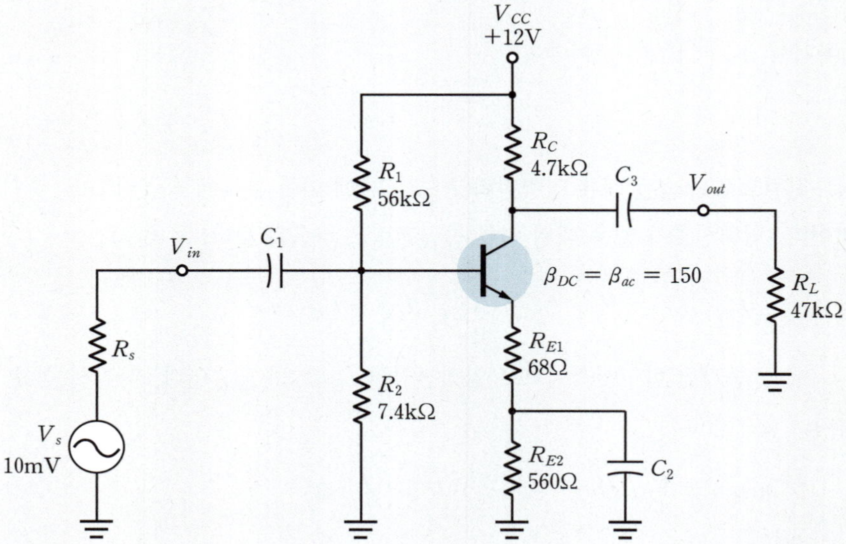

풀이

(a) 전압분배 바이어스의 A급 공통 이미터 증폭기이며, 증폭기의 Q점을 계산하기 위한 전압분배 바이어스 회로는 그림 (a)와 같다.

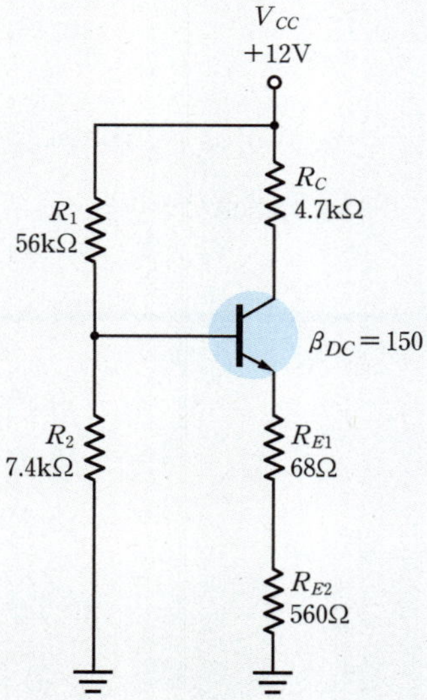

(a)

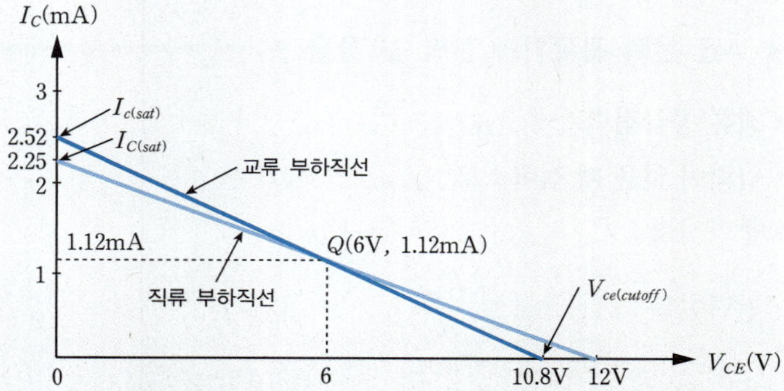

(b)

$$R_{I(B)} = \beta_{DC} \cdot R_E = 150 \times 628\,\Omega = 94.2\,\text{k}\Omega \geq 10 \times 7.4\,\text{k}\Omega \text{ 이므로}$$

$$V_B = \frac{7.4\,\text{k}\Omega}{56\,\text{k}\Omega + 7.4\,\text{k}\Omega} \times 12\,\text{V} = 1.40\,\text{V}$$

$$I_{CQ} \cong I_E = \frac{V_B - V_{BE}}{R_E} = \frac{1.4\,\text{V} - 0.7\,\text{V}}{0.628\,\text{k}\Omega} = 1.12\,\text{mA}$$

$$V_{CEQ} = 12\,\text{V} - 1.12\,\text{mA}(4.7\,\text{k}\Omega + 0.628\,\text{k}\Omega) = 6.0\,\text{V}$$

$$I_{C(sat)} = \frac{V_{CC}}{R_E + R_C} = \frac{12\,\text{V}}{4.7\,\text{k}\Omega + 0.628\,\text{k}\Omega} = 2.25\,\text{mA}$$

$$r_e' = \frac{25\,\text{mV}}{1.12\,\text{mA}} = 22.3\,\Omega$$

포화점과 차단점을 구하여 교류 부하직선을 그리면 그림 (b)와 같다.

$$I_{c(sat)} = I_{CQ} + \frac{V_{CEQ}}{R_c} = 1.12\,\text{mA} + \frac{6\,\text{V}}{4.27\,\text{k}\Omega} = 2.52\,\text{mA}$$

$$V_{ce(cut\,off)} = V_{CEQ} + I_{CQ}R_c = 6\,\text{V} + (1.12\,\text{mA})(4.27\,\text{k}\Omega) \cong 10.8\,\text{V}$$

(b) 전압이득을 구해보자.

$$R_c = R_C \parallel R_L = 4.7\text{k}\Omega \parallel 47\text{k}\Omega = 4.27\text{k}\Omega$$

$$A_v = \frac{R_c}{R_{E1} + r_e'} = \frac{4.27\,\text{k}\Omega}{68\,\Omega + 22.3\,\Omega} = -47.3 \qquad \text{(음(−)의 부호는 위상 반전을 의미함)}$$

전체 입력저항은

$$R_{in} = R_{i(tot)} = R_1 \parallel R_2 \parallel R_{i(b)} = 56\,\text{k}\Omega \parallel 7.4\,\text{k}\Omega \parallel 150(68\,\Omega + 22.3\,\Omega) = 4.4\,\text{k}\Omega$$

이다. 식 (6.12)를 이용하여 전력이득을 계산하면 다음과 같다.

$$A_p = A_v^2\left(\frac{R_{i(tot)}}{R_L}\right) = (-47.3)^2\left(\frac{4.4\,\text{k}\Omega}{47\,\text{k}\Omega}\right) \cong 209$$

예제 6-2

다음과 같은 A급 전력 증폭기에서 교류 입력신호가 $100\,\text{mV}_{pp}$일 때 효율을 구하시오.
(이때 $\beta_{DC} = \beta_{ac} = 200$이다.)

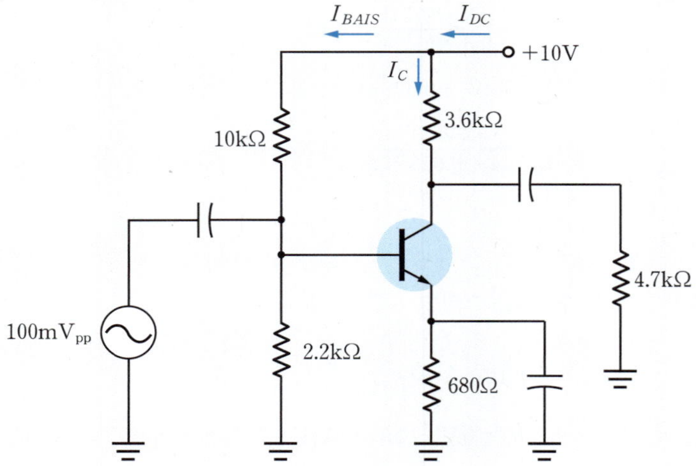

(a) A급 증폭기

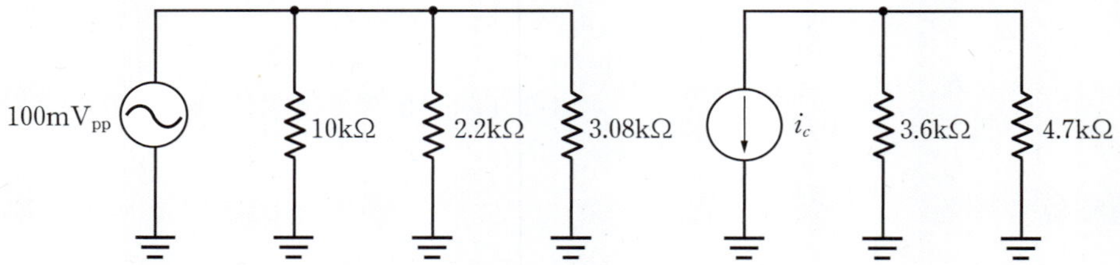

(b) A급 증폭기의 교류 등가회로

풀이

(a) 직류해석 : $R_{I(B)} = \beta_{DC} \cdot R_E \geq 10 \times R_2$이므로 근사해석을 한다.

$$V_B = \frac{2.2\,\text{k}\Omega}{10\,\text{k}\Omega + 2.2\,\text{k}\Omega} \times 10\,\text{V} = 1.80\,\text{V}$$

$$I_E = \frac{V_B - V_{BE}}{R_E} = \frac{1.8\,\text{V} - 0.7\,\text{V}}{0.68\,\text{k}\Omega} = 1.62\,\text{mA}$$

$$V_{CEQ} = 10\,\text{V} - 1.62\,\text{mA}(3.6\,\text{k}\Omega + 0.68\,\text{k}\Omega) = 3.07\,\text{V}$$

따라서 트랜지스터의 소비전력은 다음과 같다.

$$P_{DQ} = I_{CQ} V_{CEQ} = (1.62\,\text{mA})(3.07\,\text{V}) = 4.97\,\text{mW}$$

(b) 증폭기 해석

$$r_e' = \frac{25\,\text{mV}}{1.62\,\text{mA}} = 15.4\,\Omega$$

$$R_{i(b)} = \beta_{ac} r_e' = 200 \times 15.4\,\Omega = 3.08\,\text{k}\Omega$$

그림 (b)의 교류 등가회로에서 증폭기의 입력 임피던스는 다음과 같다.

$$R_{i(tot)} = 10\,\mathrm{k\Omega} \parallel 2.2\,\mathrm{k\Omega} \parallel 3.08\,\mathrm{k\Omega} \cong 1.136\,\mathrm{k\Omega}$$

증폭기의 전압이득은 다음과 같다.

$$A_v = \frac{R_c}{r_e'} = \frac{3.6\,\mathrm{k\Omega} \parallel 4.7\,\mathrm{k\Omega}}{15.4\,\Omega} = \frac{2.04\,\mathrm{k\Omega}}{15.4\,\Omega} = 132.5$$

전력이득은 다음과 같다.

$$A_p = A_v^2\left(\frac{R_{i(tot)}}{R_L}\right) = (132.5)^2\left(\frac{1.136\,\mathrm{k\Omega}}{4.7\,\mathrm{k\Omega}}\right) = 17556 \times 0.242 = 4248.6$$

입력신호의 최대 전압 $V_{pp} = 100\,\mathrm{mV}$이므로, 실효값은 $100\,\mathrm{mV}/2\sqrt{2} = 35.4\,\mathrm{mV_{rms}}$이다. 따라서 입력전력은 다음과 같다.

$$P_{in} = \frac{V_{in}^2}{R_{in(tot)}} = \frac{(V_{pp}/2\sqrt{2})^2}{R_{in(tot)}} = \frac{(V_{pp})^2}{8R_{in(tot)}} = \frac{(35.4\,\mathrm{mV})^2}{1.136\,\mathrm{k\Omega}} = 1.103\,\mu\mathrm{W}$$

교류 출력전력은 다음과 같다.

$$P_{out} = A_p P_{in} = (4248.6) \times (1.103\,\mu\mathrm{W}) \cong 4.69\,\mathrm{mW}$$

직류 공급전류 I_{DC}는 다음과 같다.

$$I_{DC} = I_C + I_{BIAS} = 1.62\,\mathrm{mA} + 0.82\,\mathrm{mA} = 2.44\,\mathrm{mA}$$

(이때 $I_{BIAS} = \dfrac{V_{CC}}{R_1 + R_2 \parallel R_{I(B)}} \cong \dfrac{10\,\mathrm{V}}{10\,\mathrm{k\Omega} + 2.2\,\mathrm{k\Omega}} = 0.82\,\mathrm{mA}$이다.
$R_{I(B)} = \beta_{DC} \cdot R_E = 200 \times 680\,\Omega = 136\,\mathrm{k\Omega}$, $R_{I(B)} > 10 \times R_2$이므로 $R_2 \cong R_2 \parallel R_{I(B)}$이다.)

직류 공급전력 P_{DC}는 다음과 같다.

$$P_{in(DC)} = V_{CC} I_{DC} = (10\,\mathrm{V})(2.44\,\mathrm{mA}) = 24.4\,\mathrm{mW}$$

따라서 효율 η는 다음과 같다.

$$\eta = \frac{P_{out}}{P_{in(DC)}} = \frac{4.69\,\mathrm{mW}}{24.4\,\mathrm{mW}} \times 100 = 19.2\%$$

SECTION 03

B급 및 AB급 증폭기

B급 전력 증폭기는 반 주기(180°)의 교류 입력신호가 부하직선의 전 영역에서 동작하고, 나머지 반 주기(180°) 교류 입력신호에 대해서는 차단되도록 바이어스 된 증폭기이다. 또한 AB급 증폭기는 B급 증폭기에서 발생하는 출력신호 왜곡을 개선하기 위해 반 주기(180°) 신호보다 조금 더 큰 신호가 증폭되도록 바이어스 된 증폭기이다. 이 절에서는 B급, AB급 전력 증폭기의 세부 동작과 전력 및 효율에 대해 살펴본다.

Keywords | B급 증폭기 | AB급 증폭기 | 푸시-풀 증폭기 | 교차 왜곡 | 전류 미러 | 단전원 푸시-풀 증폭기 |

B급 전력 증폭기의 동작

B급 전력 증폭기의 동작점은 차단점, 즉 $I_{CQ} = 0\,\text{mA}$, $V_{CEQ} = V_{CE(cutoff)}$에서 바이어스 된다. 따라서 입력신호의 반 주기, 즉 양의 반 주기(180°) 동안에는 교류 입력신호가 부하직선의 전 영역에서 동작하고, 나머지 음의 반 주기(180°) 동안에는 트랜지스터가 차단상태에 있게 된다. 따라서 음의 반 주기 신호를 증폭시킬 B급 증폭기가 하나 더 필요하다. 이렇게 양의 반 주기 신호에서 동작하는 증폭기와 음의 반 주기 신호에서 대칭적으로 증폭하도록 설계된 증폭기를 **푸시-풀(push-pull) 증폭기**라 한다. 이렇게 푸시-풀 증폭기에 의해 입력신호가 증폭되어 출력되는 증폭기를 **B급 증폭기**라 한다.

B급 푸시-풀 증폭기는 변압기 결합 B급 증폭기와 npn/pnp 트랜지스터가 상보형 대칭으로 동작하는 상보형 트랜지스터 회로의 두 가지가 있다. B급 전력 증폭기는 바이어스가 없기 때문에 입력신호가 없을 때는 각 트랜지스터가 차단된다. 전류가 흐르지 않기 때문에 전력소모도 일어나지 않아서 최대효율은 78.5%가 된다. 효율이 높기 때문에 A급 전력 증폭기보다 출력 단에 좀 더 보편적으로 이용되나, 입력파형에 대해 선형적 출력파형을 얻는 증폭기의 회로 구현이 어렵다.

■ 변압기 결합 푸시-풀 B급 전력 증폭기

[그림 6-8]은 변압기 결합 푸시-풀 증폭기이다. 입력 변압기 2차 결선의 중간 탭이 접지되어 있어서 서로의 위상을 반전시키며, 두 개의 npn 트랜지스터로 구성된 증폭기에 두 개의 반전된 신호를 공급한다.

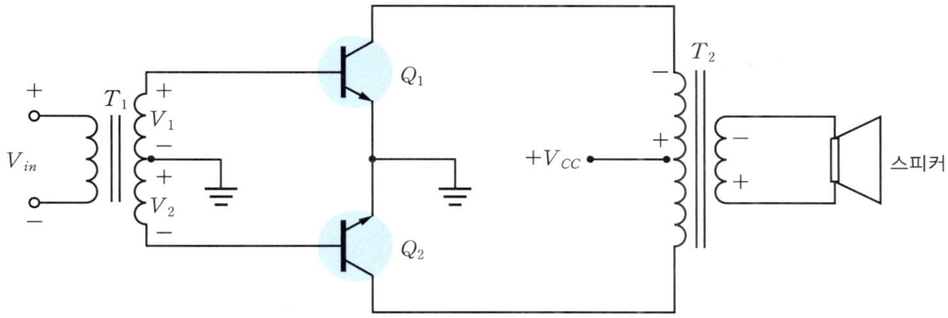

[그림 6-8] B급 푸시-풀 증폭기

양(+)의 반 주기 동안 트랜지스터 Q_1은 동작하나, 트랜지스터 Q_2는 차단상태에 있다. 반대로 음(−)의 반 주기 동안 트랜지스터 Q_2는 동작하나, 트랜지스터 Q_1은 차단상태에 있다. 각 트랜지스터는 입력신호의 반 주기씩 증폭하여 완전한 한 주기의 신호가 복원된다. 변압기 결합 푸시-풀 증폭기는 한때 많이 사용되었지만, 저주파에서는 부피가 크고 값이 비싸서 이제는 많이 사용하지 않는다.

■ 상보형 대칭 트랜지스터 푸시-풀 B급 전력 증폭기

[그림 6-9]는 두 개의 이미터 폴로워를 사용한 B급 상보형 푸시-풀 증폭기이다. 이는 npn 트랜지스터와 pnp 트랜지스터를 사용한 이미터 폴로워로 구성되며, 교번되는 입력신호에 따라 동작한다.

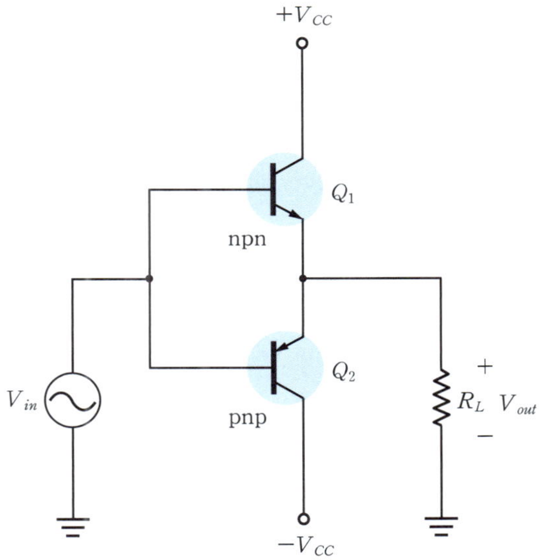

[그림 6-9] B급 상보형 푸시-풀 증폭기

B급 증폭기는 별도의 직류 바이어스 전압이 없으므로 차단($V_B = 0\,\mathrm{V}$)점에서 동작한다. 따라서 입력신호 전압에 의해 트랜지스터의 바이어스 전압을 공급받아 트랜지스터가 동작한다. [그림 6-10]과 같이 푸시-풀 증폭기의 Q_1(npn) 트랜지스터는 입력신호의 양(+)의 반 주기 동안 도통해 전류가 흐르며, Q_2(pnp) 트랜지스터는 입력신호의 음(−)의 반 주기 동안 도통해 전류가 흘러 증폭된 신호를 출력한다.

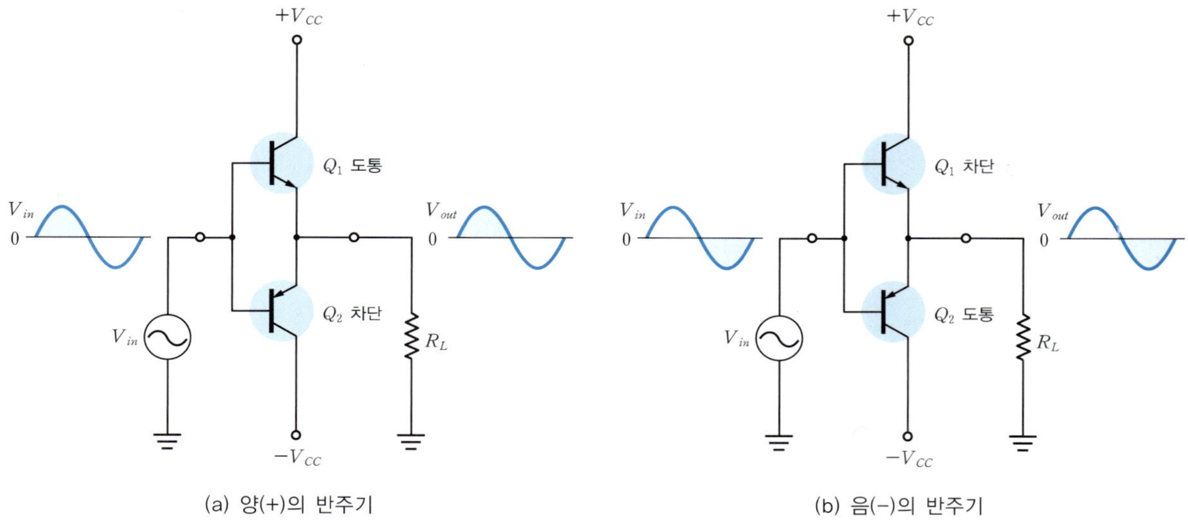

[그림 6-10] B급 상보형 푸시-풀 증폭기 동작

■ 출력의 교차 왜곡

직류 베이스 전압, $V_B = 0\,\text{V}$ 이므로 트랜지스터가 동작하려면 입력신호 전압이 직류 베이스-이미터 전압($V_{BE} = 0.7\,\text{V}$)보다 커야 된다. 따라서 입력신호가 $V_{BE} = 0.7\,\text{V}$ 보다 작을 때는 트랜지스터가 동작하지 않는다. [그림 6-11]에 나타난 것처럼 입력신호의 (+) ~ (−)가 교번할 때, 즉 입력신호의 크기가 V_{BE} 보다 작을 때는 출력파형이 존재하지 않아 출력파형의 일그러짐이 발생하는데, 이를 **교차 왜곡**(crossover distortion)이라고 한다.

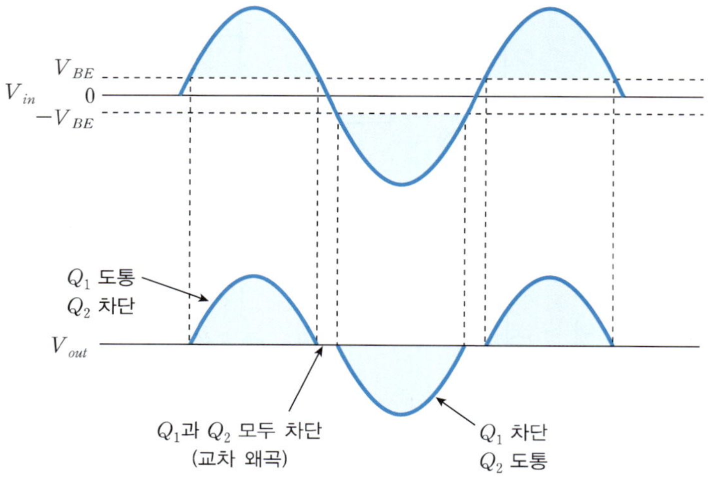

[그림 6-11] B급 상보형 푸시-풀 증폭기의 교차 왜곡 문제

AB급 푸시-풀 전력 증폭기의 동작

B급 전력 증폭기는 입력신호가 트랜지스터의 바이어스 전압 V_{BE}를 감당하기 때문에 입력신호에서 V_{BE}만큼 제외한 신호만 출력하므로 교차 왜곡이 발생할 수밖에 없다. 교차 왜곡 문제를 해결하여 입력신호에 대해 선형적인 출력신호를 얻기 위해서는 트랜지스터의 바이어스 전압 V_{BE}가 극복되도록 회로를 구성해야 한다. 즉 트랜지스터의 동작점은 차단점이 아닌 0.7V 점이 되도록 바이어스 되어야 한다. 따라서 AB급 증폭기는 입력신호가 없을 때에도 동작상태에 있으므로 전력이 소모된다.

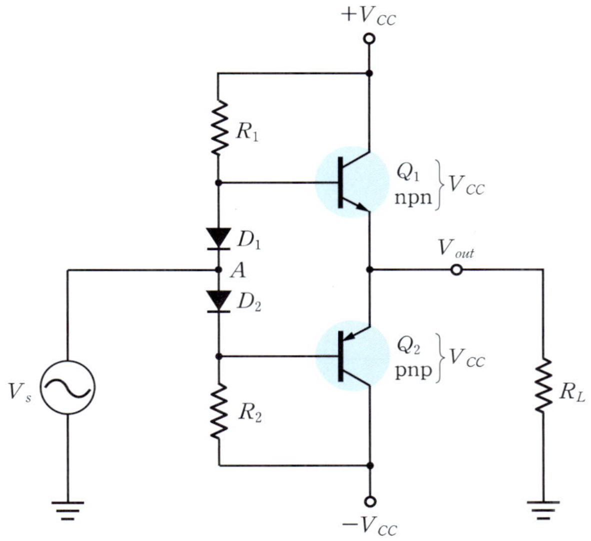

[그림 6-12] 다이오드 전압 분배회로(AB급 전력 증폭기)

[그림 6-12]의 전압분배 바이어스 회로에서 저항 R_1과 R_2는 그 값이 같으며, 다이오드 D_1의 순방향 바이어스 전압과 트랜지스터 Q_1의 베이스-이미터 바이어스 전압 V_{BE}와 같고, 다이오드 D_2의 순방향 바이어스 전압과 트랜지스터 Q_2의 베이스-이미터 바이어스 전압 V_{BE}와 같다. 이렇게 다이오드를 이용하여 바이어스 전압을 인가함으로써 B급 증폭기에서 발생하는 교차 왜곡을 해결한 증폭기를 **AB급 전력 증폭기**라 한다. 다이오드 D_1, D_2의 특성이 베이스-이미터 접합부의 특성과 거의 같기 때문에 다이오드에서의 전류와 트랜지스터의 전류 I_{CQ}가 같다. 이러한 현상을 **전류 미러**(current mirror)라 한다. 또한 D_1의 전압강하와 Q_1의 V_{BE}가 같고, D_2의 전압강하와 Q_2의 V_{BE}가 같기 때문에 다이오드의 전류와 I_{CQ}는 다음과 같이 저항 R_1이나 R_2를 이용하여 계산된다.

$$I_{CQ} = \frac{V_{CC} - V_{BE}}{R_1} \tag{6.16}$$

■ AB급 전력 증폭기의 교류 동작

[그림 6-12]의 AB급 전력 증폭기의 npn 트랜지스터의 교류 부하직선을 [그림 6-13]에 나타냈다. 교류 부하직선은 한 점($V_{CE} = V_{CC}$)에서 교류 포화전류($I_{c(sat)}$)를 연결하는 직선이다. 교류 포화전류 $I_{c(sat)}$를 구하는 식은 다음과 같다.

$$I_{c(sat)} = \frac{V_{CC}}{R_L} \tag{6.17}$$

또한 [그림 6-13]에 npn 트랜지스터 교류 부하직선에 인가된 신호를 나타냈는데, 교류 부하직선의 위쪽 끝은 트랜지스터의 최소 양단전압 V_{ce}이고, 출력전류는 최대이다.

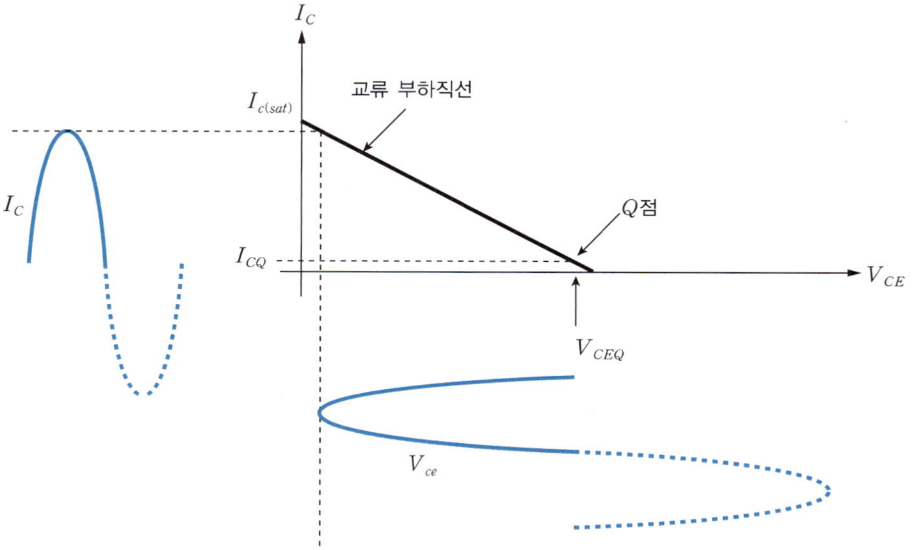

[그림 6-13] AB급 전력 증폭기의 npn 트랜지스터의 교류 부하직선

npn 트랜지스터(Q_1)과 pnp 트랜지스터(Q_2)는 서로 교차하면서 차단과 포화영역에 위치한다. 입력신호가 양(+)의 주기일 때 Q_1의 이미터 전압 V_{ce}는 동작점 Q의 전압 V_{CEQ}에서 약 0 V까지 변화한다. 이 파형은 V_{CC}보다 약간 적은 크기의 양(+)의 피크전압이 된다. 또한 음(−)의 반 주기 동안에는 Q_2의 이미터 전압 V_{ce}는 0 V에서 $-V_{CC}$로 변화되며, 이 파형은 V_{CC}보다 약간 적은 크기의 음(−)의 피크전압이 된다. 교류 포화전류 $I_{c(sat)}$는 출력 피크전류로 식 (6.17)과 같다.

A급 증폭기의 Q점은 부하직선의 중앙에 위치하므로 입력신호가 존재하지 않을 때에도 전류가 흘러 전력이 소모된다. 그러나 Q점이 차단점에 있는 B급(AB급) 전력 증폭기는 입력신호가 없을 때는 트랜지스터에 전류가 거의 흐르지 않기 때문에 소모되는 전력이 없다. 따라서 B급(AB급) 전력 증폭기의 최대효율은 78.5%로, A급 전력 증폭기(25%)에 비해 월등히 높다.

■ 단 전원 AB급 푸시-풀 전력 증폭기

두 개의 전원($+V_{CC}$, $-V_{CC}$)을 사용하는 상보형 트랜지스터 푸시-풀 증폭기를 [그림 6-14]와 같이 하나의 전원을 사용하여 상보형 트랜지스터 푸시-풀 증폭기를 구성할 수 있다. ($R_1 = R_2 = R$)

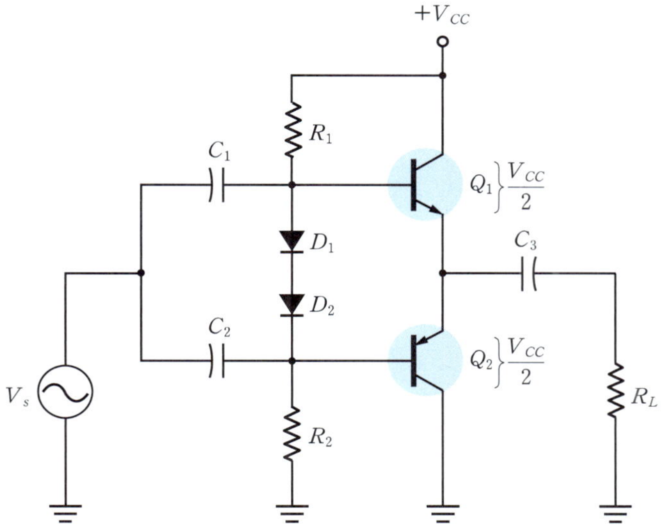

[그림 6-14] 단 전원 AB급 푸시-풀 전력 증폭기

단 전원 AB급 푸시-풀 전력 증폭기와 두 개의 전원을 사용하는 증폭기를 비교해보면, 회로의 동작은 동일하지만, 두 개의 전원을 사용할 때는 출력이 0V가 되고, 단 전원을 사용할 때는 출력(트랜지스터의 이미터)이 $\frac{V_{CC}}{2}$(V)가 되는 것만 다르다.

단 전원을 사용한 상보형 트랜지스터 푸시-풀 증폭기는 직류전원의 출력이 0V가 아니므로, 직류 바이어스에서 입력과 부하저항의 영향을 받지 않도록 입력과 출력 측에 커패시터 결합을 해야 한다.

★ AB급 전력 증폭기의 교류 부하직선 ★

- **교류 부하직선** : 교류 포화전류의 포화점과 차단전압의 차단점을 연결한 직선
- **교류전류의 포화점** : $I_{c(sat)} = \frac{V_{CC}}{2R_L}$ (6.17)
- **차단전압의 차단점** : $V_{CE} = \frac{V_{CC}}{2}$

B급(AB급) 전력 증폭기의 전력 및 효율

■ 직류 입력전력

직류 입력전력은 직류전원 V_{CC} 로부터 얻어지며, 구하는 식은 다음과 같다.

$$P_{DC} = I_{CC} V_{CC} \tag{6.18}$$

증폭기는 입력신호의 양(+) 및 음(−)의 반 주기에 대해 푸시–풀로 동작하여 교류신호의 반파 최대 전류($I_p = I_{c(sat)}$)가 트랜지스터에 흐르므로 직류전류(평균값)는 다음과 같다.

$$I_{CC} = \frac{I_p}{\pi} = \frac{I_{c(sat)}}{\pi} \tag{6.19}$$

따라서 직류 입력전력은 다음과 같다.

$$P_{DC} = (I_{c(sat)} / \pi) V_{CC} \tag{6.20}$$

■ 최대 출력전력

교류 부하직선에서 출력전류의 최대값(피크)은 $I_{c(sat)}$ 이고, 출력전압의 최대값(피크)은 V_{CEQ} 이다. 따라서 최대 평균전력 P_{out} 은 실효값으로 계산되므로

$$P_{out} = I_{out(rms)} V_{out(rms)}$$

이며, 출력전류 및 전압의 실효값은 다음과 같다.

$$I_{out(rms)} = I_{out(p)} / \sqrt{2} = 0.707 I_{c(sat)}$$
$$V_{out(rms)} = V_{out(p)} / \sqrt{2} = 0.707 V_{CEQ}$$

따라서 평균 출력전력은

$$P_{out} = 0.707 I_{c(sat)} 0.707 V_{CEQ} = 0.5 I_{c(sat)} V_{CEQ}$$

이며, 단 전원 푸시–풀 증폭기의 경우 $V_{CEQ} = V_{CC}/2$ 이므로 다음과 같이 나타낸다.

$$P_{out} = 0.5 I_{c(sat)} V_{CEQ} = 0.5 I_{c(sat)} (V_{CC}/2) = 0.25 I_{c(sat)} V_{CC} \tag{6.21}$$

■ 효율

효율(η)은 직류 입력전력에 대한 출력전력의 비율로 정의되므로, B급(AB급) 전력 증폭기의 최대효율은 다음과 같다.

$$\eta_{(\max)} = \frac{P_{out}}{P_{DC}}$$

식 (6.20)과 식 (6.21)을 활용하여 최대효율을 구하면 식 (6.22)와 같다.

$$\eta_{(\max)} = \frac{P_{out}}{P_{DC}} = \frac{0.25\, I_{c(sat)}\, V_{CC}}{I_{c(sat)} V_{CC}/\pi} = 0.25\pi \cong 0.785 \tag{6.22}$$

A급 증폭기의 최대효율이 0.25인 것에 비해 B급(AB급) 증폭기의 최대효율은 0.785로 매우 높다는 장점이 있다. 그러나 푸시-풀 증폭기 바이어스의 정확도에 따라 교차 왜곡이 발생할 수 있다는 단점도 있다.

★ B(AB)급 전력 증폭기의 전력 및 효율 ★

- **직류 입력전력** : $P_{DC} = (I_{c(sat)}/\pi) V_{CC}$ (6.20)
- 입력이 없을 때 증폭기는 전력소모가 없음
- **출력전력** : $P_{out} = 0.5\, I_{c(sat)} V_{CEQ} = 0.5\, I_{c(sat)} (V_{CC}/2) = 0.25\, I_{c(sat)} V_{CC}$ (6.21)
- **효율** : $\eta_{(\max)} = \frac{P_{out}}{P_{DC}} = \frac{0.25\, I_{c(sat)}\, V_{CC}}{I_{c(sat)} V_{CC}/\pi} = 0.25\pi \cong 0.785$ (6.22)

예제 6-3

다음과 같은 AB급 전력 증폭기의 최대 직류 입력전력과 교류 출력전력을 구하고, 효율을 구하시오.

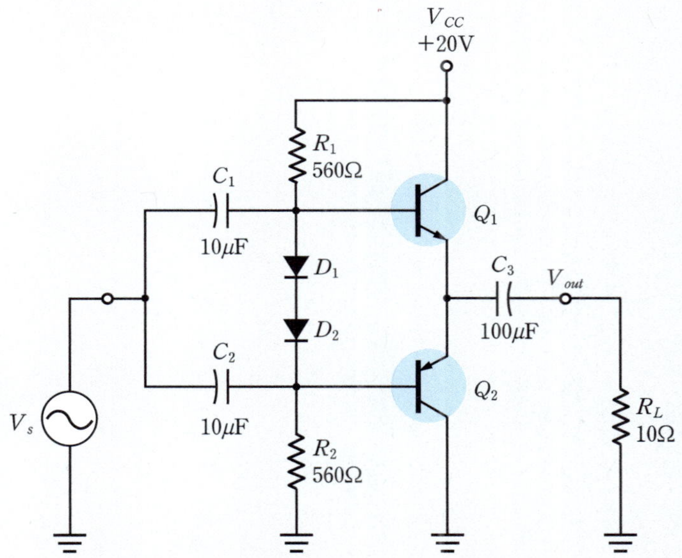

풀이

최대(피크) 출력전압과 최대(피크) 출력전류를 구하면 다음과 같다.

$$V_{out(p)} \cong V_{CEQ} = \frac{V_{CC}}{2} = \frac{20\,\mathrm{V}}{2} = 10\,\mathrm{V}$$

$$I_{out(p)} \cong I_{c(sat)} = \frac{V_{CEQ}}{R_L} = \frac{10\,\mathrm{V}}{10\,\Omega} = 1.0\,\mathrm{A}$$

최대 직류 입력전력과 교류 출력전력을 구하면 다음과 같다.

$$P_{DC} = \frac{I_{c(sat)} V_{CC}}{\pi} = \frac{(1.0\,\mathrm{A})(20\,\mathrm{V})}{3.14} = 6.37\,\mathrm{W}$$

$$P_{out} = 0.25\, I_{c(sat)} V_{CC} = 0.25(1.0)(20\,\mathrm{V}) = 5\,\mathrm{W}$$

따라서 효율(η)을 구하면 다음과 같다.

$$\eta_{(\max)} = \frac{P_{out}}{P_{DC}} = \frac{5\,\mathrm{W}}{6.37\,\mathrm{W}} = 0.785 = 78.5\%$$

SECTION
04 C급 증폭기

C급 증폭기는 입력신호 주기의 일부분(180° 미만)에서 동작하도록 바이어스 되어 있는 증폭기이다. 출력신호는 입력신호에 대해 비선형이므로 대신호 혹은 선형 전력 증폭기로는 사용되지 않는다. 이 절에서는 C급 전력 증폭기의 세부 동작과 전력 및 효율에 대해 살펴본다.

Keywords | C급 증폭기 | 동조 증폭기 | 발진기 | 변조기 | 라디오 주파수 | 공진회로 |

C급 증폭기의 동작

C급 증폭기는 A급 및 B(AB)급 전력 증폭기와 달리 입력신호를 비선형적으로 출력하기 때문에 선형 전력 증폭기로는 사용되지 않는다. 또한 컬렉터 전류는 반 주기 이하(180° 미만) 동안만 흐르며, 일반적으로 공진회로 부하에 의해 운용된다. C급 증폭기는 주로 일정한 출력진폭을 갖는 발진기, 변조기 또는 통신회로의 **동조 증폭기**(tuned amplifier)로 사용된다.

[그림 6-15]를 보자. 그림 (a)는 C급 증폭기의 바이어스 개념을 설명하기 위한 기본적인 공통 이미터 C급 증폭기를 보여준다. 이 회로에서는 음(−)의 V_{BB} 전원에 의해 차단점 이하로 바이어스 되어 있다. 교류 신호원 전압의 피크값이 $|V_{BB}| + V_{BE}$ 보다 약간 커지는 아주 짧은 기간 동안만 베이스-이미터 접합의 전위장벽(V_{BE})보다 커지기 때문에, 이때만 트랜지스터가 동작하여 출력전류가 흐른다. 이상적인 최대 컬렉터 전류는 그림 (c)의 교류 부하직선에 표시된 것처럼 $I_{c(sat)}$가 되고, 최소 컬렉터 전압은 $V_{ce(sat)}$가 된다.

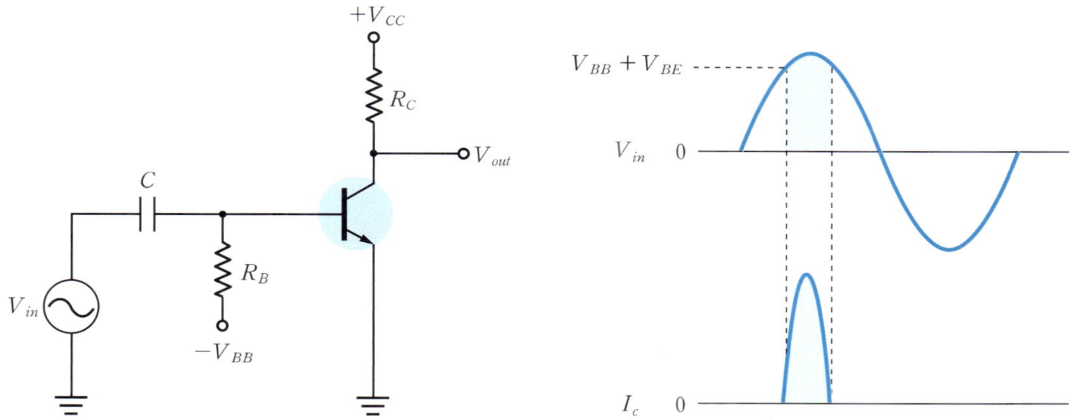

(a) C급 증폭기 (b) 입력신호에 대한 출력전류 파형

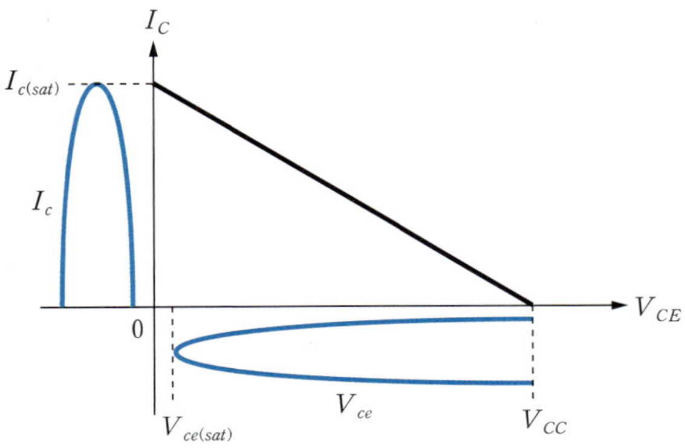

(c) 부하선에서 출력전류 및 출력전압 파형

[그림 6-15] C급 증폭기의 동작

■ 공진 주파수

C급 증폭기는 입력신호의 반 주기보다 짧은 시간 동안에만 컬렉터 전류가 흐른다. 병렬 공진회로는 컬렉터 전류의 펄스를 걸러내고 출력전압의 순수한 정현파를 발생시킬 수 있다. C급 증폭기는 RF 동조 증폭기(tuned RF amplifier)에 주로 응용된다.

[그림 6-16]을 보자. 그림 (a)는 C급 증폭기(RF 동조)를 나타낸다. 교류 입력전압은 베이스를 구동시키고 증폭된 출력전압은 반전 증폭된 신호로 컬렉터에 나타나며, 결합 콘덴서를 통해 부하저항에 출력된다. 병렬 공진회로 때문에 출력전압은 공진 주파수에서 최대가 된다. 전압이득은 공진 주파수 f_r 의 양쪽에서 그림 (b)와 같이 감소한다. 이 때문에 C급 동조 증폭기는 항상 협대역 주파수를 증폭시키는 데 쓰인다. 예를 들어, 라디오 방송이나 TV 채널은 중심 주파수 양쪽의 협대역 주파수로 할당되기 때문에 이들 신호를 증폭하기 위해서는 C급 동조 증폭기를 사용하는 것이 이상적이다.

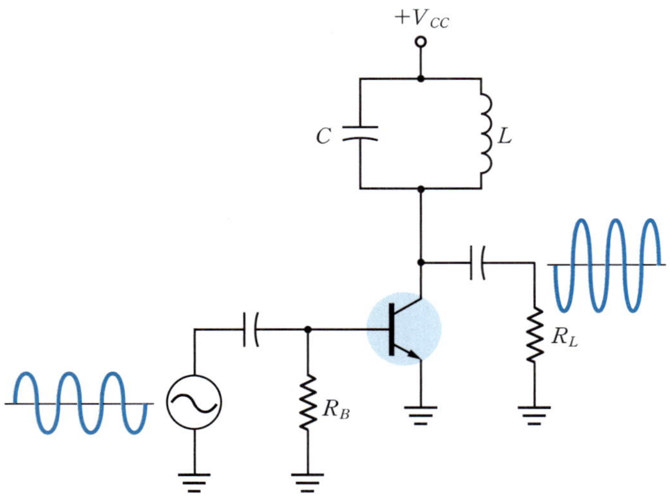

(a) C급 동조 증폭기

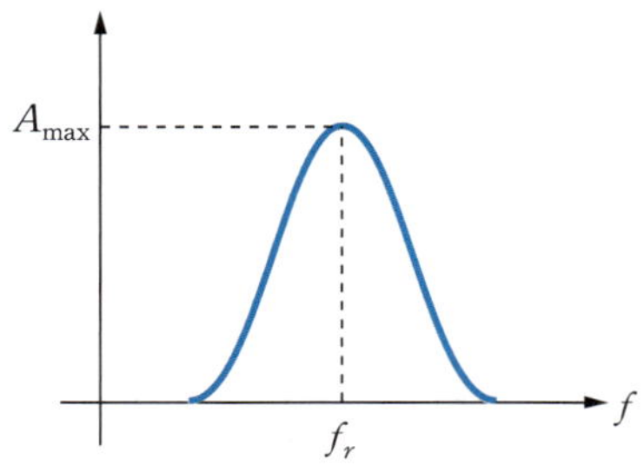

(b) 주파수에 대한 전압이득

[그림 6-16] C급 동조 증폭기

★ 공진 주파수 ★

$$f_r = \frac{1}{2\pi\sqrt{LC}} \tag{6.23}$$

■ 부하직선

[그림 6-17]을 보자. 그림 (a)는 C급 동조 증폭기의 직류 등가회로를 나타낸다. 컬렉터 회로의 저항 R_s는 인덕터의 내부 권선저항이다. 그림 (b)는 직류 및 교류 부하직선을 나타낸다. 고주파 인덕터(RF inductor)의 권선저항 R_s는 매우 작아서 직류 부하직선은 거의 수직이다. 그러나 직류 등가회로에서 알 수 있듯이 직류 바이어스 되어 있지 않기 때문에 직류 부하직선은 중요하지 않고, 교류 부하직선이 중요하다. 동작점(Q)은 교류 부하직선의 아래 끝에 위치한다. 교류신호가 인가될 때 순간 동작점은 교류 부하직선을 따라 포화점을 향해 위로 이동한다. 컬렉터 전류의 최대 펄스는 포화전류 V_{CC}/r_c로 주어진다.

그림 (c)는 C급 동조 증폭기의 교류 등가회로를 나타낸다. 입력신호는 베이스-이미터(다이오드)를 구동하고 증폭된 전류펄스는 탱크회로(resonant tank circuit)를 구동한다. C급 동조 증폭기에서 입력 커패시터는 부(−) 직류 클램퍼(DC clamper)의 일부분이다. 따라서 베이스-이미터(다이오드) 양단에 나타나는 신호는 부(−)로 클램핑된다.

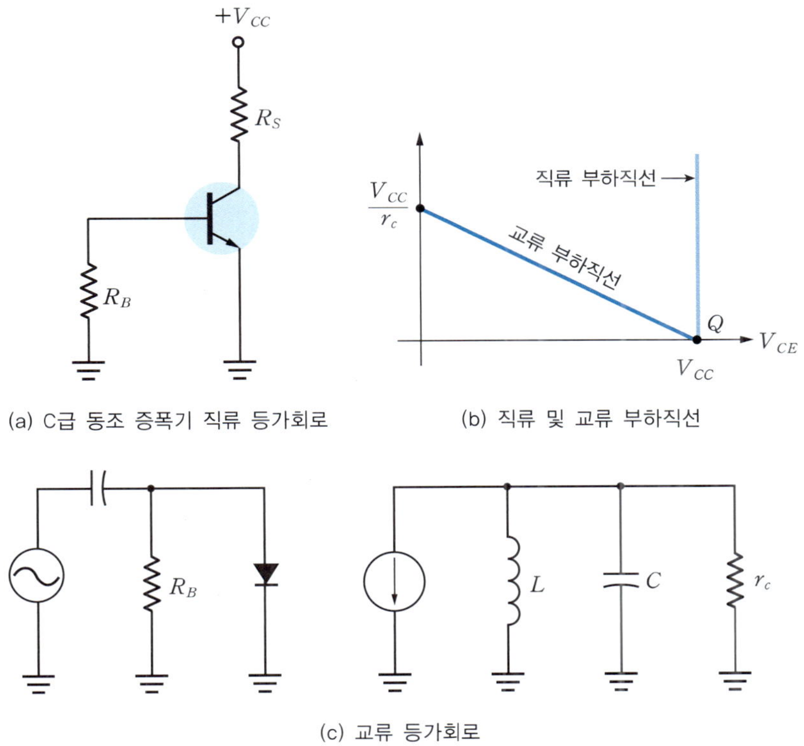

[그림 6-17] C급 동조 증폭기의 직류 및 교류 등가회로

[그림 6-18]을 보자. 그림 (a)는 부(−) 클램핑을 나타낸다. 교류 입력신호의 정(+) 피크에서 트랜지스터가 동작하므로 컬렉터 전류는 그림 (b)와 같이 짧은 펄스 동안만 흐른다. 또한 그림 (b)와 같은 비정현 파형에는 입력 주파수의 정수배인 고조파가 많이 포함되어 있다.

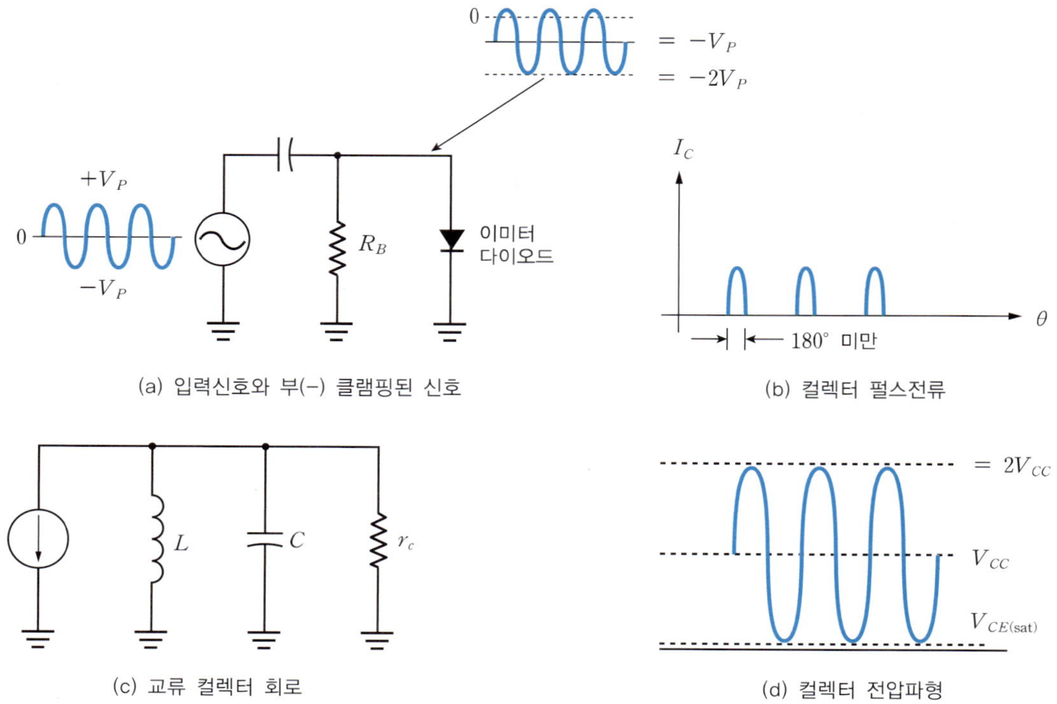

[그림 6-18] C급 동조 증폭기의 교류 등가회로에서 입·출력파형

즉 펄스는 f, $2f$, $3f$, ⋯, nf의 주파수를 포함하는 일련의 정현파와 같다. 그림 (c)의 탱크회로는 기본 주파수 f에서만 높은 임피던스를 갖는다. 따라서 기본 주파수에서만 큰 전압이득을 얻는다. 또한 탱크회로는 고차의 고조파에 대해 매우 낮은 임피던스를 가지므로 전압이득 또한 매우 낮다. 이 때문에 양단 전압이 그림 (d)에 보이는 것처럼 순수한 정현파처럼 보인다.

C급 증폭기의 전력 및 효율

C급 증폭기는 입력신호 주기 중 짧은 기간 동안만 도통되므로 전력소모가 적다. 펄스 사이의 시간은 교류 입력신호의 주기(T)와 같다. [그림 6-19]를 보면, 그림 (a)는 입력신호와 컬렉터 전류펄스, 그림 (b)는 컬렉터 전류와 전압을 나타낸다.

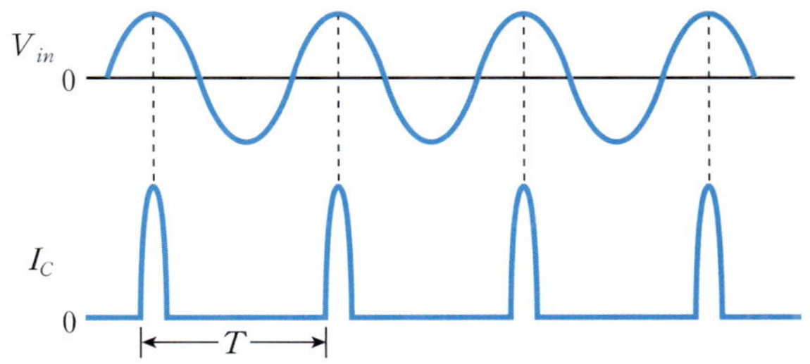

(a) 입력신호와 컬렉터 전류펄스

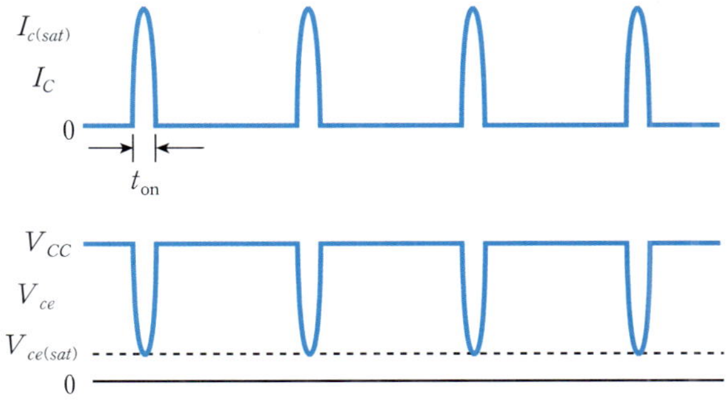

(b) 컬렉터 전류와 전압

[그림 6-19] C급 증폭기의 입·출력파형

출력진폭이 전체 부하직선에서 동작한다면 증폭기가 동작하는 동안 소모되는 전력은 다음과 같다.

$$P_{D(on)} = I_{c(sat)} V_{ce(sat)} \tag{6.24}$$

이 전력소모는 증폭기가 동작하는 짧은 시간(t_{on})만을 나타내며, 남은 입력주기에는 차단된다. 따라서 전체 부하직선을 사용하는 경우 전체 주기에 대한 평균 전력소모는 다음과 같다.

$$P_{D(avg)} = \left(\frac{t_{on}}{T}\right) P_{D(on)} = \left(\frac{t_{on}}{T}\right) I_{c(sat)} V_{ce(sat)} \tag{6.25}$$

최대 출력전력은 다음과 같다. 여기서 R_c 는 컬렉터 탱크회로의 코일저항과 부하저항의 합성저항으로, 대체로 작은 값이다.

$$P_{out} = \frac{V_{rms}^2}{R_c} = \frac{(0.707\,V_{CC})^2}{R_c} = \frac{0.5\,V_{CC}^2}{R_c} \tag{6.26}$$

증폭기에 공급되는 총 전력은 다음과 같다.

$$P_{(tot)} = P_{out} + P_{D(avg)} \tag{6.27}$$

효율은 다음과 같다.

$$\eta = \frac{P_{out}}{P_{out} + P_{D(avg)}} \tag{6.28}$$

만일 $P_{out} \gg P_{D(avg)}$ 이면, C급 증폭기의 효율은 100% 에 가깝다.

★ C급 전력 증폭기의 전력 및 효율 ★

- **증폭기가 동작하는 동안(t_{on})에 소모되는 전력** : $P_{D(on)} = I_{c(sat)} V_{ce(sat)}$ (6.24)
- **전체 주기에 대한 평균 전력소모** : $P_{D(avg)} = \left(\frac{t_{on}}{T}\right) P_{D(on)} = \left(\frac{t_{on}}{T}\right) I_{c(sat)} V_{ce(sat)}$ (6.25)
- **최대 출력전력** : $P_{out} = \frac{V_{rms}^2}{R_c} = \frac{(0.707\,V_{CC})^2}{R_c} = \frac{0.5\,V_{CC}^2}{R_c}$ (6.26)

  (R_c 는 컬렉터 탱크회로의 병렬 등가저항)
- **증폭기에 공급되는 총 전력** : $P_{(tot)} = P_{out} + P_{D(avg)}$ (6.27)
- **효율** : $\eta = \frac{P_{out}}{P_{out} + P_{D(avg)}}$ (6.28)

예제 6-4

어떤 C급 증폭기의 직류전원 $V_{CC} = 20\,\text{V}$ 이고, 컬렉터 병렬 등가저항 $R_c = 100\,\Omega$ 이고, 100 kHz 의 입력신호로 구동된다고 하자. 트랜지스터는 $1\,\mu s$ 동안만 도통되고, 증폭기는 전체 부하직선에 대해 동작하고 있다. 만일 $I_{c(sat)} = 100\,\text{mA}$, $V_{ce(sat)} = 0.3\,\text{V}$ 일 때, 평균 전력소모와 효율을 구하시오.

풀이

주기(T)를 구하면 다음과 같다.

$$T = \frac{1}{f} = \frac{1}{100\,\text{kHz}} = 10\,\mu s$$

따라서 전체 주기에 대한 평균 전력소모는 다음과 같다.

$$P_{D(avg)} = \left(\frac{t_{on}}{T}\right) I_{c(sat)} V_{ce(sat)} = \left(\frac{1\,\mu\text{s}}{10\,\mu\text{s}}\right)(100\,\text{mA})(0.3\,\text{V}) = 3\,\text{mW}$$

최대 출력전력은 다음과 같다.

$$P_{out} = \frac{0.5\,V_{CC}^2}{R_c} = \frac{0.5(20\,\text{V})^2}{100} = 2.0\,\text{W}$$

따라서 효율(η)을 구하면 다음과 같다.

$$\eta_{(\max)} = \frac{P_{out}}{P_{out} + P_{D(avg)}} = \frac{2\,\text{W}}{2\,\text{W} + 3\,\text{mW}} = 0.999 = 99.9\%$$

CHAPTER

06 연습문제

6.1 전력 증폭기 중 항상 선형영역에서 동작하는 증폭기는 어느 것인가?

① A급 증폭기　　② B급 증폭기
③ AB급 증폭기　　④ C급 증폭기

6.2 A급 전력 증폭기가 부하에 전달할 수 있는 피크전류는 무엇에 의해 결정되는가?

① 전원전압 V_{CC}　　② 동작점 전류 I_{CQ}　　③ 바이어스 저항　　④ 열 방출의 크기

6.3 $I_{CQ} = 2\,\text{A}$, $V_{CEQ} = 6\,\text{V}$인 A급 전력 증폭기의 최대 출력전력은 얼마인가?

① 1 W　　② 3 W　　③ 6 W　　④ 12 W

6.4 입력신호 전력이 50 mW이고 부하에 전달된 전력이 5 W일 때, A급 전력 증폭기의 전력이득은 얼마인가?

① 10　　② 30　　③ 50　　④ 100

6.5 A급 증폭기의 최대효율은 얼마인가?

① 25%　　② 50%　　③ 79%　　④ 98%

6.6 A급 증폭기의 최대 피크-피크 출력전압을 얻기 위한 Q점의 위치는 어디인가?

① 차단점　　② 교류 부하직선의 중앙점
③ 포화점　　④ 포화점의 근처

6.7 B급 전력 증폭기에서 트랜지스터의 바이어스 점은 어디인가?

① 부하직선의 중앙점　　② 포화점
③ 차단점　　④ 포화점의 오른쪽

6.8 B급 전력 증폭기에서 트랜지스터의 컬렉터 전류는 어느 주기 동안에만 흐르는가?

① 한 주기 전체 ② 1/2 주기 미만
③ 1/4 주기 미만 ④ 1/2 주기

6.9 B급 전력 증폭기에서 최대 출력전압은 얼마인가?

① V_{CEQ} ② $2V_{CEQ}$ ③ I_{CQ} ④ $2I_{CQ}$

6.10 푸시-풀 증폭기는 일반적으로 어떤 증폭기로 사용되는가?

① A급 ② B급 ③ C급 ④ D급

6.11 B급 증폭기의 최대효율은 얼마인가?

① 25% ② 50% ③ 79% ④ 98%

6.12 교차 왜곡 현상은 어느 증폭기에서 발생하는가?

① A급 증폭기 ② AB급 증폭기
③ B급 증폭기 ④ C급 증폭기

6.13 C급 증폭기는 언제 출력이 발생하는가?

① 입력의 한 주기에 ② 입력의 1/2주기에
③ 입력주기의 180° 보다 약간 큰 주기에 ④ 입력주기의 아주 작은 부분

6.14 C급 증폭기의 컬렉터 전류에 대한 설명으로 옳은 것은?

① 입력전압에 의한 증폭된 전류 ② 고조파를 갖고 있다.
③ 부(−)로 클램프된다. ④ 반 주기 동안만 흐른다.

6.15 통신회로의 동조 증폭기로 이용되는 증폭기는?

① A급 증폭기 ② B급 증폭기
③ AB급 증폭기 ④ C급 증폭기

6.16 주관식 정현파의 입력신호에 대해 A급, B급, AB급, C급 증폭기의 출력파형을 개괄적으로 그리시오.

6.17 주관식 그림과 같은 A급 증폭기에서 교류 컬렉터 저항을 구하고, Q점을 구한 뒤 교류 포화전류를 구하시오.

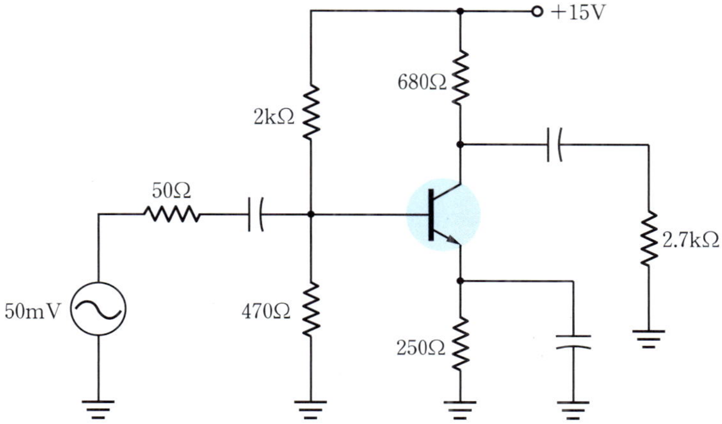

6.18 주관식 그림과 같은 A급 증폭기에서 직류 컬렉터 저항 및 교류 컬렉터 저항, 직류 포화전류를 구하고, 만일 Q점이 교류 부하직선의 중앙에 위치한다면 교류 포화전류는 얼마인가?

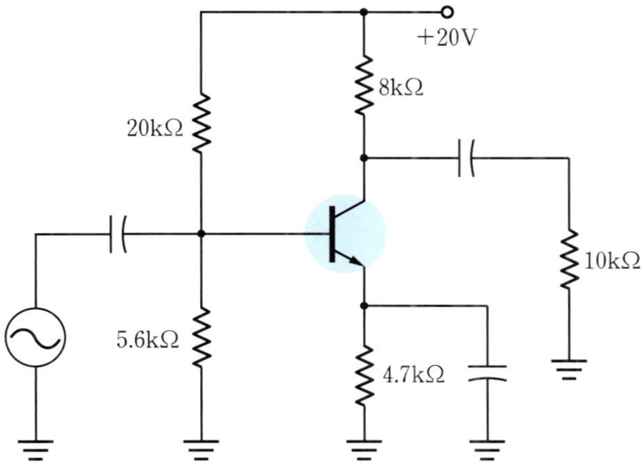

6.19 주관식 [연습문제 6.17]의 그림에서 A급 증폭기에 공급되는 직류전력은 얼마인가?

6.20 주관식 [연습문제 6.17]의 회로에서 입력신호가 50 m V_{pp}이다. 부하저항 양단의 출력전력(P_{out})을 구하고, 이 증폭기의 효율을 구하시오.

6.21 주관식 [연습문제 6.17]의 회로의 직류 무신호 소비전력(트랜지스터 소비전력)은 얼마인가?

6.22 주관식 [연습문제 6.18]의 회로에서 증폭기로 공급되는 직류전력 및 직류 무신호 전력(트랜지스터 소비전력)은 얼마인가?

6.23 주관식 그림과 같은 A급 전력 증폭기가 있을 때 다음을 구하시오. (단, $\beta_{DC} = \beta_{ac} = 100$)

(a) 동작점(Q)

(b) 전압이득 및 전력이득

(c) 무부하 트랜지스터의 소비전력

(d) 직류전원으로부터 공급되는 전력

(e) 입력신호가 600 mV_{pp}일 때, 부하에서의 출력전력

(f) 증폭기의 효율

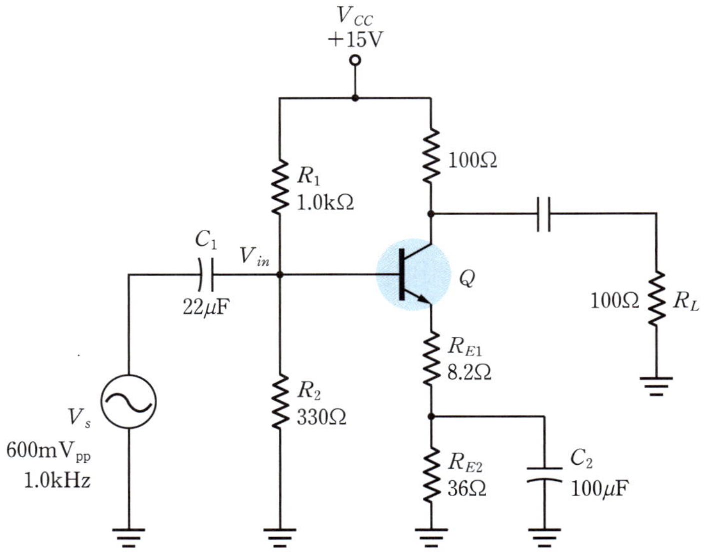

6.24 주관식 그림과 같은 AB급 증폭기가 있다.

(a) V_E, I_{CQ}, $V_{CE(Q_1)}$, $V_{CE(Q_2)}$를 구하시오.

(b) 부하저항 R_L에 전달되는 최대전력을 구하시오.

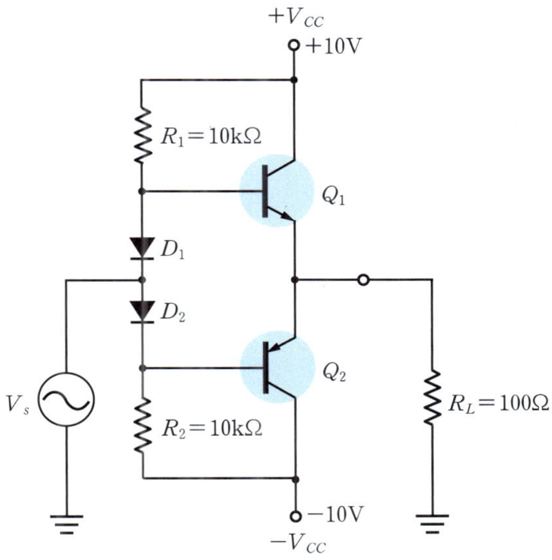

6.25 주관식 [연습문제 6.24]의 AB급 증폭기에서 npn 트랜지스터의 부하직선을 그리고, 포화전류($I_{c(sat)}$) 및 Q점을 나타내시오.

6.26 주관식 그림과 같은 단 전원 AB급 증폭기 회로가 있다.

(a) $V_{B(Q_1)}$, $V_{B(Q_2)}$, V_E, I_{CQ}, $V_{CE(Q_1)}$, $V_{CE(Q_2)}$를 구하시오.

(b) 입력전압이 $10\,V_{pp}$일 때 부하저항에 전달된 전력을 구하시오.

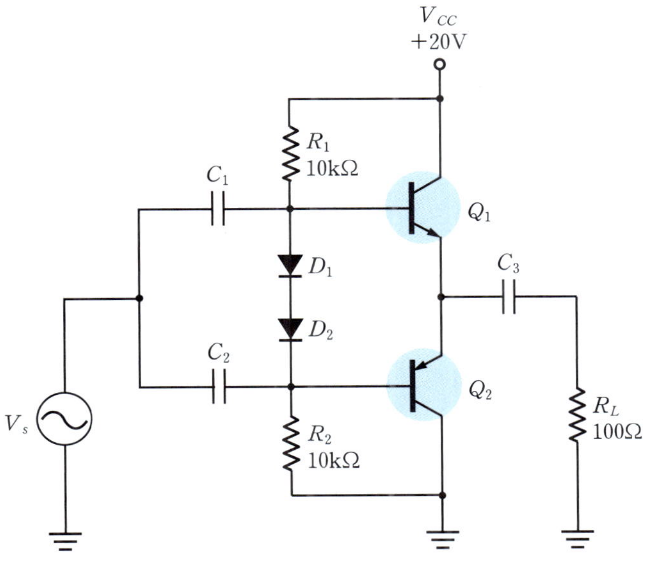

6.27 주관식 [연습문제 6.26]의 AB급 증폭기에서

(a) 부하저항에 전달될 수 있는 최대전력은 얼마인가?

(b) 전원전압이 24 V 일 때 부하저항에 전달될 수 있는 최대전력을 구하시오.

6.28 주관식 C급 증폭기에서 $L = 100\,\mathrm{mH}$, $C = 0.001\,\mu\mathrm{F}$ 인 탱크회로의 공진 주파수는 얼마인가?

6.29 주관식 C급 증폭기에서 입력신호의 20% 만 동작할 때, $V_{ce(sat)} = 0.2\,\mathrm{V}$, $I_{c(sat)} = 25\,\mathrm{mA}$ 이면 최대 출력에 대한 평균 전력소모는 얼마인가?

6.30 주관식 $V_{CC} = 10\,\mathrm{V}$ 인 C급 증폭기의 컬렉터 탱크회로에서 등가 병렬저항(R_c)이 $100\,\Omega$ 이다. 이 C급 증폭기의 효율을 구하시오. (단, 입력신호는 100 kHz 로 동작하며, $1\,\mu s$ 에서 On 상태이며, $V_{ce(sat)} = 0.2\,\mathrm{V}$, $I_{c(sat)} = 25\,\mathrm{mA}$ 이다.)

CHAPTER

07

전계효과 트랜지스터

트랜지스터는 쌍극성 접합 트랜지스터(BJT)와 전계효과 트랜지스터(FET)로 나뉜다. 앞서 다룬 BJT는 전류 반송자로 전자와 정공 모두를 이용하는 양극성 소자이다. 반면 이 장에서 다루게 될 FET는 전자 혹은 정공 중 하나를 반송자로 이용하는 단극성(Uni-polar) 소자이다. FET는 JFET와 MOSFET로 나뉘며, MOSFET는 공핍형(D)-MOSFET와 증가형(E)-MOSFET로 나뉜다. 이 장에서는 JFET 및 MOSFET의 구조, 동작원리 및 바이어스 등에 대해 공부한다.

CONTENTS

SECTION 01

JFET의 동작과 특성

JFET는 n채널 JFET와 p채널 JFET로 구분된다. 각 트랜지스터는 3개의 단자로 구성되어 있는데, 위쪽 단자를 드레인(Drain), 아래쪽 단자를 소스(Source), 가운데 단자를 게이트(Gate)라고 부른다. JFET의 전류 흐름은 게이트와 소스 사이의 역방향 바이어스 전압의 크기에 의해 조절된다. 이 절에서는 JFET의 구조와 특성에 대해 공부해보자.

Keywords | 드레인 | 소스 | 게이트 | 핀치-오프 | 차단전압 | 전달 특성곡선 | 제곱법칙 |

JFET와 BJT의 차이

전계효과 트랜지스터(FET)는 4장과 5장에서 공부했던 BJT 트랜지스터와 비슷하게 사용되는 3단자 소자이다. [그림 7-1]의 npn 트랜지스터(BJT)와 JFET의 기본 구조를 보자. 두 트랜지스터의 근본적인 차이점은, BJT의 컬렉터 전류(I_C)는 베이스 전류(I_B)에 비례(β)하여 제어되는 전류제어(current-controlled) 소자인 반면, n채널 JFET의 드레인 전류(I_D)는 역방향으로 바이어스 되어 있는 게이트 전압(V_{GS})에 의해 제어되는 전압제어(voltage-controlled) 소자라는 것이다.

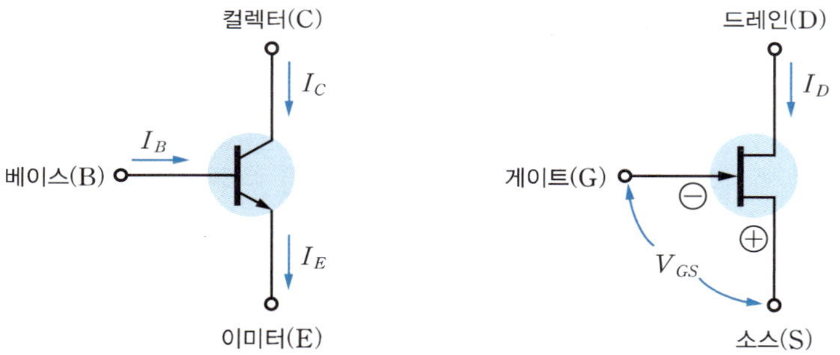

(a) npn 트랜지스터(BJT) (b) n채널 JFET

[그림 7-1] npn 트랜지스터와 n채널 JFET의 비교

또한 BJT 트랜지스터의 바이폴라(Bipolar)는 전자와 정공, 둘 다에 의해 전류가 반송되는 것을 의미하는 반면, JFET의 유니폴라(Unipolar)는 전자나 정공 하나에 의해 전류가 반송되는 것을 의미한다. 그리고 JFET는 입력 임피던스(input impedance)가 매우 크다. 이는 선형 교류 증폭기의 중요한 특성 중 하나이다. 이 값은 보통 백~수백 MΩ으로, BJT 트랜지스터의 입력 임피던스와 비교하면 매우 큰 값이다. 또한 JFET는 BJT보다 온도에 덜 민감하고, 제조 시 BJT보다 차지하는 면적이 작으므로 집적회로(integrated-circuit)를 설계할 때 매우 유용하게 사용된다.

JFET의 구조와 기본 동작

[그림 7-2]는 n채널 JFET와 p채널 JFET의 구조와 기호를 보여준다. JFET는 총 3개의 단자로 구성되어 있는데, 위쪽 전극을 **드레인**(drain), 아래쪽 전극을 **소스**(source)라 부르며, 두 전극 사이에 확산된 p(n)형 반도체의 전극을 **게이트**(gate)라 부른다. BJT의 해석과 설계에서 대부분 npn 트랜지스터를 이용하여 설명한 것처럼, JFET의 해석과 설계에서도 n채널 JFET를 중심으로 다루고, p채널 JFET는 부차적으로 다루기로 한다.

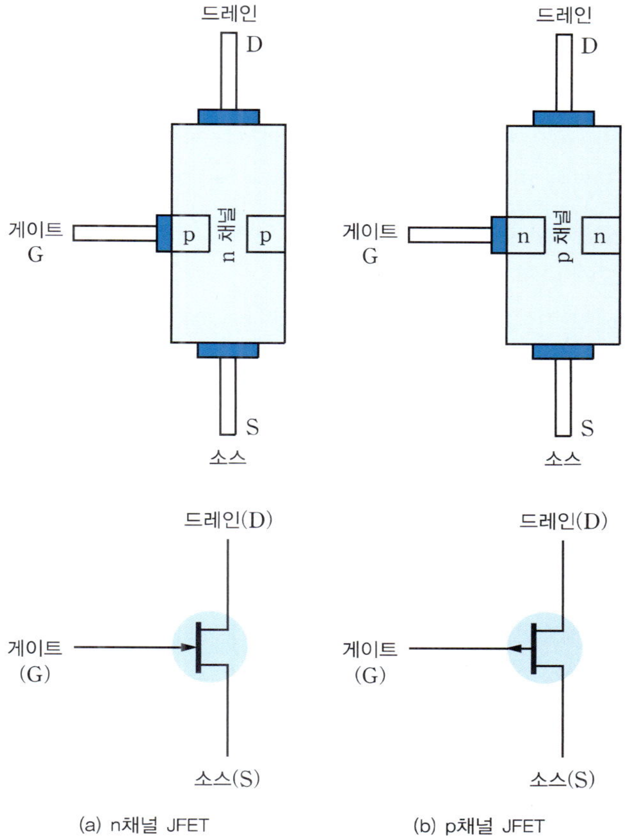

[그림 7-2] n채널과 p채널 JFET의 구조 및 기호

[그림 7-2(a)]는 n채널 JFET의 기본 구조와 기호를 보여준다. 위쪽의 드레인 단자와 아래쪽의 소스 단자가 n형 반도체로 연결되어 있는데, 이 n형 반도체를 **채널**이라 부른다. n채널 JFET의 두 전극 사이에 두 개의 p형 반도체와 연결된 단자를 게이트(G: gate)라 한다. 즉 드레인(D: drain)과 소스(S: source)는 n형 반도체의 채널에 연결되어 있고, 게이트는 p형 반도체에 연결되어 있다. 이와 반대로 [그림 7-2(b)]를 보면, p채널 JFET는 드레인 단자와 소스 단자가 p형 반도체의 채널에 연결되어 있고, 게이트는 n형 반도체에 연결되어 있다.

이 JFET에 전압이 인가되지 않을 경우, 바이어스가 없는 두 개의 pn 접합 다이오드와 같으므로 pn 접합 다이오드의 접합부에 공핍층이 생겼던 것처럼 채널과 게이트 접합부에 공핍층이 생긴다. 이 공핍영역에는 전자나 정공이 없어 전도가 일어나지 않으므로 전류가 흐를 수 없다.

드레인과 소스 사이에 전원을 연결한 후 게이트에는 역방향 전압을 인가하고, 인가된 역방향 전압으로 공핍영역을 조절하여 드레인과 소스 사이의 전류 흐름을 조절한다. n채널과 p채널 JFET의 기호는 [그림 7-2]의 하단에 나타냈다. 화살표가 게이트 '안쪽'으로 향한 경우(a)는 n채널 JFET, 화살표가 '밖'으로 향한 경우(b)는 p채널 JFET를 나타낸다.

■ V_{DS}가 양(+) 전위이고 게이트-소스 전압 $V_{GS} = 0\text{V}$ 인 경우

[그림 7-3]은 드레인과 소스 사이에 전원전압 V_{DD}를 연결하고 게이트-소스 전압 $V_{GS} = 0\text{V}$가 되도록 연결했다. 이때 V_{DS}가 양(+) 전위가 된다. 이 회로에서 n채널의 전하(자유전자)는 드레인과 소스 사이를 비교적 자유롭게 잘 흐르는데, 이를 드레인 전류(I_D)라 부른다. JFET의 구조에서 알 수 있듯이 드레인 전류와 소스 전류는 같다($I_D = I_S$). 이 회로에서 전원전압 V_{DD}가 증가하면 드레인 전류 I_D가 증가하게 되며, 증가된 V_{DD}는 p형 반도체의 윗부분 근처에서 역방향 바이어스로 작용하여 공핍영역이 커진다.

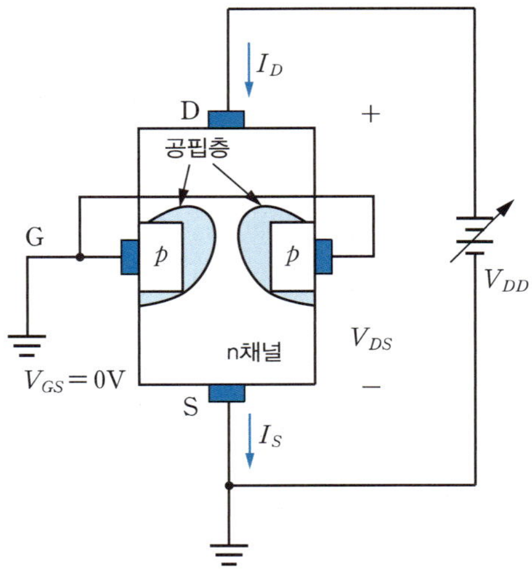

[그림 7-3] 양(+) 전위 $V_{DD}(V_{DS} > 0)$이고 $V_{GS} = 0$인 n채널 JFET

n채널의 저항이 균일하다고 가정하면 채널의 저항을 [그림 7-4]와 같이 영역별로 나눌 수 있다. 또한 채널에 흐르는 드레인 전류 I_D가 일정하므로 각 영역의 전압강하는 그림에 표시된 것처럼 영역별로 나눌 수 있다. 따라서 게이트의 p형 반도체 윗부분은 약 $+3\text{V}$의 역방향 바이어스가 걸려 공핍영역이 크다. 반면, 아랫부분은 $+1\text{V}$의 역방향 바이어스만 걸리므로 윗부분보다는 상대적으로 공핍영역이 작다. 또한 게이트(G)에 역방향 바이어스 전압을 인가하기 때문에 [그림 7-4]에 나타난 것처럼 게이트 전류 $I_G = 0\text{A}$이다.

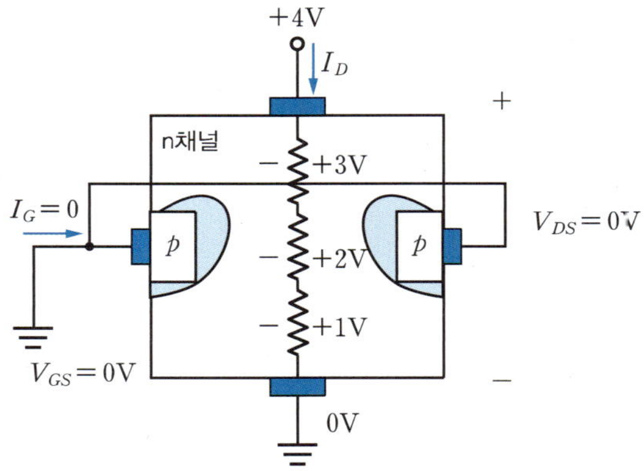

[그림 7-4] n채널 JFET의 pn 접합 양단에 걸리는 역방향 바이어스 전위

[그림 7-5]를 보자. 그림 (a)의 JFET 회로에서 게이트-소스 전압 $V_{GS} = 0\text{V}$일 때, 전압 V_{DD}를 0V에서부터 점차 증가시키면 드레인-소스 전압 V_{DS}가 증가하며, 따라서 드레인 전류 I_D도 증가한다. V_{DS}와 I_D의 관계를 그래프로 표현하면 그림 (b)와 같다. V_{DS}가 작을 때에는 그래프가 거의 직선으로 나타나므로, 이 영역의 저항이 일정하다는 것을 알 수 있다. 따라서 이 영역을 옴의 법칙이 성립하는 **저항영역**(ohmic region)이라 한다.

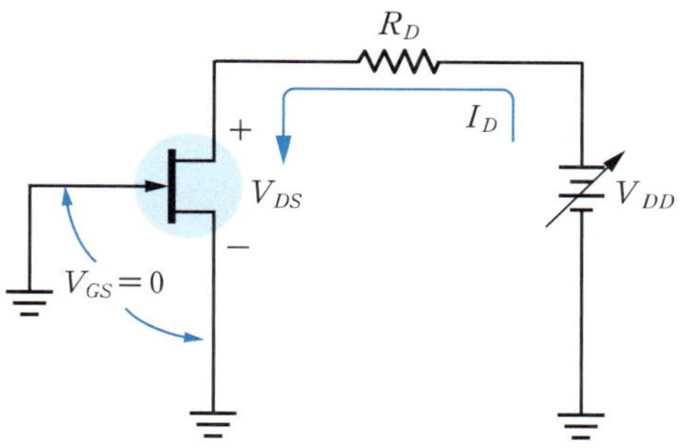

(a) JFET 회로

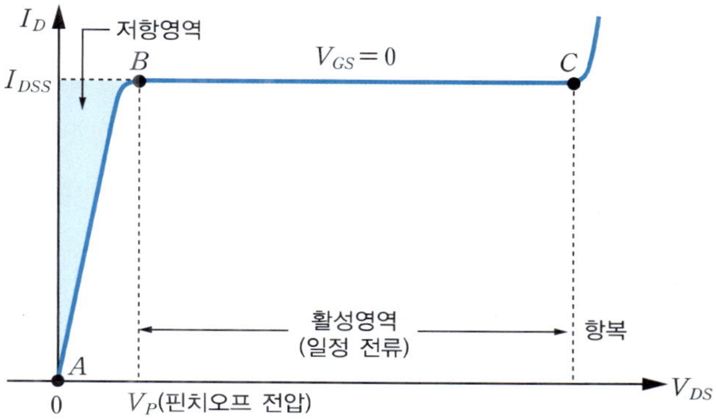

(b) $V_{GS}=0$V일 때, 드레인 특성곡선($V_{DS}-I_D$ 곡선)

[그림 7-5] JFET의 드레인 특성곡선

■ 핀치오프 전압 V_P

V_{DD}를 더욱 증가시켜 V_{DS}가 V_P에 가까워질수록 공핍영역은 넓어지는 대신 채널의 폭은 매우 좁아지게 된다. 채널의 폭이 줄어들어 저항이 증가하면, 전류의 증가폭이 급격히 줄어들면서 [그림 7-5(b)]의 드레인 특성곡선이 수평에 가까워진다. 이때 V_{DS}가 핀치오프 전압(pinch off voltage, V_P)이 되면 [그림 7-6]처럼 두 공핍영역이 만나게 된다. 이를 **핀치오프**(pinch-off)라 부른다. 이때 매우 높은 밀도의 전류가 흐르는 작은 채널이 존재하며, 이때 흐르는 전류를 **포화전류**(I_{DSS})라 부른다. 즉 핀치오프 전압 V_P는 $V_{GS}=0$V 일 때 드레인 전류가 포화전류(I_{DSS})가 될 때의 V_{DS} 값이다.

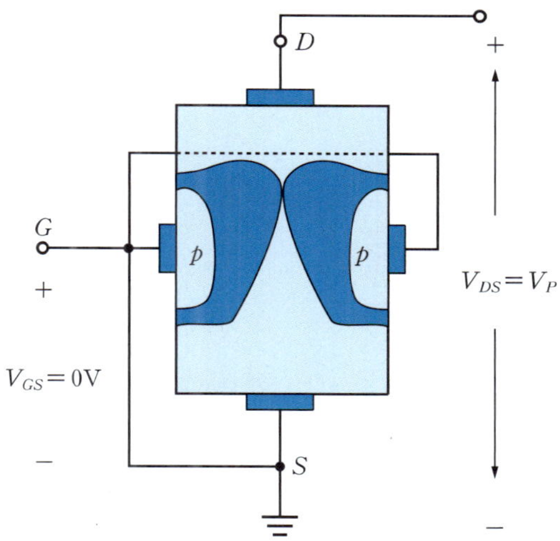

[그림 7-6] JFET의 핀치오프($V_{GS}=0$V, $V_{DS}=V_P$)

만약 V_{DD}를 더욱 증가시켜서 V_{DS}가 증가하여 핀치오프 전압 V_P보다 커진다고 해도 드레인 전류 I_D는 증가하지 못하고 일정하게 유지된다($I_D=I_{DSS}$). 드레인 전류가 일정하므로 회로저항의 전압강하 또한 일정하다. 따라서 전압 V_{DS}는 인가된 전압 V_{DD}에서 회로저항의 전압강하를 뺀 값이므로, 인가전압 V_{DD}를 증가시키면 증가한 값만큼 V_{DS}가 증가한다. **게이트-소스 전압 $V_{GS}=0$V 일 때, JFET의 최대 드레인 전류는 I_{DSS}이다.**

■ 게이트-소스 전압(V_{GS})에 의한 드레인 전류(I_D) 제어

게이트-소스 전압 V_{GS} 는 JFET의 드레인 전류 I_D 를 조절한다. BJT의 경우, 다양한 베이스 전류 I_B에 따라 컬렉터 전류 I_C가 얻어지며, 컬렉터 전류 I_C에 대한 V_{CE}의 변화를 그래프로 나타냈던 것처럼, n채널 JFET의 경우에는 음(−)의 제어전압 V_{GS}가 드레인 전류 I_D를 조절한다.

음(−)의 V_{GS} 를 인가하면 ($V_{GS} = 0\text{V}$ 일 때보다) 더 작은 V_{DS} 값에서 공핍영역이 형성되어 훨씬 작은 핀치오프 전압(V_P)을 얻는다. [그림 7-7]을 보자. $V_{GS} = -1\text{V}$ 인 경우에는 $V_{GS} = 0\text{V}$ 일 때보다 더 낮은 V_{DS} 값에서 드레인 전류 I_D가 포화된다. 또한 음(−)의 V_{GS}가 낮아질수록 드레인 전류의 포화값도 낮아진다. $V_{GS} = -V_P$가 되면 드레인 전류 I_D의 포화전류는 $0\,\text{mA}$가 되며, 이때 전류가 **차단**된다.

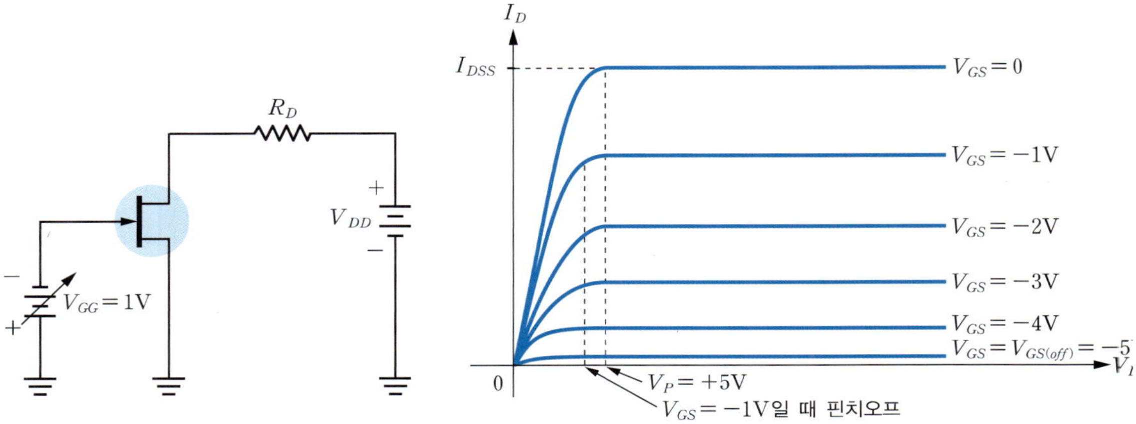

[그림 7-7] n채널 JFET 드레인 특성곡선($V_{GS(off)} = -5\text{V}$, $V_P = +5\text{V}$)

다시 말하면, $V_{GS} = -V_P$에서 드레인 전류 $I_D = 0\,\text{mA}$가 되어 전류가 흐르지 않는 차단상태가 되며, 이때 V_{GS}를 $V_{GS(off)}$로 표시하고, 이를 **차단전압**이라 한다. 즉 $V_{GS(off)}$ 값은 핀치오프 전압(V_P)과 같으나, 부호는 반대가 된다. 즉 n채널 JFET의 경우 $V_{GS(off)}$는 음수이고, 이와 반대로 p채널 JFET의 경우 $V_{GS(off)}$는 양수이다. 대부분의 규격표에서는 핀치오프 전압(V_P)은 표시하지 않고 차단전압($V_{GS(off)}$)만 나타내는데, 이 둘의 관계를 이해하고 있으면 $V_{GS(off)}$ 값으로 V_P 값도 알 수 있다. 예를 들어, $V_{GS(off)} = -5\text{V}$면, $V_P = +5\text{V}$임을 알 수 있다.

★ JFET 회로의 V_{GS}와 V_p의 관계 ★

$$V_{GS(off)} = -V_P$$

예제 7-1

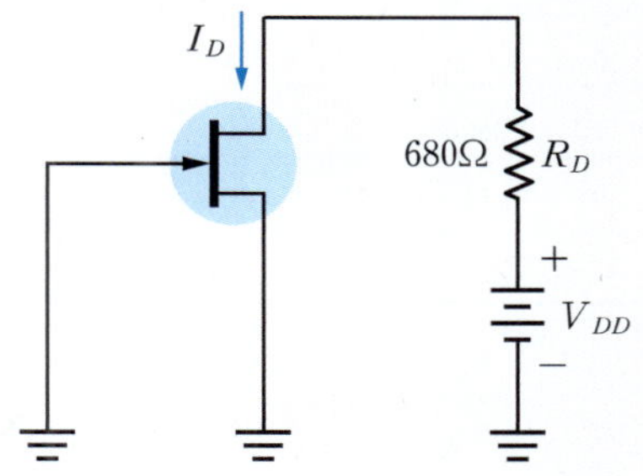

그림과 같은 JFET 회로에서 $V_{GS(off)} = -5\,\mathrm{V}$, $I_{DSS} = 10\,\mathrm{mA}$ 이다. $V_{GS} = 0\,\mathrm{V}$ 일 때, 회로에 일정한 전류 I_{DSS}가 흐르기 위한 최소 V_{DD} 값 및 핀치오프 전압 V_P를 구하시오.

풀이

$V_{GS(off)} = -5\,\mathrm{V}$이므로 $V_P = +5\,\mathrm{V}$이다. 핀치오프 전압에서 일정한 전류 I_{DSS}가 흐른다. 즉 $I_D = I_{DSS}$일 때 $V_{DS} = V_P$이므로

$$I_D = I_{DSS} = 10\,\mathrm{mA}$$
$$V_{DS} = V_P = 5\,\mathrm{V}$$

이다. 키르히호프의 법칙을 적용하여 인가전압 V_{DD}를 구한다.

$$V_{DD} = V_{DS} + I_D R_D = 5\,\mathrm{V} + 10\,\mathrm{mA}(680\,\Omega) = 11.8\,\mathrm{V}$$

전달 특성

BJT 트랜지스터에서 컬렉터 전류(I_C, 출력전류)와 베이스 전류(I_B, 입력 제어전류)를 식으로 쓰면

$$I_C = f(I_B) = \beta I_B \tag{7.1}$$

와 같다. 여기서 β는 비례상수, I_B는 제어변수이다. 식 (7.1)에서 알 수 있듯이 I_C와 I_B 사이에는 선형(비례) 관계가 있다. 제어변수 I_B를 두 배로 늘리면 I_C도 두 배가 된다. 그러나 JFET의 경우, 제어변수는 게이트-소스 전압(V_{GS})이며, 출력전류는 드레인 전류(I_D)로, I_D와 V_{GS}는 선형관계가 아니라 제곱의 관계를 갖는다.

$V_{GS} = 0\,\mathrm{V}$ 일 때 드레인 전류 I_D의 최대값은 I_{DSS}가 되며, $V_{GS(off)}$일 때 $I_D = 0\,\mathrm{mA}$가 된다. 즉 I_D는 $V_{GS} = 0\,\mathrm{V}$에서 $V_{GS(off)}$ 범위의 게이트-소스 전압 V_{GS}에 의해 조절되므로 V_{GS}와 I_D의 관계는 매우 중요하다. n채널 JFET의 경우 $V_{GS(off)}$는 음(−)이고, p채널 JFET의 $V_{GS(off)}$는 양(+)이다. V_{GS}와 I_D의 관계를 그래프로 나타낸 도표를 **전달 특성곡선**이라 하며, [그림 7-8]과 같다. 전달 특성곡선의 횡축은 드레인 전류 I_D로 최대값은 I_{DSS}이며, 종축은 게이트-소스 전압 V_{GS}로 최저값은 $V_{GS(off)}$가 된다. [표 7-1]의 값을 이용하여 전달 특성곡선을 근사적으로 그리면 [그림 7-8]과 같다.

[표 7-1] 전달 특성곡선을 그리기 위한 값

V_{GS}(V)	I_D(mA)
0	I_{DSS}
$0.3 \cdot V_{GS(off)}$	$I_{DSS}/2$
$0.5 \cdot V_{GS(off)}$	$I_{DSS}/4$
$V_{GS(off)}$	0

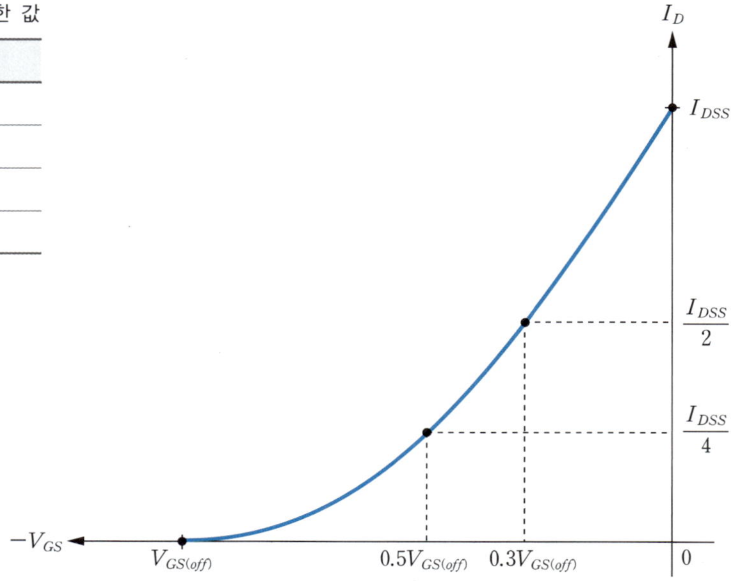

[그림 7-8] n채널 JFET의 전달 특성곡선

또한 드레인 특성곡선의 핀치오프 영역의 드레인 곡선으로부터 얻은 V_{GS}와 I_D의 값을 이용하여 [그림 7-9]와 같이 전달 특성곡선($V_{GS(off)} = -5\,\text{V}$, $I_{DSS} = 12\,\text{mA}$)을 그릴 수 있다. 전달 특성곡선 상의 각 점들은 드레인 곡선의 해당 V_{GS}, I_D의 값과 같다.

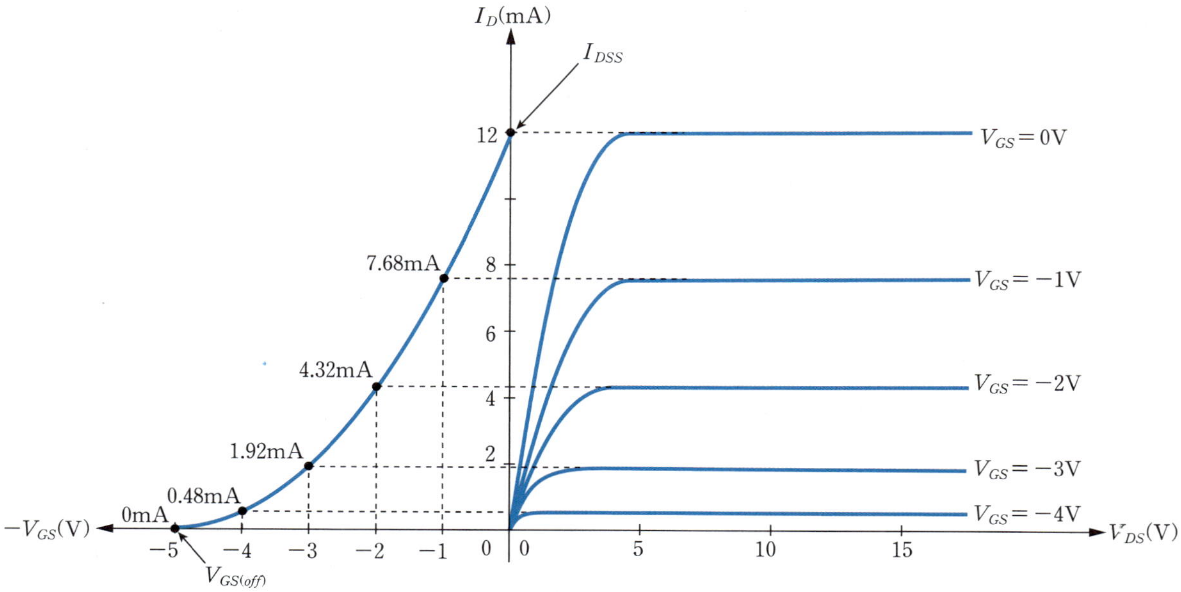

[그림 7-9] n채널 JFET의 드레인 특성곡선을 이용한 전달 특성곡선

JFET의 전달 특성곡선은 포물선 형태이므로 다음과 같은 2차 근사식으로 표현된다.

★ 제곱법칙 ★

$$I_D \cong I_{DSS}\left(1-\frac{V_{GS}}{V_{GS(off)}}\right)^2 \qquad (7.2)$$

즉 $V_{GS(off)}$ 와 I_{DSS} 를 알면 식 (7.2)를 이용하여 특정 V_{GS} 에 대한 I_D 를 구할 수 있다. $V_{GS(off)}$, I_{DSS} 는 규격표에 주어지며, 식 (7.2)로부터 $V_{GS}=0\,\text{V}$ 이면 $I_D=I_{DSS}$ 이며, $V_{GS}=-V_P$ 이면 $I_D=0\,\text{mA}$ 이다. 또한 식 (7.2)는 제곱항으로 되어 있어 **제곱법칙**이라 부르며, JFET와 MOSFET를 **제곱법칙 소자**(square-law device)라 부른다.

예제 7-2

n채널 JFET의 $V_{GS(off)}=-6\,\text{V}$ 이고 $I_{DSS}=12\,\text{mA}$ 일 때, 전달 특성곡선을 그리시오.

풀이

[표 7-1]을 이용하여 값을 구하면 다음과 같다.

$V_{GS}=0\text{V}$	$I_{DSS}=12\text{mA}$
$V_{GS}=0.3\cdot V_{GS(off)}=-1.8\text{V}$	$I_{DSS}/2=6\text{mA}$
$V_{GS}=0.5\cdot V_{GS(off)}=-3\text{V}$	$I_{DSS}/4=3\text{mA}$
$V_{GS}=V_{GS(off)}=-6\text{V}$	0

표의 값을 이용하여 전달 특성곡선을 그리면 다음과 같다.

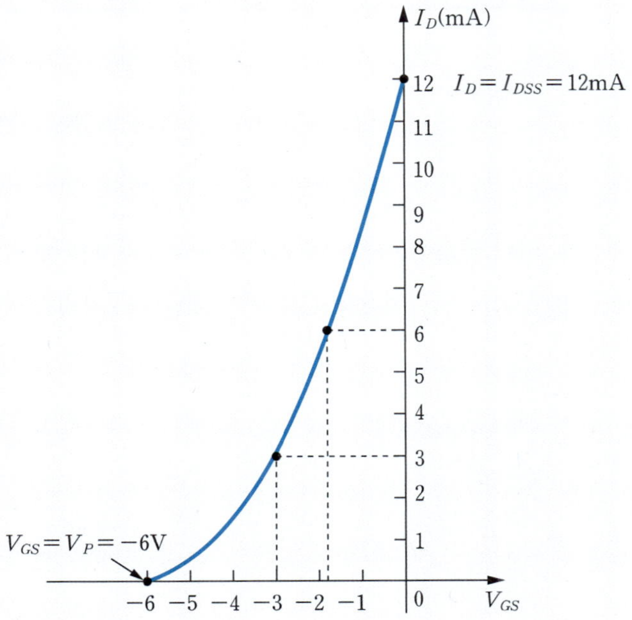

예제 7-3

$V_{GS(off)}=-6\,\text{V}$, $I_{DSS}=8\,\text{mA}$ 이다. $V_{GS}=0\,\text{V}$, $-1\,\text{V}$, $-2.5\,\text{V}$, $-4\,\text{V}$일 때, 식 (7.2)를 사용하여 드레인 전류 I_D를 구하고, 전달 특성곡선을 그리시오.

풀이

- $V_{GS}=0\,\text{V}$인 경우 : $I_D=I_{DSS}=8\,\text{mA}$
- $V_{GS}=-1\,\text{V}$인 경우 : $I_D\cong I_{DSS}\left(1-\dfrac{V_{GS}}{V_{GS(off)}}\right)^2=(8\,\text{mA})\left(1-\dfrac{-1\,\text{V}}{-6\,\text{V}}\right)^2$

$$=(8\,\text{mA})(1-0.167)^2=(8\,\text{mA})(0.694)=5.552\,\text{mA}$$

- $V_{GS}=-2.5\,\text{V}$인 경우 : $I_D\cong(8\,\text{mA})\left(1-\dfrac{-2.5\,\text{V}}{-6\,\text{V}}\right)^2=(8\,\text{mA})(0.34)=2.72\,\text{mA}$
- $V_{GS}=-4\,\text{V}$인 경우 : $I_D\cong(8\,\text{mA})\left(1-\dfrac{-4\,\text{V}}{-6\,\text{V}}\right)^2=(8\,\text{mA})(0.111)=0.888\,\text{mA}$

풀이 결과를 이용하여 전달 특성곡선 그리면 다음과 같다.

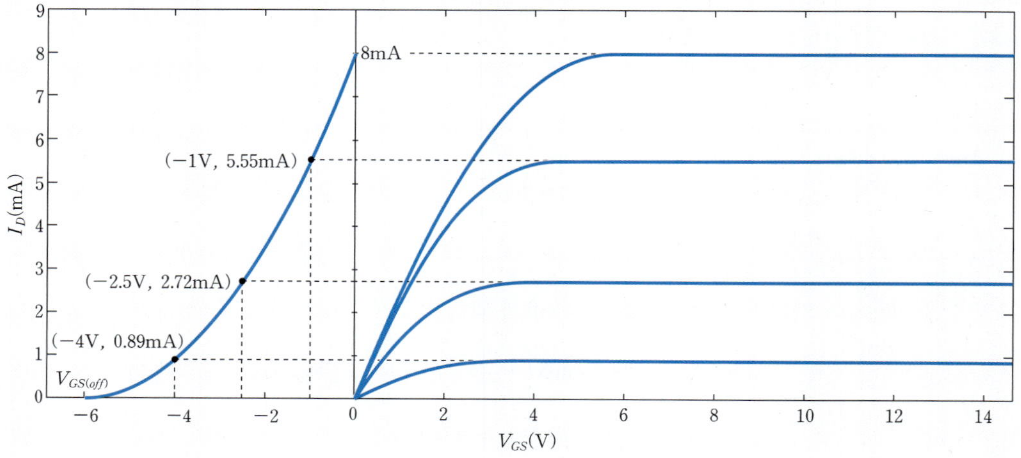

■ p채널 JFET의 전달 특성곡선

p채널 JFET의 $V_{GS(off)}$는 양(+)이므로, 양(+)의 종축영역에 전달 특성곡선이 존재하는 것만 다르고, 나머지는 n채널 JFET의 전달 특성곡선과 같다. 따라서 n채널 JFET의 전달 특성곡선과 마찬가지로 [표 7-1]을 이용하여 좌표를 계산한다.

전달 특성곡선의 횡축은 드레인 전류(I_D)로 최대값은 I_{DSS}이며, 종축은 게이트-소스 전압(V_{GS})으로 최저값은 $V_{GS(off)}$이 된다.

예제 7-4

$V_{GS(off)} = 3\text{V}$ 이고, $I_{DSS} = 4\text{mA}$ 인 p채널 JFET가 있다. 전달 특성곡선을 그리시오.

풀이

[표 7-1]을 이용하여 값을 구한다. 구한 값을 이용하여 전달 특성곡선을 그리면 다음과 같다.

$V_{GS} = 0\text{V}$	$I_{DSS} = 4\text{mA}$
$V_{GS} = 0.3 \cdot V_{GS(off)} = 0.9\text{V}$	$I_{DSS}/2 = 2\text{mA}$
$V_{GS} = 0.5 \cdot V_{GS(off)} = 1.5\text{V}$	$I_{DSS}/4 = 1\text{mA}$
$V_{GS} = V_{GS(off)} = 3\text{V}$	0

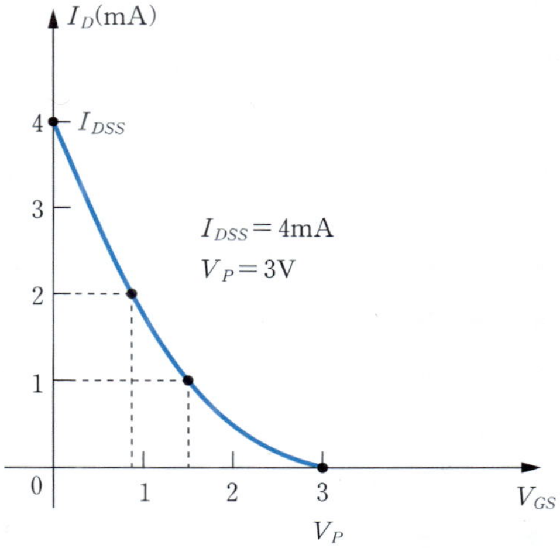

■ 순방향 전달 컨덕턴스

순방향 전달 컨덕턴스(g_m)는 게이트-소스 전압의 변화분(ΔV_{GS})에 대한 드레인 전류의 변화분(ΔI_D)의 비율로, 단위는 지멘스(S)이다. 규격표에는 순방향 전달 컨덕턴스의 또 다른 기호인 g_{fs}, y_{fs} 로 표시하기도 한다.

$$g_m = \frac{\Delta I_D}{\Delta V_{GS}} \tag{7.3}$$

JFET의 전달 특성곡선은 비선형의 포물선 형태이므로, 순방향 전달 컨덕턴스 g_m 은 V_{GS} 에 따른 곡선의 위치에 따라 다르다. 일반적으로 곡선의 윗부분($V_{GS} = 0\text{V}$)의 g_m 값은 크고, 아랫부분($V_{GS(off)}$)의 g_m 값은 작다. 규격표에는 $V_{GS} = 0\text{V}$ 의 전달 컨덕턴스 $g_{m0}(y_{fs})$를 제시하고 있으며, 이 값이 JFET의 최대 전달 컨덕턴스이다. 최대 전달 컨덕턴스(g_{m0})가 주어지면 임의의 V_{GS} 에 대한 근사적인 $g_m(y_{fs})$ 값은 식 (7.4)와 같으며, 또한 g_{m0} 값은 식 (7.5)로 계산된다.

★ 순방향 전달 컨덕턴스 ★

$$g_m = g_{m0}\left(1 - \frac{V_{GS}}{V_{GS(off)}}\right) \tag{7.4}$$

$$g_{m0} = \frac{2I_{DSS}}{|V_{GS(off)}|} \tag{7.5}$$

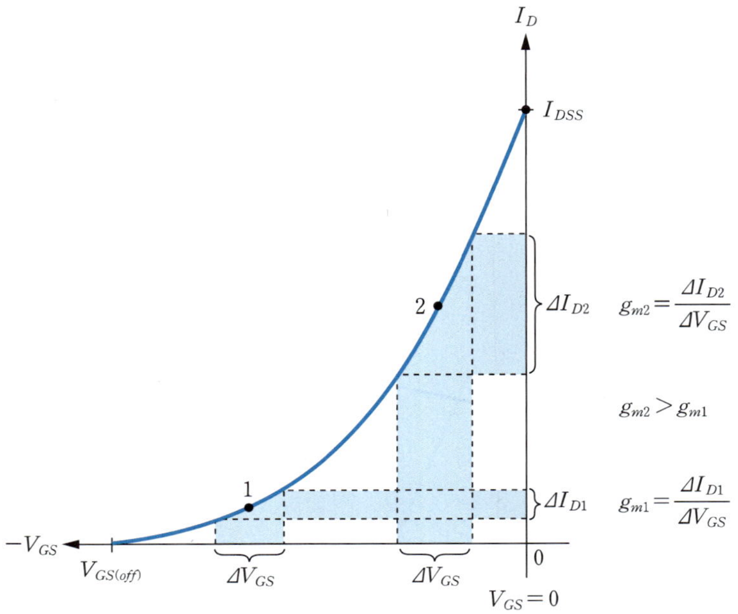

[그림 7-10] V_{GS}에 대한 전달 컨덕턴스

예제 7-5

$V_{GS(off)}=-6\,\text{V}$이고 $I_{DSS}=4\,\text{mA}$, $g_{m0}=y_{fs(\max)}=3000\,\mu\text{S}$의 n채널 JFET가 있다. $V_{GS}=-4\,\text{V}$일 때 드레인 전류 I_D와 순방향 전달 컨덕턴스 g_m을 구하시오.

풀이

$g_{m0}=y_{fs(\max)}=3000\,\mu\text{S}$에서 다음과 같이 계산된다.

$$I_D \cong I_{DSS}\left(1-\frac{V_{GS}}{V_{GS(off)}}\right)^2 = 4\,\text{mA}\left(1-\frac{-4\,\text{V}}{-6\,\text{V}}\right)^2 \cong 0.44\,\text{mA}$$

$$g_m = g_{m0}\left(1-\frac{V_{GS}}{V_{GS(off)}}\right) = (3000\,\mu\text{S})\left(1-\frac{-4\,\text{V}}{-6\,\text{V}}\right) = 1000\,\mu\text{S}$$

■ 입력저항

JFET는 게이트-소스가 역방향 바이어스로 동작하므로 입력저항이 매우 크다. JFET의 규격표에는 $-V_{GS}$에서의 게이트 역방향 전류 I_{GSS}가 주어진다. 따라서 입력저항은 다음과 같은 식으로 계산된다.

$$R_{IN}=\left|\frac{V_{GS}}{I_{GSS}}\right| \tag{7.6}$$

예제 7-6

2N5457 JFET의 규격표를 보면 $V_{GS} = -15\,\text{V}$에서 $I_{GSS} = -1\,\text{nA}$이다. 입력저항을 구하시오.

풀이

$$R_{in} = \left|\frac{V_{GS}}{I_{GSS}}\right| = \frac{15\,\text{V}}{1\,\text{nA}} = 15{,}000\,\text{M}\Omega$$

■ 규격표에서 볼 수 있는 특성

대부분의 반도체 제작회사들은 자사의 규격표에 기본 파라미터들을 명기하는데, 일반적으로 규격표에서 볼 수 있는 반도체소자의 전달 특성은 ❶ 최대 정격(maximum rating) ❷ 전기적 특성 ❸ 소신호 특성 등 다양한 데이터가 담겨 있다. 여기서 가장 중요한 몇 가지의 파라미터들을 설명한다. 다음은 Motorola 사의 n채널 JFET 2N5457의 규격표이다.

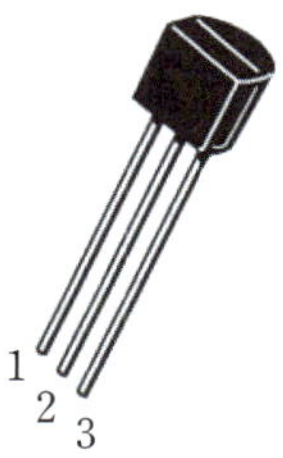

CASE 29–04, STYLE 5
TO–92 (TO–226AA)

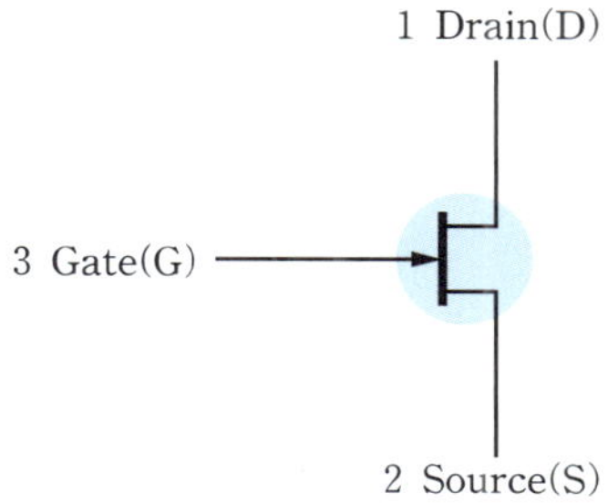

MAXIMUM RATINGS

Rating	Symbol	Value	Unit
Drain-Source Voltage	V_{DS}	25	V_{dc}
Drain-Gate Voltage	V_{DG}	25	V_{dc}
Reverse Gate-Source Voltage	V_{GSR}	−25	V_{dc}
Gate Current	I_G	10	mA_{dc}
Total Device Dissipation @ TA = 25° C Derate above 25° C	P_D	310 2.82	mW mW/°C
Junction Temperature Range	T_J	125	°C
Storage Channel Temperature Range	T_{stg}	−65 to +150	°C

➜

ELECTRICAL CHARACTERISTICS($T_A = 25°C$ unless otherwise noted)

Characteristic	Symbol	Min	Typ	Max	Unit
OFF CHARACTERISTICS					
Gate-Source Breakdown Voltage ($I_G = -10\mu A_{dc}$, $V_{DS} = 0$)	$V_{(BR)GSS}$	-25	–	–	V_{dc}
Gate Reverse Current	I_{GSS}				nA_{dc}
($V_{GS} = -15V_{dc}$, $V_{DS} = 0$)		–	–	-1.0	
($V_{GS} = -15V_{dc}$, $V_{DS} = 0$, $T_A = 100°C$)		–	–	-200	
Gate-Source Cutoff Voltage ($V_{DS} = 15V_{dc}$, $I_D = 10nA_{dc}$)	$V_{GS(off)}$	-0.5	–	-6.0	V_{dc}
Gate-Source Voltage ($V_{DS} = 15V_{dc}$, $I_D = 100nA_{dc}$)	V_{GS}	–	-2.5	–	V_{dc}
ON CHARACTERISTICS					
Zero-Gate-Voltage Drain Current (1) ($V_{DS} = 15V_{dc}$, $V_{GS} = 0$)	I_{DSS}	1.0	3.0	5.0	mA_{dc}
SMALL-SIGNAL CHARACTERISTICS					
Forward Transfer Admittance Common Source (1) ($V_{DS} = 15V_{dc}$, $V_{GS} = 0$, $f = 1.0kHz$)	$\lvert y_{fs} \rvert$	1000	–	5000	μ℧
Output Admittance Common Source (1) ($V_{DS} = 15V_{dc}$, $V_{GS} = 0$, $f = 1.0kHz$)	$\lvert y_{os} \rvert$	–	1010	50	μ℧
Input Capacitance ($V_{DS} = 15V_{dc}$, $V_{GS} = 0$, $f = 1.0MHz$)	C_{iss}	–	4.5	7.0	pF
Reverse Transfer Capacitance ($V_{DS} = 15V_{dc}$, $V_{GS} = 0$, $f = 1.0MHz$)	C_{rss}	–	1.5	3.0	pF

1. Pulse Test; Pulse Width ≤ 630 ms, Duty Cycle ≤ 10%

[그림 7-11] Motorola 사의 n채널 JFET 2N5457의 규격표

■ 최대 정격

최대 정격(maximum rating)은 일반적으로 규격표의 앞에 단자의 최대 전압, 최대 전류, 최대 소비전력 등이 표시된다. JFET 회로를 설계할 때 드레인-소스 전압(V_{DS})이나 드레인-게이트 전압(V_{DG})의 최대값을 초과해서는 안 된다. 인가전압 V_{DD}는 이 값보다 큰 값이 될 수도 있으나 단자들 사이에 인가될 설계전압은 규격표에 제시된 값보다 커서는 안 되며, 다소의 여유값(margin)을 두어 최대값을 넘지 않도록 하는 것이 좋다. V_{GSR}은 n채널 소자에서 게이트를 기준으로 소스에 양의 전압을 인가할 때, 항복현상이 일어나기 전까지 소스에 인가될 수 있는 최대 전압이다. 이때 R은 역방향(reverse)을 의미한다. 이 값은 다른 규격표에서는 드레인과 소스가 단락되었을 때, 즉 $V_{DS} = 0V$일 때의 항복전압으로, V_{DSS}로 표시하기도 한다. 일반적으로 $I_G = 0mA$로 동작하

도록 설계되어 있지만(2N5457 규격표), 실제로는 10 mA 까지는 소자의 손상 없이 게이트에 전류가 흐를 수 있다. 25°C 의 정상 작동 조건에서 소자의 최대 소비전력은 식 (7.7)과 같다.

$$P_D = V_{DS} I_D \tag{7.7}$$

전력 감쇠율(derating factor)은 온도가 25°C 에서 1°C 증가할 때마다 감쇠되는 전력을 나타낸다. 예를 들어, 2.0mW/°C는 1°C 증가할 때마다 2.0mW 만큼 감소한다는 뜻이다.

■ 전기적인 특성

전기적인 특성에는 Off 특성인 V_P, On 특성인 I_{DSS} 값이 포함되며, 일반적으로 $V_P = -V_{GS(off)}$ 이며, 2N5457 규격표에서 $V_{GS(off)}$ 값의 범위는 $-0.5\,\text{V} \sim -6.0\,\text{V}$ 이며, I_{DSS} 는 $1\,\text{mA} \sim 5\,\text{mA}$ 범위의 값을 갖는다. 같은 소자라 해도 동작범위가 대단히 넓으므로 회로를 설계할 때 항상 이를 고려해야 한다.

■ 소신호 특성 및 작동 영역

앞의 규격표(2N5457)에서 전달 컨덕턴스(어드미턴스, y_{fs})는 $1000\,\mu\text{S} \sim 5000\,\mu\text{S}$ 범위에서 동작함을 알 수 있다. 역방향으로 바이어스 된 JFET의 pn 접합은 커패시터로 동작하며, 입력 커패시턴스 C_{iss} 는 역방향으로 바이어스된 pn 접합 JFET의 동작결과로 역방향 전압의 크기에 따라 다르며, 규격표에는 최대값을 나타낸다.

교류 드레인-소스 컨덕턴스 $|y_{os}|$는 드레인 특성곡선으로부터 V_{DS} 변화에 따른 I_D 의 변화를 나타낸다. 즉 $y_{ds} = \Delta I_D / \Delta V_{DS}$ 을 말하며, 규격표의 $|y_{os}|$는 $V_{GS} = 0\,\text{V}$ 일 때의 출력 컨덕턴스이다. 교류 드레인-소스 저항($r_{ds}' = \Delta V_{DS} / \Delta I_D$)은 출력 컨덕턴스 y_{os} 의 역수이다.

드레인 특성곡선에서의 선형 증폭영역은 각 V_{GS} 값에서 핀치오프 값으로 정의된 곡선과 규격표에 의해 [그림 7-12]와 같이 나타난다. 그림에서 저항성 영역에 의해 각 V_{GS} 값에 대한 V_{DS}의 최소 허용 값이 정해지고, $V_{DS(\max)}$는 V_{DS}의 최대 허용 값을 나타낸다. 최대 드레인 전류는 I_{DSS}이며, 최대 소비전력 값은 그림의 음영부분이 된다.

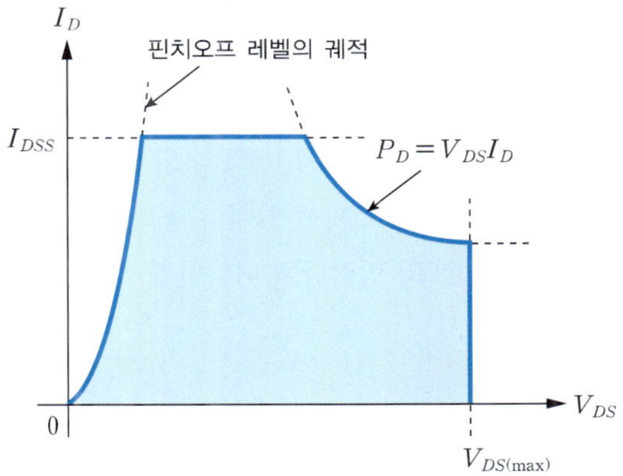

[그림 7-12] n채널 JFET의 정상작동 영역

SECTION 02

JFET의 바이어스

JFET의 직류 바이어스는 직류 게이트-소스 전압에 의한 동작점(Q)점을 구하는 것이다. JFET의 입·출력은 제곱법칙이라는 비선형적인 관계에 있다. 즉 V_{GS}와 I_D의 비선형적인 관계 때문에 복잡한 수식을 풀어 해석하는 것보다는, 정확도는 다소 떨어지더라도 도식적으로 해석하는 쪽이 빠르고 간단하다.

Keywords | 고정 바이어스 | 자기 바이어스 | 전압분배 바이어스 | 전류원 바이어스 |

BJT 트랜지스터는 관계식 $I_C = \beta_{DC} I_B$로부터 출력전류 I_C와 입력전류 I_B가 선형적인 관계임을 알 수 있다. 따라서 BJT 트랜지스터의 바이어스는 수식적으로 쉽게 해석할 수 있다. 반면, JFET는 V_{GS}와 I_D가 비선형적인 관계이기 때문에 바이어스 해석을 할 때는 복잡한 수식을 사용하기보다는 도식적으로 해석하는 편이 좀 더 편리하다. BJT는 출력전류 I_C가 입력전류 I_B에 의해 선형적으로 제어되는 전류제어 소자인 반면, JFET의 출력인 드레인 전류 I_D는 게이트-소스 전압 V_{GS}에 의해 제어되는 전압제어 소자이다.

★ JFET 회로해석에 자주 자용되는 식 ★

$$I_G \cong 0\,\text{A} \tag{7.8}$$

$$I_D = I_{DSS}\left(1 - \frac{V_{GS}}{V_{GS(off)}}\right)^2 \tag{7.9}$$

고정 바이어스

[그림 7-13(a)]는 n채널 JFET의 고정 바이어스 회로를 보여준다. JFET는 게이트-소스 접합이 항상 역방향 바이어스 되어 있어야 동작한다. 회로에서 저항 R_G는 교류신호 해석에서 입력신호 전압 V_i가 JFET의 입력단에 나타나게 하는 역할을 하며, 입력저항이 된다. 직류해석을 하면 다음과 같다.

$$I_G \cong 0\,\text{A}$$

$$V_{RG} = I_G R_G = (0\,\text{A}) R_G = 0\,\text{V}$$

게이트 전류 $I_G = 0$이므로 R_G의 전압강하가 $0\,\text{V}$이다. 따라서 저항 R_G를 단락회로로 대체할 수 있다. 직류해석을 위해 이 회로를 [그림 7-13(b)]와 같이 나타낼 수 있다.

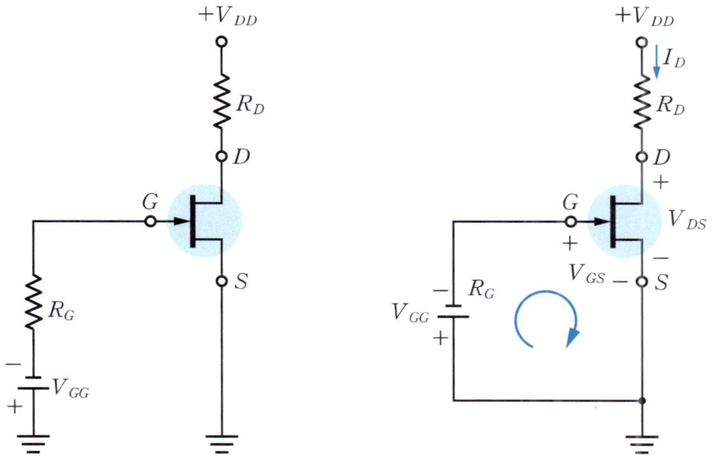

(a) 고정 바이어스 회로 (b) 등가회로

[그림 7-13] n채널 JFET 고정 바이어스 회로와 등가회로

이 회로에서 V_{GS} 의 극성은 V_{GG} 와 반대이다. 키르히호프의 전압방정식으로 정리하면 다음과 같다.

$$V_{GS} + V_{GG} = 0$$

즉 다음과 같다.

$$V_{GS} = -V_{GG} \tag{7.10}$$

여기서 V_{GS} 가 고정된 직류전원 V_{GG} 와 같은 값을 가지므로 고정 바이어스 회로라 한다. $V_{GS} = -V_{GG}$ 이므로 드레인 전류는 다음과 같은 제곱법칙에 의해 계산된다.

$$I_D = I_{DSS}\left(1 - \frac{V_{GS}}{V_{GS(off)}}\right)^2$$

도식적인 방법으로 회로를 해석하기 위해 먼저 전달 특성곡선을 그린 후 [그림 7-14]처럼 $V_{GS} = -V_{GG}$ 인 지점에 수직선을 그린다. 드레인 전류 I_D 는 전달 특성곡선과 V_{GS} 의 수직선과 교차하는 점의 횡축 값이 된다. 이 점을 ***Q* 점**(Quiescent) 또는 **동작점**(Operating point)이라고 한다.

[그림 7-13(b)]의 등가회로에서 출력단의 직류해석을 위해 키르히호프의 전압방정식을 사용하면 다음과 같다.

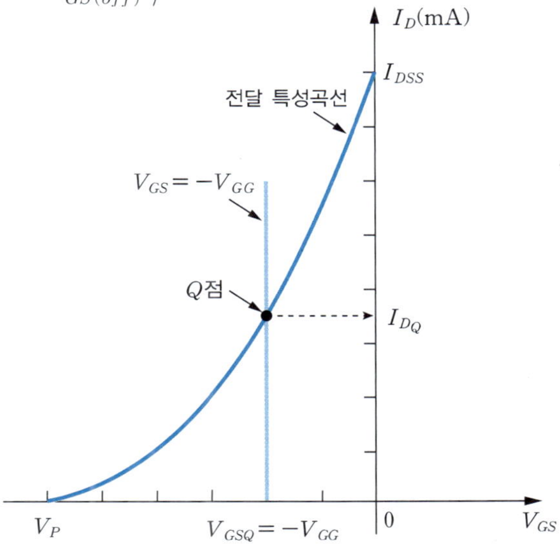

[그림 7-14] 고정 바이어스 회로의 도식적 해석

$$V_{DD} - I_D R_D - V_{DS} = 0 \tag{7.11}$$

드레인-소스 전압 V_{DS}를 기준으로 정리하면 다음과 같다.

$$V_{DS} = V_{DD} - I_D R_D \tag{7.12}$$

또한 두 아래 첨자의 드레인-소스 전압 $V_{DS} = V_D - V_S$이다. 따라서 [그림 7-13(b)]의 회로에서 $V_S = 0\,\mathrm{V}$이므로, 드레인-소스 전압 $V_{DS} = V_D$가 된다. 또한 게이트-소스 전압 $V_{GS} = V_G - V_S$이며, $V_S = 0\,\mathrm{V}$이므로 다음과 같이 된다.

$$V_{GS} = V_G \tag{7.13}$$

예제 7-7

오른쪽 그림과 같은 고정 바이어스 회로에서 V_{GSQ}, I_{DQ}, V_D, V_S, V_{DS}, V_G를 구하시오. (단, $V_{GS(off)} = -6\,\mathrm{V}$, $I_{DSS} = 12\,\mathrm{mA}$이다.)

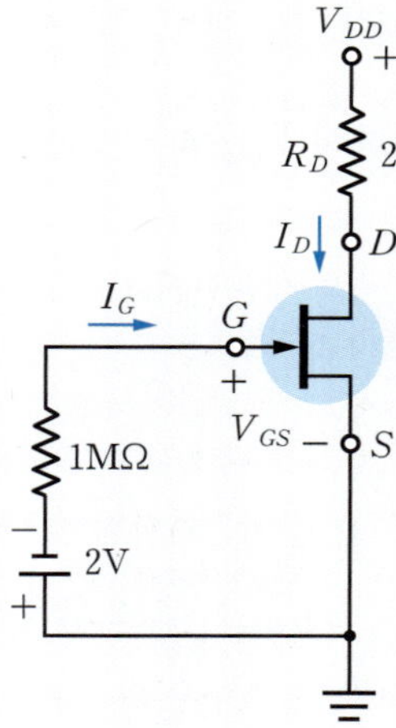

풀이

$I_G \cong 0\,\mathrm{mA}$이므로 $V_{RG} = (1\,\mathrm{M\Omega})(0\,\mathrm{mA}) = 0\mathrm{V}$로, 회로의 등가 회로는 오른쪽 그림과 같다. 회로에서

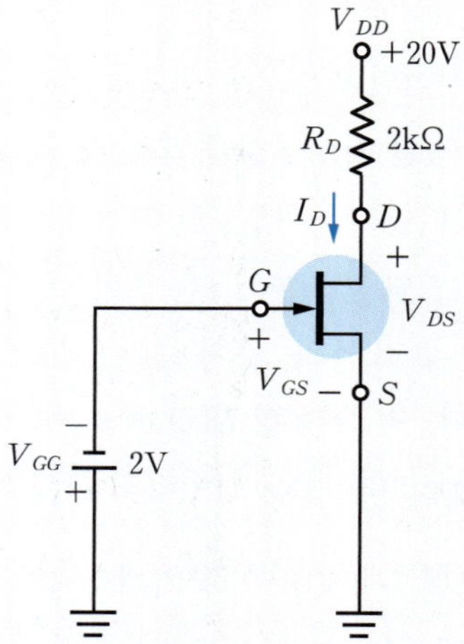

$$V_G = -2\,\mathrm{V}$$

$$V_S = 0\,\mathrm{V}$$

$$V_{GSQ} = V_G - V_S = V_G = -2\,\mathrm{V} \qquad (V_{GSQ} = -V_{GG} = -2\,\mathrm{V})$$

$$I_{DQ} = I_{DSS}\left(1 - \frac{V_{GS}}{V_{GS(off)}}\right)^2 = 12\,\mathrm{mA}\left(1 - \frac{-2\,\mathrm{V}}{-6\,\mathrm{V}}\right)^2$$

$$= 12\,\mathrm{mA}(1 - 0.333)^2 = 12\,\mathrm{mA}(0.45) \cong 5.4\,\mathrm{mA}$$

$$V_{DS} = V_{DD} - I_D R_D = 20\,\mathrm{V} - 5.4\,\mathrm{mA}(2\,\mathrm{k\Omega}) = 9.2\,\mathrm{V}$$

$$V_D = V_{DS} = 9.2\,\mathrm{V}$$

자기 바이어스

[그림 7-15]는 n채널 JFET 자기 바이어스 회로를 보여준다. 앞서 살펴본 고정 바이어스 회로는 직류전원이 두 개인 반면, 자기 바이어스 회로는 직류전원이 한 개이다. JFET의 게이트와 소스 사이는 역방향 바이어스로 동작하는데, 이는 소스 저항 R_S에서 자기 바이어스(self bias)를 사용하여 얻는다. 또한 고정 바이어스처럼 게이트 저항 R_G에 흐르는 전류가 $I_G \cong 0\,\text{A}$이므로 $V_{RG} = 0\,\text{V}$가 된다. 따라서 저항 R_G를 단락회로로 대체할 수 있다. 직류해석을 위해 이 회로를 그림 (b)와 같이 나타낼 수 있다.

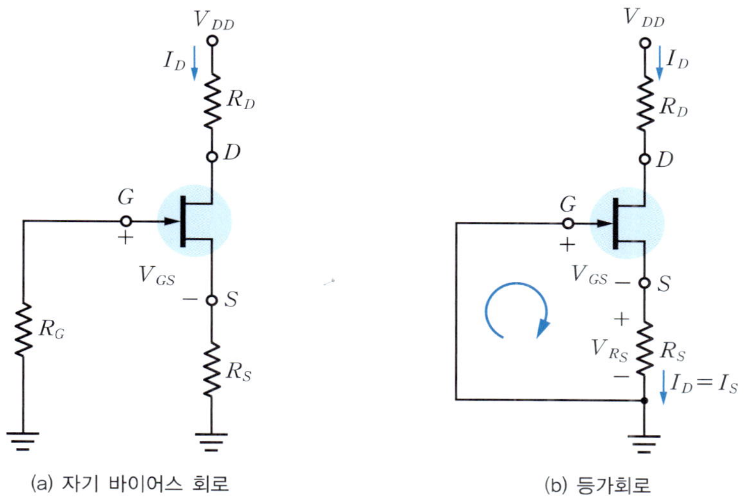

[그림 7-15] n채널 JFET 자기 바이어스 회로와 등가회로

JFET는 드레인 전류 I_D와 소스 전류 I_S가 같다. 즉 $I_D = I_S$이므로 소스 저항 R_S의 전압강하는 다음과 같다.

$$V_{RS} = I_D R_S$$

그림 (b)의 등가회로의 게이트-소스 회로를 키르히호프의 전압방정식으로 표현하면 다음과 같다.

$$V_{GS} + V_{RS} = 0$$

$V_{GS} = -V_{RS}$이며, 이는 식 (7.14)와 같다. 즉 V_{GS}는 드레인 전류 I_D의 함수이다.

★ JFET 자기 바이어스 회로의 V_{GS} ★

$$V_{GS} = -I_D R_S \qquad (7.14)$$

접지점을 기준으로 하여 드레인 단자 전압과 소스 단자 전압을 구하는 식은 다음과 같다.

$$V_D = V_{DD} - I_D R_D \tag{7.15}$$

$$V_S = I_D R_S \tag{7.16}$$

또한 드레인-소스 전압을 구하는 식은 다음과 같다.

$$V_{DS} = V_D - V_S = V_{DD} - I_D(R_D + R_S) \tag{7.17}$$

그리고 드레인 전류는 식 (7.9)의 제곱법칙 식으로 계산된다.

$$I_D = I_{DSS}\left(1 - \frac{V_{GS}}{V_{GS(off)}}\right)^2$$

$V_{GS} = -I_D R_S$ 이므로, 위 식은 다음과 같이 나타낼 수 있다.

$$I_D = I_{DSS}\left(1 - \frac{-I_D R_S}{V_{GS(off)}}\right)^2$$

위 식의 I_D가 동작점(Q)의 I_{DQ}값이다. I_{DQ}를 구하는 방법에는 **수식적 해법**과 **도식적 해법**이 있다. 먼저 수식적 해법으로 I_D를 계산하기 위해 위의 식을 전개하면 다음과 같다.

$$R_S^2(I_{DSS})I_D^2 + (2R_S \cdot V_{GS(off)} \cdot I_{DSS} - (V_{GS(off)})^2)I_D + I_{DSS}(V_{GS(off)})^2 = 0$$

양변을 $R_s^2(I_{DSS})$로 나누고 정리하면 다음과 같은 2차 방정식이 된다.

$$I_D^2 + C_1 I_D + C_2 = 0 \tag{7.18}$$

$$\left(\text{여기서 } C_1 = \frac{2R_S \cdot V_{GS(off)} \cdot I_{DSS} - (V_{GS(off)})^2}{R_S^2(I_{DSS})},\ C_2 = \frac{(V_{GS(off)})^2}{R_S^2}\text{이다.}\right)$$

위의 2차 방정식을 풀어서 I_{DQ}를 구하는 수식적 해법으로는 계산이 매우 복잡하므로 여기서는 도식적 해법으로 동작점(Q)의 I_{DQ} 값을 결정하기로 한다. 도식적 해법은 먼저 [그림 7-16]과 같은 전달 특성곡선을 그려야 한다.

[표 7-2] V_{GS}에 대한 I_D

V_{GS}(V)	I_D(mA)
0	I_{DSS}
$0.3 \cdot V_{GS(off)}$	$I_{DSS}/2$
$0.5 \cdot V_{GS(off)}$	$I_{DSS}/4$
$V_{GS(off)}$	0

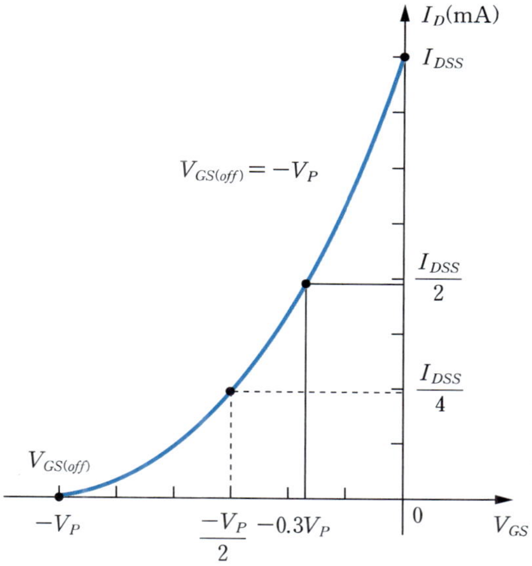

[그림 7-16] 전달 특성곡선

식 (7.14)는 전달 특성곡선 상의 직선을 나타낸다. 이 식을 이용하여 전달 특성곡선 상의 두 점을 찾아 직선으로 이어주면 동작점 Q를 쉽게 찾을 수 있다. 한 점은 식 (7.14)에서 $I_D = 0\,\text{mA}$ 일 때의 V_{GS} 값이며, 또 다른 한 점은 $I_D = I_{DSS}$ 일 때의 V_{GS} 값으로, 두 점을 연결하여 직선을 그린다. 즉 두 점은 다음과 같이 계산된다.

$V_{GS} = I_D R_S$에서

$$\begin{aligned} &\text{i) } I_D = 0\,\text{mA} \qquad V_{GS} = -(0\,\text{mA})R_S = 0\,\text{V} \\ &\text{ii) } I_D = I_{DSS} \qquad V_{GS} = -I_{DSS}R_S \end{aligned} \tag{7.19}$$

식 (7.19)에 의해 계산된 두 점을 연결한 직선과 전달 특성곡선이 만나는 점이 동작점 Q가 된다.

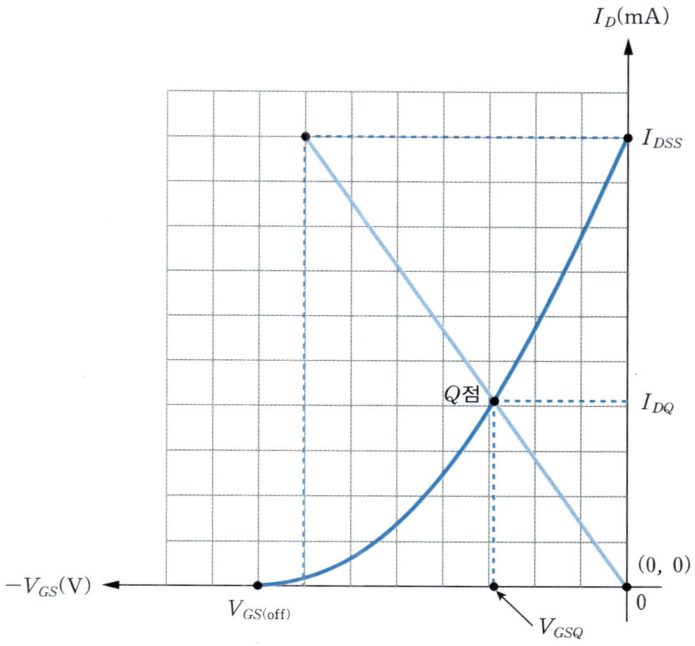

[그림 7-17] 동작점(Q)의 도식적 해석

예제 7-8

오른쪽 그림과 같은 자기 바이어스 회로에서 도식적으로 동작점 Q를 구하시오. (단, $V_{GS(off)} = -6\text{V}$, $I_{DSS} = 8\text{mA}$ 이다.)

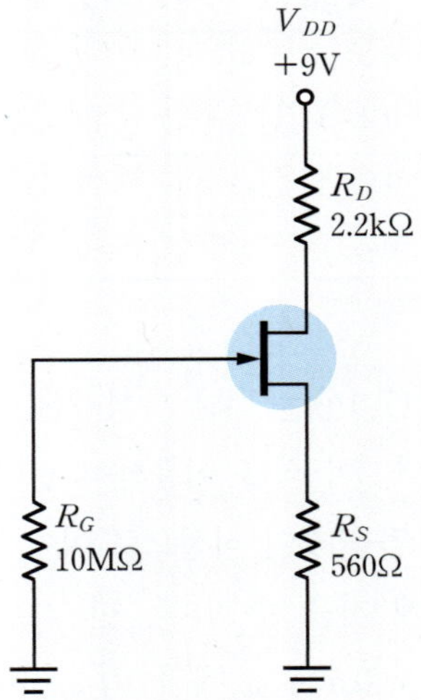

풀이

먼저 [표 7-1]을 이용하여 전달 특성곡선을 그린다.

$V_{GS} = 0\text{V}$	$I_{DSS} = 8\text{mA}$
$V_{GS} = 0.3 \cdot V_{GS(off)} = -1.8\text{V}$	$I_{DSS}/2 = 4\text{mA}$
$V_{GS} = 0.5 \cdot V_{GS(off)} = -3\text{V}$	$I_{DSS}/4 = 2\text{mA}$
$V_{GS} = V_{GS(off)} = -6\text{V}$	0

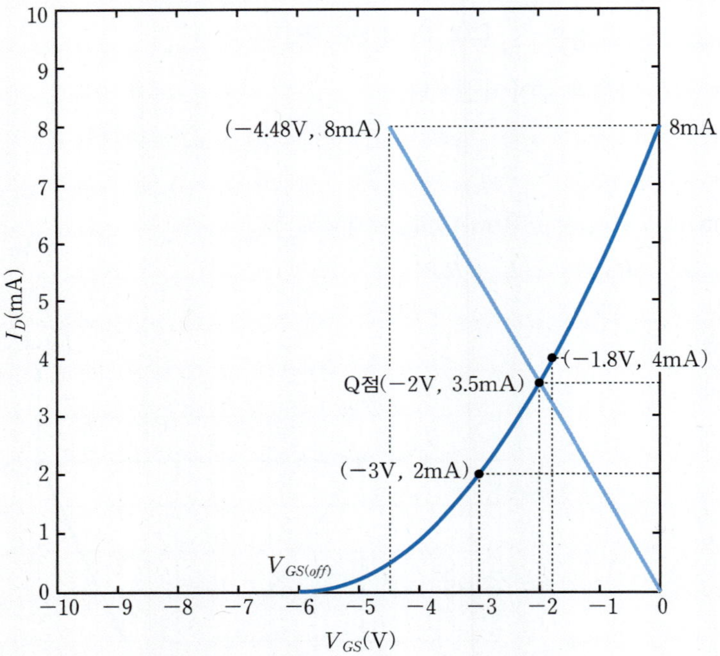

식 (7.19)를 이용하여 두 점을 계산한다.

i) $I_D = 0\text{mA}$ 일 때, $V_{GS} = -(0\text{mA})R_S = -(0\text{mA})(560\Omega) = 0\text{V}$

ii) $I_D = I_{DSS} = 8\text{mA}$ 일 때, $V_{GS} = -I_{DSS}R_S = -(8\text{mA})(560\Omega) = -4.48\text{V}$

두 점($V_{GS} = 0\text{V}$, $I_D = 0\text{mA}$와 $V_{GS} = -4.48\text{V}$, $I_D = I_{DSS} = 8\text{mA}$)을 전달 특성곡선 상에 그리면 전달 특성곡선과 직선이 교차하는 점이 동작점 Q가 된다. 도식적 해석에서 얻어진 Q점은 다음과 같다.

$$V_{GSQ} \cong -2\text{V},\ I_{DQ} \cong 3.5\text{mA}$$

중간점 바이어스

JFET는 전달 특성곡선의 중간점($I_D = I_{DSS}/2$)에서 바이어스 되는 것이 바람직하다. 중간점에서 바이어스 되면 동작 전류범위($0 \sim I_{DSS}$)에서 최대의 드레인 전류의 스윙을 얻을 수 있다. 이미 알고 있듯이 $V_{GS} = 0.3\,V_{GS(off)}$일 때, 드레인 전류 I_D는 최대전류 I_{DSS}의 중간값이 된다. 제곱법칙 방정식에 $V_{GS} = 0.3\,V_{GS(off)}$를 대입하여 중간점 바이어스(midpoint bias) 전류를 구한다.

$$I_D \cong I_{DSS}\left(1 - \frac{V_{GS}}{V_{GS(off)}}\right)^2$$

$$I_D \cong I_{DSS}\left(1 - \frac{0.3\,V_{GS(off)}}{V_{GS(off)}}\right)^2 = 0.5\,I_{DSS}$$

즉 $V_{GS} = 0.3\,V_{GS(off)}$에서 드레인 전류 I_D가 중간점인 $0.5I_{DSS}$가 된다. 이때 드레인-소스 전압 V_{DS}는 다음과 같다.

$$V_{DS} = V_{DD} - (1/2)\,I_{DSS}(R_D + R_S)$$

예제 7-9

오른쪽 그림과 같은 n채널 JFET 회로가 중간점 바이어스로 동작하도록 저항 R_D, R_S를 구하고, 동작점 Q를 구하시오.
(단, $V_D = \frac{1}{2}(V_{DD})$이며, $V_{GS(off)} = -5\,\text{V}$, $I_{DSS} = 6\,\text{mA}$이다.)

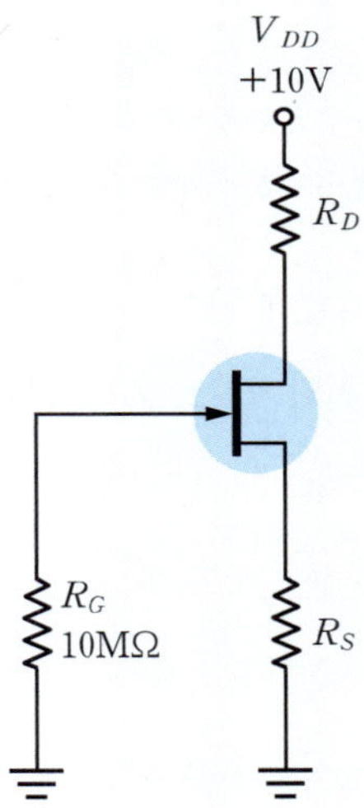

풀이

중간점 바이어스이므로 Q점의 I_D, V_{GS} 값은 다음과 같다.

$$I_D \cong \frac{1}{2}I_{DSS} = \frac{6\,\text{mA}}{2} = 3\,\text{mA}$$

$$V_{GS} = 0.3\,V_{GS(off)} = 0.3(-5\,\text{V}) = -1.5\,\text{V}$$

$V_{GS} = -I_D R_S$이므로 $R_S = \left|\frac{V_{GS}}{I_D}\right| = \frac{1.5\,\text{V}}{3\,\text{mA}} = 0.5\,\text{k}\Omega$이다.

$V_D = V_{DD} - I_D R_D$이므로 $V_D = (1/2)\,V_{DD} = (1/2)(10\,\text{V}) = 5\,\text{V}$이다.

$R_D = \frac{V_{DD} - V_D}{I_D} = \frac{10\,\text{V} - 5\,\text{V}}{3\,\text{mA}} \cong 1.67\,\text{k}\Omega$이다.

전압분배 바이어스

[그림 7-18]은 n채널 JFET 전압분배 바이어스 회로를 보여준다. JFET 트랜지스터의 게이트와 소스 사이는 역방향 바이어스로 동작한다. 게이트에 흐르는 전류 $I_G \cong 0$이므로 전압분배 저항 R_1과 R_2 사이의 게이트 전압 V_G는 R_1과 R_2에 의해서 결정된다. 그리고 소스 전압이 게이트의 전압보다 커야 역방향 바이어스 된다.

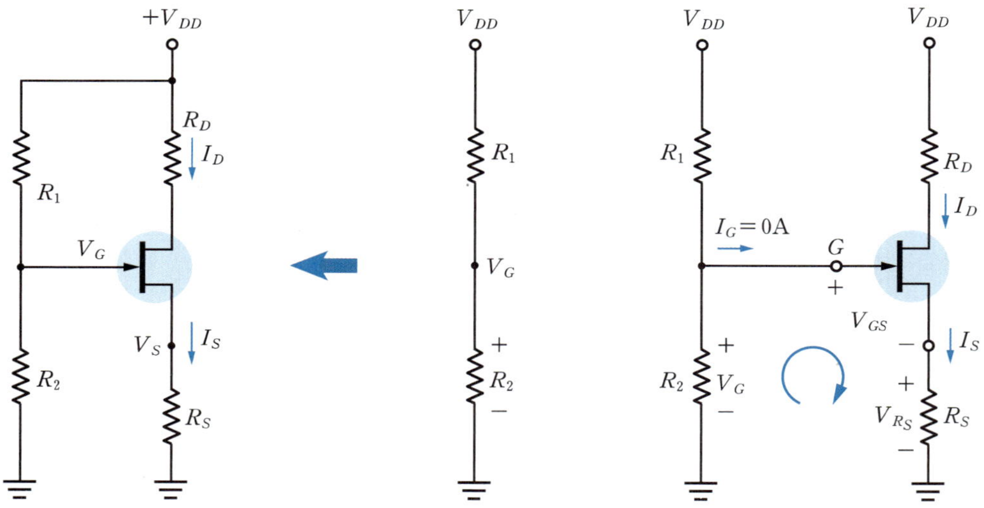

(a) 전압분배 바이어스 (b) 등가회로

[그림 7-18] n채널 JFET 전압분배 바이어스 회로와 등가회로

게이트 전압은 다음 식과 같이 전압분배 저항 R_1과 R_2에 의해 식 (7.20)으로 결정된다. 그리고 소스 전압 $V_S = I_D R_S$이므로 게이트-소스 전압은 식 (7.21)과 같다.

★ JFET 전압분배 바이어스 회로의 V_{GS} ★

$$V_G = \left(\frac{R_2}{R_1 + R_2}\right) V_{DD} \tag{7.20}$$

$$V_{GS} = V_G - V_S \tag{7.21}$$

식 (7.21)에서 $V_S = V_G - V_{GS}$이고, 또한 $V_S = I_D R_S$이므로 다음 식을 얻는다.

$$I_D = \frac{V_S}{R_S} = \frac{V_G - V_{GS}}{R_S} \tag{7.22}$$

또한 출력회로를 키르히호프의 전압방정식으로 나타내면 다음과 같다.

$$V_{DD} - V_{R_D} - V_{DS} - V_{R_S} = 0$$

그리고

$$V_{DS} = V_{DD} - V_{R_D} - V_{R_S} = V_{DD} - I_D R_D - I_S R_S$$

이다. $I_D = I_S$ 이므로 위 식은 식 (7.23)과 같다.

$$V_{DS} = V_{DD} - I_D(R_D + R_S) \tag{7.23}$$

또한

$$V_D = V_{DD} - V_{R_D} = V_S + V_{DS} \tag{7.24}$$

이다.

예제 7-10

오른쪽 그림과 같은 전압분배 바이어스 회로에서 $V_D \cong 6\,\text{V}$일 때, 드레인 전류 I_D 및 V_{GS}를 구하시오. (단, $V_{GS(off)} = -6\,\text{V}$, $I_{DSS} = 8\,\text{mA}$이다.)

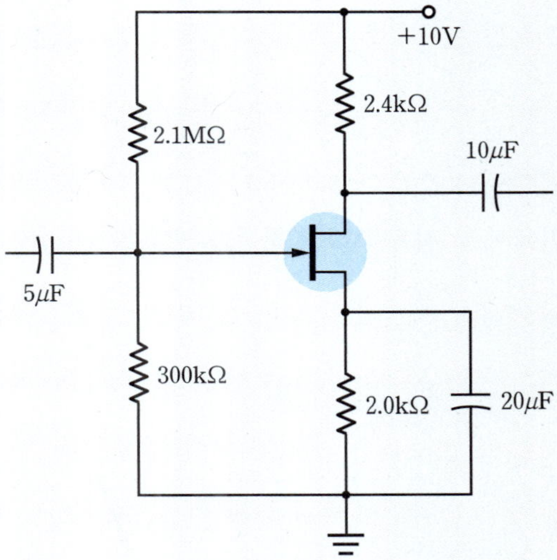

풀이

$V_D = 6\,\text{V}$이고 $V_D = V_{DD} - I_D R_D$이므로

드레인 전류는 다음과 같이 구해진다.

$$I_D = \frac{V_{DD} - V_D}{R_D} = \frac{10\,\text{V} - 6\,\text{V}}{2.4\,\text{k}\Omega} \cong 1.67\,\text{mA}$$

게이트 전압 V_G와 소스 전압 V_S는 다음과 같이 구한다.

$$V_G = \frac{R_2}{R_1 + R_2} V_{DD} = \frac{300\,\text{k}\Omega}{2.1\,\text{M}\Omega + 300\,\text{k}\Omega}(10\,\text{V}) = 1.25\,\text{V}$$

$$V_S = I_D R_S = (1.67\,\text{mA})(2.0\,\text{k}\Omega) = 3.34\,\text{V}$$

따라서 게이트-소스 전압 V_{GS}를 구하면 다음과 같다.

$$V_{GS} = V_G - V_S = 1.25\,\text{V} - 3.34\,\text{V} = -2.09\,\text{V}$$

전압분배 바이어스의 도식적 해석

자기 바이어스와 마찬가지로, 전압분배 바이어스 회로도 도식적으로 해석하여 동작점(Q)을 구할 수 있다. 먼저 [표 7-1]을 이용하여 [그림 7-16]과 같은 전달 특성곡선을 그린 후, 식 (7.21)을 이용하여 전달 특성곡선 상의 두 점을 찾는다. 한 점은 $I_D = 0\,\text{mA}$ 일 때의 V_{GS} 값이며, 또 다른 한 점은 $V_{GS} = 0\,\text{V}$ 일 때의 드레인 전류 I_D 값으로, 두 점을 연결하여 전달 특성곡선 위에 직선을 그린다. 즉 식 (7.21)에서 한 점은 다음처럼 계산된다.

$$\text{i)}\ I_D = 0\,\text{mA},\ \ V_{GS} = V_G - (0\,\text{mA})\,R_S = V_G \tag{7.25}$$

다른 한 점도 마찬가지로 식 (7.21)에서 $V_{GS} = 0\,\text{V}$ 로 놓고 계산하면 된다. 즉 두 번째 점을 구하면 다음과 같다.

$$0 = V_G - V_S = V_G - I_D R_S$$

$$I_D R_S = V_G \ \Rightarrow\ I_D = \frac{V_G}{R_S}$$

$$\text{ii)}\ V_{GS} = 0\,\text{V},\ \ I_D = \frac{V_G}{R_S} \tag{7.26}$$

식 (7.25)와 식 (7.26)에 의해 계산된 두 점을 전달 특성곡선 상에 직선으로 연결한다([그림 7-19]). 그림에서 두 점을 연결한 직선과 전달 특성곡선이 만나는 점이 동작점 Q가 된다.

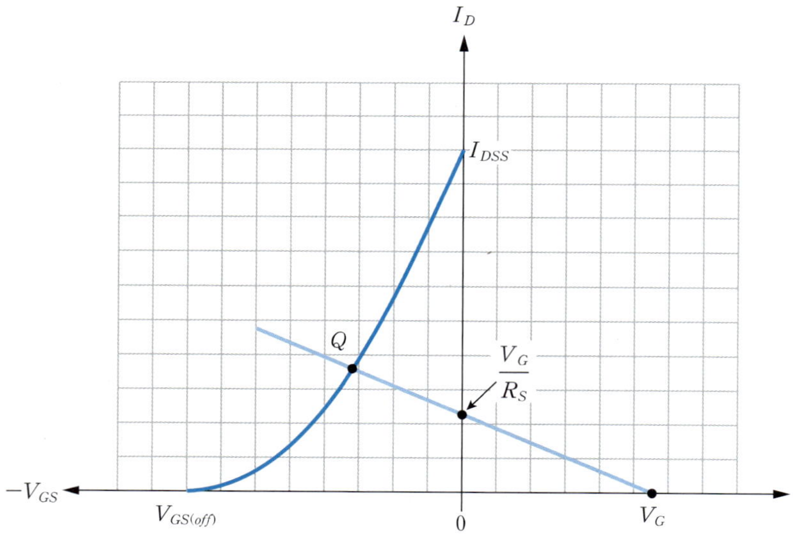

[그림 7-19] 전압분배 바이어스의 동작점(Q)의 도식적 해석

전압분배 바이어스 회로의 직류해석은 수식적 혹은 도식적 방법으로 수행할 수 있다. 수식적 방법은 매우 복잡하여 동작점을 구하기가 쉽지 않으나, 도식적 방법은 비교적 쉽고 간단하게 동작점을 구할 수 있다.

예제 7-11

오른쪽 그림과 같은 전압분배 바이어스 회로에 대해 도식적 방법을 이용하여 I_{DQ} 및 V_{GSQ}, V_{DS}를 구하여라.
(단, $V_{GS(off)} = -6\,\text{V}$, $I_{DSS} = 8\,\text{mA}$이다.)

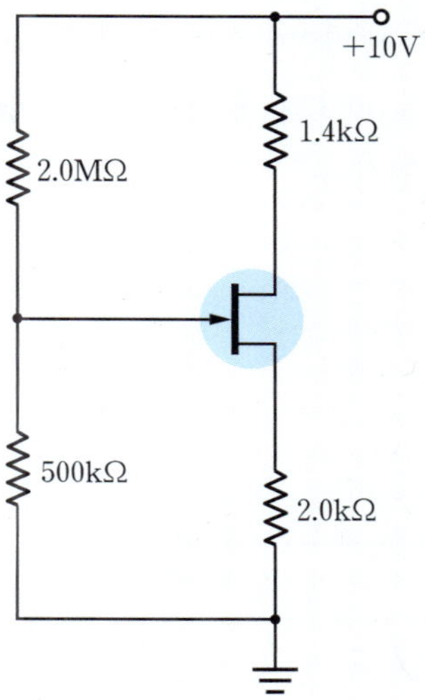

풀이

먼저 $V_{GS(off)} = -6\,\text{V}$, $I_{DSS} = 8\,\text{mA}$를 이용하여 전달 특성곡선을 그린 후, V_G와 V_{GS}를 구한다.

$$V_G = \frac{R_2}{R_1 + R_2} V_{DD} = \frac{500\,\text{k}\Omega}{2.0\,\text{M}\Omega + 500\,\text{k}\Omega}(10\,\text{V}) \cong 2.0\,\text{V}$$

$$V_{GS} = V_G - V_S = 2.0\,\text{V} - I_D R_S = 2.0\,\text{V} - I_D(2.0\,\text{k}\Omega)$$

V_{GS}에서 두 점 (i, ii)을 계산한 후, 이 두 점을 연결한 직선을 전달 특성곡선 위에 그린다.

i) $I_D = 0$, $V_{GS} = V_G = 2.0\,\text{V}$

ii) $V_{GS} = 0\,\text{V}$, $0 = V_G - I_D R_S = 2.0\,\text{V} - I_D(2.0\,\text{k}\Omega)$

$$I_D = \frac{V_G}{R_S} = \frac{2.0\,\text{V}}{2.0\,\text{k}\Omega} = 1.0\,\text{mA}$$

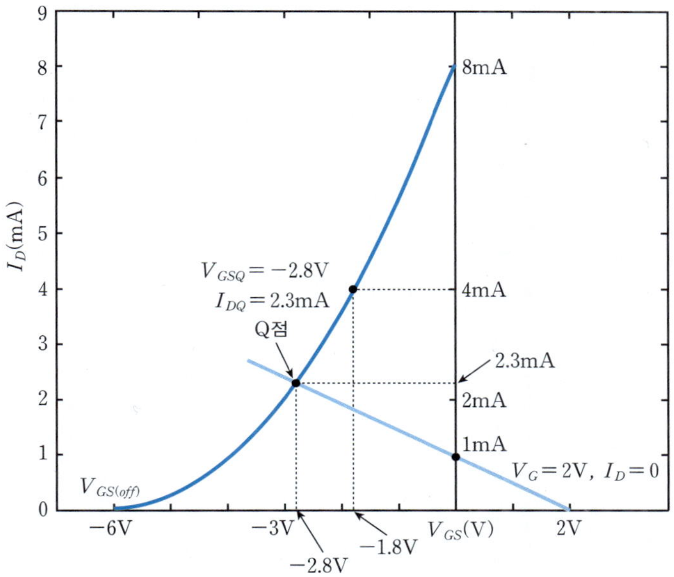

이때 전달 특성곡선과 부하직선이 교차하는 점이 동작점(Q)이다.

$$V_{GSQ} \cong -2.8\,\text{V},\ I_{DQ} \cong 2.3\,\text{mA}$$

$$V_{DS} = V_{DD} - I_D(R_D + R_S) = 10\,\text{V} - 2.3\,\text{mA}(1.4\,\text{k}\Omega + 2\,\text{k}\Omega) = 2.18\,\text{V}$$

전류원 바이어스

전류원 바이어스는 [그림 7-20(a)]와 같이 JFET의 소스와 BJT의 컬렉터가 직접 연결되어 있다. 따라서 JFET의 게이트-소스 전압 V_{GS}에 관계없이 BJT의 컬렉터 전류 I_C에 의해 드레인 전류 I_{DQ}가 결정된다.

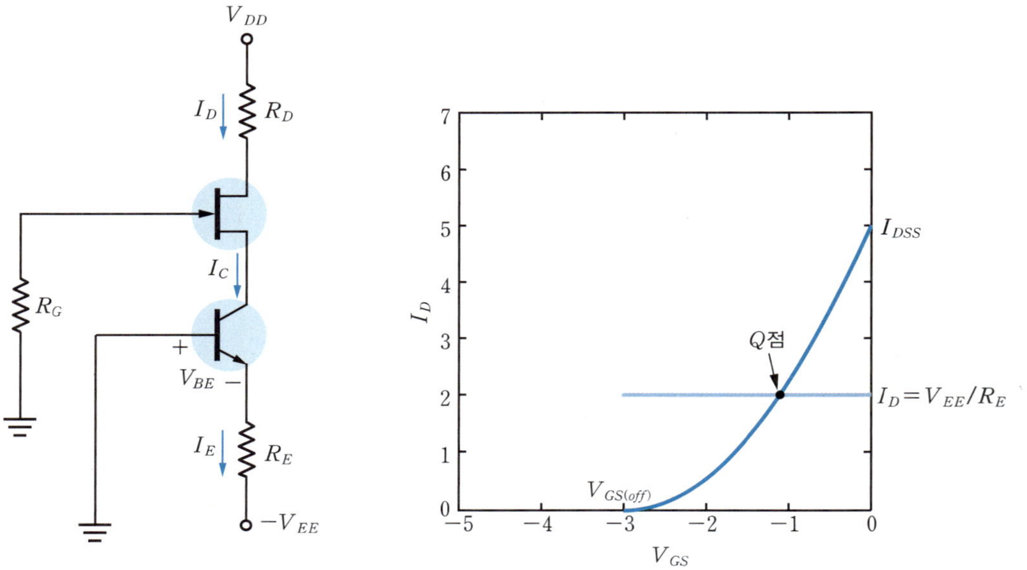

(a) 전류원 바이어스 회로 (b) 전달 특성곡선

[그림 7-20] 전류원 바이어스 회로 및 전달 특성곡선(Q점)

[그림 7-20(a)]에서 BJT의 베이스-이미터 회로를 키르히호프의 전압방정식으로 나타내면 다음과 같다.

$$- V_{BE} - I_E R_E + V_{EE} = 0$$

위 식을 정리하면

$$I_E = \frac{V_{EE} - V_{BE}}{R_E} \tag{7.27}$$

이며, $I_{DQ} = I_C \cong I_E$이므로 다음과 같이 쓸 수 있다.

★ JFET 전류원 바이어스 회로의 I_{DQ} ★

$$I_{DQ} \cong I_E = \frac{V_{EE} - V_{BE}}{R_E} \tag{7.28}$$

만일 $V_{EE} \gg V_{BE}$ 일 경우

$$I_{DQ} \cong \frac{V_{EE}}{R_E} \tag{7.29}$$

이며, 이는 [그림 7-20(b)]와 같이 전달 특성곡선에 수평선으로 나타난다. 이 수평선과 전달 특성곡선이 만나는 점이 동작점 Q가 된다.

예제 7-12

오른쪽 그림과 같은 전류원 바이어스 회로에서 $V_{DD} = 10\text{V}$, $V_{EE} = -6\text{V}$, $R_G = 10\text{M}\Omega$ 이다. 드레인 전류 I_D 와 드레인 전압 V_D 를 구하시오.

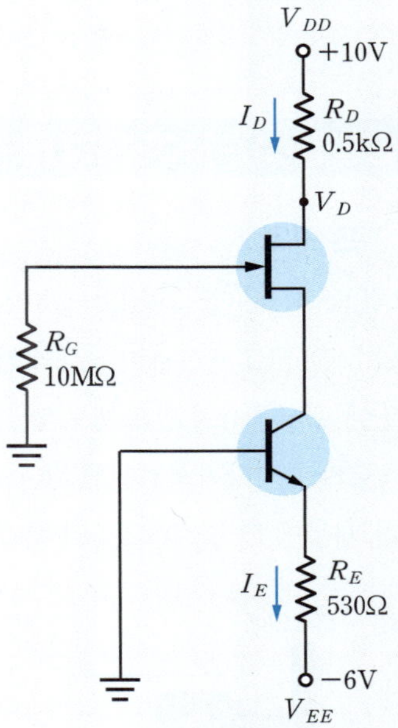

풀이

식 (7.28)로부터 I_D 와 V_D 를 구하면 다음과 같다.

$$I_D \cong I_E = \frac{V_{EE} - V_{BE}}{R_E} = \frac{6\text{V} - 0.7\text{V}}{530\Omega} = 10\text{mA}$$

$$V_D = V_{DD} - I_D R_D = 10\text{V} - 10\text{mA}(0.5\text{k}\Omega) = 5\text{V}$$

SECTION 03

MOSFET의 동작, 특성, 바이어스

금속산화물 반도체 전계효과 트랜지스터(MOSFET)는 게이트 단자가 실리콘 산화막(SiO_2)에 의해 채널과 격리되어 있다. JFET와 같이 n채널 및 p채널 MOSFET로 나뉘며, 또한 공핍형(D)–MOSFET와 증가형(E)–MOSFET의 두 가지 형태가 있다. 이 절에서는 D–MOSFET와 E–MOSFET의 구조 및 특성, 그리고 바이어스에 대해 공부한다.

Keywords | D–MOSFET | E–MOSFET | 제로 바이어스 | 임계전압 $V_{GS(th)}$ | 유전체 |

공핍형(D)–MOSFET의 구조 및 특성

■ 기본 구조

[그림 7–21]은 공핍형(D)–MOSFET의 기본 구조를 보여준다. D–MOSFET는 n채널 MOSFET와 p채널 MOSFET로 나뉘며, 드레인과 소스가 좁은 채널로 연결되어 있다. n채널 D–MOSFET는 p형 기판에 채널을 n형 반도체로 연결한다. 반대로 p채널 D–MOSFET는 n형 기판에 채널을 p형 반도체로 연결한다. 따라서 p채널 MOSFET의 동작은 전압극성이 반대인 것만 제외하면 n채널 MOSFET와 같기 때문에 D–MOSFET의 특성, 구조 등은 n채널 MOSFET를 이용하여 설명할 것이다.

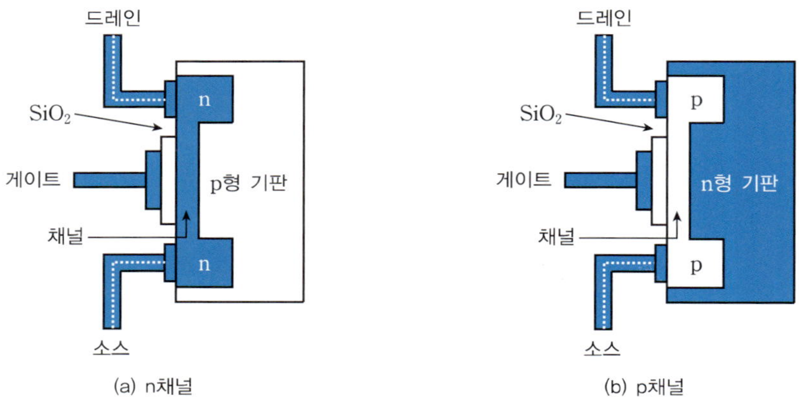

[그림 7–21] D–MOSFET의 기본 구조

[그림 7–22]는 n채널 및 p채널 D–MOSFET의 기호를 보여준다. 화살표가 내부로 향한 것은 n채널이고, 화살표가 밖으로 향한 것은 p채널 D–MOSFET를 의미한다.

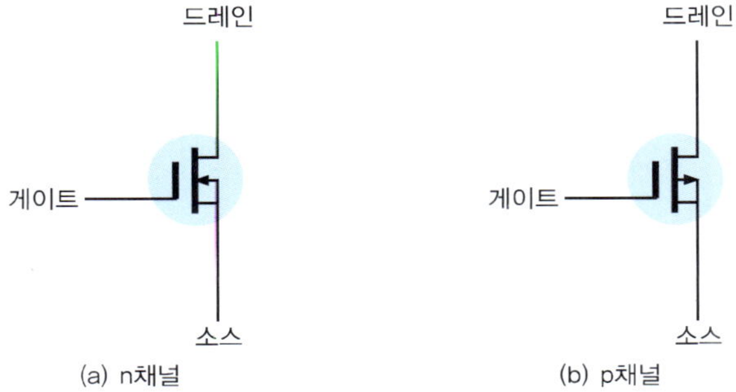

[그림 7-22] D-MOSFET의 기호

■ 기본 동작

D-MOSFET는 공핍모드 동작과 증가모드 동작으로 나뉜다. D-MOSFET가 전달 특성곡선에서 음(−)의 V_{GS} 영역에서 동작하면 공핍모드로 동작한다고 하고, 양(+)의 V_{GS} 영역에서 동작하면 증가모드로 동작한다고 한다.

(1) 공핍모드

MOSFET의 게이트와 채널 사이는 실리콘 산화막(SiO_2)으로 이루어진 유전체[1] 로 절연되어 있다. 게이트에 전압을 인가하지 않았을 때($V_{GS} = 0\,V$ 일 때), MOSFET에서도 JFET와 마찬가지로 드레인에 흐르는 최대전류(포화전류)를 I_{DSS} 라 한다.

게이트에 음(−)의 전압을 인가하여 V_{GS} 가 음(−)이 되면, [그림 7−23]과 같이 게이트의 음(−) 전하는 채널의 전도성 전자를 밀어내고 그 자리를 양이온이 차지한다. 즉 n채널은 전자가 부족하여 전도성이 떨어진다. V_{GS} 의 음(−)의 전압을 크게 할수록 채널의 전도도는 더욱 떨어져 드레인 전류는 더욱 감소하게 된다.

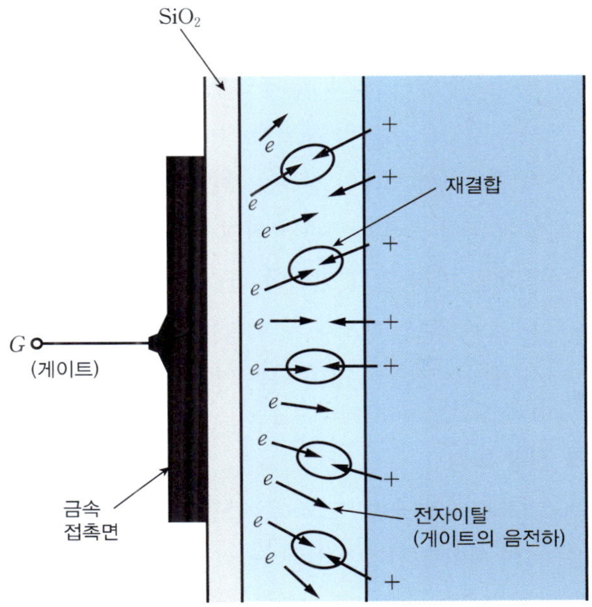

[그림 7−23] 게이트 단자에 음(−)의 전압을 인가한 경우 채널

1 유전체란 외부에서 전계가 가해지면 내부에서 전계의 방향을 반대로 형성하는 성질을 갖는 물질을 말한다.

JFET와 마찬가지로 게이트-소스 전압 V_{GS} 를 음(-)의 $V_{GS(off)}$ 까지 증가시키면 채널이 패쇄되어 드레인 전류는 흐르지 않는다. 즉 공핍모드의 n채널 D-MOSFET는 JFET와 마찬가지로 $V_{GS(off)} \sim 0\,\mathrm{V}$ 에서 드레인 전류가 흐른다. 또한 MOSFET는 게이트와 채널 사이가 유전체로 전기적으로 절연되므로 MOSFET의 입력 임피던스는 매우 높다.

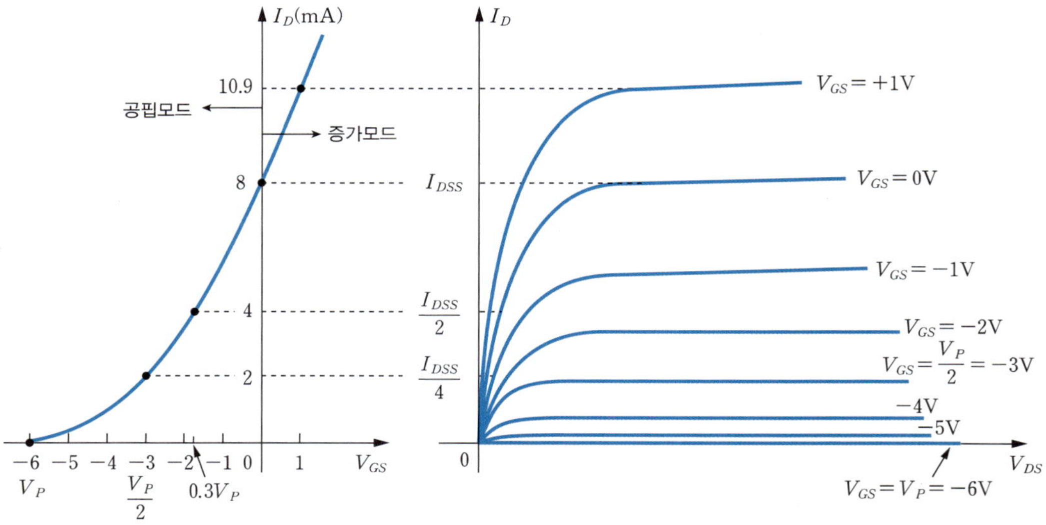

[그림 7-24] n채널 D-MOSFET의 전달 특성곡선과 드레인 특성곡선($V_{GS(off)} = -6\,\mathrm{V}$, $I_{DSS} = 8\,\mathrm{mA}$)

(2) 증가모드

게이트에 양(+)의 V_{GS} 전압을 인가하면, 양(+) 전위의 게이트는 p형 기판에서 추가로 자유전자를 채널로 끌어와 채널에 전도전자가 증가하게 된다. 증가된 자유전자에 의해 채널의 전도도가 증가하면 드레인 전류는 제곱법칙에 의해 빠른 비율로 증가한다. 따라서 양전위의 게이트 전압에 의해 드레인 전류가 최대 허용전류를 초과할 수도 있다. (사용자는 드레인 전류의 최대 허용값을 미리 알고 있어야 한다.) 이와 같이 게이트와 소스 사이에 양(+) 전압을 인가하면 $V_{GS} = 0\,\mathrm{V}$ 일 때보다 채널 내에 자유전자가 증가하게 된다. [그림 7-24]와 같이 특성곡선 상에서 게이트 전압이 양이 되는 영역을 증가영역(증가모드)이라 한다.

■ 전달 특성

D-MOSFET의 공핍모드와 증가모드 모두 제곱법칙이 성립한다. 또한 D-MOSFET는 양(+) 또는 음(-)의 게이트 전압에서 동작한다. [그림 7-25]에 n채널과 p채널 공핍형 MOSFET의 일반적인 전달 특성곡선을 나타냈다. $V_{GS} = 0$ 인 곡선의 드레인 전류는 I_{DSS} 이며, $V_{GS(off)}$ 에서 $I_D = 0$ 이다.

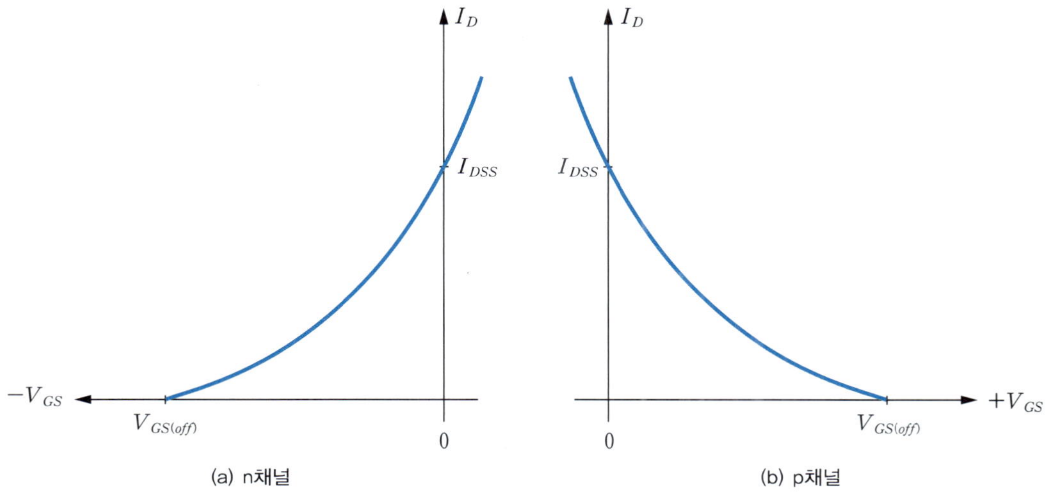

[그림 7-25] D-MOSFET의 일반적인 전달 특성곡선

예제 7-13

$V_{GS(off)} = -4\,\mathrm{V}$, $I_{DSS} = 8\,\mathrm{mA}$인 n채널 D-MOSFET의 전달 특성곡선을 그리시오.

풀이

$V_{GS(off)} = -4\,\mathrm{V}$, $I_{DSS} = 8\,\mathrm{mA}$를 이용하여 V_{GS}가 음(−)인 경우의 전달 특성곡선을 그린다.

$V_{GS} = 0\,\mathrm{V}$	$I_D = I_{DSS} = 8\,\mathrm{mA}$
$V_{GS} = 0.3 \cdot V_{GS(off)} = -1.2\,\mathrm{V}$	$I_D = I_{DSS}/2 = 4\,\mathrm{mA}$
$V_{GS} = 0.5 \cdot V_{GS(off)} = -2\,\mathrm{V}$	$I_D = I_{DSS}/4 = 2\,\mathrm{mA}$
$V_{GS} = V_{GS(off)} = -4\,\mathrm{V}$	$I_D = 0$

V_{GS}가 양(+) 전압을 갖는 경우에 제곱법칙이 성립한다. 그러므로 여기서 $V_{GS} = +1\,\mathrm{V}$인 경우를 계산하고, 계산된 V_{GS}가 음(−)인 경우와 양(+)인 경우에 대해 전달 특성곡선을 그린다.

$$I_D \cong I_{DSS}\left(1 - \frac{V_{GS}}{V_{GS(off)}}\right)^2 = 8\,\mathrm{mA}\left(1 - \frac{+1\,\mathrm{V}}{-4\,\mathrm{V}}\right)^2 = 8\,\mathrm{mA}(1+0.25)^2 = 12.5\,\mathrm{mA}$$

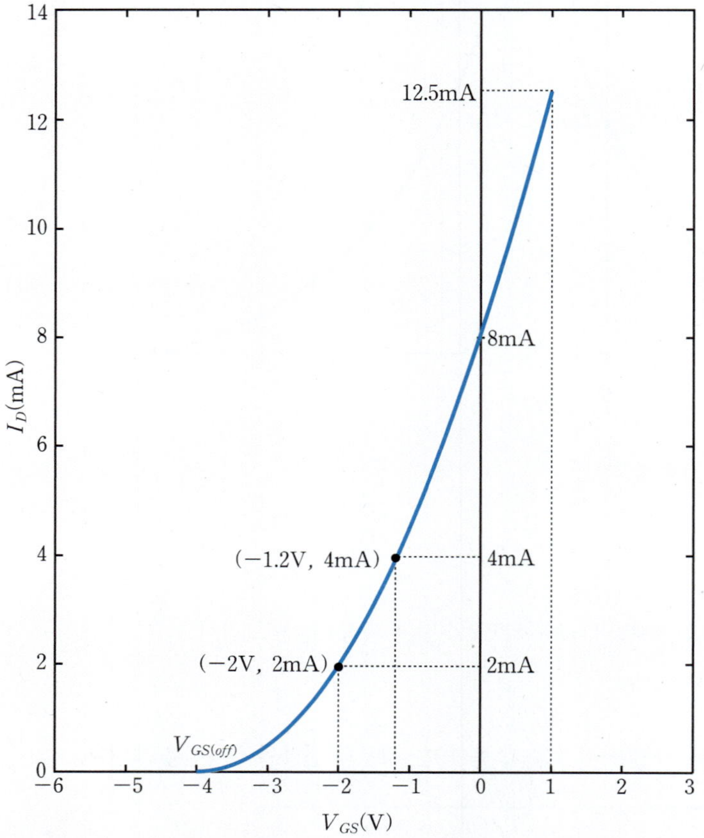

증가형(E)-MOSFET의 구조 및 특성

공핍형(D)-MOSFET와 증가형(E)-MOSFET는 제조공정과 작동모드에서 몇 가지 유사한 점과 다른 점이 있다. 둘 모두 게이트와 채널 사이가 실리콘 산화막(SiO_2)으로 이루어진 유전체로 절연되어 있다. D-MOSFET에는 구조적인 채널이 있으나, E-MOSFET에는 구조적인 채널이 없다. 또한 n채널 JFET와 n채널 D-MOSFET의 드레인 전류는 음(-)의 게이트-소스 전압(V_{GS})에서 제어되나, n채널 E-MOSFET는 양(+)의 게이트-소스 전압(V_{GS})에서 제어된다는 점이 다르다.

■ 기본 구조

[그림 7-26]은 n채널 E-MOSFET의 기본 구조를 보여준다. n채널 E-MOSFET는 p형 기판에 드레인과 소스 단자를 n형 반도체로 연결한다. 이때 드레인 단자와 소스 단자 사이에 구조적인 채널이 존재하지 않는다. 즉 증가형 MOSFET는 드레인과 소스 사이에 채널이 없다는 것을 제외하면 공핍형 MOSFET와 매우 유사하다.

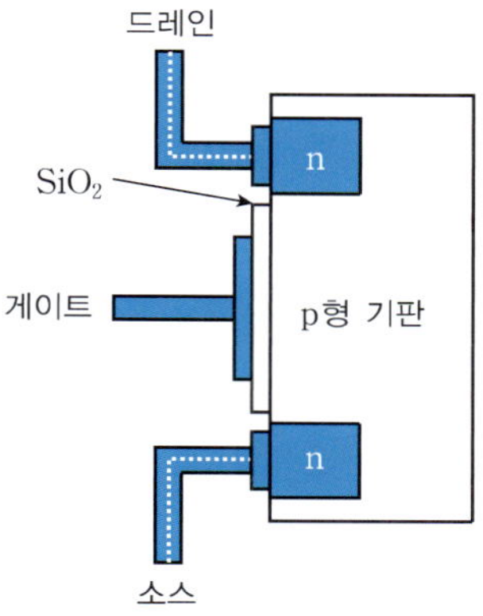

[그림 7-26] n채널 E-MOSFET의 기본 구조

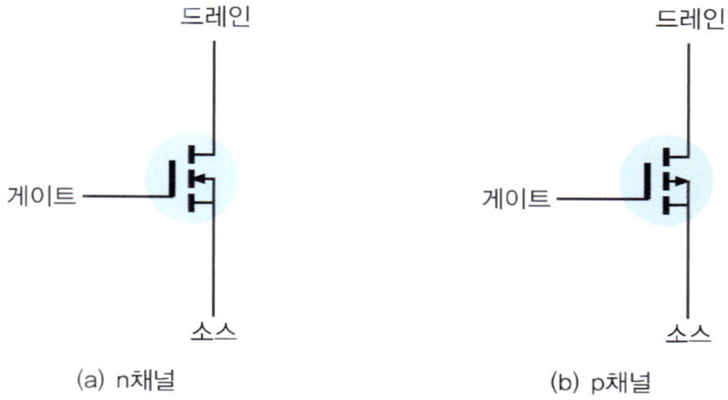

[그림 7-27] E-MOSFET의 기호

[그림 7-27]은 n채널 및 p채널 E-MOSFET의 기호를 보여준다. 기호에서 채널을 의미하는 점선은 물리적인 채널이 없음을 의미한다. D-MOSFET와 마찬가지로 화살표가 내부로 향하면 n채널 E-MOSFET를, 화살표가 밖으로 향하면 p채널 E-MOSFET를 나타낸다.

■ 기본 동작

n채널 E-MOSFET 회로에서는 $V_{GS}=0\,\mathrm{V}$로 하고, 드레인-소스 전압 V_{DD}를 인가해도 채널이 없기 때문에 전류가 흐르지 않는다. 전류가 흐르게 하려면 [그림 7-28]에서 직류전원 V_{DD}를 증가시켜 $V_{DS}>0$이 되게 하고, V_{GG}를 인가하여 게이트-소스 전압 V_{GS}가 양(+) 전압이 되도록 만든다. 그러면 유전체의 영향으로 p형 기판의 정공이 뒤로 밀려나게 되고, p형 기판의 소수 캐리어인 전자들이 게이트의 양(+)의 전위에 끌려와 유전체(SiO_2) 층 부근에 쌓인다. V_{GS}를 점차 증가시키면 유전체 층 부근에 쌓인 전자들의 농도가 증가하고, 마침내 드레인과 소스 사이에 채널이 형성되어 전류가 흐른다.

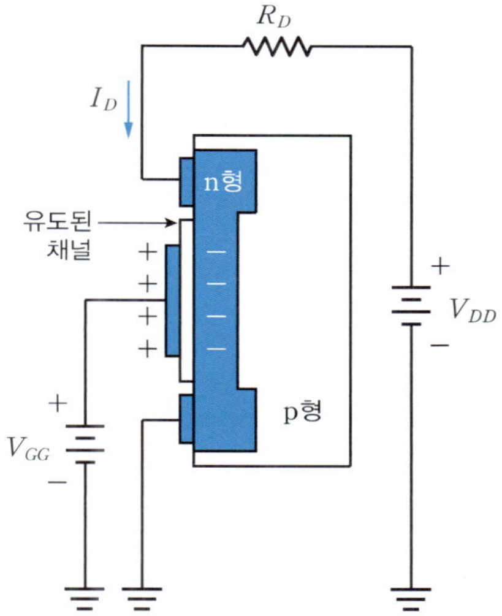

[그림 7-28] n채널 E-MOSFET에서의 채널 형성 과정

이렇게 드레인 전류가 흐르게 되는 시점의 V_{GS} 값을 **문턱 전압**(Threshold voltage)이라 하고, $V_{GS(th)}$로 표시한다. $V_{GS}=0$인 경우에는 채널이 형성되어 있지 않아서 드레인 전류가 흐르지 않지만, V_{GS}에 양(+) 전압을 인가한 후 점차 증가시켜 $V_{GS(th)}$을 초과하게 되면 채널이 생성되어 드레인 전류가 흐르게 된다. 이러한 종류의 MOSFET를 **증가형**(E: Enhancement-type)**-MOSFET**라고 한다.

V_{GS}가 문턱전압($V_{GS(th)}$)을 넘어서면 유도채널의 자유전자의 농도가 증가하게 되고 드레인 전류가 증가하나, $V_{GS(th)}$보다 작은 V_{GS} 값에서는 유도채널이 존재하지 않기 때문에 드레인 전류는 흐

르지 않는다. 증가형 MOSFET에서 $V_{GS} > V_{GS(th)}$ 인 경우, 드레인 전류 I_D 와 게이트-소스 전압 V_{GS} 는 식 (7.30)과 같이 비선형적인 관계를 갖는다.

★ E-MOSFET 드레인 전류 I_D ★

$$I_D = k(V_{GS} - V_{GS(th)})^2 \tag{7.30}$$

여기서 k 는 소자의 구조에 의해 결정되는 상수이다. 규격표에 소자의 특성에 따른 $I_{D(on)}$ 과 $V_{GS(on)}$ 이 주어지며, 이 값을 이용하여 k 값을 구한다.

$$k = \frac{I_{D(on)}}{(V_{GS(on)} - V_{GS(th)})^2} \tag{7.31}$$

E-MOSFET의 일반적인 전달 특성곡선은 [그림 7-29]와 같다.

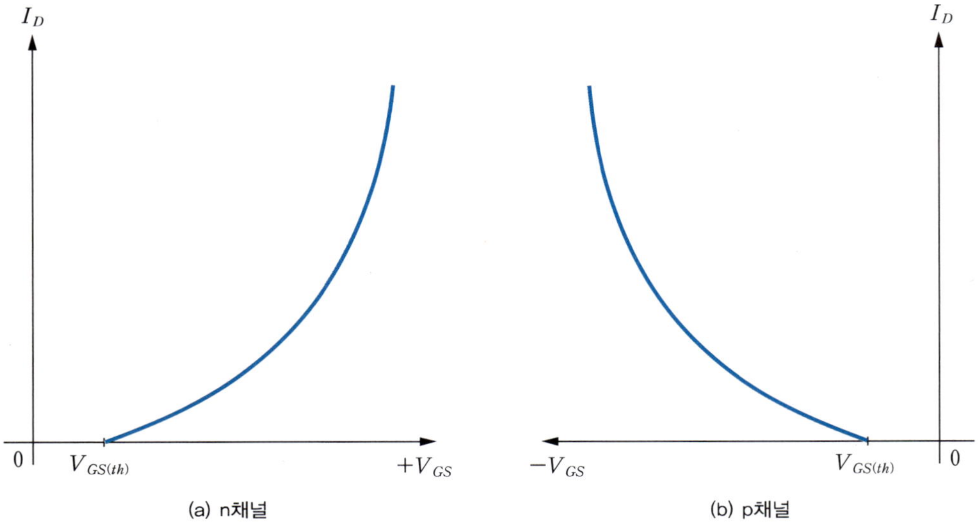

[그림 7-29] E-MOSFET의 전달 특성곡선

예제 7-14

규격표에 주어진 값이 $V_{GS(th)} = 2\text{V}$, $V_{GS(on)} = 8\text{V}$, $I_{D(on)} = 10\text{mA}$ 이다. $V_{GS} = 5\text{V}$ 일 때 드레인 전류 I_D 를 구하시오.

풀이

먼저 식 (7.31)을 이용하여 k 를 구한다.

$$k = \frac{I_{D(on)}}{(V_{GS(on)} - V_{GS(th)})^2} = \frac{10\,\mathrm{mA}}{(8\,\mathrm{V}-2\,\mathrm{V})^2} = \frac{10\,\mathrm{mA}}{36\,\mathrm{V}^2} = 0.28\,\mathrm{mA/V}^2$$

계산하여 얻은 k 값을 식 (7.30)에 대입하여 $V_{GS} = 5\,\mathrm{V}$의 드레인 전류를 구한다.

$$I_D = k(V_{GS} - V_{GS(th)})^2 = 0.28\,\mathrm{mA/V}^2(5\,\mathrm{V}-2\,\mathrm{V})^2 = 2.52\,\mathrm{mA}$$

■ MOSFET를 다룰 때 주의할 점

MOSFET의 게이트와 채널 사이에 있는 실리콘 산화막(SiO_2)으로 된 유전체는 MOSFET의 높은 임피던스를 갖도록 하는 이점이 있지만, 유전체 두께가 매우 얇기 때문에 BJT나 JFET 트랜지스터를 다룰 때보다 더 주의해서 다뤄야 한다. 일상생활에서 발생하는 정전기는 얇은 유전체 막에 전위차를 발생시키는데, 이 전위차에 의해 유전체가 파괴되어 MOSFET가 손상될 수 있다.

따라서 정전기로부터 소자를 보호하기 위해 몇 가지 주의할 점이 있다.

❶ MOSFET 소자를 운반하거나 보관할 때는 단자를 단락용(전류가 흐르도록) 알루미늄 호일, 전도성 스폰지 등으로 포장해야 한다.

❷ 조립, 실험 등에 쓰이는 모든 기구들과 금속작업대는 접지시킨다.

❸ 전원이 켜진 상태에서 소자를 빼거나 넣지 말아야 한다.

❹ 회로를 변경할 때는 항상 전원을 꺼야 한다.

❺ 직류전원이 꺼져있을 때는 신호를 인가하지 않아야 한다.

MOSFET의 바이어스

여기서는 공핍형(D)-MOSFET와 증가형(E)-MOSFET의 바이어스에 대해 고찰해본다. 먼저 D-MOSFET의 바이어스로 자기 바이어스, 전압분배 바이어스, 영(zero) 바이어스에 대해 고찰한 후, E-MOSFET의 피드백 바이어스, 전압분배 바이어스 및 IGBT에 대하여 고찰해 보자.

JFET와 D-MOSFET는 전달 특성곡선의 형태가 비슷하기 때문에 동작점을 계산하는 방식이 비슷하다. 그러나 JFET의 최대 드레인 전류는 $V_{GS} = 0$에서 I_{DSS}인 반면, D-MOSFET의 경우에는 V_{GS}가 양(+) 전압에서도 동작되며, 그때 I_{DSS} 값보다 큰 I_D 값을 가질 수 있고, 또한 I_{DSS} 값보다 큰 I_D 값에서 동작점을 결정할 수 있다. 따라서 $V_{GS} < 0$의 경우, JFET와 D-MOSFET의 특성이 같으므로, 모든 회로에서 JFET를 D-MOSFET로 바꿔도 해석은 동일하다.

■ D-MOSFET의 자기 바이어스

[그림 7-30]은 n채널 D-MOSFET 자기 바이어스 회로이다. JFET 직류회로와 같이 자기 바이어스 회로는 게이트 전압 $V_G = 0\text{V}$ 이므로, 소스 측의 저항에 의해 게이트-소스 전압 V_{GS}가 결정되는 회로이다. 따라서 D-MOSFET 자기 바이어스 회로의 해석은 JFET와 비슷하게 한다.

D-MOSFET 자기 바이어스 회로의 동작점을 구하기 위해 먼저 D-MOSFET의 전달 특성곡선을 그린다. 전달 특성곡선 상에 게이트-소스 전압 V_{GS}에 의한 직선을 그렸을 때, 전달 특성곡선과 직선의 교점이 동작점이 된다.

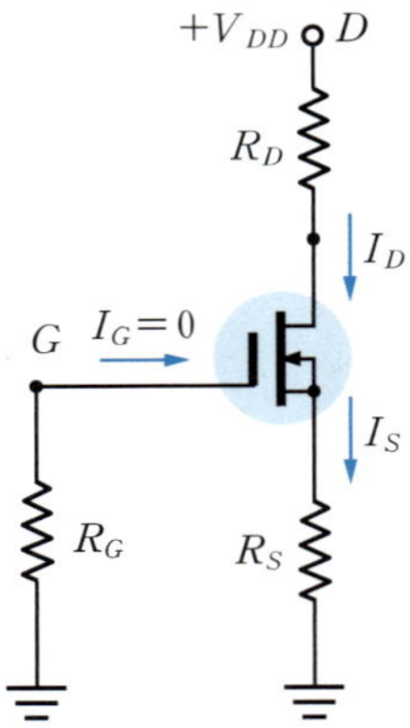

[그림 7-30] n채널 D-MOSFET 자기 바이어스 회로

게이트-소스 전압 V_{GS} 는

$$V_{GS} = V_G - V_S$$

이며, 위 회로에서 $V_G = 0\text{V}$ 이므로 다음과 같다.

$$V_{GS} = 0 - V_S$$

즉 $V_{GS} = -V_S$ 이며, 소스 전압 $V_S = I_D R_S$ 이므로 다음과 같이 정리할 수 있다.

★ D-MOSFET 자기 바이어스의 V_{GS} ★

$$V_{GS} = -I_D R_S$$

예제 7-15

오른쪽 회로와 같이 D-MOSFET의 자기 바이어스 회로에서 I_{DQ}와 V_{GSQ}, V_D를 구하시오. (단, $V_{GS(off)} = -6\text{V}$, $I_{DSS} = 8\text{mA}$ 이다.)

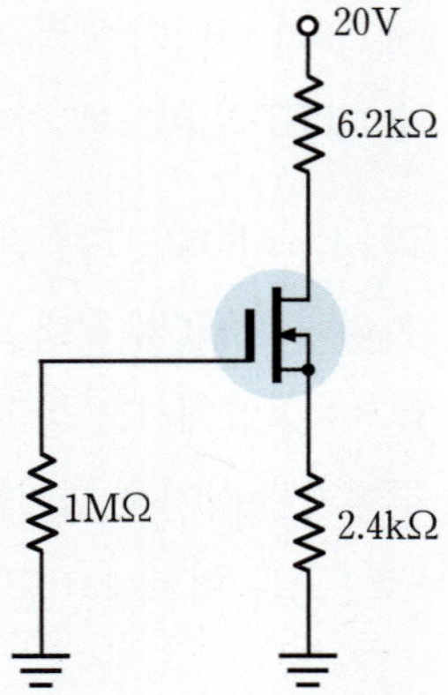

풀이

자기 바이어스 회로에서 게이트-소스 전압 V_{GS}는 다음과 같이 결정된다.

$$V_{GS} = -I_D R_S$$

게이트 전압 $V_G = 0\text{V}$ 이므로 자기 바이어스 회로에서 V_{GS}는 0V보다 작다. 도식적으로 해석하기 위해 [표 7-1]과 제곱법칙을 이용하여 먼저 전달 특성곡선을 그린다.

$V_{GS} = +1\text{V}$	$I_D \cong 10.89\text{mA}$
$V_{GS} = 0\text{V}$	$I_D = I_{DSS} = 8\text{mA}$
$V_{GS} = 0.3 \cdot V_{GS(off)} = -1.8\text{V}$	$I_D = I_{DSS}/2 = 4\text{mA}$
$V_{GS} = 0.5 \cdot V_{GS(off)} = -3\text{V}$	$I_D = I_{DSS}/4 = 2\text{mA}$
$V_{GS} = V_{GS(off)} = -6\text{V}$	$I_D = 0$

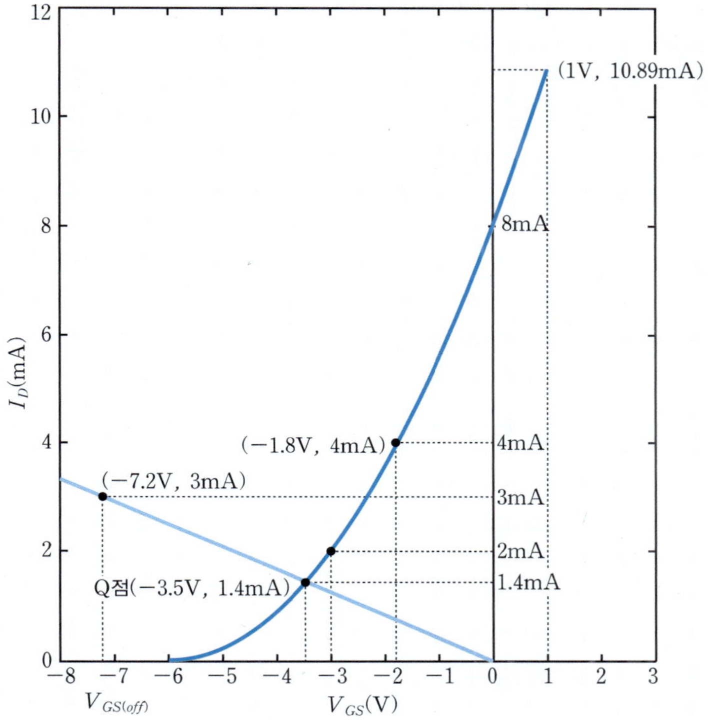

식 $V_{GS} = -I_D R_S = -I_D(2.4\text{k}\Omega)$에서 다음 두 점이 계산된다.

$$\text{i) } I_D = 0\text{mA},\ V_{GS} = 0\text{V}$$
$$\text{ii) } I_D = 3\text{mA},\ V_{GS} = -7.2\text{V}$$

전달 특성곡선 상에 두 점 (0, 0), (7.2V, 3mA)을 연결한 부하직선과의 교점이 동작점 Q가 된다.

$$I_{DQ} \cong 1.4\text{mA},\ V_{GSQ} \cong -3.5\text{V}$$
$$V_D = V_{DD} - I_D R_D = 20\text{V} - 1.4\text{mA}(6.2\text{k}\Omega) = 11.32\text{V}$$

■ D-MOSFET의 전압분배 바이어스

[그림 7-31]은 n채널 D-MOSFET 전압분배 바이어스 회로이다. D-MOSFET의 게이트-소스 전압 V_{GS} 는 음(-)과 양(+)으로 동작한다. 게이트에 흐르는 전류 $I_G \cong 0$ 이므로 전압분배 저항 R_1과 R_2 사이의 게이트 전압 V_G 는 저항 R_1과 R_2에 의해 결정된다. 따라서 D-MOSFET의 게이트-소스 전압 V_{GS} 는 전압분배 전압에 의한 게이트 전압 V_G와 소스 전압 V_S로 결정된다. 도식적 방법으로 해석하기 위해 동작점을 구하자. 먼저 전달 특성곡선을 그린 후 부하직선을 그렸을 때 두 선이 만나는 점이 동작점이 된다.

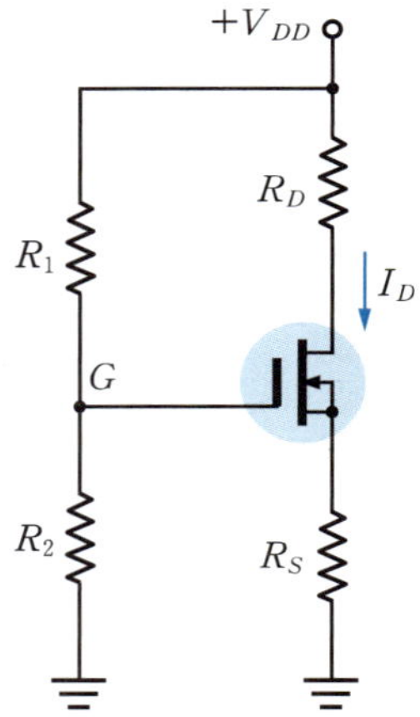

[그림 7-31] n채널 D-MOSFET 전압분배 바이어스 회로

[그림 7-31]의 회로에서 게이트 전압 V_G 는 다음 식과 같다.

$$V_G = \frac{R_2}{R_1 + R_2} V_{DD}$$

또한 소스 전압 $V_S = I_D R_S$ 이고, 게이트 소스 전압 V_{GS} 는 다음과 같다.

★ D-MOSFET 전압분배 바이어스의 V_{GS} ★

$$V_{GS} = V_G - V_S = V_G - I_D R_S$$

예제 7-16

오른쪽 회로와 같이 D-MOSFET의 전압분배 바이어스 회로에서 I_{DQ}와 V_{GSQ}, V_{DS}를 구하시오. (단, $V_{GS(off)} = -4\,\text{V}$, $I_{DSS} = 6\,\text{mA}$ 이다.)

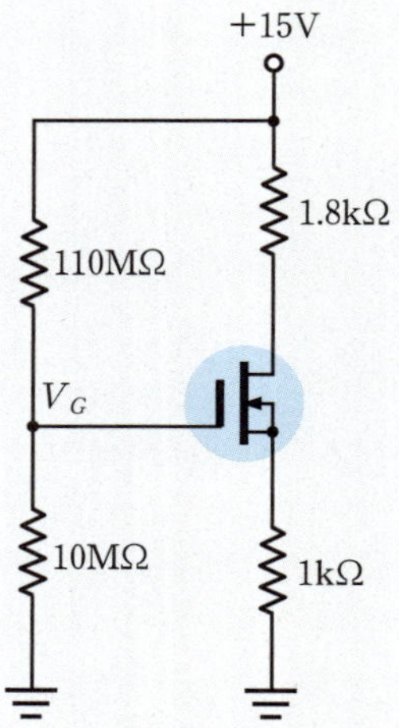

풀이

전압분배 바이어스 회로에서 게이트-소스 전압 V_{GS}는 다음과 같이 결정된다.

$$V_G = \frac{R_2}{R_1 + R_2} V_{DD} = \frac{10\,\text{M}\Omega}{10\,\text{M}\Omega + 110\,\text{M}\Omega}(15\,\text{V}) = 1.25\,\text{V}$$

$$V_S = I_D R_S = I_D(1\,\text{k}\Omega)$$

$$V_{GS} = V_G - V_S = 1.25\,\text{V} - I_D(1\,\text{k}\Omega)$$

도식적 방법으로 회로를 해석하기 위해 먼저 [표 7-1]과 제곱법칙을 이용하여 전달 특성곡선을 그린다.

$V_{GS} = +1\text{V}$	$I_D \cong 9.38\text{mA}$
$V_{GS} = 0\text{V}$	$I_D = I_{DSS} = 6\text{mA}$
$V_{GS} = 0.3 \cdot V_{GS(off)} = -1.2\text{V}$	$I_D = I_{DSS}/2 = 3\text{mA}$
$V_{GS} = 0.5 \cdot V_{GS(off)} = -2\text{V}$	$I_D = I_{DSS}/4 = 1.5\text{mA}$
$V_{GS} = V_{GS(off)} = -4\text{V}$	$I_D = 0$

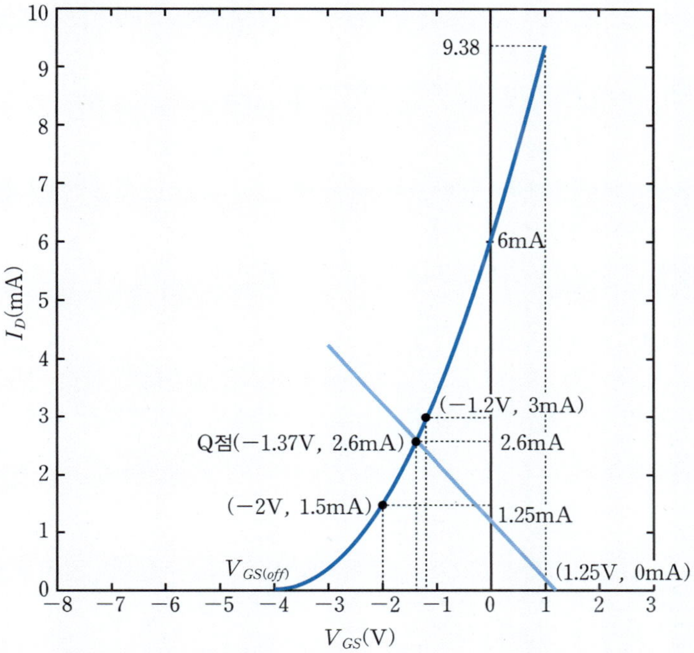

전달 특성곡선 상에 식 $V_{GS} = V_G - V_S = 1.25\text{V} - I_D(1\text{k}\Omega)$에서 다음 두 점이 계산된다.

i) $I_D = 0\text{mA}$, $V_{GS} = V_G = 1.25\text{V}$

ii) $V_{GS} = 0\text{V}$, $0\text{V} = 1.25\text{V} - I_D(1\text{k}\Omega)$에서 $I_D = \dfrac{1.25\text{V}}{1\text{k}\Omega} = 1.25\text{mA}$

전달 특성곡선 상에 두 점 (1.25V, 0), (0V, 1.25mA)을 연결한 부하직선과의 교점이 동작점 Q가 된다.

$$I_{DQ} \cong 2.6\text{mA},\ V_{GSQ} \cong -1.37\text{V}$$

$$V_{DS} = V_{DD} - I_D(R_D + R_S) = 15\text{V} - 2.6\text{mA}(2.8\text{k}\Omega) = 7.72\text{V}$$

■ D-MOSFET의 영(zero) 바이어스

D-MOSFET는 양(+) 또는 음(-)의 V_{GS}로 동작하는 특성이 있다. 따라서 가장 간단한 바이어스 방법은 [그림 7-32]와 같이 소스를 접지함으로써($V_S = 0\,\text{V}$), V_{GSQ}가 0 V가 되도록 하는 영 바이어스 방법이다. 이때 $I_{DQ} = I_{DSS}$가 된다.

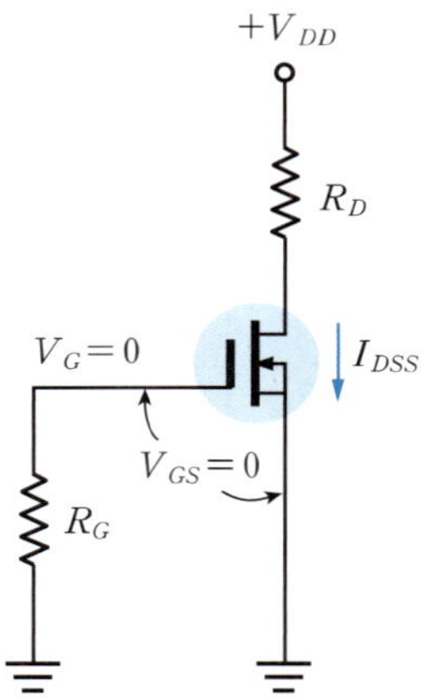

[그림 7-32] D-MOSFET의 영 바이어스 회로

★ D-MOSFET 영 바이어스의 V_{GSQ}와 I_{DQ} ★

$$V_{GSQ} = 0\,\text{V}, \quad I_{DQ} = I_{DSS}$$

드레인-소스 전압 V_{DS}는 소스 전압 $V_S = 0\,\text{V}$이므로 다음과 같이 계산된다.

$$V_{DS} = V_D - V_S = V_{DD} - I_D R_D \tag{7.32}$$

[그림 7-32]의 D-MOSFET의 영 바이어스 회로의 저항 R_G는 교류해석에서 입력저항과 입력신호($V_i = V_{gs}$) 전달에 중요한 역할을 한다.

예제 7-17

오른쪽 그림과 같은 D-MOSFET의 영 바이어스 회로에서 $V_{GS(off)} = -5\,\text{V}$, $I_{DSS} = 8\,\text{mA}$이다. 드레인-소스 전압 V_{DS}를 구하시오.

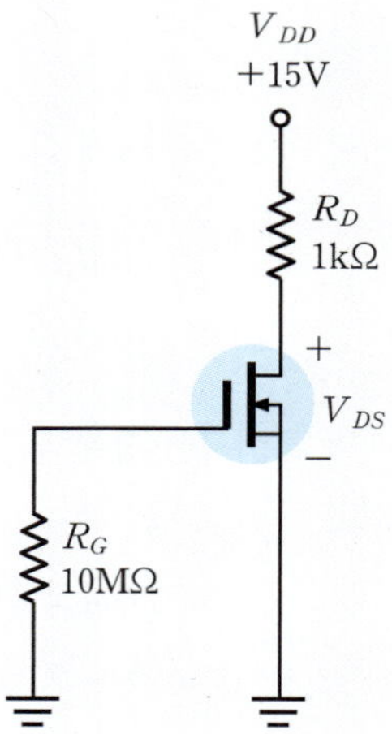

풀이

영 바이어스 회로이므로 $I_D = I_{DSS} = 8\,\text{mA}$이다. V_{DS}는 다음 식으로 구한다.

$$V_{DS} = V_{DD} - I_D R_D = 15\,\text{V} - (8\,\text{mA})(1\,\text{k}\Omega) = 7\,\text{V}$$

■ 증가형(E)-MOSFET의 피드백 바이어스

E-MOSFET는 구조적인 채널이 없기 때문에 전달 특성이 JFET와 D-MOSFET와는 다르다. 따라서 도식적인 방법으로 해석하는 것도 다르다. $V_{GS(th)}$를 넘을 만큼 V_{GS} 전압을 크게 하여 채널을 형

성해야만 드레인 전류가 흐른다. 따라서 개략적으로 전달 특성곡선을 그리는 것도 다르다.

$V_{GS} < V_{GS(th)}$일 때는 드레인 전류 $I_D = 0$이고, $V_{GS} > V_{GS(th)}$일 때의 드레인 전류 I_D는 식 (7.33)으로 결정된다.

★ E-MOSFET 드레인 전류 I_D ★

$$I_D = k(V_{GS} - V_{GS(th)})^2 \qquad \left(\text{여기서 } k = \frac{I_{D(on)}}{(V_{GS(on)} - V_{GS(th)})^2}\right) \tag{7.33}$$

E-MOSFET는 규격표에 $V_{GS(on)}$, $I_{D(on)}$이 주어져 있으므로 이 값을 위 식에 대입하여 k값을 계산한다. (비례상수 k값에 따라 전달 특성곡선의 변화율이 많이 다르다.)

E-MOSFET의 근사 전달 특성곡선을 그리기 위해 V_{GS}와 드레인 전류 I_D와의 관계를 표로 정리했다. 표의 V_{GS} 값을 적절하게 가감하면 더욱 정확한 전달 특성곡선을 그릴 수 있다.

V_{GS}	$V_{GS(th)}$	$V_{GS1} = 0.7\,V_{GS(on)}$	$V_{GS(on)}$	$V_{GS2} = 1.1\,V_{GS(on)}$	$V_{GS3} = 1.2\,V_{GS(on)}$
I_D	$I_D = 0$	I_{D1}	$I_{D(on)}$	I_{D2}	I_{D3}

이 좌표를 이용하여 E-MOSFET의 근사 전달 특성곡선을 그리면 [그림 7-33]과 같다.

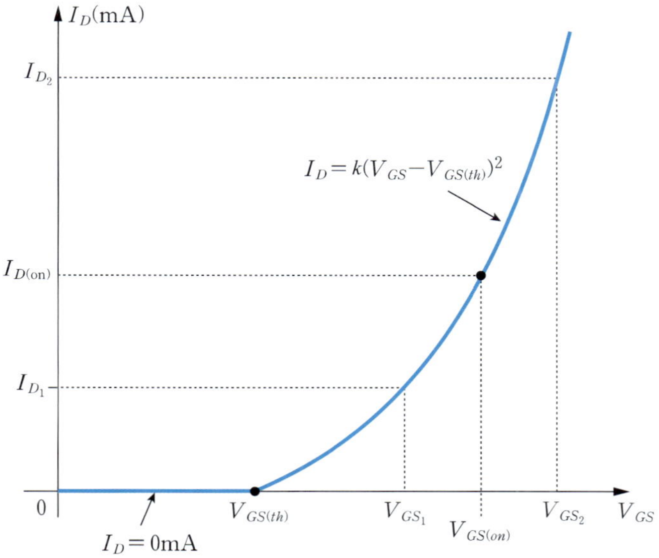

[그림 7-33] n채널 E-MOSFET의 전달 특성곡선

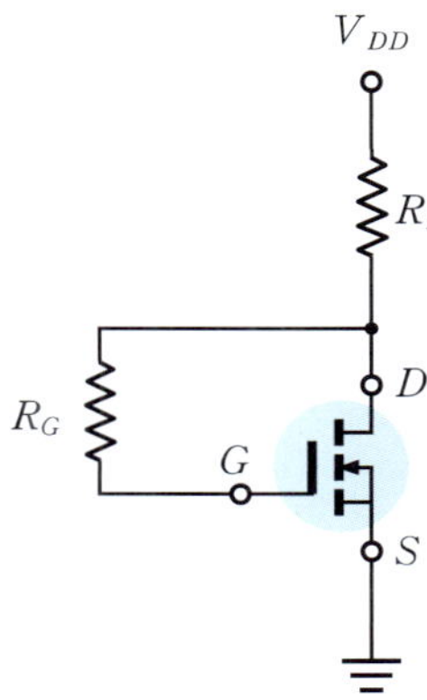

[그림 7-34] n채널 E-MOSFET의 피드백 바이어스 회로

[그림 7-34]는 n채널 E-MOSFET의 피드백 바이어스 회로이다. 게이트가 절연되어 있으므로 저항 R_G 를 통해 전류가 흐르지 못한다. 즉 전류 $I_G = 0\,\text{mA}$ 이기 때문에 $V_{R_G} = 0\,\text{V}$ 이다. 따라서 드레인 전압 V_D 와 게이트 전압 V_G 가 같다. 또한 $V_S = 0\,\text{V}$ 이므로 드레인-소스 전압과 게이트-소스 전압이 같다.

★ E-MOSFET 피드백 바이어스의 V_{DS}, V_{GS} 의 관계 ★

$$V_D = V_G \tag{7.34}$$

$$V_{DS} = V_{GS} \tag{7.35}$$

그리고 다음과 같은 관계가 성립한다.

$$V_{DS} = V_{DD} - I_D R_D \tag{7.36}$$

식 (7.35)로부터 다음을 얻는다.

$$V_{GS} = V_{DD} - I_D R_D \tag{7.37}$$

식 (7.37)로부터 ($I_D = 0\,\text{mA}$, V_{GS}), ($V_{GS} = 0\,\text{V}$, I_D)의 두 점을 얻어 전달 특성곡선 상에 직선으로 나타낸다. 이때 전달 특성곡선과 직선의 교차점이 동작점이 된다.

$$\text{i) } I_D = 0\,\text{mA},\ V_{GS} = (V_{DD} - I_D R_D)|_{I_D = 0\,\text{mA}} = V_{DD} \tag{7.38}$$

$$\text{ii) } V_{GS} = 0\,\text{V},\ 0\text{V} = V_{DD} - I_D R_D \Rightarrow I_D = \frac{V_{DD}}{R_D}|_{V_{GS} = 0\,\text{V}} \tag{7.39}$$

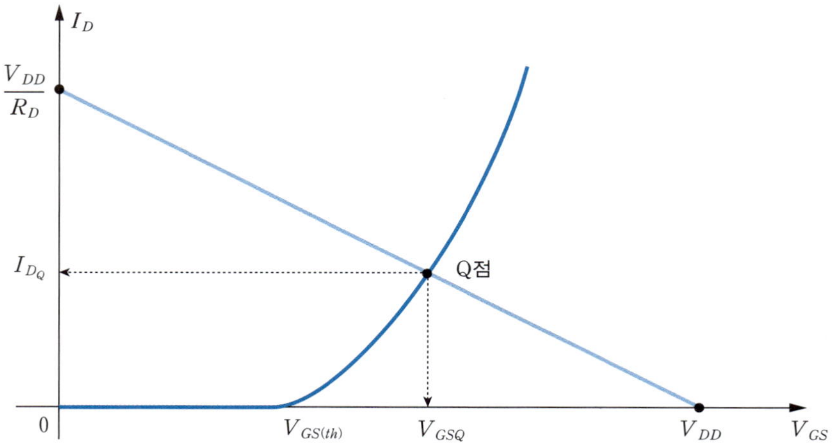

[그림 7-35] n채널 E-MOSFET의 도식적 해석

예제 7-18

그림과 같은 n채널 E-MOSFET 피드백 바이어스 회로에서 $I_{D(on)}=8\,\text{mA}$, $V_{GS(on)}=6\,\text{V}$, $V_{GS(th)}=2\,\text{V}$이다. I_{DQ}, V_{GSQ}를 구하시오.

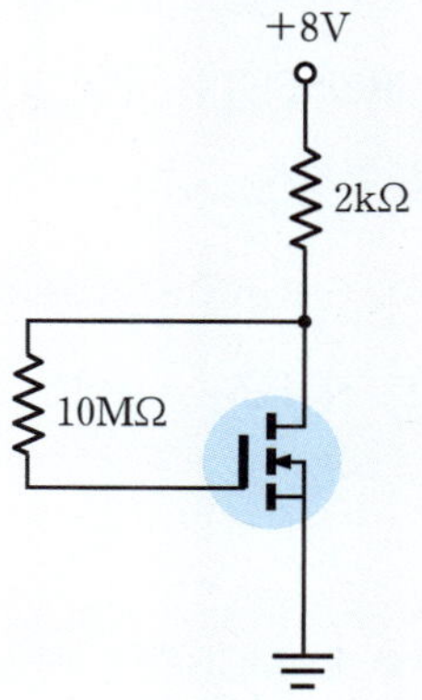

풀이

주어진 값을 이용하여 먼저 상수 k를 구한다.

$$k=\frac{I_{D(on)}}{(V_{GS(on)}-V_{GS(th)})^2}=\frac{8\,\text{mA}}{(6\,\text{V}-2\,\text{V})^2}=0.5\,\text{mA/V}^2$$

전달 특성곡선을 그리기 위해 V_{GS}와 I_D를 구한다.

i) $(V_{GS(th)},\ 0)$

ii) $0.7\,V_{GS(on)}=4.2\,\text{V},\ I_D=0.5\,\text{mA/V}^2(4.2\,\text{V}-2\,\text{V})^2=2.42\,\text{mA}$

iii) $(V_{GS(on)}=6\,\text{V},\ I_{D(on)}=8\,\text{mA})$

iv) $1.1\,V_{GS(on)}=6.6\,\text{V},\ I_D=0.5\,\text{mA/V}^2(6.6\,\text{V}-2\,\text{V})^2=10.58\,\text{mA}$

전달 특성곡선을 그리고, 식 (7.38), (7.39)를 이용하여 두 점을 구한 뒤 직선을 그린다.

i) $I_D=0\,\text{mA}$,

$V_{GS}=(8\,\text{V}-I_D(2\,\text{k}\Omega))|_{I_D=0\text{mA}}$

$=8\,\text{V}$

ii) $V_{GS}=0\,\text{V}$,

$0\,\text{V}=8\,\text{V}-I_D(2\,\text{k}\Omega)$

$\Rightarrow I_D=\dfrac{8\,\text{V}}{2\,\text{k}\Omega}=4\,\text{mA}$

전달 특성곡선 상에 두 점 $(8\,\text{V},\ 0)$, $(0\,\text{V},\ 4\,\text{mA})$을 연결한 부하직선과의 교점이 동작점 Q가 된다.

$$I_{DQ}\cong 2\,\text{mA},\quad V_{GSQ}\cong 4\,\text{V}$$

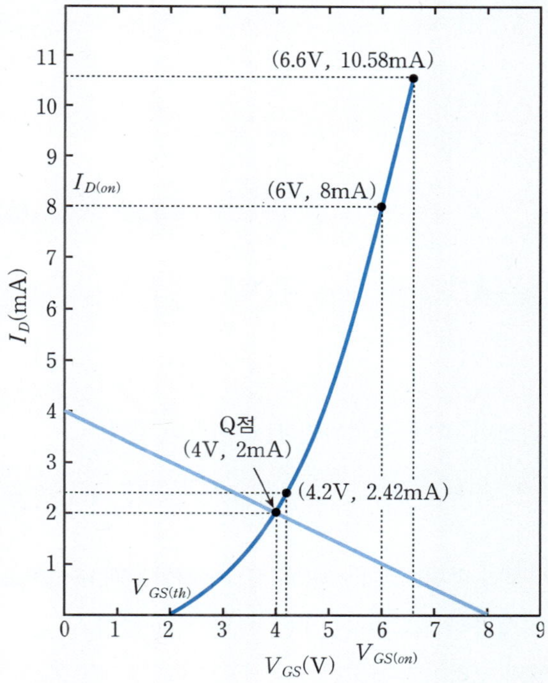

■ 증가형(E)-MOSFET의 전압분배 바이어스

[그림 7-36]은 E-MOSFET의 전압분배 바이어스 회로이다. E-MOSFET는 구조적인 채널이 없기 때문에 채널을 형성할 수 있도록 V_{GS} 값을 문턱전압 $V_{GS(th)}$ 보다 크게 만들어야 한다.

전압분배 바이어스 해석을 위한 식은 다음과 같다. 회로에서 게이트 전류 $I_G = 0$이므로 게이트 전압 V_G는 다음과 같다.

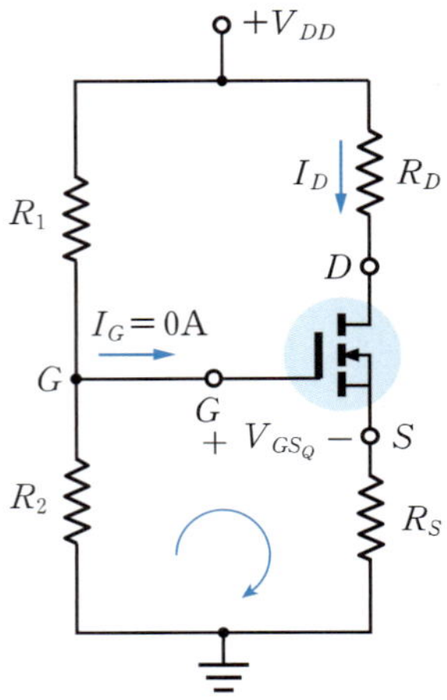

[그림 7-36] n채널 E-MOSFET의 전압분배 바이어스 회로

★ E-MOSFET 전압분배 바이어스의 V_G ★

$$V_G = \frac{R_2}{R_1 + R_2} V_{DD} \tag{7.40}$$

게이트-소스 회로를 키르히호프의 전압방정식으로 나타내면 다음과 같다.

$$V_G - V_{GS} - I_D R_S = 0$$

이를 다시 정리하면 식 (7.41)과 같다.

$$V_{GS} = V_G - I_D R_S \tag{7.41}$$

그리고 출력회로를 키르히호프의 전압방정식으로 나타내면

$$V_{DD} - I_D R_D - V_{DS} - I_D R_S = 0$$

과 같으며, 이를 정리하면 식 (7.42)와 같다.

$$V_{DS} = V_{DD} - I_D (R_D + R_S) \tag{7.42}$$

도식적인 방법으로 E-MOSFET의 전압분배 바이어스 회로를 해석하여 동작점을 구해보자. 먼저 전달 특성곡선을 그린 후 식 (7.41)을 이용하여 두 점을 구한다. 두 점을 연결한 부하직선과 전달 특성곡선의 교점이 동작점이 된다. 동작점의 I_{DQ}, V_{GSQ}를 이용하여 V_D, V_S, V_{DS} 등의 나머지 부분의 회로를 해석할 수 있다.

예제 7-19

오른쪽의 n채널 E-MOSFET 전압분배 바이어스(소스 접지) 회로에서 $I_{D(on)} = 160\,\text{mA}$, $V_{GS(on)} = 4\,\text{V}$, $V_{GS(th)} = 2\,\text{V}$이다. I_{DQ}, V_{GSQ} 및 V_{DS}를 구하시오.

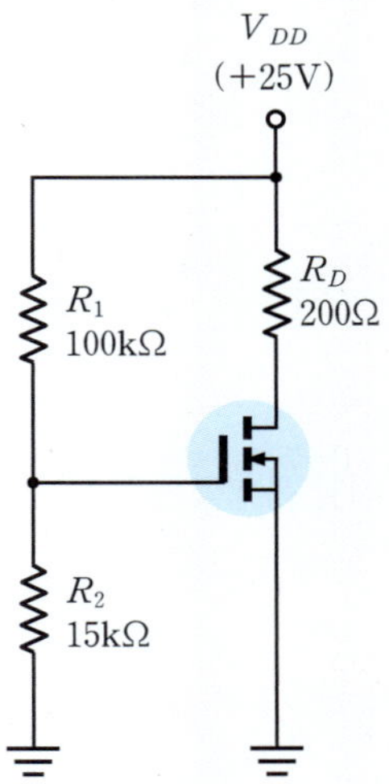

풀이

먼저 주어진 값으로 상수 k를 구한다.

$$k = \frac{I_{D(on)}}{(V_{GS} - V_{GS(th)})^2} = \frac{160\,\text{mA}}{(4\,\text{V} - 2\,\text{V})^2} = 40\,\text{mA/V}^2$$

회로에서 $V_G = \dfrac{R_2}{R_1 + R_2} V_{DD} = \dfrac{15\,\text{k}\Omega}{100\,\text{k}\Omega + 15\,\text{k}\Omega}(25\,\text{V}) \cong 3.26\,\text{V}$이다.

$V_{GS} = V_G - V_S$에서 $V_S = 0$이므로 $V_{GS} = V_G$이다. V_{GSQ}와 I_{DQ}를 구하면 다음과 같다.

$$V_{GSQ} = V_G = 3.26\,\text{V}$$
$$I_{DQ} = k(V_{GS} - V_{GS(th)})^2 = 40\,\text{mA/V}^2(3.26\,\text{V} - 2\,\text{V})^2 \cong 63.5\,\text{mA}$$

또한 $V_D = V_{DD} - I_D R_D = 25\,\text{V} - 63.5\,\text{mA}(200\,\Omega) = 12.3\,\text{V}$이며, $V_{DS} = V_D - V_S = V_D(V_S = 0)$이므로 V_{DS}를 구하면 다음과 같다.

$$V_{DS} = V_D = 12.3\,\text{V}$$

예제 7-20

오른쪽의 n채널 증가형 MOSFET의 전압분배 바이어스(저항 R_S 포함) 회로에서 $I_{D(on)} = 5\,\text{mA}$, $V_{GS(on)} = 10\,\text{V}$, $V_{GS(th)} = 3\,\text{V}$이다. I_{DQ}, V_{GSQ} 및 V_{DS}를 구하시오.

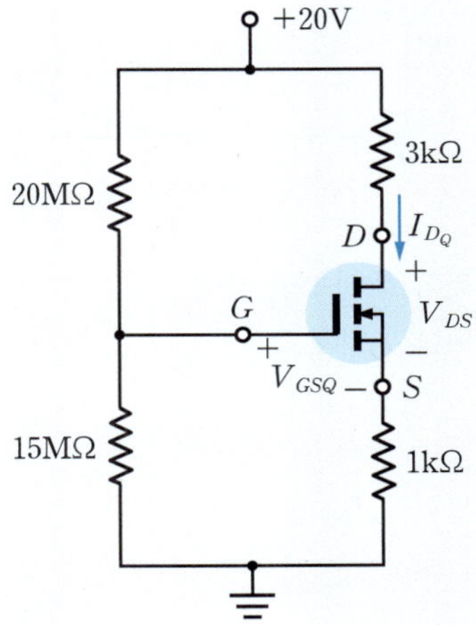

풀이

먼저 주어진 값으로 상수 k를 구한다.

$$k = \frac{I_{D(on)}}{(V_{GS} - V_{GS(th)})^2} = \frac{5\,\text{mA}}{(10\,\text{V} - 3\,\text{V})^2} \cong 0.1\,\text{mA/V}^2$$

회로에서

$$V_G = \frac{R_2}{R_1 + R_2} V_{DD} = \frac{15\,\text{M}\Omega}{20\,\text{M}\Omega + 15\,\text{k}\Omega}(20\,\text{V}) \cong 8.6\,\text{V}$$

이며, $V_{GS} = V_G - I_D R_S = 8.6\text{V} - I_D(1\text{k}\Omega)$이다.

전달 특성곡선을 그리기 위해 V_{GS} 와 I_D 를 구한다.

i) $(V_{GS(th)},\ 0)$

ii) $0.5V_{GS(on)} = 5\text{V},\ I_D = 0.1\text{mA/V}^2(5\text{V}-3\text{V})^2 = 0.4\text{mA}$

iii) $V_{GS} = 7\text{V},\ I_D = 0.1\text{mA/V}^2(7\text{V}-3\text{V})^2 = 1.6\text{mA}$

iv) $(V_{GS(on)} = 10\text{V},\ I_{D(on)} = 5\text{mA})$

v) $V_{GS} = 12\text{V},\ I_D = 0.1\text{mA/V}^2(12\text{V}-3\text{V})^2 = 8.1\text{mA}$

전달 특성곡선을 그리고, 식 (7.38), (7.39)를 이용하여 두 점을 구한 뒤 직선을 그린다.

i) $I_D = 0\text{mA},\ V_{GS} = (8.6\text{V} - I_D(1\text{k}\Omega))|_{I_D = 0\text{mA}} = 8.6\text{V}$

ii) $V_{GS} = 0\text{V},\ 0\text{V} = 8.6\text{V} - I_D(1\text{k}\Omega) \Rightarrow I_D = \dfrac{8.6\text{V}}{1\text{k}\Omega} = 8.6\text{mA}$

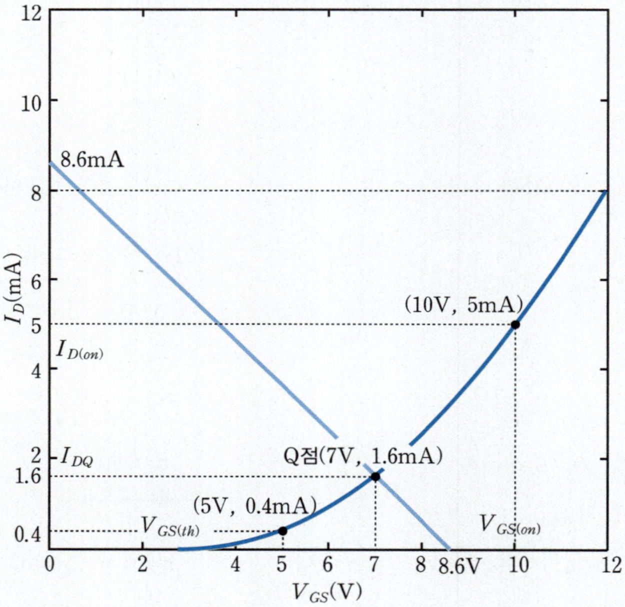

전달 특성곡선 상에 두 점 (8.6V, 0), (0V, 8.6mA)을 연결한 부하직선과의 교점이 동작점 Q 가 된다.

$$I_{DQ} \cong 1.6\text{mA},\ V_{GSQ} \cong 7.0\text{V}$$

그리고 I_{DQ} 를 이용하여 다음과 같이 V_{DS} 를 구한다.

$$V_{DS} = V_{DD} - I_{DQ}(R_D + R_S) = 20\text{V} - 1.6\text{mA}(3\text{k}\Omega + 1\text{k}\Omega) = 13.6\text{V}$$

■ IGBT

IGBT는 E-MOSFET와 BJT(pnp 트랜지스터)를 합성한 소자로, MOSFET의 입력특성과 BJT의 출력특성을 갖고 있어 고전압-대전류 스위치 응용에 많이 사용된다. [그림 7-37]은 IGBT의 구성도와 IGBT 회로의 기호를 보여준다. IGBT는 컬렉터, 게이트, 이미터의 세 개의 단자를 갖는다.

[그림 7-37(a)]에 나타난 것처럼, IGBT는 E-MOSFET의 드레인에 BJT의 베이스를 연결하고 소스에 이미터를 연결했다. E-MOSFET의 입력($V_{GS} > V_{GS(th)}$) 전압에 의해 드레인 전류가 조절되며, 드레인 전류 $I_D = I_B$ 이므로, BJT의 베이스 전류가 조절된다. 즉 게이트-소스 전압 V_{GS} 에 의해 베이스 전류가 조절되며, 또한 베이스 전류에 의해 출력전류가 조절된다. 입력전압 V_{GS} 가 $V_{GS(th)}$ 보다 작으면, IGBT는 턴-오프 된다.

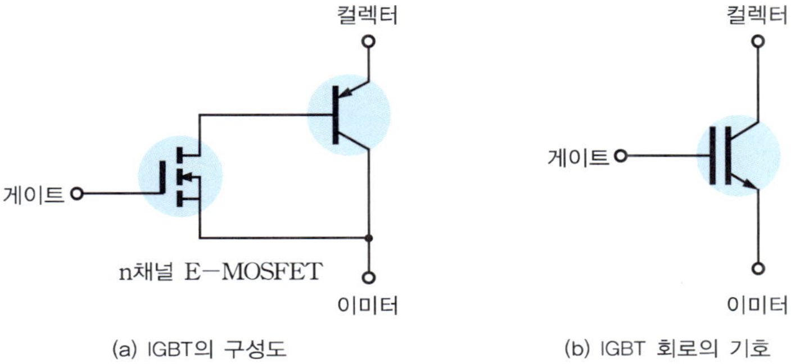

[그림 7-37] IGBT의 구성도와 기호

IGBT는 MOSFET의 입력특성과 BJT의 출력특성을 갖고 있다. 입력의 MOSFET는 게이트가 채널과 절연되어 있어 게이트 전류가 흐를 수 없다. 또한 BJT의 출력전류는 MOSFET보다 높다. IGBT의 포화전압은 MOSFET보다 낮으며, BJT와 거의 같다. IGBT는 200 V 이상의 높은 컬렉터-이미터 전압을 다룰 수 있다. On 상태일 때 낮은 포화전압을 가지므로 스위칭 속도가 빨라서 몇몇 응용에서 BJT보다 우수한 성능을 보인다. 각 소자들의 특징을 비교하여 [표 7-3]에 정리했다.

[표 7-3] 소자(MOSFET, IGBT, BJT)의 특징 비교

특징	BJT	IGBT	MOSFET
입력 형태	전류	전압	전압
입력 저항	낮음	높음	높음
스위칭 속도	늦음(μs)	중간	빠름(ns)
동작 주파수	낮음	중간	높음
포화전압	낮음	낮음	높음

CHAPTER

07 연습문제

7.1 JFET의 특징으로 옳은 것은?

① 쌍극성 소자 ② 전류제어 소자
③ 입력저항이 작다. ④ 전압제어 소자

7.2 JFET의 입력 임피던스에 대한 설명으로 옳은 것은?

① 0에 가깝다. ② 상황에 따라 다르다.
③ 무한대에 가깝게 크다. ④ 항상 1이다.

7.3 JFET의 게이트는 어떤 역할을 하는가?

① 전압 제어 ② 채널의 폭 ③ 게이트 전류 조절 ④ 전압 조절

7.4 드레인 전류를 제어하기 위해 JFET의 게이트-소스 사이의 바이어스는 어떤 상태여야 하는가?

① 역방향 바이어스 ② 순방향 바이어스
③ 영(zero) 바이어스 ④ 전압분배 바이어스

7.5 핀치오프 전압과 크기가 같은 것은?

① 게이트 전압(V_G) ② 게이트-소스 전압(V_{GS})
③ 드레인-소스 전압(V_{DS}) ④ 게이트-소스 차단전압($V_{GS(off)}$)

7.6 $V_{GS}=0\text{V}$ 일 때, 드레인-소스 전압(V_{DS})이 어느 값 이상에서 드레인 전류가 일정하게 흐르는가?

① $V_{GS(off)}$ ② V_{DD} ③ V_p ④ V_{DG}

7.7 JFET의 규격표에서 $V_{GS(off)} = -5\text{V}$이다. 핀치오프 전압 V_P는 얼마인가?

① -5V ② $+5\text{V}$ ③ 0V ④ 구할 수 없다.

7.8 JFET의 전달 특성곡선에 대한 설명으로 옳은 것은?

① 비선형이다. ② 드레인 특성곡선이다.
③ 선형이다. ④ 저항 특성곡선이다.

7.9 E-MOSFET 소자를 동작시키는 전압은 무엇인가?

① 무릎(Knee) 전압 ② 핀치오프 전압
③ 게이트-소스 전압 ④ 문턱(Threshold) 전압

7.10 n채널 E-MOSFET가 동작을 시작하기 위한 조건은 무엇인가?

① $V_{GS} > V_P$ ② $V_{DS} > V_{GS(th)}$ ③ $V_{GS} > V_{GS(th)}$ ④ $V_{GS} > V_{GS(off)}$

7.11 D-MOSFET는 어디에서 동작하는가?

① 공핍모드 ② 공핍모드 및 증가모드
③ 증가모드 ④ 저항영역

7.12 $I_{DSS} = 10\,\mathrm{mA}$, $V_{GS(off)} = -5\,\mathrm{V}$인 D-MOSFET가 영(zero) 바이어스 되어 있다. $V_{GS} = 0\,\mathrm{V}$에서 드레인 전류는 얼마인가?

① $I_D = 10\,\mathrm{mA}$ ② $I_D = 5\,\mathrm{mA}$ ③ $I_D = 2.5\,\mathrm{mA}$ ④ $I_D = 0$

7.13 D-MOSFET와 E-MOSFET의 구조적인 차이점은 무엇인가?

① 핀치오프 전압 ② pn 접합
③ 높은 입력 저항 ④ 드레인과 소스 사이의 물리적 채널

7.14 p채널 E-MOSFET에서 $V_{GS(th)} = -3\,\mathrm{V}$이다. $V_{GS} = 0\,\mathrm{V}$일 때 드레인 전류는 얼마인가?

① $I_{D(on)}$ ② I_{DSS} ③ 0 A ④ $I_{DSS}/2$

7.15 정전기에 가장 취약한 소자는 무엇인가?

① BJT ② JFET ③ MOSFET ④ 다이오드

7.16 주관식 그림과 같은 JFET 회로에서 $V_{GS(off)} = -4\,\text{V}$, $I_{DSS} = 8\,\text{mA}$ 이다. $V_{GS} = 0\,\text{V}$ 일 때, 회로에 일정한 전류(I_{DSS})가 흐르기 위한 최소 V_{DD} 값 및 핀치오프 전압 V_P 를 구하시오.

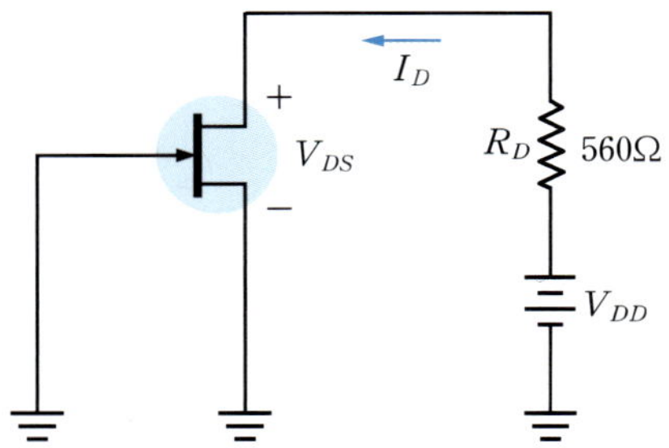

7.17 주관식 n채널 JFET 회로에서 $V_{GS(off)} = -5\,\text{V}$, $I_{DSS} = 10\,\text{mA}$ 일 때, 전달 특성곡선을 그리시오.

7.18 주관식 p채널 JFET 회로에서 $V_{GS(off)} = 4\,\text{V}$, $I_{DSS} = 6\,\text{mA}$ 일 때, 전달 특성곡선을 그리시오.

7.19 주관식 n채널 JFET 회로에서 $I_{DSS} = 15\,\text{mA}$, $V_{GS(off)} = -5\,\text{V}$ 일 때, 다음에 주어진 경우에 대해 드레인 전류 I_D 를 구하시오.

(a) $V_{GS} = 0\,\text{V}$ (b) $V_{GS} = -3\,\text{V}$ (c) $V_{GS} = V_{GS(off)}$

7.20 주관식 n채널 JFET 회로에서 $I_{DSS} = 15\,\text{mA}$, $V_{GS(off)} = -5\,\text{V}$ 일 때, $V_{GS} = -3\,\text{V}$ 일 때 순방향 전달 컨덕턴스를 구하시오.

7.21 주관식 주어진 물음에 답하시오.

(a) 자기 바이어스 n채널 JFET 회로에서 $I_D = 10\,\text{mA}$ 일 때, 소스 저항 $R_S = 150\,\Omega$ 이다. V_{GS} 를 구하시오.

(b) 자기 바이어스 n채널 JFET 회로에서 $I_D = 6\,\text{mA}$ 일 때, $V_{GS} = -3\,\text{V}$ 가 되도록 소스 저항 R_S 를 구하시오.

7.22 주관식 그림과 같은 자기 바이어스 n채널 JFET 회로에서 $I_{DSS} = 6\,\text{mA}$, $V_{GS(off)} = -4\,\text{V}$일 때, 도식적으로 해석하여 다음을 구하시오.

(a) 근사 I_{DQ}, V_{GSQ}

(b) V_{DS}

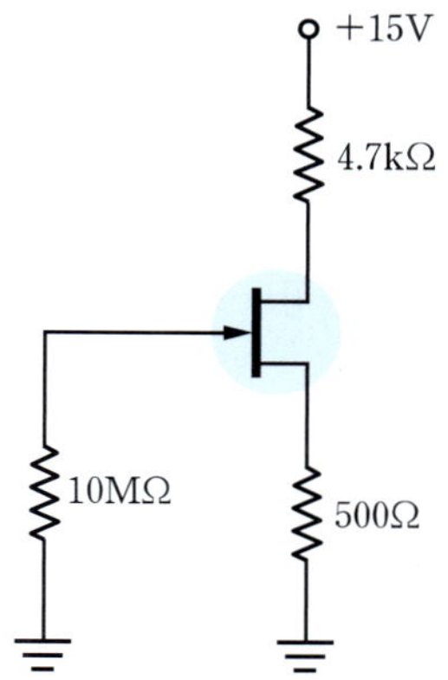

7.23 주관식 그림과 같은 전압분배 바이어스 n채널 JFET 회로에서 $I_{DSS} = 5\,\text{mA}$, $V_{GS(off)} = -4\,\text{V}$일 때, 도식적으로 해석하여 다음을 구하시오.

(a) 근사 I_{DQ}, V_{GSQ}

(b) V_{DS}

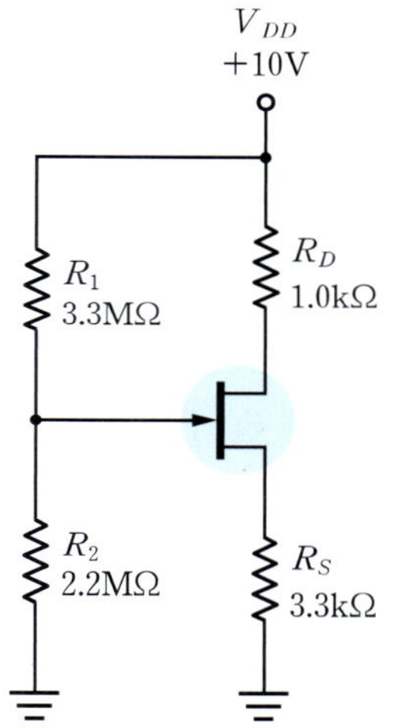

7.24 주관식 다음 D-MOSFET의 영 바이어스 회로에서 $I_{DSS} = 6\,\text{mA}$일 때, V_{DS}를 구하시오.

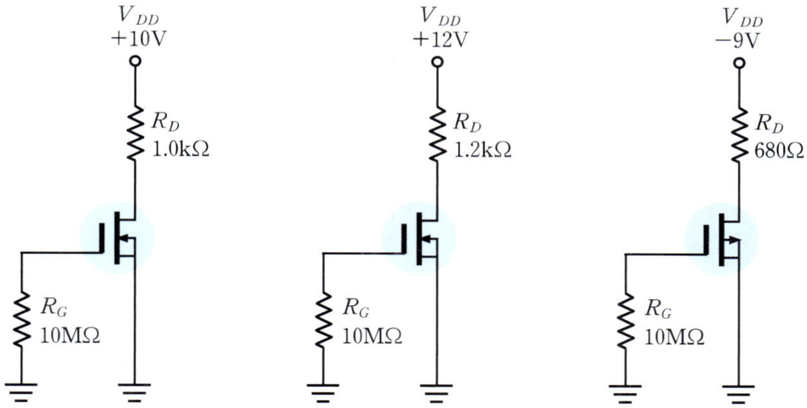

7.25 주관식 다음 D-MOSFET의 자기 바이어스 회로에서 $I_{DSS}=6\,\text{mA}$, $V_{GS(off)}=-4\,\text{V}$일 때, 도식적으로 해석하여 다음을 구하시오.

(a) 근사 I_{DQ}, V_{GSQ}

(b) V_{DS}

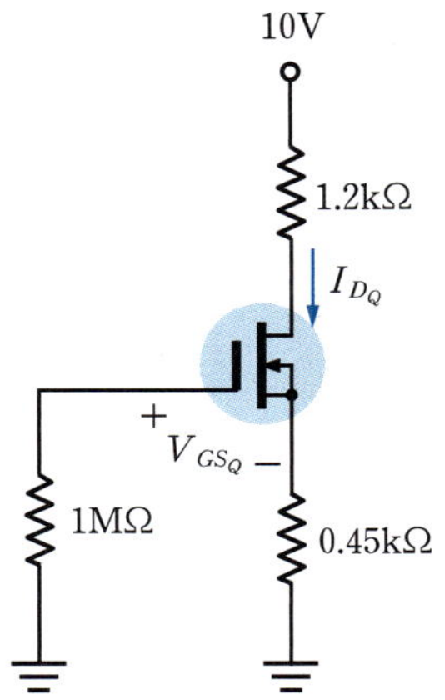

7.26 주관식 다음 D-MOSFET의 전압분배 바이어스 회로에서 $I_{DSS}=5\,\text{mA}$, $V_{GS(off)}=-3\,\text{V}$일 때, 도식적으로 해석하여 다음을 구하시오.

(a) 근사 I_{DQ}, V_{GSQ}

(b) V_{DS}

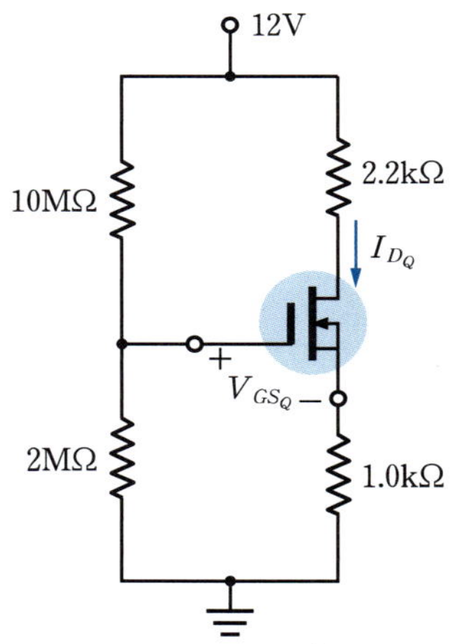

7.27 주관식 n채널 E-MOSFET의 $V_{GS(on)}=10\,\text{V}$, $V_{GS(th)}=3\,\text{V}$, $I_{D(on)}=20\,\text{mA}$이다. $V_{GS}=5\,\text{V}$일 때, I_D를 구하시오.

7.28 주관식 다음 n채널 E-MOSFET의 전압분배 바이어스 회로에서 $V_{GS(on)}=3\text{V}$, $V_{GS(th)}=1.5\text{V}$, $I_{D(on)}=2\text{mA}$이다. I_D를 구하시오.

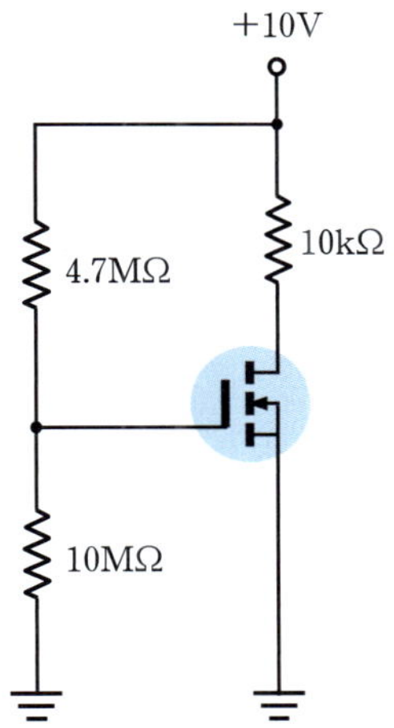

7.29 주관식 다음 n채널 E-MOSFET의 전압분배 바이어스 회로에서 $V_{GS(on)}=6\text{V}$, $V_{GS(th)}=3\text{V}$, $I_{D(on)}=9\text{mA}$이다. I_D를 구하시오.

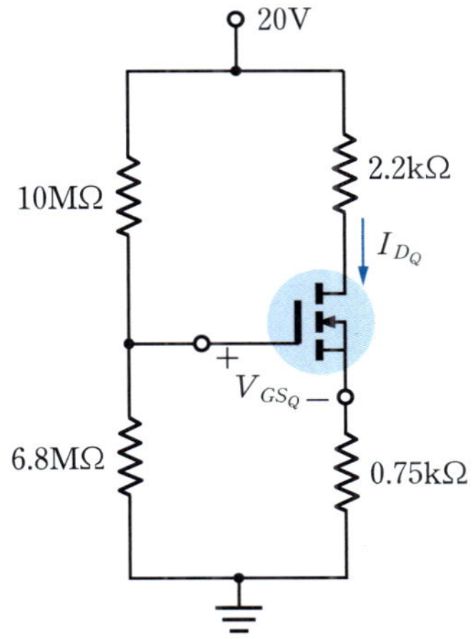

7.30 주관식 다음 n채널 E-MOSFET의 피드백 바이어스 회로에서 $V_{GS(on)}=4\text{V}$, $V_{GS(th)}=2\text{V}$, $I_{D(on)}=2\text{mA}$이다. I_{DQ}, V_{GSQ}를 구하시오.

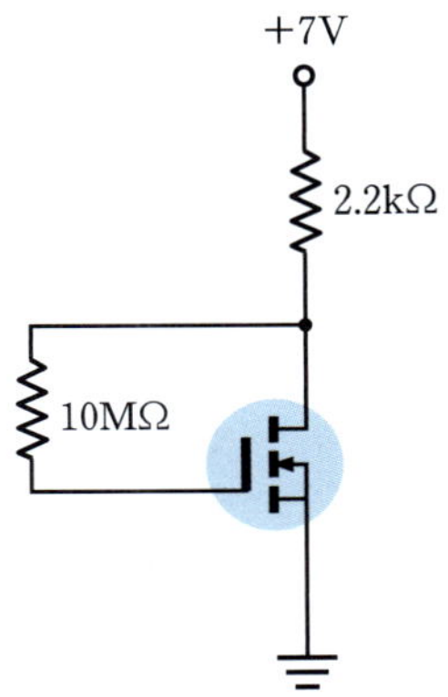

CHAPTER

08

FET 소신호 증폭기

전계효과 트랜지스터 증폭기는 매우 큰 입력 임피던스를 갖는 비선형의 전압제어 소자로, BJT에 비해 선형성이 떨어지므로 교류 입력신호에 따라 전압과 전류가 선형적으로 증폭될 수 있도록 Q점을 설정하는 것이 중요하다. 이 장에서는 BJT의 공통 이미터 증폭기와 비교되는 공통 소스 증폭기, 공통 컬렉터 증폭기와 비교되는 공통 드레인 증폭기, 그리고 공통 베이스 증폭기와 비교되는 공통 게이트 증폭기에 대해 공부한다.

CONTENTS

SECTION 01

FET 증폭기의 소신호 모델

FET 회로의 교류 신호해석을 하기 위해서는 FET의 소신호 교류 등가회로를 만들어야 한다. 교류모델에서는 게이트와 소스 단자 사이에 인가된 입력전압(V_{GS})이 드레인과 소스 단자 사이의 전류를 제어한다.

Keywords | 전압 제어형 | 공통 드레인(소스 폴로워) | 입력 임피던스 Z_i | 출력 임피던스 Z_o | 전달 컨덕턴스 g_m | 최대 전달 컨덕턴스 g_{m0} |

FET 소신호 증폭기 개요 및 교류 등가회로

FET는 전압 제어형(voltage-controlled) 소자로서, 입력 임피던스가 높기 때문에 교류 등가회로가 BJT보다 다소 간단하다. FET는 선형 증폭기나 논리회로에서 디지털 소자로 사용되며, 전력소모가 작아야 하는 CMOS 회로, 고주파 응용과 인터페이스 응용에 널리 사용된다. FET 소신호 증폭기의 종류로는 반전된 증폭신호를 출력하는 공통 소스 회로, 이득이 1인 공통 드레인(소스 폴로워) 그리고 비반전 신호를 출력하는 공통 게이트 회로가 있다.

■ FET 증폭기의 교류 등가회로

[그림 8-1(a)]는 FET 트랜지스터 교류 등가회로(공통 소스 등가회로)를 보여준다. 교류 등가회로에서 입력신호는 교류 게이트-소스 전압 V_{gs} 에 인가되며, V_{gs} 에 의한 드레인 전류 I_d 는 드레인과 소스 사이에 연결된 $g_m V_{gs}$ 에 의해 제어된다.

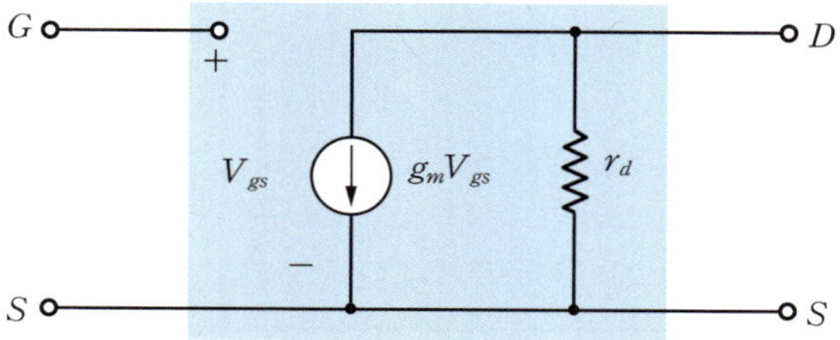

(a) FET 교류 등가회로

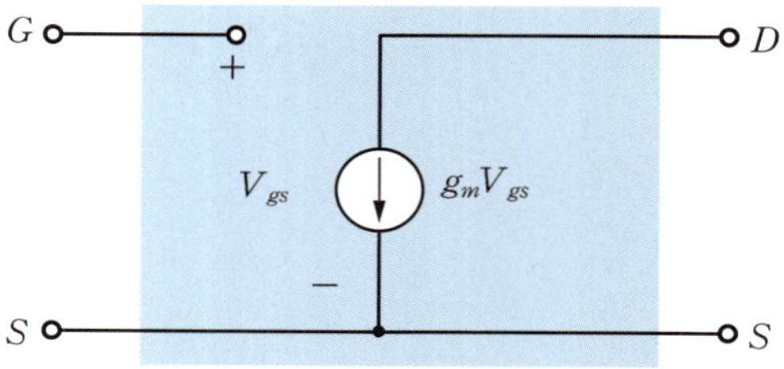

(b) 간략화된 FET 교류 등가회로

[그림 8-1] FET 교류 등가회로

입력 임피던스가 매우 커서 입력 단은 개방회로로 나타내고, 출력 임피던스는 드레인과 소스 사이의 저항 r_d 로 나타낸다. 게이트와 소스 사이의 전압은 직류전압과 구별하기 위해 V_{gs} (소문자 아래첨자)로 표현한다. 이때 그림 (b)의 저항 r_d 가 다른 요소에 비해 매우 크기 때문에 개방회로로 대체하여 단순히 $g_m V_{gs}$ 의 전류원 전압제어 소자로 나타냄으로써 등가회로를 간략화할 수 있다. 교류해석을 위해서는 간략화된 등가회로를 이용하는 것이 훨씬 편리하다.

JFET 소신호 증폭기의 중요 파라미터 : Z_i, Z_o, g_m

JFET 소신호 증폭기의 교류 등가회로를 해석하기 전에 먼저 중요 파라미터에 대해 알아보자. [그림 8-2]를 보자. 그림 (a)는 고정 바이어스된 n채널 JFET 공통 소스 증폭기 회로이며, 그림 (b)는 교류 등가회로이다. 교류 등가회로는 직류전원을 접지로 대체하고, 입력 측과 출력 측의 결합 커패시터를 교류 신호 주파수에서 단락으로 대체한다. 인가된 교류 입력신호는 V_i, 출력신호는 V_o이며, 입력 임피던스는 Z_i, 출력 임피던스는 Z_o, 그리고 전달 컨덕턴스는 g_m 으로 나타낸다.

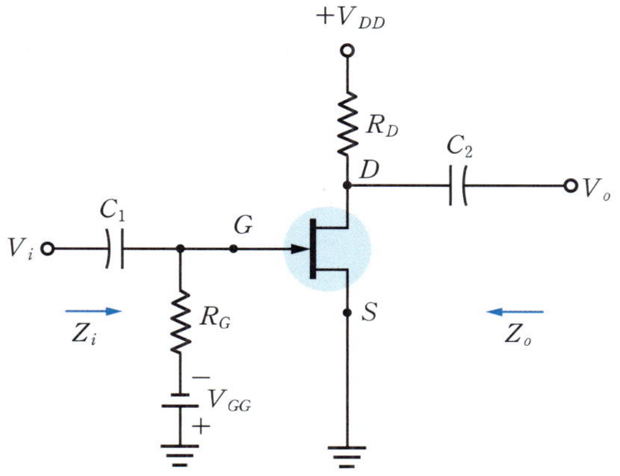

(a) 공통 소스 증폭기

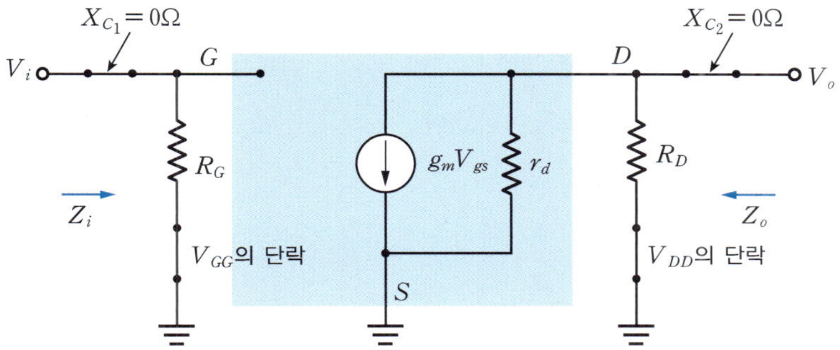

(b) 교류 등가회로

[그림 8-2] JFET 공통 소스 증폭기 및 교류 등가회로

■ 입력 임피던스 $Z_{i(소자)}$

FET의 입력 임피던스는 입력 단이 역방향 바이어스(JFET)되어 있거나 유전체로 절연되어 있어(MOSFET) 개방회로로 대체할 수 있을 만큼 크다. 즉 다음과 같다.

$$Z_{i(소자)} = \infty\,\Omega \tag{8.1}$$

일반적으로 JFET의 경우 $1000\,\mathrm{M}\Omega$ 이고, MOSFET의 경우 $10^{12}\Omega \sim 10^{15}\Omega$ 정도이다. [그림 8-2(b)]의 교류 등가회로의 전체 입력 임피던스는 $Z_i = R_G \parallel Z_{i(소자)} = R_G \parallel \infty \cong R_G$이다.

■ 출력 임피던스 $Z_{o(소자)}$

FET 소자의 출력 임피던스는 일반적으로 BJT의 출력 임피던스와 비슷하다. FET의 규격표에 소자의 출력 임피던스는 $y_{os}(\mu S)$의 역수로 나타낸다. y_{os}는 **어드미턴스 등가회로**(admittance equivalent circuit) **파라미터**이다. 출력 임피던스는 다음과 같다.

$$Z_{o(소자)} = r_d = \frac{1}{y_{os}}\ \Omega \tag{8.2}$$

또한 FET의 전달 특성곡선으로부터 출력 임피던스는 다음 식으로 표현된다.

$$r_d = \left.\frac{\Delta V_{DS}}{\Delta I_D}\right|_{V_{GS}=\text{일정한 값}} \tag{8.3}$$

일반적으로 FET 소자의 출력 임피던스 r_d는 그 값이 커서 간략화된 교류 등가회로에서는 개방회로로 대체한다. [그림 8-2(b)]의 교류 등가회로에서 전체 출력 임피던스 $Z_o = R_D \parallel Z_{o(소자)} = R_D \parallel r_d \cong R_D$이다.

■ 전달 컨덕턴스 g_m

FET의 드레인 전류 I_D는 게이트-소스 전압 V_{GS}에 의해 조절된다. 제곱법칙으로 알려진 $I_D = I_{DSS}\left(1-\frac{V_{GS}}{V_{GS(off)}}\right)^2$ 식으로부터 직류 게이트-소스 전압에 의해 드레인 직류전류가 조절되는 것을 이미 알고 있다. 게이트-소스 전압의 변화에 대한 드레인 전류의 변화의 비를 전달 컨덕턴스 g_m이라 하며(규격표에서 y_{fs}), 다음과 같은 식으로 나타낸다.

$$g_m = \frac{\Delta I_D}{\Delta V_{GS}} \tag{8.4}$$

전달 컨덕턴스 g_m은 전달 특성곡선의 기울기를 이용하여 계산할 수 있다. 즉 전달 특성곡선의 임의의 작동점에서 기울기 m과 같다.

$$m = g_m = \frac{\Delta y}{\Delta x} = \frac{\Delta I_D}{\Delta V_{GS}} \tag{8.5}$$

전달 컨덕턴스 g_m은 전달 특성곡선의 $V_{GS(off)}$ 근처에서는 작으며, I_{DSS}로 올라갈수록 증가한다. 또한 전달 특성곡선의 임의의 Q점에서 Q점 주위의 한정된 V_{GS}의 증가분을 선택하고 이에 대응하는 I_D의 증가분을 선택하여 이들의 변화율을 찾음으로써 간단하게 결정된다.

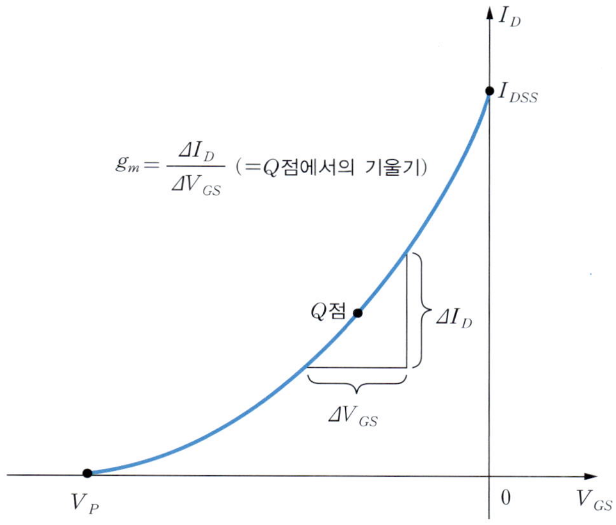

[그림 8-3] 전달 특성곡선에서 전달 컨덕턴스(g_m)

■ 전달 컨덕턴스 g_m 의 수식적 정의

전달 컨덕턴스 g_m은 게이트-소스 전압의 증가분 ΔV_{GS}에 대한 드레인 전류의 증가분 ΔI_D의 비율로 정의되는데, 이는 어떤 점에서 V_{GS}에 대한 I_D의 미분으로도 표현할 수 있다. 제곱법칙을 사용하여 V_{GS}에 대해 I_D를 미분하면, 전달 컨덕턴스 g_m은 다음과 같이 유도된다.

$$\begin{aligned} g_m &= \left.\frac{\Delta I_D}{\Delta V_{GS}}\right|_{Q\text{점}} = \frac{d I_D}{d V_{GS}} = \frac{d}{d V_{GS}}\left[I_{DSS}\left(1-\frac{V_{GS}}{V_{GS(off)}}\right)^2\right] \\ &= I_{DSS}\left[\frac{d}{d V_{GS}}\left(1-\frac{V_{GS}}{V_{GS(off)}}\right)^2\right] = 2I_{DSS}\left(1-\frac{V_{GS}}{V_{GS(off)}}\right)\frac{d}{d V_{GS}}\left(1-\frac{V_{GS}}{V_{GS(off)}}\right) \\ &= 2\,I_{DSS}\left[1-\frac{V_{GS}}{V_{GS(off)}}\right]\left[0-\frac{1}{V_{GS(off)}}\right] = \frac{2\,I_{DSS}}{|V_{GS(off)}|}\left(1-\frac{V_{GS}}{V_{GS(off)}}\right) \end{aligned}$$

즉 전달 컨덕턴스 g_m은 다음 식으로 정리된다.

$$g_m = \frac{2\,I_{DSS}}{|V_{GS(off)}|}\left(1-\frac{V_{GS}}{V_{GS(off)}}\right) \tag{8.6}$$

(여기서 $|V_{GS(off)}|$는 비례상수로, 양수로 만들기 위해 절대값을 취한다.)

전달 특성곡선의 $V_{GS}=0$일 때, 전달 컨덕턴스 g_m이 최대가 되는데, 이를 g_{m0}라 한다. $V_{GS}=0$을 식 (8.6)에 대입해서 정리하면 다음과 같다.

$$g_{m0} = \frac{2\,I_{DSS}}{|V_{GS(off)}|}\left(1 - \frac{V_{GS}}{V_{GS(off)}}\right)\Bigg|_{V_{GS}=0} = \frac{2\,I_{DSS}}{|V_{GS(off)}|}\left(1 - \frac{0}{V_{GS(off)}}\right) = \frac{2\,I_{DSS}}{|V_{GS(off)}|}$$

즉 $V_{GS} = 0$에서 최대 전달 컨덕턴스 g_{m0}는 다음과 같다.

$$g_{m0} = \frac{2\,I_{DSS}}{|V_{GS(off)}|} \tag{8.7}$$

식 (8.7)의 g_{m0}를 식 (8.6)에 대입하여 정리하면 다음과 같다.

$$g_m = g_{m0}\left(1 - \frac{V_{GS}}{V_{GS(off)}}\right) \tag{8.8}$$

예제 8-1

$V_{GS(off)} = -6\,\text{V}$, $I_{DSS} = 9\,\text{mA}$인 JFET에 대해

(a) g_{m0}를 구하시오.

(b) $V_{GS} = -1\,\text{V}$일 때 g_m을 구하시오.

(c) $V_{GS} = -3\,\text{V}$일 때 g_m을 구하시오.

풀이

(a) $g_{m0} = \dfrac{2\,I_{DSS}}{|V_{GS(off)}|} = \dfrac{2\times 9\,\text{mA}}{|-6\,\text{V}|} = \dfrac{18\,\text{mA}}{6\,\text{V}} = 3000\,\mu\text{S}$

(b) $g_m|_{V_{GS}=-1\text{V}} = g_{m0}\left(1 - \dfrac{V_{GS}}{V_{GS(off)}}\right) = 3000\mu\text{S}\left(1 - \dfrac{-1\,\text{V}}{-6\,\text{V}}\right) = 2500\,\mu\text{S}$

(c) $g_m|_{V_{GS}=-3\text{V}} = g_{m0}\left(1 - \dfrac{V_{GS}}{V_{GS(off)}}\right) = 3000\,\mu\text{S}\left(1 - \dfrac{-3\,\text{V}}{-6\,\text{V}}\right) = 1500\,\mu\text{S}$

■ 전달 컨덕턴스 g_m과 드레인 전류 I_D와의 관계

제곱법칙에서 $I_D = I_{DSS}\left(1 - \dfrac{V_{GS}}{V_{GS(off)}}\right)^2$의 양변을 I_{DSS}로 나누면 다음과 같다.

$$\frac{I_D}{I_{DSS}} = \left(1 - \frac{V_{GS}}{V_{GS(off)}}\right)^2$$

제곱근을 구하면 다음과 같다.

$$1 - \frac{V_{GS}}{V_{GS(off)}} = \sqrt{\frac{I_D}{I_{DSS}}} \tag{8.9}$$

식 (8.9)를 대입하여 식 (8.8)을 다시 쓰면 다음과 같다.

$$g_m = g_{m0}\left(1 - \frac{V_{GS}}{V_{GS(off)}}\right) = g_{m0}\sqrt{\frac{I_D}{I_{DSS}}} \tag{8.10}$$

식 (8.10)을 이용하여 I_D 값에 따른 g_m 값을 몇 가지 구해보자.

- $I_D = I_{DSS}$일 때, $g_m = g_{m0}\sqrt{\frac{I_D}{I_{DSS}}} = g_{m0}\sqrt{\frac{I_{DSS}}{I_{DSS}}} = g_{m0}$
- $I_D = I_{DSS}/2$일 때, $g_m = g_{m0}\sqrt{\frac{I_D}{I_{DSS}}} = g_{m0}\sqrt{\frac{I_{DSS}/2}{I_{DSS}}} = 0.707\,g_{m0}$
- $I_D = I_{DSS}/4$일 때, $g_m = g_{m0}\sqrt{\frac{I_D}{I_{DSS}}} = g_{m0}\sqrt{\frac{I_{DSS}/4}{I_{DSS}}} = \frac{g_{m0}}{2} = 0.5\,g_{m0}$

SECTION 02

공통 소스 증폭기

FET는 BJT에 비해 입력 임피던스가 매우 높다는 장점이 있는 한편, 증폭기의 신호 이득이 낮고 비선형적이라는 단점을 갖고 있다. 따라서 적절한 증폭기를 선택해야 한다. 이 절에서는 JFET 공통 소스 증폭기, D-MOSFET 공통 소스 증폭기, 그리고 E-MOSFET 공통 소스 증폭기를 다룬다. FET 공통 소스 증폭기는 BJT 공통 이미터 증폭기와 비슷한 특성을 갖는다.

Keywords | JFET 공통 소스 증폭기 | 자기 바이어스 |

JFET 공통 소스 증폭기(자기 바이어스)

고정 바이어스 회로는 2개의 직류전원에 의해 구동되는 단점이 있으나, [그림 8-4]의 자기 바이어스(self-bias) 회로는 소스 단자에 저항 R_S를 연결하여 바이어스 전압이 공급되도록 함으로써 하나의 전원(V_{DD})만 필요한 회로이다. JFET 증폭기를 해석하는 방법은 BJT 증폭기를 해석하는 법과 마찬가지로, 먼저 직류해석을 하여 Q 점을 결정해야 한다.

■ 직류해석

[그림 8-4(a)]의 결합 콘덴서와 바이패스 콘덴서는 직류전원에서 무한대의 저항을 나타내므로 개방회로로 대체된다. [그림 8-4(b)]는 직류 등가회로를 보여준다. 직류해석에는 전달 특성곡선을 이용한 도식적인 방법과 수학적인 방법으로 계산할 수 있는 수식적인 방법이 있는데, 쉬운 도식적인 해석 방법을 사용하여 동작점(V_{GSQ}, I_{DQ})을 결정한다.

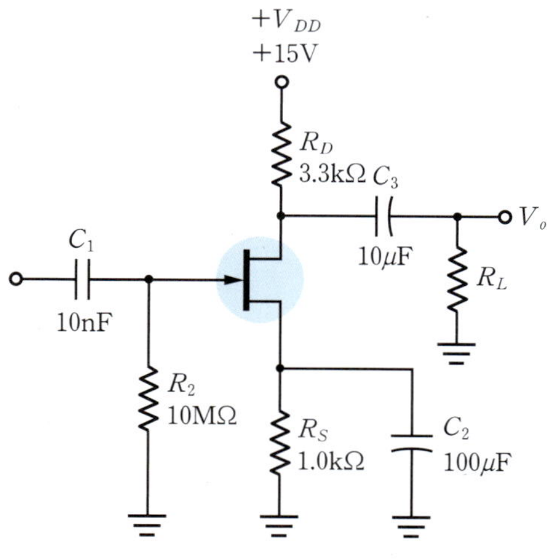

(a) n채널 JFET 공통 소스 증폭기

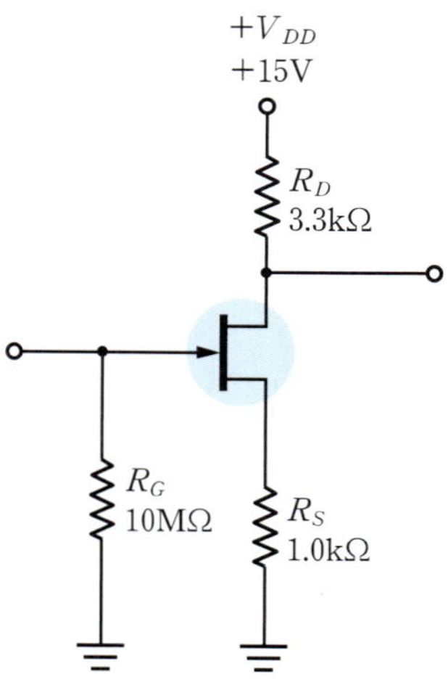

(b) 직류 등가회로

[그림 8-4] n채널 JFET 공통 소스 증폭기

예제 8-2

[그림 8-4(b)]의 직류 등가회로에서 동작점 Q의 V_{GSQ}와 I_{DQ}를 구하시오. (단, $V_{GS(off)} = -4\,\mathrm{V}$, $I_{DSS} = 5\,\mathrm{mA}$이다.)

풀이

먼저, 네 개의 점

i) $(V_{GS(off)} = -4\,\mathrm{V},\ I_D = 0)$
ii) $(0.3\,V_{GS(off)} = -1.2\,\mathrm{V},\ I_D = I_{DSS}/2 = 2.5\,\mathrm{mA})$
iii) $(0.5\,V_{GS(off)} = -2\,\mathrm{V},\ I_D = I_{DSS}/4 = 1.25\,\mathrm{mA})$
iv) $(V_{GS} = 0\,\mathrm{V},\ I_D = I_{DSS} = 5\,\mathrm{mA})$

을 이용하여 전달 특성곡선을 그린다. 그리고 $V_{GS} = -I_D R_S = -I_D(1\,\mathrm{k\Omega})$에서 두 점을 구한다.

i) $I_D = 0,\ V_{GS} = 0\,\mathrm{V}$
ii) $I_D = I_{DSS} = 5\,\mathrm{mA},\ V_{GS} = -(5\,\mathrm{mA})(1\,\mathrm{k\Omega}) = -5\,\mathrm{V}$

두 점 $(V_{GS} = 0\,\mathrm{V},\ I_D = 0\,\mathrm{mA})$, $(V_{GS} = -5\,\mathrm{V},\ I_D = 5\,\mathrm{mA})$을 연결한 직선을 전달 특성곡선 상에 그린다. 전달 특성곡선과 직선의 교차점, 즉 동작점 Q는 다음과 같다.

$$V_{GSQ} \cong -1.68\,\mathrm{V},\ I_{DQ} \cong 1.66\,\mathrm{mA}$$

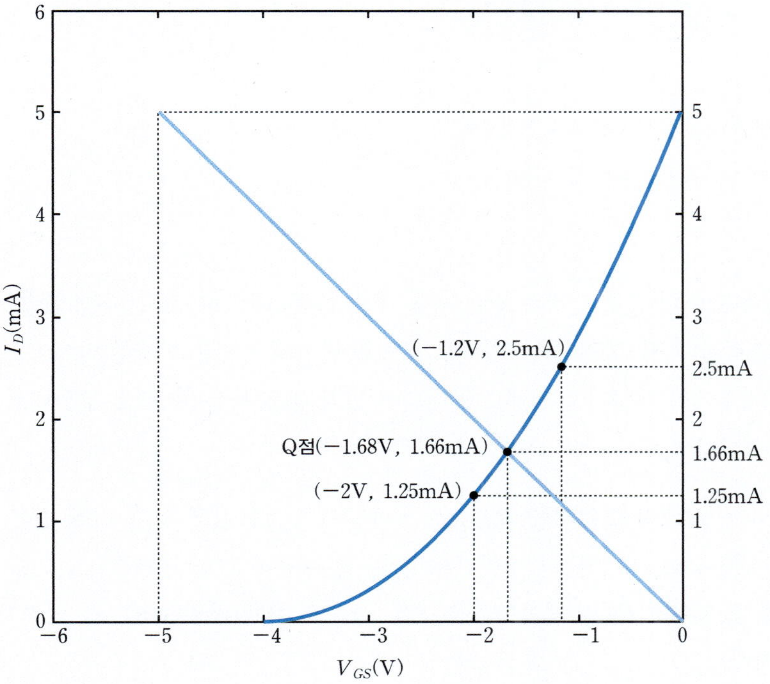

■ 교류해석

[그림 8-4]에 보인 JFET 증폭기의 교류 신호해석을 하기 위해 직류전원은 접지로 대체하고, 신호 주파수에서 결합 콘덴서와 바이패스 콘덴서는 단락으로 대체한 [그림 8-5]와 같은 교류 등가회로를 이용한다. (소자의 출력저항 r_d 는 소거했다.)

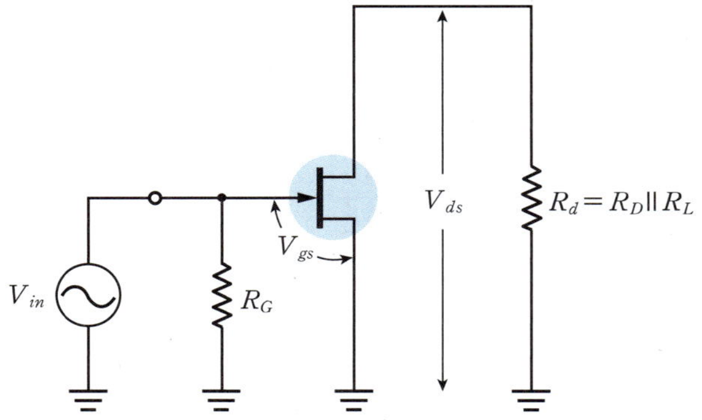

(a) 교류 등가회로

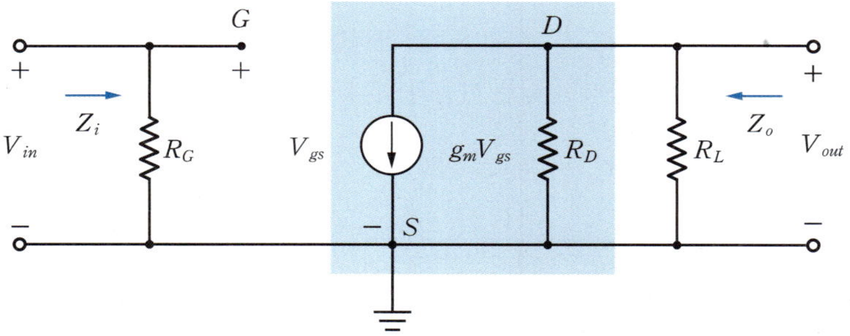

(b) 전류원($g_m V_{gs}$)에 의한 교류 등가회로

[그림 8-5] n채널 JFET 공통 소스 증폭기의 교류 등가회로

(1) 입력 임피던스 Z_i

소스를 접지하여 입력과 출력의 공통 단자로 만든 공통 소스 증폭기는 게이트 단자를 입력으로 하며, 드레인 단자로 출력한다. JFET의 경우, 게이트의 입력 단자와 채널은 역방향 바이어스 되어 있고, MOSFET의 경우에도 채널이 유전체로 절연되어 있기 때문에 입력저항을 무한대로 취급하여 개방회로로 대체한다.

그러나 정확한 JFET(MOSFET)의 입력저항($R_{in(gate)} = V_{GS} / I_{GSS}$) 값은 V_{GS} 값에 따른 역방향 누설전류에 의해 결정되며, 이 역방향 누설전류 I_{GSS} 값은 규격표에 주어진다. 그리고 교류 신호원 측의 전체 입력저항 R_i 는 게이트 접지저항 R_G 와 JFET(MOSFET)의 입력저항($R_{in(gate)}$)의 병렬저항으로, $R_{in(gate)} \gg R_G$ 이다.

따라서 JFET(MOSFET)의 전체 임피던스는 다음과 같이 계산된다.

$$Z_i = R_G \parallel R_{in(gate)} = R_G \parallel \left(\frac{V_{GS}}{I_{GSS}} \right) \cong R_G \tag{8.11}$$

예제 8-3

JFET가 $V_{GS} = 10\,\text{V}$일 때, $I_{GSS} = 20\,\text{nA}$이고, 게이트 입력저항 R_G가 $10\,\text{M}\Omega$일 때, n채널 JFET 공통 소스 증폭기의 신호원에서 본 전체 입력 임피던스 Z_i를 구하시오.

풀이

JFET의 게이트에서 입력저항($R_{in(gate)}$)은

$$R_{in(gate)} = \frac{V_{GS}}{I_{GSS}} = \frac{10\,\text{V}}{20\,\text{nA}} = 500\,\text{M}\Omega$$

이며, 신호원에서 본 입력 임피던스 Z_i는 다음과 같다.

$$Z_i = R_G \parallel R_{in(gate)} = 10\,\text{M}\Omega \parallel 500\,\text{M}\Omega \cong 9.8\,\text{M}\Omega$$

(2) 출력 임피던스 Z_o

$$Z_o = R_d = R_D \parallel R_L \tag{8.12}$$

(3) 전압이득 A_v ([그림 8-4]의 소스 저항 R_S가 바이패스될 경우)

전압이득을 구하는 식은 다음과 같다.

$$A_v = \frac{V_{out}}{V_{in}}$$

교류 등가회로에서 입력전압 $V_{in} = V_{gs}$이며, 출력전압 V_{out}은 다음과 같다.

$$V_{out} = -I_d R_d = -g_m V_{gs} R_d \qquad (R_d = R_D \parallel R_L)$$

따라서 전압이득 A_v는 식 (8.13)과 같다.

$$A_v = \frac{V_{out}}{V_{in}} = \frac{-g_m V_{gs} R_d}{V_{gs}} = -g_m R_d \tag{8.13}$$

★ JFET 공통 소스 증폭기(자기 바이어스) 교류해석 ★

- **입력 임피던스** : $Z_i = R_G \parallel R_{in(gate)} = R_G \parallel \left(\dfrac{V_{GS}}{I_{GSS}}\right) \cong R_G$
- **출력 임피던스** : $Z_o = R_d = R_D \parallel R_L$ (무부하 시 : $Z_o = R_d = R_D$)
- **전압이득** : $A_v = \dfrac{V_{out}}{V_{in}} = \dfrac{-g_m V_{gs} R_d}{V_{gs}} = -g_m R_d$

(4) 전압이득 A_v (소스 저항 R_S 가 바이패스 되지 않을 경우)

[그림 8-6]과 같이 JFET 증폭기에서 소스 저항 R_S 가 바이패스 되지 않고, 부하저항 R_L 과 드레인 저항 R_D 가 병렬일 경우, 전압이득은 다음과 같다.

$$A_v = \frac{V_{out}}{V_{in}} = \frac{-g_m (R_D \parallel R_L)}{1 + g_m R_S} \tag{8.14}$$

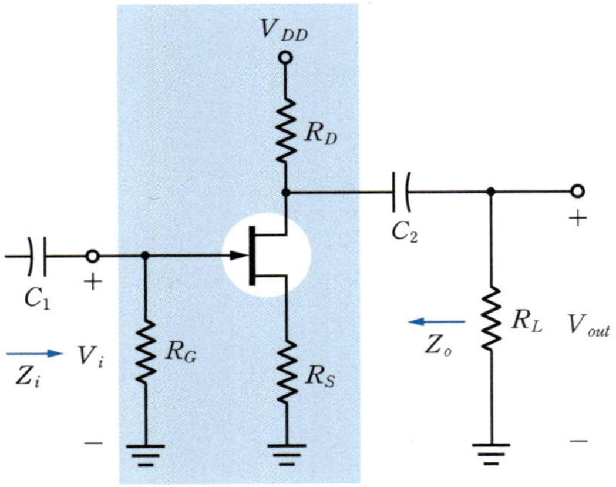

[그림 8-6] 소스 저항 R_S 가 바이패스 되지 않은 JFET 증폭기

소스 저항 R_S 가 바이패스 되지 않을 경우, 입력 임피던스 Z_i 와 출력 임피던스 Z_o 는

$$Z_i = R_G, \quad Z_o = R_d$$

로 소스 저항 R_S 가 바이패스 된 경우와 같다.

예제 8-4

그림과 같은 n채널 JFET 공통 소스 증폭기가 있다. $V_{GS(off)} = -3\,\text{V}$, $I_{DSS} = 4.4\,\text{mA}$, $I_{DQ} = 1.8\,\text{mA}$이며, 입력신호 전압이 100 mV일 때, 다음을 구하시오.

(a) V_D (b) g_m (c) 전압이득 A_v (d) 전체 출력전압 V_o

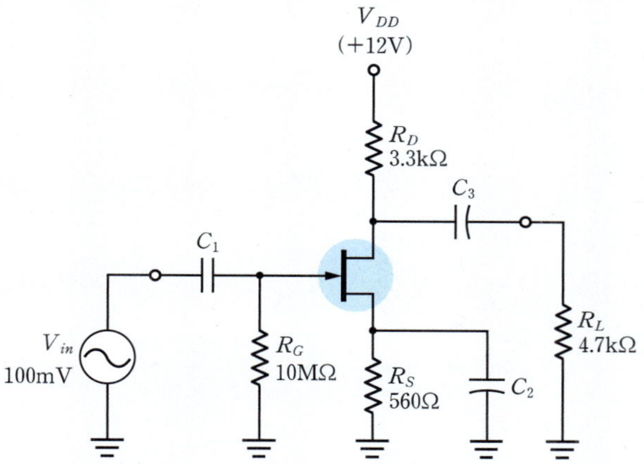

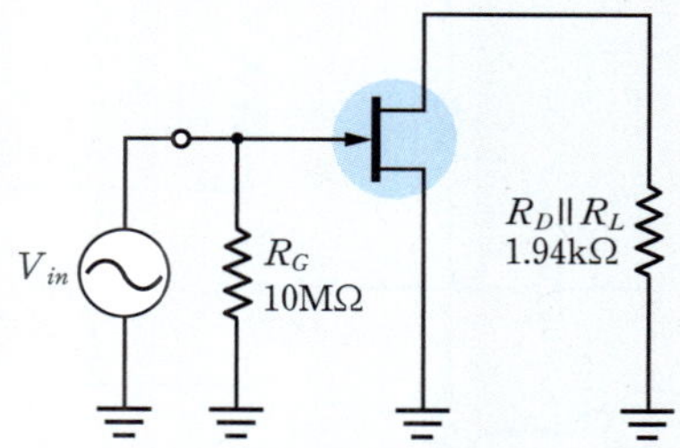

풀이

(a) $I_{DQ} = 1.8\,\text{mA}$이므로 $V_D = V_{DD} - I_D R_D = 12\,\text{V} - 1.8\,\text{mA}(3.3\,\text{k}\Omega) = 6.06\,\text{V}$이다.

(b) $V_{GS} = -I_D R_S = -(1.8\,\text{mA})(560\,\Omega) \cong -1\,\text{V}$

$$g_{m0} = \frac{2I_{DSS}}{|V_{GS(off)}|} = \frac{2 \times 4.4\,\text{mA}}{3} = 2.93\,\text{mS}$$

$$g_m = g_{m0}\left(1 - \frac{V_{GS}}{V_{GS(off)}}\right) = 2.93\,\text{mS}\left(1 - \frac{-1}{-3}\right) \cong 1.96\,\text{mS}$$

(c) $R_d = R_D \| R_L = 3.3\,\text{k}\Omega \| 4.7\,\text{k}\Omega = 1.94\,\text{k}\Omega$

$$A_v = -g_m R_d = -1.96\,\text{mS}(1.94\,\text{k}\Omega) \cong -3.8$$

(d) 전체 출력전압 V_o

$$V_o = A_v V_{in} = -3.8(100\,\text{mV}) = -380\,\text{mV}$$

■ 위상반전

JFET 공통 소스 증폭기에서 입력전압은 게이트-소스에 인가되고, 드레인-소스에서 출력전압을 얻는다. 이때 출력전압은 음(−) 전압으로 출력되며, 전압이득 또한 $-A_v$로 표시된다. 이는 180°의 위상차(위상반전)가 있음을 의미한다.

JFET 공통 소스 증폭기(전압분배 바이어스)

[그림 8-7 (a)]는 n채널 JFET 공통 소스 증폭기의 전압분배 바이어스 회로를 보여준다. 그림 (b)는 JFET 전압분배 바이어스 회로의 교류 등가회로로, 직류전원은 접지로, 교류 신호원의 주파수에서 결합 콘덴서와 우회 콘덴서는 단락회로로 대체했다. 그림 (b)의 접지부분을 정리하여 다시 그리면 그림 (c)와 같다.

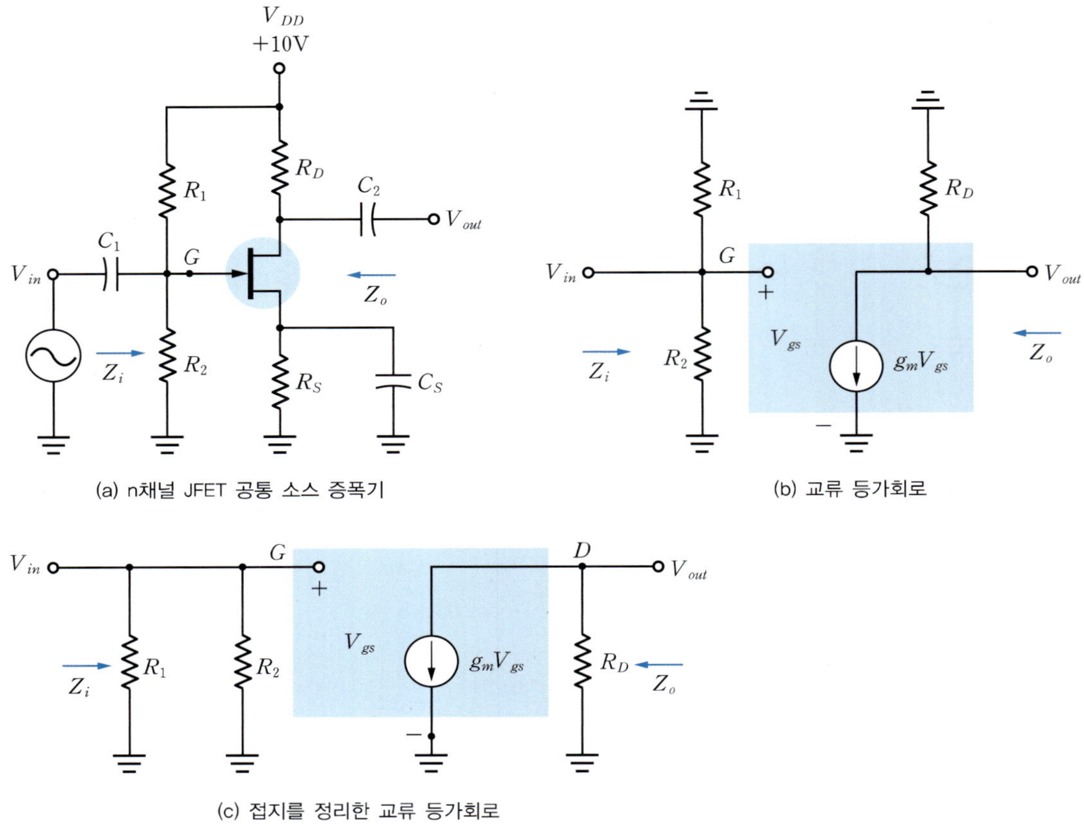

[그림 8-7] n채널 JFET 공통 소스 증폭기(전압분배 바이어스)

그림 (c)의 교류 등가회로를 이용하여 입력 임피던스 Z_i, 출력 임피던스 Z_o, 및 전압이득 A_v를 계산한다.

■ 입력 임피던스 Z_i

교류 등가회로에서 입력 임피던스는 전압분배 저항 R_1과 R_2가 병렬이므로 다음과 같이 계산된다.

$$Z_i = R_1 \parallel R_2 \tag{8.15}$$

■ 출력 임피던스 Z_o

입력신호 $V_i = 0\,\text{V}$로 놓으면 $V_{gs} = 0$이므로 $g_m V_{Gs} = 0$이 된다. 따라서 출력 임피던스는 다음과 같다.

$$Z_o \cong R_D \tag{8.16}$$

■ 전압이득 A_v

전압이득은 교류 입력전압과 출력전압의 비로 나타낸다.

$$A_v = \frac{V_{out}}{V_{in}}$$

$V_{gs} = V_{in}$이며, $V_{out} = -g_m V_{gs}(R_D)$이므로 전압이득은 다음과 같다.

$$A_v = \frac{V_{out}}{V_{in}} = \frac{-g_m V_{gs}(R_D)}{V_{gs}}$$

위 식을 정리하면 다음과 같다.

$$A_v = \frac{V_{out}}{V_{in}} = -g_m R_D \tag{8.17}$$

전압분배 바이어스와 자기 바이어스 회로의 출력 임피던스 Z_o와 전압이득 A_v는 같으나, 입력 임피던스 Z_i는 다르다.

D-MOSFET 공통 소스 증폭기(영 바이어스)

[그림 8-8]을 보자. 그림 (a)는 n채널 D-MOSFET 공통 소스 증폭기의 영 바이어스 회로를 보여준다. 교류 신호원은 결합 콘덴서 C_1과, 출력전압은 결합 콘덴서 C_2와 연결되어 있다. 그림 (b)는 교류 등가회로, 그림 (c)는 전달 특성곡선의 Q점과 입력전압(V_{gs}), 출력전류(I_d)의 파형을 보여준다. 그림 (a)에서 게이트 전압 V_G는 $0\,\text{V}$의 직류이고, 소스 단자 또한 접지되어 있어 $V_S = 0\,\text{V}$이므로, $V_{GS} = V_G - V_S = 0\,\text{V}$이다. 즉 $V_{GSQ} = 0\,\text{V}$이며, $I_{DQ} = I_{DSS}$로 영 바이어스이다.

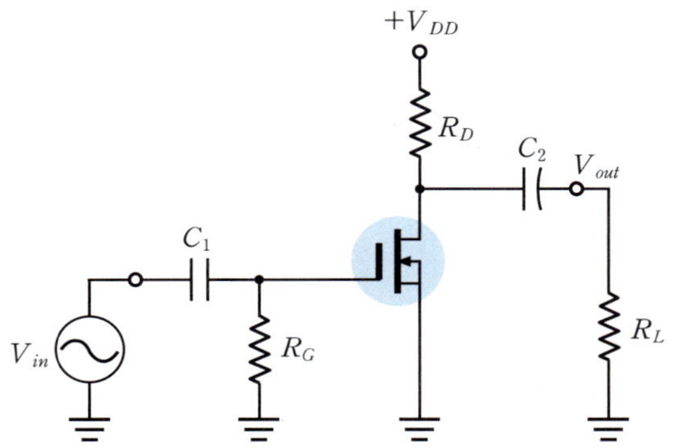

(a) n채널 D-MOSFET 공통 소스 증폭기(영 바이어스)

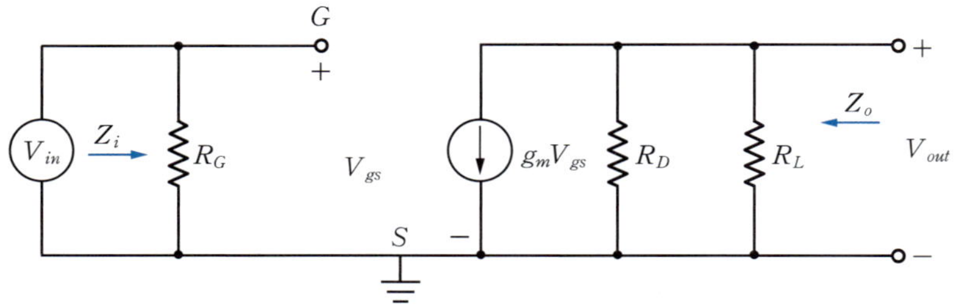

(b) 교류 등가회로

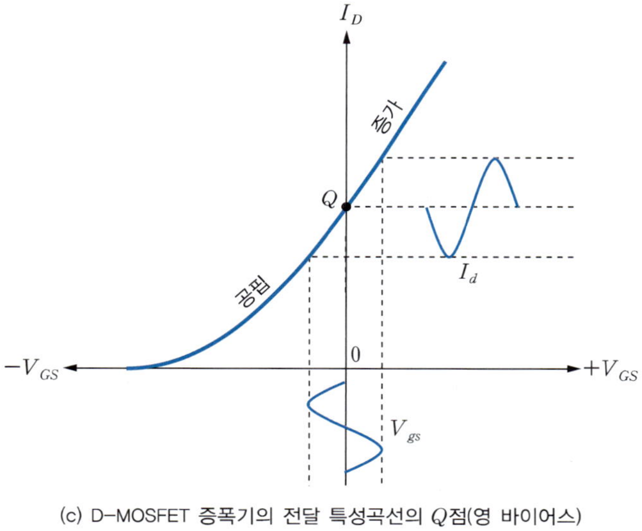

(c) D-MOSFET 증폭기의 전달 특성곡선의 Q점(영 바이어스)

[그림 8-8] D-MOSFET 증폭기의 영 바이어스

그림 (a)의 n채널 D-MOSFET 증폭기는 영 바이어스로, Q 점이 $V_{GS} = 0\,\text{V}$, $I_D = I_{DSS}$ 이므로 증폭기의 직류해석은 쉽다. 드레인 전압 V_D는 식 (8.18)로 구한다.

$$V_D = V_{DD} - I_D R_D = V_{DD} - I_{DSS} R_D \tag{8.18}$$

또한 그림 (b)의 교류 등가회로에 의한 교류해석에서 입력 임피던스 Z_i와 출력 임피던스 Z_o는 식 (8.19), 식 (8.20)과 같다. 또한 $V_{in} = V_{gs}$ 이므로 전압이득 A_v 는 식 (8.21)과 같다.

★ D-MOSFET의 공통 소스 증폭기(영 바이어스) 교류해석 ★

- **입력 임피던스** : $Z_i = R_G$ (8.19)
- **출력 임피던스** : $Z_o \cong R_D \parallel R_L = R_d$ (무부하 시 : $Z_o = R_D$) (8.20)
- **전압이득** : $A_v = -g_m (R_D \parallel R_L) = -g_m R_d$ (8.21)

예제 8-5

오른쪽 n채널 D-MOSFET 공통 소스 증폭기(영 바이어스) 회로에서 입력 임피던스 Z_i, 출력 임피던스 Z_o, 전달 컨덕턴스 g_m 및 전압이득 A_v를 구하시오.
(단, $V_{GS(off)} = -3\text{V}$, $I_{DSS} = 9\text{mA}$이다.)

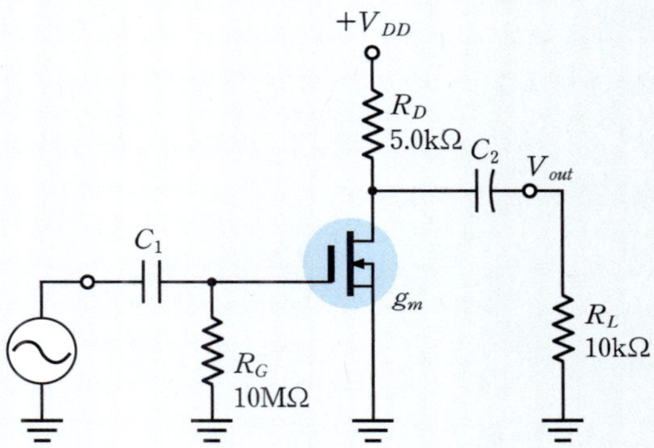

풀이

- 입력 임피던스 : $Z_i \cong R_G = 10\text{M}\Omega$
- 출력 임피던스 :
  $Z_o \cong R_D \parallel R_L = 5.0\text{k}\Omega \parallel 10\text{k}\Omega \cong 3.3\text{k}\Omega$
- 전달 컨덕턴스 : $g_{m0} = g_m = \dfrac{2I_{DSS}}{|V_{GS(off)}|} = \dfrac{2 \times 9\text{mA}}{3} = 6\text{mS}$
- 전압이득 : $A_v = -g_m R_d = -6\text{mS}(5.0\text{k}\Omega \parallel 10\text{k}\Omega) = -(6\text{mS}) \times (3.3\text{k}\Omega) = -19.8$

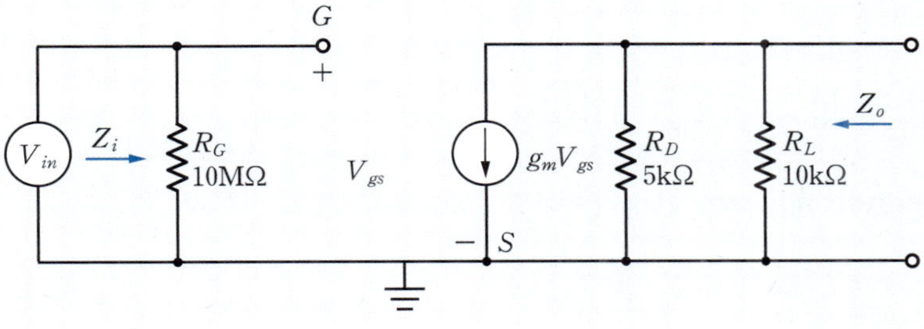

D-MOSFET 공통 소스 증폭기(전압분배 바이어스)

D-MOSFET 공통 소스 증폭기의 전압분배 바이어스는 동작점이 공핍모드와 증가모드에서 존재할 수 있는 것을 제외하고는 JFET 전압분배 바이어스 회로의 교류해석과 같다.

예제 8-6

주어진 그림은 전압분배 n채널 D-MOSFET 공통 소스 증폭기이다. $V_{GS(off)} = -4\,\text{V}$, $I_{DSS} = 6\,\text{mA}$이고, 도식적인 방법으로 얻은 Q점이 ($V_{GSQ} = -0.75\,\text{V}$, $I_{DQ} = 3.96\,\text{mA}$) 일 때, 다음을 구하시오.

(a) V_{DS} (b) Z_i

(c) Z_o (d) g_{m0}

(e) A_v

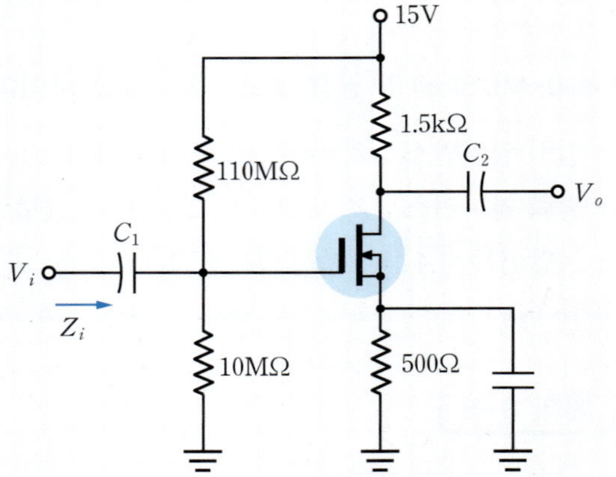

풀이

(a) $V_{DS} = V_{DD} - I_{DQ}(R_D + R_S) = 15\,\text{V} - 3.96\,\text{mA}(1.5\,\text{k}\Omega + 500\,\Omega) = 7.08\,\text{V}$

(b) $Z_i = R_1 \parallel R_2 = 10\,\text{M}\Omega \parallel 110\,\text{M}\Omega = 9.17\,\text{M}\Omega$

(c) $Z_o \cong R_D = 1.5\,\text{k}\Omega$

(d) $g_{m0} = \dfrac{2I_{DSS}}{|V_{GS(off)}|} = \dfrac{12\,\text{mA}}{4} = 3\,\text{mS}$

(e) $g_m = g_{m0}\left(1 - \dfrac{V_{GS}}{V_{GS(off)}}\right) = 3\,\text{mS}\left(1 - \dfrac{-0.75}{-4}\right) = 2.44\,\text{mS}$

$A_v = -g_m R_D = -2.44\,\text{mS}(1.5\,\text{k}\Omega) \cong -3.66$

E-MOSFET 공통 소스 증폭기(전압분배 바이어스)

7장에서 설명한 것처럼 증가형(E)-MOSFET는 구조적으로 채널이 없어, 게이트-소스 전압 V_{GS}에 의한 유도채널이 형성되는 문턱전압($V_{GS(th)}$)이 될 때까지는 전류가 흐를 수 없다. 따라서 출력전류와 제어전압 사이의 관계는 식 (8.22)와 같이 정의된다.

★ E-MOSFET의 출력전류와 제어전압 사이의 관계 ★

$$I_D = k(V_{GS} - V_{GS(th)})^2 \tag{8.22}$$

또한 전달 컨덕턴스 g_m은 다음과 같이 정의된다.

$$g_m = \frac{\Delta I_D}{\Delta V_{GS}} \tag{8.23}$$

즉 g_m은 V_{GS}에 대한 I_D의 미분으로, 동작점 Q에서의 전달 컨덕턴스 g_m은 식 (8.24)와 같다.

$$\begin{aligned} g_m &= \frac{dI_D}{dV_{GS}} = \frac{d}{dV_{GS}}k(V_{GS} - V_{GS(th)})^2 = k\frac{d}{dV_{GS}}(V_{GS} - V_{GS(th)})^2 \\ &= 2k(V_{GS} - V_{GS(th)})\frac{d}{dV_{GS}}(V_{GS} - V_{GS(th)}) = 2k(V_{GS} - V_{GS(th)})(1-0) \\ &= 2k(V_{GSQ} - V_{GS(th)}) \end{aligned} \tag{8.24}$$

상수 k는 규격표에 제시된 값으로 계산된다. 입력 임피던스 Z_i, 출력 임피던스 Z_o, 전압이득 A_v의 E-MOSFET 교류신호 해석은 JFET, D-MOSFET와 동일하다. [그림 8-9]를 보자. 그림 (a)는 E-MOSFET의 공통 소스 증폭기이며, 그림 (b)는 교류 등가회로이다.

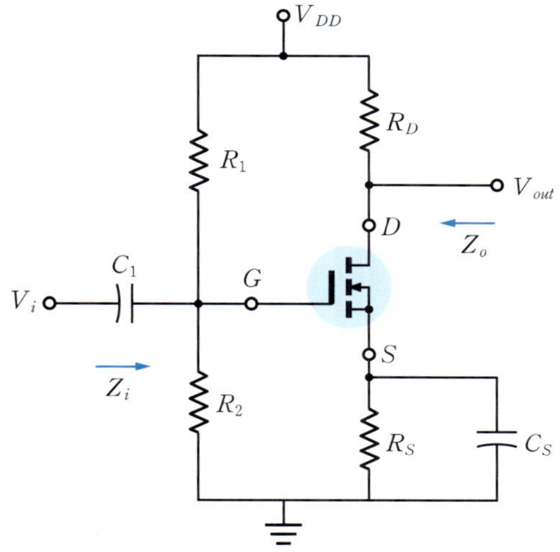

(a) E-MOSFET의 공통 소스 증폭기

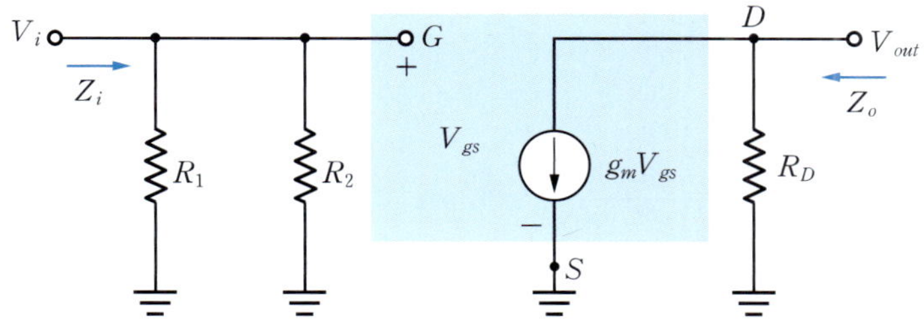

(b) 교류 등가회로

[그림 8-9] E-MOSFET의 공통 소스 증폭기와 교류 등가회로

이 증폭기의 입력 임피던스, 출력 임피던스 및 전압이득은 다음과 같다.

★ E-MOSFET 공통 소스 증폭기(전압분배 바이어스) 교류해석 ★

- **입력 임피던스** : $Z_i = R_1 \parallel R_2 \parallel R_{in(gate)} \cong R_1 \parallel R_2$ (8.25)
- **출력 임피던스** : $Z_o = R_d = R_D \parallel R_L$ (무부하 시 : $Z_o = R_d = R_D$) (8.26)
- **전압이득** : $A_v = -g_m R_D$ (무부하 시) (8.27)

  $A_v = -g_m R_d$ (부하 R_L이 있을 경우 : $R_d = R_D \parallel R_L$) (8.28)

예제 8-7

오른쪽 그림과 같은 n채널 E-MOSFET 공통 소스 증폭기가 있다. 단, $V_{GS(on)} = 4\text{V}$, $I_{D(on)} = 80\,\text{mA}$, $V_{GS(th)} = 2\text{V}$이다. 입력 신호가 $V_{in} = 600\,\text{mV}$일 때, 다음을 구하시오.

(a) I_D (b) V_{DS}

(c) Z_i (d) Z_0

(e) g_m (f) A_v

(g) V_{out}

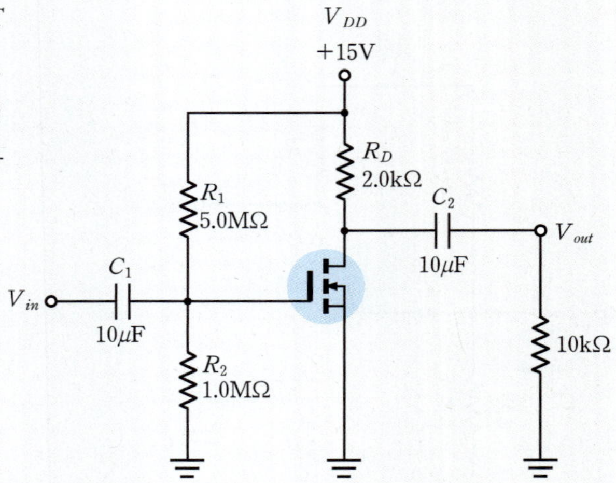

풀이

$$V_G = V_{GS} = \left(\frac{R_2}{R_1 + R_2}\right) V_{DD} = \left(\frac{1\,\text{M}\Omega}{1\,\text{M}\Omega + 5\,\text{M}\Omega}\right)(15\,\text{V}) = 2.5\,\text{V}$$

주어진 값으로부터 k를 구한다.

$$k = \frac{I_{D(on)}}{(V_{GS(on)} - V_{GS(th)})^2} = \frac{80\,\text{mA}}{(4\,\text{V} - 2\,\text{V})^2} = 20\,\text{mA/V}^2$$

(a) $I_D = k(V_{GS} - V_{GS(th)})^2 = 20\,\text{mA/V}^2(2.5\,\text{V} - 2\,\text{V})^2 = 5\,\text{mA}$

(b) $V_{DS} = V_{DD} - I_D R_D = 15\,\text{V} - (5\,\text{mA})(2\,\text{k}\Omega) = 5\,\text{V}$

(c) $Z_i = R_1 \parallel R_2 = 5\,\text{M}\Omega \parallel 1\,\text{M}\Omega \cong 0.83\,\text{M}\Omega$

(d) $Z_o = R_D \parallel R_L = 2\,\text{k}\Omega \parallel 10\,\text{k}\Omega \cong 1.67\,\text{k}\Omega$

(e) $g_m = 2k(V_{GS} - V_{GS(th)}) = 2(20\,\text{mA/V}^2)(2.5\,\text{V} - 2\,\text{V}) = 20\,\text{mS}$

(f) $A_v = -g_m R_d = -(20\,\text{mS})(1.67\,\text{k}\Omega) = -33.4$

(g) $V_{out} = A_v V_{in} = (-33.4)(600\,\text{mV}) = -20.04\,\text{V}$

SECTION 03

공통 드레인 증폭기(소스 폴로워)

BJT의 공통 콜렉터(이미터 폴로워) 증폭기에 대응되는 JFET 회로를 공통 드레인 증폭기(소스 폴로워)라 한다. 소스 폴로워에서는 드레인의 직류전원이 접지되므로, 드레인 단자가 입력과 출력의 공통단자로 사용된다. 또한 소스 단에서 얻은 출력은 입력 단의 게이트 전압을 따라간다는 의미로 공통 드레인 증폭기를 소스 폴로워라 한다.

Keywords | 공통 드레인 증폭기 | 소스 폴로워 |

[그림 8-10]은 드레인 단자에 저항이 없는 자기 바이어스 회로의 공통 드레인(Common drain) 증폭기를 보여준다. 공통 드레인 증폭기는 출력 단의 소스 전압이 입력 단의 전압, 즉 게이트 전압을 따라가므로 **소스 폴로워**라 한다.

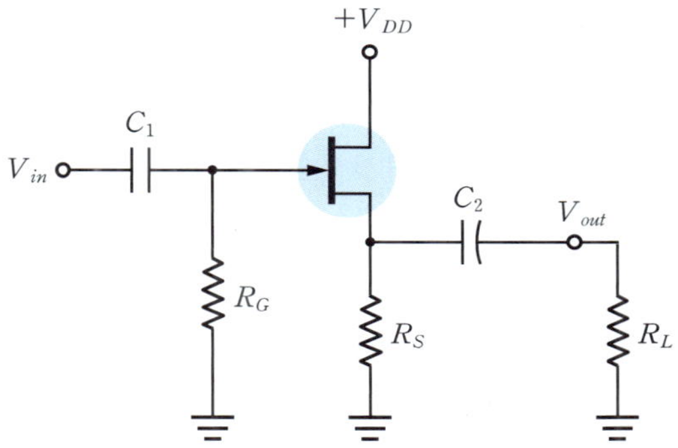

[그림 8-10] n채널 JFET 공통 드레인 증폭기

■ 입력 임피던스 Z_i

[그림 8-11]은 결합 커패시터를 단락으로, 직류 전원을 접지로 대체한 공통 드레인 증폭기의 교류 등가회로를 보여준다.

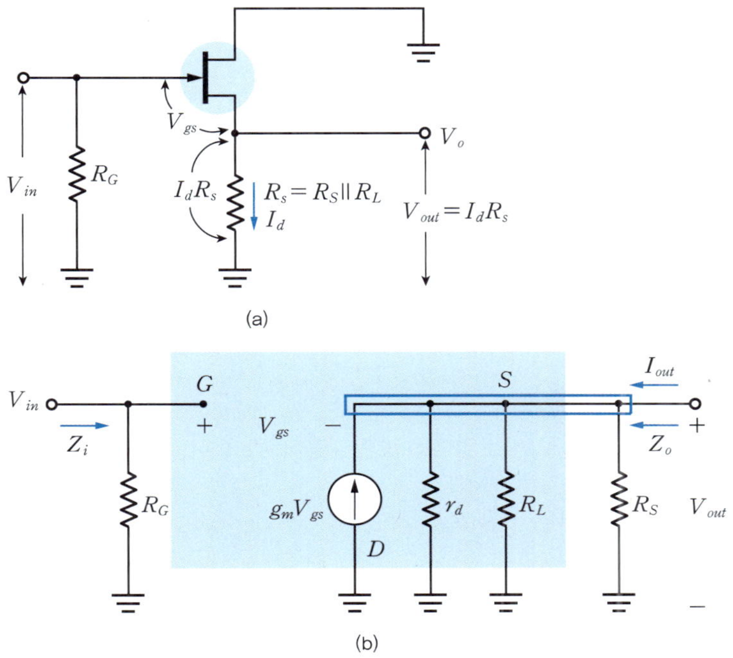

[그림 8-11] n채널 JFET 공통 드레인 증폭기의 교류 등가회로

교류 등가회로에서 입력신호는 게이트와 접지(드레인 단자) 사이의 전압으로 공급되며, 입력 측에서 본 입력 임피던스는 입력저항 R_G 와 게이트 저항 $R_{in(gate)}$ 과 병렬이다.

$$Z_i = R_G \parallel R_{in(gate)} \tag{8.29}$$

여기서 $R_{in(gate)} = V_{GS} / I_{GSS}$ 이며, $R_{in(gate)} \gg R_G$ 이므로, 식 (8.30)과 같다.

$$Z_i \cong R_G \tag{8.30}$$

■ 출력 임피던스 Z_o

$V_{in} = 0$ 으로 놓으면 교류 등가회로에서 $-V_{gs} = V_{out}$ 이다. 출력 임피던스는 다음 식과 같다.

$$Z_o = \frac{V_{out}}{I_{out}}$$

키르히호프의 전류방정식으로부터 I_{out} 을 구해보자.

$$-I_{out} + \frac{V_{out}}{R_L} + \frac{V_{out}}{R_S} - g_m \cdot V_{gs} = 0$$

$$\begin{aligned} I_{out} &= \frac{V_{out}}{R_L} + \frac{V_{out}}{R_S} - g_m V_{gs} = \frac{V_{out}}{R_L} + \frac{V_{out}}{R_S} - (g_m(-V_{out})) \\ &= \frac{V_{out}}{R_L} + \frac{V_{out}}{R_S} + g_m V_{out} = \left(\frac{1}{R_L} + \frac{1}{R_S} + g_m\right) V_{out} \end{aligned}$$

따라서 출력 임피던스 Z_o 는

$$Z_o = \frac{V_{out}}{I_{out}} = \frac{V_{out}}{\left(\frac{1}{R_L} + \frac{1}{R_S} + g_m\right) V_{out}} = \frac{1}{\left(\frac{1}{R_L} + \frac{1}{R_S} + \frac{1}{1/g_m}\right)}$$

이다. 이 식은 3개의 병열저항을 합성한 것이다.

$$Z_o = R_L \parallel R_S \parallel 1/g_m = R_s \parallel 1/g_m \qquad (R_s = R_S \parallel R_L) \tag{8.31}$$

■ 전압이득 A_v

증폭기의 전압이득은 $A_v = \dfrac{V_{out}}{V_{in}}$ 이다. 소스 폴로워의 입력전압은 다음 식과 같다.

$$V_{in} = V_{gs} + I_d R_s$$

출력전압 $V_{out} = I_d R_s$ 이다. 따라서 전압이득은 다음과 같다.

$$A_v = \frac{V_o}{V_i} = \frac{I_d R_s}{V_{gs} + I_d R_s} = \frac{g_m V_{gs} R_s}{V_{gs} + g_m V_{gs} R_s} = \frac{V_{gs} g_m R_s}{V_{gs}(1 + g_m R_s)}$$

이 식을 정리하면 다음과 같다.

$$A_v = \frac{g_m R_s}{1 + g_m R_s} \tag{8.32}$$

이 식에서 이득은 항상 1보다 약간 작다. 만일 $g_m R_s \gg 1$이면 $A_v \cong 1$이다. 소스 폴로워의 출력전압은 입력전압과 동위상이다.

★ JFET 공통 드레인 증폭기(자기 바이어스) 교류해석 ★

- **입력 임피던스** : $Z_i \cong R_G$ (8.30)
- **출력 임피던스** : $Z_o = R_L \parallel R_S \parallel 1/g_m = R_s \parallel 1/g_m \quad (R_s = R_S \parallel R_L)$ (8.31)
- **전압이득** : $A_v = \dfrac{g_m R_s}{1 + g_m R_s}$ (8.32)

예제 8-8

오른쪽 그림과 같은 JFET 공통 드레인 증폭기에서 $V_{GS(off)} = -4\text{V}$, $I_{DSS} = 8\text{mA}$이다. 직류해석 결과가 $V_{GSQ} = -1.9\text{V}$, $I_{DQ} = 2.2\text{mA}$일 때, 다음을 구하시오.

(a) g_m　　(b) Z_i

(c) Z_o　　(d) A_v

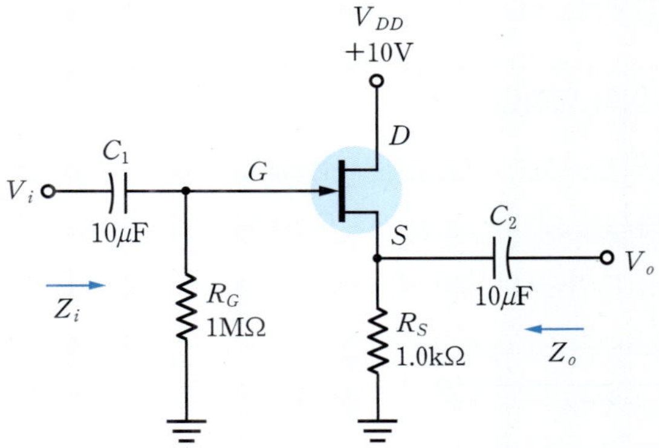

풀이

(a) $g_{m0} = \dfrac{2I_{DSS}}{|V_{GS(off)}|} = \dfrac{2(8\text{mA})}{4} = 4\text{mS}$

$g_m = g_{m0}\left(1 - \dfrac{V_{GS}}{V_{GS(off)}}\right) = 4\text{mS}\left(1 - \dfrac{-1.9\text{V}}{-4\text{V}}\right) = 2.1\text{mS}$

(b) $Z_i = R_G = 1\text{M}\Omega$

(c) $Z_o = R_s \parallel 1/g_m = 1\text{k}\Omega \parallel 1/2.1\text{mS} = 1\text{k}\Omega \parallel 476.2\Omega \cong 323\Omega$

(d) $A_v = \dfrac{g_m R_s}{1 + g_m R_s} = \dfrac{(2.1\text{mS})(1\text{k}\Omega)}{1 + (2.1\text{mS})(1\text{k}\Omega)} = \dfrac{2.1}{3.1} \cong 0.68$

SECTION 04

공통 게이트 증폭기

공통 게이트 증폭기는 게이트가 접지된 증폭기로, 게이트-소스 단자 사이에 교류 입력신호가 인가되고, 드레인-게이트 단자 사이에서 출력을 얻는다. JFET 공통 게이트 증폭기는 BJT의 공통 베이스 증폭기에 대응되는 증폭기로, 공통 베이스 증폭기와 같이 입력 임피던스가 작다. 입력 임피던스가 작다는 사실은 앞서 살펴본 공통 소스 증폭기 및 공통 드레인 증폭기의 경우와 반대가 된다.

Keywords | 공통 게이트 증폭기 |

[그림 8-12]는 자기 바이어스 회로의 공통 게이트(common gate) 증폭기를 보여준다. 공통 게이트 증폭기는 게이트 단자가 접지되어 있다. 입력신호는 결합 커패시터 C_1을 통해 소스 단자로 들어오고, 출력신호는 드레인 단자의 결합 커패시터 C_2를 통해 얻어진다.

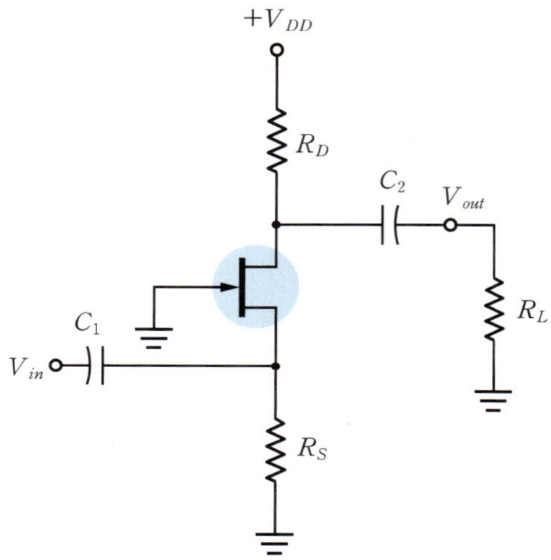

[그림 8-12] n채널 JFET 공통 게이트 증폭기

■ 입력 임피던스 Z_i

[그림 8-13]은 직류전원을 접지로, 결합 커패시터를 단락으로 대체한 공통 게이트 증폭기의 교류 등가회로를 보여준다. (등가회로에서 $R_d = R_D \parallel R_L$이다.)

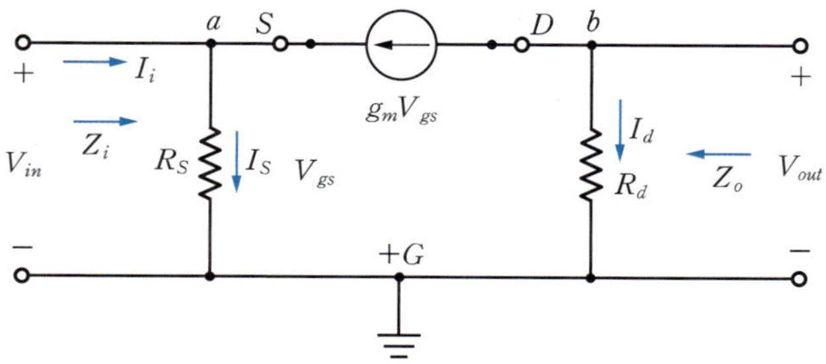

[그림 8-13] 공통 게이트 증폭기의 교류 등가회로

교류 등가회로의 절점 a에서 키르히호프의 전류법칙을 적용하여 전류방정식으로 표현하면

$$-I_i + \frac{V_{in}}{R_S} - g_m V_{gs} = 0$$

이다. 회로에서 $V_{in} = -V_{gs}$ 이므로 다음 식으로 정리된다.

$$I_i = \frac{V_{in}}{R_S} - g_m(-V_{in}) = \frac{V_{in}}{R_S} + g_m V_{in} = \left(\frac{1}{R_S} + g_m\right) V_{in}$$

■ 입력 임피던스 Z_i

$$Z_i = \frac{V_{in}}{I_i} = \frac{V_{in}}{\left(\frac{1}{R_S} + g_m\right) V_{in}} = \frac{1}{\left(\frac{1}{R_S} + g_m\right)} = \frac{1}{\left(\frac{1}{R_S} + \frac{1}{1/g_m}\right)} = R_S \parallel \frac{1}{g_m} \quad (8.33)$$

■ 출력 임피던스 Z_o

교류 등가회로에서 $V_i = 0$로 대입하면 저항 R_S는 단락되고, $V_{gs} = 0$가 된다. 따라서 $g_m V_{gs} = 0$, 즉 개방되며, 출력 임피던스는 다음과 같다.

$$Z_o = R_D \quad (8.34)$$

부하 R_L이 존재할 경우, 출력 임피던스는 다음과 같다.

$$Z_o = R_d = R_D \parallel R_L \quad (8.35)$$

■ 전압이득 A_v

전압이득은 입력전압 V_{in}에 대한 출력전압 V_{out}의 비율이다. 이때 입력전압 $V_{in} = -V_{gs}$이고, 출력전압 $V_{out} = I_d R_d$이다.

$$A_v = \frac{V_{out}}{V_{in}}$$

[그림 8-13]에서 교류 등가회로 상의 절점 b의 전류방정식은 다음과 같다.

$$I_d + g_m V_{gs} = 0$$
$$I_d = -g_m V_{gs}$$

따라서 전압이득은 다음과 같다.

$$A_v = \frac{V_{out}}{V_{in}} = \frac{I_d R_d}{-V_{gs}} = \frac{(-g_m V_{gs}) R_d}{-V_{gs}} = g_m R_d \quad (8.36)$$

■ 위상

공통 게이트 증폭기의 출력전압 V_{out} 과 입력전압 V_{in} 은 부호가 같기 때문에 전압이득 A_v 는 양수이며, 동위상이다.

★ JFET의 공통 게이트 증폭기(자기 바이어스) 교류해석 ★

- **입력 임피던스** : $Z_i = \dfrac{R_S}{(1+g_m \cdot R_S)} = R_S \parallel (1/g_m)$ (8.33)
- **출력 임피던스** : $Z_o = R_D$ (8.34)
- **전압이득** : $A_v = \dfrac{V_{out}}{V_{in}} = \dfrac{I_D R_d}{-V_{gs}} = \dfrac{(-g_m V_{gs})R_d}{-V_{gs}} = g_m R_d$ (8.36)

예제 8-9

오른쪽 그림과 같은 JFET 공통 게이트 증폭기에서 $V_{GS(off)} = -4\text{V}$, $I_{DSS} = 8\text{mA}$이다. 직류해석 결과가 $V_{GSQ} = -2.0\text{V}$, $I_{DQ} = 2.0\text{mA}$일 때, 다음을 구하시오.

(a) g_m (b) Z_i

(c) Z_o (d) A_v

(e) V_o

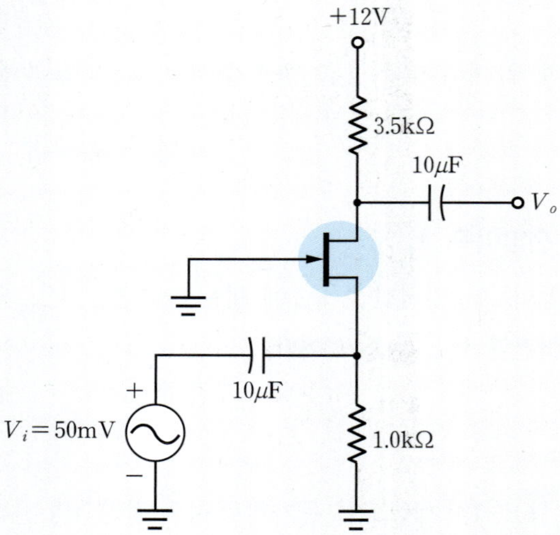

풀이

(a) $g_{m0} = \dfrac{2I_{DSS}}{|V_{GS(off)}|} = \dfrac{2(8\text{mA})}{4} = 4\text{mS}$

$$g_m = g_{m0}\left(1 - \frac{V_{GS}}{V_{GS(off)}}\right) = 4\text{mS}\left(1 - \frac{-2.0\text{V}}{-4\text{V}}\right) = 2.0\text{mS}$$

(b) $Z_i = R_S \parallel 1/g_m = 1.0\text{k}\Omega \parallel 1/2\text{mS} = 1.0\text{k}\Omega \parallel 0.5\text{k}\Omega \cong 0.33\text{k}\Omega$

(c) $Z_o = R_D = 3.5\text{k}\Omega$

(d) $A_v = g_m R_D = 2\text{mS}(3.5\text{k}\Omega) = 7.0$

(e) $V_o = A_v V_i = 7 \times 50\text{mV} = 0.35\text{V}$

CHAPTER

08 연습문제

8.1 공통 소스 증폭기의 입력 임피던스는 어떤 상태인가?

① 개방회로로 대체할 정도로 크다. ② $1/g_m$

③ 작다. ④ 단락에 가깝다.

8.2 공통 소스 증폭기의 전압이득은 어떤 상태인가?

① 1에 가깝다. ② 전달 컨덕턴스와 관계가 있다.

③ 무한대에 가깝게 크다. ④ 항상 1이다.

8.3 공통 소스 증폭기의 출력전압의 위상은 어떤 상태인가?

① 동위상이다. ② 소스 전압이다.

③ 입력과 $180°$의 위상차가 있다. ④ 게이트 전압이다.

8.4 교류 입력신호가 인가된 공통 소스 증폭기에서 직류전원을 등가변환하면 어떤 상태인가?

① 저항회로 ② 개방회로 ③ 영 바이어스 ④ 단락회로

8.5 공통 소스 증폭기에서 $V_{DD}=10\,\mathrm{V}$, $R_S=470\,\Omega$, $R_D=3.3\,\mathrm{k}\Omega$, $R_L=33\,\mathrm{k}\Omega$이고, $g_m=4\,\mathrm{mS}$이다. 소스 저항 R_S가 완전히 바이패스될 때 전압이득은 얼마인가?

① -1 ② -8 ③ -10 ④ -12

8.6 공통 소스 증폭기에서 $g_m=6\,\mathrm{mS}$, $V_{in}=500\,\mathrm{mV}$, $R_D=1\,\mathrm{k}\Omega$, $R_L=15\,\mathrm{k}\Omega$이다. 출력신호의 전압은 얼마인가?

① $-1\,\mathrm{V}$ ② $-2\,\mathrm{V}$ ③ $-2.81\,\mathrm{V}$ ④ $-3.3\,\mathrm{V}$

8.7 [연습문제 8.6]의 공통 소스 증폭기에서 부하저항 R_L을 제거하면 전압이득은 어떻게 되는가?

① 변하지 않는다. ② 증가한다. ③ 감소한다. ④ 0이 된다.

8.8 공통 드레인 증폭기의 $R_S = 2\,\text{k}\Omega$, $g_m = 5000\,\mu\text{S}$ 일 때, 전압이득은 얼마인가?

① 1 ② 0.71 ③ 0.81 ④ 0.91

8.9 공통 드레인 증폭기의 게이트와 접지 사이의 게이트 저항 $R_G = 10\,\text{M}\Omega$ 이고, $V_{GS} = 10\,\text{V}$ 에서 $I_{GSS} = 10\,\text{nA}$ 이다. 전체 입력저항은 얼마인가?

① $9.9\,\text{M}\Omega$ ② $20.9\,\text{M}\Omega$ ③ $50\,\text{M}\Omega$ ④ $100\,\text{M}\Omega$

8.10 공통 드레인 증폭기의 전압이득은 어떤 상태인가?

① 전압이득이 크다.
② 1보다 작다.
③ 1보다 크다.
④ 공통 소스 증폭기의 전압이득보다 크다.

8.11 FET 증폭기 중 높은 입력 임피던스와 높은 전압이득을 갖는 증폭기는 무엇인가?

① 공통 게이트 증폭기
② 공통 드레인 증폭기
③ 공통 소스 증폭기
④ 소스 폴로워

8.12 영 바이어스로 동작할 수 있는 증폭기는 무엇인가?

① JFET 증폭기
② BJT 증폭기
③ E-MOSFET 증폭기
④ D-MOSFET 증폭기

8.13 전압이득의 크기가 같은 증폭기는 무엇인가? (위상은 고려하지 않는다.)

① 공통 소스 증폭기와 공통 게이트 증폭기
② 공통 소스 증폭기와 공통 드레인 증폭기
③ 공통 게이트 증폭기와 공통 드레인 증폭기
④ 공통 게이트 증폭기와 소스 폴로워

8.14 공통 소스 증폭기의 출력전압에 관한 설명 중 옳은 것은 무엇인가?

① 입력신호와 동상
② 소스에서 출력이 나온다.
③ 입력과 위상차가 $180°$ 이다.
④ 게이트에서 출력이 나온다.

8.15 공통 소스 증폭기의 소스 바이패스 커패시터를 제거하면 어떤 변화가 일어나는가?

① 전압이득이 감소한다.
② 전압이득이 증가한다.
③ Q 점이 변한다.
④ 입력 임피던스가 변한다.

8.16 주관식 JFET 회로에서 $V_{GS(off)} = -5\text{V}$, $I_{DSS} = 10\text{mA}$일 때, g_{m0}를 구하시오.

8.17 주관식 n채널 JFET의 $g_{m0} = 4\text{mS}$, $I_{DSS} = 12\text{mA}$일 때, 핀치오프 전압 V_P를 구하시오.

8.18 주관식 JFET의 $g_{m0} = 5\text{mS}$이고, 핀치오프 전압 $V_P = 5\text{V}$이다. $V_{GS} = -3\text{V}$일 때, 드레인 전류 I_D를 구하시오.

8.19 주관식 JFET의 $V_{GSQ} = -2\text{V}$에서 $g_m = 3\text{mS}$이다. 차단전압 $V_{GS(off)} = -5\text{V}$일 때, I_{DSS}를 구하시오.

8.20 주관식 $I_{DSS} = 8\text{mA}$이고 $V_{GS(off)} = -5\text{V}$이다. 다음에 주어진 값으로 g_m을 구하시오.

(a) g_{m0} (b) $V_{GS} = -1\text{V}$ (c) $V_{GS} = -3\text{V}$

8.21 주관식 n채널 JFET 공통 소스 증폭기에서 소스 저항이 바이패스 되었다. 전압이득이 10이다. 전달 컨덕턴스 $g_m = 3\text{mS}$일 때, 드레인 저항은 얼마인가?

8.22 주관식 그림과 같은 공통 소스 증폭기(자기 바이어스 n채널 JFET)에서 $I_{DSS} = 8\text{mA}$, $V_{GS(off)} = -4\text{V}$일 때 도식적으로 해석하여 다음을 구하시오.

(a) 근사 I_{DQ}, V_{GSQ}

(b) V_{DS}

(c) g_{m0}

(d) g_m

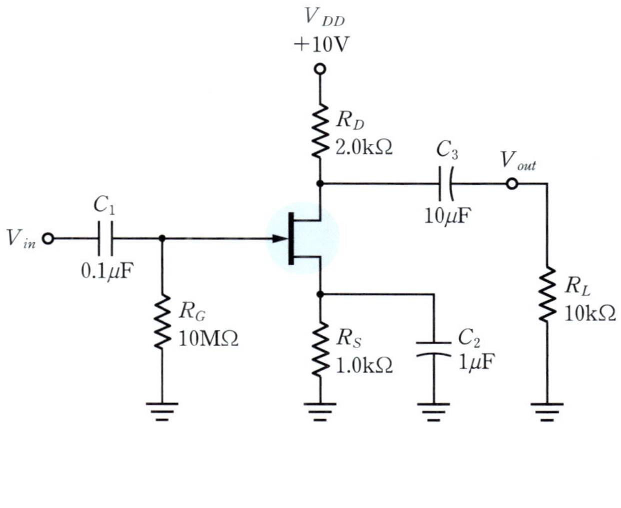

8.23 주관식 [연습문제 8.22]의 증폭기에서 입력신호가 $100\,\mathrm{mV_{rms}}$ 일 때, 전압이득 A_v 및 전체 입력 임피던스 및 출력 임피던스 Z_i, Z_o를 구하시오. 또한 출력의 피크-피크 전압은 얼마인가?

8.24 주관식 그림과 같은 공통 소스 증폭기(영 바이어스 n채널 D-MOSFET)에서 $I_{DSS}=6\,\mathrm{mA}$, $V_{GS(off)}=-4\,\mathrm{V}$이고, 또한 $V_{GS}=-10\,\mathrm{V}$에서 $I_{GSS}=25\,\mathrm{nA}$일 때, 다음을 구하시오.

(a) $R_{in(gate)}$ (b) Z_i (c) Z_o (d) A_v

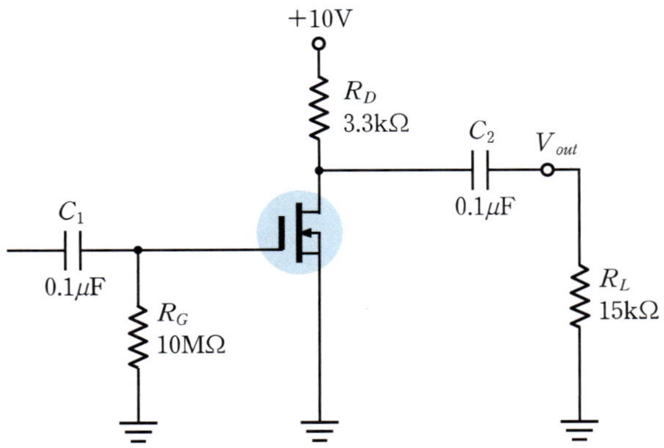

8.25 주관식 그림과 같은 공통 소스 증폭기(n채널 E-MOSFET)에서 $V_{GS(on)}=4\,\mathrm{V}$, $I_{D(on)}=6\,\mathrm{mA}$, $V_{GS(th)}=2\,\mathrm{V}$일 때, 다음을 구하시오. (단, $g_m=6\,\mathrm{mS}$, $V_{in}=100\,\mathrm{m}\,V_{rms}$이다.)

(a) V_{GS}

(b) I_D

(c) V_{DS}

(d) A_v

(e) V_{ds}

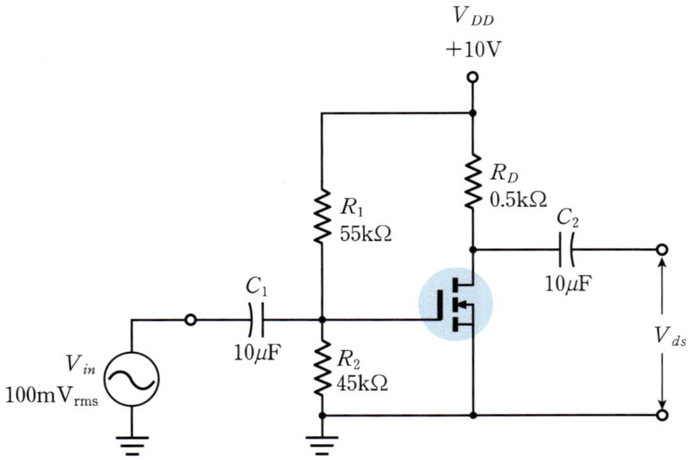

8.26 주관식 다음 공통 드레인 증폭기(소스 폴로워)에서 전압이득 A_v와 입력 임피던스 Z_i를 구하시오. (단, $V_{GS} = -10\,V$에서 $I_{GSS} = 20\,nA$이며, $g_m = 6000\,\mu S$이다.)

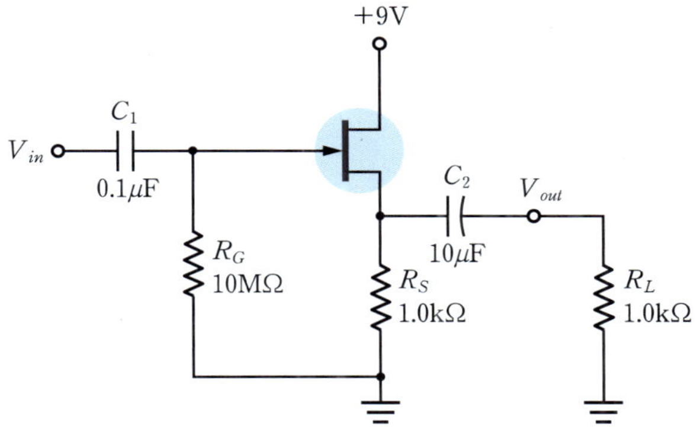

8.27 주관식 [연습문제 8.26]의 소스 폴로워에서 동일 조건에서 $g_m = 4000\,\mu S$로 대체되었을 때, 전압이득 A_v와 입력 임피던스 Z_i를 구하시오.

8.28 주관식 [연습문제 8.26]의 증폭기에서 부하저항을 $R_L = 10\,k\Omega$으로 바꿨을 때, 전압이득 A_v를 구하시오.

8.29 주관식 다음 공통 게이트 증폭기에서 전압이득 A_v와 입력 임피던스 Z_i를 구하시오. (단, $g_m = 4000\,\mu S$이다.)

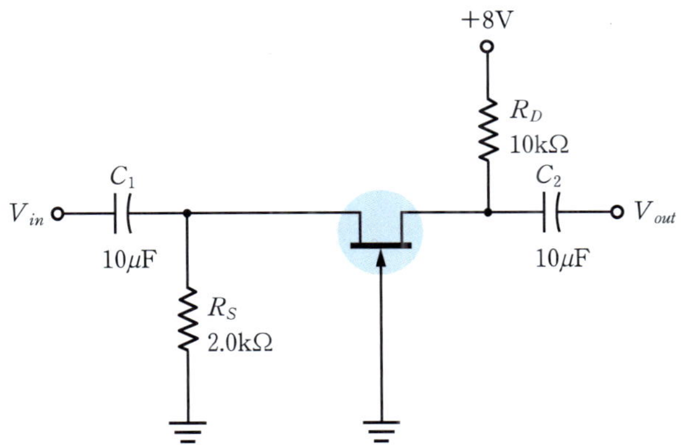

8.30 주관식 공통 게이트 증폭기에서 $g_m = 5\,mS$, $R_d = 2.0\,k\Omega$일 때, 다음을 구하시오.

(a) 전압이득 A_v (b) 입력 임피던스 Z_i

CHAPTER

09

사이리스터

이 장에서는 4층 구조 반도체에 대해 살펴볼 것이다. pnpn의 4층 구조로 된 소자를 사이리스터(thyristor)라 한다. 4층 구조의 소자로는 4층 다이오드(shockley diode), 실리콘 제어 정류기(SCR: silicon-controlled rectifier), 실리콘 제어 스위치(SCS: silicon-controlled switch), 다이액(diac), 트라이액(triac), 단일 접합 트랜지스터(UJT) 등이 있다.

CONTENTS

SECTION 01

4층 다이오드, SCR, SCS

이 절에서는 pnpn의 4층 구조의 사이리스터 소자들 중 4층 다이오드(쇼클리 다이오드), 실리콘 제어 정류기(SCR), 실리콘 제어 스위치(SCS)의 구조적인 특성, 동작원리 및 응용에 대해 고찰한다.

Keywords | 4층 다이오드 | 실리콘 제어 정류기(SCR) | 실리콘 제어 스위치(SCS) | 게이트 트리거 전류 | 순방향 도통 영역 | 순방향 항복전압 | 순방향 블로킹 영역 | 순방향 브레이크오버 전압 | 스위칭 전류 | 유지전류 | 위상제어 | 양극전류 중단 |

4층 다이오드

4층 다이오드(shockley diode)는 pnpn의 4층 구조로 되어 있으며, 2개의 외부단자, 즉 양극(Anode)과 음극(Cathode)을 갖고 있다. 이 소자는 순방향 전압이 어떤 값이 도달할 때까지는 Off 상태를 유지하다가 그 전압이 지나면 바로 On 상태가 되어 도통 상태가 된다. On 상태에서 특정 값(유지전류 I_H) 이상의 값에서는 전류가 흐르는 도통 상태가 유지되나. 유지전류 이하로 감소할 때, 바로 Off 상태가 된다. [그림 9-1]은 4층 다이오드(shockley diode)의 기본 구조 및 등가회로를 보여준다.

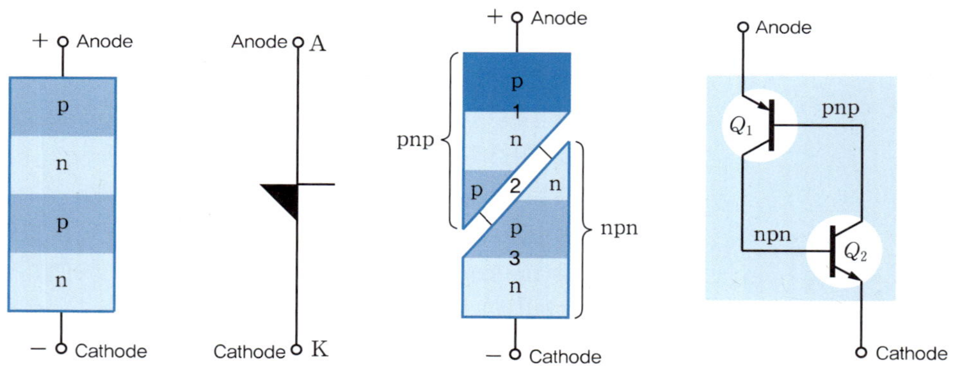

(a) 기본구조 (b) 기호 (c) 기본 등가구조 (d) 트랜지스터 등가회로

[그림 9-1] 4층 다이오드의 기본 구조 및 등가회로

그림 (c)~(d)에서 보는 것처럼 4층 다이오드는 pnp 트랜지스터 Q_1 과 npn 트랜지스터 Q_2 의 합성 회로로 표현된다. 이 회로에서 알 수 있듯이 두 개의 반도체(n, p형)의 중간 부분은 서로 공유된다. 트랜지스터 Q_1 의 베이스-이미터 접합은 pn 접합 1에, Q_2 의 베이스-이미터 접합은 pn 접합 3에, 그리고 Q_1 과 Q_2 의 베이스-컬렉터 접합은 pn 접합 2에 해당된다.

[그림 9-1(c)]에서처럼 음극(Cathode)에 대해 양극(Anode)에 전원의 양(+)의 전압이 인가될 때, 트랜지스터 Q_1, Q_2의 베이스-이미터 접합(pn 접합 1과 3)은 순방향 바이어스 되고, 공통 베이스-컬렉터 접합(pn 접합 2)은 역방향 바이어스 된다. 그러므로 두 개의 등가 트랜지스터는 모두 동작영역(이미터-베이스는 순방향, 베이스-컬렉터는 역방향)에 있다.

[그림 9-2]는 4층 다이오드 등가회로의 전류 흐름을 보여준다. 일정 수준까지의 낮은 순방향 방향 바이어스 전압에서 양극전류 $I_A = I_{E1}$은 거의 흐르지 않는다. 이와 같이 양극전류 I_A가 거의 흐르지 않아 Off 상태에 있는 4층 다이오드를 **순방향 블로킹 영역**(forward blocking region)에 있다고 한다.

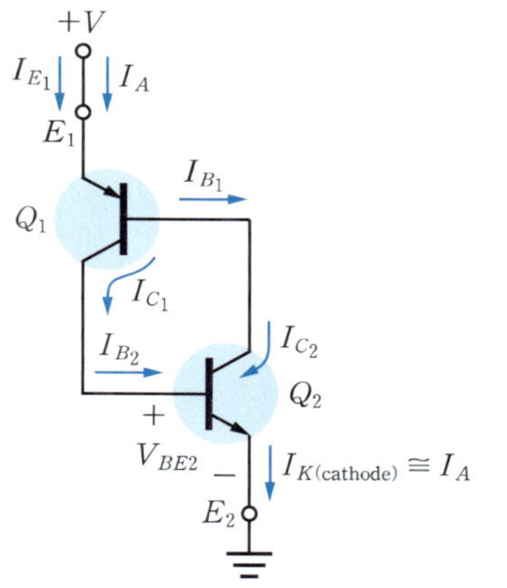

[그림 9-2] 4층 다이오드 등가회로의 전류 흐름

■ 순방향 브레이크오버 전압

4층 다이오드는 순방향 바이어스 되었다고 할지라도 순방향 블로킹 영역에 있을 때는 Off 상태이므로 전류가 흐르지 않는다. 순방향 블로킹 영역을 지나 전류가 흐르기 시작하는 전압을 **순방향 브레이크오버 전압**(Forward-breakover voltage)이라 한다. 따라서 순방향 블로킹 영역은 $V_{AK} = 0\,\text{V}$에서 순방향 브레이크오버 전압($V_{BR(F)}$)이라 불리는 전압값 사이의 영역을 말한다. 즉 $V_{AK} = 0\,\text{V}$ < 순방향 블로킹 영역 < $V_{BR(F)}$이다.

[그림 9-3]은 4층 다이오드의 특성곡선으로, 순방향 블로킹 영역 및 순방향 도통 영역을 잘 보여주고 있다.

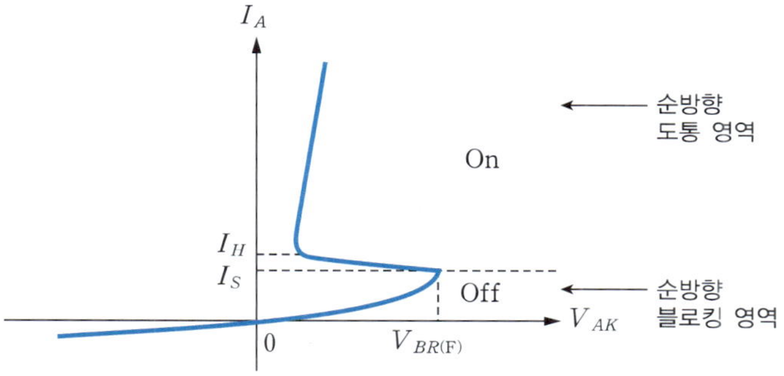

[그림 9-3] 4층 다이오드의 특성곡선

순방향 블로킹 영역에서 4층 다이오드의 V_{AK} 전압이 증가하면 다이오드에 흐르는 전류 I_A도 증가한다. 전류 I_A가 증가하여 스위칭 전류 I_S와 같아지는, 즉 $I_A = I_S$ 점의 전압(V_{AK})이 **순방향 브레이크오버 전압**(Forward-breakover voltage) $V_{BR(F)}$이다. 이때 다이오드는 포화되고, 다이오드의 순방향 전압 V_{AK}는 급격히 감소하며 다이오드는 On 상태가 된다. 이 영역을 **순방향 도통 영**

역(forward conduction region)이라 한다. 이때 4층 다이오드는 단락된(On 상태) 스위치로 동작한다. 다이오드 전류 I_A 가 유지전류 I_H 이하로 감소되지 않는 한 On 상태를 유지한다.

4층 다이오드가 도통해 On 상태에 있을 때, 다이오드 전류 I_A 가 **유지전류**(holding current) I_H 보다 크면 On 상태를 유지하지만, I_H 이하로 감소하면 Off 상태로 급격히 턴-오프 되며 순방향 블로킹 영역으로 들어간다.

4층 다이오드가 순방향 블로킹 영역에서 순방향 도통 영역으로 전환되는, 즉 On 상태로 되는 다이오드 전류 I_A 를 **스위칭 전류**(switching current) I_S 라 부른다. 스위칭 전류 I_S 는 유지전류 I_H 보다 작다.

예제 9-1

오른쪽 그림과 같은 4층 다이오드 회로에서 소자가 On 상태로 동작하고 있다. 순방향 브레이크오버 전압 $V_{BR(F)} = 5\,\text{V}$, 순방향 도통 전압이 1V일 때 회로에 흐르는 전류 I_A 를 구하시오.

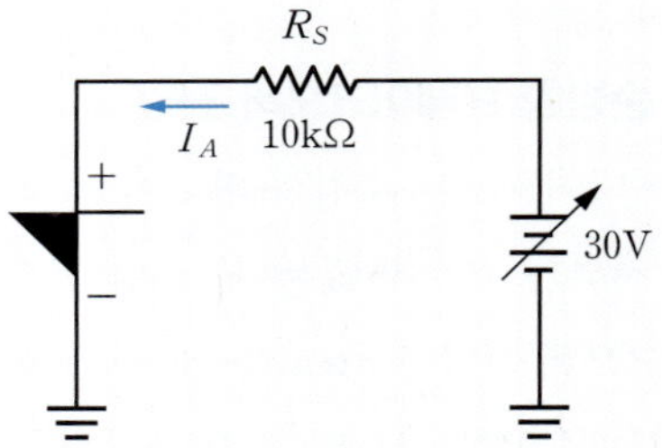

풀이

4층 다이오드의 순방향 도통 전압 $V_A = 1\text{V}$ 이므로 키르히호프의 법칙을 사용한다.

$$-30\,\text{V} + I_A R_S + V_A = 0$$
$$30\,\text{V} - 1\text{V} = I_A(10\,\text{k}\Omega)$$

따라서 회로에 흐르는 전류는 다음과 같다.

$$I_A = \frac{30\,\text{V} - 1\text{V}}{10\,\text{k}\Omega} = 2.9\,\text{mA}$$

실리콘 제어 정류기

실리콘 제어 정류기(SCR: Silicon-Controlled Rectifier)는 4층 다이오드와 같이 pnpn의 4층 구조로 되어 있으며, 3개의 외부 단자, 즉 양극(Anode), 음극(Cathode) 그리고 게이트(Gate)를 갖고 있다. 4층 다이오드와 같이 On 상태에서 양극과 음극 사이에 작은 순방향 저항이 존재하지만, 그 저항이 너무 작아($0.01\,\Omega \sim 0.1\,\Omega$ 사이) 단락회로로 취급한다. Off 상태에서는 당연히 개방회로로 동작한다. SCR은 구조적으로 4층 다이오드에 게이트 단자를 추가한 소자인데, 게이트는 SCR이 개방상태에서 단락상태로 스위칭되는 때를 결정한다. [그림 9-4]는 SCR의 기본 구조, 기호 및 트랜지스터 등가회로를 보여준다.

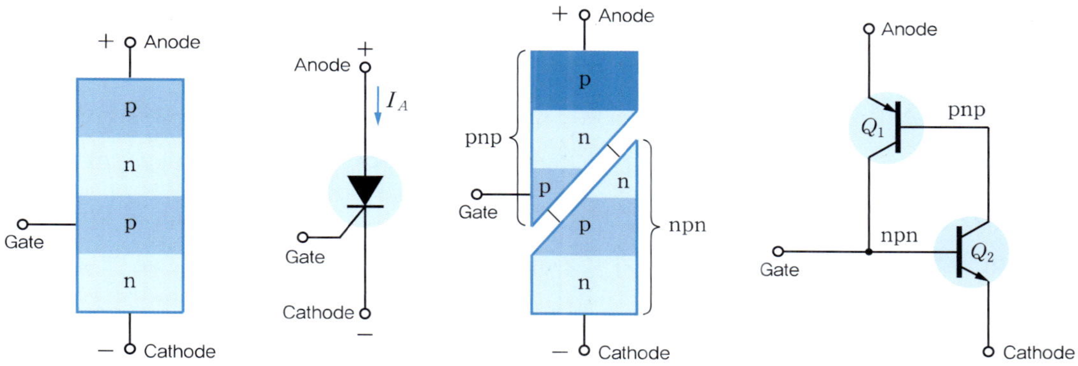

(a) 기본 구조 (b) 기호 (c) 기본 등가구조 (d) 트랜지스터 등가회로

[그림 9-4] SCR의 기본 구조 및 등가회로

[그림 9-4(d)]의 등가회로를 보면 SCR은 pnp(Q_1) 트랜지스터와 npn(Q_2)의 베이스-컬렉터가 상호결합되어 있다. 트랜지스터 Q_1의 이미터 단자가 양극(Anode)이고, 트랜지스터 Q_2의 이미터 단자가 음극(Cathode)이며, 트랜지스터 Q_2의 베이스가 게이트 단자이다.

■ SCR의 턴-온(turn-on)

SCR이 순방향 전도상태가 되어 전류 I_A가 흐르려면 먼저 양극(Anode)이 음극(Cathode)에 대해 양(+)이어야 한다. [그림 9-5]를 보자. 게이트 단자가 트리거되지 않았을 때, 즉 그림 (a)의 $0 \to t_1$ 사이에서는 게이트 펄스 $V_{gate} = 0\text{V}$이므로, $V_{BE_2} = V_{gate} = 0\text{V}$이다. 따라서 Q_2의 베이스 전류 $I_{B_2} = 0$이고, Q_1의 베이스 전류 $I_{B_1}(= I_{C_2})$이 너무 작아 트랜지스터 Q_1을 On 상태로 만들지 못한다(그림 (b)). 그러므로 두 트랜지스터 Q_1, Q_2 모두 Off 상태가 되어 SCR은 그림 (c)와 같이 개방 상태가 된다.

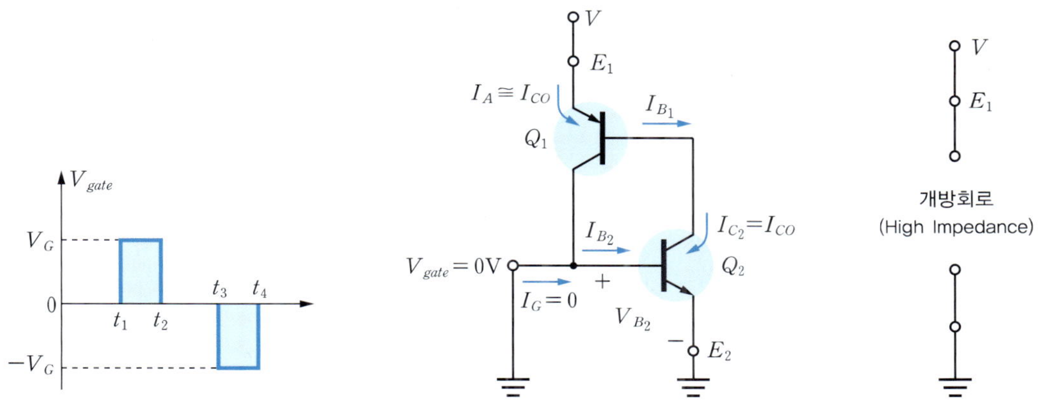

(a) 트리거 펄스 (b) $V_{gate} = 0\text{V}$에서의 회로 (c) 개방회로

[그림 9-5] 트리거 펄스가 없을 때[$0 \sim t_1$]의 동작

[그림 9-5(a)]의 $t = t_1$ 에서 SCR의 게이트에 트랜지스터 Q_2 를 On 상태로 만들 수 있는 트리거 펄스가 인가되면, 트랜지스터 Q_2 의 베이스-이미터가 순방향 바이어스가 되어 [그림 9-6(a)]와 같이 On 상태가 된다. 이때 트랜지스터 Q_2 의 컬렉터 전류 I_{C_2} 가 크게 증가한다. Q_2 의 컬렉터 전류 I_{C_2} 는 트랜지스터 Q_1 의 베이스 전류 I_{B_1} 이므로, 증가된 베이스 전류에 의해 트랜지스터 Q_1 의 이미터-베이스가 순방향 바이어스 되어 트랜지스터 Q_1 이 On 상태가 되고, 트랜지스터 Q_1 의 컬렉터 전류 I_{C_1} 이 증가한다. $I_{C_1} = I_{B_2}$ 이므로 I_{B_2} 가 증가하면 I_{C_2} 가 더욱 증가한다. 결과적으로 그림 (a)와 같이 $I_{E_1} = I_A$ 가 매우 크게 증가하면 SCR은 그림 (b)와 같이 단락회로가 된다.

SCR은 4층 다이오드의 p형 반도체에 연결된 게이트 단자가 있다는 것을 제외하면 4층 다이오드와 구조가 같다. 따라서 게이트에 트리거 펄스가 없을 때는 4층 다이오드와 마찬가지로 순방향 브레이크오버 전압을 초과한 양극 전압이 인가되면 전류 I_A 가 흘러 On 상태로 만들 수 있다.

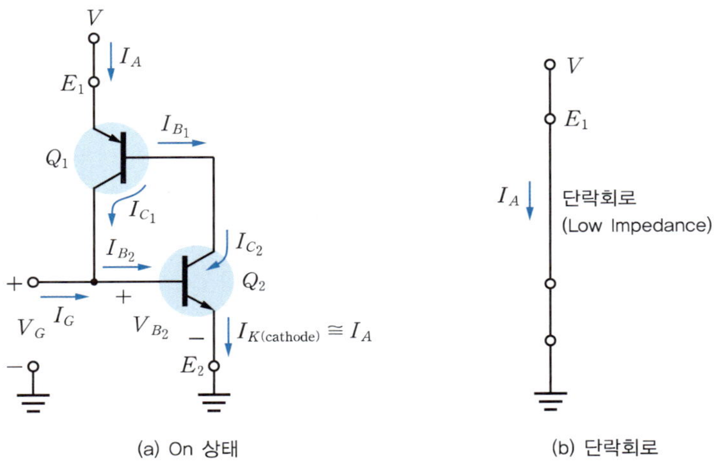

[그림 9-6] 트리거 펄스가 인가될 때[$t_1 \sim t_2$]의 동작

[그림 9-7]을 보자. 그림 (a)는 SCR의 게이트에 펄스전압(트리거)을 인가하지 않은($I_G = 0$) 특성곡선으로, 4층 다이오드와 같은 전압-전류 특성곡선을 나타낸다. 펄스전압의 크기를 조절하여 게이트 전류 I_G 를 조절하면 그림 (b)와 같이 SCR의 순방향 브레이크오버 전압 $V_{BR(F)}$ 을 제어할 수 있다. 게이트 전류 I_G 가 증가하면 순방향 브레이크오버 전압은 감소하고, 게이트 전류 I_G 가 감소하면 순방향 브레이크오버 전압은 증가한다. 따라서 큰 I_G 의 값은 매우 낮은 양극(+) 전압에서도 턴-온 점에 도달될 수 있음을 알 수 있다.

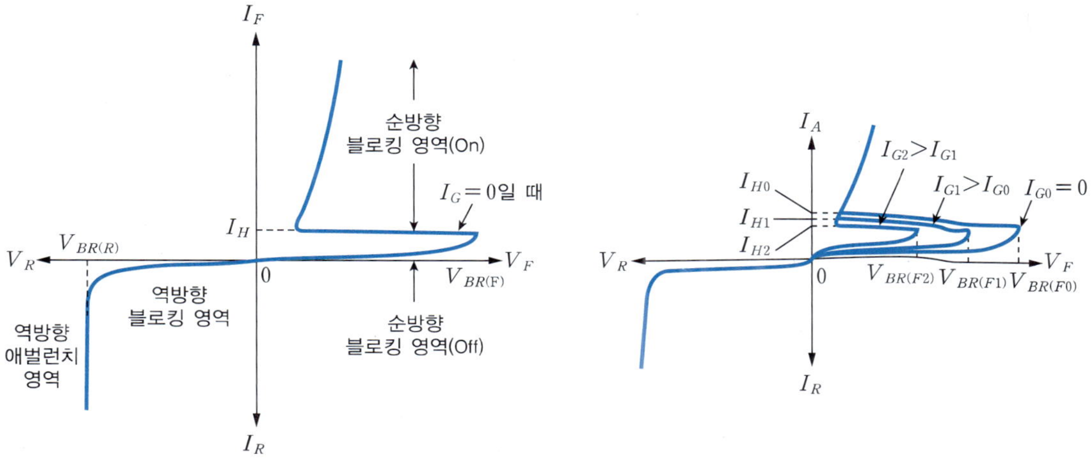

(a) 게이트 펄스전압이 없는($I_G = 0$) 특성곡선 (b) 다양한 트리거에 의한 특성곡선

[그림 9-7] 트리거 펄스전압의 크기에 따른 특성곡선

■ SCR의 턴-오프(turn-off)

SCR은 Off 상태에서 게이트의 트리거 펄스를 인가하여 턴-온 시킬 수 있으나, 트리거 펄스를 제거해도 턴-오프 되지 않고 순방향 도통 영역(On 상태)에 있다. SCR이 턴-오프 되기 위해서는 양극전류 I_A가 유지전류 I_H 이하로 떨어져야만 한다. 이를 위한 방법으로 양극전류 차단(anode current interruption) 방법과 강제전환(forced commutation technique) 방법이 있다.

[그림 9-8]은 양극전류를 차단하는 두 가지 가능한 방법을 보여준다. 그림 (a)는 스위치를 직렬차단(개방)하면 양극전류 $I_A = 0$이 되고, 그림 (b)는 스위치를 병렬 단락시키면 $I_A = 0$이 되어 SCR이 Off 상태가 된다.

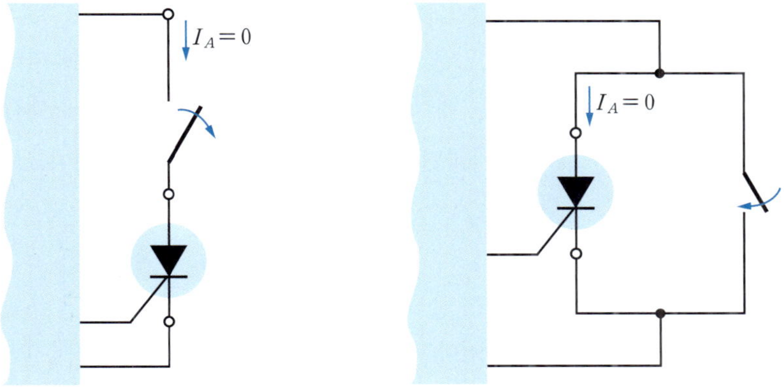

(a) 직렬 차단(개방) 방법 (b) 병렬 단락 방법

[그림 9-8] 양극전류 차단에 의한 턴-오프 방법

한편, 강제전환 방법은 SCR에서 흐르는 전류를 순방향 전도와 반대 방향으로 강제로 흐르게 하는 것이다. 이렇게 강제전환 방법을 이행하는 회로는 여러 가지가 있는데, 대부분 제조회사들의 매뉴얼에서 볼 수 있다. 기본적인 회로를 [그림 9-9(a)]에 나타냈다.

그림 (a)에서 알 수 있듯이 강제전환 턴-오프 회로는 1개의 npn 트랜지스터 Q_1, 바이어스 직류전원 V_B, 1개의 펄스 발생기로 구성된다. SCR이 On 상태로 동작하는 동안 npn 트랜지스터 Q_1의 베이스 전류 $I_B = 0$이다. 따라서 npn 트랜지스터는 Off 상태로 턴-오프 회로가 차단되어 SCR은 On 상태를 유지한다. 양극전류 I_A를 강제 전환하여 턴-오프 시키기 위해 트랜지스터 Q_1의 베이스에 양(+)의 펄스를 가해주면 트랜지스터가 On 상태가 된다. 그러면 그림 (b)의 등가회로와 같이 트랜지스터 Q_1은 단락상태가 되고, 바이어스 전압 V_B가 직접 SCR의 양단에 걸리게 되며, 역방향으로 강제전류가 흘러 SCR은 Off 상태가 된다.

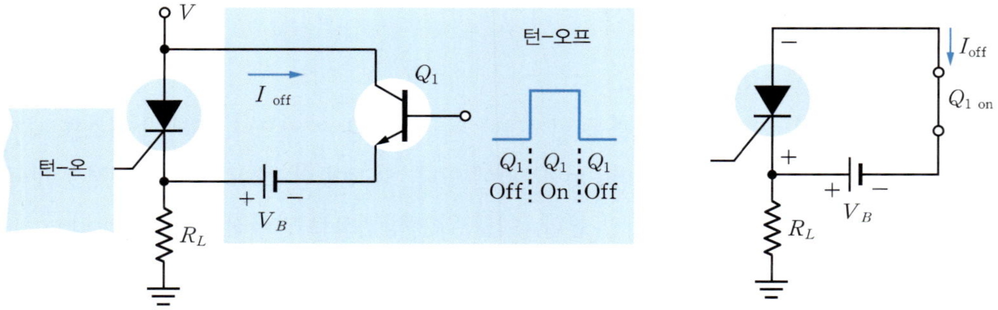

(a) 강제전환 회로 (b) 턴-오프 등가회로

[그림 9-9] 강제전환 회로 및 턴-오프 등가회로

■ SCR의 특성과 정격([그림 9-7] 참고)

❶ 순방향 브레이크오버 전압 $V_{BR(F)}$

이 전압은 SCR이 순방향 도통 영역으로 들어가는 전압을 말한다. SCR은 게이트 전류 I_G에 따라 순방향 브레이크오버 전압이 달라지는데, $V_{BR(F_0)}$는 게이트 전류 $I_G = 0$일 때의 값이며 최대값이 된다. [그림 9-7(b)]처럼 게이트 전류 I_G가 증가하면($I_{G_2} > I_{G_1} > I_{G_0}$) 순방향 브레이크오버 전압은 감소한다($V_{BR(F_0)} > V_{BR(F_1)} > V_{BR(F_2)}$).

❷ 유지전류 I_H

SCR이 순방향 도통 영역을 유지하는 양극전류(I_A)이다. 양극전류가 유지전류 이하로 떨어지면 SCR은 순방향 도통 영역에서 순방향 블로킹 영역으로 전환된다. 유지전류 값은 게이트 전류 I_G에 따라 변화되는데, I_G 값이 감소하면 유지전류 I_H가 증가한다. 따라서 $I_G = 0$일 때 유지전류는 최대가 된다.

❸ 게이트 트리거 전류 I_G

게이트 트리거 전류는 SCR이 순방향 블로킹 영역에서 순방향 도통 영역(On)으로 전환되는 데 필요한 게이트 전류 값이다.

❹ 순방향 도통 영역

SCR이 On 상태로 동작하고 있는 영역으로, 양극전류 I_A가 흐르는 영역이다.

❺ 순방향 블로킹 영역 및 역방향 블로킹 영역

SCR이 Off 상태로 동작하고 있는 영역으로, 양극전류 I_A가 흐르지 않으며 SCR이 개방회로 상태에 있음을 의미한다.

❻ 역방향 항복전압 $V_{BR(R)}$

애벌런치 현상이 발생하는 역방향 전압으로, SCR에 급격하게 역방향 전류가 흐른다.

■ SCR 응용

SCR은 모터제어, 위상제어, 시간지연 회로, 릴레이 제어, 히터제어 등 많은 분야에서 널리 사용된다. 이 절에서는 On/Off 제어, 반파직렬 정 스위치(series static switch) 제어, 가변저항 위상제어, 비상등 시스템의 응용회로의 SCR 응용회로에 대해 고찰한다.

(1) On/Off 제어

[그림 9-10]은 부하저항 R_L에 흐르는 전류 I_A를 On/Off시키기 위한 회로이다. 스위치 SW1을 순간적으로 닫음으로써 SCR이 On 상태가 되어 부하저항 R_L에 전류 I_A가 흐르게 되고, 스위치 SW2를 순간적으로 닫음으로써 SCR이 Off 상태가 되어 전류 I_A가 흐르지 않게 된다.

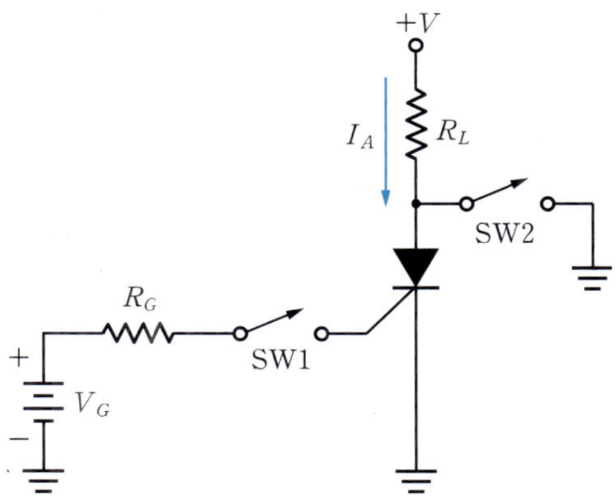

[그림 9-10] SCR의 On/Off 제어

SCR이 Off 상태로 있을 때, 스위치 SW1을 닫으면 게이트에 트리거 펄스전류가 인가된다. 게이트에 트리거 펄스전류가 인가된 즉시 SCR은 순방향 도통 상태(On)가 되어 부하저항 R_L에 전류가 흐르게 된다. SCR이 On 상태에 있을 때는 스위치 SW1을 개방해도 SCR은 계속 On 상태를 유지하며, 부하저항 R_L에 전류가 계속 흐른다. SW2를 닫는 순간에 부하저항 R_L에 흐르던 전류 I_A는 SCR의 우회 단락회로로 흐르게 된다. 따라서 SCR에는 유지전류 I_H 이하로 감소된 전류가 흐르게 되어 SCR이 턴-오프 된다.

예제 9-2

오른쪽 그림과 같은 SCR의 On/Off 회로에서 SW1을 닫았을 때, 게이트의 트리거 전류를 구하시오. 그리고 SCR이 On 상태가 되었을 때 부하저항 R_L에 흐르는 전류 I_A를 구하시오. (단, $V_{AK}=0.3\,\text{V}$, $V_{GK}=0.7\,\text{V}$, $I_H=7\,\text{mA}$이다.)

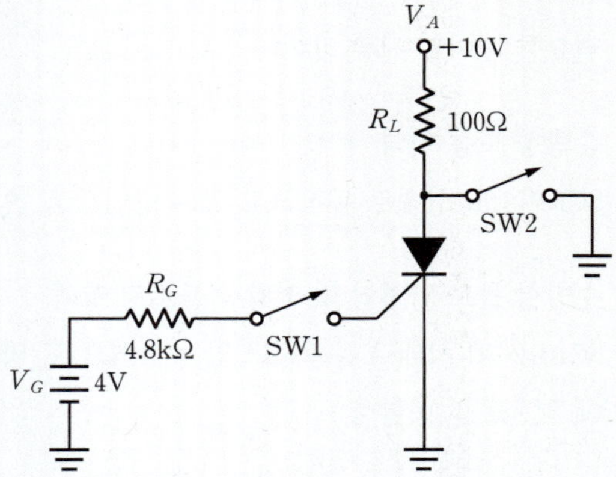

풀이

$$I_G=\frac{V_G-V_{GK}}{R_G}=\frac{4\,\text{V}-0.7\,\text{V}}{4.8\,\text{k}\Omega}\cong 0.7\,\text{mA}$$

$$I_A=\frac{V_A-V_{AK}}{R_L}=\frac{10\,\text{V}-0.3\,\text{V}}{100\,\Omega}=93\,\text{mA}$$

(2) 반파직렬 정 스위치

[그림 9-11(a)]는 반파직렬 정 스위치(series static switch) 회로이다. 정현파 입력이 인가되었을 때 게이트 단자의 스위치를 닫으면, 입력신호가 양(+)인 동안에만 게이트 전류가 흘러 SCR이 On 상태가 된다. SCR이 On 상태, 즉 SCR이 순방향 도통 상태가 되므로 SCR의 양극과 음극 사이는 거의 단락 상태가 된다. 이때 SCR의 양단전압 V_{AK}는 매우 작아진다. SCR이 On 상태가 되면 병렬로 구성된 게이트 회로의 전압도 V_{AK}로 작아져 게이트 전류도 현저하게 감소하게 된다.

SCR은 양(+)의 입력신호에서 동작하여 [그림 9-11(b)]와 같이 부하저항 R_L에 반파의 정류신호가 흐른다. 입력신호의 음(−)의 반주기 동안에는 SCR의 양극(Anode)에 음(−)의 신호가 인가되어 SCR이 Off 상태가 된다. 또한 게이트에 위상제어 회로를 연결하면 반파 정류신호(180°)보다 작은 출력신호를 얻을 수 있다. 게이트 회로의 저항 R_1은 게이트 전류의 크기를 제한하며, 게이트 전류가 반전되는 것을 방지하기 위해 다이오드 D_1을 연결했다.

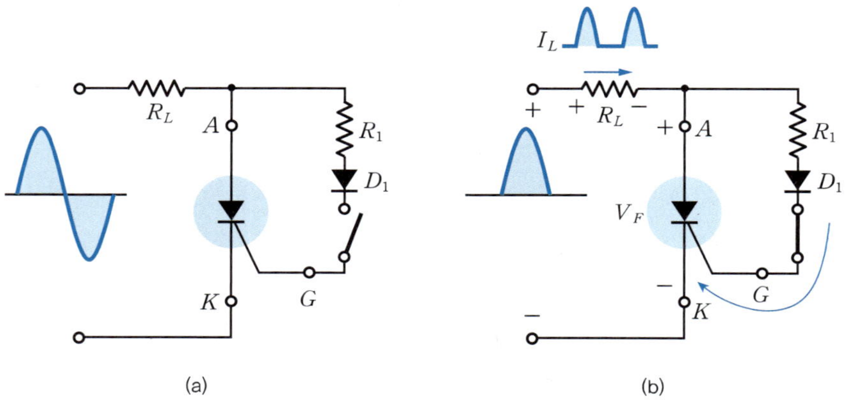

[그림 9-11] 반파직렬 정 스위치

(3) 가변저항 위상제어

[그림 9-12]는 가변저항 위상제어 회로를 보여준다. R_L은 부하 저항, R_1은 고정저항으로 전류 제한 저항이고, R_2는 가변저항이다. 가변저항 R_2에 연결된 게이트 단자는 가변저항 R_2에서 전압분배 회로를 구성하여 SCR의 게이트 트리거 전압 V_G를 조절한다. 입력신호가 양(+)인 동안에만 가변저항 R_2를 조절하면 게이트 트리거 전압 V_G가 조절된다. 따라서 SCR은 양(+)의 반주기(0° ~ 90°) 상의 어떤 점에서든 임의로 게이트를 트리거할 수 있다.

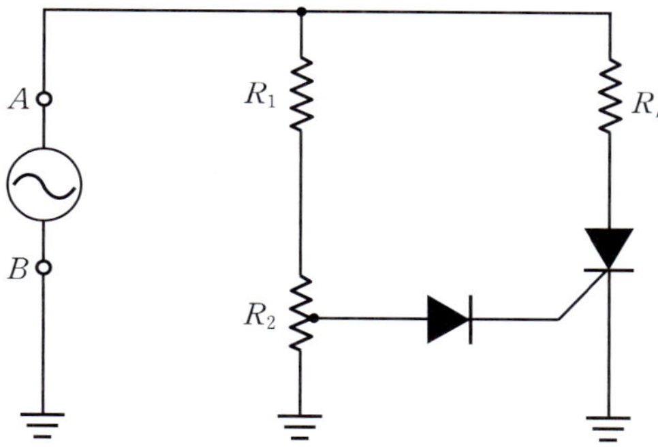

[그림 9-12] 가변저항 위상제어 회로

[그림 9-13]을 보자. 그림 (a)와 같이 가변저항 R_2가 최대값일 때, 게이트 트리거 전압 $V_G = V_{R_2}$가 된다. 이때 입력신호의 시작점 가까이에서 SCR은 On 상태가 되며, 부하저항 R_L에 양(+)의 입력 반주기 전체가 출력된다. 가변저항 R_2를 조절하여 $V_G = 3/4\left(V_{R_2}\right)$로 감소시키면 그림 (b)와 같이 입력신호의 45° 점에서 SCR은 On 상태가 되며, 부하저항 R_L에 양(+)의 입력 반주기의 135°의 신호가 출력된다. 가변저항 R_2를 조절하여 $V_G = 1/2\left(V_{R_2}\right)$로 감소시키면 그림 (c)와 같이 입력신호의 90° 점에서 SCR은 On 상태가 되며, 부하저항 R_L에 양(+)의 입력 반주기의 90°의 신호가 출력된다. 입력이 90° 위상 변위에서 최대이므로 제어를 90° 이상으로 확장할 수 없다. 음(−)의 반주기 교류 입력 동안에 게이트 트리거 전압 V_G가 음(−)이 되므로 SCR은 Off 상태가 된다.

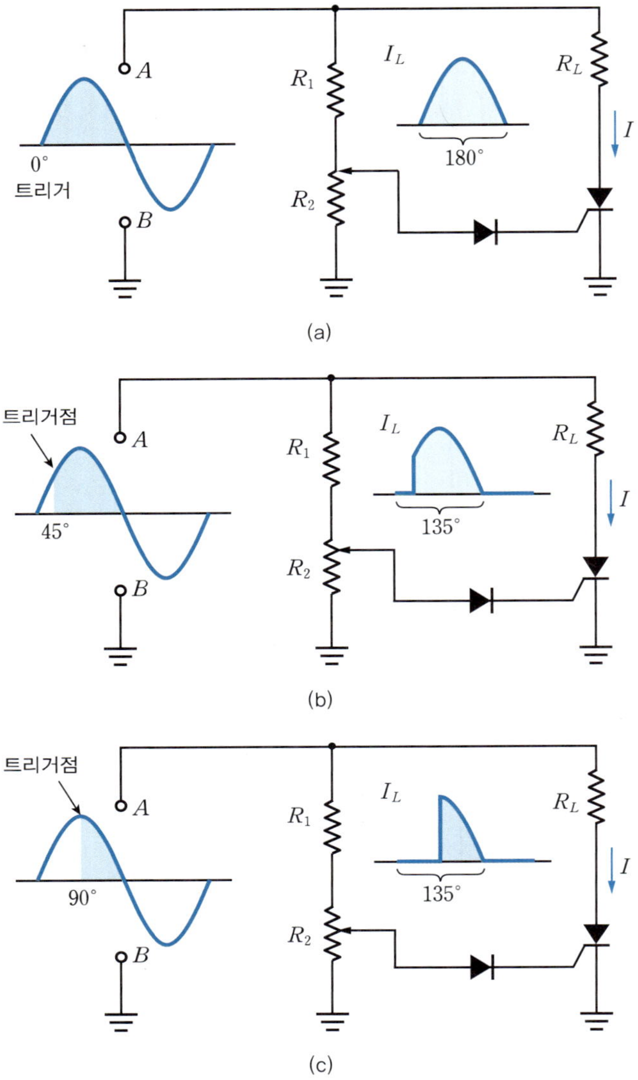

[그림 9-13] 가변저항 위상제어 회로의 동작

(4) 비상등 시스템

[그림 9-14]는 비상등 시스템의 SCR 응용회로를 보여준다. 비상등 시스템은 교류 입력전원이 정전되었을 때, 6 V 의 예비전지를 이용하여 조명을 유지한다. 교류입력이 동작할 때 중간탭 전파 정류기의 다이오드 D_1 과 D_2 에 의해 전파 정류된 신호가 램프 양단에 나타나 점등된다. 이때 예비전지는 다이오드 D_3 와 저항 R_1 을 통해 충전된다. 또한 커패시터 C 는 전파 정류된 신호의 피크값과 6V 의 예비전지에 의해 전압분배로 얻게 된 R_2 양단의 직류전압과의 차에 의한 전압으로 충전된다. SCR의 음극전압은 전파 정류된 교류의 피크값이 되며, SCR의 양극전압은 6 V 의 예비전지 전압으로 음극보다 낮은 전압이기 때문에 SCR은 도통되지 않는다. 이때 SCR의 게

이트 전압 V_G 는 예비전지 전압(6 V)을 저항 R_2 와 R_3 의 전압분배에 의한 R_2 전압이 된다. 그림 (a)처럼 교류 입력전원에 의해 램프는 동작하고, SCR은 Off 상태로 있다.

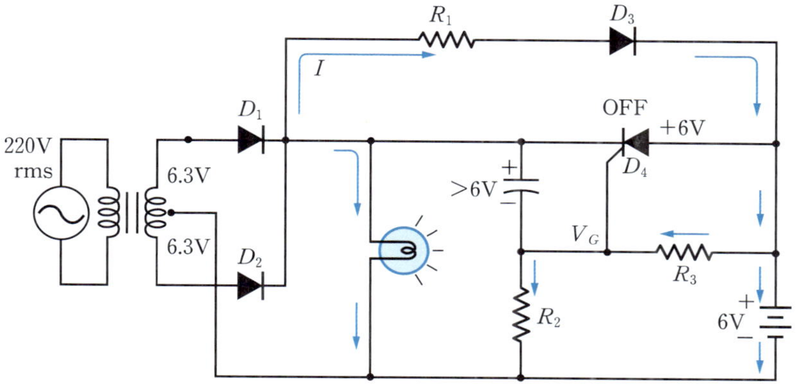

(a) 교류전원에 의한 동작

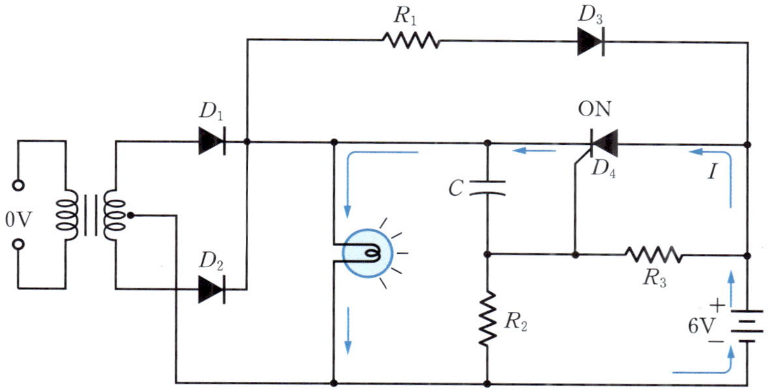

(b) 예비전지에 의한 동작(정전)

[그림 9-14] 비상등 시스템의 동작

교류 입력전원이 정전되면 커패시터에 충전되어 있던 전력은 $R_1 - D_3 - R_3$ 로 구성되는 폐회로를 통해 방전되어 SCR의 음극전압이 양극전압보다 낮아진다. 즉 SCR의 양극전압이 음극전압보다 높고, 게이트의 트리거 전압은 전압분배 전압 V_{R_2} 가 되어 트리거 조건을 만족한다. 따라서 SCR은 On 상태가 되어 그림 (b)처럼 예비전지에 의해 램프가 동작한다. 교류전원이 복구되면 커패시터는 재충전되고, SCR은 Off 상태가 되며, 램프는 교류입력에 의해 동작한다.

실리콘 제어 스위치

실리콘 제어 스위치(SCS: Sillicon-Controlled Switch)도 실리콘 제어 정류기(SCR)와 같이 4층 구조(pnpn)의 반도체 소자이다. [그림 9-15]는 SCS의 반도체 구조, 등가회로 및 기호를 보여준다.

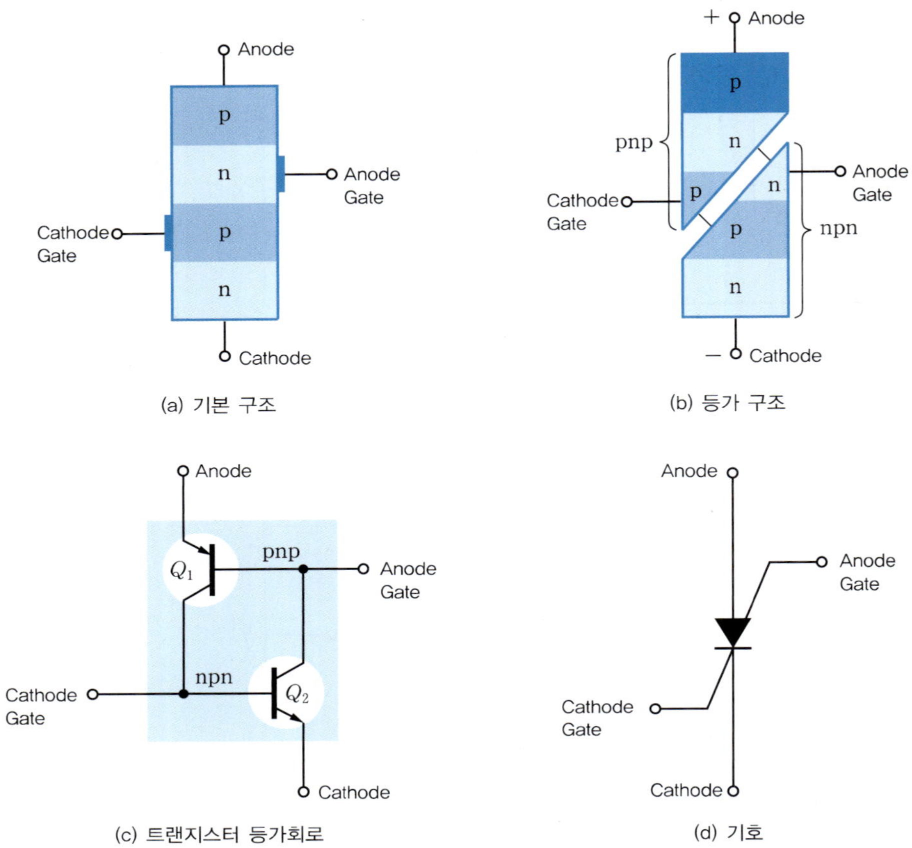

(a) 기본 구조 (b) 등가 구조

(c) 트랜지스터 등가회로 (d) 기호

[그림 9-15] SCS의 기본 구조 및 등가회로

양극 게이트가 추가된 것을 제외하면 SCS 소자와 SCR 소자는 구조적으로 비슷하며, SCS 소자의 특성도 SCR 소자의 특성과 비슷하다. SCS의 기본 동작은 그림 (c)를 통해 쉽게 이해할 수 있다. 트랜지스터 등가회로를 보면, 트랜지스터 Q_1, Q_2가 off되어 SCS가 Off 상태에 있다고 가정한다. 양극 게이트와 음극 게이트는 SCS 소자를 On 상태나 Off 상태로 바꿀 때 사용되며, 게이트의 전류가 크면 클수록 SCS 소자를 On 상태로 전환하는 데 필요한 양극-음극 사이의 전압은 낮아진다.

■ 턴-온

양극(A)와 음극(K) 사이에 전원이 연결되어 있을 때, SCR처럼 음극 게이트에 양(+)의 펄스를 인가하면 트랜지스터 Q_2가 도통되고, 동시에 트랜지스터 Q_1의 베이스 전류가 흐르게 되어 트랜지스터 Q_1이 턴-온 된다. Q_1의 컬렉터 전류는 Q_2의 베이스 전류를 공급하여 SCS는 On 상태를 유지한다. 또한 SCR과 달리 SCS는 양극 게이트에 음(-)의 펄스를 인가해도 턴-온 시킬 수 있다. 즉 양극 게이트에 음(-)의 펄스를 인가하면 트랜지스터 Q_1의 이미터-베이스는 순방향 바이어스 되어 On 상태가 되고, 컬렉터에 전류가 흐른다. Q_1의 컬렉터 전류는 트랜지스터 Q_2의 베이스 전류를 공급하여 트랜지스터 Q_2를 On 상태로 만듦으로써 SCS를 On 상태로 동작하게 한다.

■ 턴-오프

턴-오프하기 위해서는 양극 게이트에 양(+)의 펄스를 인가하거나 음극 게이트에 음(-)의 펄스를 인가하면 된다. 양극 게이트에 양(+)의 펄스를 인가하면 트랜지스터 Q_1의 베이스-이미터 접합이 역방향 바이어스 되어 트랜지스터 Q_1이 Off 상태가 되고, 이어서 트랜지스터 Q_2가 Off 상태가 되어 SCS가 턴-오프 된다. 마찬가지로 음극 게이트에 음(-)의 펄스를 인가하면 Q_2의 베이스-이미터 접합이 역방향 바이어스 되어 트랜지스터 Q_2가 Off 상태가 되고, 이어서 트랜지스터 Q_1이 Off 상태가 되어 SCS가 턴-오프 된다.

SCS를 턴-오프 시키는 또 다른 방법으로 양극전류를 유지전류 이하로 감소시키는 방법이 있다. [그림 9-16]과 같이 직렬 스위치 방법과 병렬 스위치 방법으로 구분할 수 있다. SCS의 양극단자에 연결된 트랜지스터(BJT)의 베이스가 양극전류를 유지전류 이하로 차단시키는 스위치로 동작한다.

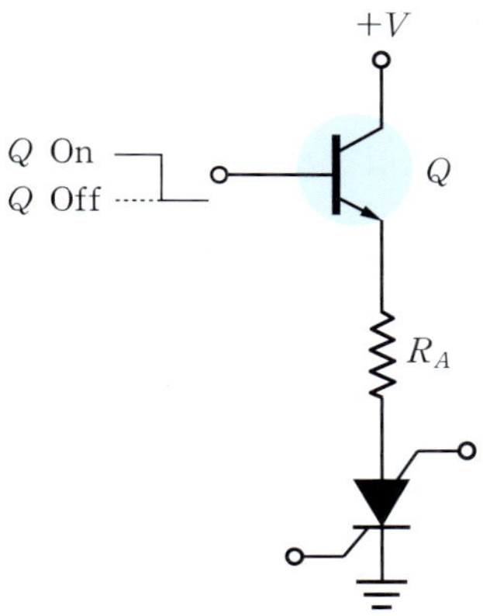

(a) 직렬 스위치(BJT) 방법

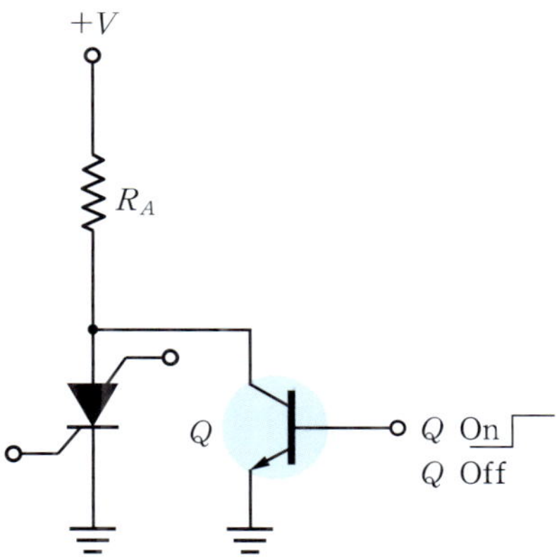

(b) 병렬 스위치(BJT) 방법

[그림 9-16] 직렬 및 병렬 트랜지스터에 의한 SCS 턴-오프

일반적으로 SCS의 장점은 턴-오프 시간이 SCR의 턴-오프 시간보다 빠르다는 것이다. SCS의 경우 턴-오프 시간은 $1\mu s \sim 10\mu s$ 이내지만, SCR의 경우에는 $5\mu s \sim 30\mu s$이다. 또한 SCR을 능가하는 SCS의 장점으로는 트리거의 민감도, 제어능력의 개선 및 전도 상태를 예견할 수 있다는 것이다. 그러나 SCS가 SCR에 비해 저 전력으로 제한되어 사용된다. 전형적인 최대 양극전류 범위는 $100\,mA \sim 300\,mA$이며, 정격 소비전력은 $100\,mW \sim 500\,mW$이다.

■ SCS 응용(경보회로)

[그림 9-17]은 SCS를 응용한 경보회로를 보여준다.

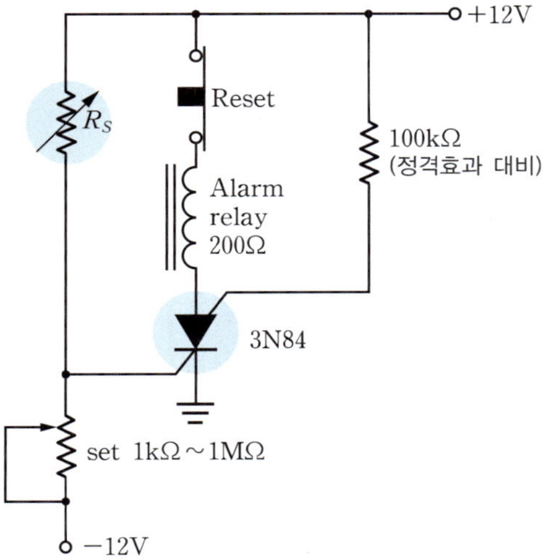

[그림 9-17] SCS 경보회로

가변저항 R_S 는 온도, 빛 또는 방사선에 민감한 저항이다. 즉 온도, 빛 또는 방사선 중 어느 하나가 가해졌을 때 저항값이 감소하는 가변저항 소자이다. 음극 게이트 전압은 저항 R_S 와 하단의 가변저항과의 전압분배에 의해 결정된다. 만일 저항 R_S 와 하단의 가변저항 값이 같다면 양단에 +12V와 −12V가 걸리므로 게이트 전압은 0V가 된다. 그러나 하단의 가변저항이 일정할 때, 저항 R_S 가 온도, 빛 또는 방사선 중 어느 하나에 의해 감소되면 상대적으로 하단의 가변저항이 증가한다. 그 결과 음극 게이트 전압이 증가하므로 SCS가 On 상태가 되어 경보 계전기를 작동시킨다. 100kΩ 저항은 **정격효과**(rate effect) 현상으로 인해 우발적으로 트리거되는 가능성을 줄이기 위한 것이다. 이러한 현상은 게이트 사이의 부유 커패시턴스에서 기인하며, 이는 높은 주파수에서의 과도현상으로 우발적으로 SCS를 On 상태로 변환하기에 충분한 게이트 전류를 만들 수 있다. Reset 버튼을 누르면 SCS는 Off 상태가 되어 양극전류가 흐르지 않게 된다.

그 외 SCS를 응용하는 회로에는 카운터, 레지스터, 타이밍 회로와 같은 다양한 컴퓨터 회로가 있으며, 펄스 발생기, 전압센서, 발진기 등이 있다.

SECTION 02

다이액, 트라이액 및 기타 소자

이 절에서는 사이리스터의 기타 소자로 다이액, 트라이액, 단일 접합 트랜지스터(UJT)와 프로그램 가능한 단일 접합 트랜지스터(PUT)를 다룬다. 다이액과 트라이액은 반도체층이 병렬로 서로 반대방향으로 결합되어 있어 양방향으로 전류를 흐르게 할 수 있는 사이리스터 소자이다. 다이액은 두 단자로 구성되어 있고, 트라이액은 다이액에 트리거를 위한 게이트 단자가 추가되어 세 단자로 구성되어 있다.

Keywords | 다이액 | 트라이액 | 단일 접합 트랜지스터 | 프로그램 가능한 단일 접합 트랜지스터 |

다이액

다이액(diac)은 양방향으로 전류를 흐르게 하는 2개 단자를 가진 4층 반도체 소자이다. 4층 다이오드처럼 양단에 전압을 인가하여 순방향 브레이크 오버 전압($V_{BR(F)}$)이 되면 전류가 흐른다.

[그림 9-18]에 다이액의 기본 구조 및 특성곡선을 나타냈다. 양방향으로 전류가 흐르는 소자이므로 두 단자를 양극(Anode 1) A_1, 양극(Anode 2) A_2로 나타냈다. 그림 (a)에서 알 수 있듯이, 두 단자 A_1과 A_2는 p형과 n형 두 반도체를 접촉하고 있다. 단자 A_1과 A_2 사이의 오른쪽 부분은 pnpn 구조의 4층 다이오드이고, 왼쪽 부분은 npnp 구조의 4층 다이오드임을 알 수 있다. 이러한 4층 다이오드를 트랜지스터 등가회로로 나타내면 그림 (c)와 같다. 다이액은 단자 A_1과 A_2 양단의 전압 극성에 따라 전류 방향이 결정되는데, 두 단자의 어느 방향으로든 전압을 인가하여 순방향 브레이크 오버 전압 V_{BR}에 도달하면 다이액은 **턴-온** 되어 전류가 흐른다. 또한 도통되어 흐르는 전류가 유지전류 이하로 떨어지면 다이액은 **턴-오프** 된다.

그림 (c)에서 단자 A_1에 양(+) 전압, 단자 A_2에 음(−) 전압을 인가하면 pnpn 구조의 4층 다이오드와 같이 트랜지스터 Q_1과 Q_2는 순방향 바이어스 되고, Q_3와 Q_4는 역방향 바이어스 된다. 따라서 단자 A_1에서 트랜지스터 Q_1, Q_2를 통해 단자 A_2로 전류가 흐르며, 그림 (d)의 전달 특성곡선의 윗부분과 같은 특성을 나타낸다. 반대로, 단자 A_2에 양(+) 전압, 단자 A_1에 음(−) 전압을 인가하면 앞서와 같이 pnpn 구조의 4층 다이오드로 트랜지스터 Q_3, Q_4가 순방향 바이어스 되고, Q_1, Q_2는 역방향 바이어스 된다. 따라서 단자 A_2에서 트랜지스터 Q_4, Q_3를 통해 단자 A_1으로 전류가 흐르며, 그림 (d)의 전달 특성곡선의 아랫부분과 같은 특성을 나타낸다.

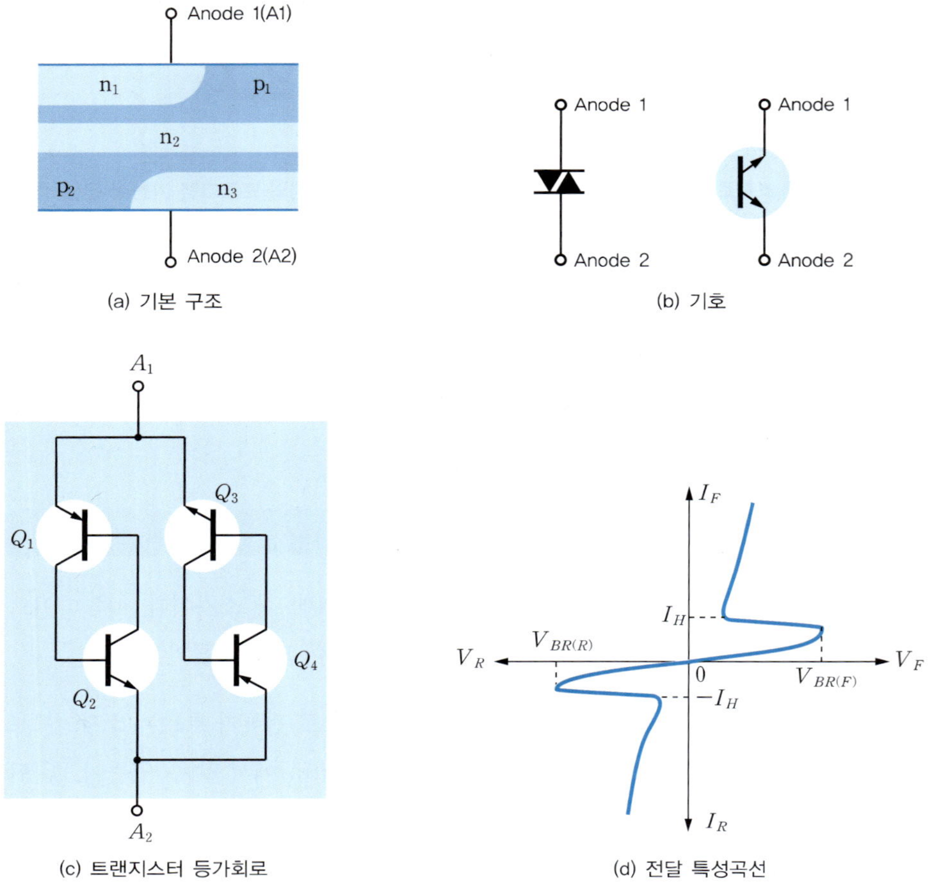

[그림 9-18] 다이액의 기본 구조 및 특성곡선

트라이액

트라이액(triac)은 턴-온 조건을 제어하기 위해 다이액에 게이트 단자를 추가한 양방향 소자로서, 어떤 방향에서나 브레이크오버 전압 이전에 게이트 전류를 통해 턴-온 시킬 수 있다. 트라이액은 구조적으로 SCR 2개를 서로 반대 방향으로 연결하고 공통의 게이트 단자로 게이트 전류를 제어하여 턴-온 시키는 소자라고 할 수 있다. 다이액과 마찬가지로 양극(Anode) A_1과 A_2 단자의 전압 극성에 따라 한쪽 방향으로 전류를 흐르게 한다. [그림 9-19]에 트라이액의 기본 구조 및 특성곡선을 나타냈다.

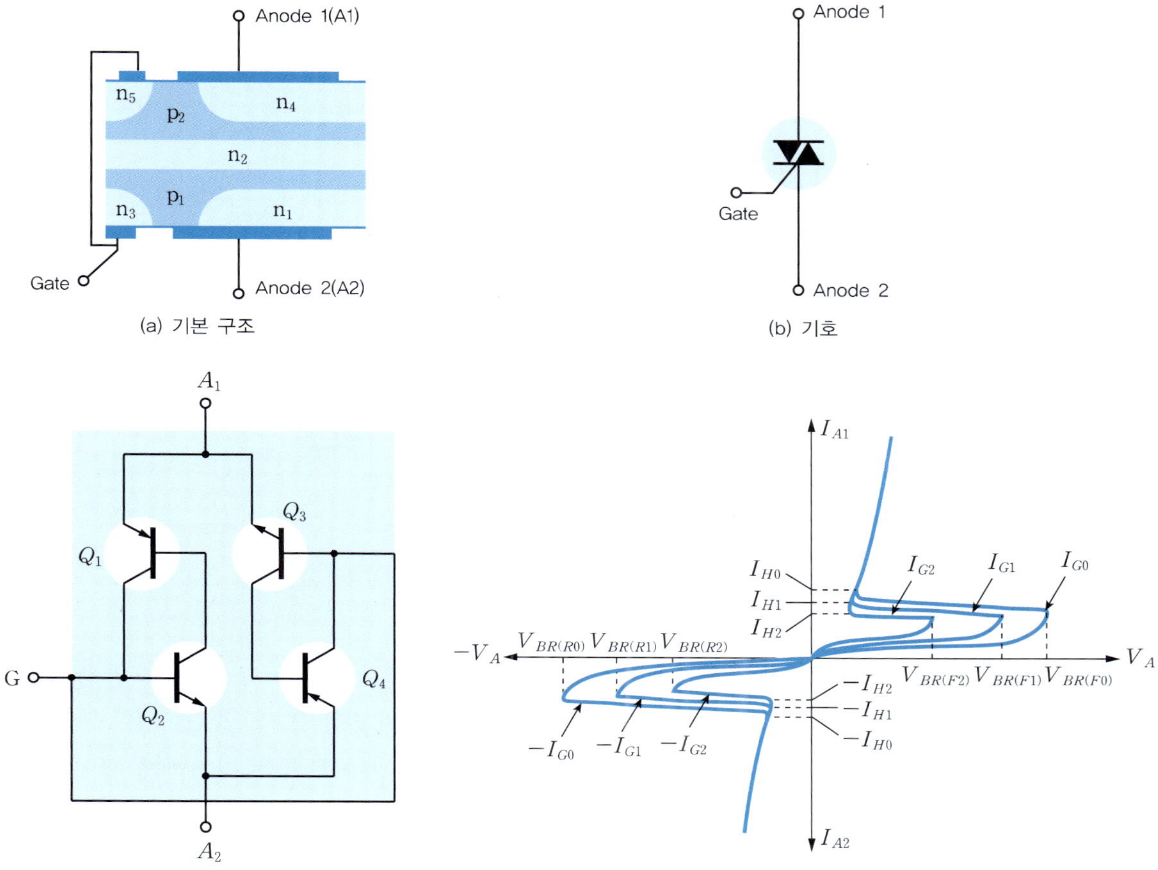

(a) 기본 구조 (b) 기호

(c) 트랜지스터 등가회로 (d) 전달 특성곡선

[그림 9-19] 트라이액의 기본 구조 및 특성곡선

트라이액은 게이트를 트리거하여 **턴-온** 시키는데, 이때 게이트 전류를 크게 할수록 브레이크오버 전압은 감소한다. 또한 다른 사이리스터처럼 트라이액도 양극전류가 유지전류 I_H 이하로 떨어질 때 **턴-오프** 된다. 트라이액의 경우, 턴-오프 시키는 방법은 이것이 유일하다.

[그림 9-20]은 트라이액이 양쪽 방향으로 도통되는 것을 보여준다. 그림 (a)는 A_1에 양(+), A_2에 음(−) 전압을 인가하고 게이트가 펄스에 의해 트리거되면, 즉 [그림 9-19(c)]의 등가회로에서 트랜지스터 Q_3, Q_4는 역방향 바이어스 되고, Q_1, Q_2는 순방향 바이어스 되어 단자 A_1에서 A_2 방향으로 전류가 흐르는 것을 나타낸다.

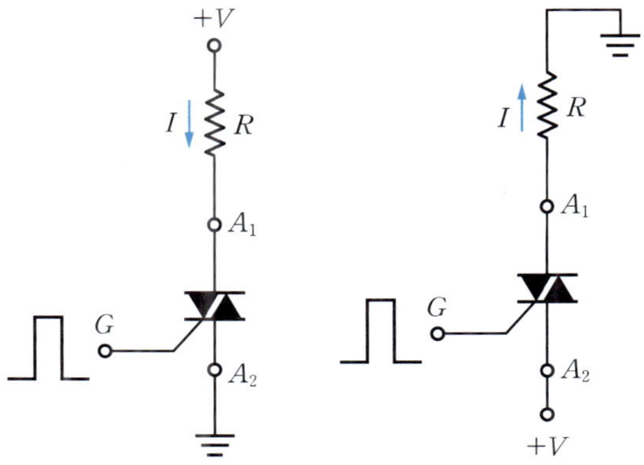

(a) A_1 : 양(+) 전압인 경우 (b) A_2 : 양(+) 전압인 경우

[그림 9-20] 트라이액의 전류 방향

반대로, 그림 (b)는 A_2에 양(+), A_1에 음(−) 전압을 인가하고 게이트가 펄스에 의해 트리거되면, 즉 [그림 9−19(c)]의 등가회로에서 트랜지스터 Q_1, Q_2는 역방향 바이어스 되고, Q_3, Q_4는 순방향 바이어스 되어 단자 A_2에서 A_1 방향으로 전류가 흐르는 것을 나타낸다.

■ 다이액과 트라이액의 응용(위상 전력 제어)

[그림 9−21]은 다이액과 트라이액의 기본적인 응용으로 위상 전력제어 회로이다. SCR과 마찬가지로 트라이액도 위상제어를 통해 부하로 공급되는 평균전력을 제어하는 데 사용할 수 있다. 이 응용회로에서 소자는 입력 정현파 신호의 양(+) 영역과 음(−) 영역 동안에 On 상태와 Off 상태로 스위칭 함으로써 부하에 공급되는 교류전력을 제어한다. 이 회로에서 다이액의 출력은 트라이액의 게이트 신호가 된다. 교류 입력신호의 양(+)의 전압이 입력되었을 때 다이액의 양단전압이 순방향 브레이크오버 전압보다 크면 다이액이 On 상태가 되어 전류가 흐른다. 다이액의 출력전류는 트라이액의 게이트를 트리거하게 되어 트라이액이 도통되며, 부하저항 R_L에 전력을 공급한다. 마찬가지로 교류 입력신호의 음(−)의 전압에서도 다이액 양단의 음(−) 전압이 순방향 브레이크오버 전압보다 작으면 다이액이 On 상태가 된다. 이 회로에서는 가변저항 R에 의해 전도각(위상)이 제어된다.

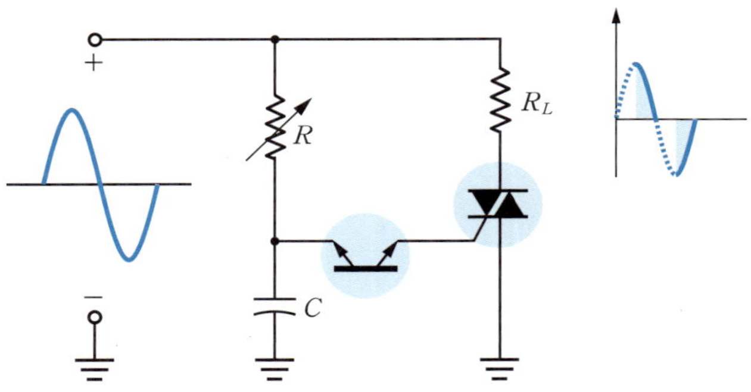

[그림 9−21] 다이액과 트라이액의 응용(위상 전력 제어)

단일 접합 트랜지스터(UJT)

단일 접합 트랜지스터(UJT : UniJunction Transistor)는 3단자 소자로서, 4층 구조가 아니므로 사이리스터 계열에 속하지 않는다. 최근 SCR과 함께 많은 분야에서 관심을 받고 있는 UJT는 1948년에 개발되어 1952년에 상업용으로 쓰이기 시작했다. 특히 발진기, 트리거 회로, 톱니파 발생기, 위상 제어, 시간 측정회로 등에 쓰이며, 정상 작동 조건일 때 소비전력이 낮다는 특징이 있다.

UJT는 경미하게 도핑되어 높은 저항성을 갖는 n형 실리콘 슬랩(slab)의 양 끝에 2개의 베이스가 부착되어 있으며, 단일 pn 접합소자로 이미터(E), 베이스 1(B_1), 베이스 2(B_2)로 이루어진 3단 소자이다. [그림 9−22]는 UJT의 기본 구조, 등가회로, 기호를 보여준다. UJT와 JFET의 기호가 비슷해 보이지만, JFET 기호의 화살표가 직선인 것에 비해 UJT 기호의 화살표는 일정 각도로 꺾여 있다는 점이 다르다. 또한 하나의 pn 접합을 갖고 있는 UJT의 특성은 BJT와 JFET의 특성과 매우 다르다.

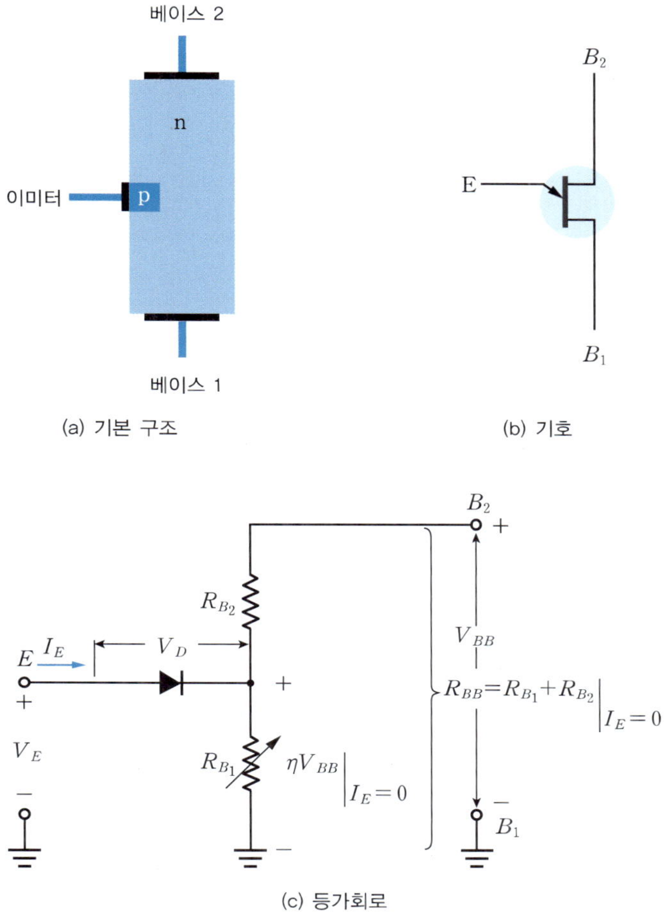

[그림 9-22] 단일 접합 트랜지스터(UJT)의 기본 구조 및 등가회로

그림 (c)의 등가회로는 2개의 저항(고정저항 1개, 가변저항 1개)과 1개의 다이오드로 구성된다. 가변저항 R_{B_1}은 이미터와 베이스(B_1) 사이의 실리콘 막대에 대한 내부 동저항(dynamic resistance)을 나타내고, 저항 R_{B_2}는 이미터와 베이스(B_2) 사이의 저항을 나타낸다. B_1과 B_2 사이의 전체 저항은 이미터 전류 $I_E = 0$일 때, R_{B_1}과 R_{B_2}의 합으로 나타내며, 이를 **베이스 단자 간의 총 저항**(interbase resistance)이라 부른다.

★ 베이스 단자 간의 총 저항 ★

$$R_{BB} = (R_{B_1} + R_{B_2})\big|_{I_E = 0} \tag{9.1}$$

저항 R_{B_1}은 이미터 전류 I_E에 반비례하며, 가변저항으로 나타낸다. 저항 R_{B_1} 값은 이미터 전류 I_E에 따라 수십 Ω ~ 수 kΩ 까지 변화할 수 있다. UJT가 그림 (c)의 등가회로처럼 바이어스 되어 있고, $I_E = 0$일 때 $V_{R_{B_1}}$의 크기는 전압분배 법칙으로 구한다.

$$V_{R_{B_1}} = \frac{R_{B_1}(V_{BB})}{R_{B_1} + R_{B_2}} = \eta V_{BB} \bigg|_{I_E = 0} \tag{9.2}$$

식 (9.2)의 η (eta)는 **진성 이탈비**(intrinsic stand-off ratio)로 식 (9.3)과 같다.

★ 진성 이탈비 η ★

$$\eta = \frac{R_{B_1}}{R_{B_1} + R_{B_2}} \bigg|_{I_E = 0} = \frac{R_{B_1}}{R_{BB}} \tag{9.3}$$

그림 (c)의 등가회로에서 이미터에 인가된 전압 V_E가 $V_{R_{B_1}} + V_{pn}$ 보다 작으면 다이오드가 순방향 바이어스 되지 않으므로 이미터 전류가 흐르지 않는다. 따라서 다이오드가 순방향 바이어스 되게 만드는 이미터 전압을 V_P 라고 할 때, 식 (9.4)와 같아야 한다. 여기서 V_{pn}은 다이오드의 순방향 바이어스 전압(0.7 V)이다.

★ 피크점 전압 V_P ★

$$V_P = \eta V_{BB} + V_{pn} \tag{9.4}$$

이미터 전압 V_E가 V_P에 도달하면 다이오드가 순방향 바이어스 되어 전류 I_E가 R_{B_1}을 통해 흐르기 시작한다. [그림 9-23]은 $V_{BB} = 10\text{ V}$ 로 일정한 경우일 때의 특성곡선을 보여준다.

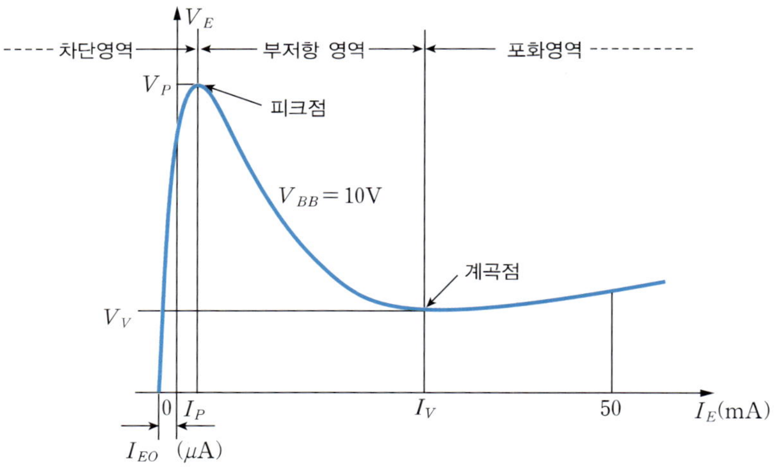

[그림 9-23] UJT 특성곡선($V_{BB} = 10\text{ V}$)

[그림 9-23]의 특성곡선에서 이미터 전압의 피크점(V_P)의 왼쪽의 이미터 전류 I_E 는 BJT의 역방향

누설전류 I_{CO} 와 매우 비슷하다. 또한 특성곡선에서 알 수 있듯이 $V_E = V_P(I_E = I_P)$에서 턴-온 되며, 이후 I_E가 증가함에 따라 이미터 전압 V_E는 감소한다. 이러한 현상이 나타나는 이유는 전류 I_E가 증가할수록 반도체의 내부저항 R_{B_1}이 감소하기 때문이다. 이 영역에서는 V_E가 감소하는데 I_E가 증가하는 부저항(negative resistance) 특성을 나타내므로, 이 영역을 **부저항 영역**이라 한다. 계곡점($V_E = V_V$, $I_E = I_V$)을 지난 후 소자는 포화되고, I_E가 증가할수록 V_E도 조금씩 증가한다.

■ UJT 응용(위상 전력 제어)

UJT는 SCR과 트라이액의 트리거 소자로 응용되며, 또한 비정현파 발진기, 톱니파 발생기, 위상제어, 타이밍 회로 등에 응용된다. [그림 9-24]는 UJT를 활용한 SCR 트리거 회로를 보여준다.

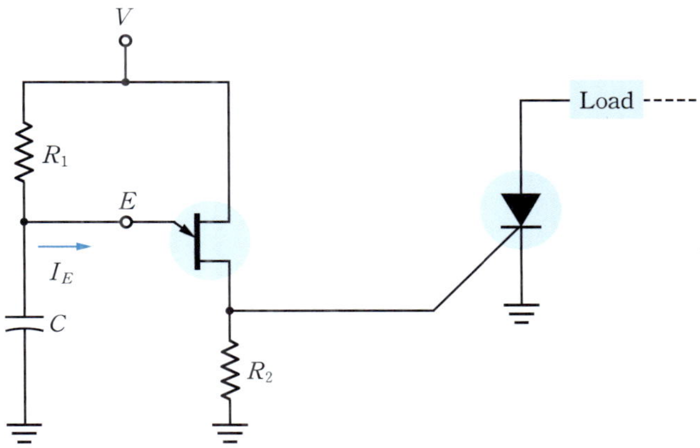

[그림 9-24] UJT의 SCR 트리거

[그림 9-24] 회로에서 UJT가 On/Off 되기 위해서는 다음 조건이 성립해야 한다. 먼저, 확실하게 턴-온이 되기 위해서는 피크점에서의 I_E가 I_P보다 커야 한다. 회로에서

$$V - I_{R_1}R_1 = V_E$$

이며, 피크점에서 $V_E = V_P$이므로 이 식을 정리하면 다음과 같다.

$$R_1 = \frac{V - V_P}{I_{R_1}}$$

피크점에서 턴-온 되므로, 저항 R_1의 전류에 피크전류 I_P를 대입하면 다음과 같다.

$$R_1 = \frac{V - V_P}{I_P}$$

확실하게 턴-온이 되기 위해서는 I_E가 I_P보다 커야 하므로 저항 R_1은 다음 조건을 만족해야 한다.

$$R_1 < \frac{V - V_E}{I_P} \tag{9.5}$$

또한 계곡점에서 회로가 턴-오프 되는데, 이 때 $I_E = I_V$, $V_E = V_V$이다. 회로에서

$$V - I_{R_1}R_1 = V_E$$

이며, 계곡전압과 전류를 대입하여 정리하면 다음과 같다.

$$V - I_V R_1 = V_V$$

$$R_1 = \frac{V - V_V}{I_V}$$

계곡점에서 확실하게 턴-오프를 하기 위해 저항 R_1 은 다음 조건을 만족해야 한다.

$$R_1 > \frac{V - V_V}{I_V} \quad (9.6)$$

★ 턴-온과 턴-오프를 보장하기 위한 저항 R_1의 범위 ★

$$\frac{V - V_V}{I_V} < R_1 < \frac{V - V_P}{I_P} \quad (9.7)$$

예제 9-3

오른쪽 그림과 같은 UJT 회로에서 On/Off가 확실하게 되도록 저항 R_1 의 범위를 구하시오. (단, UJT의 규격은 $\eta = 0.5$, $V_V = 1.5\,\text{V}$, $I_V = 15\,\text{mA}$, $V_P = 15\,\text{V}$, $I_P = 50\,\mu\text{A}$ 이다.)

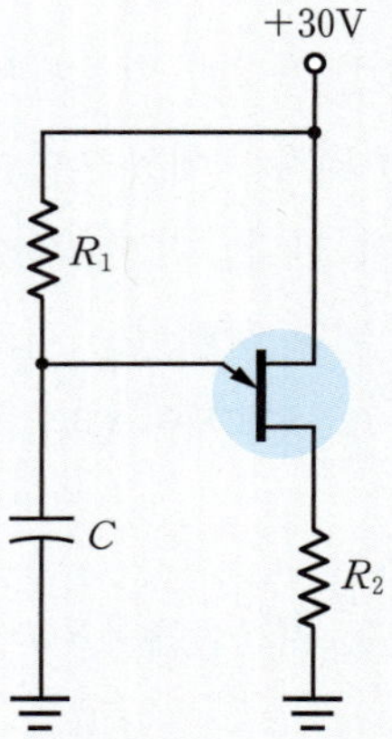

풀이

저항 R_1 의 범위는 $\frac{V - V_V}{I_V} < R_1 < \frac{V - V_P}{I_P}$ 이므로, 다음과 같이 계산된다.

$$\frac{30\,\text{V} - 1.5\,\text{V}}{15\,\text{mA}} < R_1 < \frac{30\,\text{V} - 15\,\text{V}}{50\,\mu\text{A}}$$

$$1.9\,\text{k}\Omega < R_1 < 300\,\text{k}\Omega$$

예제 9-4

오른쪽 그림과 같은 UJT 회로에 대해

(a) $I_E = 0\,\text{A}$ 일 때, R_{B_1}과 R_{B_2}를 구하시오.

(b) UJT가 턴-온 하는 데 필요한 전압 V_P를 구하시오.

(c) 저항 $R_1 = 50\,\text{k}\Omega$ 이 UJT를 확실하게 턴-온/턴-오프 시키는 범위에 있는지 판별하시오.
(단, UJT의 규격은 $\eta = 0.6$, $R_{BB} = 6\,\text{k}\Omega$, $I_V = 15\,\text{mA}$, $V_V = 1\text{V}$, $I_P = 20\,\mu\text{A}$ 이다.)

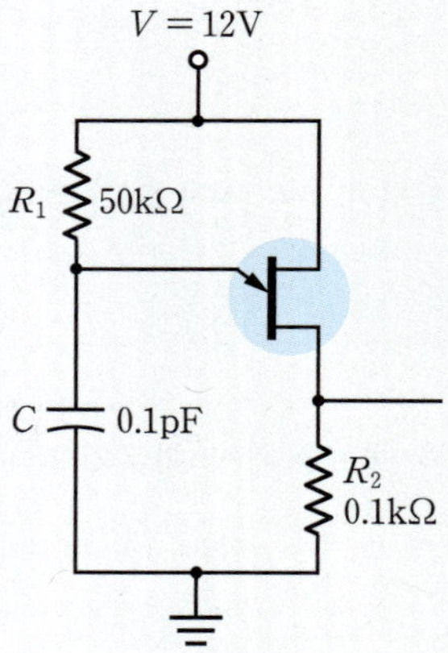

풀이

먼저, 턴-온을 위한 전압 V_P를 계산하기 위해 등가회로를 그린다.

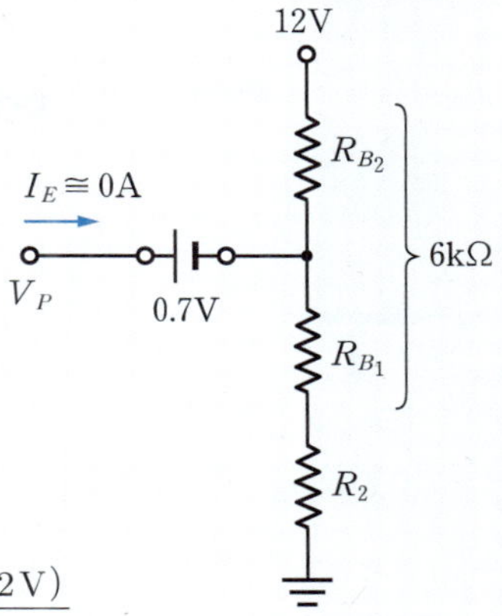

(a) $\eta = \dfrac{R_{B_1}}{R_{B_1}+R_{B_2}} = \dfrac{R_{B_1}}{R_{BB}}$ 이므로, $0.6 = \dfrac{R_{B_1}}{R_{BB}} = \dfrac{R_{B_1}}{6\,\text{k}\Omega}$ 에서 다음을 구한다.

$$R_{B_1} = 0.6 \times 6\,\text{k}\Omega = 3.6\,\text{k}\Omega$$

$$R_{B_2} = R_{BB} - R_{B_1} = 6\,\text{k}\Omega - 3.6\,\text{k}\Omega = 2.4\,\text{k}\Omega$$

(b) $V_C = V_P$ 점에서 턴-온 되기 직전($I_E = 0$)의 V_P를 구한다.

$$V_P = 0.7\,\text{V} + \frac{(R_{B_1}+R_2)(12\,\text{V})}{R_{BB}+R_2} = 0.7\,\text{V} + \frac{(3.6\,\text{k}\Omega + 0.1\,\text{k}\Omega)(12\,\text{V})}{6\,\text{k}\Omega + 0.1\,\text{k}\Omega}$$

$$= 0.7\,\text{V} + 7.28\,\text{V} \cong 8\,\text{V}$$

(c) 저항 R_1의 범위는 $\dfrac{V - V_V}{I_V} < R_1 < \dfrac{V - V_P}{I_P}$ 이므로 다음과 같이 계산된다.

$$\frac{12\,\text{V} - 1.0\,\text{V}}{15\,\text{mA}} < R_1 < \frac{12\,\text{V} - 8\,\text{V}}{20\,\mu\text{A}}$$

$$0.73\,\text{k}\Omega < R_1 < 200\,\text{k}\Omega$$

따라서 저항 $R_1 = 50\,\text{k}\Omega$은 이 범위 내에 있다.

프로그램 가능한 단일 접합 트랜지스터(PUT)

프로그램 가능한 단일 접합 트랜지스터(PUT: Programmable UJT)는 4층 구조로 되어 있는 사이리스터의 일종으로 양극, 음극 그리고 게이트의 3단자로 구성되어 있다. 구조적으로는 SCR과 비슷하나, 특성은 UJT와 유사하여 많은 응용분야에서 UJT를 대체하기도 한다. 일부 발진기에서는 UJT 대신 PUT를 사용하기도 한다.

SCR은 음극 측에 게이트 단자가 있으나, PUT는 양극 측에 게이트 단자가 있고, 이 게이트를 이용하여 턴-온/턴-오프 시킨다. PUT의 게이트는 음극에 대해 항상 양(+)으로 바이어스 되어 있으며, 양극전압이 게이트 전압보다 0.7V 높으면 순방향 바이어스 되어 **턴-온** 된다. 반대로, 양극전압이 순방향 바이어스 전압 이하로 떨어지면 **턴-오프** 된다.

[그림 9-25]는 PUT의 기본 구조 및 특성곡선을 보여준다. PUT의 바이어스는 그림 (c)에 나타낸 것처럼 전압 분배기 회로를 이용하여 적절한 게이트 전압으로 바이어스 할 수 있다. 양극전압이 바이어스 된 게이트 전압을 0.7V 초과하면 PUT는 턴-온 된다.

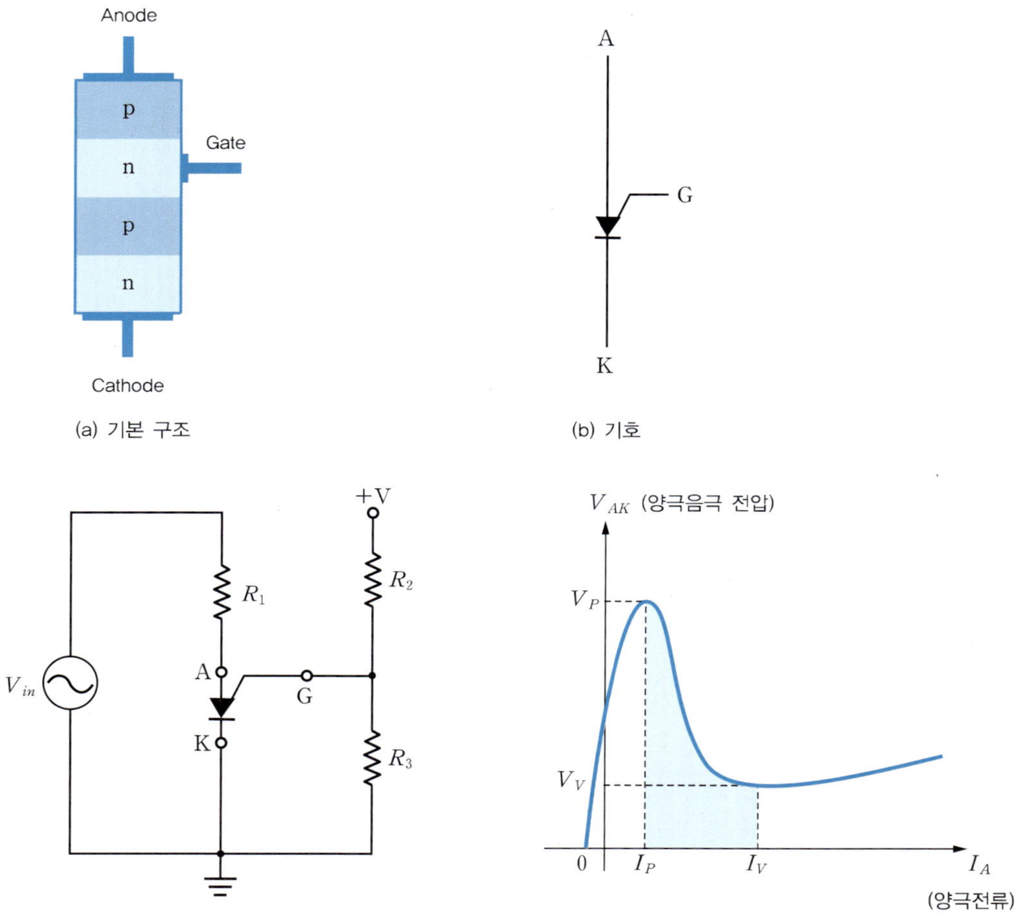

[그림 9-25] PUT의 기본 구조 및 특성곡선

■ PUT 응용

[그림 9-26]은 PUT를 활용한 이완 발진기 회로 및 입·출력파형을 보여준다. 이완 발진기 회로에서 게이트(바이어스) 전압 V_G 는 저항 R_2 와 R_3 의 전압분배 회로에 의해 결정된다. PUT가 Off인 상태에서 $+20\,\text{V}$ 의 직류전원이 인가되면 $V_G = +10\,\text{V}$ 가 되며, 커패시터는 저항 R_1 을 통해 $+20\,\text{V}$ 로 충전된다. 커패시터에 충전된 전압 V_C 가 $V_G + 0.7\,\text{V}$ 가 되면, PUT는 턴-온 되고, 이때 커패시터에 충전된 전압 V_C 는 저항 R_4 를 통해 빠르게 방전된다. 저항 R_4 를 통해 방전될 때의 전압강하(출력파형)가 V_K 에 나타난다. 커패시터가 방전되면 PUT는 턴-오프 된다. 이완 발진기는 또다시 충전-방전을 계속하여 그림 (b)와 같은 출력파형을 나타낸다.

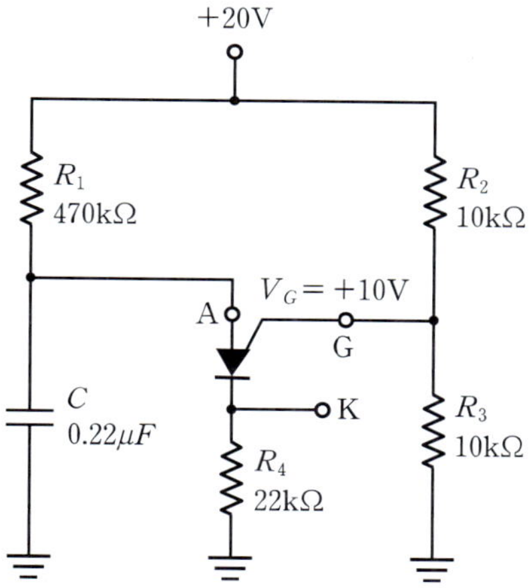

(a) 이완 발진기 회로

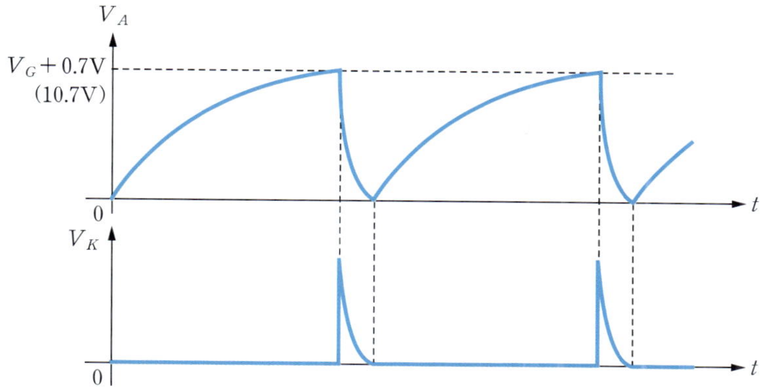

(b) 입·출력파형

[그림 9-26] PUT의 이완 발진기 회로 및 입·출력파형

CHAPTER

09 연습문제

9.1 사이리스터에 대한 설명으로 옳은 것은?

① 2층 pn 반도체 소자 ② 3층 pn 반도체 소자
③ 4층 pn 반도체 소자 ④ 5층 pn 반도체 소자

9.2 사이리스터에 속하지 않는 것은 무엇인가?

① BJT ② DIAC ③ SCR ④ SCS

9.3 4층 다이오드(쇼클리 다이오드)가 턴-온 되기 위해서 양극과 음극 사이의 전압이 어떤 전압을 초과해야 하는가?

① 0.7V ② 순방향 브레이크오버 전압
③ 순방향 블로킹 전압 ④ 게이트 전압

9.4 4층 다이오드가 턴-온을 유지하기 위해서는 어떻게 해야 하는가?

① 일정한 값의 게이트 전압 인가 ② 순방향 블로킹 전압 인가
③ 순방향 바이어스 유지 ④ 양극전류를 유지전류(I_H) 이상으로 유지

9.5 4층 다이오드를 턴-오프하기 위해서는 어떻게 해야 하는가?

① 양극전류를 스위칭 전류(I_S) 이하로 감소시킨다.
② 게이트 전압을 0V로 한다.
③ 강제전환 방법을 사용한다.
④ 바이어스 전압을 0.7V 이하로 만든다.

9.6 SCR이 4층 다이오드와 다른 점은 무엇인가?

① 사이리스터에 속하지 않는다. ② 게이트 단자가 있다.
③ 4층 구조의 pn 반도체 소자가 아니다. ④ 양방향 소자이다.

9.7 SCR의 턴-오프 방법이 아닌 것은?

① 강제전환법
② 양극전류 차단법
③ 게이트에 음(−)의 펄스 인가하기
④ 양극전류를 스위칭 전류(I_S) 이하로 감소시킴

9.8 순방향 블로킹 영역에 있는 SCR은 어떤 상태인가?

① 역방향 바이어스 되어 있다.
② 항복점에 있다.
③ On 상태이다.
④ Off 상태이다.

9.9 SCR과 SCS의 차이점은 무엇인가?

① SCS는 2개의 게이트가 있다.
② SCS는 사이리스터가 아니다.
③ SCS는 양방향 소자이다.
④ SCS는 게이트가 없다.

9.10 다이액에 대한 설명으로 맞는 것은?

① SCR과 유사하다.
② 양방향성 2단자 소자이다.
③ 사이리스터가 아니다.
④ 게이트가 있는 양방향 소자이다.

9.11 트라이액에 대한 설명으로 맞는 것은?

① 양방향성 2단자 소자이다.
② 양방향성 소자로 SCR과 유사하다.
③ 사이리스터가 아니다.
④ 게이트가 있는 단방향 소자이다.

9.12 SCS의 턴-온 방법 2개를 고르시오.

① 양극 게이트에 양(+)의 펄스 인가
② 음극 게이트에 음(−)의 펄스 인가
③ 양극 게이트에 음(−)의 펄스 인가
④ 음극 게이트에 양(+)의 펄스 인가

9.13 SCS의 턴-오프 방법이 아닌 것은?

① 양극 게이트에 양(+)의 펄스 또는 음극 게이트에 음(−)의 펄스를 인가한다.
② 양극전류를 유지전류 이하로 감소시킨다.
③ 양극 게이트에 음(−)의 펄스를 인가하거나 음극 게이트에 양(+)의 펄스를 인가한다.
④ 강제전환 방법을 사용한다.

9.14 다음 중 UJT와 관계된 것을 모두 고르시오.

① 진성 이탈비　② 부저항 특성

③ 4층 구조의 pn 반도체 소자　④ 양방향성 소자

9.15 다음 중 PUT와 관계된 것을 모두 고르시오.

① 사이리스터가 아니다.　② 양극에 게이트에 의해 턴-온 된다.

③ UJT와 비슷하게 응용된다.　④ 양방향성 소자이다.

9.16 주관식 그림과 같은 4층 다이오드가 On 상태에 있다. 양극전류를 구하시오. (단, $V_{BR(F)} = 15\,\text{V}$, 소자의 순방향 전압강하는 0.8 V로 가정한다.)

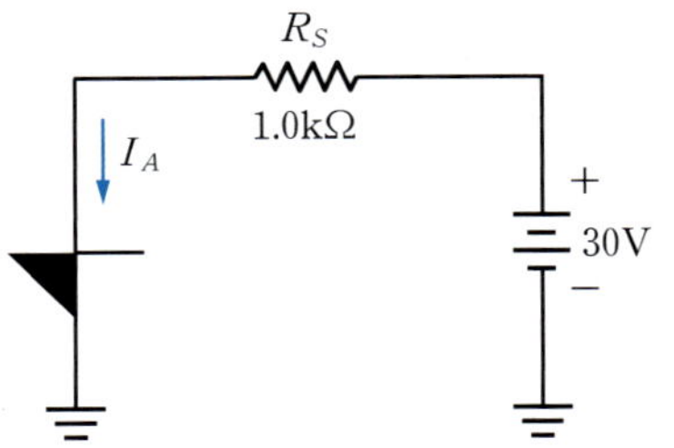

9.17 주관식 4층 다이오드가 순방향 블로킹 영역에 있을 때 $V_{AK} = 20\,\text{V}$, $I_A = 2\,\mu\text{A}$이다. 4층 다이오드의 저항을 구하시오. (단, $V_{BR(F)} = 30\,\text{V}$이다.)

9.18 주관식 다음과 같은 SCR 회로에서 게이트 스위치를 닫았을 때, SCR이 On 상태가 되었다. 부하저항 R_L에 흐르는 전류 I_A를 구하시오. (단, $V_{AK(on)} = 0.3\,\text{V}$, $V_{GK} = 0.7\,\text{V}$이다.)

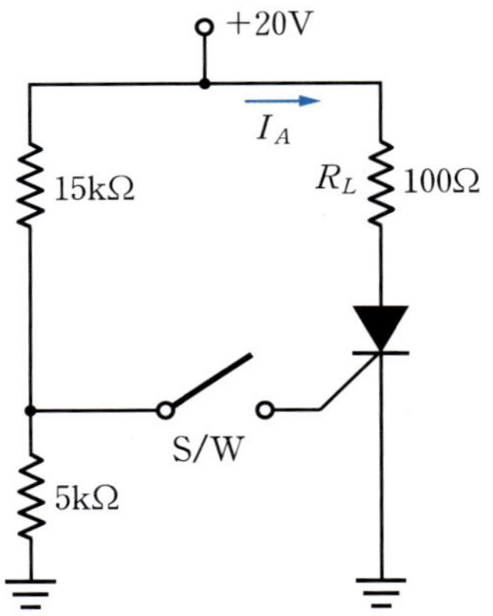

9.19 주관식 SCR을 턴-오프하는 방법 중, 직렬 양극전류 차단 방법과 병렬 양극전류 차단 방법의 기본 회로를 그리고, 설명하시오.

9.20 주관식 다음과 같은 SCR 회로에서 스위치를 닫았을 때, SCR의 게이트 트리거 전류를 구하라. 또한 SCR을 턴-오프 시키기 위한 가변저항은 얼마로 조정되어야 하는가? (단, $V_{AK(on)} = 0.3\,\text{V}$, $V_{GK} = 0.7\,\text{V}$, $I_H = 10\,\text{mA}$이다.)

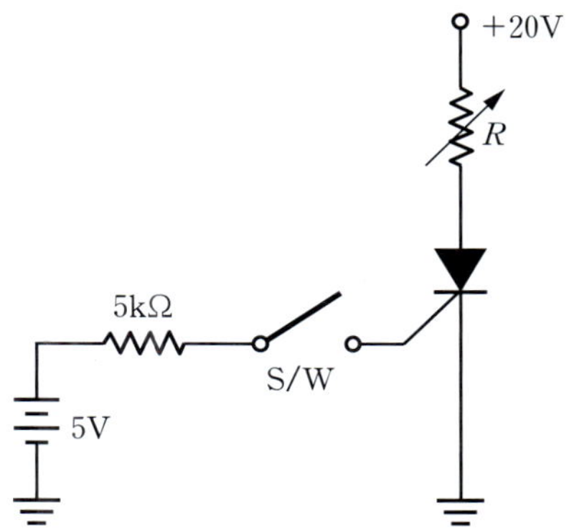

9.21 주관식 SCR을 턴-오프하는 방법 중에 강제전환 방법이 있다. 이 방법의 기본 회로를 그리고 설명하시오.

9.22 주관식 다음과 같은 다이액 회로에서 저항 R에 흐르는 전류 파형을 그리시오. (단, 브레이크오버 전압 $V_{BR(F)} = 20\,\text{V}$, 유지전류 $I_H = 10\,\text{mA}$이며, 순방향 전압강하는 무시한다.)

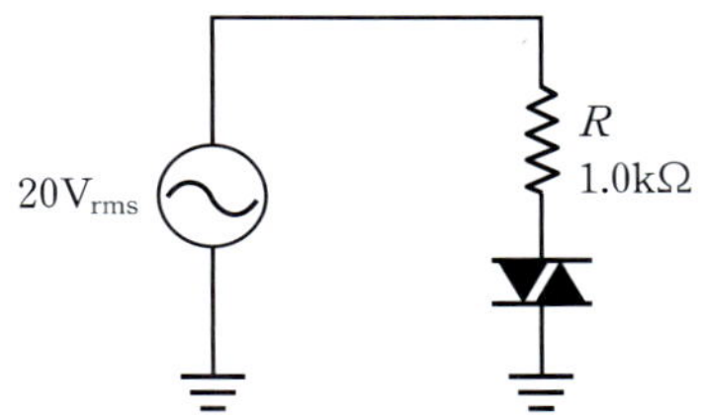

9.23 주관식 다음과 같은 트라이액 회로에서 저항 R에 흐르는 전류파형을 그리시오. (단, 브레이크오버 전압 $V_{BR(F)} = 20\,\text{V}$, 유지전류 $I_H = 1\,\text{mA}$이며, 순방향 전압강하는 무시한다.)

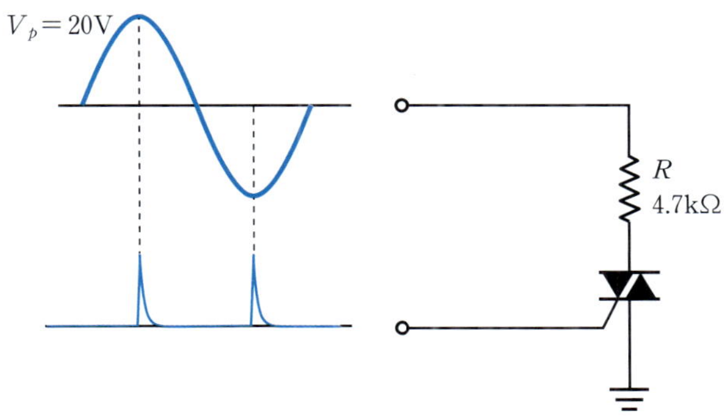

9.24 주관식 SCS의 트랜지스터 등가회로를 이용하여 턴-온과 턴-오프 과정을 설명하시오.

9.25 주관식 UJT의 $R_{B_1}=3\,\mathrm{k}\Omega$, $R_{B_2}=5\,\mathrm{k}\Omega$일 때, 진성 이탈비를 계산하시오.

9.26 주관식 UJT의 $R_{B_1}=3\,\mathrm{k}\Omega$, $R_{B_2}=4\,\mathrm{k}\Omega$, $V_{BB}=20\,\mathrm{V}$일 때, 피크점 전압을 구하시오.

9.27 주관식 그림과 같은 UJT 회로에서 턴-온과 턴-오프를 보장하기 위한 저항 R_1의 범위를 구하시오. (단, $\eta=0.6$, $V_V=1\mathrm{V}$, $I_V=10\,\mathrm{mA}$, $I_P=15\,\mu\mathrm{A}$, $V_P=9.7\,\mathrm{V}$이다.)

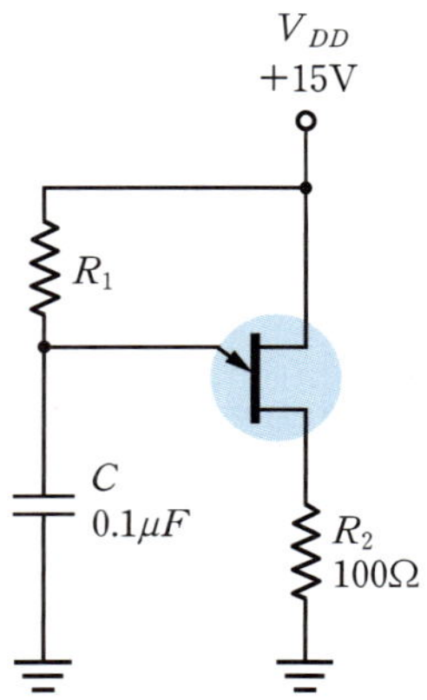

9.28 주관식 다음과 같은 PUT 회로에서 양극전압이 얼마일 때 턴-온 되는가?

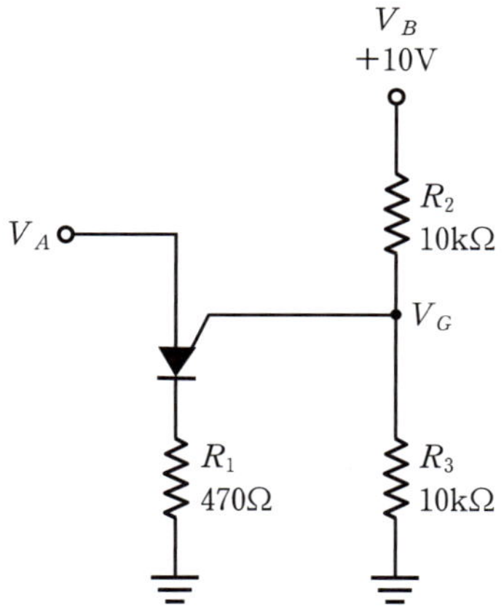

9.29 주관식 그림과 같은 PUT 회로에 $V_P = 10\,\text{V}$인 사인파가 양극에 인가될 때, 저항 R_1의 전류파형을 그리시오.

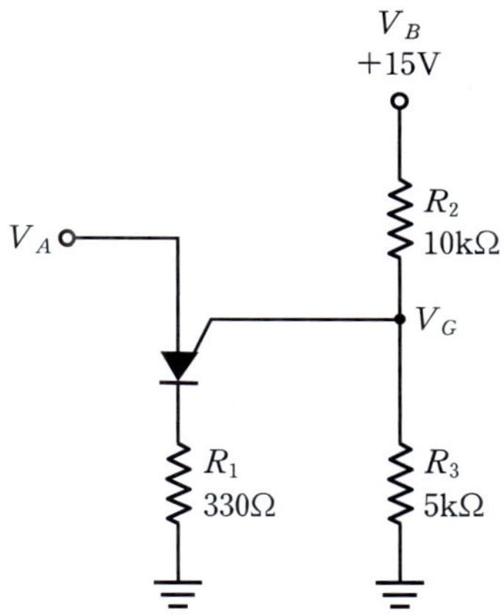

9.30 주관식 다음과 같은 PUT 회로에 입력(V_{in})과 같은 사인파가 양극에 인가될 때, 저항 R_1의 출력 파형을 그리시오.

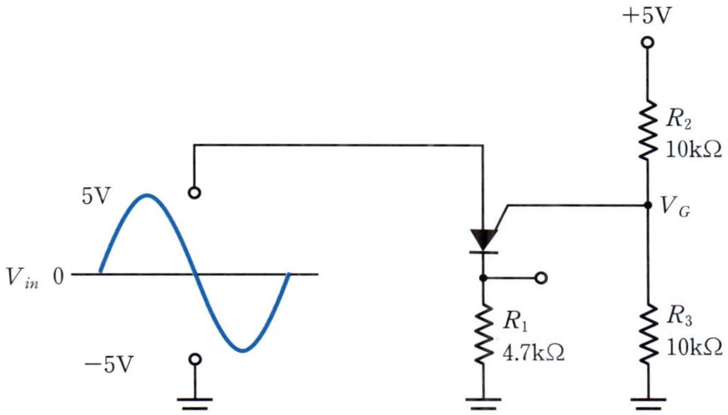

CHAPTER

10

연산 증폭기

연산 증폭기는 매우 큰 전압이득, 매우 큰 입력 임피던스, 작은 출력 임피던스를 갖는 차동 증폭기이다. 주로 가산, 감산, 미분, 적분과 같은 수학적 연산(operational)에 주로 사용되었다. 매우 큰 전압이득을 얻기 위해 차동 증폭기와 여러 단의 전압 증폭기로 구성되며, 전압 진폭변환, 발진기, 필터, 계측기 회로 등에 널리 사용된다. 이 장에서는 연산 증폭기의 구조, 특성 및 연산 증폭기의 부귀환 회로 등을 살펴볼 것이다.

CONTENTS

SECTION
01

차동 증폭기

차동 증폭기(differential amplifier)는 연산 증폭기를 구성하는 매우 중요한 소자이다. 두 입력전압 사이의 차만큼 증폭되어 출력으로 나타나는 BJT 증폭기로, IC 칩에 많이 쓰인다. 차동 증폭기는 차동모드(두 입력의 위상이 다른 신호의 증폭)와 공통모드(두 입력의 위상이 같은 신호의 증폭)의 두 개의 기본적인 동작 모드가 있다.

Keywords | 차동모드 입력 | 공통모드 입력 | 공통모드 제거비(CMRR) |

차동 증폭기의 기본 동작 및 회로 해석

[그림 10-1]은 두-전원 이미터 바이어스 회로를 응용하여, 두 개의 입력과 두 개의 출력단자로 구성된 기본적인 차동 증폭기 회로를 보여준다. 이 두 개의 트랜지스터 Q_1, Q_2와 저항 R_{C_1}, R_{C_2}는 정교하게 제조되어 똑같은 특성을 갖는다고 가정한다.

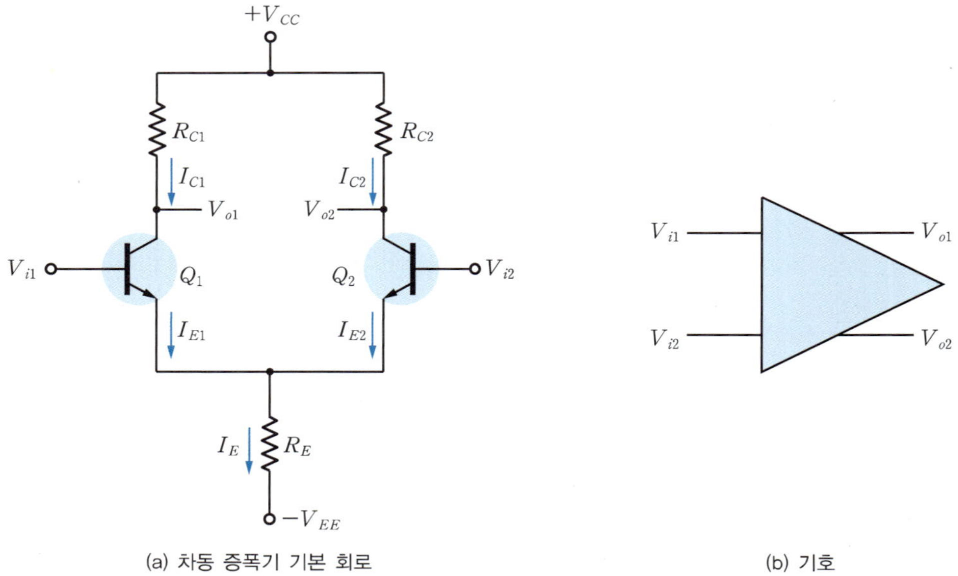

[그림 10-1] 차동 증폭기 기본 회로 및 기호

■ 직류해석

차동 증폭기의 직류 바이어스를 해석하기 위해 [그림 10-2]처럼 입력 단자(베이스) V_{i1}과 V_{i2}를 접지한다.

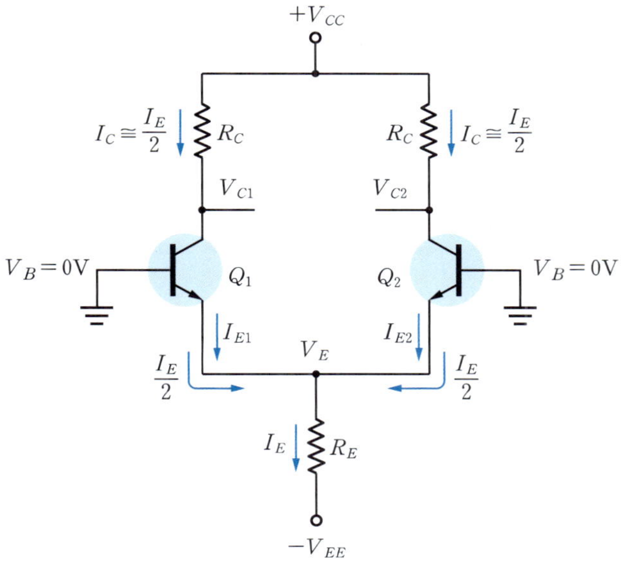

[그림 10-2] 차동 증폭기 회로의 직류 바이어스

즉 트랜지스터의 각 베이스에 0V를 인가하면 공통 이미터 직류 바이어스 전압은

$$V_E = V_B - V_{BE} = 0\text{V} - 0.7\text{V} = -0.7\text{V}$$

이며, 이미터 직류 바이어스 전류는 다음과 같다.

★ 이미터 직류 바이어스 전류 I_E ★

$$I_E = \frac{V_E - (-V_{EE})}{R_E} = \frac{V_{EE} + V_E}{R_E} = \frac{V_{EE} - 0.7\text{V}}{R_E} \tag{10.1}$$

트랜지스터 $Q_1 = Q_2$이고, 저항 $R_{C_1} = R_{C_2} = R_C$이므로 직류 이미터 전류도 같다.

$$I_{E_1} = I_{E_2}$$

각 트랜지스터의 이미터 전류 I_{E_1}, I_{E_2}가 저항 R_E로 합쳐지므로 다음과 같이 나타낸다.

$$I_{E_1} = I_{E_2} = \frac{I_E}{2}$$

트랜지스터에서 $I_E \cong I_C$이므로

$$I_{C_1} = I_{C_2} \cong \frac{I_E}{2} \tag{10.2}$$

컬렉터 전압 V_{C_1}, V_{C_2}는 다음과 같다.

★ 컬렉터 전압 V_{C_1}, V_{C_2} ★

$$V_{C_1} = V_{C_2} = V_{CC} - I_C R_C = V_{CC} - \frac{I_E}{2}(R_C) \tag{10.3}$$

예제 10-1

오른쪽 그림과 같은 차동 증폭기 회로에서 컬렉터 전압 V_C, 이미터 전류 I_E 및 컬렉터 전류 I_C를 구하시오.

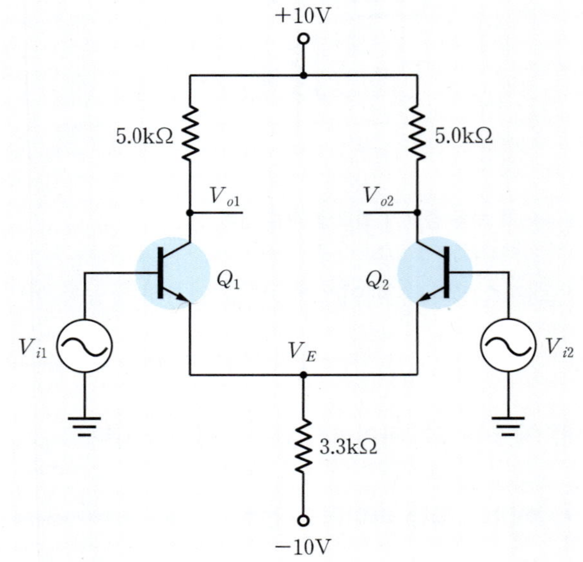

풀이

- 이미터 전류 :

$$I_E = \frac{V_{EE} - V_{BE}}{R_E} = \frac{10\,\text{V} - 0.7\,\text{V}}{3.3\,\text{k}\Omega} \cong 2.8\,\text{mA}$$

- 컬렉터 전류 :

$$I_C = \frac{I_E}{2} = \frac{2.8\,\text{mA}}{2} = 1.4\,\text{mA}$$

- 컬렉터 전압 :

$$V_C = V_{CC} - I_C R_C = 10\,\text{V} - (1.4\,\text{mA})(5\,\text{k}\Omega) = 3\,\text{V}$$

■ 교류해석

[그림 10-3]은 교류 입력신호 V_{i1}, V_{i2} 및 출력신호 V_{o1}, V_{o2}인 차동 증폭기의 회로이며, [그림 10-4]는 직류전원을 접지로 대체한 교류 등가회로이다.

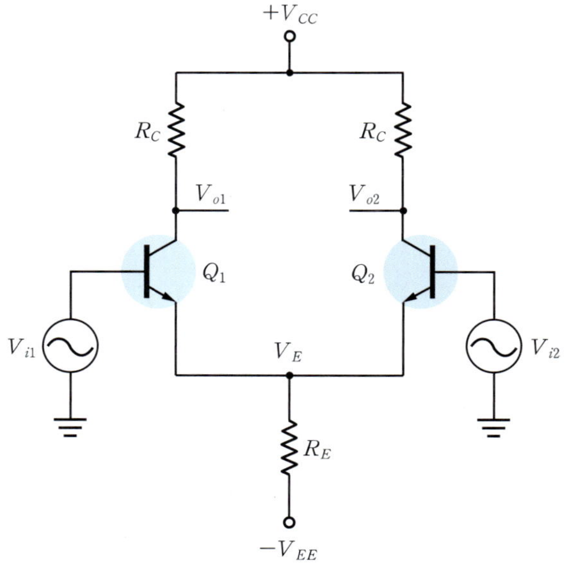

[그림 10-3] 교류 입력신호 V_{i1}, V_{i2}를 인가한 차동 증폭기 회로

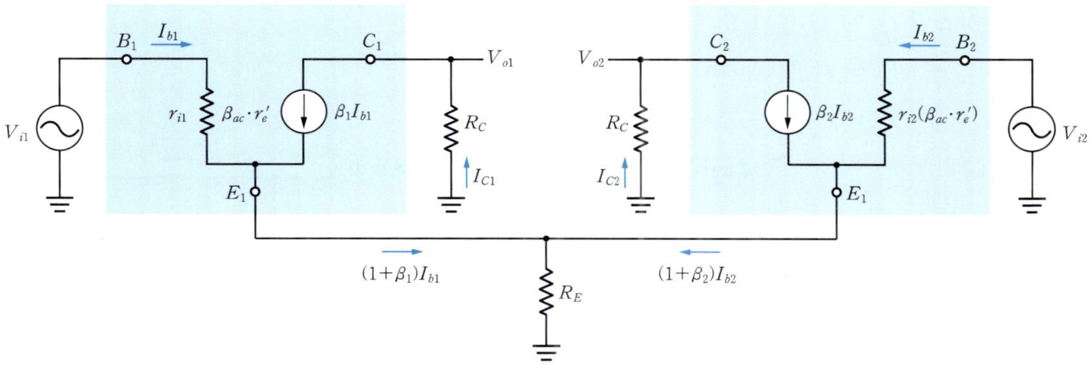

[그림 10-4] 차동 증폭기의 교류 등가회로

(1) 단일 교류입력(V_{i1}) 차동 증폭기의 전압이득

[그림 10-5]는 입력단자 V_{i1} 에만 입력신호를 인가하고, V_{i2} 는 접지한($V_{i2} = 0$) 단일 교류입력 차동 증폭기 회로이다. [그림 10-6]은 교류 등가회로를 보여준다.

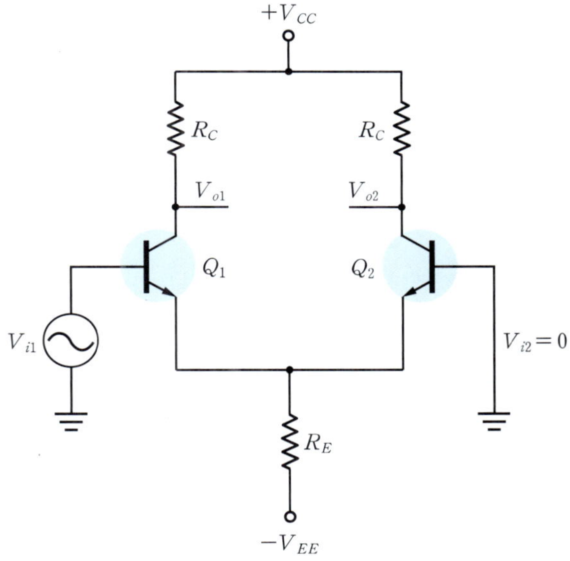

[그림 10-5] 단일 교류입력(V_{i1}) 차동 증폭기

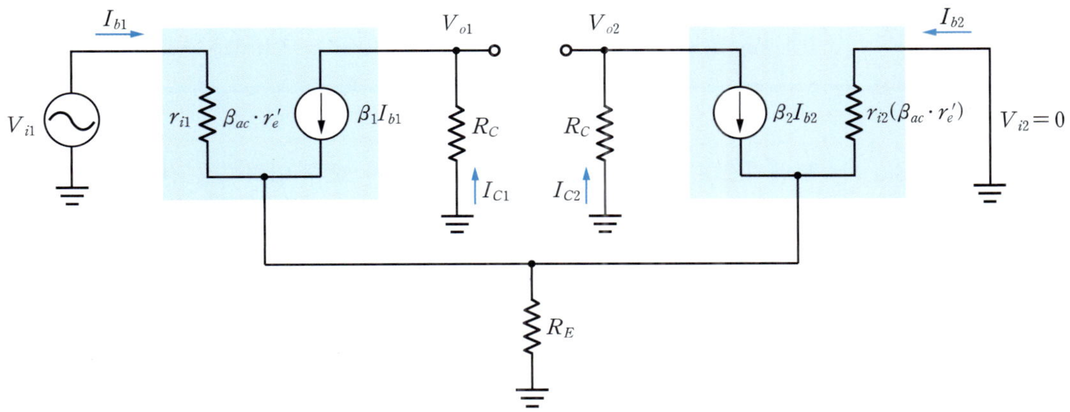

[그림 10-6] 단일 교류입력(V_{i1}) 차동 증폭기의 등가회로

트랜지스터 $Q_1 = Q_2$이므로 $\beta_1 = \beta_2 = \beta$, $I_{b_1} = I_{b_2} = I_b$이며, $r_{i1} = r_{i2} = r_i = \beta_{ac} \cdot r_e'$ 이다. [그림 10-6]의 교류 등가회로에서 저항 R_E가 r_{i_2}에 비해 매우 크다고(∞) 가정하고, 간단하게 다시 그리면 [그림 10-7]과 같다.

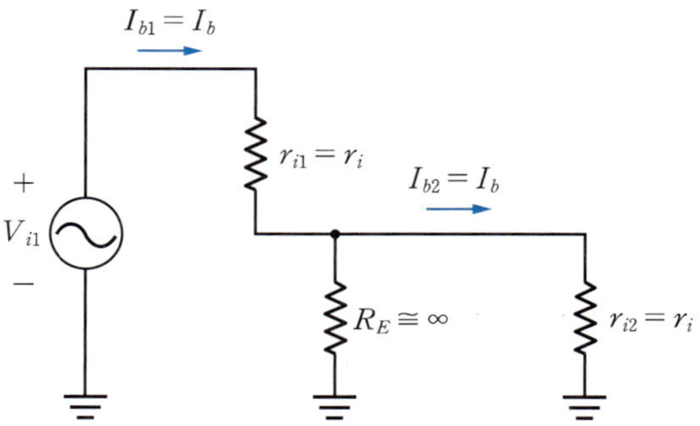

[그림 10-7] [그림 10-6] 회로의 I_b를 계산하기 위한 등가회로

[그림 10-7]의 교류 등가회로에서 전압이득(V_o / V_{i1})을 계산하기 위해 트랜지스터 Q_1의 베이스-이미터 측을 키르히호프의 전압방정식으로 나타내면 다음과 같다.

$$V_{i1} - I_{b_1} r_{i1} - I_{b_2} r_{i1} = 0$$

$I_{b_1} = I_{b_2} = I_b$, $r_{i1} = r_{i2} = r_i$ 이므로 $V_{i1} - I_b r_i - I_b r_i = 0$이다. 따라서 $I_b = \dfrac{V_{i1}}{2r_i}$ 이며

$$I_c = \beta I_b = \beta \frac{V_{i1}}{2r_i} \qquad (\beta_1 = \beta_2 = \beta\text{이므로})$$

이다. 컬렉터 출력전압 V_o는 다음과 같다. ($r_i = \beta r_e'$)

$$V_o = I_c R_c = \beta \frac{V_{i1}}{2r_i} R_c = \frac{\beta R_c}{2\beta r_e'} V_{i1}$$

단일 차동입력 전압이득은 다음과 같다.

★ 단일 차동입력 전압이득 ★

$$A_v = A_d = \frac{V_o}{V_i} = \frac{R_C}{2r_e'} \qquad (10.4)$$

(이때 $V_{i1} = V_d$, $V_{i2} = 0$ 또는 $V_{i2} = V_d$, $V_{i1} = 0$이다.)

[그림 10-8(a)]는 트랜지스터 Q_1의 입력단자(베이스1)에만 교류 입력신호 전압을 인가하고, 다른 한쪽 입력단자(Q_2의 베이스)는 접지시켰을 때의 차동입력 동작을 파형으로 나타낸 것이다. 이 경우에는 출력단자 V_{o1}에 반전 증폭된 출력신호가 나타난다. 또한 신호전압은 트랜지스터 Q_2의 이미터에 동상으로 나타난다. 트랜지스터 Q_2는 입력인 베이스가 접지되어 있어 공통 베이스 증폭기로 동작하는데, 이미터에 나타난 신호는 트랜지스터 Q_2의 베이스 공통 증폭기의 입력으로 동작하여 출력단자 V_{o2}에 비반전 증폭된 출력신호가 나타난다.

이와 반대로 [그림 10-8(b)]는 트랜지스터 Q_2 입력단자(베이스2)에만 입력신호 전압을 인가하고, 다른 한쪽 입력단자(Q_1 의 베이스)는 접지시켰을 때의 차동입력 동작을 파형으로 나타낸 것이다. 마찬가지로 트랜지스터 Q_2 의 출력단자 V_{o2} 에는 반전 증폭된 출력신호가 나타나고, 출력단자 V_{o1} 에는 비반전 증폭된 신호가 출력된다.

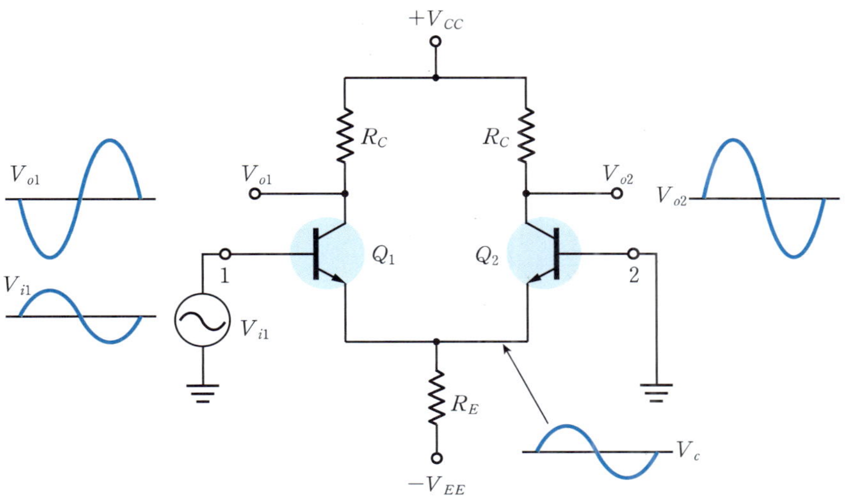

(a) 교류입력 V_{i1} (V_{i2} = 0V) 입·출력파형

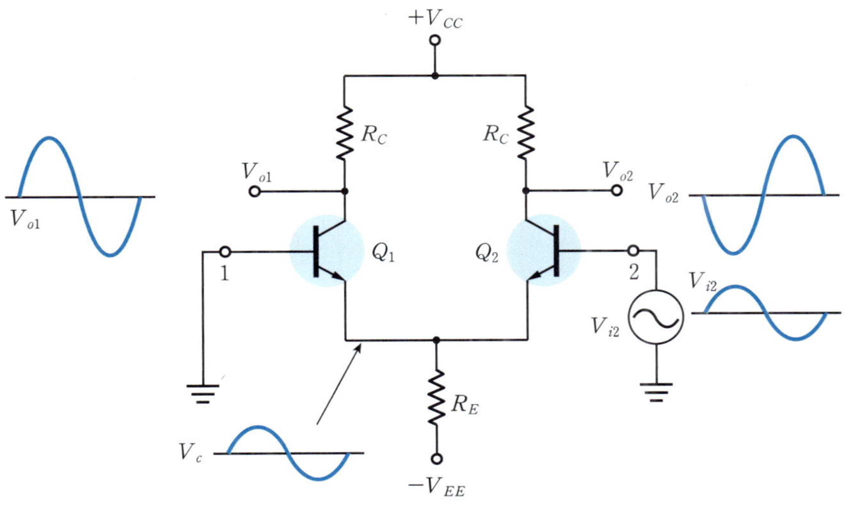

(b) 교류입력 V_{i2}(V_{i1} = 0V) 입·출력파형

[그림 10-8] 단일 교류입력 차동 증폭기의 입·출력파형

(2) 두 입력단자의 차동입력(V_d)의 전압이득

두 입력단자에 차동입력 V_d 를 인가했을 때, 전압이득을 구하는 식은 다음과 같다.

★ 두 입력단자에 차동입력(V_d) 인가 시 전압이득 ★

$$A_d = \frac{V_o}{V_d} = \frac{\beta R_C}{2r_i} = \frac{R_C}{2r_e'} \qquad (r_i = \beta r_e') \tag{10.5}$$

(이때 $V_d = V_{i1} - V_{i2}$, 또는 $V_d = V_{i2} - V_{i1}$ 이다.)

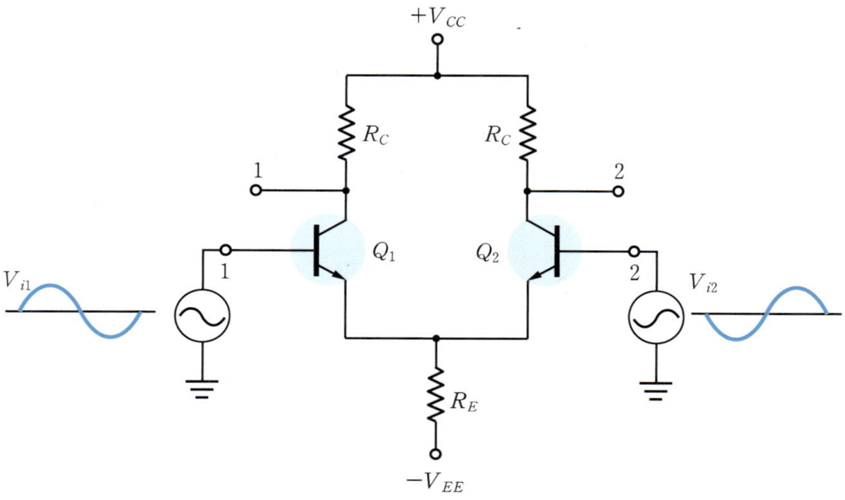

(a) 180° 위상차의 차동입력

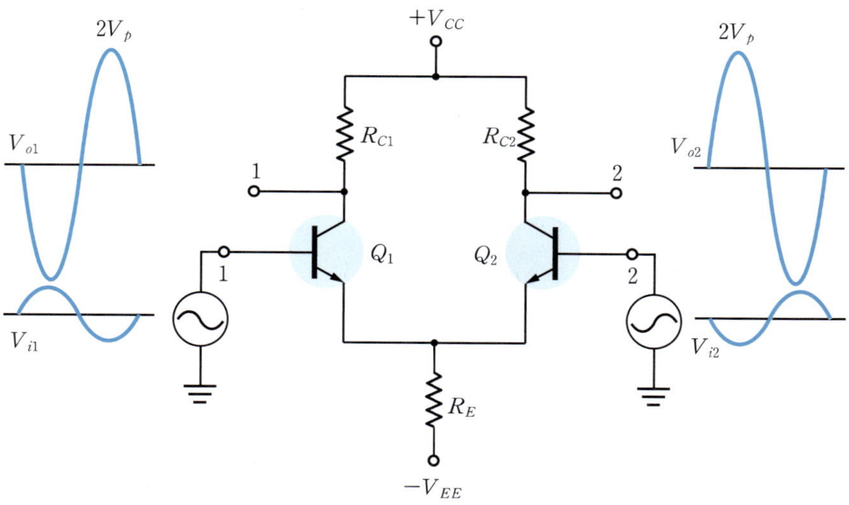

(b) 출력파형

[그림 10-9] 두 입력단자에 차동입력(V_d) 인가 시 입·출력파형

[그림 10-9(a)]와 같이 입력단자 V_{i1}과 V_{i2}에 180°의 위상차를 갖는 차동입력을 인가했을 경우의 입·출력파형을 [그림 10-9(b)]에 나타냈다. 그림 (b)에서 출력단자 V_{o1}의 파형은 V_{i1}의 입력신호에 의해 반전 증폭된 출력(V_p)에, V_{i2}의 입력신호에 의해 비반전 증폭된 출력(V_p)이 더해져 위상이 반전된 $2V_p$의 출력파형이 얻어진다. 마찬가지로, 출력단자 V_{o2}의 파형은 V_{i2} 입력신호에 의해 반전 증폭된 출력(V_p)에, V_{i1} 입력신호에 의해 비반전 증폭된 출력(V_p)이 더해져 위상이 반전된 $2V_p$의 출력파형이 얻어진다.

예제 10-2

그림과 같은 차동 증폭기 회로에서 단일 입력에 대한 출력전압 V_{o1}을 계산하시오.
(단, $V_{i1} = 5\,\mathrm{mV}$, $V_{i2} = 0$이고,
$\beta_1 = \beta_2 = 100$, $r_{i1} = r_{i2} = 1.8\,\mathrm{k\Omega}$이다.)

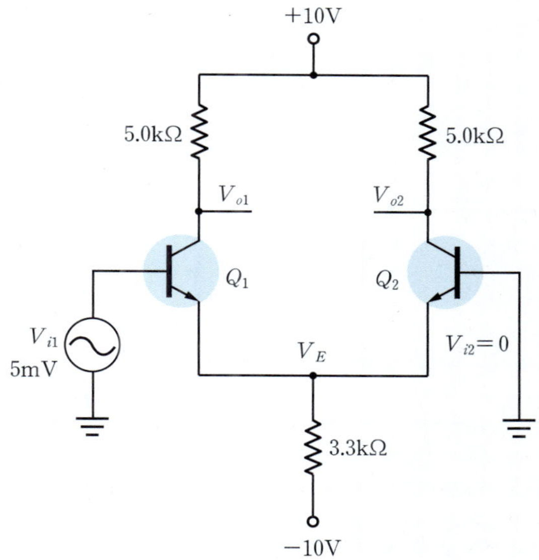

풀이

• 이미터 전류 : $I_E = \dfrac{V_{EE} - V_{BE}}{R_E} = \dfrac{10\,\mathrm{V} - 0.7\,\mathrm{V}}{3.3\,\mathrm{k\Omega}} \cong 2.8\,\mathrm{mA}$

• 컬렉터 전류 : $I_C = \dfrac{I_E}{2} = \dfrac{2.8\,\mathrm{mA}}{2} = 1.4\,\mathrm{mA}$

• 컬렉터 전압 : $V_C = V_{CC} - I_C R_C = 10\,\mathrm{V} - (1.4\,\mathrm{mA})(5\,\mathrm{k\Omega}) = 3\,\mathrm{V}$

• 교류 이미터 저항 : $r_e' = \dfrac{25\,\mathrm{mV}}{I_E} = \dfrac{25\,\mathrm{mV}}{1.4\,\mathrm{mA}} = 17.86\,\Omega$

• 전압이득 : $A_v = \dfrac{R_C}{2r_e'} = \dfrac{5\,\mathrm{k\Omega}}{2(17.86\,\Omega)} \cong 140$

• 교류 출력전압 : $V_o = A_v V_{i1} = (140)(5\,\mathrm{mV}) = 700\,\mathrm{mV} = 0.7\,\mathrm{V}$

(3) 공통모드 입력 전압이득

차동 증폭기의 두 입력단자에 차동 입력신호가 인가되면 크게 증폭되지만, 공통모드 신호가 인가되면 증폭이 거의 일어나지 않는다. [그림 10-10]은 공통모드 신호가 인가된 차동 증폭기를, [그림 10-11]은 교류 등가회로를 보여준다.

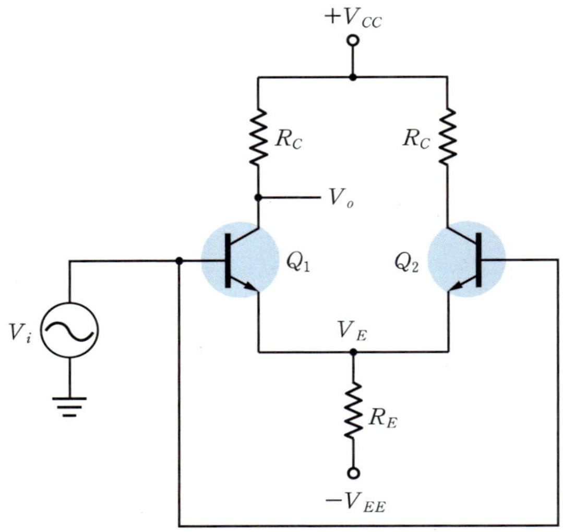

[그림 10-10] 공통모드 차동 증폭기

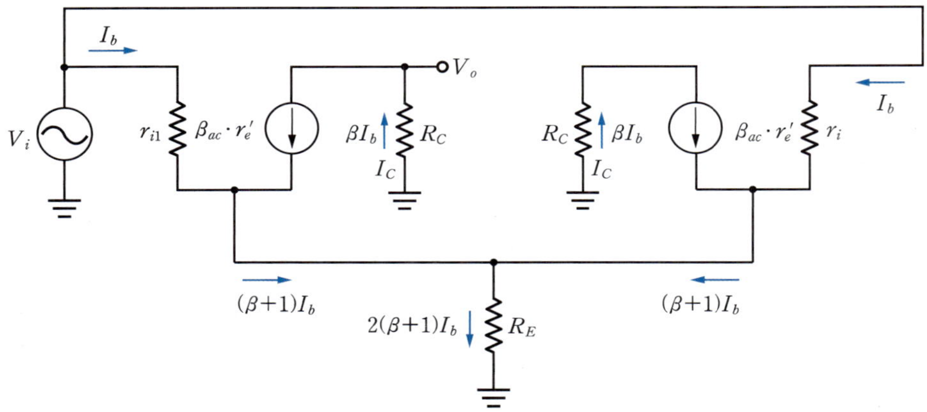

[그림 10-11] 공통모드 차동 증폭기의 교류 등가회로

교류 등가회로에서 전류 I_b를 구하는 식은 다음과 같다.

$$V_i = V_{r_i} + V_{R_E} = I_b r_i + 2(\beta+1)I_b R_E = I_b(r_i + 2(\beta+1)R_E)$$

$$I_b = \frac{V_i}{r_i + 2(\beta+1)R_E}$$

그리고 출력전압 V_o를 구하는 식은 다음과 같다.

$$V_o = I_C R_C = \beta I_b R_C = \frac{\beta V_i R_C}{r_i + 2(\beta+1)R_E}$$

따라서 공통모드 입력의 전압이득을 구하는 식은 식 (10.6)과 같다.

★ 공통모드 입력의 전압이득 A_{cv} ★

$$A_{cv} = \frac{V_o}{V_i} = \frac{\beta R_C}{r_i + 2(\beta+1)R_E} \tag{10.6}$$

예제 10-3

[예제 10-2]의 차동 증폭기 회로에서 공통모드 입력의 전압이득을 구하시오.

풀이

식 (10.6)으로부터 전압이득을 구한다.

$$A_{cv} = \frac{V_o}{V_i} = \frac{\beta R_C}{r_i + 2(\beta+1)R_E} = \frac{100(5.0\,\text{k}\Omega)}{1.8\,\text{k}\Omega + 2(100+1)3.3\,\text{k}\Omega} \cong 0.75$$

공통모드 신호제거

차동 증폭기 동작의 중요한 특성 중 하나는 **공통모드 신호제거**(common-mode rejection)이다. [그림 10-12]는 두 입력단자(V_{i1}, V_{i2})에 동일한 위상, 진폭, 주파수의 신호가 입력되었을 때, 출력단자(V_{o1}, V_{o2})에 나타나는 출력파형을 보여준다. 출력단자 V_{o1}의 출력파형은 [그림 10-8]에서와 같이 V_{i1}의 입력신호에 의해 반전 증폭된 출력 V_p에, V_{i2}의 입력신호에 의해 비반전 증폭된 출력 V_p가 더해짐으로써 서로 상쇄되어 출력이 0이 된다. 마찬가지로, 출력단자 V_{o2}의 출력파형도 V_{o1} 출력처럼 V_{i2}의 입력신호에 의해 반전 증폭된 출력 V_p에, V_{i1}의 입력신호에 의해 비반전 증폭된 출력 V_p가 더해져 상쇄되어 출력이 0이 된다. 이것은 잡음과 같은 불필요한 신호는 공통모드 입력으로 차동 증폭기의 두 입력단자에 동시에 입력되며, 서로 상쇄되어 출력에는 나타나지 않는다. 이를 **공통모드 신호제거**라 한다.

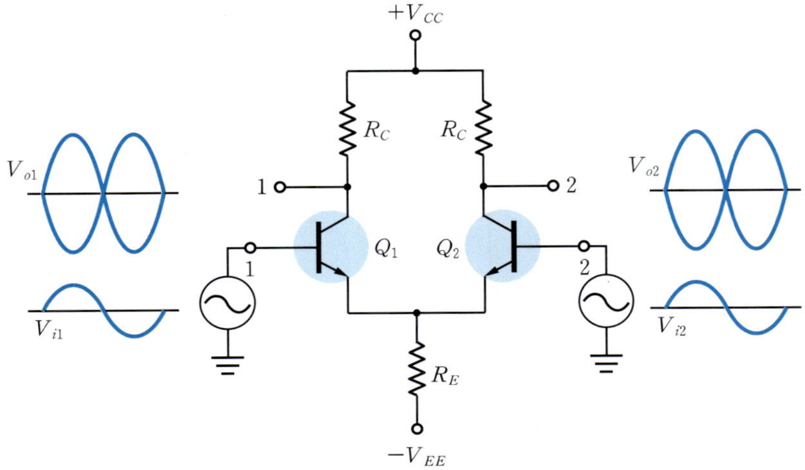

[그림 10-12] 공통모드 입·출력파형

■ 공통모드 제거비(CMRR)

증폭을 원하는 신호가 한쪽 입력단자에 입력되거나 또는 두 입력단자에 차동입력이 입력되면 이 신호는 증폭되어 출력된다. 그러나 두 입력단자에 원하지 않는 동위상의 신호(잡음), 즉 공통모드 신호가 입력될 경우 차동 증폭기의 출력은 서로 상쇄되어 출력으로 나타나지 않는다. 이렇게 공통모드 신호를 제거하는 차동 증폭기의 파라미터를 **공통모드 제거비**(CMRR: Common-Mode Rejection Ratio)라 하며, 원하지 않는 공통모드(잡음) 입력에 대한 증폭도(A_c)에 대한 차동입력의 증폭도(A_d)의 비로 나타난다. 차동 증폭기의 성능을 나타내는 중요한 파라미터로, A_c는 작고 A_d가 클수록 CMRR은 큰 값을 갖는다. 즉 CMRR이 클수록 회로의 공통모드가 잘 제거되는 성능 좋은 차동 증폭기이다. CMRR을 데시벨(dB)로 표현하면 식 (10.8)과 같다.

★ 공통모드 제거비(CMRR) ★

$$CMRR = \frac{A_d}{A_c} \tag{10.7}$$

$$CMRR = 20\log\left(\frac{A_d}{A_c}\right) \quad \text{(dB)} \tag{10.8}$$

이상적인 차동 증폭기는 차동입력에 대한 이득(A_d)은 매우 크나, 공통모드 입력(잡음)의 이득은 0이어야 한다. 그러나 현실에서의 차동 증폭기는 차동입력에 대한 이득은 매우 크나, 공통모드 이득은 0이 아닌 매우 작은 값을 갖는다(일반적으로 1보다 작은 값).

예제 10-4

차동 증폭기의 차동모드 이득 A_d가 1000이고, 공통모드 이득 A_c가 0.01일 때, CMRR을 구하시오.

풀이

식 (10.7)로부터 CMRR을 구한다.

$$CMRR = \frac{A_d}{A_c} = \frac{1000}{0.01} = 100000$$

이를 데시벨로 나타내면 다음과 같다.

$$CMRR = 20\log 100000 = 100\text{dB}$$

SECTION
02 연산 증폭기의 개요

연산 증폭기는 매우 큰 전압이득과 무한대에 가까운 입력 임피던스 그리고 0에 가까운 출력 임피던스를 갖는 증폭기이다. 입력 단은 차동 증폭기로, 이득 단은 전압 증폭기로 그리고 출력 단은 푸시풀 증폭기의 세 종류의 증폭기로 구성된다. 이 절에서는 연산 증폭기의 구성, 입력모드 및 공통모드 제거비 등에 대해 공부한다.

Keywords | 연산 증폭기 구성 | 연산 증폭기 입력모드 | 공통모드 제거비(CMRR) |

연산 증폭기의 구성

연산 증폭기(operational amplifier)는 [그림 10-13(a)]와 같이 차동 증폭기, 전압 증폭기, 푸시풀 증폭기로 구성되며, 이득 단은 A급 증폭기, 출력 단은 B급 푸시풀 증폭기로 구성된다. 그림 (b)는 연산 증폭기의 기호이다. 입력 단은 차동 증폭기로, 반전(−) 입력과 비반전(+) 입력의 2개의 입력단자와 1개의 출력단자로 구성된다.

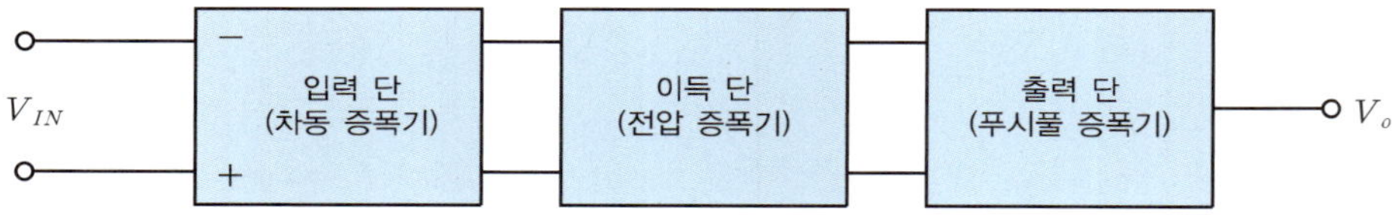

(a) 연산 증폭기의 구성

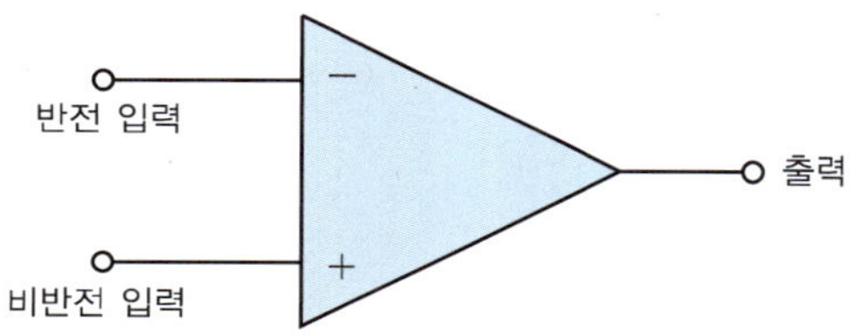

(b) 기호

[그림 10-13] 연산 증폭기의 구성과 기호

이상적인 연산 증폭기는 **무한대의 전압이득**, **무한대의 입력 임피던스**, **무한대의 대역폭 그리고 0의 출력 임피던스**를 갖는다. 오늘날 전자회로 기술이 획기적으로 발전했음에도 불구하고 이상적인 연산 증폭기를 만들지는 못한다. 현실에서는 모든 전자회로 소자들의 파라미터들이 한계를 갖고 있기 때문이다. 그로 인해 집적회로(IC: Integrated Circuit)로 구현된 실제 연산 증폭기는 **매우 높은 전압이득**(A_v), **매우 높은 입력 임피던스**(Z_i), **매우 작은 출력 임피던스**(Z_o)를 갖는다. [그림 10-14]는 실제 연산 증폭기를 보여준다.

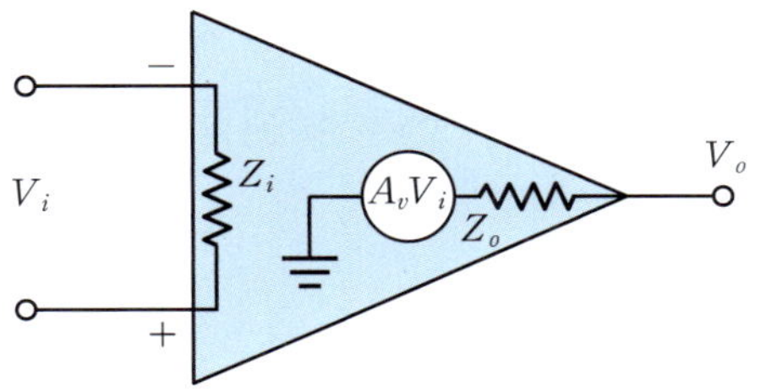

[그림 10-14] 실제 연산 증폭기

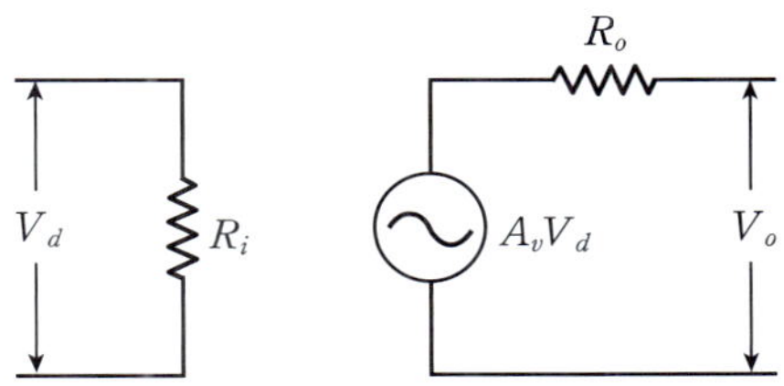

[그림 10-15] 연산 증폭기의 실용 등가회로

[그림 10−15]은 연산 증폭기의 실용 등가회로로, 입력 V_i는 차동입력 V_d로, 임피던스 Z는 저항 R으로 대체했다.

연산 증폭기의 입력모드

[그림 10−14]의 연산 증폭기는 두 개의 입력신호와 하나의 출력신호를 갖는다. 입력단자에 붙인 (+), (−) 기호는 출력신호와 그 입력단자의 신호 사이의 위상관계를 표시한 것이다. (+)는 입력과 출력의 위상이 같다는 뜻이고, (−)는 입력과 출력의 위상이 반대(180°)임을 나타낸다.

■ 단일 입력

[그림 10−16]은 단일 입력 증폭기를 보여준다. 단일 입력이란 하나의 입력단자에만 입력신호를 인가하고, 다른 입력단자는 접지시킨 후 동작하는 것을 말한다. 그림 (a)에서 (+) 단자에 입력신호를 인가하고 (−) 단자를 접지시키면 입력신호와 동위상의 출력신호가 나타난다. 반대로, 그림 (b)는 (−) 단자에 입력신호를 인가하고 (+) 단자를 접지시키면 입력신호와 반대의 위상(180°)을 갖는 출력신호가 나타난다.

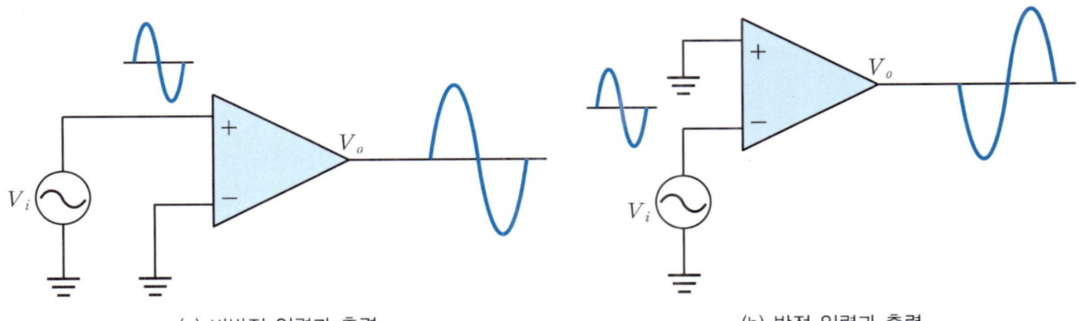

(a) 비반전 입력과 출력

(b) 반전 입력과 출력

[그림 10-16] 연산 증폭기의 단일 입력 작동

■ 차동모드 입력

차동모드 입력이란 (+)와 (−)의 두 입력단자에 각각의 입력신호를 인가하는 것을 말한다. [그림 10−17]을 보자. 그림 (a)에서는 두 입력단자 사이에 입력신호의 차(V_d)를 인가했을 때 V_d와 같은 위상을 갖는 신호가 증폭되어 출력된다. 그림 (b)는 두 입력단자에 신호의 크기가 다른 차동입력을 인가했을 때에도 V_d 와 같은 위상을 갖는 신호가 증폭되어 출력되는 것을 보여준다. 입력신호의 차동성분은 다음과 같다.

$$V_d = V_{i1} - V_{i2} \quad (10.9)$$

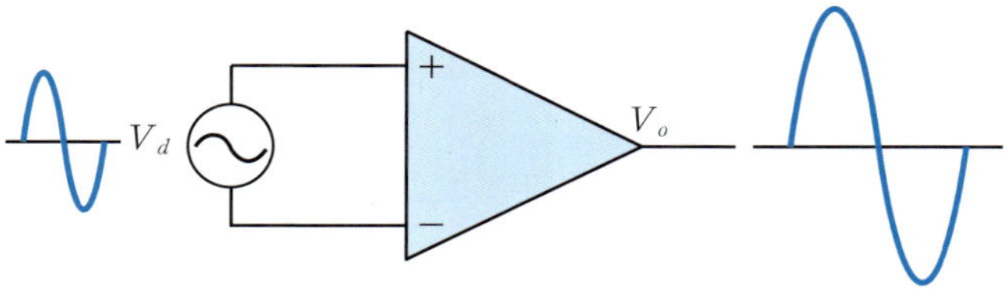

(a)

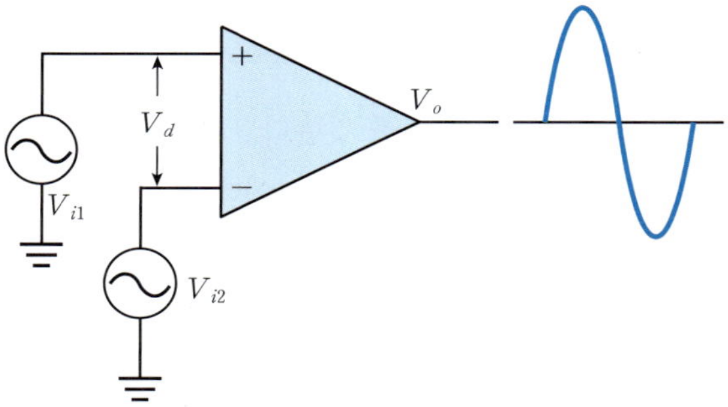

(b)

[그림 10-17] 연산 증폭기의 차동입력 작동

■ 공통모드 입력

[그림 10-18]을 보자. 두 입력단자에 동일한 신호, 즉 동일한 위상, 동일한 주파수, 동일한 크기의 신호가 입력될 때, 이를 **공통모드**(common-mode) **입력**이라고 한다. 이상적으로는 두 입력단자에 공통모드 신호가 입력되면 똑같이 증폭되므로, 출력단에서는 극성이 반대인 출력신호가 서로 상쇄되어 0이 출력된다. 입력신호의 공통 성분은 식 (10.10)과 같이 두 신호의 평균값으로 정의된다.

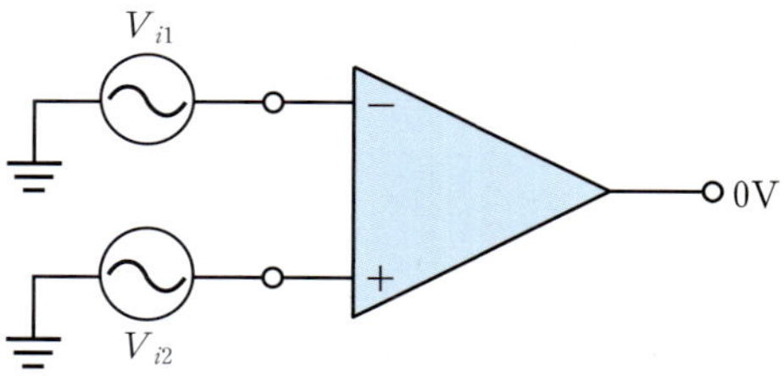

[그림 10-18] 연산 증폭기의 공통모드 입력 작동

$$V_c = \frac{1}{2}(V_{i1} + V_{i2}) \quad (10.10)$$

■ 출력전압

연산 증폭기의 입력단자에 가해진 모든 신호는 동상(in phase) 성분과 이상(out of phase) 성분을 갖고 있으므로, 그 출력은 다음 식으로 표현된다.

$$V_o = A_d V_d + A_c V_c \qquad (10.11)$$

(여기서 V_d : 식 (10.9)으로 정의된 입력전압의 차동성분

V_c : 식 (10.10)으로 정의된 입력전압의 공통성분

A_d : 연산 증폭기의 차동 모드 이득

A_c : 연산 증폭기의 공통모드 이득)

(1) 극성이 반대인 입력의 출력전압

두 입력신호가 크기는 같고, 위상이 반대인 신호, 즉 $V_{i1} = -V_{i2} = V_i$ 일 때 입력신호의 차동성분은 식 (10.9)로부터 구한다.

$$V_d = V_{i1} - V_{i2} = V_i - (-V_i) = 2V_i$$

입력신호의 공통성분은 식 (10.10)으로부터 구한다.

$$V_c = \frac{1}{2}(V_{i1} + V_{i2}) = \frac{1}{2}[V_i + (-V_i)] = 0$$

따라서 출력전압은 식 (10.11)로부터 구한다.

$$V_o = A_d V_d + A_c V_c = A_d(2V_i) + A_c(0) = 2A_d(V_i)$$

위 식에서 알 수 있듯이, 크기가 같고 극성이 반대인 차동성분의 신호가 입력에 인가되면, 그 출력은 입력신호의 공통성분은 제거되고, 한쪽 입력(다른 한쪽 입력은 접지) 신호의 2배에 차동모드 이득을 곱한 값이 된다.

(2) 극성이 같은 입력의 출력전압

두 입력신호가 크기와 위상이 동일한 신호, 즉 $V_{i1} = V_{i2} = V_i$ 일 때, 입력신호의 차동성분은 식 (10.9)로부터 구한다.

$$V_d = V_{i1} - V_{i2} = V_i - (V_i) = 0$$

입력신호의 공통성분은 식 (10.10)으로부터 구한다.

$$V_c = \frac{1}{2}(V_{i1} + V_{i2}) = \frac{1}{2}(V_i + V_i) = V_i$$

따라서 출력전압은 식 (10.11)로부터 구한다.

$$V_o = A_d V_d + A_c V_c = A_d(0) + A_c(V_i) = A_c(V_i)$$

위 식에서 알 수 있듯이, 크기가 같고 극성이 동일한 공통모드 신호가 입력에 인가되면, 그 출력은 입력신호의 공통모드 성분에 공통모드 이득을 곱한 값이 된다.

공통모드 제거비(CMRR)

연산 증폭기도 차동 증폭기이므로 원하는 신호를 한쪽 입력단자 또는 두 입력단자에 차동으로 입력하면 증폭되어 출력된다. 반면, 두 입력단자에 동시에 입력된, 원하지 않는 신호(잡음)는 공통모드로 출력되지 않아야 한다. 이러한 동작을 **공통모드 제거**(common-mode rejection)라고 하며, 이는 연산 증폭기 입력 단에 불필요한 신호(잡음)가 입력되는 경우에 중요한 의미를 갖는다. 그러나 실제 연산 증폭기의 출력 단에서는 공통모드 신호가 완전히 제거가 되지 않고 아주 작은 신호가 출력된다.

연산 증폭기의 공통모드 신호를 제거하는 비율을 **공통모드 제거비**(CMRR: Common-Mode Rejection Ratio)라 하는데, 공통모드(잡음) 입력에 대한 증폭도(A_c)에 대한 차동입력의 증폭도(A_d)의 비로 나타난다.

$$CMRR = \frac{A_d}{A_c} \tag{10.12}$$

A_c는 작고 A_d가 클수록 CMRR은 큰 값을 갖는다. CMRR이 클수록 회로의 공통모드가 잘 제거되는 성능이 우수한 연산 증폭기이다. CMRR을 데시벨(dB)로 표현하면 식 (10.13)과 같다.

$$CMRR = 20\log\left(\frac{A_d}{A_c}\right) \quad (\mathrm{dB}) \tag{10.13}$$

성능이 우수한 연산 증폭기는 차동이득(A_d)은 대단히 크고, 공통모드 이득(A_c)은 매우 작다. 즉 위상이 반대인 입력신호는 출력에서 매우 크게 증폭되나, 동일한 위상의 공통모드 신호들은 거의 상쇄되어 공통모드 이득 A_c는 대단히 작은 값을 갖는다. 이상적인 연산 증폭기는 차동이득 A_d는 대단히 크고, 공통모드 이득 A_c는 0이 되므로 CMRR은 무한대(∞)가 된다.

출력전압을 구하는 식 (10.11)을 CMRR을 이용하여 나타내면 다음과 같다.

$$V_o = A_d V_d + A_c V_c = A_d V_d\left(1 + \frac{A_c V_c}{A_d V_d}\right)$$

위 식을 식 (10.12)를 이용하여 다음과 같이 나타낼 수 있다.

$$V_o = A_d V_d + A_c V_c = A_d V_d\left(1 + \frac{1}{CMRR}\frac{V_c}{V_d}\right) \tag{10.14}$$

식 (10.14)로부터 입력신호에 공통모드 성분(V_c)과 차동모드 성분(V_d)이 있을 때, CMRR이 매우 큰 연산 증폭기의 출력은 $\frac{1}{CMRR} \cong 0$이므로 식 (10.14)는 $V_o = A_d V_d$로 간단하게 만들 수 있다. 즉 공통모드 성분의 출력은 제거되고, 차동모드에 대한 출력만 얻을 수 있다.

예제 10-5

그림 (a)의 차동모드 입력과 그림 (b)의 공통모드 입력의 출력을 이용하여 CMRR을 계산하시오.

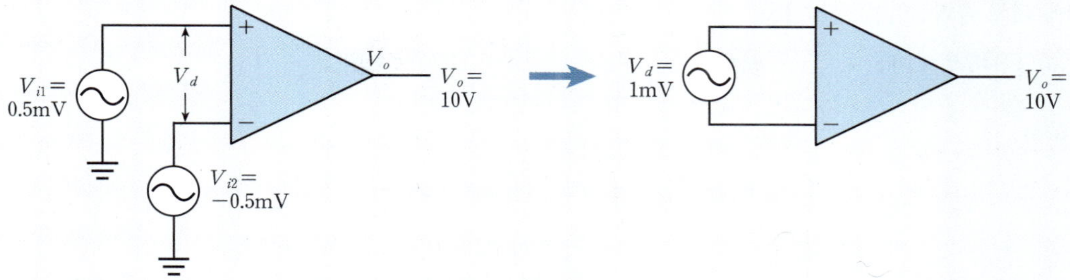

(a) 차동모드 입력

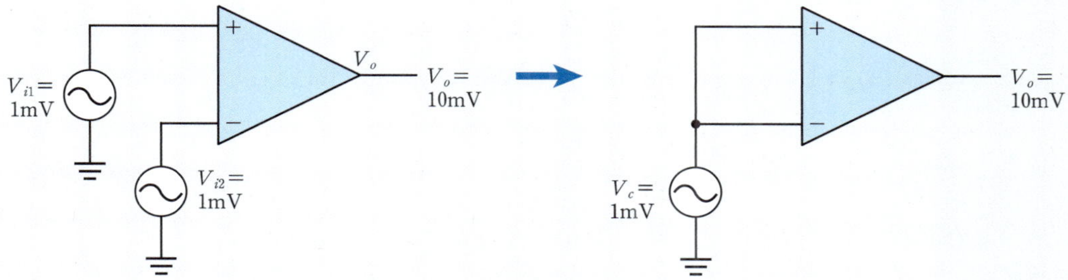

(b) 공통모드 입력

풀이

그림 (a)의 차동모드 입력에 대한 차동모드 이득 A_d를 구하면 다음과 같다.

$$V_d = V_{i1} - V_{i2} = 0.5\,\mathrm{mV} - (-0.5\,\mathrm{mV}) = 1\,\mathrm{mV}$$

$$A_d = \frac{V_o}{V_{in}} = \frac{V_o}{V_d} = \frac{10\,\mathrm{V}}{1\,\mathrm{mV}} = 10000$$

그림 (b)의 공통모드 입력에 대한 공통모드 이득 A_c를 구하면 다음과 같다.

$$V_c = \frac{1}{2}(V_{i1} + V_{i2}) = \frac{1}{2}(1\,\mathrm{mV} + 1\,\mathrm{mV}) = 1\,\mathrm{mV}$$

$$A_c = \frac{V_o}{V_{in}} = \frac{V_o}{V_c} = \frac{10\,\mathrm{mV}}{1\,\mathrm{mV}} = 10$$

식 (10.12)를 이용하여 CMRR을 구하면 다음과 같다.

$$CMRR = \frac{A_d}{A_c} = \frac{10000}{10} = 1000$$

CMRR을 데시벨(dB)로 표현하면 다음과 같다.

$$CMRR = 20\log\left(\frac{A_d}{A_c}\right) = 20\log(1000) = 60(\mathrm{dB})$$

예제 10-6

입력이 $V_{i1} = 160\,\mu\text{V}$, $V_{i2} = 140\,\mu\text{V}$인 연산 증폭기에서 차동모드 이득 $A_d = 5000$이다. 다음 경우에 대해 출력전압을 구하시오.

(a) $CMRR = 100$　　(b) $CMRR = 10^6$

풀이

$$V_d = V_{i1} - V_{i2} = 160\,\mu\text{V} - 140\,\mu\text{V} = 20\,\mu\text{V}$$

$$V_c = \frac{1}{2}(V_{i1} + V_{i2}) = \frac{1}{2}(160\,\mu\text{V} + 140\,\mu\text{V}) = 150\,\mu\text{V}$$

(a) $$V_o = A_d V_d + A_c V_c = A_d V_d \left(1 + \frac{1}{CMRR}\frac{V_c}{V_d}\right)$$

$$= (5000)(20\,\mu\text{V})\left(1 + \frac{1}{100}\frac{150\,\mu\text{V}}{20\,\mu\text{V}}\right) = 100\,\text{mV}(1.075) = 107.5\,\text{mV}$$

(b) $$V_o = A_d V_d + A_c V_c = A_d V_d \left(1 + \frac{1}{CMRR}\frac{V_c}{V_d}\right)$$

$$= (5000)(20\,\mu\text{V})\left(1 + \frac{1}{10^6}\frac{150\,\mu\text{V}}{20\,\mu\text{V}}\right) = 100\,\text{mV}(1.0000075) \cong 100.001\,\text{mV}$$

SECTION 03

연산 증폭기의 부귀환 회로

연산 증폭기의 전압이득은 매우 커서 아주 작은 입력전압에서도 포화된 출력이 나타나기 때문에 선형적인 증폭기로 사용할 수 없다. 그러나 연산 증폭기에 부귀환 회로를 사용하면 전압이득을 조절하여 선형 증폭기로 사용할 수 있다. 부귀환 회로는 전압이득을 조절할 수 있을 뿐만 아니라, 입·출력 임피던스 및 대역폭을 조절할 수 있다.

Keywords | 가상접지 | 부귀환 | 비반전 증폭기 | 반전 증폭기 | 전압 폴로워 |

부귀환 연산 증폭기

부귀환(negative feedback)은 증폭기의 출력을 반대 위상각을 갖는 입력단자(−)로 되돌려 입력으로 돌아가는 과정을 말한다. [그림 10−19]는 저항 R_f 를 통해 출력신호가 반전 입력단자(−)에 연결된 부귀환된 연산 증폭기 회로이다.

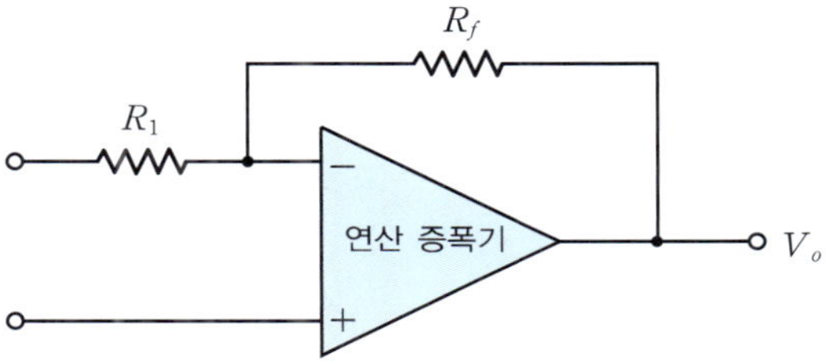

[그림 10−19] 부귀환 연산 증폭기

일반적으로 연산 증폭기의 개루프(open loop) 전압이득은 매우 크다(A_v = 100000 이상). 따라서 아주 작은 입력전압에서도 연산 증폭기의 출력은 포화상태가 되므로, 어떠한 입력에서도 출력은 포화되어 항상 최대 출력을 나타내게 된다. 아주 작은 입력의 차를 구별해서 출력해야 하는 비교기(comparator) 회로와 비교기 응용회로는 부귀환을 하지 않고 연산 증폭기를 사용하는 유일한 회로이다. 부귀환 회로를 사용하면 연산 증폭기의 개루프 전압이득(A_v)을 조절할 수 있어서 선형 증폭기로 사용할 수 있다. 부귀환된 연산 증폭기 회로는 안정된 폐루프 전압이득($A_{v(cl)}$)을 얻을 수 있으며, 입·출력 임피던스 및 대역폭을 제어할 수 있다. 부귀환 연산 증폭기의 기본적인 회로에는 비반전 증폭기와 반전 증폭기가 있다.

■ 비반전 증폭기

[그림 10−20]은 입력이 비반전 입력단자에 인가되며, 출력은 R_1과 R_f 로 구성된 귀환 회로를 통해 반전 입력단자로 귀환하는 **비반전**(NI: Non−Inverting) **증폭기** 회로이다. R_1과 R_f 는 전압분배 회로를 이룬다. 이로 인해 출력전압 V_o가 감소되며, 감소된 전압 V_f 는 반전 입력단자로 인가된다.

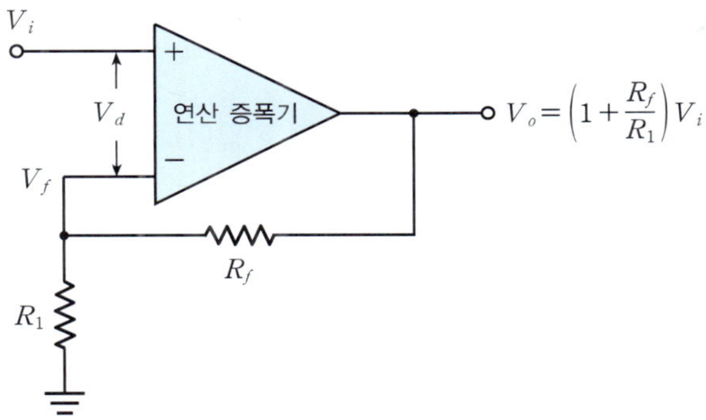

[그림 10−20] 비반전 증폭기

귀환전압 V_f 를 구하는 식은 다음과 같다.

$$V_f = \left(\frac{R_1}{R_1 + R_f}\right) V_o$$

입력전압 V_i 와 귀환전압 V_f 는 차동전압($V_i - V_f$)이 된다. 차동전압은 연산 증폭기의 개루프 이득 A_v에 의해 증폭되어 다음 식과 같이 출력된다.

$$V_o = A_v(V_i - V_f)$$

위 식을 다시 정리하면

$$V_o = A_v\left(V_i - \left(\frac{R_1}{R_1 + R_f}\right) V_o\right)$$

이며, 식을 간단하게 다시 쓰면 다음 식과 같다.

$$V_o = A_v(V_i - BV_o)$$

여기서 $B = \dfrac{R_1}{R_1 + R_f}$ 는 회로의 **감쇠율**(attenuation)이다. 위 식을 다시 정리하면 다음과 같다.

$$V_o = A_v V_i - A_v B V_o$$
$$V_o + A_v B V_o = A_v V_i$$
$$V_o(1 + A_v B) = A_v V_i$$

위 식에서 비반전 증폭기의 전압이득(V_o / V_i)은 다음과 같다.

$$\frac{V_o}{V_i} = \frac{A_v}{1 + A_v B}$$

일반적으로 $A_v B \gg 1$ 이므로, 위 식을 다음과 같이 간단하게 쓸 수 있다.

$$\frac{V_o}{V_i} \cong \frac{A_v}{A_v B} = \frac{1}{B}$$

즉 비반전 증폭기의 폐루프 전압이득 $A_{v(NI)}$ 는 귀환회로의 감쇠율(B)의 역수이다.

★ 비반전 증폭기의 폐루프 전압이득 $A_{v(NI)}$ ★

$$A_{v(NI)} = \frac{V_o}{V_i} \cong \frac{1}{B} = \frac{R_1 + R_f}{R_1} = 1 + \frac{R_f}{R_1} \qquad (10.15)$$

$A_v B \gg 1$ 인 조건에서 비반전 증폭기의 전압이득은 연산 증폭기의 개루프 전압이득(A_v)과 관계없이 저항 R_i 와 저항 R_f 에 의해 결정된다.

예제 10-7

그림과 같은 비반전 연산 증폭기 회로에서 $V_i = 1\text{V}$, $R_1 = 10\text{k}\Omega$, $R_f = 100\text{k}\Omega$ 일 때, 폐루프 전압이득 및 출력전압을 구하시오.

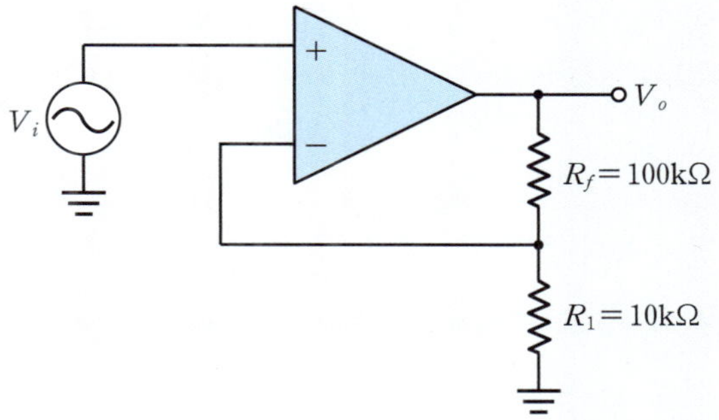

풀이

$$A_{v(NI)} = 1 + \frac{R_f}{R_1} = 1 + \frac{100\text{k}\Omega}{10\text{k}\Omega} = 11$$

$$V_o = A_{v(NI)}\, V_i = (11)(1\text{V}) = 11\text{V}$$

■ 반전 증폭기

반전(I: Inverting) **증폭기**는 상수이득을 갖는 증폭회로 중 가장 폭넓게 사용된다. [그림 10-21]과 같이 입력신호는 저항 R_1을 통해 반전 입력단자(−)에 인가되며 비반전 입력단자는 접지된다. 출력이 귀환저항 R_f로 구성된 귀환회로를 통해 반전 입력단자로 귀환되는 반전 증폭기 회로이다.

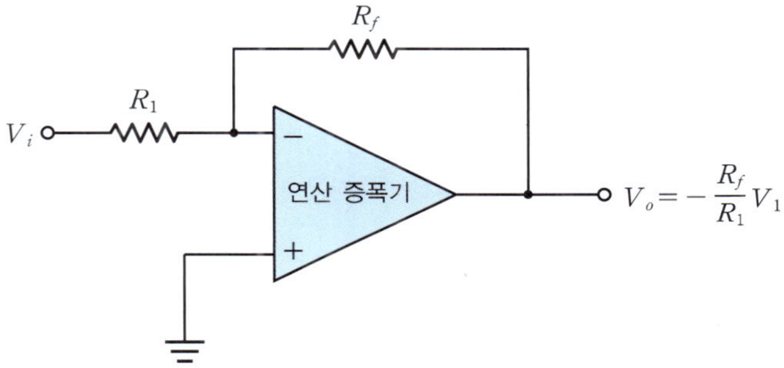

[그림 10-21] 반전 증폭기

연산 증폭기의 입력 임피던스는 ∞에 가깝게 매우 크다. 따라서 반전 입력단자에 흐르는 전류는 0이다. 입력 임피던스를 통해 흐르는 전류가 0이므로 반전 입력단자와 비반전 입력단자 사이의 전압강하는 0이다. 또한 비반전 입력단자가 접지되어 있으므로, 반전 입력단자(−)에서의 전압도 0이다. [그림 10-22]와 같이 반전 입력단자의 전압이 0V 가 되는 것을 **가상접지**(virtual ground)라고 하며, 반전 입력단자가 0V 가 되어도 증폭기의 입력단자를 통해 접지점으로는 전류가 흐르지 않는 접지를 말한다.

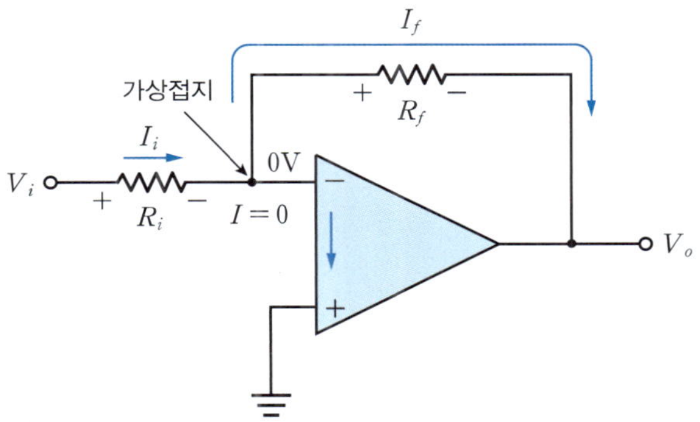

[그림 10-22] 반전 증폭기의 가상접지 및 전류

[그림 10-22]에 나타난 것처럼 가상접지를 통해 전류가 흐르지 않기 때문에 반전 입력단자로 유입되는 전류가 0이다. 따라서 R_i로 흐르는 전류 I_i와 R_f를 통해 흐르는 전류 I_f는 같다.

$$I_i = I_f$$

입력 V_i 와 가상접지(0V) 사이의 저항 R_i에 흐르는 전류 I_i 는 다음과 같다.

$$I_i = \frac{V_i}{R_i}$$

반전 증폭기 출력 V_o 의 위상은 입력의 위상과 반대이므로, 출력 V_o 와 가상접지(0V) 사이의 귀환저항 R_f 에 흐르는 전류 I_f 는 다음과 같다.

$$I_f = \frac{-V_o}{R_f}$$

$I_i = I_f$ 이므로

$$\frac{V_i}{R_1} = \frac{-V_o}{R_f}$$

이다. 따라서 반전 증폭기의 전압이득은 다음과 같다. 이 값은 저항 R_i와 귀환저항 R_f 의 비율로 결정되며, 음(−)의 부호는 위상 반전을 나타낸다.

★ 반전 증폭기의 전압이득 $A_{v(I)}$ ★

$$A_{v(I)} = \frac{V_o}{V_i} = -\frac{R_f}{R_i} \tag{10.16}$$

예제 10-8

그림과 같은 반전 증폭기 회로에서 $V_i = 0.5\,\text{V}$, $R_1 = 10\,\text{k}\Omega$, $R_f = 100\,\text{k}\Omega$ 일 때, 폐루프 전압이득 $A_{v(I)}$ 및 출력전압 V_o를 구하시오.

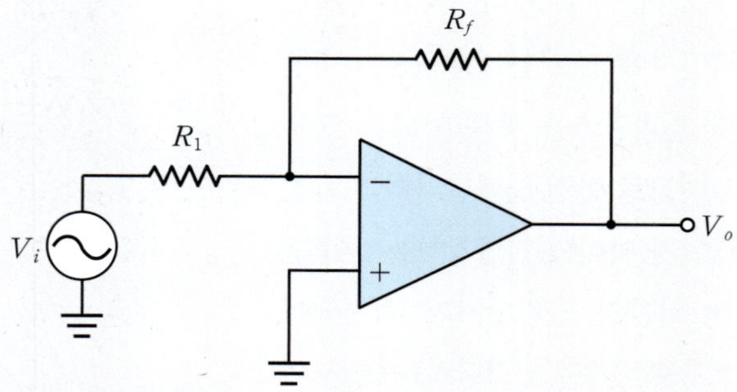

풀이

- $A_{v(I)} = -\frac{R_f}{R_1} = -\frac{100\,\text{k}\Omega}{10\,\text{k}\Omega} = -10$
- $V_o = A_{v(I)} V_i = (-10)(0.5\,\text{V}) = -5\,\text{V}$

■ 단위 전압 폴로워

단위 전압 폴로워(unity-follower)는 출력전압 V_o가 반전 입력단자로 귀환된 특수한 비반전 증폭기이다. 전압이득이 1이며, [그림 10-23]과 같이 구성된다.

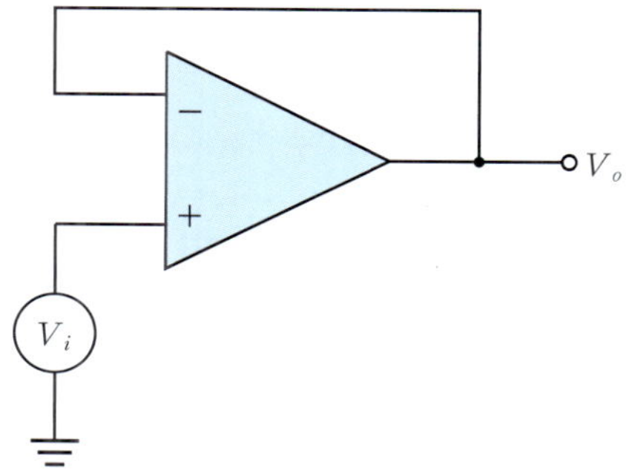

[그림 10-23] 단위 전압 폴로워

[그림 10-23]의 단위 전압 폴로워는 [그림 10-20]의 비반전 증폭기 회로에서 $R_1 = \infty$, $R_f = 0\Omega$으로 대체된 증폭기 회로이다. 단위 전압 폴로워의 전압이득은 비반전 증폭기의 전압이득을 구하는 식 (10.15)로부터

$$A_{v(UF)} = \frac{V_o}{V_i} = 1 + \frac{R_f}{R_1} = 1 + \frac{0}{\infty} = 1 \qquad (R_1 = \infty,\ R_f = 0\Omega)$$

이며, 이를 정리하면 식 (10.17)과 같다.

★ 단위 전압 폴로워의 전압이득 $A_{v(UF)}$ ★

$$A_{v(UF)} = \frac{V_o}{V_i} = 1 \qquad (10.17)$$

단위 전압 폴로워는 전압이득이 1이므로 입력과 출력전압이 같다.

$$V_o = V_i$$

또한 전압이득이 1인 이미터 폴로워나 소스 폴로워처럼 동작한다. 매우 높은 임피던스와 매우 낮은 출력 임피던스를 갖는 것은 단위 전압 폴로워의 중요한 특징 중 하나이다. 이러한 특징은 증폭기에 낮은 임피던스의 부하를 연결할 경우 이상적인 버퍼(buffer amplifier)로 사용될 수 있다.

연산 증폭기의 직류 오프셋 파라미터

연산 증폭기를 응용하기 위해서는 증폭기의 직류와 교류 작동, 그리고 주파수 특성에 대한 몇 가지 파라미터들을 알고 있어야 한다.

■ 최대 출력전압 진폭 범위 $V_{o(pp)}$

입력이 없으면 연산 증폭기의 출력은 이상적으로 0이어야 한다. 이것을 **동작점**(quiescent) **출력전압**이라고 한다. 실제 연산 증폭기에 입력신호가 가해질 때, 피크-피크 출력전압의 한계는 $\pm V_{CC}$이다. 또한 최대 출력전압 진폭 범위 $V_{o(pp)}$는 피크-피크 출력전압의 한계인 $\pm V_{CC}$의 범위에서 연산 증폭기에 연결된 부하저항에 의해 직접적으로 변한다. 예를 들어, 연산 증폭기 KA741의 규격표에서 $V_{CC} = \pm 15\,\text{V}$ 일 때, 부하저항 $R_L = 2\,\text{k}\Omega$ 이면 $V_{o(pp)} = \pm 13\,\text{V}$ 이나, 부하저항 $R_L = 10\,\text{k}\Omega$ 으로 증가하면 $V_{o(pp)} = \pm 14\,\text{V}$ 로 증가한다.

■ 직류 오프셋 전류와 전압 파라미터

연산 증폭기는 차동입력이 0이면 그 출력도 0이 되어야 하지만, 실제로 0이 아닌 작은 오프셋 출력전압(offset voltage)이 발생한다. 예를 들어, 두 입력단자에 0V를 가했을 때 출력단자에서 20 mV가 출력되었다면, 이것은 입력신호에 의한 출력이 아니라 연산 증폭기 자체의 불균형(차동 증폭기 입력단의 베이스와 이미터 사이의 전압 값의 차이)으로 인해 발생한 원하지 않는 전압이다.

■ 입력 오프셋 전압 V_{IO}

연산 증폭기의 입력 오프셋 전압 V_{IO}는 제조회사에서 제공하는 규격표에 표기되어 있으며, 출력을 0V로 만들기 위해 입력단자 사이에 요구되는 차동직류 전압을 말한다. 이상적인 연산 증폭기의 입력 오프셋 전압은 0이지만, 일반적인 입력 오프셋 전압은 2 mV 또는 그 이하의 값을 갖는다. 출력 오프셋 전압은 입력 오프셋 전압과 다양한 이득과 위상을 위해 사용자가 연결하는 증폭기의 전압이득에 따라 다르다. [그림 10-24]의 입력 오프셋 전압 회로를 이용하여 출력전압에 미치는 영향을 알아보자.

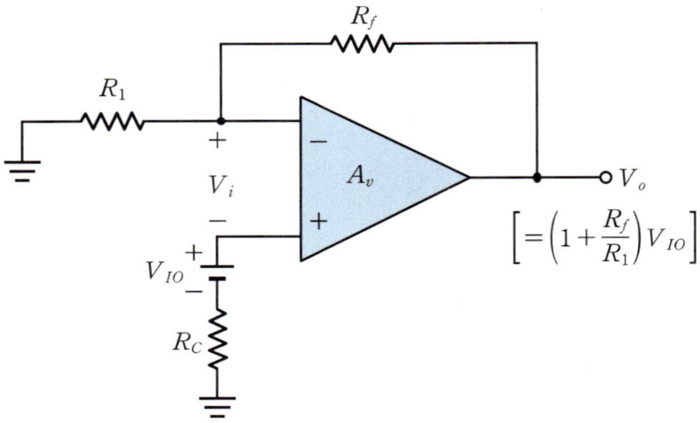

[그림 10-24] 입력 오프셋 전압과 출력전압

차동입력 V_i를 구하는 식은 다음과 같다.

$$V_i = V_{IO} - \frac{R_1}{R_1 + R_f}(V_o)$$

출력전압 $V_o = A_v V_i$ 이므로

$$V_o = A_v V_i = A_v \left(V_{IO} - \frac{R_1}{R_1 + R_f}(V_o) \right)$$

이고, 이를 V_o에 대해 풀면 다음과 같다.

$$V_o \left(1 + A_v \frac{R_1}{R_1 + R_f} \right) = A_v V_{IO}$$

$$V_o = V_{IO}\left(\frac{A_v}{1 + A_v[R_1/(R_1+R_f)]}\right) \cong V_{IO}\frac{A_v}{A_v(R_1/R_1+R_f)}$$

여기서 연산 증폭기의 전압이득 A_v 가 매우 크다. 따라서 $A_v[R_1/(R_1+R_f)] \gg 1$ 이다.

$$V_o = \frac{V_{IO}}{R_1/(R_1+R_f)} = V_{IO}\frac{R_1+R_f}{R_1}$$

입력 오프셋 전압 V_{IO}에 의한 출력 오프셋 전압 $V_{o(V_{IO}\text{ 오프셋})}$은 다음과 같다.

$$V_{o(V_{IO}\text{ 오프셋})} = V_{IO}\left(1+\frac{R_f}{R_1}\right) \tag{10.18}$$

예제 10-9

오른쪽 그림과 같은 반전 증폭기 회로에서 $V_{IO} = 1.5\,\text{mV}$일 때, 출력 오프셋 전압 $V_{o(V_{IO}\text{ 오프셋})}$을 구하시오.

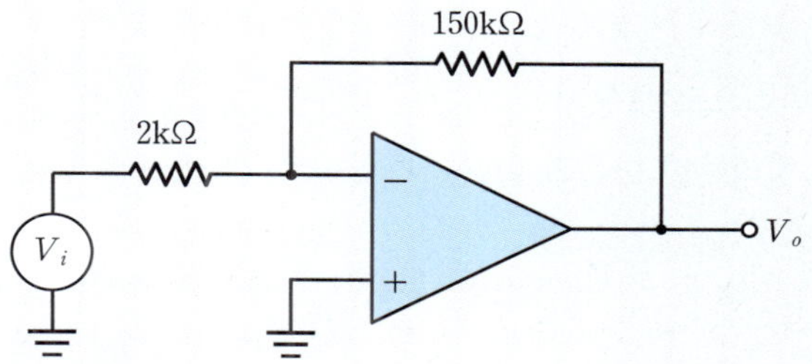

풀이

식 (10.18)로부터 $V_{o(V_{IO}\text{ 오프셋})}$을 구한다.

$$V_{o(V_{IO}\text{ 오프셋})} = V_{IO}\left(1+\frac{R_f}{R_1}\right) = 1.5\,\text{mV}\left(1+\frac{150\,\text{k}\Omega}{2\,\text{k}\Omega}\right) = 114\,\text{mV}$$

■ 입력 오프셋 전류에 의한 출력 오프셋 전압 $V_{o(I_o\text{ 오프셋})}$

연산 증폭기 입력단의 차동 증폭기의 두 트랜지스터 특성이 정확하게 일치하지 않으므로, 두 입력단자에 흐르는 전류들 사이에 약간의 차이가 있다. 이를 직류 바이어스 전류라 하며, 출력 오프셋 전압을 발생시키는 원인이 된다. [그림 10-25]와 같은 연산 증폭기에서 출력 오프셋 전압을 구할 수 있다.

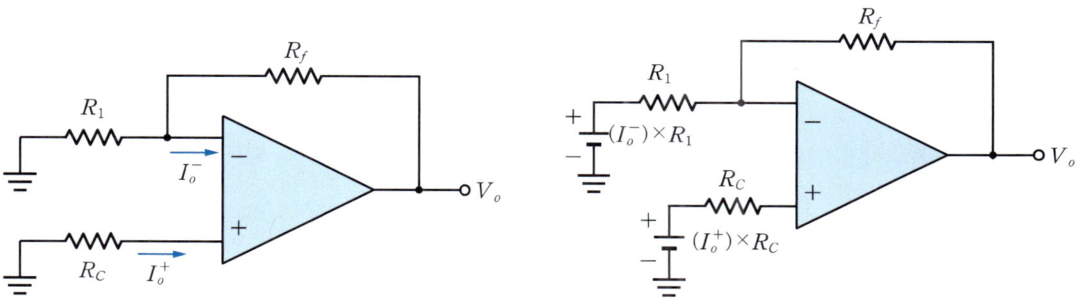

(a) 입력 바이어스 전류　　(b) 바이어스 전류에 의한 전압

[그림 10-25] 입력 오프셋 전류에 의한 출력 오프셋 전압 계산

바이어스 오프셋 전류에 의한 입력저항 R_1의 전압강하와 저항 R_C의 전압강하를 [그림 10-25(b)] 처럼 표현하여 계산할 수 있다. 입력 바이어스 전류 I_o^+에 의한 비반전 출력전압 V_o^+는

$$V_o^+ = I_o^+ R_C\left(1 + \frac{R_f}{R_1}\right)$$

이며, 입력 바이어스 전류 I_o^-에 의한 반전 출력전압 V_o^-는 다음과 같다.

$$V_o^- = I_o^- R_1\left(-\frac{R_f}{R_1}\right)$$

따라서 입력 바이어스 전류(I_o^+, I_o^-)에 의한 전체 출력 오프셋 전압은 다음과 같다.

$$V_{o(\text{전체 출력 오프셋})} = I_o^+ R_C\left(1 + \frac{R_f}{R_1}\right) + I_o^- R_1\left(-\frac{R_f}{R_1}\right) \tag{10.19}$$

일반적으로 보상저항 R_C는 입력저항 R_1과 같은 값을 가지므로, 식 (10.19)에 $R_1 = R_C$를 적용하여 정리하면 다음과 같다.

$$\begin{aligned} V_{o(\text{전체 출력 오프셋})} &= I_o^+ (R_1 + R_f) - I_o^- R_f = I_o^+ R_1 + I_o^+ R_f - I_o^- R_f \\ &= I_o^+ R_1 + R_f (I_o^+ - I_o^-) \end{aligned}$$

입력 오프셋 전류 I_o를 각 입력 바이어스 전류의 차로 정의하면 다음과 같다.

$$I_o = I_o^+ - I_o^-$$

따라서 입력 오프셋 전류 I_o에 의한 출력 오프셋 전압 $V_{o(I_o\ \text{오프셋})}$는 다음과 같다.

$$V_{o(I_o\ \text{오프셋})} = R_f (I_o^+ - I_o^-) = R_f I_o \tag{10.20}$$

■ V_o, I_o에 의한 전체 오프셋 전압

연산 증폭기는 V_o, I_o에 의한 출력 오프셋 전압을 가지므로 전체 출력 오프셋 전압은 다음과 같다.

$$|V_{o(\text{전체 오프셋})}| = |V_{o(V_{IO}\ \text{오프셋})}| + |V_{o(I_o\ \text{오프셋})}| \tag{10.21}$$

오프셋 전압의 극성이 양(+)이나 음(−)이 될 수 있으므로 반드시 양(+)이 되도록 절대값을 취한다.

예제 10-10

오른쪽 그림과 같은 연산 증폭기 회로에서 입력 오프셋 전압 $V_{IO}=3\,\text{mV}$이고, 입력 오프셋 전류 $I_o=100\,\text{nA}$일 때, 전체 출력 오프셋 전압을 구하시오.

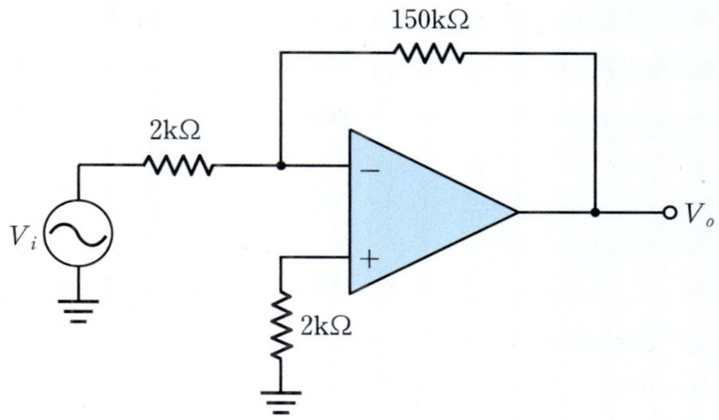

풀이

식 (10.18)로부터 $V_{o(V_{IO}\text{ 오프셋})}$를 구한다.

$$V_{o(V_{IO}\text{ 오프셋})} = V_{IO}\left(1+\frac{R_f}{R_1}\right) = 3\,\text{mV}\left(1+\frac{150\,\text{k}\Omega}{2\,\text{k}\Omega}\right) = 228\,\text{mV}$$

식 (10.20)으로부터 $V_{o(I_o\text{ 오프셋})}$를 구한다.

$$V_{o(I_o\text{ 오프셋})} = R_f I_o = (150\,\text{k}\Omega)(100\,\text{nA}) = 15\,\text{mV}$$

식 (10.21)로부터 전체 출력 오프셋 전압을 구한다.

$$V_{o(\text{전체 오프셋 전압})} = V_{o(V_{IO}\text{ 오프셋})} + V_{o(I_o\text{ 오프셋})} = 228\,\text{mV} + 15\,\text{mV} = 243\,\text{mV}$$

■ 슬루율

슬루율(slew rate)은 연산 증폭기가 시간에 따라 변화하는 신호를 처리하는 능력을 나타내는 파라미터로, 출력전압의 증가분을 시간의 증가분으로 나눈 값이다. 이때 시간 t의 단위는 μs이다.

★ 슬루율 ★

$$SR = \frac{\Delta V_o}{\Delta t}\,[\text{V}/\mu\text{s}] \tag{10.22}$$

(여기서 $\Delta V_o = +V_{\max} - (-V_{\max})$이다.)

슬루율은 큰 계단 입력신호가 주어졌을 때, 최대 출력전압을 나타내는 파라미터를 제공한다. 만일 슬루율보다 더 빠른 속도로 출력전압을 변화시키려 하면 신호가 없어지거나 왜곡된다. 따라서 입력신호를 제대로 증폭시키려면 어떤 경우에도 슬루율을 초과하면 안 된다.

예제 10-11

계단 입력에 대한 연산 증폭기의 출력전압이 오른쪽 그림과 같을 때, 슬루율 SR을 계산하시오. (출력전압의 선형영역에서 계산하시오.)

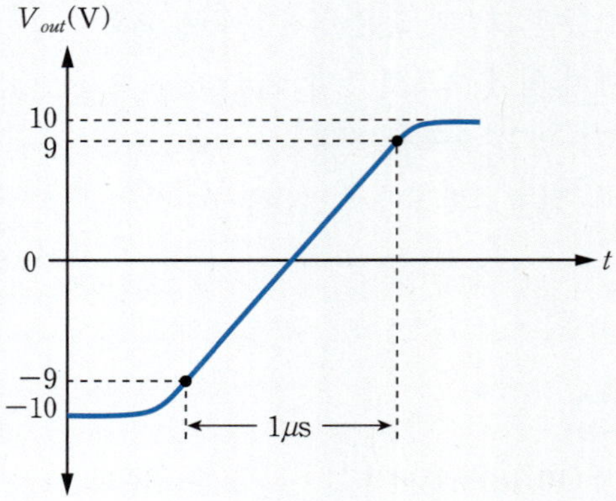

풀이

$\Delta V = +9\text{V} - (-9\text{V}) = 18\text{V}$이며, $\Delta t = 1\mu s$이므로 슬루율은 다음과 같다.

$$SR = \frac{18\text{V}}{1\,\mu s} = 18\,\text{V}/\mu s$$

연산 증폭기의 부귀환이 임피던스에 미치는 영향

연산 증폭기의 부귀환이 비반전 증폭기 및 반전 증폭기의 입·출력 임피던스에 미치는 영향을 살펴보자.

■ 비반전 증폭기의 입력 임피던스

[그림 10-26]은 비반전 증폭기 회로로, 비반전 단자 입력 V_i와 반전 단자 전압 V_f 사이의 차동전압 V_d를 다음과 같이 나타낼 수 있다.

$$V_i = V_f + V_d \qquad (V_d = V_i - V_f)$$

여기서 V_f는 다음과 같다.

$$V_f = \frac{R_i}{R_i + R_f} V_o$$

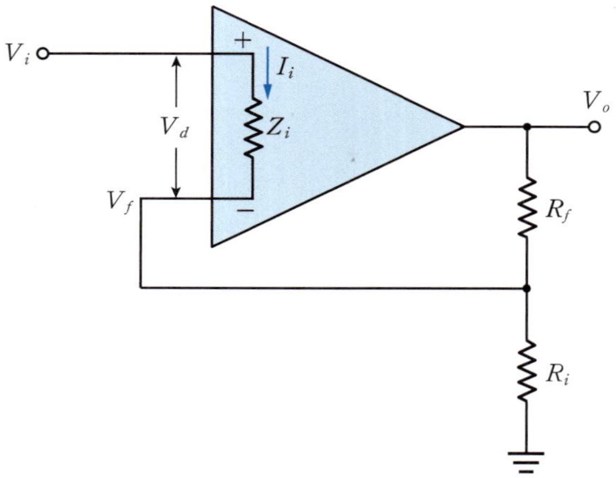

[그림 10-26] 비반전 증폭기

따라서 V_i는 다음과 같다.

$$V_i = V_d + \frac{R_i}{R_i + R_f} V_o = V_d + BV_o \qquad \left(B = \frac{R_i}{R_i + R_f}\right)$$

또한 $V_o = A_v V_d$이므로 다음과 같다.

$$V_i = V_d + BA_v V_d = (1 + BA_v) V_d \qquad (A_v : \text{연산 증폭기의 전압이득})$$

$V_d = I_i Z_i$ 이므로

$$V_i = (1 + BA_v) V_d = (1 + BA_v) I_i Z_i$$

이다. 위 식에서 Z_i는 연산 증폭기의 입력 임피던스이다. 따라서 비반전 증폭기의 입력 임피던스는 식 (10.23)과 같으며, 식으로부터 비반전 증폭기의 입력 임피던스는 연산 증폭기의 입력 임피던스보다 매우 크다는 것을 알 수 있다.

★ 비반전 증폭기의 입력 임피던스 $Z_{i(NI)}$ ★

$$Z_{i(NI)} = \frac{V_i}{I_i} = (1 + BA_v) Z_i \tag{10.23}$$

■ 비반전 증폭기의 출력 임피던스

[그림 10-27]을 이용하여 비반전 증폭기의 출력 임피던스를 구해보자.

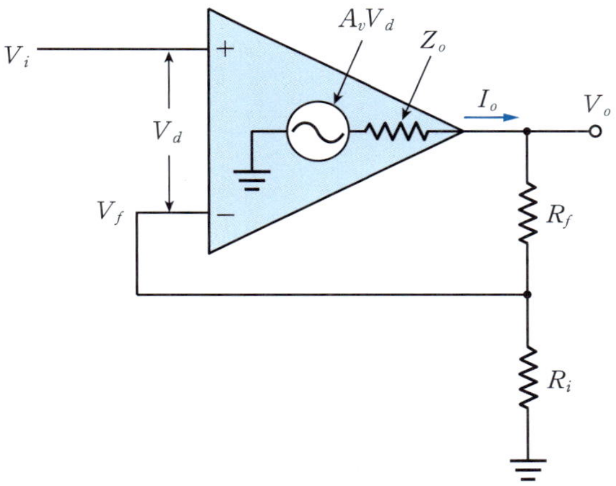

[그림 10-27] 비반전 증폭기의 출력 임피던스

[그림 10-27]에서

$$V_o = A_v V_d - Z_o I_o$$
$$V_o = A_v (V_i - V_f) - Z_o I_o$$

여기서 $V_d = V_i - V_f$이고, 일반적으로 $A_v V_d \gg Z_o I_o$이므로 다음 식으로 근사화할 수 있다.

$$V_o \cong A_v (V_i - V_f)$$

$V_f = B V_o$이므로

$$V_o \cong A_v(V_i - BV_o)$$
$$V_o = A_v V_i - A_v B V_o$$
$$A_v V_i \cong V_o + A_v B V_o = (1 + A_v B) V_o$$

$Z_{o(NI)} = \dfrac{V_o}{I_o}$ 이므로, 위 식에 $V_o = I_o Z_{o(NI)}$를 대입하면

$$A_v V_i \cong (1 + A_v B) I_o Z_{o(NI)}$$

이며, 양변을 I_o로 나누면

$$\frac{A_v V_i}{I_o} \cong (1 + A_v B) Z_{o(NI)}$$

이다. 위 식에서 귀환회로가 없는 연산 증폭기 개방회로에서 $V_o = A_v V_i = I_o Z_o$ 이므로

$$\frac{A_v V_i}{I_o} = Z_o$$

이며, Z_o는 연산 증폭기의 내부 출력 임피던스이다. 따라서

$$Z_o = (1 + A_v B) Z_{o(NI)}$$

이며, 비반전 증폭기의 출력 임피던스 $Z_{o(NI)}$는 식 (10.24)와 같다.

★ 비반전 증폭기의 출력 임피던스 $Z_{o(NI)}$ ★

$$Z_{o(NI)} = \frac{Z_o}{1 + A_v B} \tag{10.24}$$

식 (10.24)에서 비반전 증폭기의 출력 임피던스($Z_{o(NI)}$)는 연산 증폭기의 출력 임피던스 Z_o(귀환회로가 없는 개방 연산 증폭기 회로의 임피던스)를 $(1 + A_v B)$로 나눈 값이기 때문에 매우 작다.

예제 10-12

$Z_i = 4\,\text{M}\Omega$, $Z_o = 50\,\Omega$, $A_v = 200{,}000$의 연산 증폭기에 의해 그림과 같은 비반전 증폭기 회로가 있을 때, 다음을 구하시오.

(a) 전압이득

(b) 입·출력 임피던스

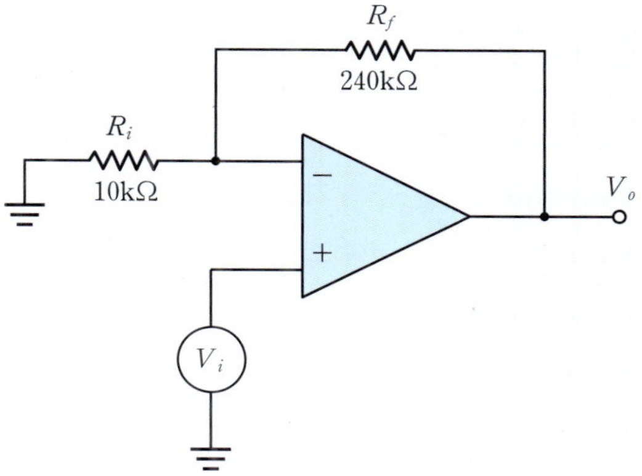

풀이

(a) 전압이득 : $A_{v(NI)} = 1 + \dfrac{R_f}{R_i} = 1 + \dfrac{240\,\text{k}\Omega}{10\,\text{k}\Omega} = 25$

(b) 입·출력 임피던스 : $B = \dfrac{R_i}{R_i + R_f} = \dfrac{10\,\text{k}\Omega}{250\,\text{k}\Omega} = 0.04$ 이므로

$$Z_{i(NI)} = (1 + A_v B) Z_i = [1 + 200{,}000(0.04)](4\,\text{M}\Omega) \simeq 32\,\text{G}\Omega$$

$$Z_{o(NI)} = \frac{Z_o}{1 + A_v B} = \frac{50\,\Omega}{1 + 8000} = 6.25\,\text{m}\,\Omega$$

■ 단위 전압 폴로워의 입·출력 임피던스

단위 전압 폴로워는 비반전 증폭기에서 $R_1 = \infty$, $R_f = 0\,\Omega$ 으로 대체된 증폭기이다. $B = 1$ 이므로 단위 전압 폴로워의 입력 임피던스를 구하는 식은, 비반전 증폭기의 입력 임피던스를 구하는 식 (10.23)에 $B = 1$을 대입하여 정리한 것과 같다. 또한 단위 전압 폴로워의 출력 임피던스는 비반전 증폭기의 출력 임피던스를 구하는 식 (10.24)에 $B = 1$을 대입하여 정리한 것과 같다.

★ 단위 전압 폴로워의 입·출력 임피던스 $Z_{i(UF)}$, $Z_{o(UF)}$ ★

$$Z_{i(UF)} = (1 + A_v) Z_i \tag{10.25}$$

$$Z_{o(UF)} = \frac{Z_o}{1 + A_v} \tag{10.26}$$

■ 반전 증폭기의 입·출력 임피던스

[그림 10-28]을 이용하여 반전 증폭기 회로의 입·출력 임피던스를 구해보자.

[그림 10-28] 반전 증폭기 회로에서 입력신호 V_i는 저항 R_i를 통해 가상접지에 연결되어 있으므로 입력 임피던스는 식 (10.27)과 같다. 출력 임피던스는 비반전 증폭기와 같이 부귀환에 의해 감소되며, 식 (10.28)과 같다. 이는 비반전 증폭기의 출력 임피던스와 같다.

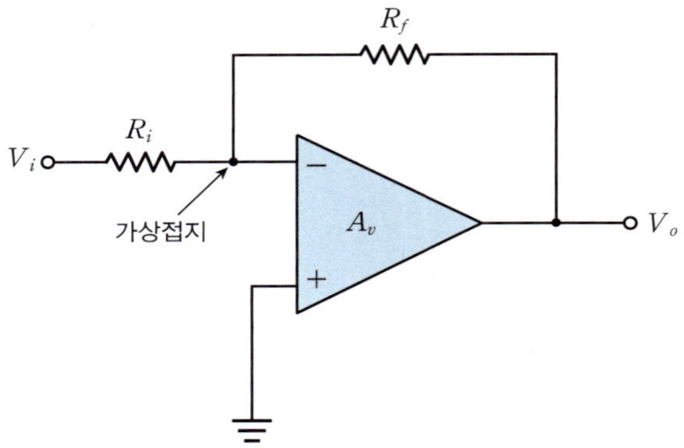

[그림 10-28] 반전 증폭기의 입·출력

★ 반전 증폭기의 입·출력 임피던스 $Z_{i(I)}$, $Z_{o(I)}$ ★

$$Z_{i(I)} = R_i \tag{10.27}$$

$$Z_{o(I)} = \frac{Z_o}{1 + A_v B} \tag{10.28}$$

예제 10-13

$Z_i = 4\,\mathrm{M\Omega}$, $Z_o = 50\,\Omega$, $A_v = 100{,}000$의 연산 증폭기를 이용한 그림과 같은 반전 증폭기 회로가 있을 때, 다음을 구하시오.

(a) 전압이득

(b) 입·출력 임피던스

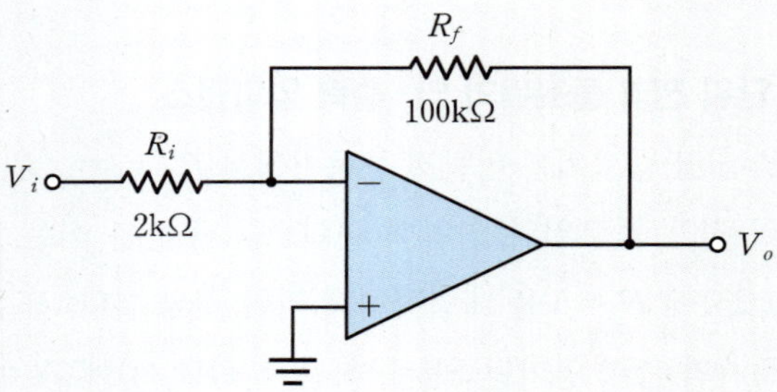

풀이

(a) 전압이득 : $A_{v(I)} = -\dfrac{R_f}{R_i} = -\dfrac{100\,\mathrm{k\Omega}}{2\,\mathrm{k\Omega}} = -50$

(b) 입력 임피던스 : $Z_{i(I)} \cong R_i = 2\,\mathrm{k\Omega}$

출력 임피던스 : $Z_{o(I)} = \dfrac{Z_o}{1 + A_v B} = \dfrac{50\,\Omega}{1 + (100000)(0.02)} \cong 25\,\mathrm{m\Omega}$

$\left(B = \dfrac{2\,\mathrm{k\Omega}}{2\,\mathrm{k\Omega} + 100\,\mathrm{k\Omega}} \cong 0.02\right)$

CHAPTER

10 연습문제

10.1 차동 증폭기의 특징이 아닌 것은?

① 하나의 입력과 하나의 출력을 갖는다. ② 연산 증폭기의 입력단을 구성한다.
③ 두 개의 출력을 갖고 있다. ④ CMRR은 중요한 특성이다.

10.2 차동 증폭기의 두 입력단자가 접지되었을 때의 상황으로 맞는 것은?

① 베이스 전류가 같다. ② 출력 오프셋 전압이 존재한다.
③ 컬렉터 전류가 같다. ④ 교류 출력전압이 0이다.

10.3 다음 중 출력 오프셋 전압이 발생하는 원인에 해당하는 것은?

① 공통 전압이득 ② 공통모드 제거비
③ 입력 바이어스 전류 ④ 이미터 다이오드 곡선

10.4 공통신호는 어느 입력에 공급되는가?

① 반전 입력단자 ② 비반전 입력단자
③ 베이스 단자 ④ 반전 및 비반전 입력단자 모두에 입력된다.

10.5 공통모드의 전압이득에 대한 설명으로 옳은 것은?

① 차동모드 전압이득보다 작다. ② 차동모드 전압이득과 비슷하다.
③ 차동모드 전압이득과 같다. ④ 차동모드 전압이득보다 크다.

10.6 연산 증폭기의 입력 단에는 어떤 증폭기를 사용하는가?

① A급 증폭기 ② B급 증폭기
③ AB급 증폭기 ④ 차동 증폭기

10.7 공통모드 신호 제거비(CMRR) 값이 큰 차동 증폭기에 대한 설명으로 옳은 것은?

① 차동모드 전압이득은 대단히 크고 공통모드 전압이득은 작다.

② 차동모드 전압이득은 작고 공통모드 전압이득이 매우 크다.

③ 차동모드 전압이득과 공통모드 이득이 같다.

④ 공통모드 전압이득과 차동모드 이득 모두 크다.

10.8 연산 증폭기의 특성이 아닌 것은?

① 높은 전압이득　　② 낮은 전력

③ 높은 입력 임피던스　　④ 낮은 출력 임피던스

10.9 연산 증폭기의 공통모드 전압이득은 어떤 값인가?

① 항상 1이다.　　② 매우 높다.　　③ 매우 낮다.　　④ 예측할 수 없다.

10.10 연산 증폭기의 차동모드 전압이득 $A_d = 2500$ 이고, 공통모드 전압이득 $A_c = 0.25$ 일 때, 공통모드 신호 제거비(CMRR)는 얼마인가?

① 2500.25　　② 1000　　③ 60dB　　④ 80dB

10.11 반전 및 비반전 입력단자 모두 입력이 0일 때, 이상적인 증폭기의 출력은?

① 0이다.　　② CMRR이다.

③ 양(+)의 전원전압과 같다.　　④ 음(−)의 전원전압과 같다.

10.12 어떤 연산 증폭기의 바이어스 전류가 $50\mu A$, $49.5\mu A$ 이다. 입력 오프셋 전류는 얼마인가?

① 99.5　　② $49.5\mu A$　　③ 500nA　　④ $50\mu A$

10.13 어떤 연산 증폭기의 출력이 $10\mu s$ 동안 12V 변했다고 할 때, 슬루율은 얼마인가?

① $0.83V/\mu s$　　② $120V/\mu s$　　③ $60V/\mu s$　　④ $1.2V/\mu s$

10.14 부귀환을 갖는 연산 증폭기의 전압이득에 대한 설명으로 옳은 것은?

① 선형 동작을 가능하게 한다.　　② 연산 증폭기를 발진시킨다.

③ 개루프 전압이득보다 크다.　　④ 변함 없다.

10.15 비반전 증폭기의 입력저항 $R_i = 1\,\text{k}\Omega$, 귀환저항 $R_f = 50\,\text{k}\Omega$ 일 때, 폐루프 전압이득은 얼마인가?

① 50 ② 51 ③ 100 ④ −50

10.16 반전 증폭기의 입력저항 $R_i = 1\,\text{k}\Omega$, 귀환저항 $R_f = 100\,\text{k}\Omega$ 일 때, 폐루프 전압이득은 얼마인가?

① 100 ② 101 ③ −100 ④ −101

10.17 단위 전압 폴로워에 대한 설명으로 옳은 것은?

① 이득이 1이다.
② 비반전 회로이다.
③ 귀환저항이 0이다.
④ 모두 해당된다.

10.18 부귀환을 하게 되었을 때의 설명으로 옳은 것은?

① 입력 임피던스를 증가시킨다.
② 입·출력 임피던스를 증가시킨다.
③ 출력 임피던스와 대역폭을 감소시킨다.
④ 임피던스와 대역폭에 영향을 미치지 않는다.

10.19 주관식 그림과 같은 차동 증폭기 회로에서 직류 바이어스 전류 I_C 와 전압 V_C 를 구하시오.

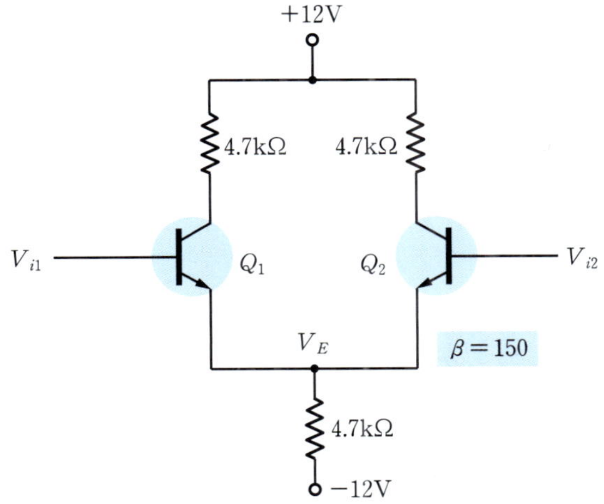

10.20 주관식 그림과 같은 차동 증폭기 회로에서 직류 바이어스 전류 I_C 와 전압 V_C 를 구하시오.

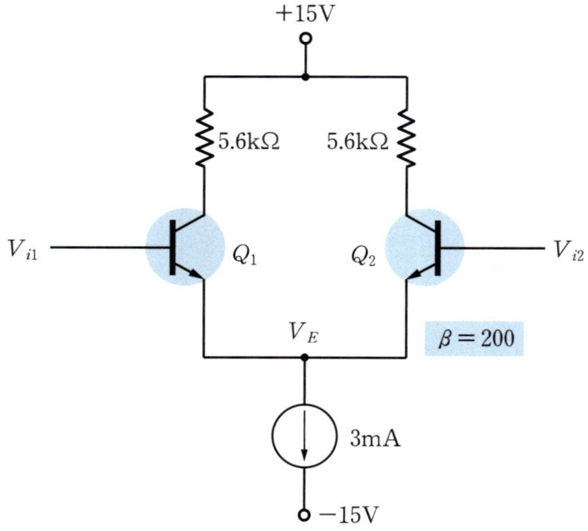

10.21 주관식 그림과 같은 차동 증폭기 회로에서 출력전압 V_o를 구하시오.

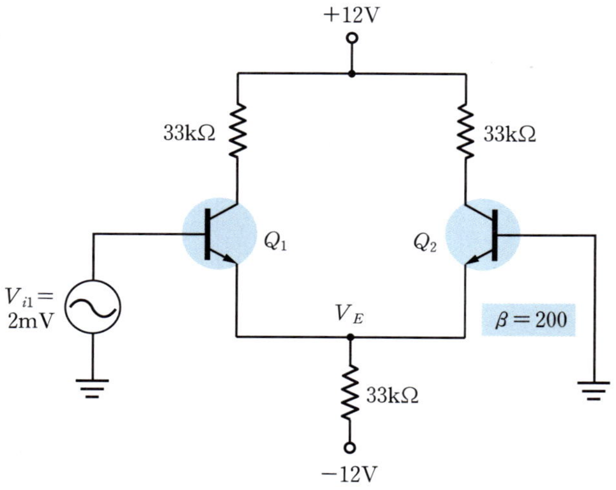

10.22 주관식 연산 증폭기의 차동모드 이득 $A_d = 20{,}000$ 이고, 공통모드 이득 $A_c = 0.2$ 일 때, CMRR을 dB로 나타내시오.

10.23 주관식 연산 증폭기의 $CMRR = 86\,\text{dB}$ 이고, 차동모드 전압이득 $A_d = 10{,}000$ 일 때, 공통모드 전압이득 A_c 는 얼마인가?

10.24 주관식 연산 증폭기의 슬루율이 $0.5\,\mathrm{V}/\mu\mathrm{s}$ 이다. 출력전압이 $-15\,\mathrm{V} \sim 15\,\mathrm{V}$에 이르는 데 걸리는 시간은 얼마인가?

10.25 주관식 비반전 증폭기가 $R_i = 1\,\mathrm{k\Omega}$, $R_f = 50\,\mathrm{k\Omega}$ 으로 구성되었다. 출력전압 $V_o = 5.1\,\mathrm{V}$일 때 전압이득 $V_{v(NI)}$ 및 비반전 입력전압 V_i를 구하시오.

10.26 주관식 다음 회로와 같은 비반전 증폭기에서 입력전압 $V_i = 10\,\mathrm{mV}$일 때, 전압이득 $V_{v(NI)}$ 및 출력전압 V_o를 구하시오.

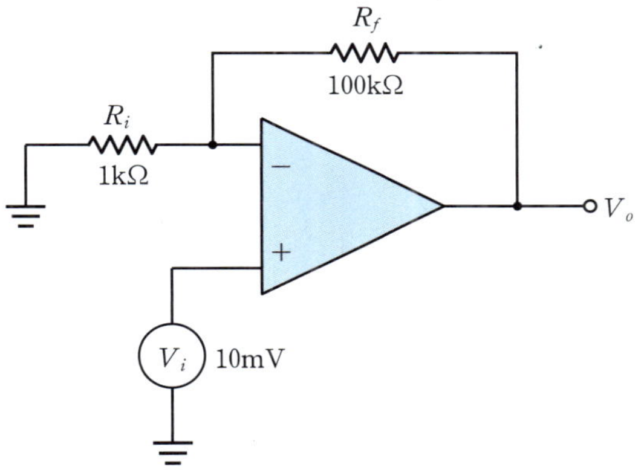

10.27 주관식 다음 회로와 같은 비반전 증폭기의 폐루프 전압이득 $V_{v(NI)}$를 구하시오.

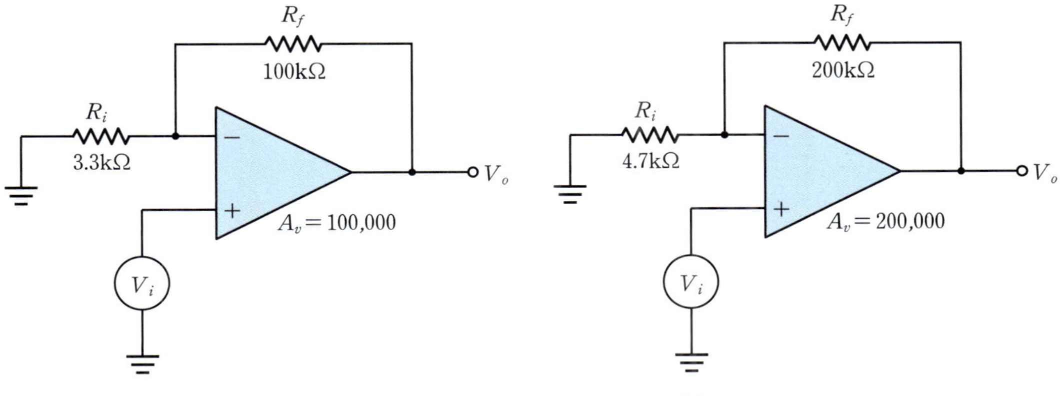

(a) (b)

10.28 주관식 다음과 같은 증폭기의 폐루프 전압이득을 구하시오.

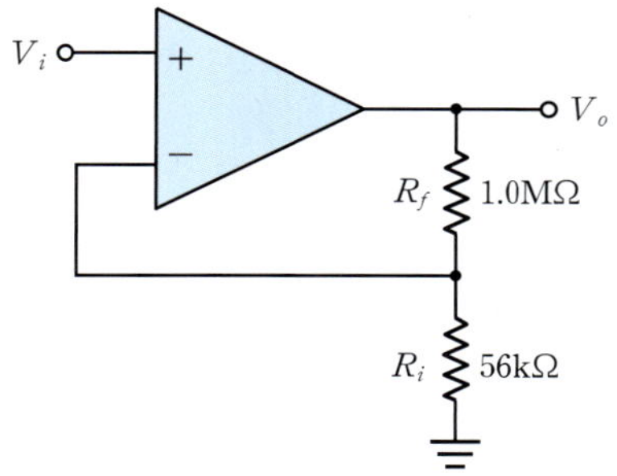

(a)

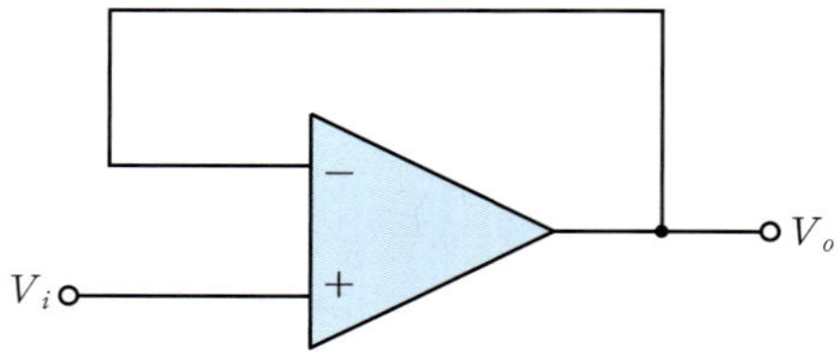

(b)

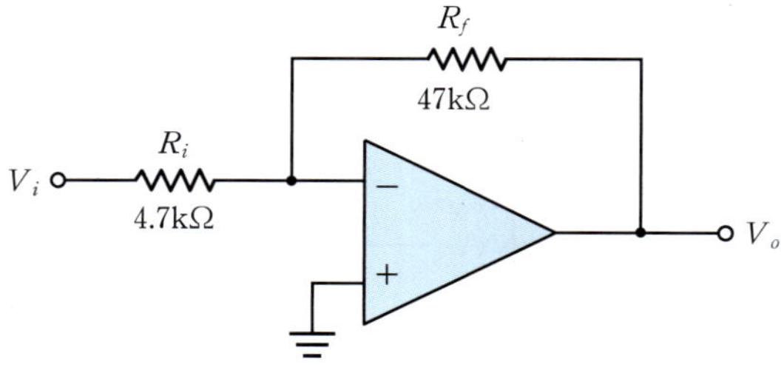

(c)

10.29 주관식 그림과 같은 반전 및 비반전 증폭기의 폐루프 전압이득이 되기 위해 귀환저항 R_f 를 각각 구하시오.

(a) $A_{v(I)} = -200$ (b) $A_{v(NI)} = 50$ (c) $A_{v(I)} = -75$

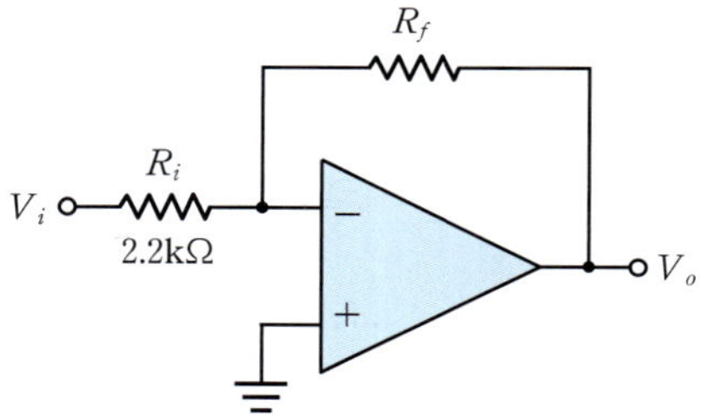

(a)

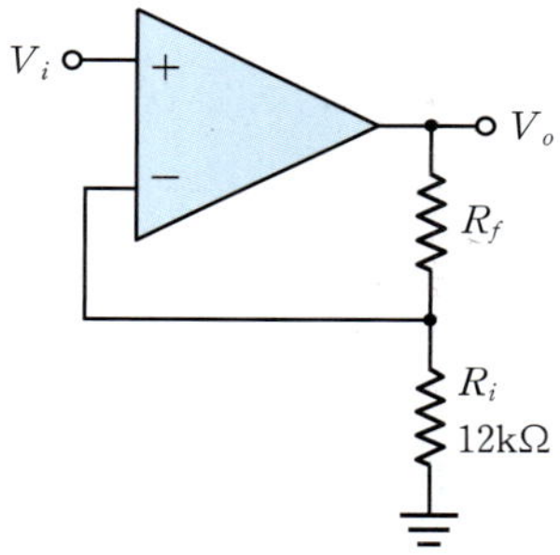

(b)

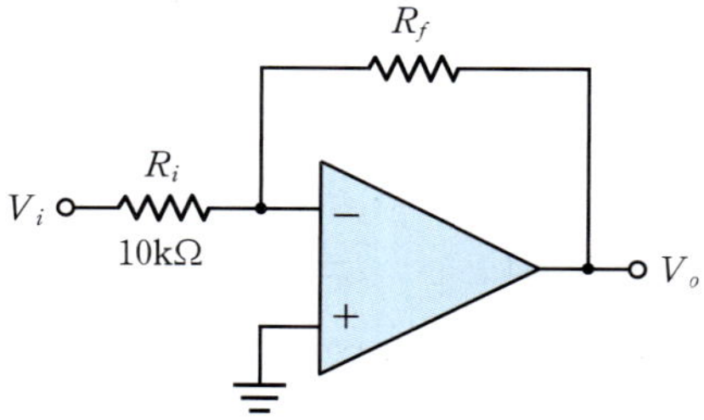

(c)

10.30 주관식 다음과 같은 반전 증폭기에서 $V_i = 1\text{V}$일 때, 다음 값을 구하시오.

(a) 폐루프 전압이득 $A_{v(I)}$

(b) I_i

(c) I_f

(d) 출력전압 V_o

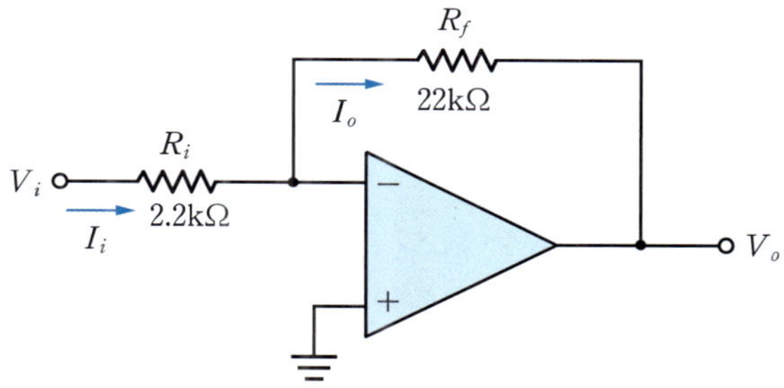

10.31 주관식 다음과 같은 증폭기에서 입·출력 임피던스를 구하시오.

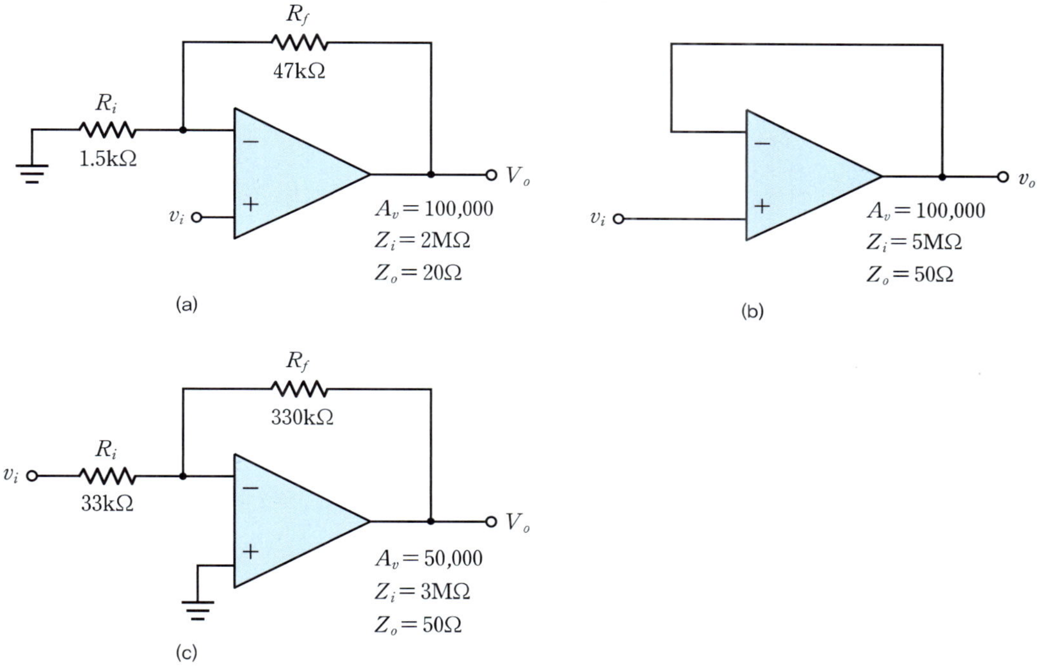

10.32 주관식 입력전압이 0V일 때 출력전압이 30mV라면, 입력 오프셋 전압은 얼마인가? (단, 연산 증폭기의 개루프 전압이득 $A_v = 100{,}000$이다.)

10.33 주관식 연산 증폭기 단위 전압 폴로워의 오프셋 전압이 5nV일 때, 출력오차 전압은 얼마인가?

CHAPTER

11

연산 증폭기 응용 회로

차동 증폭기와 여러 단의 전압 증폭기로 구성된 연산 증폭기는 매우 큰 전압이득과 입력 임피던스, 그리고 작은 출력 임피던스를 갖는다. 연산 증폭기는 가산기, 미분기, 적분기와 같은 수학적 연산(operational) 회로에 주로 사용되며, 전압 완충기, 발진기, 필터, 계측기 회로 등에 널리 사용된다. 이 장에서는 비교기, 정 이득 배율기, 다단이득 증폭기, 전압 가산 및 감산 증폭기, 적분기 및 미분기의 연산 증폭기의 기본적인 회로를 다루고, 전압 완충기, 제어형 전원과 같은 간단한 응용 회로에 대해 공부한다.

CONTENTS

SECTION 01

연산 증폭기의 기본 회로

이 절에서는 연산 증폭기의 기본 회로인 비교기, 정 이득 배율기, 다단 이득 증폭기, 전압 가산 및 감산 증폭기, 적분기 및 미분기의 연산 증폭기의 기본적인 회로를 살펴본다.

Keywords | 비교기 | 정 이득 배율기 | 전압 가산기 | 다단 증폭기 | 미분기 | 적분기 |

비교기

연산 증폭기는 매우 큰 전압이득을 갖는 차동 증폭기로, 선형적으로 이용하기 위해서는 부귀환 회로여야 한다. 그러나 두 입력단자의 입력 크기를 비교했을 때, 즉 입력의 크기가 크거나 작은 두 가지 상태 중 하나를 출력하는 비교기는 부귀환 회로를 사용하지 않고 연산 증폭기를 개방회로로 사용한다. 비교기는 한쪽 입력에는 신호전압을 인가하고 다른 한쪽 입력에는 기준전압을 연결하여, 기준전압과 입력신호 전압의 크기를 비교하는 회로이다. 비교기를 활용하는 회로로는 영 전위 검출기, 레벨전위 검출기가 있다.

■ 영 전위 검출기

영 전위 검출기는 입력전압이 일정 수준을 넘는 것을 감지하는 회로이다. 반전 입력(−)은 접지함으로써 영 전위가 되고, 비반전 입력(+)에 신호전압을 인가한다. 높은 연산 증폭기의 개루프 전압이득 때문에 두 입력 사이의 매우 작은 차이에도 연산 증폭기가 포화되어 출력전압은 최대가 된다.

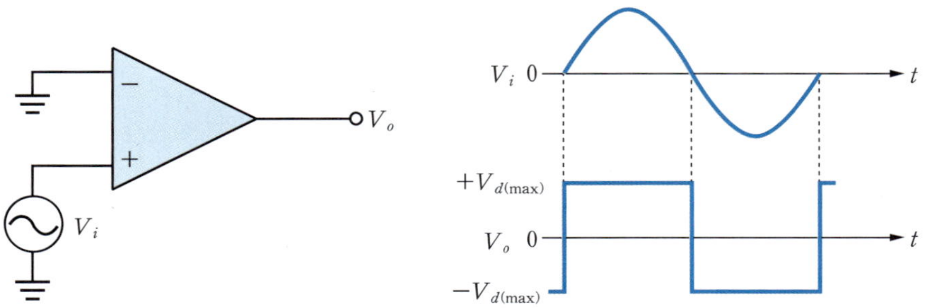

(a) 영 전위 검출기 (b) 사인파 입력의 출력파형

[그림 11-1] 연산 증폭기의 영 전위 검출 비교기

예를 들어, 연산 증폭기의 개루프 전압이득 $A_v = 200,000$ 이라면, 두 입력의 차가 $0.1\,\mathrm{mV}$ 일 경우 출력전압은 $0.1\,\mathrm{mV} \times 200,000 = 20\,\mathrm{V}$ 이다. 대부분의 연산 증폭기의 최대 출력은 연산 증폭기의 직류전원 전압보다 작기 때문에 연산 증폭기는 포화상태가 되고 최대 출력전압이 출력된다.

[그림 11-1(b)]는 반전 입력(−)은 접지하여 영 전위가 되고, 비반전 입력(+)에 정현파 신호전압을 인가했을 때의 출력을 보여준다. 정현파가 양(+)이 되는 순간, 출력은 양으로 포화되어 양(+)의 최대 출력전압이 출력되고, 정현파가 음(−)이 되는 순간, 출력은 음으로 포화되어 음(−)의 최대 출력전압이 출력된다. 이와 같이 영 전위 검출기의 출력파형은 구형파이므로 정현파 입력을 구형파를 만드는 구형파 발생회로로도 쓰인다.

■ 레벨전위 검출기

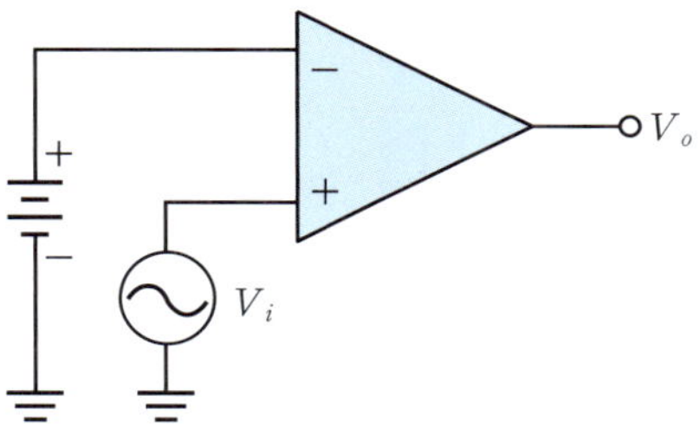

(a) 레벨전위 검출기

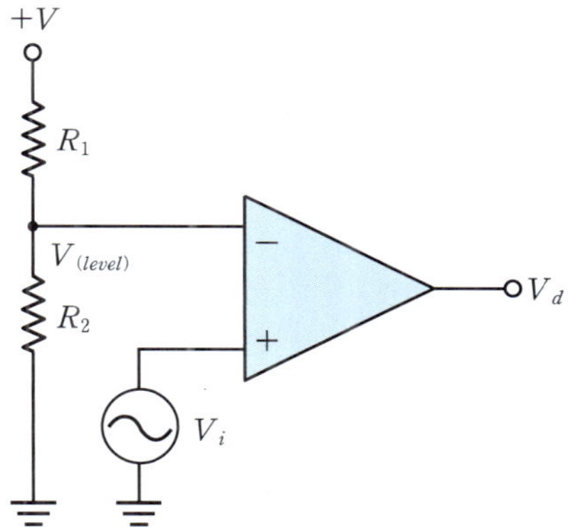

(b) 전압분배 회로 레벨전위 검출기

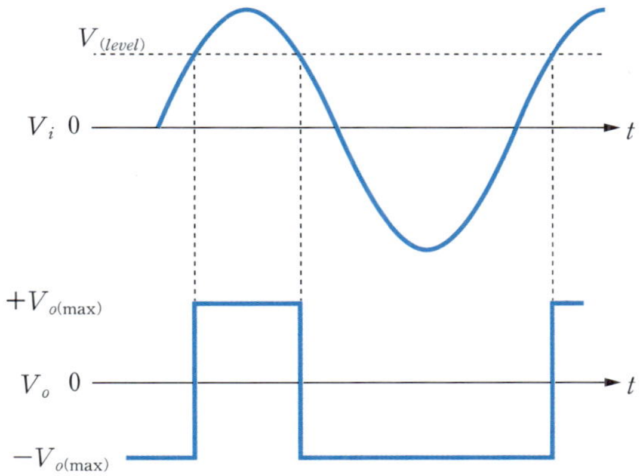

(c) 레벨전위 검출기의 입·출력파형

[그림 11-2] 레벨전위 검출기

[그림 11-2(a)]와 같은 **레벨전위 검출기**는 영 전위 검출기의 반전 입력(−) 단자를 접지하는 대신 일정한 레벨의 고정된 기준전압을 연결하고 비반전(+) 입력단자에 입력신호를 연결한 비교기 회로이다. 비반전 입력단자를 통해 입력되는 신호의 크기를 기준전압과 비교하여 입력신호의 크기가 더 커지는 순간, 출력은 양(+)의 최대 출력전압이 출력되며, 입력신호의 크기가 기준전압보다 작아지는 순간, 음(−)의 최대 출력전압이 출력된다. [그림 11-2(b)]는 고정된 기준전압 대신 전압 분배기를

이용하여 기준전압을 제공하는 회로이다. 기준전압(레벨전위)은 식 (11.1)과 같다. 또한 그림 (c)는 레벨전위 검출기의 입·출력파형을 보여준다.

$$V_{(level)} = \frac{R_2}{R_1 + R_2}(+\mathrm{V}) \tag{11.1}$$

예제 11-1

그림 (b)와 같은 레벨전위 검출기(비교기) 회로에 (a)와 같은 정현파 입력이 인가될 때, 입·출력파형을 그리시오. (단, 연산 증폭기의 최대 출력전압은 ±13V이다.)

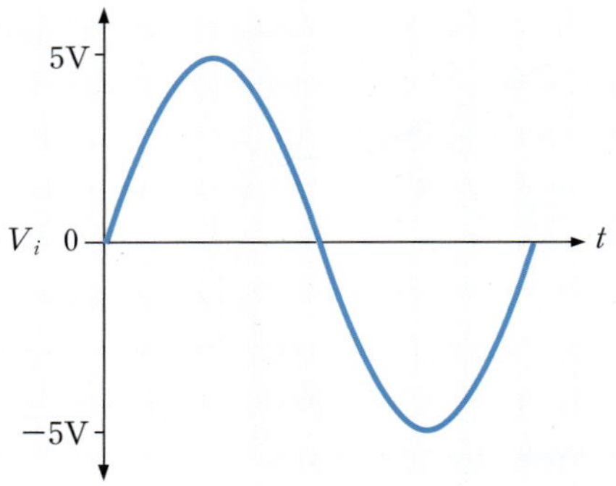

(a)

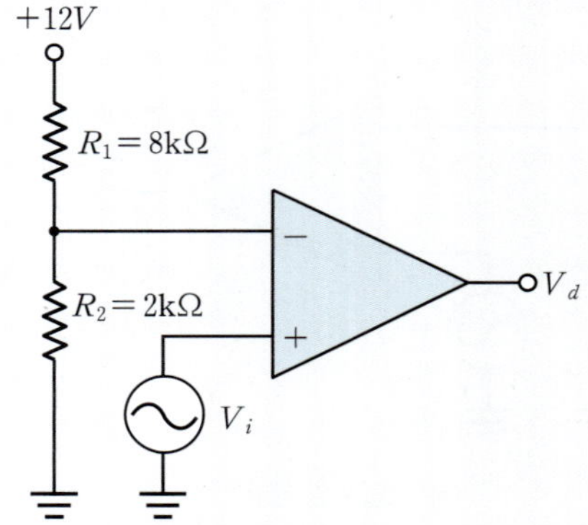

(b)

풀이

전압분배 회로로부터 레벨전위를 구하면 다음과 같다.

$$\begin{aligned} V_{(level)} &= \frac{R_2}{R_1 + R_2}(+\mathrm{V}) \\ &= \frac{2\mathrm{k}\Omega}{2\mathrm{K}\Omega + 8\mathrm{K}\Omega}(+12\mathrm{V}) \\ &= 2.4\mathrm{V} \end{aligned}$$

레벨전압이 2.4V이므로, 2.4V를 기준으로 해서 입력신호가 2.4V 이상일 때에는 양(+)으로 포화되어 +13V가 출력되며, 2.4V 이하일 때는 음(−)으로 포화되어 −13V가 출력된다.

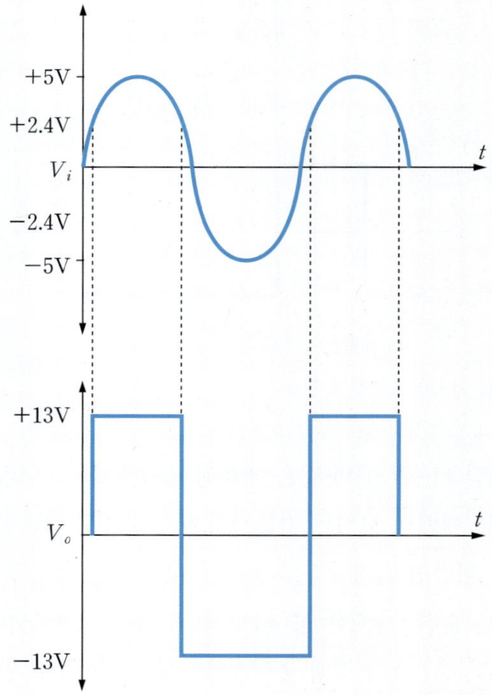

■ 아날로그-디지털(A/D) 변환기

병렬 비교기를 응용한 아날로그-디지털(A/D) 변환기는 아날로그 신호를 디지털 시스템의 입력으로 공급해야 할 때 요구되는 인터페이스 과정이다. 병렬 비교기를 사용하는 동시(플래시) A/D 변환기에서 각 연산 증폭기의 기준전압은 전압분배 회로에 의해 만들어진다. 각 연산 증폭기로 만들어진 비교기의 입력이 각각 비교기의 기준전압을 초과하면 해당 연산 증폭기의 출력은 포화되어 최대값이 출력된다.

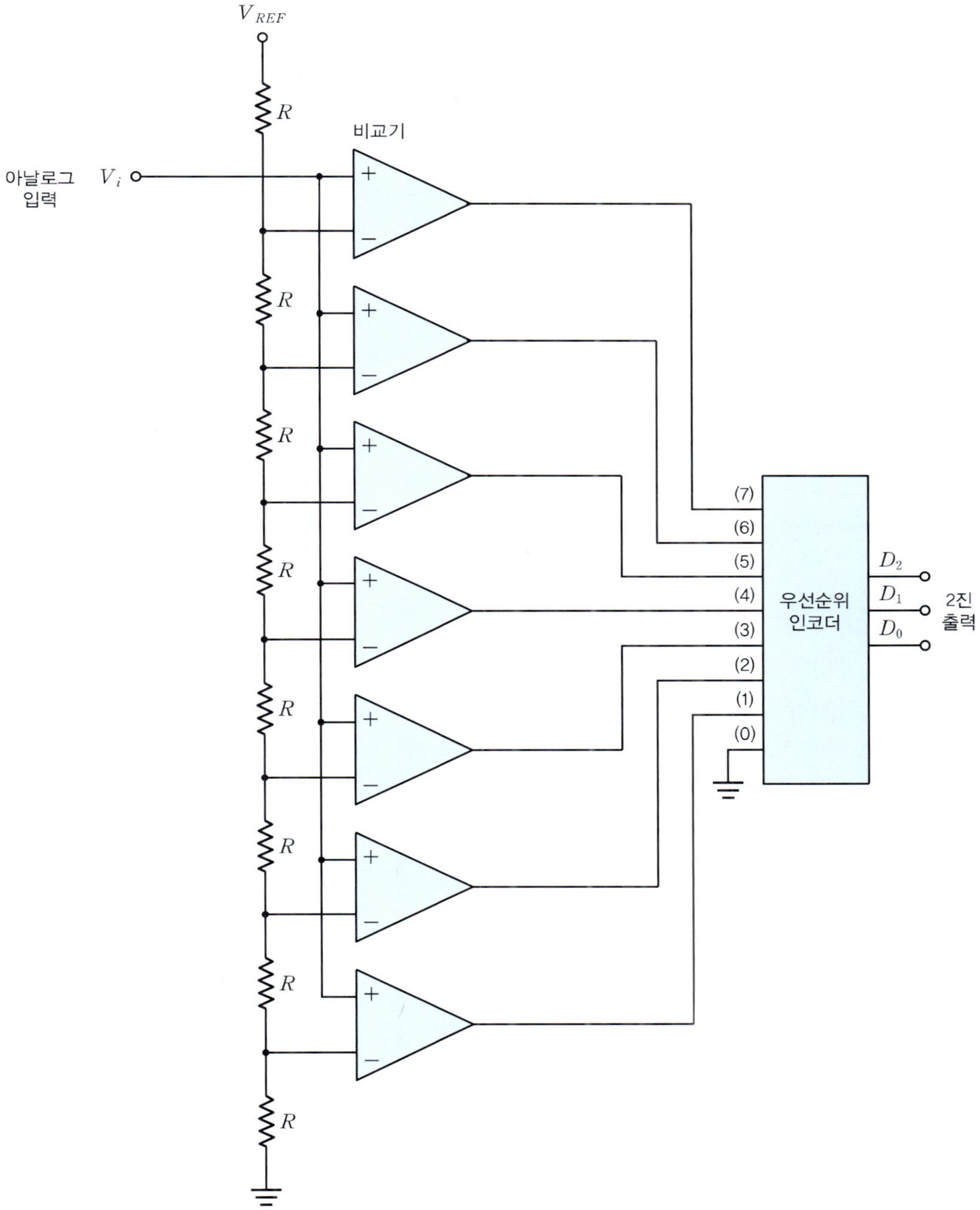

[그림 11-3] 3-bit 동시(플래시) 아날로그-디지털 변환기(AD-C)

[그림 11-3]은 아날로그 입력을 세 자리의 2진수로 출력하는 아날로그-디지털 변환기(AD-C)를 보여준다. 7개의 비교기와 우선순위 인코더로 구성되어 있으며, 각 비교기의 기준전압은 전압분배기에 의해 결정되며, 각 비교기의 출력은 우선순위 인코더의 입력에 연결된다. 우선순위 인코더는 가장 높은 입력을 2진수로 출력하는 인코더이다. 인코더는 샘플링 펄스에서 입력을 샘플링하고, 인코더의 출력은 세 자리의 2진수 값으로 아날로그의 입력신호에 비례한다. 일반적으로 n자리의 2진수 아날로그-디지털 변환기에는 $2^n - 1$개의 비교기가 필요다.

정 이득 배율기

■ 정 이득 반전 배율기

정 이득 반전 배율기는 가장 일반적인 연산 증폭기 회로 중 하나로, 정확한 이득과 증폭을 제공한다. [그림 11-4]는 반전 배율기(증폭기) 회로를 보여주며, 이득은 식 (11.2)로 표현된다.

★ 정 이득 반전 배율기의 이득 ★

$$A_v = -\frac{R_f}{R_i} \tag{11.2}$$

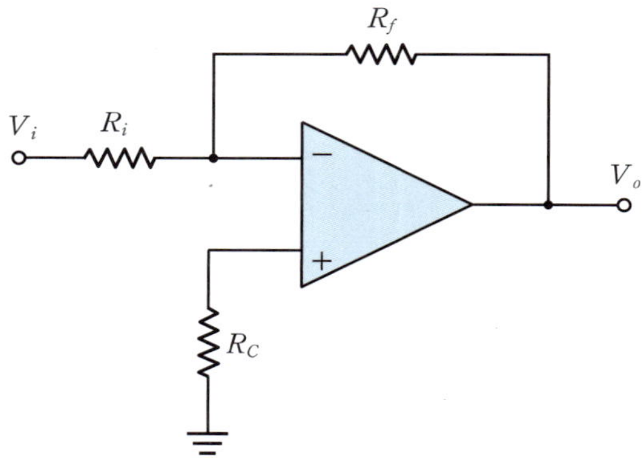

[그림 11-4] 정 이득 반전 배율기

예제 11-2

그림과 같은 정 이득 반전 배율기 회로에서 2.0mV의 정현파 입력에 대한 출력전압을 구하시오.

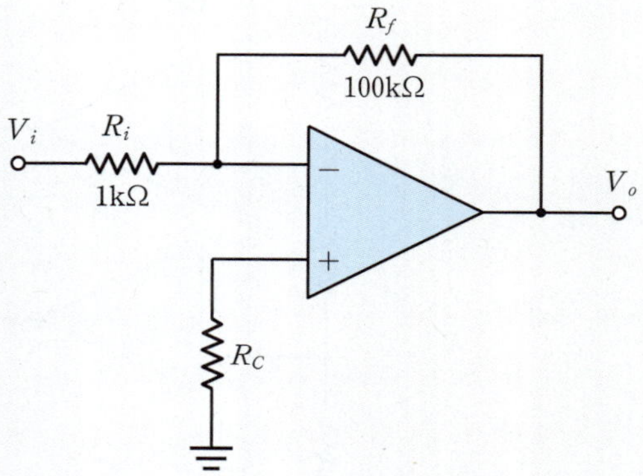

풀이

정 이득 반전 배율기의 이득은 다음과 같다.

$$A_v = -\frac{R_f}{R_i} = -\frac{100\,\text{k}\Omega}{1\,\text{k}\Omega} = -100$$

따라서 출력전압은 다음과 같다.

$$V_o = A_v(V_i) = -100(2.0\,\text{mV}) = -200\,\text{mV}$$

■ 정 이득 비반전 배율기

[그림 11-5]는 **정 이득 비반전 배율기**(증폭기) 회로를 보여주며, 이득은 식 (11.3)으로 표현된다.

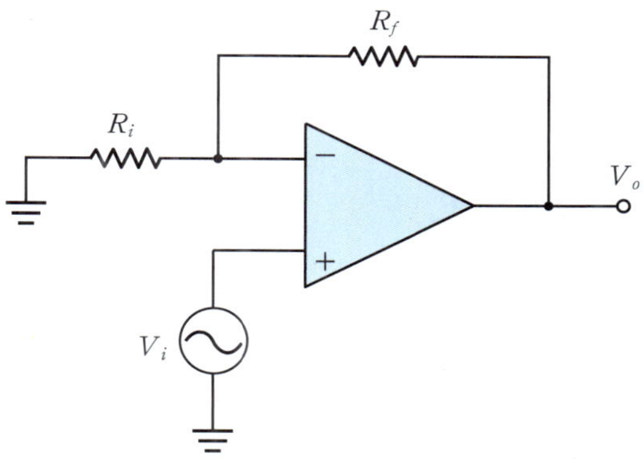

[그림 11-5] 정 이득 비반전 배율기

★ 정 이득 비반전 배율기의 이득 ★

$$A_v = 1 + \frac{R_f}{R_i} \tag{11.3}$$

예제 11-3

그림과 같은 정 이득 비반전 배율기 회로에서 2.0mV의 정현파 입력에 대한 출력 전압을 구하시오.

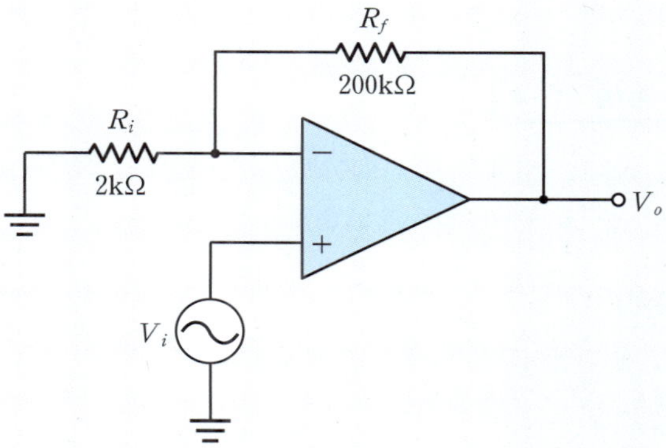

풀이

정 이득 비반전 증폭기의 이득은 다음과 같다.

$$A_v = 1 + \frac{R_f}{R_i} = 1 + \frac{200\,\text{k}\Omega}{2\,\text{k}\Omega} = 101$$

따라서 출력전압은 다음과 같다.

$$V_o = A_v(V_i) = 101(2.0\,\text{mV}) = 202\,\text{mV}$$

■ 정 이득 다단 배율기

여러 개의 증폭기가 직렬로 연결되어 있을 때, 증폭기의 전체 이득은 각 증폭단의 이득을 곱한 값과 같다. [그림 11-6]은 3개의 증폭기가 직렬로 연결된 3단 증폭기이다. 첫 번째 증폭기는 비반전 증폭기이고, 두 번째 증폭기와 세 번째 증폭기는 반전 증폭기이다. 따라서 증폭기의 전체 이득은 식 (11.4)와 같다.

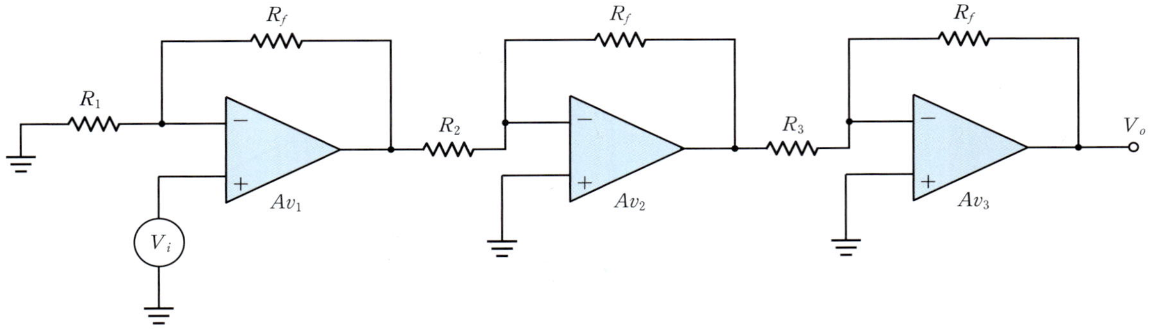

[그림 11-6] 3단 증폭기

★ 정 이득 다단 배율기(3단)의 이득 ★

$$A_v = (A_{v1})(A_{v2})(A_{v3}) \tag{11.4}$$

(여기서 $A_{v1} = 1 + R_f / R_1$, $A_{v2} = -R_f / R_2$, $A_{v3} = -R_f / R_3$)

예제 11-4

[그림 11-6]에서 $R_f = 240\,\text{k}\Omega$, $R_1 = 2.2\,\text{k}\Omega$, $R_2 = 20\,\text{k}\Omega$, $R_3 = 20\,\text{k}\Omega$ 이고, 입력전압이 $100\,\mu\text{V}$ 일 때, 전체 전압이득과 출력전압을 구하시오.

풀이

전체 전압이득은 다음과 같이 구한다.

$$\begin{aligned} A_v &= (A_{v1})(A_{v2})(A_{v3}) = \left(1 + \frac{R_f}{R_1}\right)\left(-\frac{R_f}{R_2}\right)\left(-\frac{R_f}{R_3}\right) \\ &= \left(1 + \frac{240\,\text{k}\Omega}{2.2\,\text{k}\Omega}\right)\left(-\frac{240\,\text{k}\Omega}{20\,\text{k}\Omega}\right)\left(-\frac{240\,\text{k}\Omega}{20\,\text{k}\Omega}\right) \\ &= 110.1 \times (-12) \times (-12) = 15854.4 \end{aligned}$$

출력전압은 다음과 같이 구한다.

$$V_o = (A_v)(V_i) = (15854.4) \times 100\,\mu\text{V} \cong 1.585\,\text{V}$$

예제 11-5

그림과 같은 3단 증폭기에서 피드백 저항 R_f가 180 kΩ일 때, 첫째 단 증폭기 이득이 +10, 둘째 단 증폭기 이득이 −15, 셋째 단 증폭기 이득이 −20이 되도록 각 입력저항 R_1, R_2,, R_3를 구하시오. 입력전압이 100 μV일 때 출력전압을 구하시오.

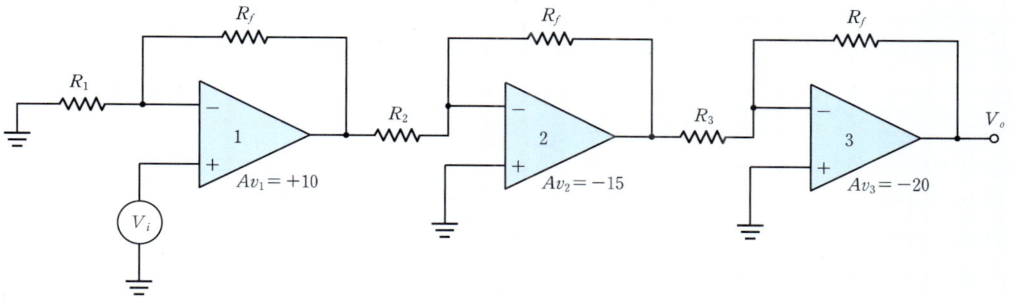

풀이

• 첫째 단 전압이득 : $A_{v1} = \left(1 + \dfrac{R_f}{R_1}\right) = +10$

$$R_1 = \frac{R_f}{9} = \frac{180\,\text{k}\Omega}{9} = 20\,\text{k}\Omega$$

• 둘째 단 전압이득 : $A_{v2} = -\dfrac{R_f}{R_2} = -15$

$$R_2 = \frac{180\,\text{k}\Omega}{15} = 12\,\text{k}\Omega$$

• 셋째 단 전압이득 : $A_{v3} = -\dfrac{R_f}{R_2} = -20$

$$R_3 = \frac{180\,\text{k}\Omega}{20} = 9\,\text{k}\Omega$$

입력전압이 100 μV일 때, 출력전압은 다음과 같다.

$$V_o = (A_v)(V_i) = (10)(-15)(-20)(100\,\mu\text{V}) = 300\,\text{mV}$$

예제 11-6

그림과 같은 병렬 3단 증폭기에서 피드백 저항 R_f 가 300kΩ 일 때, 첫째 단 증폭기 이득이 −10, 둘째 단 증폭기 이득이 −20, 셋째 단 증폭기 이득이 −30이 되도록 각 증폭기의 입력저항 R_1, R_2, R_3를 구하시오.

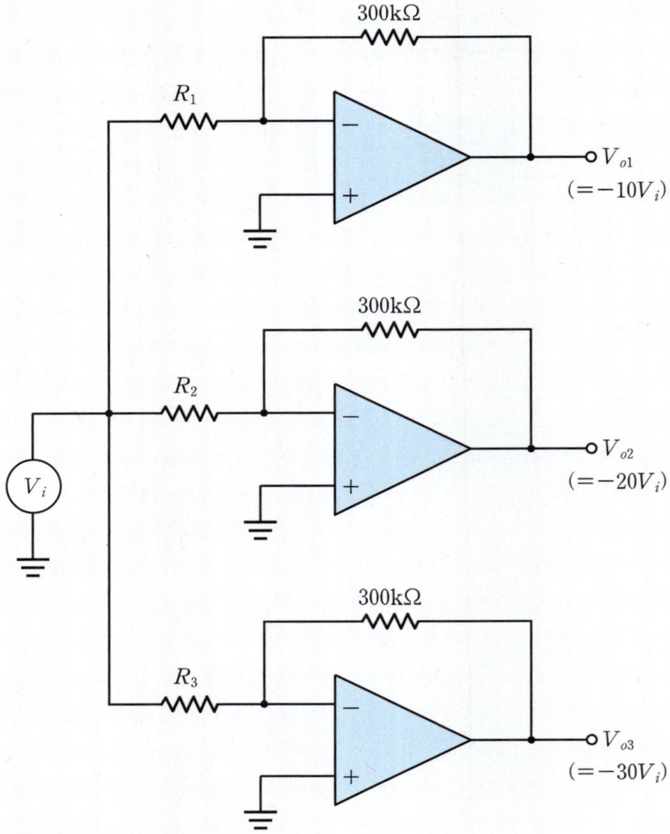

풀이

• 첫째 단 전압이득 : $A_{v1} = -\dfrac{R_f}{R_1} = -10$

$$R_1 = -\frac{R_f}{A_{v1}} = -\frac{300\,\text{k}\Omega}{-10} = 30\,\text{k}\Omega$$

• 둘째 단 전압이득 : $A_{v2} = -\dfrac{R_f}{R_2} = -20$

$$R_2 = -\frac{300\,\text{k}\Omega}{-20} = 15\,\text{k}\Omega$$

• 셋째 단 전압이득 : $A_{v3} = -\dfrac{R_f}{R_2} = -30$

$$R_3 = -\frac{300\,\text{k}\Omega}{-30} = 10\,\text{k}\Omega$$

전압 가산(감산)기

전압 가산 증폭기는 반전 증폭기를 응용한 회로이다. 여기서는 전압 가산기, 배전압 가산기, 평균전압 가산기, 가중치 전압 가산기에 대해 살펴보자.

■ 전압 가산기

반전 증폭기로 이루어진 전압 가산기는 둘 또는 그 이상의 입력전압의 합이 음(−)의 출력전압으로 출력된다. 여기서는 두 개의 입력을 갖는 전압 가산기를 먼저 살펴본 뒤 여러 입력을 갖는 전압 가산기를 살펴볼 것이다. [그림 11-7]과 같이 두 입력전압 V_{i1}, V_{i2}가 인가되었을 때, 반전 증폭기는 매우 큰 입력 임피던스에 의해 반전 입력단자가 가상접지(반전 입력전압 0V)가 되므로 저항 R_1과 R_2에 전류 I_1과 I_2의 전류가 흐른다.

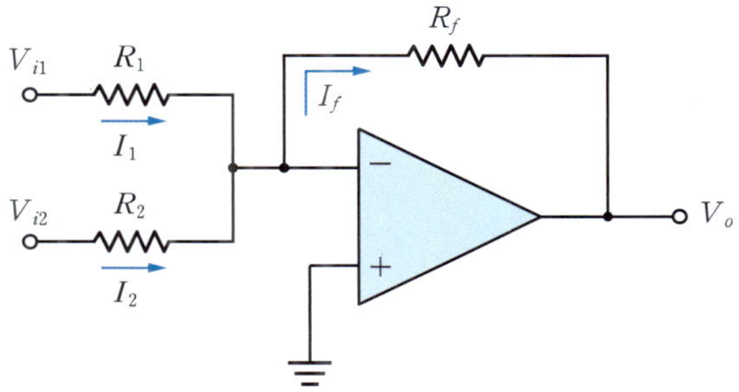

[그림 11-7] 두 개의 입력을 갖는 전압 가산 증폭기

저항 R_1과 R_2에 흐르는 전류 I_1과 I_2가 합쳐져 저항 R_f를 흐르는 전류 I_f가 된다.

$$I_f = I_1 + I_2$$

또한 출력전압 $V_o = -I_f R_f$가 되며, 반전 증폭기 전류 I_1과 I_2는 다음과 같다.

$$I_1 = \frac{V_{i1}}{R_1},\ I_2 = \frac{V_{i2}}{R_2}$$

따라서 출력전압 V_o는 다음과 같다.

$$V_o = -(I_1 + I_2)R_f = -\left(\frac{V_{i1}}{R_1} + \frac{V_{i2}}{R_2}\right)R_f$$

여기서 모든 저항이 같다면($R_1 = R_2 = R_f = R$) 위 식은 식 (11.5)와 같이 나타낼 수 있다. 전압 가산기는 반전 증폭기이므로 입력전압이 가산된 출력전압은 음(−) 값으로 출력된다.

$$V_o = -\left(\frac{V_{i1}}{R} + \frac{V_{i2}}{R}\right)R = -\frac{R}{R}(V_{i1} + V_{i2}) = -(V_{i1} + V_{i2}) \tag{11.5}$$

두 개의 입력을 갖는 전압 가산기를 [그림 11-8]과 같이 n개의 입력을 갖는 전압 가산기로 확장할 수 있으며, 이는 식 (11.6)과 같이 표현된다. ($R_f = R$)

★ 전압 가산기의 출력전압 ★

$$V_o = -(V_{i1} + V_{i2} + V_{i3} + \cdots + V_{in}) \tag{11.6}$$

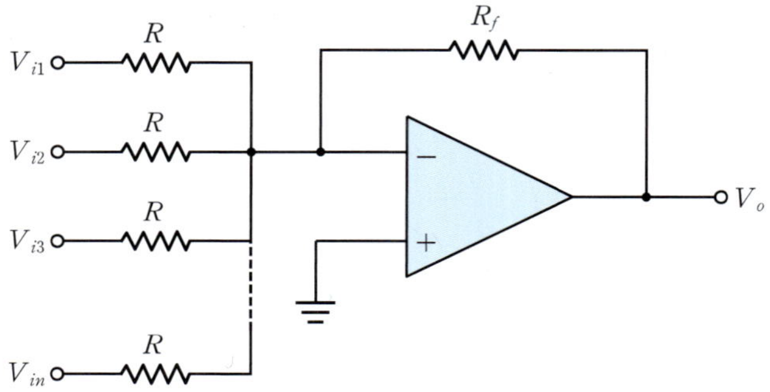

[그림 11-8] n개의 입력을 갖는 가산기

예제 11-7

그림과 같은 전압 가산기의 출력 전압을 구하시오.

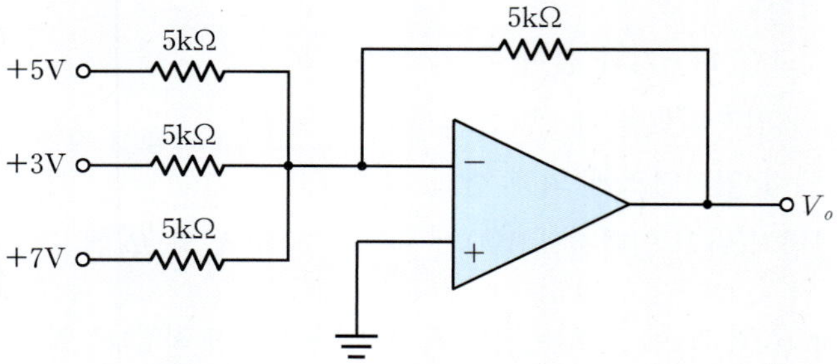

풀이

$$V_o = -(V_{i1} + V_{i2} + V_{i3}) = -(5\,\text{V} + 3\,\text{V} + 7\,\text{V}) = -15\,\text{V}$$

■ 배전압 가산기

반전 증폭기에 의한 가산 증폭기의 출력전압은 다음과 같다.

$$V_o = -(I_1 + I_2 + \cdots + I_n)R_f = -\left(\frac{V_{i1}}{R_1} + \frac{V_{i2}}{R_2} + \cdots + \frac{V_{in}}{R_n}\right)R_f$$

각 입력저항이 같다면($R_1 = R_2 = R_3 \cdots R_n = R$) 위 식은 식 (11.7)과 같이 나타낼 수 있다.

★ 배전압 가산기의 출력전압 ★

$$V_o = -\left(\frac{V_{i1}}{R} + \frac{V_{i2}}{R} + \cdots + \frac{V_{in}}{R}\right)R_f = -\frac{R_f}{R}(V_{i1} + V_{i2} + \cdots + V_{in}) \qquad (11.7)$$

위 식의 R_f/R은 이득이다. 따라서 귀환저항 R_f가 입력저항 R보다 2배 크면, 가산된 입력전압의 2배 전압이 출력되며, 또한 R_f가 입력저항 R보다 3, 4 $\cdots$ n 크면, 3배, 4배, $\cdots$, n배 전압이 출력된다.

예제 11-8

그림과 같은 전압 가산기의 출력전압을 구하시오.

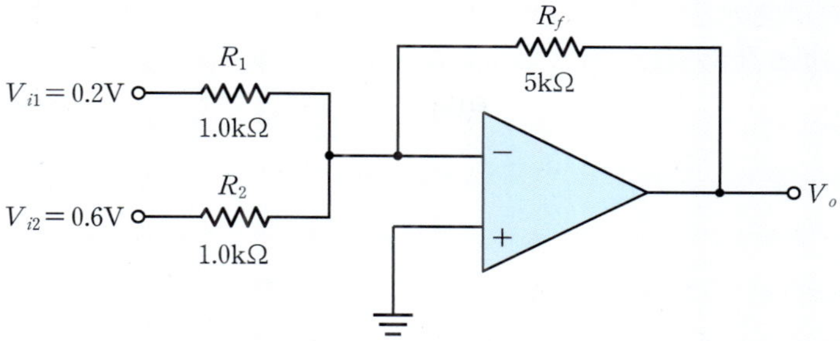

풀이

$R_1 = R_2 = 1.0\,\text{k}\Omega$ 이고, $R_f = 5\,\text{k}\Omega$ 이므로, 입력전압 합의 5배 전압이 출력된다.

$$V_o = -\frac{R_f}{R}(V_{i1} + V_{i2}) = -\frac{5\,\text{k}\Omega}{1\,\text{k}\Omega}(0.2\,\text{V} + 0.6\,\text{V}) = -5(0.8\,\text{V}) = -4\,\text{V}$$

■ 평균전압 가산기

식 (11.7)의 이득, 즉 배전압 가산기의 이득을 입력전압의 평균값이 되도록 입력저항 R과 귀환저항 R_f 를 설정하면, 식 (11.8)로부터 출력전압은 입력전압을 모두 합하여 입력개수(n)로 나눈 평균값이 된다.

★ 평균전압 가산기의 출력전압 ★

$$V_o = -\frac{R_f}{R}(V_{i1} + V_{i2} + \cdots V_{in}) = -\frac{1}{n}(V_{i1} + V_{i2} + \cdots + V_{in}) \qquad (11.8)$$

예제 11-9

그림과 같은 평균전압 가산기의 출력전압을 구하시오.

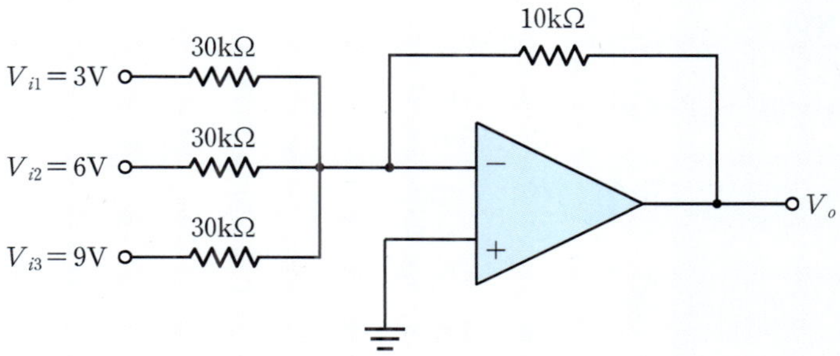

풀이

$R = 30\,\text{k}\Omega$, $R_f = 10\,\text{k}\Omega$ 이므로, 3개 입력의 평균전압이 출력된다.

$$\frac{R_f}{R} = \frac{10\,\text{k}\Omega}{30\,\text{k}\Omega} = \frac{1}{3}$$

$$V_o = -\frac{R_f}{R}(V_{i1} + V_{i2} + V_{i3}) = -\frac{1}{3}(3\,\text{V} + 6\,\text{V} + 9\,\text{V}) = -6\,\text{V}$$

■ 가중치 전압 가산기

가중치 전압 가산기는 전압 가산기의 각 입력전압에 대한 입력저항 값을 조절함으로써 각 입력전압에 대한 가중치를 부여한 출력전압을 얻을 수 있다.

$$V_o = -(I_1 + I_2 + \cdots + I_n) R_f = -\left(\frac{V_{i1}}{R_1} + \frac{V_{i2}}{R_2} + \cdots + \frac{V_{in}}{R_n}\right) R_f$$

$$= -\left(\frac{R_f}{R_1} V_{i1} + \frac{R_f}{R_2} V_{i2} + \cdots + \frac{R_f}{R_n} V_{in}\right)$$

해당 입력전압의 가중치는 귀환저항 R_f 와 입력저항 R_i 의 비(R_f / R_i)에 의해 결정된다. 예를 들어, 가산기에서 입력 V_{i1} 의 가중치가 0.5이면, $R_f / R_1 = 0.5$가 되도록 $R_1 = 2R_f$ 이며, 가중치가 1이면 $R_1 = R_f$ 이다. R_i 가 R_f 에 비해 작으면 가중치는 커진다.

★ 가중치 가산기의 출력전압 ★

$$V_o = -\left(\frac{R_f}{R_1} V_{i1} + \frac{R_f}{R_2} V_{i2} + \cdots + \frac{R_f}{R_n} V_{in}\right) \quad (11.9)$$

예제 11-10

오른쪽 그림과 같은 가중치 전압 가산기의 출력전압을 구하시오.

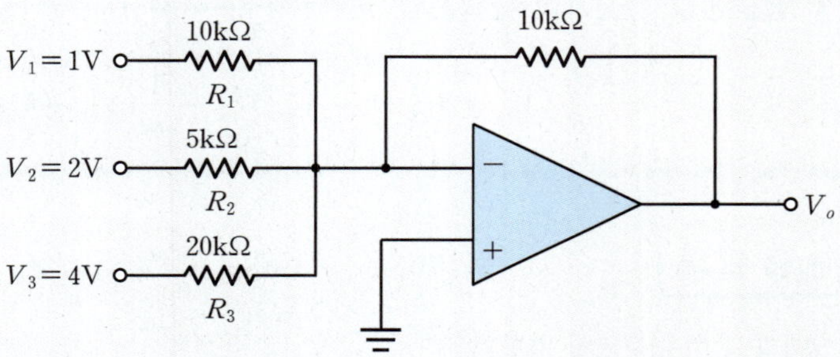

풀이

- 입력 V_1의 가중치 : $\frac{R_f}{R_1} = \frac{10\,\text{k}\Omega}{10\,\text{k}\Omega} = 1$
- 입력 V_2의 가중치 : $\frac{R_f}{R_2} = \frac{10\,\text{k}\Omega}{5\,\text{k}\Omega} = 2$
- 입력 V_3의 가중치 : $\frac{R_f}{R_3} = \frac{10\,\text{k}\Omega}{20\,\text{k}\Omega} = 0.5$

가중치에 의한 출력전압은 다음과 같다.

$$V_o = -\left(\frac{R_f}{R_1} V_1 + \frac{R_f}{R_2} V_2 + \frac{R_f}{R_3} V_3\right) = -(1(1\text{V}) + 2(2\text{V}) + 0.5(4\text{V})) = -7\text{V}$$

■ 전압 감산기

전압 감산기란 비반전 입력전압 V_1에서 반전 입력전압 V_2를 뺀 전압이 출력되는 증폭기이다. 여기서는 2단 연산 증폭기로 구성한 감산기와 1개의 연산 증폭기의 비반전 입력과 반전 입력에 의한 감산기, 두 종류의 감산기에 대해 살펴본다.

(1) 1개의 연산 증폭기를 사용한 감산기

[그림 11-9]는 1개의 연산 증폭기를 사용한 감산기를 보여준다.

연산 증폭기는 선형회로이므로 비반전 입력에 대한 출력전압과 반전 입력에 대한 출력전압을 중첩의 정리를 적용하여 구하며, 이는 식 (11.10)과 같이 정리된다.

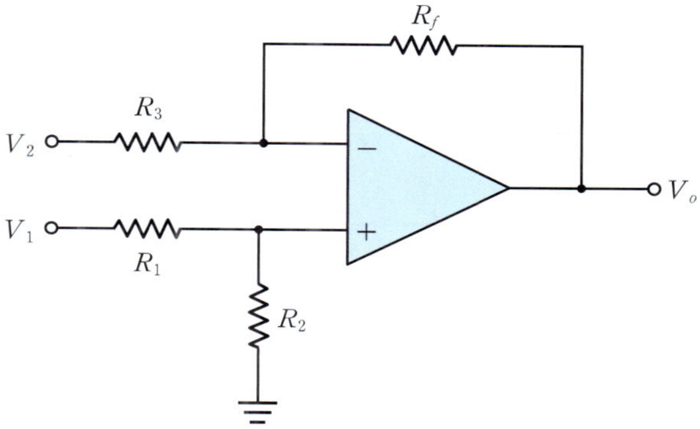

[그림 11-9] 1개의 연산 증폭기를 사용한 감산기

★ 1개의 연산 증폭기를 사용한 감산기의 출력전압 ★

$$V_o = \left(\frac{R_2}{R_1+R_2}V_1\right)\left(1+\frac{R_f}{R_3}\right) - \frac{R_f}{R_3}V_2 = \left(\frac{R_2}{R_1+R_2}\right)\left(\frac{R_3+R_f}{R_3}\right)V_1 - \frac{R_f}{R_3}V_2 \quad (11.10)$$

비반전 입력회로 저항이 $R_1 = R_2$이고, 반전 증폭기 저항 $R_3 = R_f$일 때, 출력전압 $V_o = V_1 - V_2$가 된다.

예제 11-11

오른쪽 그림과 같은 감산기의 출력전압을 구하시오.

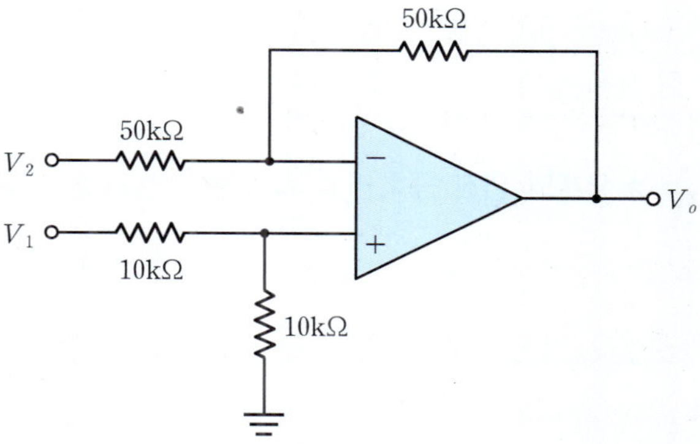

풀이

식 (11.10)으로부터 저항 $R_1 = R_2$, $R_3 = R_f$이므로, 출력전압은 다음과 같다.

$$V_o = \left(\frac{10\,\text{k}\Omega}{10\,\text{k}\Omega + 10\,\text{k}\Omega}\right)\left(\frac{50\,\text{k}\Omega + 50\,\text{k}\Omega}{50\,\text{k}\Omega}\right)V_1 - \frac{50\,\text{k}\Omega}{50\,\text{k}\Omega}V_2 = V_1 - V_2$$

(2) 2개의 연산 증폭기를 사용한 감산기

[그림 11-10]은 2단 연산 증폭기로 구성된 감산기를 보여준다.

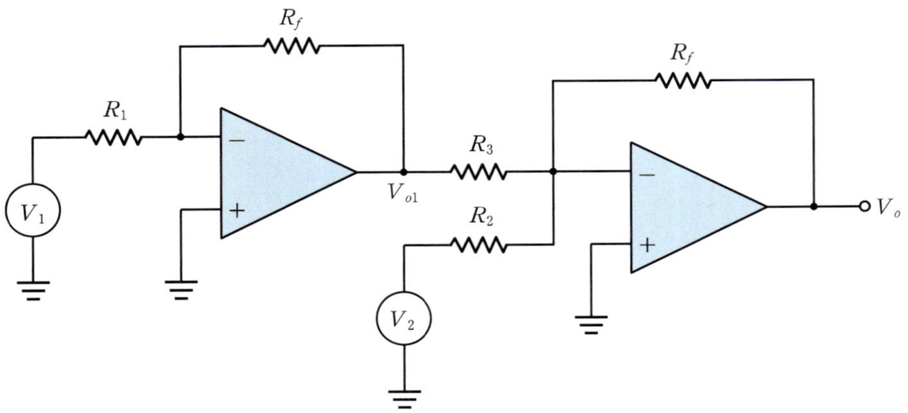

[그림 11-10] 2단 연산 증폭기의 감산기

반전 연산 증폭기인 첫째 단 입력전압 V_1의 출력전압 V_{o1}과 둘째 단 입력전압 V_2는 둘째 단의 반전 증폭 가산기의 입력이 된다. 따라서 출력전압은 다음과 같다.

$$\text{첫째 단의 출력전압 : } V_{o1} = -\frac{R_f}{R_1}(V_1)$$

$$\text{최종 출력전압 : } V_o = -\left[\frac{R_f}{R_3}(V_{o1}) + \frac{R_f}{R_2}V_2\right]$$

위 식을 정리하면 다음과 같다.

★ 2개의 연산 증폭기를 사용한 감산기의 최종 출력전압 ★

$$V_o = \left(\frac{R_f}{R_3}\frac{R_f}{R_1}V_1 - \frac{R_f}{R_2}V_2\right) \quad (11.11)$$

예제 11-12

[그림 11-10]의 감산기 회로에서 $R_1 = R_2 = R_3 = R_f = 10\,\text{k}\Omega$ 일 때, 출력전압을 구하시오.

풀이

식 (11.11)로부터 출력전압을 구하면 다음과 같다.

$$V_o = \left(\frac{R_f}{R_3}\frac{R_f}{R_1}V_1 - \frac{R_f}{R_2}V_2\right) = \left(\frac{10\,\text{k}\Omega}{10\,\text{k}\Omega}\frac{10\,\text{k}\Omega}{10\,\text{k}\Omega}V_1 - \frac{10\,\text{k}\Omega}{10\,\text{k}\Omega}\right) = (V_1 - V_2)$$

적분기

반전 연산 증폭기 회로에서 귀환저항 R_f 를 커패시터로 대체한 회로를 **적분기**(Integrator)라 하며, 함수의 전체 면적을 구하는 수학적인 적분 과정과 유사하다.

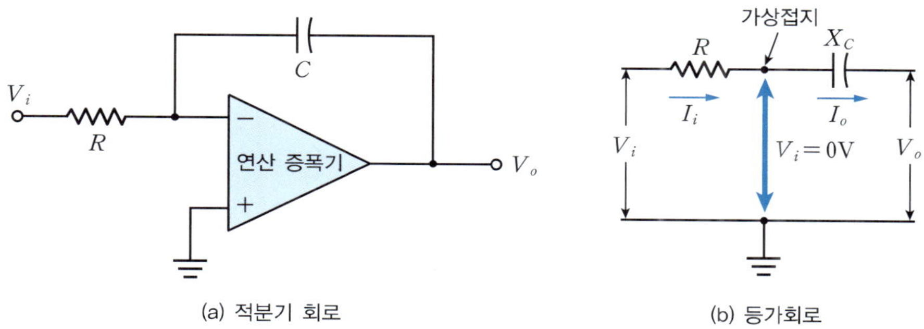

[그림 11-11] 적분기 회로와 등가회로

[그림 11-11(b)]의 가상접지에 의한 적분기 등가회로를 이용하면 적분기 회로를 쉽게 해석할 수 있다. 반전 증폭기에서 입력전류 I_i 와 출력전류 I_o 가 같다. I_i 와 I_o 는 다음과 같다.

$$I_i = \frac{V_i}{R}, \quad I_o = -\frac{V_o}{X_C} \quad \left(X_C = \frac{1}{sC}\right)$$

$I_i = I_o$ 이므로

$$\frac{V_i}{R} = -\frac{V_o}{1/sC} = -sCV_o$$

따라서 V_o / V_i 는 다음과 같다.

$$\frac{V_o}{V_i} = -\frac{1}{sCR} \tag{11.12}$$

위 식의 $\frac{1}{s}$ 은 적분 연산자로, 식 (11.12)를 출력전압의 시간함수로 다시 쓰면 식 (11.13)과 같다. 식을 보면 알 수 있듯이, 출력은 입력전압을 적분한 다음 위상을 반전시키고, $\frac{1}{RC}$ 을 곱한 값이다.

★ 적분기의 출력전압 ★

$$V_o(t) = -\frac{1}{RC}\int V_i(t)\,dt \tag{11.13}$$

예제 11-13

오른쪽 그림과 같은 적분기 회로에서 입력전압 $v_i(t)=1\text{V}$ 일 때, 출력전압 $v_o(t)$ 를 구하시오.

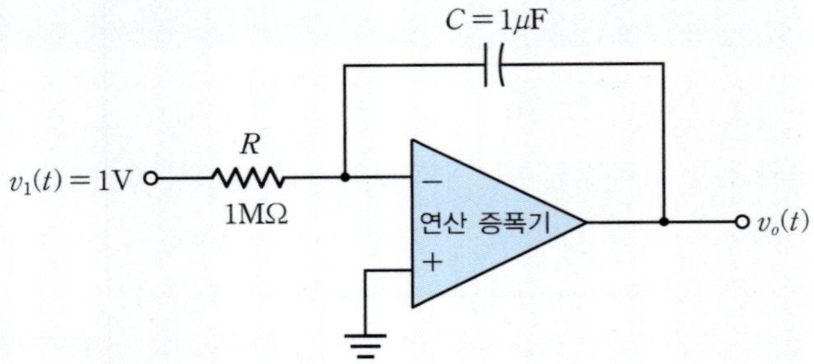

풀이

$$-\frac{1}{RC} = -\frac{1}{(1\text{M}\Omega)(1\mu\text{F})} = -1$$

$$v_o(t) = -\frac{1}{RC}\int v_i(t)\,dt = -1\int 1\,dt = -t$$

■ 가산 적분기

[그림 11-12]는 적분기를 확장한 가산 적분기 회로를 보여준다. 식 (11.14)는 가산 적분기의 출력전압을 구하는 식이다.

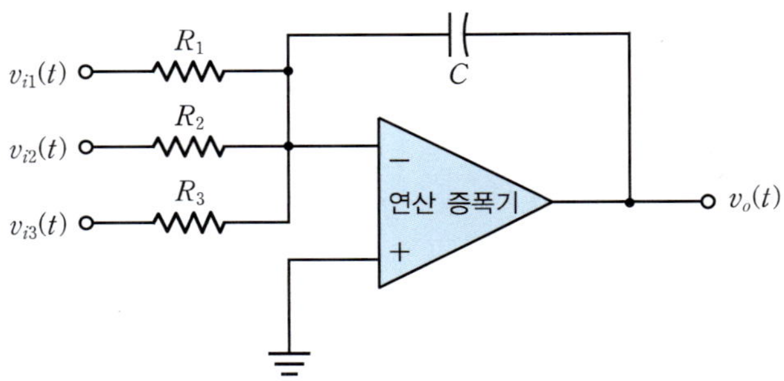

[그림 11-12] 가산 적분기

★ 가산기 적분기의 출력전압 ★

$$v_o(t) = -\left[\frac{1}{R_1C}\int v_{i1}(t)\,dt + \frac{1}{R_2C}\int v_{i2}(t)\,dt \frac{1}{R_3C}\int v_{i3}(t)\,dt\right] \tag{11.14}$$

예제 11-14

오른쪽 그림과 같은 가산 적분기 회로의 출력전압 $v_o(t)$ 를 구하시오.

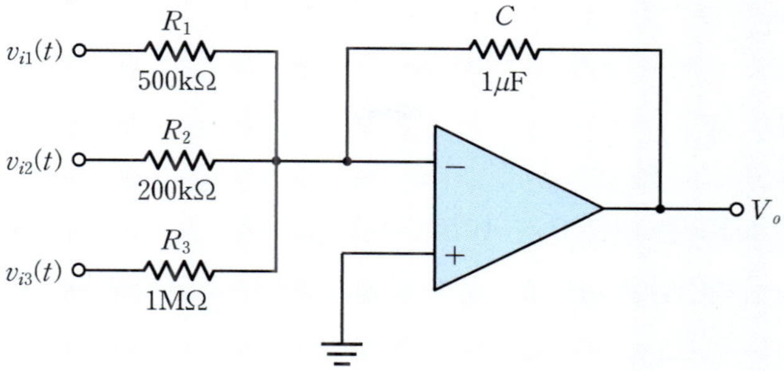

풀이

$$-\frac{1}{R_1C}=-\frac{1}{(500\,\mathrm{k}\Omega)(1\,\mu\mathrm{F})}=-2$$

$$-\frac{1}{R_2C}=-\frac{1}{(200\,\mathrm{k}\Omega)(1\,\mu\mathrm{F})}=-5$$

$$-\frac{1}{R_3C}=-\frac{1}{(1\,\mathrm{M}\Omega)(1\,\mu\mathrm{F})}=-1$$

$$v_o(t)=-\left[\frac{1}{R_1C}\int v_{i1}(t)\,dt+\frac{1}{R_2C}\int v_{i2}(t)\,dt+\frac{1}{R_3C}\int v_{i3}(t)\,dt\right]$$

$$v_o(t)=-\left[2\int v_{i1}(t)\,dt+5\int v_{i2}(t)\,dt+1\int v_{i3}(t)\,dt\right]$$

미분기

[그림 11-13]과 같이 반전 연산 증폭기 회로에서 입력저항 R_i 를 커패시터로 대체한 회로를 **미분기**(differentiator)라 한다. 미분기는 입력전압의 변화율에 비례하는 출력을 얻는 회로이다. 즉 입력신호의 순간적인 변화율을 출력으로 나타내는 회로로, 수학적인 미분 과정과 유사하다.

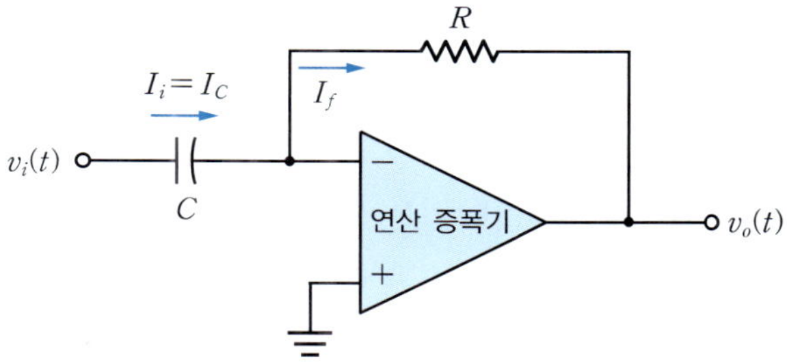

[그림 11-13] 미분기

[그림 11-13]의 미분기 회로도 적분기 회로와 마찬가지로 출력전압을 쉽게 유도할 수 있다. 미분기 회로도 반전 증폭기를 응용한 회로이므로 입력전류와 출력전류가 같다. 입력전류 I_i 및 출력전류 I_f 는 다음과 같다.

$$I_i=\frac{v_i(t)}{X_C}\quad\left(X_C=\frac{1}{sC}\right),\quad I_f=-\frac{v_o(t)}{R}$$

$I_i=I_f$ 이므로

$$\frac{v_i(t)}{1/sC} = -\frac{v_o(t)}{R}$$

따라서

$$\frac{v_o(t)}{v_i(t)} = -RCs$$

위 식의 s 는 미분 연산자이다. 따라서 출력전압 $v_o(t)$ 는 다음과 같다. 식 (11.15)에서 알 수 있듯이, 출력전압은 입력전압을 미분한 후, RC를 곱한 값이 되며, 위상은 반전된다.

$$v_o(t) = -RC\frac{dv_i(t)}{dt} \tag{11.15}$$

또한 [그림 11-14]의 양(+)의 경사입력을 인가한 미분기 회로의 경우, 출력전압은 식 (11.16)과 같이 미분함수를 시간 변화율(Δt)에 대한 입력 변화율 $\Delta v_i(t)$로 표현된 식으로 계산하여 구한다.

★ 미분기의 출력전압 ★

$$v_o(t) = -RC\frac{dv_i(t)}{dt} = -RC\left(\frac{\Delta v_i(t)}{\Delta t}\right) \tag{11.16}$$

[그림 11-14]의 미분기 회로에서 입력 커패시터에 흐르는 전류 I_c 는 입력전류이므로 $I_c = I_i$이며, 연산 증폭기의 반전 입력 단은 가상접지이므로 입력전압 $v_i(t)$와 커패시터 전압 v_C가 같다. 즉 $v_i(t) = v_C$이다.

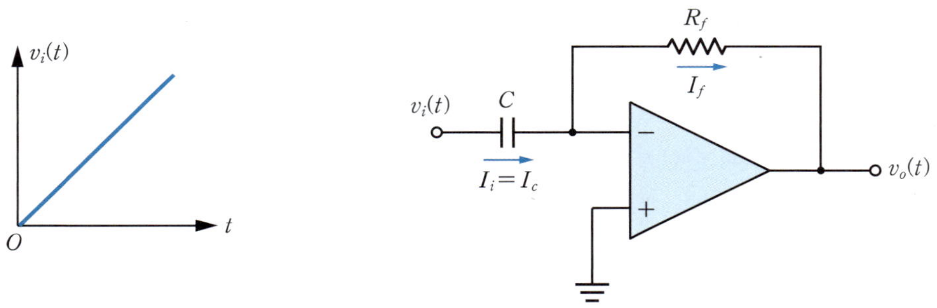

[그림 11-14] 경사입력의 미분기

커패시터 C에 전류 I_c 가 흐를 경우, 커패시터 C의 전하량 Q 는 $I_c t$ 이며, 또한 $Q = Cv_C$이다. 따라서 커패시터 전압 v_C 는

$$v_C = \frac{Q}{C} = \frac{1}{C}(I_c t)$$

이며, 다음과 같이 정리된다.

$$I_c = \frac{v_C}{t} C$$

또한 커패시터에 흐르는 전류 I_c를 전압변화율 Δv_C와 시간변화율 $\Delta(t)$로 나타내면

$$I_c = \left(\frac{\Delta v_C}{\Delta t}\right) C$$

이며, $I_c = I_f$이므로 출력전압 $v_o(t)$는 다음과 같다.

$$v_o(t) = -I_f R_f = -I_c R_f$$

위 식을 다시 정리하면 출력전압 $v_o(t)$는 다음과 같다.

$$v_o(t) = -\left(\frac{\Delta v_C}{\Delta t}\right) C R_f \qquad (11.17)$$

[그림 11-15]와 같이 양(+)의 경사입력에 대해 출력전압은 음(−)이 되고, 음(−)의 경사입력에 대해 출력전압은 양(+)의 직류레벨이 된다.

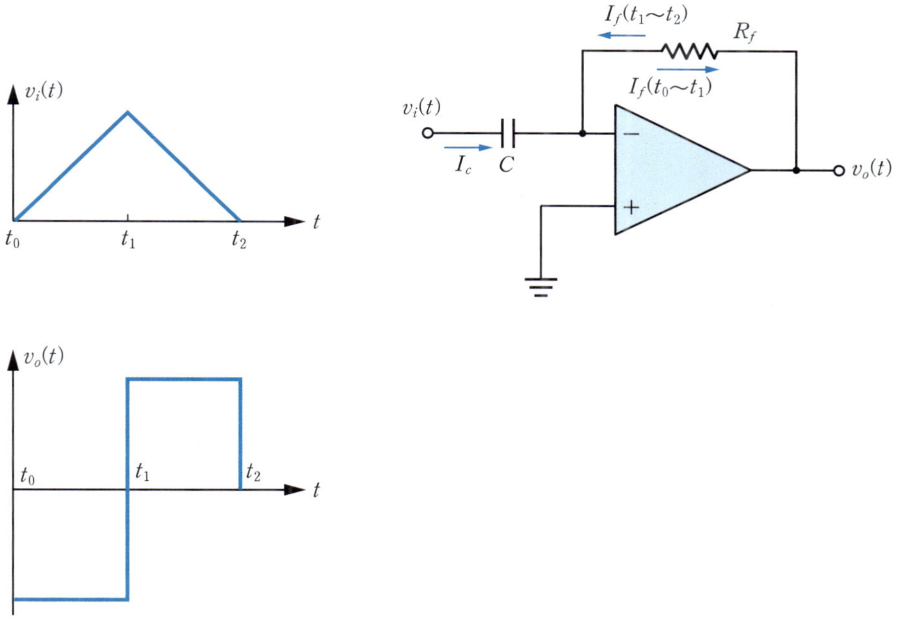

[그림 11-15] 미분기의 경사입력에 대한 출력파형

예제 11-15

그림과 같이 미분기 회로에 삼각파 입력이 인가되었을 때, 출력파형을 구하시오.

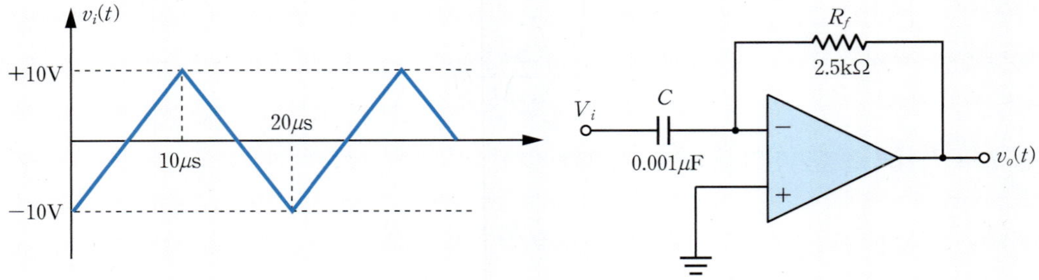

풀이

미분기의 입력은 구간 $t=0 \sim 10\,\mu s$ 에서 $-10\,\text{V} \sim +10\,\text{V}$ 의 양(+) 기울기를 가지며, 구간 $t=10\,\mu\text{s} \sim 20\,\mu\text{s}$ 에서 $+10\,\text{V} \sim -10\,\text{V}$ 로 음(−)의 기울기를 갖는 경사함수 $v_i(t)=v_C$ 이다.

$$R_f C = 2.5\,\text{k}\Omega\,(0.001\,\mu\text{F}) = 2.5\,\mu\text{s}$$

양(+)과 음(−)의 기울기에서의 시간에 대한 변화율 $\dfrac{\Delta v_C}{\Delta t}$ 는 다음과 같다.

$$\frac{\Delta v_C}{\Delta t} = \frac{20\,\text{V}}{10\,\mu\text{s}} = 2\,\text{V}/\mu\text{s}$$

$$\frac{\Delta v_C}{\Delta t} = \frac{-20\,\text{V}}{10\,\mu\text{s}} = -2\text{V}/\mu\text{s}$$

양(+)과 음(−)의 기울기에서의 출력은 다음과 같다

$$v_o^+(t) = -\left(\frac{\Delta v_C}{\Delta t}\right) R_f C = -(2\,\text{V}/\mu\text{s})(2.5\,\mu\text{s}) = -5\,\text{V}$$

$$v_o^-(t) = -\left(\frac{\Delta v_C}{\Delta t}\right) R_f C = -(-2\,\text{V}/\mu\text{s})(2.5\,\mu\text{s}) = 5\,\text{V}$$

입력에 대한 출력파형을 그리면 다음과 같다.

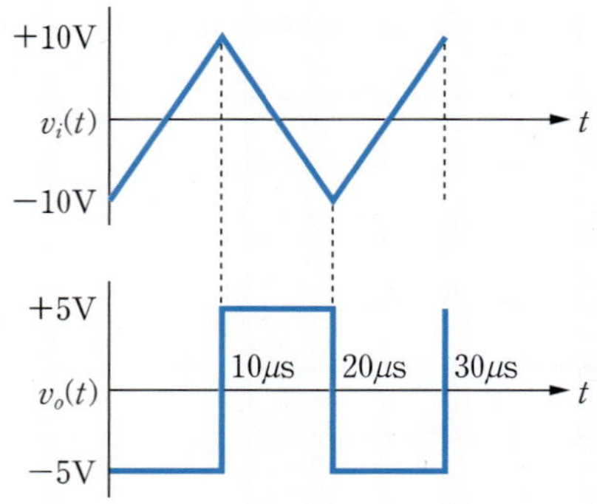

SECTION 02 연산 증폭기의 응용 회로

연산 증폭기는 여러 분야에서 폭넓게 사용되는데, 이 절에서는 연산 증폭기를 응용한 회로 중 전압 완충기, 제어형 전원 등의 회로에 대해 살펴본다.

Keywords | 전압 완충기 | 전압 제어형 전압원 | 전압 제어형 전류원 | 전류 제어형 전압원 | 전류 제어형 전류원 |

전압 완충기

이득이 1인 단위 전압 폴로워는 출력전압이 반전 입력단자로 귀환된 특수한 비반전 증폭기로, 전압 완충기 회로로 사용될 수 있다. 단위 전압이득의 증폭기를 이용한 **전압 완충기**(buffer)는 위상과 극성을 반전시키지 않고, 높은 입력 임피던스와 낮은 출력 임피던스를 갖는 회로로, 부하로부터 입력 신호를 분리시킨다. [그림 11-16(a)]는 전압 완충기로 사용된 단위 전압 폴로워이며, 그림 (b)는 2개의 단위 전압 폴로워를 이용하여 1개의 입력신호를 2개의 독립된 출력으로 분리하여 얻을 수 있는 완충 분리회로이다. 이 회로의 장점은 한쪽의 출력에 접속된 부하가 다른 쪽의 출력에 영향을 미치지 않는다는 점이다. 전압 완충기는 단위 전압 폴로워로, 이득이 1이기 때문에 식 (11.18)과 같이 입력전압 v_i와 출력전압 v_o가 같다.

$$v_i = v_o$$

$$v_i = v_{o1} = v_{o2} \tag{11.18}$$

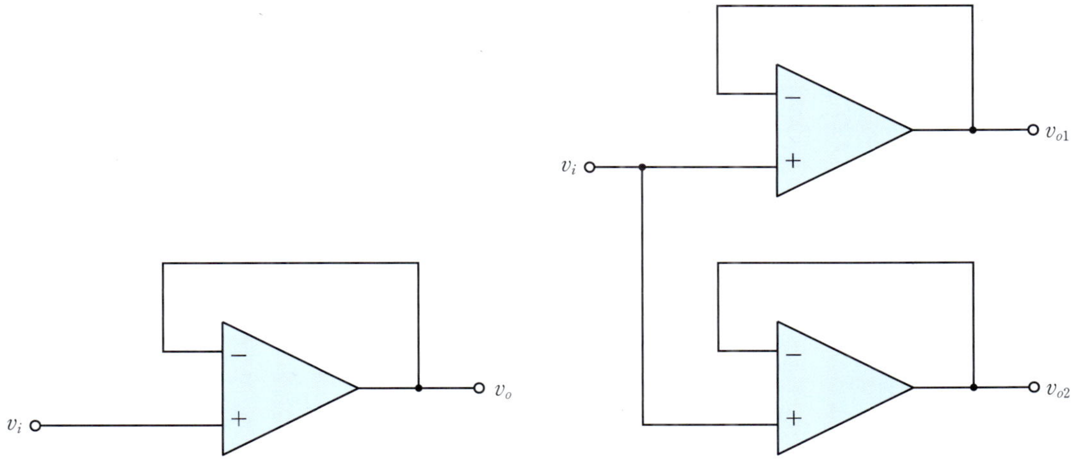

(a) 전압 완충기(단위 전압 폴로워)　(b) 전압 완충 분리기

[그림 11-16] 전압 완충기

제어형 전원

연산 증폭기는 여러 가지 형태의 제어 전원을 만드는 데 이용된다. 입력전압은 출력전압이나 출력전류를 제어할 수 있고, 입력전류도 출력전압이나 출력전류를 제어하는 데 사용될 수 있다. 여기에서는 전압 제어형 전압원, 전압 제어형 전류원, 전류 제어형 전압원, 전류 제어형 전류원에 대해 살펴본다.

■ 전압 제어형 전압원

[그림 11-17]은 이상적인 전압 제어형 전압원을 보여준다. 출력전압 V_o는 입력전압 V_i에 의해 제어된다.

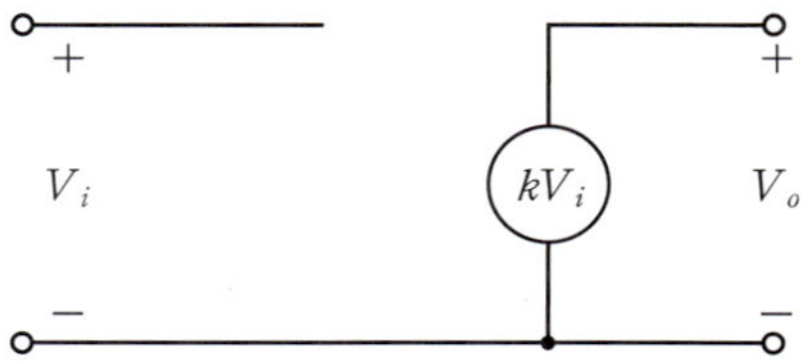

[그림 11-17] 이상적인 전압 제어형 전압원

전압 제어형 전압원은 연산 증폭기를 사용하여 구현한다. 전압 제어형 전압원은 두 가지가 있다. [그림 11-18]을 보면 10장에서 배웠던 반전 증폭기와 비반전 증폭기와 같다는 것을 알 수 있다.

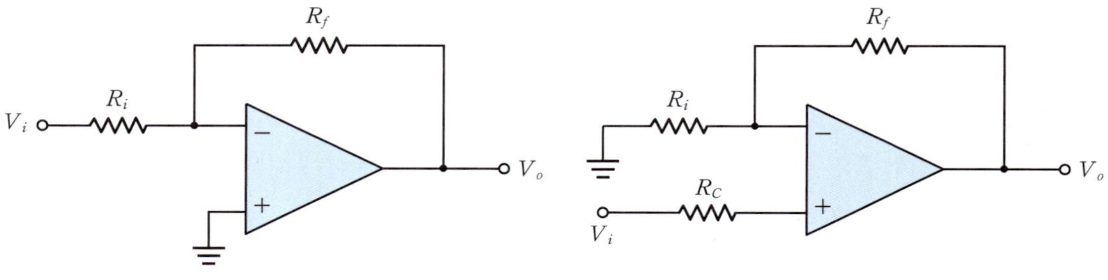

[그림 11-18] 전압 제어형 전압원

그림 (a)는 반전 증폭기의 전압 제어형 전원으로, 출력전압은 위상이 반전되어 식 (11.19)와 같이 나타난다. 그림 (b)는 비반전 증폭기의 전압 제어형 전원으로, 출력전압은 식 (11.20)으로부터 얻어진다.

★ 전압 제어형 전압원의 출력전압 ★

- **반전 증폭기** : $v_o = -\dfrac{R_f}{R_i}v_i = kv_i \qquad \left(k = -\dfrac{R_f}{R_i}\right)$ (11.19)
- **비반전 증폭기** : $v_o = \left(1 + \dfrac{R_f}{R_i}\right)v_i = kv_i \qquad \left(k = 1 + \dfrac{R_f}{R_i}\right)$ (11.20)

■ 전압 제어형 전류원

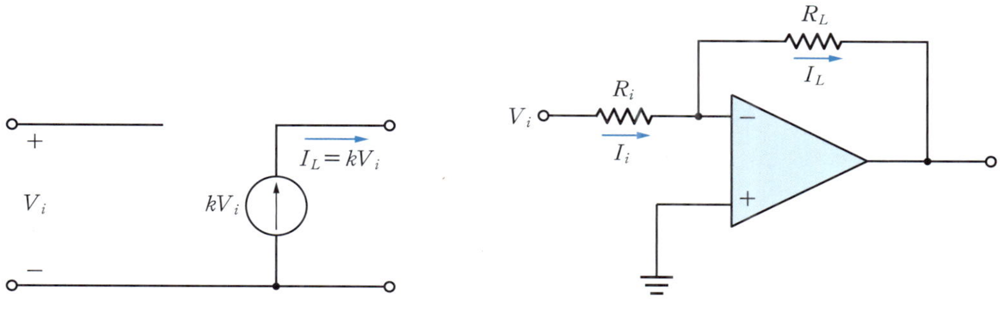

(a) 이상적인 전압 제어형 전류원 (b) 전압 제어형 전류원

[그림 11-19] 전압 제어형 전류원

[그림 11-19(a)]는 이상적인 전압 제어형 전류원을 보여준다. 출력전류 I_o는 입력전압 V_i에 의해 제어된다. 그림 (b)는 반전 증폭기의 귀환저항 R_f를 부하저항 R_L로 대체한 전압 제어형 전류원 회로를 보여준다. 부하저항 R_L에 흐르는 전류 I_L은 입력전압 V_i에 의해 제어된다. 반전 증폭기는 $I_i = I_L$이므로 그림 (b)의 부하저항에 흐르는 전류 I_L은 식 (11.21)과 같이 입력전압 V_i를 입력저항 R_i로 나눈 것과 같다.

★ 전압 제어형 전류원의 부하전류 ★

$$I_L = \frac{V_i}{R_i} = kV_i \qquad \left(k = \frac{1}{R_i}\right) \tag{11.21}$$

■ 전류 제어형 전압원

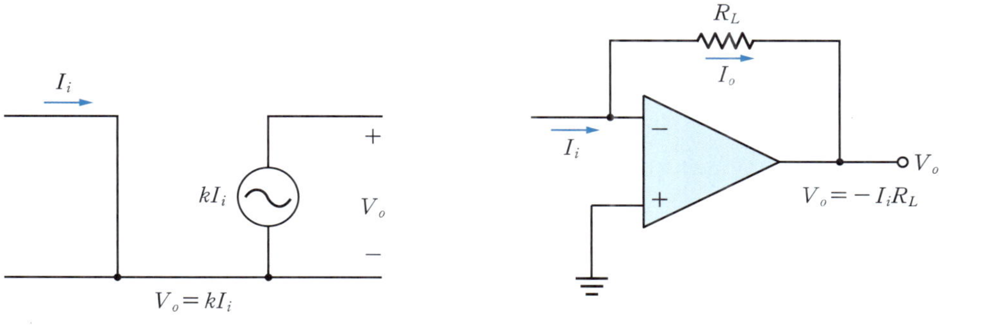

(a) 이상적인 전류 제어형 전류원 (b) 전류 제어형 전압원

[그림 11-20] 전류 제어형 전압원

[그림 11-20(a)]는 이상적인 전류 제어형 전압원을 보여준다. 출력전압 V_o는 입력전류 I_i에 의해 제어된다. 그림 (b)는 연산 증폭기에 의한 전류 제어형 전압원 회로를 보여준다. $(I_o = I_i)$

★ 전류 제어형 전압원의 출력전압 ★

$$V_o = -I_o R_L = -I_i R_L = kI_i \qquad (k = -R_L) \tag{11.22}$$

■ 전류 제어형 전류원

[그림 11-21(a)]는 이상적인 전류 제어형 전류원이며, 출력전류 I_o 는 입력전류 I_i에 의해 제어된다. 그림 (b)는 연산 증폭기에 의한 실제 전류 제어형 전류원 회로를 보여준다.

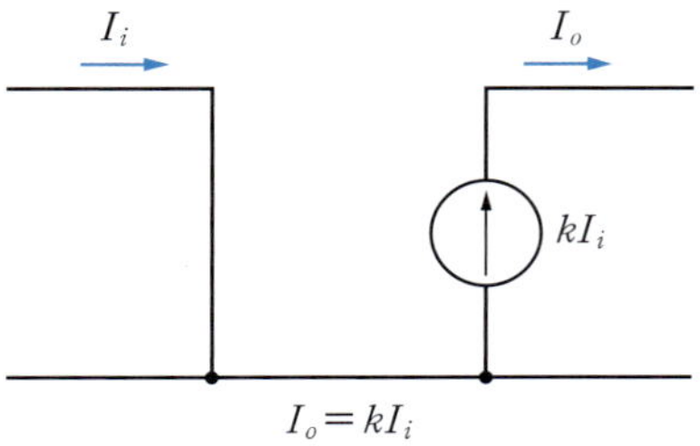

(a) 이상적인 전류 제어형 전류원

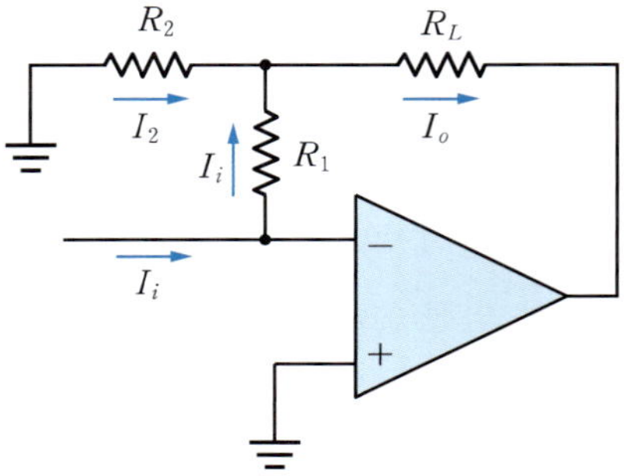

(b) 전류 제어형 전류원

[그림 11-21] 전류 제어형 전류원

출력전류 I_o 를 구하는 식은 다음과 같다.

$$I_o = I_i + I_2 \tag{11.23}$$

[그림 11-22]의 회로에서 저항 R_1, R_2 가 병렬이므로 저항 R_1과 저항 R_2 의 전압강하가 같다. 즉 $I_2 R_2 = I_i R_1$ 이다. 따라서 다음과 같다.

$$I_2 = \frac{I_i R_1}{R_2} \tag{11.24}$$

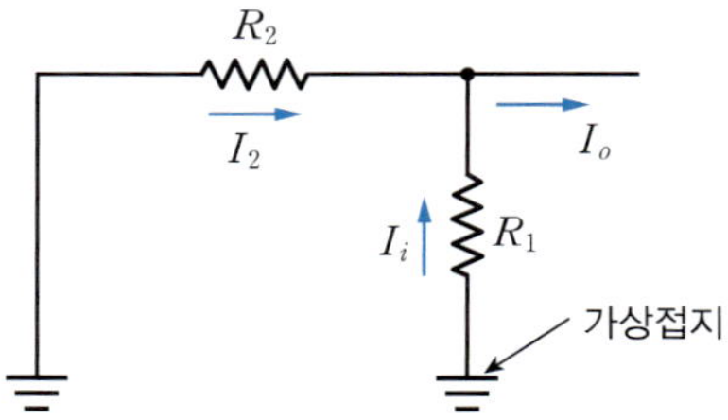

[그림 11-22] 출력전류(I_o)를 해석하기 위한 등가회로

식 (11.23)에 식 (11.24)를 대입하여 정리하면 출력전류 I_o 를 구하는 식을 얻는다.

★ 전류 제어형 전류원의 출력전류 ★

$$I_o = I_i + I_2 = I_i + \frac{I_i R_1}{R_2} = \left(1 + \frac{R_1}{R_2}\right) I_i = kI_i \qquad \left(k = 1 + \frac{R_1}{R_2}\right) \tag{11.25}$$

예제 11-16

각각의 회로에 대해 주어진 문제를 푸시오.

(a) 그림 (a)에서 부하저항 R_L에 흐르는 전류 I_L을 구하시오.

(b) 그림 (b)에서 출력전압 V_o를 구하시오.

(c) 그림 (c)에서 입력전류 $I_i = 5\,\text{mA}$일 때, 부하저항 R_L에 흐르는 전류 I_o를 구하시오.

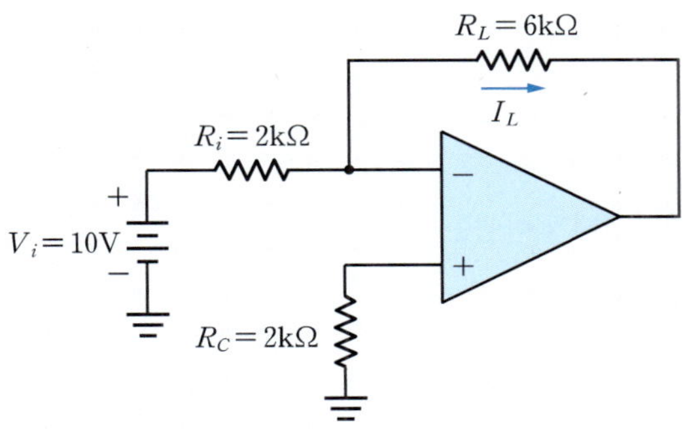

(a)

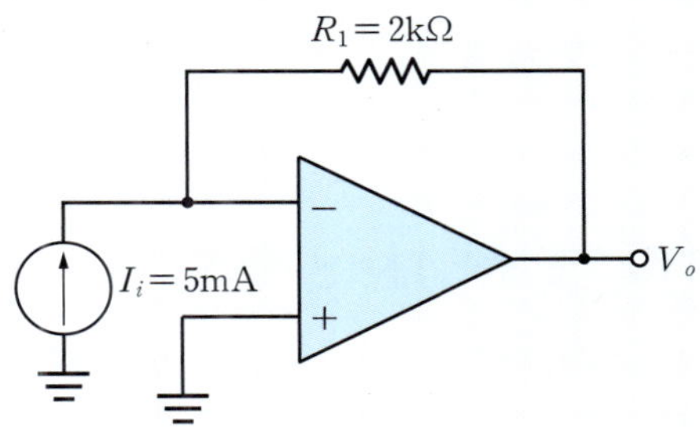

(b)

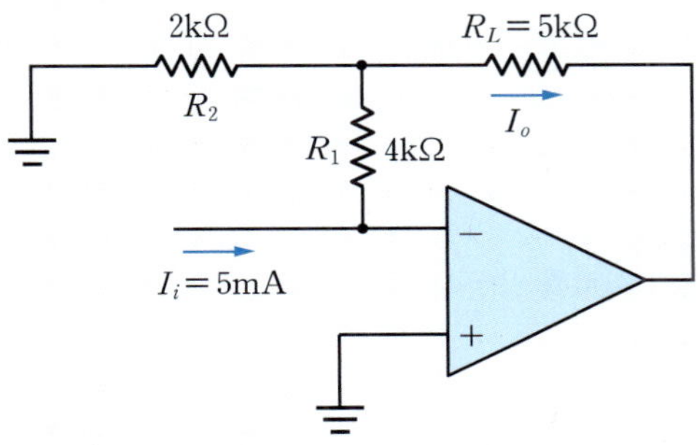

(c)

풀이

(a) 식 (11.21)에 의해 부하전류 I_L을 구한다.

$$I_L = I_i = \frac{V_i}{R_i} = \frac{10\,\text{V}}{2\,\text{k}\Omega} = 5\,\text{mA}$$

(b) 식 (11.22)에 의해 출력전압 V_o를 구한다.

$$V_o = -I_i R_L = -(5\,\text{mA})(2\,\text{k}\Omega) = -10\,\text{V}$$

(c) 식 (11.25)에 의해 출력전류 I_o를 구한다.

$$I_o = I_i + I_2 = \left(1 + \frac{R_1}{R_2}\right) I_i = \left(1 + \frac{4\,\text{k}\Omega}{2\,\text{k}\Omega}\right) 5\,\text{mA} = 15\,\text{mA}$$

CHAPTER

11 연습문제

11.1 연산 증폭기를 이용한 영 검출기는 어떤 회로를 활용하는가?

① 비교기 ② 가산기 ③ 미분기 ④ 적분기

11.2 영 전위 검출기는 입력이 어떤 상태일 때 출력상태가 바뀌는가?

① 변화율이 0일 때 ② 영 전위를 지날 때 ③ 양(+)일 때 ④ 음(−)일 때

11.3 레벨전위 검출기는 입력이 어떤 상태일 때 출력상태가 바뀌는가?

① 변화율이 0일 때 ② 영 전위를 지날 때

③ 기준 레벨전위를 지날 때 ④ 양(+) 또는 음(−)일 때

11.4 연산 증폭기의 음(−)의 정 이득 배율기는 어떤 회로를 응용하는 것이 좋은가?

① 미분기 ② 적분기 ③ 가산기 ④ 반전 증폭기

11.5 연산 증폭기의 양(+)의 정 이득 배율기는 어떤 회로를 응용하는 것이 좋은가?

① 비반전 증폭기 ② 반전 증폭기 ③ 가산기 ④ 감산기

11.6 반전 증폭기를 응용한 가산기 회로에서 입력저항과 귀환저항의 비율(R_f/R)이 2일 때, 출력은 어떻게 되는가?

① 모든 입력의 합 ② 모든 입력의 합 $\times 2$

③ 모든 입력의 합 $\times 1/2$ ④ 입력의 합과 관계없다.

11.7 평균 가산기의 입력이 10개일 때, 입력저항과 귀환저항의 비율(R_f/R)은?

① 10 ② 1 ③ 0.1 ④ 0.01

11.8 가중치 가산기의 입력저항에 대한 설명으로 옳은 것은?

① 모두 같다. ② 입력전압에 비례한다.
③ 귀환저항과 같다. ④ 가중치에 따라 다르다.

11.9 적분기 회로의 귀환 소자는 무엇인가?

① 커패시터 ② 저항 ③ 다이오드 ④ 인덕턴스

11.10 가산 적분기의 귀환소자는 무엇인가?

① 저항 ② 인덕터 ③ 커패시터 ④ 다이오드

11.11 미분기에 경사입력이 인가될 때 출력은 어떤 모양인가?

① 삼각파 ② 정현파 ③ 구형파 ④ 직류 레벨

11.12 미분기의 출력에 대한 설명으로 옳은 것은?

① 시정수 RC 값에 비례 ② 시정수 RC의 역수에 비례
③ 입력의 진폭에 비례 ④ 시정수 RC의 미분 값에 비례

11.13 미분기의 입력소자는 무엇인가?

① 저항 ② 커패시터 ③ 인덕터 ④ 다이오드

11.14 전압 완충기는 어떤 증폭기를 응용한 회로인가?

① 단위 전압 폴로워 ② 미분기 ③ 가산기 ④ 감산기

11.15 주관식 다음 회로에서 입력에 대한 출력파형을 그리시오. (단, $A_v = \infty$, $V_{o(\max)} = \pm 10\,\mathrm{V}$이다.)

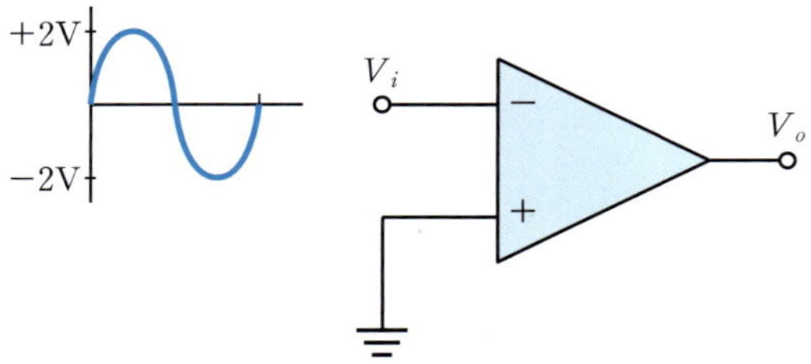

(a)

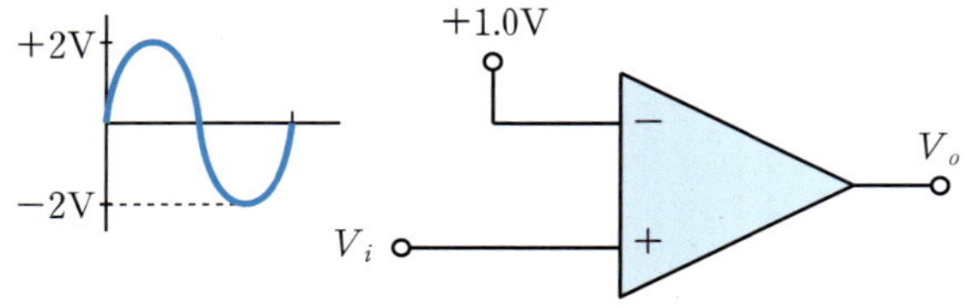

(b)

11.16 주관식 다음 가산기 증폭기 회로의 출력전압을 구하시오.

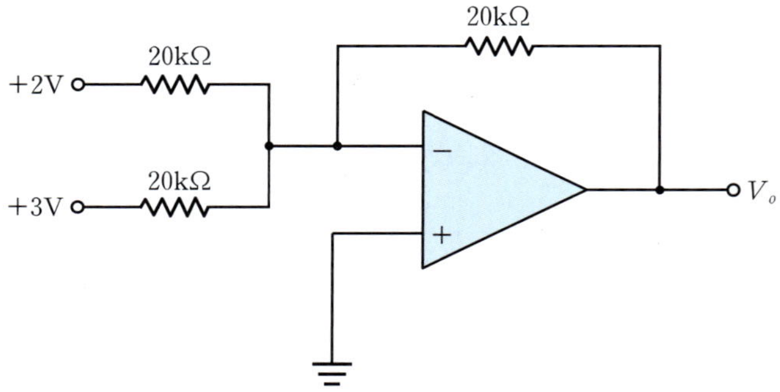

(a)

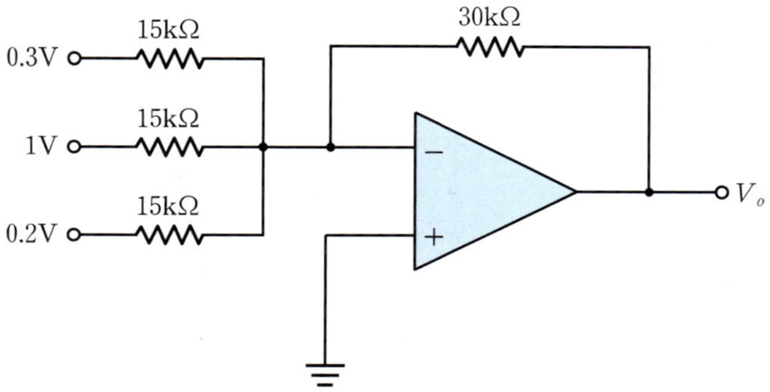

(b)

11.17 주관식 다음 가산기 증폭기 회로를 보고 주어진 문제를 푸시오.

(a) 저항 R_f 를 흐르는 전류 (b) 출력전압 V_o

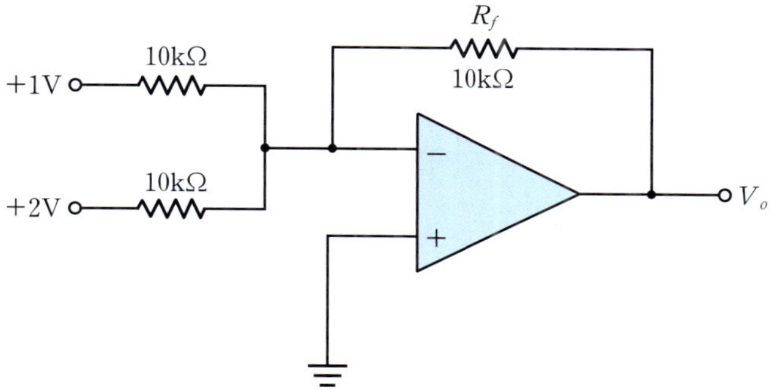

11.18 주관식 다음 회로에서 출력전압이 입력의 합의 2배가 되기 위한 저항 R_f 는 얼마인가?

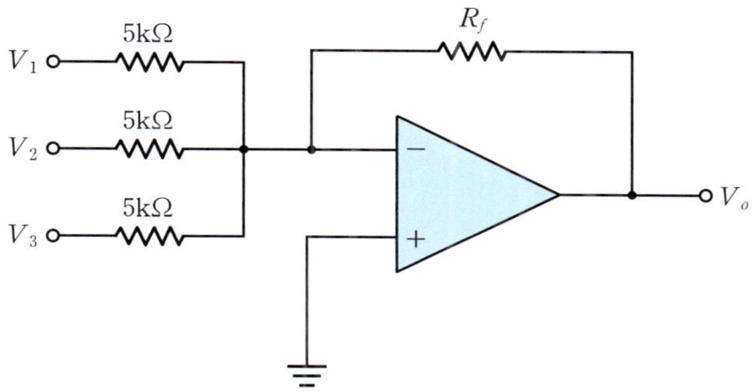

11.19 주관식 5개의 입력전압의 평균이 출력이 되도록 평균전압 가산기를 설계하시오. (단, 입력저항은 20kΩ 이다.)

11.20 주관식 그림과 같은 가중치 가산기에서 R_f에 흐르는 전류와 출력전압을 구하시오.

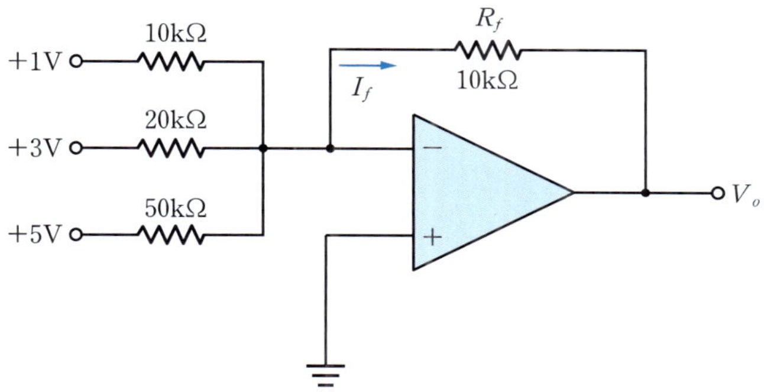

11.21 주관식 V_1의 가중치가 1, V_2의 가중치가 2, V_3의 가중치가 3, V_4의 가중치가 4인 4개의 가중치 가산기를 설계하시오. (단, 귀환저항 $R_f = 60\,\text{k}\Omega$이다.)

11.22 주관식 그림과 같은 회로에서 출력전압 V_o를 구하시오.

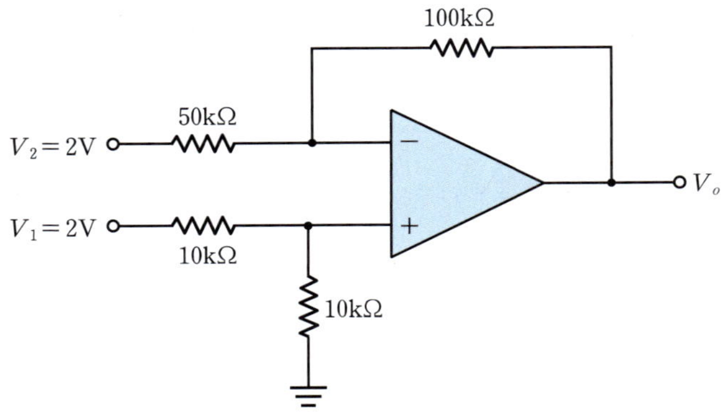

11.23 주관식 그림과 같은 회로에서 출력전압 V_o를 구하시오.

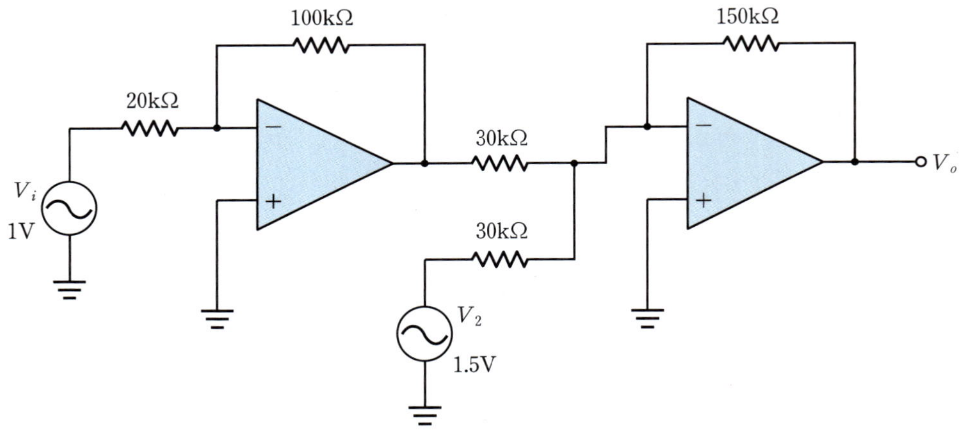

11.24 주관식 그림과 같은 적분기에 계단입력이 인가되었을 때, 출력의 변화율을 구하시오.

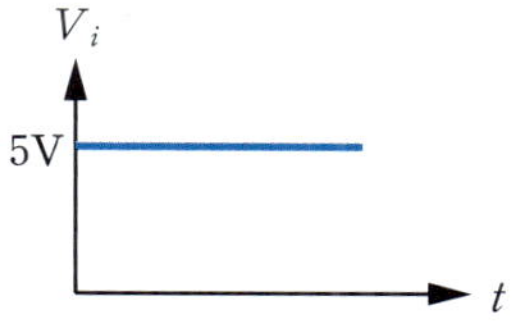

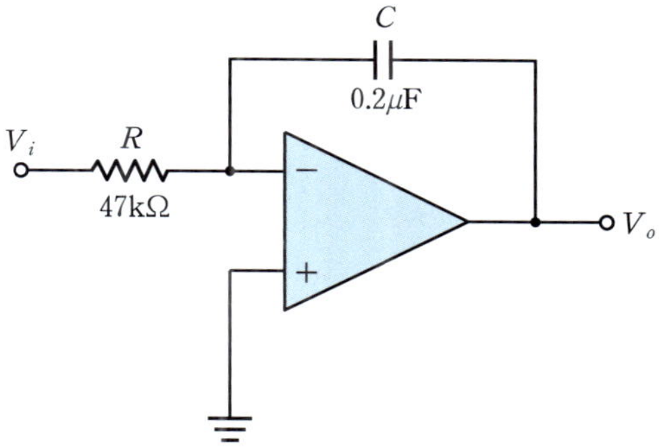

11.25 주관식 그림과 같은 미분기에 삼각파입력이 인가되었을 때, 출력을 구하고 입·출력파형을 그리시오.

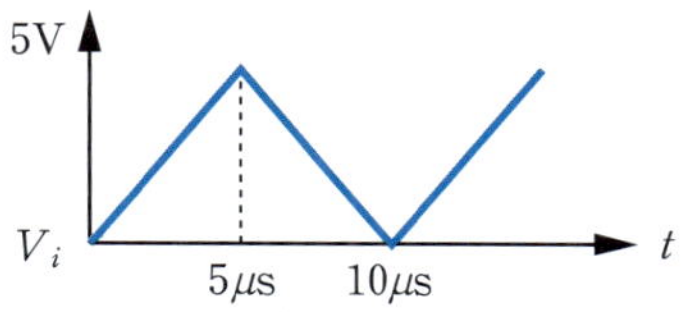

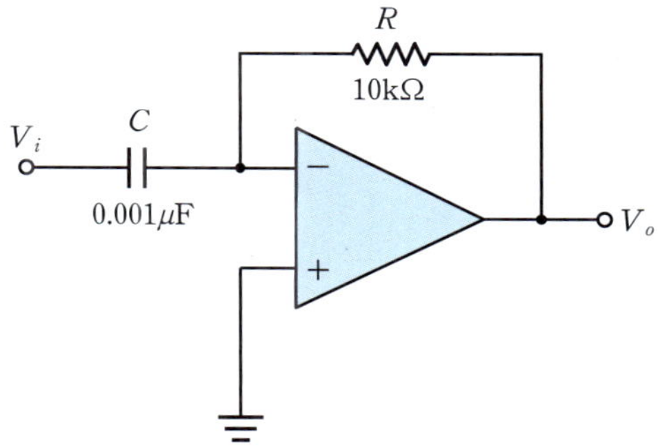

11.26 주관식 그림과 같은 미분기에 주기가 1ms 이고, 피크-피크 전압(V_{pp})이 4V인 삼각파가 인가되었을 때, 출력전압을 구하고 입·출력파형을 그리시오.

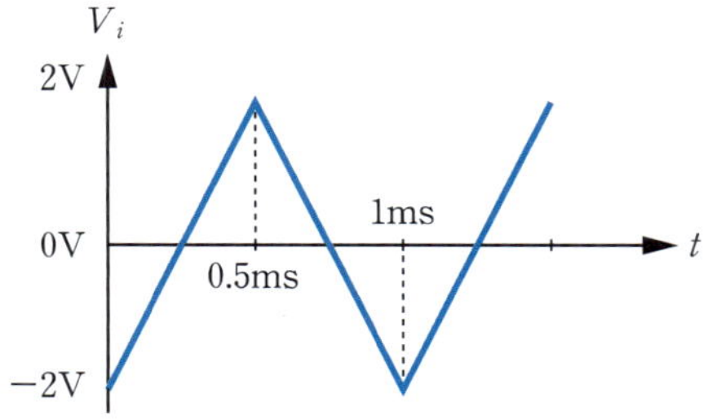

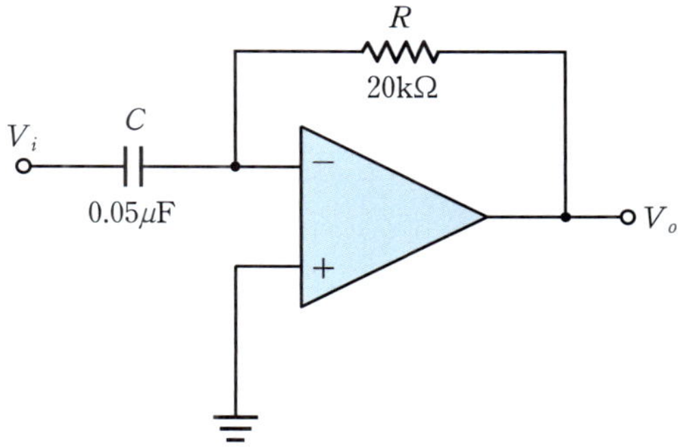

11.27 주관식 그림과 같은 회로에서 전류 I_L을 구하시오.

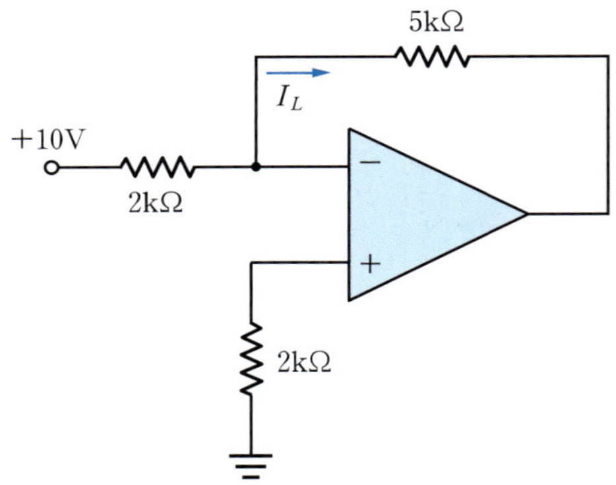

11.28 주관식 그림과 같은 회로에서 전압 V_o를 구하시오.

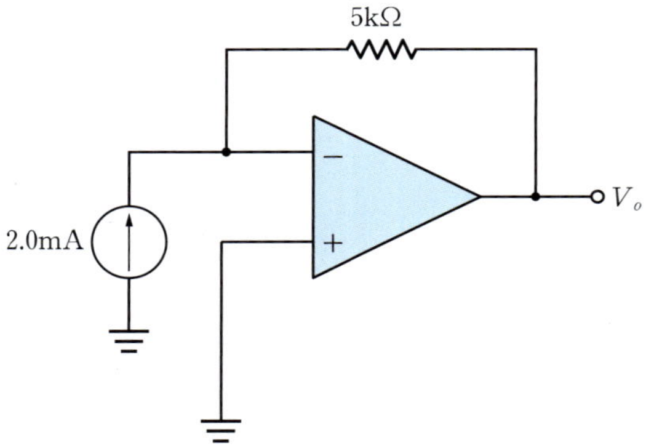

11.29 주관식 다음 연산 증폭기 회로의 이득$\left(\frac{V_o}{V_i}\right)$을 구하시오.

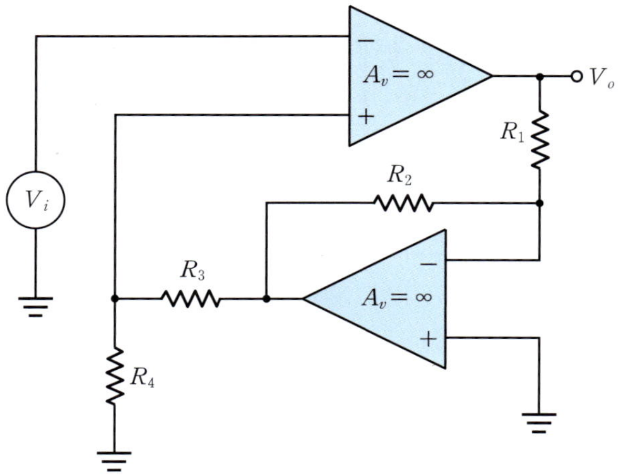

Index

Index

Index